普通高等教育"十一五"国家级规划教材
第二届山东省高等学校优秀教材一等奖
普通高等教育电子信息类系列教材

高频电子线路

第2版

杨霓清　　　　　　　主编

杨霓清　孙建德　袁　华　　编著
　孙传伟　乔建苹

机械工业出版社

本教材的第 1 版为普通高等教育"十一五"国家级规划教材，并获得了第二届山东省高等学校优秀教材一等奖。为了进一步适应电子技术的发展与教学要求，本着"打好基础、逐步更新、精选内容、利于教学"的原则，作者对第 1 版进行了修订。

本教材的编写以教育部教学指导委员会新的教学基本要求为依据，主要内容包括：选频网络与阻抗变换网络、高频小信号放大器、高频功率放大器、正弦波振荡器、频谱搬移电路、角度调制与解调电路、反馈控制电路、频率合成技术和噪声与干扰等。在内容的编排上，本教材注重思路清晰，由简到繁，便于自学，同时强调理论与实践相结合，在对功能电路的讲解上，紧密围绕实际通信系统中的接收、发送设备，并以其为背景线索，从信号传输与功能实现的角度，将各种功能电路的分析以及它们之间的关系有机地结合起来，使学生在学习理论的同时，能建立起整机和系统的概念。

本教材可作为通信工程、电子信息工程、物联网工程、集成电路等专业的本科生教材，也可作为高职高专、电大、职大的教材和有关工程技术人员的参考书。

图书在版编目（CIP）数据

高频电子线路/杨霓清主编. —2 版. —北京：机械工业出版社，2016.1
（2025.3 重印）

普通高等教育"十一五"国家级规划教材　普通高等教育电子信息类系列教材

ISBN 978-7-111-52057-3

Ⅰ.①高… Ⅱ.①杨… Ⅲ.①高频-电子电路-高等学校-教材
Ⅳ.①TN710.2

中国版本图书馆 CIP 数据核字（2016）第 008851 号

机械工业出版社（北京市百万庄大街22号　邮政编码100037）
策划编辑：徐　凡　　责任编辑：徐　凡　路乙达　责任校对：肖　琳
封面设计：张　静　　责任印制：常天培
北京机工印刷厂有限公司印刷
2025 年 3 月第 2 版第 9 次印刷
184mm×260mm・23.5 印张・587 千字
标准书号：ISBN 978-7-111-52057-3
定价：46.00 元

电话服务　　　　　　　　　网络服务
客服电话：010-88361066　　机　工　官　网：www.cmpbook.com
　　　　　010-88379833　　机　工　官　博：weibo.com/cmp1952
　　　　　010-68326294　　金　书　网：www.golden-book.com
封底无防伪标均为盗版　机工教育服务网：www.cmpedu.com

第 2 版前言

本教材2007年的第1版是普通高等教育"十一五"国家级规划教材和普通高等教育电子信息类系列教材,并于2011年获得第二届山东省高等学校优秀教材一等奖,这次是在第1版的基础上,为进一步适应电子技术的发展与教学的要求进行的修订。本版教材的修订过程仍然本着"既保留长期教学的基本经验,又能够体现教学改革的精神;既能够体现学科上的科学性与系统性,又能够保留教学上的灵活性"这样一个基本原则,而且仍然遵循"高频电子线路课程"的基本要求。

本版教材对第1版中要求过高、讨论过细的内容做了删减,并力求由浅入深地讲清实现每一种功能电路的基本原理及其基本组成和工作原理、基本的工程分析方法。在选用具有典型代表性的电路进行分析的基础上,力求利用这些典型电路的分析达到举一反三、开阔思路的目的,引导学生从本质上了解各种不同功能的具体电路,同时也有利于教师根据学生的具体情况,精选内容,讲清规律。

本版教材基本上保留了第1版的体系。全书由选频网络与阻抗变换网络、高频小信号放大器、高频功率放大器、正弦波振荡器、频谱搬移电路、角度调制与解调电路、反馈控制电路、频率合成技术和噪声与干扰等内容组成。其中,在高频小信号放大器中,增加了双调谐回路谐振放大器的内容;将高频功率放大器由第1版的最后一章移到了频谱搬移电路之前介绍,这样有了丙类放大器的概念后,有利于学生理解高电平调幅的基本原理;在频谱搬移电路一章中,删去了电流模集成模拟乘法器的内容,增加了数字信号的调幅与解调的内容;在角度调制与解调一章中增加了数字信号的角度调制与解调的内容;增加了频率合成技术的内容并独立成为第9章。

全书共分十章。参考学时为50~70学时。第1章为绪论。第2章介绍选频网络与阻抗变换网络,主要介绍谐振回路的基本特性、各种形式的滤波器,以及窄带无源阻抗变换网络。第3章为高频小信号放大器,重点介绍小信号谐振放大器的工作原理,对集成放大器作了简单的介绍。第4章为高频功率放大器,该章中对丙类谐振功率放大器作了详细的介绍,并简单介绍丁类、戊类放大器,对传输线变压器和功率合成与分配电路作了分析讨论。第5章是正弦波振荡器,主要介绍反馈振荡器,重点分析LC振荡器、晶体振荡器,并对振荡器的频率稳定性进行了讨论,对负阻振荡器作了简单的介绍。第6章为频谱搬移电路,首先重点介绍振幅调制、解调和混频的原理,而后介绍各种能够实现频谱搬移的相乘器电路,对各种实用的调幅、检波、混频电路作了详尽的工作原理、性能特点、质量指标的分析,最后简单介绍数字信号的调幅与解调。第7章为角度调制与解调电路,重点介绍频率调制与解调的原理及其典型电路的工作原理、性能指标与特点的分析,以及调频系统中的特殊电路和数字信号的角度调制与解调。第8章为反馈控制电路,重点介绍锁相环及其应用,对自动电平控制电路、自动频率控制电路只作了简单的介绍。第9章为频率合成技术,在这一章中主要介绍直接频率合成技术和锁相频率合成技术,对直接数字频率合成技术作了简单的介绍。第10章为噪声与干扰,重点介绍噪声的来源和表示方法,电子器件中的噪声计算以及噪声系数的概念。教材中用"※"号注明的是选学内容,供使用者参考。同时,在每一章的思考题与习题中增加了填空题,便于学生巩固基本概念。

作者认为,教材起到的只是教学参考书的作用,在满足教学大纲要求的前提下,教师完全可以根据学生的具体情况,不受某一本教材的约束,采用自己的教学体系和阐述问题的方法进行教学。同时,应该有目的地引导学生多看相关参考书。"高频电子线路"课程涉及的范围极广,新知识多,在编写中,我们深深感到对这一领域的学习和研究还很浅,仍需不断地探索,在教学过程中积累经验,使我们的教材更加完善。

参加第2版教材修订的有山东大学杨霓清、孙建德,山东师范大学乔建苹,济南大学袁华、孙传伟五位老师。其中,第3、4、5、9章由杨霓清修订;第1、2、10章由孙建德修订;第6章由袁华修订;第7章乔建苹修订;第8章由孙传伟修订;附录、常用符号表由杨霓清编写。全书由杨霓清负责统稿。在编写过程中作者从所列参考文献中汲取了宝贵的成果和资料,在此谨向各参考文献的著、编、译者表示衷心的感谢。同时,感谢机械工业出版社对本书的出版所给予的支持。

本书内容的取舍、叙述方法以及文字描述等诸多方面,难免会有疏漏、不妥甚至错误之处,恳请广大读者不吝批评指正。

作 者

本书常用符号表

一、电压、电流符号

1. 基本符号

I、i 电流,基本单位 A

V、v 电压,基本单位 V

2. 时域的常用符号

v、i,加小写下标表示交流电压、交流电流,例如:

v_i、v_s、v_o 交流输入电压、信号源电压、交流输出电压

v_Ω、v_c 调制信号电压、正弦载波电压

v_d 误差电压

i_o 交流输出电流

V、I,加大写下标表示直流电压、直流电流,例如:

V_Q 静态工作点电压

V_{CC}、V_{BB} 集电极和基极直流电源电压

V_{DD}、V_{GG} 漏极和栅极直流电源电压

v、i,加大写下标表示瞬时电压、瞬时电流,例如:

v_{BE} 三极管的发射结瞬时电压

v_{AV} 含有直流和低频的高频平均电压

V、I,加小写下标表示正弦电压、正弦电流的有效值,例如:

V_f 反馈电压有效值

3. 频域的常用符号

$\dot{V} = V(j\omega) = V(\omega)e^{j\varphi(\omega)}$ 正弦电压的相量

$V(s)$ 电压的拉普拉斯变换表示

4. 习惯符号(注意下标的不同含义)

V_{REF} 直流基准电压

V_m 正弦电压的振幅

I_{c1m} 集电极基波电流的振幅

v_{AV} 高频信号的平均电压

I_0 直流电流

I_{C0} 集电极的直流电流分量

v_L、v_I 本振信号电压、中频信号电压

v_n 干扰信号电压

二、电功率与效率符号

P 平均功率

P_o 输出信号功率

P_C 集电极耗散功率

P_{SB} 边频功率

P_D 直流电源输出的功率

P_i 交流信号输入功率

P_{av} 高频信号的平均功率,如已调波的时变功率

p 瞬时功率

$p_i(t)$ 瞬时输入功率

η 效率

三、信号频率符号

1. 基本频率符号

F、f 频率,基本单位 Hz

ω、Ω 角频率,基本单位 rad/s

$s=\sigma+j\omega$ 复频率,基本单位 rad/s

2. 常用频率符号

f_0 电路谐振频率

ω_0 电路谐振角频率

F 调制信号频率

Ω 调制信号角频率

f_L 本振频率

f_I 中频频率,中频载波频率

f_c 载波频率(载频)

f_g 导频

f_H 上限截止频率

f_s 信号频率

f_n 干扰信号频率

f_{osc} 振荡器的振荡频率

3. 常用频率范围符号

BW 带宽,频谱宽度

$BW_{0.7}$ 3dB 带宽

B_L 等效噪声带宽

四、其他基本符号

1. 时间符号（基本单位 s）

T　　信号的周期

t　　时间

2. 其他

t　　摄氏温度，基本单位 ℃

T　　热力学温度，基本单位 K

五、元件符号

R　　电阻器

L　　电感器

ZL　　高频扼流圈

C　　电容器

VD　　二极管

VT　　晶体管

VF　　场效应晶体管

T　　变压器

S　　开关

六、元件参数符号

1. 阻抗（基本单位 Ω）、导纳（基本单位 S）

(1) 基本符号

R　　电阻

G、g　　电导

X　　电抗

B、b　　电纳

Z、z　　阻抗

$\quad Z(j\omega) = Z(\omega)e^{j\varphi_z(\omega)}$　　阻抗复数值

$\quad Z(\omega) = |Z(j\omega)|, \varphi_z(\omega)$　　阻抗的模值和相角

Y、y　　导纳

$\quad Y(j\omega) = Y(\omega)e^{j\varphi_y(\omega)}$　　导纳复数值

$\quad Y(\omega) = |Y(j\omega)|, \varphi_y(\omega)$　　导纳的模值和相角

(2) 常见符号

R_g、R_s　　信号源内阻

R_L　　负载电阻

R_i　　输入电阻

R_o　　输出电阻

r　　损耗电阻

R_{e0}（g_{e0}）　　回路有载谐振电阻（电导）或回路等效谐振电阻（电导）

g_{cm}　　混频跨导

R_t　　热敏电阻

2. 变压器参数

k　　耦合系数

M　　互感

N　　线圈匝数

n　　线圈匝数比，接入系数

3. 二极管参数

V_B　　内建电位差，势垒电压

$V_{D(on)}$　　导通电压

$V_{(BR)}$　　击穿电压

I_{ss}　　反向饱和电流

n　　变容二极管的变容指数

C_j　　结电容

C_{jQ}　　工作点时的结电容

$C_j(0)$　　外加电压为零时的结电容

V_z　　稳压管的稳定电压

4. 晶体管参数

I_{CBO}　　发射极开路时集电极反向饱和电流

I_{CEO}　　基极开路时的穿透电流

I_{CM}　　集电极最大允许电流

$V_{(BR)CBO}$　　发射极开路时 CB 间的反向击穿电压

$V_{(BR)CEO}$　　基极开路时 CE 间的击穿电压

$V_{(CE)sat}$　　集电极饱和压降

$V_{BE(on)}$　　发射极导通电压

P_{CM}　　集电极最大允许耗散功率

g_{cr}　　饱和临界线斜率

α　　共基极短路电流传输系数

β　　共发射极短路电流传输系数

f_α　　共基极交流电流传输系数的截止频率

f_β　　共发射极交流电流传输系数的截止频率

f_T　　特征频率

r_e　　发射结的交流结电阻

$r_{bb'}$　　基区扩展电阻（基区体电阻）

y_{ie}、y_{re}、y_{fe}、y_{oe}　　晶体管共发射极组态的输入导纳、反向传输导纳、正向传输导纳、输出导纳

5. 场效应晶体管参数

I_{DSS}　　$v_{GS}=0$ 时的饱和漏电流

$V_{GS(off)}$　　夹断电压

$V_{GS(th)}$　　开启电压，简记为 V_{th}

V_{GSM}　　最大激励电压

七、信号传输符号

$H(j\omega)$　　传递函数

A　　增益

A_v　　电压增益

A_i　　电流增益

$A(j\omega) = A(\omega)e^{j\varphi_A}$　　复数增益

F　　反馈系数

T　　反馈放大器的环路增益（回归比）

G_p　　功率增益

$K_{r0.1}$　　矩形系数

η_d　　检波效率（检波电压传输系数）

N_f　　噪声系数

八、谐振回路参数

Q　　品质因数

Q_0　　回路空载品质因数或回路固有品质因数

Q_e　　回路有载品质因数或回路等效品质因数

ρ　　回路特征阻抗

ξ　　一般失谐系数，简称失谐系数

九、常见信号符号

1. 常见已调波符号

AM　　普通调幅（简称调幅）

DSB　　抑制载波的双边带调幅

SSB　　抑制载波的单边带调幅

VSB　　残留边带调幅

FM　　频率调制（简称调频）

PM　　相位调制（简称调相）

2. 信号参数符号

φ_0、θ_0　　载波的初相

φ、θ　　正弦信号的相位

3. 信号质量参数符号

M　　调制度或调制指数

M_a　　调幅指数

M_f　　调频指数

M_p　　调相指数

4. 噪声表示符号

$S(\omega)$　　噪声功率谱

$S_V(\omega)$　　噪声电压功率谱

$S_I(\omega)$　　噪声电流功率谱

十、其他符号

Q　　静态工作点

$K(\omega t)$　　开关函数

$K_1(\omega t)$　　单向开关函数

$K_2(\omega t)$　　双向开关函数

目 录

第2版前言
本书常用符号表
第1章 绪论 ………………………………… 1
  1.1 通信系统的组成 ……………………… 1
    1.1.1 通信系统的基本组成 …………… 1
    1.1.2 通信系统的分类 ………………… 2
    1.1.3 模拟通信系统 …………………… 3
    1.1.4 数字通信系统 …………………… 3
    1.1.5 通信系统的主要性能指标 ……… 4
  1.2 无线通信系统 ………………………… 5
    1.2.1 无线电发送设备的组成
           及原理 …………………………… 5
    1.2.2 无线电接收设备的组成
           及原理 …………………………… 7
  1.3 无线电信号的传播方式 ……………… 8
  1.4 本书主要内容和组织结构 …………… 10
  思考题与习题 ……………………………… 11
第2章 选频网络与阻抗变换网络 ………… 12
  2.1 LC谐振回路 ………………………… 12
    2.1.1 并联谐振回路 …………………… 12
    2.1.2 串联谐振回路 …………………… 16
    2.1.3 负载和信号源内阻对并联谐振
           回路的影响 ……………………… 19
  2.2 窄带无源阻抗变换网络 ……………… 21
    2.2.1 串、并联阻抗的等效互换 ……… 21
    2.2.2 变压器阻抗变换 ………………… 23
    2.2.3 抽头式并联电路的阻抗
           变换 ……………………………… 24
  2.3 耦合回路 ……………………………… 27
    2.3.1 耦合回路的阻抗特性 …………… 28
    2.3.2 耦合回路的频率特性 …………… 29
  2.4 滤波器的其他形式 …………………… 32
    2.4.1 石英晶体滤波器 ………………… 32
    2.4.2 陶瓷滤波器 ……………………… 35
    2.4.3 声表面波滤波器 ………………… 36
  思考题与习题 ……………………………… 38

第3章 高频小信号放大器 ………………… 41
  3.1 引言 …………………………………… 41
  3.2 高频小信号谐振放大器 ……………… 42
    3.2.1 晶体管高频等效电路 …………… 43
    3.2.2 单调谐回路谐振放大器 ………… 45
    3.2.3 多级单调谐回路谐振放大器 …… 49
    3.2.4 双调谐回路谐振放大器 ………… 51
    3.2.5 参差调谐放大器 ………………… 53
  3.3 谐振放大器的稳定性 ………………… 55
    3.3.1 晶体管内部反馈 y_{re} 的影响 …… 55
    3.3.2 解决的方法 ……………………… 55
  3.4 集成宽频带放大器 …………………… 57
  思考题与习题 ……………………………… 59
第4章 高频功率放大器 …………………… 63
  4.1 引言 …………………………………… 63
  4.2 谐振功率放大器的原理与应用 ……… 63
    4.2.1 谐振功率放大器的工作原理 …… 63
    4.2.2 谐振功率放大器的近似分析
           方法 ……………………………… 66
    4.2.3 谐振功率放大器的外部特性 …… 69
  4.3 谐振功率放大器的实际线路 ………… 73
    4.3.1 直流馈电线路 …………………… 73
    4.3.2 高频功率放大器的滤波匹配
           网络 ……………………………… 75
    4.3.3 谐振功率放大器的实际线路
           举例 ……………………………… 81
  4.4 宽带高频功率放大器 ………………… 83
    4.4.1 传输线变压器的工作原理
           及特性 …………………………… 83
    4.4.2 传输线变压器的应用举例 ……… 86
    4.4.3 宽频带高频功率放大器 ………… 88
  4.5 功率合成器 …………………………… 88
    4.5.1 魔T网络 ………………………… 90
    4.5.2 功率合成电路介绍 ……………… 92
  ※4.6 丁类和戊类高频功率放大器 ……… 93
    4.6.1 丁类功率放大器 ………………… 94
    4.6.2 戊类功率放大器 ………………… 95

4.7	晶体管倍频器 …………………… 96		作用 …………………………… 162
思考题与习题 …………………………… 97		6.2.2	二极管电路 …………………… 164

第5章 正弦波振荡器 …………………… 103

- 5.1 反馈型振荡器的基本原理 …………… 103
  - 5.1.1 振荡的产生 ………………………… 103
  - 5.1.2 反馈型振荡器的原理分析 ……… 104
  - 5.1.3 反馈振荡的条件 ………………… 105
  - 5.1.4 电路组成及分析方法 …………… 111
- 5.2 LC 正弦波振荡器 …………………… 112
  - 5.2.1 互感耦合 LC 振荡器 …………… 112
  - 5.2.2 三点式振荡电路 ………………… 113
  - 5.2.3 单片集成振荡器 ………………… 120
- 5.3 振荡器的频率稳定度 ………………… 121
  - 5.3.1 频率稳定的表示方法 …………… 121
  - 5.3.2 振荡器的稳频原理 ……………… 122
  - 5.3.3 提高频率稳定度的措施 ………… 123
  - 5.3.4 改进型电容反馈振荡器 ………… 124
- 5.4 LC 振荡器的设计考虑 ……………… 126
- 5.5 晶体振荡器 …………………………… 127
  - 5.5.1 石英晶体振荡器的频率稳
    定度 …………………………… 127
  - 5.5.2 晶体振荡器电路 ………………… 127
- 5.6 RC 正弦波振荡器 …………………… 132
  - 5.6.1 RC 选频网络 …………………… 132
  - 5.6.2 文氏电桥振荡器和相移振
    荡器 …………………………… 134
- *5.7 负阻振荡器 ………………………… 135
  - 5.7.1 负阻器件的基本特性 …………… 135
  - 5.7.2 负阻振荡器的原理和实用
    电路 …………………………… 137
- 思考题与习题 ………………………… 141

第6章 频谱搬移电路 …………………… 149

- 6.1 频谱搬移的基本原理及电路
  组成模型 ……………………………… 149
  - 6.1.1 振幅调制的原理及电路
    组成模型 ……………………… 149
  - 6.1.2 调幅信号解调的原理及
    电路组成模型 ………………… 158
  - 6.1.3 混频的原理及电路组成
    模型 …………………………… 159
  - 6.1.4 小结 …………………………… 161
- 6.2 乘法器电路 …………………………… 162
  - 6.2.1 非线性器件的特性及相乘

  - 6.2.2 二极管电路 …………………… 164
  - 6.2.3 三极管电路及差分对电路 …… 169
  - 6.2.4 集成模拟乘法器 ……………… 173
- 6.3 振幅调制电路 ………………………… 177
  - 6.3.1 低电平调制器 ………………… 178
  - 6.3.2 高电平调制器 ………………… 182
  - 6.3.3 采用滤波法的单边带发射机 … 184
- 6.4 调幅信号的解调电路 ………………… 185
  - 6.4.1 包络检波器 …………………… 186
  - 6.4.2 同步检波器 …………………… 195
- 6.5 混频电路 ……………………………… 199
  - 6.5.1 混频器的主要性能指标 ……… 199
  - 6.5.2 二极管混频器 ………………… 200
  - 6.5.3 集成混频器 …………………… 203
  - 6.5.4 三极管混频器 ………………… 205
  - 6.5.5 混频器的干扰和非线性失真 … 209
  - 6.5.6 超外差接收机的统调与跟踪 … 213
- *6.6 数字信号的调幅与解调 …………… 215
  - 6.6.1 数字信号的调幅 ……………… 215
  - 6.6.2 数字调幅信号的解调 ………… 217
- 本章小结 ……………………………… 217
- 思考题与习题 ………………………… 218

第7章 角度调制与解调电路 …………… 228

- 7.1 角度调制信号的基本特性 …………… 228
  - 7.1.1 角度调制信号的数学表达式 … 228
  - 7.1.2 调角信号的频谱 ……………… 232
  - 7.1.3 调角信号的频谱宽度 ………… 234
- 7.2 调频信号的产生 ……………………… 237
  - 7.2.1 直接调频方法 ………………… 237
  - 7.2.2 间接调频方法 ………………… 237
  - 7.2.3 调频电路的主要性能指标 …… 238
- 7.3 直接调频电路 ………………………… 239
  - 7.3.1 变容二极管直接调频电路 …… 239
  - 7.3.2 晶体振荡器直接调频 ………… 246
  - *7.3.3 张弛振荡器电路实现直接
    调频 …………………………… 247
- 7.4 间接调频电路——调相电路 ………… 249
  - 7.4.1 矢量合成法调相电路 ………… 249
  - 7.4.2 可变相移法调相电路 ………… 250
  - 7.4.3 可变时延法调相电路 ………… 253
- 7.5 扩展最大频偏的方法 ………………… 253
- 7.6 调频波解调电路 ……………………… 254

7.6.1 引言 ………………………… 254
7.6.2 斜率鉴频器 …………………… 257
7.6.3 相位鉴频器 …………………… 261
7.7 调频系统中的特殊电路 ………… 271
*7.8 数字信号的角度调制与解调 …… 276
7.8.1 数字频率调制与相位调制 …… 276
7.8.2 数字调频与数字调相信号的
解调 ……………………………… 279
思考题与习题 ……………………………… 281

第8章 反馈控制电路 ……………… 286
8.1 反馈控制电路概述 ……………… 286
8.1.1 自动电平控制电路 …………… 286
8.1.2 自动频率控制电路 …………… 289
8.1.3 自动相位控制电路 …………… 290
8.2 锁相环的基本组成与
原理 ……………………………… 291
8.2.1 锁相环的基本组成及数学
模型 ……………………………… 292
8.2.2 锁相环的基本方程 …………… 295
8.3 锁相环的跟踪特性 ……………… 296
8.3.1 锁相环的静态特性 …………… 296
8.3.2 锁相环的跟踪特性 …………… 297
8.4 锁相环捕捉过程的定性分析 …… 302
8.5 集成锁相环简介 ………………… 307
8.6 集成锁相环的应用 ……………… 309
8.6.1 锁相环在调制与解调中的
应用 ……………………………… 310
8.6.2 锁相接收机 …………………… 313
8.6.3 锁相倍频、分频和混频 ……… 314
*8.7 数字锁相环 ……………………… 315
8.7.1 数字锁相环的基本部件 ……… 316
8.7.2 数字锁相环的工作过程 ……… 320
8.7.3 数字锁相环的基本方程及
模型 ……………………………… 321
思考题与习题 ……………………………… 322

第9章 频率合成技术 ……………… 325

9.1 引言 ……………………………… 325
9.2 直接频率合成技术 ……………… 326
9.3 锁相频率合成技术 ……………… 328
9.3.1 锁相频率合成器的基本构成 … 328
9.3.2 锁相频率合成器的实际构成
方案 ……………………………… 330
9.4 直接数字频率合成器 …………… 334
9.4.1 直接数字频率合成器的基本
原理 ……………………………… 334
9.4.2 直接数字频率合成技术 ……… 335
9.5 小结 ……………………………… 338
思考题与习题 ……………………………… 340

*第10章 噪声与干扰 ………………… 343
10.1 起伏噪声特性 …………………… 343
10.2 噪声的来源与特点 ……………… 345
10.2.1 电阻热噪声 ………………… 345
10.2.2 晶体管的噪声 ……………… 348
10.2.3 场效应晶体管的噪声 ……… 349
10.3 信噪比和噪声系数 ……………… 350
10.3.1 信噪比 ……………………… 350
10.3.2 噪声系数 N_F ………………… 350
10.3.3 减小噪声系数的措施 ……… 354
10.4 外部干扰与抗干扰措施 ………… 355
10.4.1 外部干扰 …………………… 355
10.4.2 抑制干扰的主要措施 ……… 357
10.5 灵敏度与动态范围 ……………… 357
10.5.1 灵敏度 ……………………… 357
10.5.2 动态范围 …………………… 358
思考题与习题 ……………………………… 358

附录 ………………………………… 361
附录A 常用滤波匹配网络的结构及元件
表达式 ……………………………… 361
附录B 余弦脉冲分解系数表 …………… 362
附录C 乘法器中 v_2 最大动态范围的
推导 ……………………………… 364

参考文献 …………………………………… 366

第 1 章 绪 论

信息传输是人类社会生活的重要内容。通信的任务就是完成信息的传输。信息可以是语言、音乐、文字、符号、图像或数据。古代依靠烽火、信鸽或信使等工具传递信息,这种传递方式的信息传输速度很低,而且难于进行远距离的传递。1837 年莫尔斯(Morse)发明了电报,开创了通信的新纪元。1876 年贝尔(Bell)发明了电话,能够直接将语音信号变为电信号沿导线传送。电报、电话的发明为迅速准确地传递信息提供了新的手段,是通信技术的重大突破。

1861 年英国物理学家麦克斯韦(Maxwell)从理论上预言了电磁波的存在,通过 1887 年德国物理学家赫兹(Hertz)的火花放电实验得以证明。从此以后,许多国家的科学家都在努力研究如何利用电磁波传输信息的问题,即无线电通信。从 1896 年马可尼(Marconi)的无线通信实验开始,出现了无线通信技术,并逐步涉及陆地、海洋、航空、航天等固定和移动无线通信领域。现在的无线通信技术已相当成熟,并还在继续发展。

本书主要讨论用于通信系统和电子设备中的高频电子线路。例如,我们所熟悉的广播、电视、无线电通信等,它们的一个共同特点就是利用高频信号来传递信息。尽管它们在所传递信息的形式、工作方式以及设备体制组成等方面有很大不同,但设备中产生、接收、检测高频信号的基本电路大都是相同的。

1.1 通信系统的组成

1.1.1 通信系统的基本组成

从广义上说,一切将信息从发送者传送到接收者的过程都可看作通信(Communication),实现这种信息传送过程的系统称为通信系统。

现代通信系统的典型框图如图 1.1.1 所示,它由输入变换器、发送设备、信道、接收设备、输出变换器等组成,各部分的主要功能简述如下:

信息源:即信息的来源,具有各种不同的形式,如音乐、语言、文字、图像等。

输入变换器(传声器(俗称话筒)、拾音器、电键、摄像机等):将信息源输入的信息(待

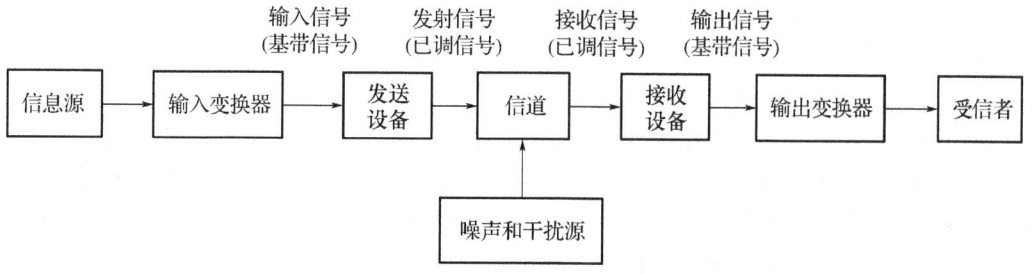

图 1.1.1 通信系统基本组成框图

传送的信息）转换成相应的电信号，该信号一般由零频附近的直流分量和低频信号组成，称为基带信号（Baseband Signal）或携有信息的电信号，它可以是模拟信号，也可以是数字信号。

发送设备：在发送设备中，首先将基带信号经过放大器放大，然后经过变换电路变换为适合信道传输的高频电信号（这一过程称为调制）。变换后的高频电信号称为已调信号或带通信号（Passband Signal）。变换后的高频电信号再经过功率放大器放大处理后以足够的功率送入耦合电路，从而实现信号有效的传输。耦合电路视所用的信道不同而不同，当使用无线信道时，耦合电路是天线；若使用光缆，则耦合电路是光电变换器。

接收设备：在接收设备中，与传输信道相适应的耦合电路将信号接收下来，送入放大器放大，再经过与发送设备相反的变换过程。也就是说，接收设备完成的功能是从信道接收到的信号中还原出与发送设备输入信号一致的基带信号（这一过程称之为解调），经放大后送给输出变换器。由于在信号传输过程中不可避免地会有噪声和干扰的加入，因此接收设备除了包含有与发送设备相反作用的解调电路外，还应包含滤除干扰和噪声的电路。

输出变换器：将接收设备输出的电信号还原成原始信息，如声音、图像等，供受信者利用。

噪声和干扰源：是信道中的噪声及分散在通信系统中其他各处噪声的集中表示。

信道：信道是传输带有信息的电信号的媒质，它可以是电线、电缆、波导、光导纤维或自由空间。

由通信系统基本组成框图可知，发送设备与接收设备是通信系统的核心。通信系统中一般要进行两种变换和反变换。在发送端，第一种变换是输入变换，把要传递的非电信号变换成电信号，即基带信号，该信号一般是低频，且包括零频附近的分量。第二种变换是发射机将基带信号变换成适合在信道中有效传播的信号形式，并送入信道，这种变换称之为调制（Modulation）。在接收端，接收机与发射机的功能相反，它从信道中选取欲接收的已调波并将其变换为基带信号，此变换称为解调（Demodulation）。输出变换器将解调后的基带信号变换为相应的信息。总之，发送设备与接收设备都是为了使基带信号在信道中有效而可靠地传输而设置的，它们的主要任务是对基带信号进行处理，使之适应于所采用信道的传输特性。

1.1.2 通信系统的分类

通信系统的种类很多，按照所用信道（传递信息的媒质）的不同，通信方式的分类如下：信道是导线（如架空明线、电缆、波导管等）的通信称为有线通信；信道是光缆的通信称为光纤通信；信道是自由空间的通信称为无线通信。适合无线电波传播的频段范围极为宽广，从几十 kHz 超长波到几十 GHz 的毫米波，不同频段的无线电电磁波在空间传播的方式和特性也不相同。

应当指出，通信系统要传输的信息是多种多样的。然而，当把它们转换为电信号后，可以归纳为两大类：一类是模拟信号，一类是数字信号。模拟信号是指电信号的某一参量的取值范围是连续的，如传声器产生的话音电压信号。模拟信号通常是时间的连续函数，也有时间离散函数的情况，但取值一定是连续的。数字信号是指电信号的某一参量携带有离散信息，其取值是有限个数值，如电报信号、数据信号等。于是，按照信道中传输的是模拟信号还是数字信号又可把通信系统分成两大类：模拟通信系统和数字通信系统。

除了以上两种分类方法以外，还可以按照工作频率的高低分为长波通信、短波通信和微波通信等；也可以按照是否调制分为基带传输（不需要调制）和频带传输两种；若按照业务类型又可以分为电报通信、电话通信、传真、可视电话、无线寻呼通信等；按照受信者是否是处于运动状态又分为固定通信和移动通信；按照多地址方式还可以分为频分多址通信、时分多址通信和码分多址通信；按照通信的工作方式又分为单工通信、半双工通信和全双工通信。

不同类型的通信系统，其组成和设备的复杂程度各不相同，但组成设备的基本电路及基本原理都是相同的。本书将以无线通信系统为线索，讨论通信系统中的高频电子线路的电路组成、工作原理及分析、设计方法。这有利于明确学习基本电路的目的性，加强有关设备和系统的概念。同时，对于其他通信系统也有典型意义。

1.1.3 模拟通信系统

典型的模拟通信系统框图如图 1.1.2 所示。由于传送的是模拟信号，因此首先需要将发送端的信息源（即将要传送的话音、音乐、图像等连续变化的模拟信息），通过输入变换器（如传声器）转变成连续变化的原始电信号。这种原始电信号具有频率较低的频谱分量，而且不能直接在信道中进行远距离的传输，通常称之为基带信号。

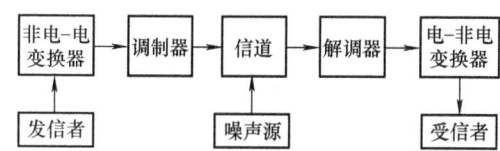

图 1.1.2 典型的模拟通信系统框图

为了实现信息的传输，必须把基带信号变换成频率较高的、适合在信道中传输的电信号。通常称这种变换过程为调制，实现调制功能的电路称之为调制器。调制后的电信号称为已调信号，已调信号是携带信息而且适合在信道中传输的电信号。在接收端，为了获取所传输的信息，必须将信道送来的已调信号再变换成基带信号。这种变换与发送端的变换相反，是一种信号的反变换，这一变换过程称为解调，实现解调功能的电路被称为解调器。解调输出的基带信号，还必须由输出变换器重新恢复成连续变化的模拟信息（如语音、音乐和图像等）。输出变换器往往是扬声器和显示器等。调制器和解调器是无线通信中必不可少的。

1.1.4 数字通信系统

数字通信系统组成框图如图 1.1.3 所示。数字通信系统传输的是数字信号，因此在发送端必须把由信息源产生的连续变化的模拟基带信号，通过模/数转换器（ADC）变换成离散的数字基带脉冲信号。为了提高数字信号的传输效果、增强抗干扰能力和便于计算机处理，必须对模/数转换器输出的数字基带信号进行编码处理。同时，为了使通信具有保密性，可以再对编码前的数字基带信号进行加密处理。经过这些处理后，形成的数字基带信号送入数字调制器中进行数字调制。数字调制器输出带有数字信息的已调信号，在信道中进行传输。接收端收到数字已调信号后，送入解调器解调出原数字基带信号，再经解码器进行译码、解密处理后恢复出原始数字信号。最后，由数/模转换器（DAC）变换成连续的原始模拟电信号，模拟电信号由模拟终端恢复出所要获取的模拟信息。

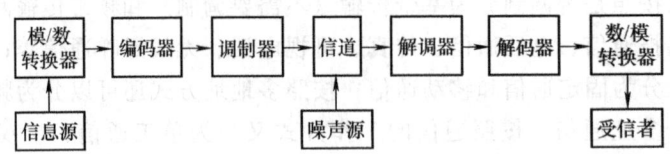

图 1.1.3　数字通信系统组成框图

值得指出的是，数字通信中，有时往往所要获取的仅仅是数字信息，因而其终端也由数字终端即计算机或传真机等所取代。有时其信息源也常常是数字设备计算机或传真机。仅仅考虑传输数字信息的数字通信系统框图如图 1.1.4 所示。

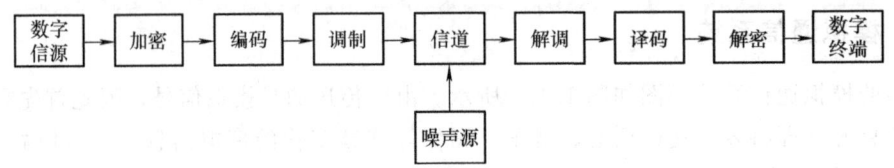

图 1.1.4　传输数字信息的数字通信系统框图

1.1.5　通信系统的主要性能指标

通信系统的性能指标是衡量、比较和评价一个通信系统的标准，是针对整个系统综合提出的。通信系统的性能指标也称为质量指标。一般通信系统的主要性能指标归纳起来有以下几个方面：

1) 有效性：指通信系统传输消息的"速率"问题，即快慢问题。
2) 可靠性：指通信系统传输消息的"质量"问题，即好坏问题。
3) 适应性：指通信系统使用时的环境条件。
4) 经济性：指通信系统的成本问题。
5) 保密性：指通信系统对所传信号的加密措施，这一点对军用系统显得更加重要。
6) 标准性：指通信系统的接口、各种结构及协议是否符合国家标准和国际标准。
7) 维修性：指通信系统是否维修方便。
8) 工艺性：指通信系统的各种工艺要求。

对一个通信系统，从研究信息的传输来说，有效性和可靠性将是两个主要的指标。这也是通信技术讨论的重点，至于其他的指标，如工艺性、经济性、适应性等，不属本书研究范围。

通信系统的有效性和可靠性是一对矛盾，通过进一步学习，将会对这一点有更深的体会。一般情况下，要增加系统的有效性，就得降低可靠性；反之亦然。在实际中，常常依据实际系统要求采取相对统一的办法，即在满足一定可靠性指标的基础上，尽量提高信息的传输速率，即有效性；或者在维持一定有效性的条件下，尽可能提高系统的可靠性。

对于模拟通信来说，系统的有效性和可靠性具体可用系统有效传输带宽和输出信噪比（或方均误差）来衡量。模拟系统的有效传输带宽 BW 越大，系统同时传输的话路数也就越多，有效性就越好。

对于数字通信系统而言，系统的可靠性和有效性具体可用误码率和传输速率来衡量。

1.2 无线通信系统

无线通信的类型很多，可以按传输手段、频率范围、用途等进行分类。如按传输手段分类，有短波通信、超短波通信、微波中继通信和卫星通信等；按传送信息的类型分类，有模拟通信和数字通信；按用途分类，有地面移动通信、航空通信和舰船通信等。各种不同的通信，其设备的组成、设备的复杂程度都有很大不同，但基本组成不变，如图 1.2.1 所示。所以，实现无线通信的关键设备是发送设备和接收设备。

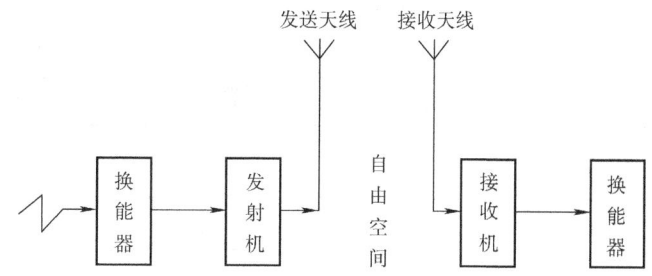

图 1.2.1　无线通信系统基本组成框图

1.2.1　无线电发送设备的组成及原理

无线通信的发送设备借助天线产生的电磁波将信号发送到信道即空中去。接收设备也是利用天线来接收信道中的信号即空中的电磁波。为什么要用无线电波发送方式把信息传送出去呢？原因是信息的传输通常应该满足两个基本要求，一是希望传输距离远，二是应能实现多路传输，且各路信号传输时应互不干扰，实现频段的有效利用。

大家知道，电磁波在空气中的传播是以光速传播的，速度很快（约为 3×10^8 m/s），在天线高度足够的条件下是能够实现远距离传输的。但是无线电波通过天线辐射，天线的长度必须和电磁振荡的波长相近，才能有效地把电磁振荡波辐射出去，一般不宜超过 1/4 波长。无线电信号的波长 λ 和它的频率 f 之间的关系为

$$\lambda = \frac{c}{f} \tag{1.2.1}$$

式中，c 为光速，$c \approx 3\times10^8$ m/s；λ 的单位为 m。

基带信号一般来说是低频信号，如语音的频率可以认为在 $300\sim3400$ Hz 范围内，对应的波长约为 $1000\sim88$ km，如果直接辐射语音信号，这就需要长度为 $22\sim250$ km 的天线；又如音频的频率范围为 20 Hz~20 kHz，对应的波长为 15000 km~15 km，如果要将这一频段的信号通过天线有效地辐射到空间或接收下来，则要制造长度为 3750 km~3.75 km 的天线。显然，这么长的天线实现起来是很困难的。即使可以实现这么长的天线，由于各个电台所发出的信号频率范围相同，比如广播电台要广播的音乐节目的频率范围大约集中在 100 Hz~10 kHz，如果每个电台都直接发射这些信号，就会互相干扰，接收者也无法选择所需要的接收信号。

因此，解决以上问题的方法是，将发射的电磁波频率提高，把要传送的携有信息的基带信号"装载"到高频电振荡中，变成中心频率不同的频带信号，这样不但天线的长度可以明显缩短，而且不同的电台可以采用不同频率的高频电振荡，接收设备能任意选择所需要的电台而抑制其余不需要的电台和干扰，接收者接收时很容易区分。

把携有信息的基带信号"装载"到高频电振荡中的过程称之为"调制"。图1.2.2为采用调幅方式的中波广播发射机框图。

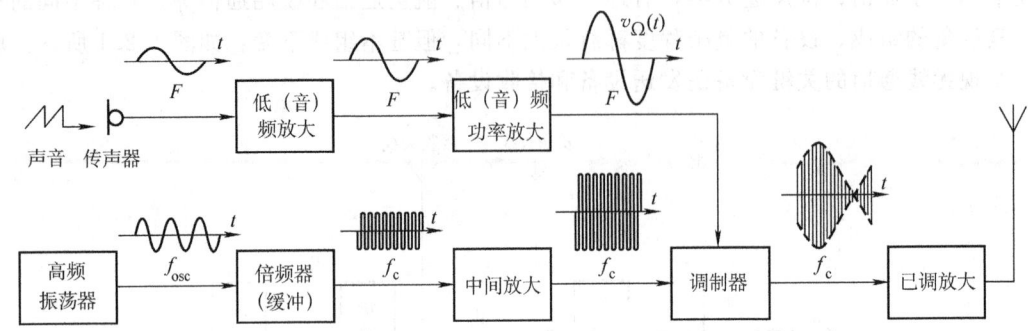

图 1.2.2 中波广播调幅发射机框图

在发射机中由高频振荡器（Oscillator）产生的高频信号称为载波，载波本身并不携带要发射的信息，用携有信息的基带信号去控制高频载波的某一个参数，使该参数按照基带信号的规律而变化，从而使载波携带信息。

基带信号也称为调制信号，是由原始信息变换的低频信号，通常用 $v_\Omega(t)$ 表示。未调制的高频振荡信号称为载波信号，它可以是正弦波，也可以是非正弦波，如方波、三角波、锯齿波等，但都是周期性信号，用符号 $v_c(t)$ 或 $i_c(t)$ 表示。载波信号的频率称之为载频（或射频）。经过调制后的高频振荡信号称为已调波信号。正弦载波有三个参数：振幅、频率和相位。若受控的参数是振幅，则这种调制称为振幅调制（Amplitude Modulation，AM），简称为调幅，相应的已调波信号称为调幅波信号；如果受控的参数是高频振荡的频率或相位，则这种调制称为频率调制（Frequency Modulation，FM）或相位调制（Phase Modulation，PM），简称为调频或调相，并统称为调角，相应的已调波信号分别称为调频波信号或调相波信号，并统称为调角波信号。另外，如调制信号为模拟信号，称为模拟调制（Analog Modulation）；如为数字信号，则称为数字调制（Digital Modulation）。采用不同调制方式的通信系统的性能和技术难度是不同的。

根据图1.2.2中各方框之间所示的波形，图中各方框的功能一目了然。振荡器用来产生频率为 f_{osc} 的高频振荡信号，其频率一般在几十kHz以上。为了提高频率稳定度，振荡器往往采用石英晶体振荡器，并在它后面加缓冲级，以削弱后级对振荡器的影响。若载波的频率较高，在缓冲级之后还应加倍频器，以便将振荡频率提高到所需的载频频率。中间放大器由多级带有谐振系统的谐振放大器组成，用来放大振荡器产生的振荡信号。调制器完成调制的作用，利用高频载波的幅度来携带信息。调幅波信号经放大后加到发射天线上。

传声器（俗称话筒）是将话语声变为电信号的变换器，低频放大器是小信号放大器，用来放大传声器输出的电信号，低频功率放大器用来提供足够功率的调制信号。

1.2.2 无线电接收设备的组成及原理

无线电接收的过程刚好和发送的过程相反，它是将通过天线接收下来的电磁波放大和相应逆变换的过程，从中得到需要的信息传送给受信者。

图 1.2.3 是一个最简单的接收机框图。它由接收天线、选择性回路、检波器和耳机（输出变换器）组成。接收天线接收从空中来的电磁波。在同一时间，接收天线不仅接收到所需接收的无线电台信号，而且也接收到若干个不同载频的无线电台信号与一些干扰信号。为了选择出所需的无线电台信号，在接收机的接收天线之后要有一个选择性回路，其作用是将所要接收的无线电台信号取出来，并把不需要的信号滤掉，以免产生干扰。利用一个并联 LC 回路的谐振特性

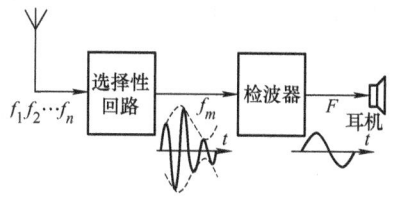

图 1.2.3 最简单的接收机框图

就能够实现选频滤波的作用。通过选择性回路选频，将选出所需要的高频调幅波送给检波器。检波器的任务是从已调波信号中取出原调制信号，即音频成分。音频信号送给耳机将电信号转换成声音。这样就完成了全部接收过程。

这种最简单的接收机称为直接检波式接收机，其特点是线路简单。因为从天线得到的高频无线电信号非常微弱，一般只有几十微伏至几毫伏，直接送给检波器检波，检波器的电压传输系数很小，检波后输出的音频信号更弱，所以只能采用高阻耳机完成电声变换。

实际的接收机比较复杂，原因是：天线得到的高频无线电信号非常微弱，所以应在选择性回路后加高频小信号放大器。一则，各电台的载波不同，用同一接收机接收不同电台的信号时，其调谐比较复杂，再则，高频小信号放大器的整个接收频带内，频率高端的放大倍数比低端要低，因此，对不同的电台其接收效果也就不同。为了克服这样的缺点，所以应在高频小信号放大器后加混频器。混频器的作用是将接收到的不同载频的电信号转变成为固定的中频信号，即外差作用。现在的接收机几乎全是超外差式。为了提高检波器的电压传输系数，通常希望送给检波器的高频信号电压达到 1V 左右，这就需要在混频器与检波器之间增加中频放大器，将混频后的中频信号进行放大。虽然增加中频放大器后，送给检波器的高频信号幅度增大，检波器的电压传输系数增大，但是检波器输出的音频信号通常只有几百毫伏，要推动功率大一点的扬声器还是不行的。因而，在检波器之后要进行音频电压放大和音频功率放大，然后去推动扬声器。

图 1.2.4 为超外差式调幅接收机的组成框图。

超外差接收机的主要特点是，天线上感应的信号由选择性回路选出中心频率为 f_c 的已调信号，经高频放大器放大后，与本地振荡产生的频率为 f_L 的本振信号进行混频。把接收的已调波信号的载波频率 f_c 变换为频率较低的（或较高的）且是固定不变的中间频率 f_I（称为中频），而其振幅的变化规律保持不变。混频器产生的中频已调信号经中频放大器放大后送入振幅检波器，然后利用检波器进行检波，从中频已调信号中恢复出能反映被传送的调制信号，得到与调制信号线性关系的输出电压。随后通过低频放大器和低频功率放大器放大调制信号，并经扬声器发出声音。

混频是超外差接收机的核心，其作用是将载波频率为 f_c 的高频已调信号不失真地变换为载波频率为固定中频 $f_I = f_L - f_c$（或 $f_I = f_c - f_L$）的中频已调波。调幅广播接收机的固

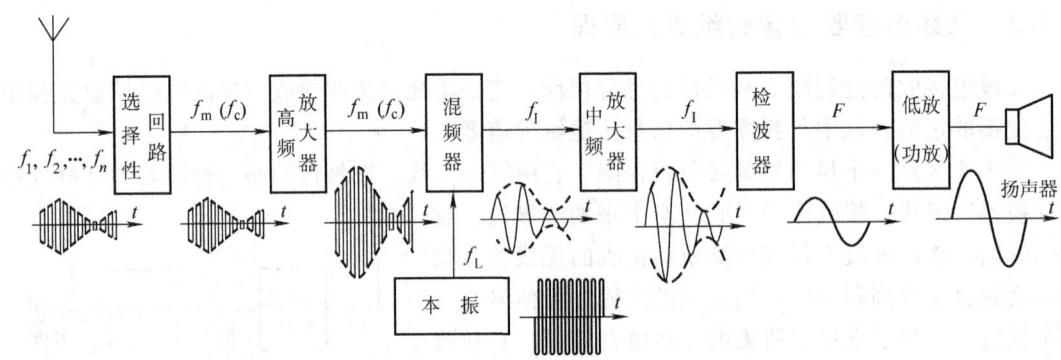

图 1.2.4 超外差式调幅接收机框图

定中频为 465kHz。其中 f_c 是随接收机信号不同而不同,由于 f_I 是固定值,所以本地振荡器的振荡频率 $f_L = f_c + f_I$ 也应是可调的,而且必须使它正确跟踪 f_c。

应该指出,实际的通信设备通常比上面所例举的典型设备复杂得多。况且还可采用调频等其他方式的无线通信,但无论采用何种的调制方式,发射机和接收机都必须包括上述的组成方框,区别在于调制和解调的方式不同。例如采用调频方式的通信系统中调制器称为频率调制器,解调器称为鉴频器(或频率检波器)。再如在宽频段工作的电台中,发射机的振荡器和接收机的本地振荡器就可能由更复杂的组件——频率合成器来代替,它能产生多个可供选择的、频率稳定的信号。

1.3 无线电信号的传播方式

表 1.3.1 列出了无线电波的波段划分、主要传播方式和用途,其中关于传播方式和用途的划分都是相对而言的。通常将频率高于 1000MHz、波长短于 3cm 的无线电波统称为微波。

表 1.3.1 无线电波的波段划分

波段名称	波长范围	频率范围	波段名称	主要传播方式和用途
超长波波段	$10^4 \sim 10^8$ m	3~30kHz	VLF(甚低频)	地波;音频、电话等
长波波段	1000~10000m	30~300kHz	LF(低频)	地波;远距离通信
中波波段	100~1000m	300~3000kHz	MF(中频)	地波、天波;广播、通信、导航
短波波段	10~100m	3~30MHz	HF(高频)	地波、天波;短波广播、移动电话
超短波波段	1~10m	30~300MHz	VHF(甚高频)	视距传播、对流层散射;通信、电视广播、调频广播、雷达
分米波波段	10~100cm	300~3000MHz	UHF(超高频)	视距传播、对流层散射;中继通信、卫星通信、雷达、电视广播、移动通信
厘米波波段	1~10cm	3000~30000MHz	SHF(特高频)	视距传播;中继通信、卫星通信、雷达
毫米波波段	1~10mm	30~300GHz	EHF(极高频)	视距传播;微波通信、雷达、射电天文学

不同的高频波段通常有最适宜的传播方式，而传播方式又决定了传播距离和传播性能（如传播的衰耗大小、信号的稳定性等）。无线电波的传播方式主要有：视距传播、地波传播、电离层传播（天波传播）、对流层散射传播等。图1.3.1是这几种传播方式的示意图。

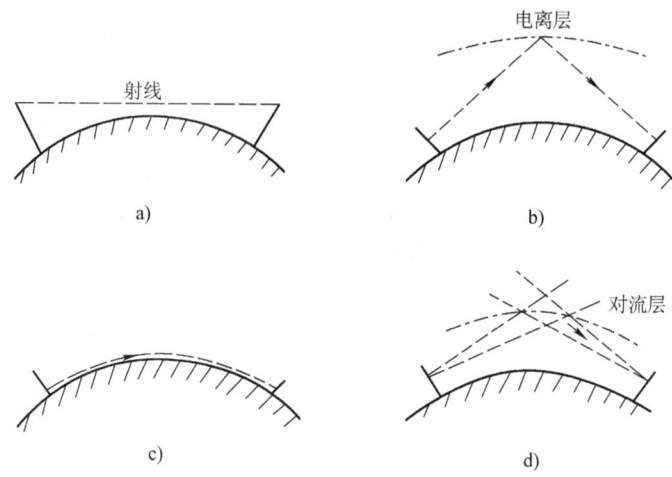

图1.3.1　无线电波的传播方式

a) 视距传播（空间波）　b) 电离层传播（天波）　c) 地波传播（地波）　d) 对流层散射传播

地波（绕射）传播是电波沿着地球弯曲表面的传播方式，如图1.3.1c所示。由于地面不是理想的导体，因此当电波沿其表面传播时，将有能量损耗。这种损耗随电波波长的增大而减小，因此，通常只有中、长波范围的信号才适合绕射方式传播。地波传播由于地面的电特性不会在短时间内有很大的变化，所以电波沿地面传播比较稳定。

天波传播是利用电离层的折射和反射来实现传播的，如图1.3.1b所示。在地球表面存在着具有一定厚度的大气层，由于受到太阳的照射，大气层上部的气体将发生电离而产生自由电子和离子，被电离了的这一部分大气层叫做电离层。

电离层是一层介质，对射向它的无线电波会产生反射与折射作用。入射角越大，越易反射，入射角越小，越容易折射。同时，电离层对通过的电波也有吸收作用，频率越高的电波，电离层吸收能量越弱，电波的穿透能力越强，因此频率很高的电波会穿透电离层而达到外层空间，不再返回。短波信号主要是利用电离层的反射实现传播。利用电离层反射可以实现信号的远距离传输，特别是可以利用地面与电离层之间的多次反射，实现几千千米的通信。但这种通信的稳定性较差。

视距（直线）传播是电波从发射天线发出，沿直线传播到接收天线，如图1.3.1a所示。由于地球表面是一个曲面，因此发射天线和接收天线的高度会影响这种直射传播的距离。增高天线可以提高直射传播距离，但天线的高度不可能无限增高。目前，采用一个离地面几万千米的卫星作为地面信号的转发器，可以使传播距离大大提高，这就是卫星通信，其示意图如图1.3.1d所示。

综上所述，从电波的传播来看，长波信号以地波传播为主；中波和短波信号可以以地波和天波两种方式传播，而中波以地波为主，短波以天波为主；频率较高的超短波及其更高频率的无线电波，主要沿空间直射传播。

1.4 本书主要内容和组织结构

1. 本书主要内容和组织结构

由上面讨论的无线电发射机和接收机的组成可以看出，除音频放大器外，主要是处理高频信号的电路，它们是高频信号的产生（振荡器）、放大（小信号放大和功率放大）、变换（倍频、混频）、调制和解调等电路。这些单元电路都属于高频电子线路（High Frequency Electronic Circuit）的基本单元电路。另外，包括自动增益控制、自动频率控制和自动相位控制（锁相环）在内的反馈控制电路也是高频电子线路所研究的重要对象，因为这是通信系统中必不可少的辅助部分。完成上述功能的电路通常都是由有源器件（晶体管、场效应晶体管、集成电路）和无源器件构成的，既有线性电路，也有非线性电路。显然，它们的性能好坏，直接影响到整个通信系统的质量。这些基本单元电路的组成、原理及有关技术问题，就是本书的研究对象。

将上述处理高频信号的各单元电路按其功能归纳为以下三类：

第一类是实现功率放大功能的电路。这类电路可以在输入信号作用下将直流电源所提供的功率部分地变换为按输入信号规律变化的输出信号功率，并使输出信号功率大于输入信号功率。例如第3章的高频小信号放大器、第4章的高频功率放大器。

必须指出，功率放大器与小信号放大器都具有实现功率放大的功能，但是，两者在要求上却有明显区别。对小信号放大器的要求，主要体现在增益、频率响应和稳定性等方面；而对功率放大器的要求，除了增益、频率响应、稳定性以外，最主要的是在保证功率管安全工作的条件下，高效率地输出尽可能大且失真在允许范围内的功率。

第二类是实现振荡功能的电路（第5章）。这类电路能在不加输入信号的情况下，稳定地产生特定频率或特定频率范围的正弦波振荡信号。

第三类是实现波形变换和频率变换功能的电路（第6、7章）。这类电路能在输入信号作用下产生与输入信号波形和频谱不同的输出信号。属于这类功能电路的有调制电路（包含振幅调制、角度调制）、解调电路（包含检波和调角信号的解调）、混频电路和倍频电路等。

2. 本课程的特点

在高频电子线路中，所有的功能电路都是由非线性器件组成的。严格来讲，所有包含非线性器件的电子线路都是非线性电路，只是在不同的使用条件下，非线性器件所表现的非线性程度不同而已。如高频小信号放大器，由于输入的信号足够小，而又要求不失真放大，所以其中的非线性器件可以用线性等效电路表示。分析方法也可以用线性电路的分析方法。除此之外，本教材的核心内容和绝大部分电路均属于非线性电子线路。

与线性器件不同，对于非线性器件的描述通常用多个参数，如直流跨导、交流跨导、时变跨导等，而且大都与控制变量有关。在分析非线性器件对输入信号的响应时，不能采用线性电路中行之有效的叠加定理，而必须求解电路状态的非线性代数方程、非线性微分方程等。但是，对非线性电路进行严格的数学分析不仅非常困难，而且没有必要。在工程中往往根据实际情况对器件的数学模型和电路工作的条件进行合理地近似，以便用简单的分析方法获得具有实用意义的结果，所以工程近似分析方法在非线性电子线路中得到广泛的应用。

高频电子线路能够实现的功能和单元电路很多，每种功能的实现电路也是多种多样的，但它们都是基于非线性器件实现的,也都是在为数不多的基本电路的基础上发展而来的。因此在学习本课程时应该抓住各种电路之间的共性,洞悉各种功能之间的内在联系。应避免孤立地去了解一个个具体的电路及工作原理,而应掌握分析电路的思想方法。

高频电子线路具有很强的实践性。由于高频电子线路工作频率一般都比较高,而且电路复杂,在理论分析时往往是在忽略一些实际问题的情况下进行一定的归纳和抽象,有许多实际问题需要通过实践环节进行学习和加深理解。同时高频电子线路的调试技术要比低频电子线路复杂得多,因此加强实践训练是十分重要的。同时,实践经验的积累有助于帮助开阔思路,提高创新能力,所以本课程的学习必须高度重视实践环节,坚持理论联系实际。

思考题与习题

1.1 高频电子线路中的"高频"信号指的是什么?

1.2 为什么在无线电通信中要使用"载波"发射?其作用是什么?

1.3 在无线通信系统中,为了实现以无线电形式传输信号,对于原始信息要进行何种形式的变换?每种变换的目的是什么?

1.4 何谓调制?它的作用是什么?常用的模拟调制方式有哪些?

1.5 常用的收、发设备中有哪些高频电路?它们的主要作用是什么?

1.6 画出无线电发送设备、接收设备的原理框图,说明各部分的作用。

1.7 无线电信号的频段(或波段)是如何划分的?它们以何种方式传播?

第2章 选频网络与阻抗变换网络

通过绪论的讨论可知,各种通信设备都是由一些处理高频信号的功能电路组成,如高频放大器、振荡器、调制器与解调器等。这些电路虽然工作原理不同,实际电路也都各具特点,但却具有一个共同之处,即各种电路的负载都是具有选频与阻抗变换功能的选频网络。选频网络可以说是各种高频电路的基础。因此本章将详细介绍各种选频网络,包括 LC 谐振回路、窄带无源阻抗变换网络、常用的滤波器和宽带阻抗变换网络。

2.1 LC 谐振回路

用电感 L 和电容 C 构成的串、并联回路是高频电路中应用最为广泛的选频网络,它们除完成选频功能外,还可以进行阻抗变换,下面主要分析 LC 并联谐振回路的阻抗特性与选频特性。

2.1.1 并联谐振回路

1. 并联谐振回路的阻抗特性

简单 LC 并联谐振回路为一个由有损耗的空心线圈和电容组成的回路,如图 2.1.1 所示。其中,r 为 L 的损耗电阻,C 的损耗很小,可忽略。在电流源 $\dot{I}_s$ 的激励下,回路两端得到的输出电压为 $\dot{V}$,由图知,回路的等效阻抗为

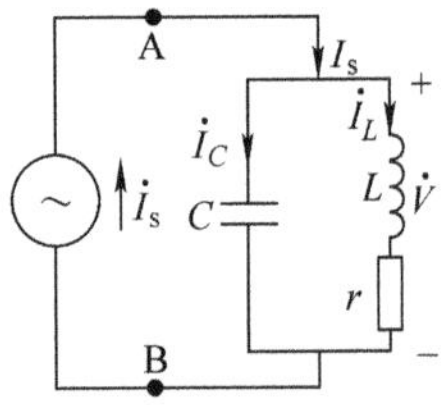

$$Z_p = \frac{\dot{V}}{\dot{I}_s} = (r+j\omega L) // \frac{1}{j\omega C} = \frac{(r+j\omega L)\frac{1}{j\omega C}}{r+j\omega L+\frac{1}{j\omega C}} \qquad (2.1.1)$$

图 2.1.1 简单 LC 并联谐振回路

实际电路中,回路损耗 r 很小,满足 $r \ll \omega L$,因此式(2.1.1)可进一步近似为

$$Z_p = \frac{1}{\frac{Cr}{L}+j\left(\omega C-\frac{1}{\omega L}\right)} = \frac{R_{e0}}{1+jR_{e0}\left(\omega C-\frac{1}{\omega L}\right)} \qquad (2.1.2)$$

或回路的等效导纳为

$$Y_p = \frac{1}{Z_p} = \frac{Cr}{L}+j\left(\omega C-\frac{1}{\omega L}\right) = g_{e0}+j\left(\omega C-\frac{1}{\omega L}\right) \qquad (2.1.3)$$

式中,R_{e0} 为回路的固有谐振电阻,$R_{e0} = \frac{1}{g_{e0}} = \frac{L}{Cr}$,则简单并联谐振回路可以等效为标准并联谐振回路,如图 2.1.2 所示。

由式(2.1.2)可知,回路阻抗值与输入信号角频率 ω 有关,当信号源的角频率 ω 与回

路的固有角频率 ω_0 相等时，即 $\omega=\omega_0$ 时，电感的感抗与电容的容抗相等 $\left(\omega C=\dfrac{1}{\omega L}\right)$，称并联回路对外加信号频率发生并联谐振。并联谐振回路在谐振时回路等效阻抗最大且为纯电阻 R_{e0}，即

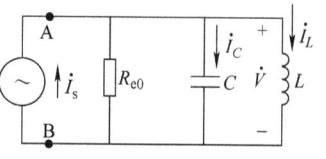

图 2.1.2 标准的 LC 并联回路

$$Z_{pmax} = R_{e0} = \frac{L}{Cr} \tag{2.1.4}$$

回路谐振时的角频率定义为回路的并联谐振角频率 ω_0，或谐振频率 f_0，二者关系为

$$\omega_0 = 2\pi f_0 = \frac{1}{\sqrt{LC}} \tag{2.1.5}$$

阻抗特性：回路谐振时，回路的感抗与容抗相等，互相抵消，回路阻抗最大。通常将回路谐振时的容抗或感抗称为回路的特性阻抗，用 ρ 表示，即

$$\rho = \omega_0 L = \frac{1}{\omega_0 C} = \sqrt{\frac{L}{C}} \tag{2.1.6}$$

品质因数：回路的品质因数描述了回路的储能与耗能之比，定义为

$$Q_0 = 2\pi \times \frac{\text{谐振时回路总的储能}}{\text{谐振时回路一周内的耗能}} = 2\pi \frac{CV^2}{TV^2/R_{e0}} = 2\pi \frac{CR_{e0}}{T} = \omega_0 CR_{e0}$$

对标准并联谐振回路，R_{e0} 可视为回路的损耗，又 $T=\dfrac{2\pi}{\omega_0}$，代入特性阻抗，故品质因数可表示为

$$Q_0 = \omega_0 CR_{e0} = \frac{R_{e0}}{\rho} = \frac{R_{e0}}{\omega_0 L} \tag{2.1.7}$$

利用式（2.1.4）和式（2.1.5）可将上式改写为

$$Q_0 = \frac{\omega_0 L}{r} = \frac{1}{r\omega_0 C} = \frac{1}{r}\sqrt{\frac{L}{C}} \tag{2.1.8}$$

一个由有耗的空心线圈和电容组成的回路的 Q_0 值大约为几十到几百。

根据式（2.1.5）和式（2.1.8）可将式（2.1.2）改写为

$$Z_p = \frac{R_{e0}}{1+jQ_0\left(\dfrac{\omega}{\omega_0} - \dfrac{\omega_0}{\omega}\right)}$$

并联回路通常用于窄带系统，此时信号角频率 ω 与谐振角频率 ω_0 相差不大，故可以近似认为 $\omega+\omega_0 \approx 2\omega_0$，$\omega\omega_0 \approx \omega_0^2$，并令 $\omega-\omega_0=\Delta\omega$，上式可进一步简化为

$$Z_p \approx \frac{R_{e0}}{1+jQ_0\dfrac{2\Delta\omega}{\omega_0}} = \frac{R_{e0}}{1+j\xi} \tag{2.1.9}$$

式中，$\xi = Q_0\left(\dfrac{\omega}{\omega_0}-\dfrac{\omega_0}{\omega}\right) = 2Q_0\dfrac{\Delta\omega}{\omega_0}$，为广义失谐，回路谐振时 $\xi=0$。并联谐振回路阻抗的幅频特性和相频特性分别为

$$Z_p \approx \frac{R_{e0}}{\sqrt{1+\left(Q_0 \dfrac{2\Delta\omega}{\omega_0}\right)^2}} = \frac{R_{e0}}{\sqrt{1+\xi^2}} \tag{2.1.10a}$$

$$\varphi_z = -\arctan\left(Q_0 \frac{2\Delta\omega}{\omega_0}\right) = -\arctan\xi \tag{2.1.10b}$$

根据式（2.1.10）可以画出并联谐振回路阻抗的幅频特性和相频特性曲线，如图 2.1.3 所示。由图可以得出如下几点结论：

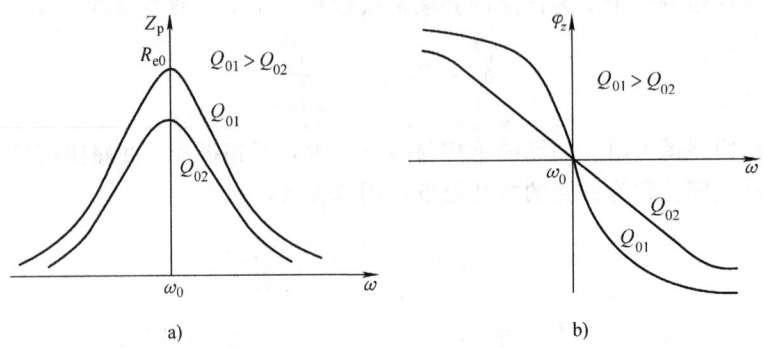

图 2.1.3　并联谐振回路阻抗频率特性曲线
a) 幅频特性曲线　b) 相频特性曲线

1) 回路谐振（$\omega=\omega_0$）时，$\varphi(\omega_0)=0$，回路阻抗最大且为纯电阻 R_{e0}。

将式（2.1.7）改写一下，得到

$$R_{e0} = Q_0\omega_0 L = Q_0 \frac{1}{\omega_0 C} = \frac{(\omega_0 L)^2}{r} = \frac{1}{r(\omega_0 C)^2} \tag{2.1.11}$$

式（2.1.11）表明，回路谐振时，并联谐振回路的谐振电阻等于电感支路的感抗或电容支路的容抗的 Q 倍。因为通常 $Q_0 \gg 1$，所以回路谐振时呈现很大的电阻。这是并联谐振回路极重要的特性。

2) 回路失谐（$\omega \neq \omega_0$）时，并联回路阻抗下降，相移值增大。当 $\omega<\omega_0$ 时，$\varphi(\omega)>0$，并联回路阻抗呈感性；当 $\omega>\omega_0$ 时，$\varphi(\omega)<0$，并联回路阻抗呈容性。

如果忽略简单并联谐振回路（见图 2.1.1）的损耗电阻 r，即 $R_{e0}=\infty$，由式（2.1.1）可以画出并联回路的电抗频率特性曲线，如图 2.1.4 所示。

3) 电流特性。由于并联回路谐振时的谐振电阻 R_{e0} 为 $\omega_0 L$ 或 $\dfrac{1}{\omega_0 C}$ 的 Q_0 倍，同时并联电路各支路电流的大小与阻抗成反比，因此流过电感和电容支路的电流大小为外部电流的 Q_0 倍，即有

$$I_L = I_C = Q_0 I_s$$

且 $\dot{I}_L$ 与 $\dot{I}_C$ 相位相反。因此，在回路谐振时，总电流虽然很小，但谐振电路内部的电流却很大。所以并联谐振又称为电流谐振。

4) 电压特性。谐振时回路两端的电压最大，$\dot{V}_0=$

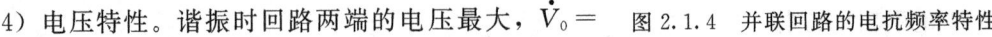

图 2.1.4　并联回路的电抗频率特性

$\dot{I}_s R_{e0}$，与激励电流同相位。

5）相频特性曲线的斜率

$$\frac{d\varphi}{d\omega}\bigg|_{\omega=\omega_0} = -\frac{2Q_0}{\omega_0} \tag{2.1.12}$$

并联谐振回路的相频特性呈负斜率，且 Q_0 越高，斜率越大，曲线越陡。

6）线性相频范围。当 $|\varphi(\omega)| \leqslant \dfrac{\pi}{6}$ 时，式（2.1.10b）可以近似为

$$\varphi(\omega) \approx -2Q_0 \frac{\Delta\omega}{\omega_0} = -2Q_0 \frac{\omega-\omega_0}{\omega_0} \tag{2.1.13}$$

此时 $\varphi(\omega)$ 与 ω 之间呈现线性关系，且相频特性呈线性关系的频率范围与 Q_0 成反比。

2. 并联谐振回路的选频特性

输出电压随输入信号频率变化的特性称为回路的选频特性。分析选频特性，也就是分析不同频率的输入信号通过回路的能力。

（1）并联谐振回路的输出电压 图 2.1.2 所示的并联谐振回路的输出电压表达式为

$$\dot{V} = \dot{I}_s Z_p = \frac{\dot{I}_s R_{e0}}{1+jQ_0\left(\dfrac{\omega}{\omega_0}-\dfrac{\omega_0}{\omega}\right)} \approx \frac{\dot{I}_s R_{e0}}{1+jQ_0\dfrac{2\Delta\omega}{\omega_0}} = \frac{\dot{V}_0}{1+j\xi}$$

需要说明的是，由于 $\dot{V}(\omega) = \dot{I}_s Z_p$，当维持信号源电流 $\dot{I}_s$ 的幅值不变的情况下，由上式可以看出，当输入信号频率变化时，输出电压的幅度和相位都将产生变化。下面具体分析回路的选频特性。

（2）归一化选频特性 失谐频率（非谐振频率点）对应的输出电压与谐振时的输出电压之比称为谐振回路的归一化选频特性，表示为

$$N(j\omega) = \frac{\dot{V}}{\dot{V}_0} = \frac{1}{1+jQ_0\dfrac{2\Delta\omega}{\omega_0}} = \frac{1}{1+j\xi}$$

由此得到的幅频特性

$$N(\omega) = \frac{V(\omega)}{V_0(\omega_0)} = \frac{1}{\sqrt{1+\left(Q_0\dfrac{2\Delta\omega}{\omega_0}\right)^2}} = \frac{1}{\sqrt{1+\xi^2}} \tag{2.1.14a}$$

相频特性

$$\varphi = -\arctan\left(Q_0\frac{2\Delta\omega}{\omega_0}\right) = -\arctan\xi \tag{2.1.14b}$$

显然，并联谐振回路的选频特性与其阻抗频率特性相似。或者说，并联谐振回路在激励电流源 $\dot{I}_s$ 幅值不变的情况下，并联回路两端电压 $\dot{V}$ 的频率特性与回路阻抗 Z_p 的频率特性相似。由式（2.1.14）画出的归一化选频特性曲线如图 2.1.5 所示。

由归一化选频特性曲线可得并联回路的性能参数如下：

1）通频带。令式（2.1.14a）等于 $\dfrac{1}{\sqrt{2}}$，可以计算出回路的 3dB 通频带（见图 2.1.5a）为

$$BW_{3dB} = BW_{0.7} = f_2 - f_1 = \frac{f_0}{Q_0} \tag{2.1.15}$$

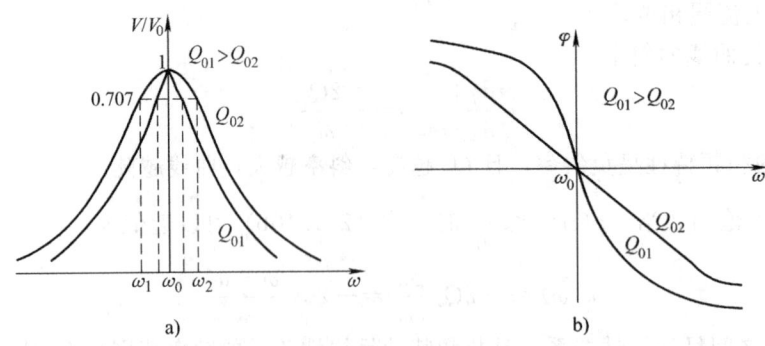

图 2.1.5 归一化选频特性曲线
a) 幅频特性 b) 相频特性

式（2.1.15）说明，回路的 Q_0 值越小，通频带越宽。将式（2.1.15）改写为相对带宽的形式

$$\frac{BW_{0.7}}{f_0} = \frac{1}{Q_0}$$

可以看出相对带宽 $\frac{BW_{0.7}}{f_0}$ 与品质因数 Q_0 成反比。相对带宽越小，要求回路的 Q_0 值越高，故在中心频率很高时，窄带选频回路要求极高的 Q_0 值。

2) 选择性。选择性是指回路从含有各种不同频率信号的总和中选出有用信号，抑制干扰信号的能力。

谐振回路具有的谐振特性使它具有选择有用信号的能力，回路的 Q_0 值越高，曲线越尖锐，对无用信号的抑制能力越强，选择性越好，即对同一失谐频率，Q_0 值大的回路输出电压越小。正常使用时，谐振回路的谐振频率应调谐在所需信号的中心频率上。

3) 矩形系数。由矩形系数的定义计算可得

$$K_{0.1} = \frac{BW_{0.1}}{BW_{0.7}} = 9.96 \tag{2.1.16}$$

式（2.1.16）说明，并联谐振回路的矩形系数较大，即它对宽的通频带和高的选择性这对矛盾不能兼顾。

需要说明的是，在实际应用中，通常外加电压的频率是固定不变的，这时要改变回路的电感或电容，使回路达到谐振。

2.1.2 串联谐振回路

1. 串联回路的阻抗特性

标准的串联回路由无损耗的电感 L 和电容 C、电阻 r 串联而成，并由电压源 $\dot{V}_s$ 激励，如图 2.1.6 所示。

由 A、B 两点向回路内看入的回路等效阻抗为

$$Z_s = r + j\omega L + \frac{1}{j\omega C} \tag{2.1.17}$$

当信号源电压 $\dot{V}_s$ 的频率使电感的感抗与电容的容抗相等时，回路的阻抗值最小，且为纯电阻，即 $Z_{s\min} = r$，称

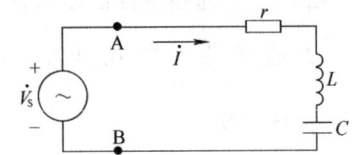

图 2.1.6 标准 LC 串联回路

此时回路发生串联谐振。由于回路谐振时 $\omega L = \dfrac{1}{\omega C}$，于是可得到回路的串联谐振频率为

$$\omega_0 = 2\pi f_0 = \frac{1}{\sqrt{LC}} \tag{2.1.18}$$

串联谐振回路的品质因数与并联回路的品质因数相同，定义为回路的储能与它的耗能之比，即

$$Q_0 = 2\pi \frac{\text{谐振时回路总的储能}}{\text{谐振时回路一周内的耗能}} = \frac{\omega_0 L}{r} = \frac{1}{\omega_0 C r} \tag{2.1.19}$$

利用式（2.1.19）并引入广义失谐 $\xi = Q_0 \dfrac{2\Delta f}{f_0}$，将式（2.1.17）改写为

$$Z_s = r\left[1 + \mathrm{j}\frac{1}{r}\left(\omega L - \frac{1}{\omega C}\right)\right] = r\left[1 + \mathrm{j}Q_0 \frac{2\Delta f}{f_0}\right] = r(1 + \mathrm{j}\xi)$$

阻抗幅频特性

$$Z_s = r\sqrt{1 + \left(Q_0 \frac{2\Delta f}{f_0}\right)^2} = r\sqrt{1 + \xi^2} \tag{2.1.20a}$$

阻抗相频特性

$$\varphi_z = \arctan\xi = \arctan Q_0 \frac{2\Delta f}{f_0} \tag{2.1.20b}$$

根据式（2.1.20）可以画出串联谐振回路阻抗的幅频特性和相频特性曲线，如图 2.1.7 所示。

由以上分析知，串联回路谐振时具有以下特点：

1）阻抗特性。回路谐振时，回路的感抗与容抗相等，互相抵消，回路阻抗最小（$Z_{\mathrm{smin}} = r$）且为纯电阻。

2）回路失谐（$\omega \neq \omega_0$）时，串联回路阻抗增加，相移值增大。当 $\omega > \omega_0$ 时，$\varphi(\omega) > 0$，串联回路阻抗呈感性；当 $\omega < \omega_0$ 时，$\varphi(\omega) < 0$，串联回路阻抗呈容性。

如果忽略简单串联谐振回路的损耗电阻 r，可以画出串联回路的电抗频率特性曲线如图 2.1.8 所示。

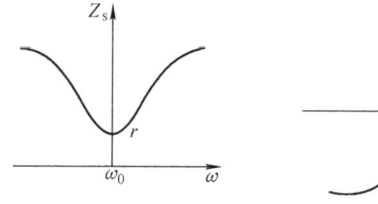

图 2.1.7　串联谐振回路阻抗的
幅频特性和相频特性曲线

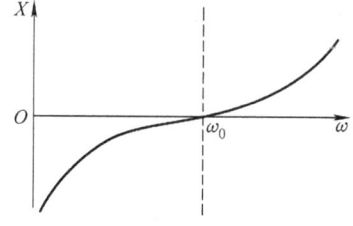

图 2.1.8　串联回路的
电抗频率特性

3）相频特性曲线为正斜率，即

$$\left.\frac{\mathrm{d}\varphi_z}{\mathrm{d}\omega}\right|_{\omega=\omega_0} = \frac{2Q_0}{\omega_0} > 0$$

2. 串联谐振回路的电流特性

串联谐振回路的输出电流随输入信号频率而变化的特性称为回路的电流特性。图 2.1.6 所示串联谐振回路的输出电流表达式为

$$\dot{I}(j\omega) = \frac{\dot{V}_s}{Z_s} = \frac{\dot{V}_s/r}{1+jQ_0\left(\dfrac{\omega}{\omega_0}-\dfrac{\omega_0}{\omega}\right)} = \frac{\dot{I}_0}{1+j\xi} \tag{2.1.21}$$

式中，$\dot{I}_0 = \dot{V}_s/r$ 为回路谐振情况下的输出电流。

结论：

1) 式（2.1.21）说明，回路发生串联谐振时，因回路阻抗最小，流过回路的电流最大，$\dot{I}_{0\max} = \dot{V}_s/r$。

2) 在谐振时，由于 $\omega_0 L = \dfrac{1}{\omega_0 C}$，因此

$$\dot{V}_{L0} = \dot{I}_0 \omega_0 L = \frac{\dot{V}_s}{r} j\omega_0 L = j\frac{\omega_0 L}{r}\dot{V}_s = jQ_0\dot{V}_s$$

$$\dot{V}_{C0} = \dot{I}_0 \frac{1}{j\omega_0 C} = -j\frac{\dot{V}_s}{r}\frac{1}{\omega_0 C} = -j\frac{1}{r\omega_0 C}\dot{V}_s = -jQ_0\dot{V}_s$$

这说明在串联回路谐振时，电感 L 或电容 C 两端的电位差等于外加电压 $\dot{V}_s$ 的 Q 倍。在高频电子线路中，回路的 Q 值往往很大（几十至几百），所以此时电感 L 或电容 C 两端的电位差要比外加电压 $\dot{V}_s$ 大几十至几百倍。例如，若 $\dot{V}_s = 10\text{V}$，$Q_0 = 100$，那么在回路谐振时，电感 L 或电容 C 两端的电压高达 1000V。因此，在串联谐振回路中，必须考虑元件的耐压问题，这是回路串联谐振时所特有的现象。所以串联谐振又称为电压谐振。

3) 在谐振点及其附近，回路电阻 r 是决定电流大小的主要因素；但当频率远离谐振点时，$\left|\omega L - \dfrac{1}{\omega C}\right| \gg r$，这时回路电流的大小几乎和电阻 r 的大小无关系。又已知回路 Q 值与 r 成反比，r 越大，Q 越小。这样，即可根据式（2.1.21）绘出在不同 r 值时的电流 I 与频率 f 的关系曲线，如图 2.1.9 所示。由图 2.1.9 可知，Q 越高（即 r 越小），谐振时的电流越大，曲线越尖锐。在远离谐振频率处，电流的大小几乎相等，r 对它们的影响很小。

在实用电路中，回路电阻 r 主要是线圈 L 的损耗电阻，所以整个回路的 Q 值可以认为就是线圈的 Q 值。由于 r 的值通常因为导线的趋肤效应等随频率升高，因而线圈的 Q 值在频率变化范围不太大时，约保持不变。因为通常只是利用谐振频率附近的特性，频率变动范围不大，所以图 2.1.9 的曲线参数注明 Q 值，而不注 r 的值。

在实际应用中，通常外加电压的频率是固定不变的，这时需要改变回路的电感或电容，使回路达到谐振。

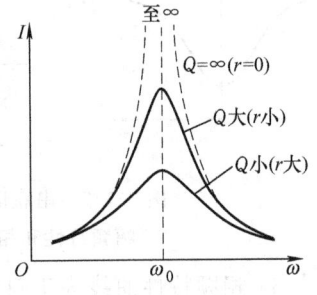

图 2.1.9 $\dot{V}_s$ 为常数时 $Q(r)$ 对 $I-\omega$ 曲线的影响

3. 串联谐振回路的选频特性

若将失谐频率对应的输出电流与谐振时的输出电流之比称为谐振回路的归一化选频特性，则可以得到

$$N(j\omega) = \frac{\dot{I}}{\dot{I}_0} = \frac{1}{1 + jQ_0 \frac{2\Delta\omega}{\omega_0}} = \frac{1}{1 + j\xi}$$

由此得到的幅频特性

$$N(\omega) = \frac{1}{\sqrt{1 + \left(Q_0 \frac{2\Delta\omega}{\omega_0}\right)^2}} = \frac{1}{\sqrt{1 + \xi^2}} \tag{2.1.22a}$$

相频特性

$$\varphi = -\arctan\left(Q_0 \frac{2\Delta\omega}{\omega_0}\right) = -\arctan\xi \tag{2.1.22b}$$

显然式（2.1.22）与式（2.1.14）分别相同，这就说明，用同样的电路元件，当连成串联电路，信号源为理想电压源时的选频特性，和它连成并联电路，信号源为理想电流源时所得到的选频特性完全相同，即串联谐振回路具有与并联回路相同的选择性、通频带。

2.1.3 负载和信号源内阻对并联谐振回路的影响

当一个具有品质因数为 Q_0（称为空载品质因数）的并联谐振回路接有负载电阻 R_L 和内阻为 R_s 的信号源时，如图 2.1.10a 所示，回路的特性将如何变化呢？为了回答这个问题，现将图 2.1.10a 等效为图 2.1.10b 的形式，其中 $R_{e0} = \frac{L}{Cr} = Q_0\omega_0 L = Q_0 \frac{1}{\omega_0 C}$，为回路的固有谐振电阻。

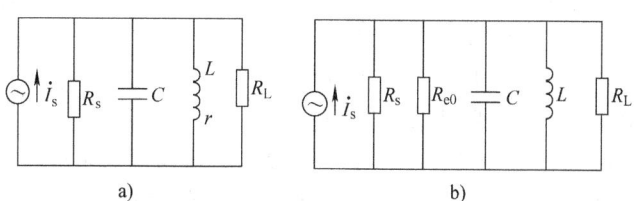

图 2.1.10 具有负载和信号源内阻的并联谐振回路
a) 实际回路 b) 等效回路

由图 2.1.10b 可知，等效回路中电感和电容没有产生变化，故谐振角频率、特性阻抗保持不变，而谐振阻抗变为

$$Z_p(\omega_0) = R_\Sigma = R_s \mathbin{/\mkern-6mu/} R_{e0} \mathbin{/\mkern-6mu/} R_L \tag{2.1.23}$$

同时，品质因数由空载品质因数变为有载品质因数

$$Q_e = \frac{R_\Sigma}{\rho} = \frac{Q_0}{1 + \frac{R_{e0}}{R_s} + \frac{R_{e0}}{R_L}} \tag{2.1.24}$$

而回路的 3dB 带宽为

$$BW_{0.7} = \frac{f_0}{Q_e} \tag{2.1.25}$$

由式（2.1.24）和式（2.1.25）可以看出，由于负载电阻和信号源内阻的影响，回路的品质因数下降，通频带展宽，选择性变差。R_L 和 R_s 越小，Q_e 下降越多，影响也就越严重。实际应用中，为了保证回路有较高的选择性，应采取必要的措施减小信号源的内阻及负载电阻

的影响，为此可采用下节讨论的阻抗变换网络。

另有一个极端情形值得注意：如果信号源为理想的电压源，它的内阻为零，那么不管并联振荡回路的阻抗等于多少，回路两端的电位差永远等于信号源电压。因此就电压来说，回路对频率毫无选择性。

如果电源内阻可以和并联回路阻抗相比较，则在回路两端的电压降大小由回路阻抗与信号源内阻的比例来决定。在谐振点，回路阻抗最大，它两端的电压也达最大值。失谐时，回路阻抗下降，总电流加大，因而信号源内阻消耗的电压增大，回路的电压降低。信号源内阻越大，并联回路两端的电压随频率而变化的速率越快，电压谐振曲线越尖锐。图 2.1.11a 所示为某一典型并联回路在各种不同信号源内阻 R_s 值时的回路电压谐振曲线。

为便于比较，可将图 2.1.11a 加以修正，得出图 2.1.11b。修正的地方是：信号源电压随内阻 R_s 的升高而加大，使得各条曲线在谐振点处的高度相同。图 2.1.11 中还包括了理想电流源的情形。由图可知，理想电流源所

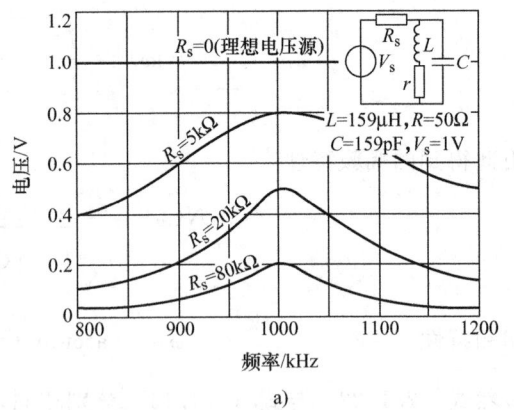

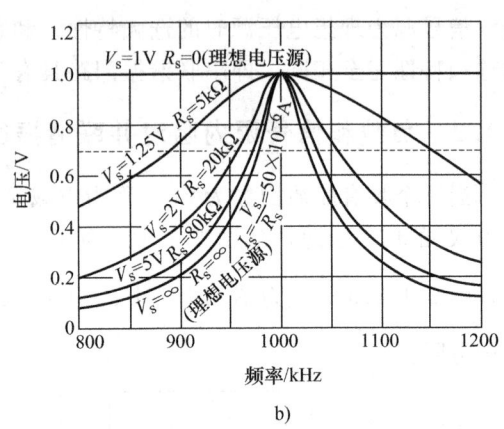

图 2.1.11 电源内阻对并联谐振曲线的影响

得的谐振曲线最尖锐，理想电压源所得谐振曲线为水平直线，毫无选择性。

由此可得一个重要结论：为获得优良的选择性，信号源内阻低时，应采用串联振荡回路，而信号源内阻高时，应采用并联振荡回路。

值得指出的是：对于低 Q 值并联回路（回路的 Q 值低于 10 的电路），由于 Q 值低，在工作频率固定不变的情况下，Z_p 为最大和 Z_p 为纯电阻这两个点不一定能够重合在一起，这取决于是以电感 L 调谐，还是以电容 C 调谐，以得到谐振来决定。

1) 如果电阻集中在电感支路（这是最常见的情形），电容支路的电阻等于零时，若是改变 C 来获得谐振，则 Z_p 为纯电阻和 Z_p 达到最大这两点是完全重合的。如果是改变 L 来获得谐振，则这两个点不能重合。

2) 如果电阻集中在电容支路，电感支路的电阻为零时，则变动 C 来获得谐振，Z_p 为纯电阻和 Z_p 为最大两点不能重合；但变动 L 来获得谐振，则这两个点是重合的。

低 Q 值谐振回路的上述特性在调谐发射机谐振回路时是相当重要的。

例 2.1.1 设一放大器以简单并联振荡回路为负载，信号中心频率 $f=10\text{MHz}$，回路电容 $C=50\text{pF}$，试计算所需的线圈电感值。又若线圈品质因数为 $Q_0=100$，试计算回路谐振电阻及回路带宽。若放大器所需的带宽为 0.5MHz，则应在回路上并联多大电阻才能满足放大器所需带宽要求？

解 (1) 计算 L 值

由式（2.1.5）可得

$$L = \frac{1}{\omega_0^2 C} = \frac{1}{(2\pi)^2 f_0^2 C}$$

将 f_0 以兆赫（MHz）为单位，C 以皮法（pF）为单位，L 以微亨（μH）为单位。上式可变为一实用计算公式

$$L = \frac{1}{(2\pi)^2} \frac{1}{f_0^2 C} \times 10^6 = \frac{25330}{f_0^2 C} \quad (2.1.26)$$

将 $f_0 = f = 10\text{MHz}$ 代入，得

$$L = 5.07\mu\text{H}$$

（2）回路谐振电阻和带宽

由式（2.1.7）知

$$R_{e0} = Q_0 \omega_0 L = 100 \times 2\pi \times 10^7 \times 5.07 \times 10^{-6} \Omega = 3.18 \times 10^4 \Omega = 31.8\text{k}\Omega$$

回路带宽为

$$BW_{0.7} = \frac{f_0}{Q_0} = 100\text{kHz}$$

（3）求满足 0.5MHz 带宽的并联电阻

设回路上并联的电阻为 R_1，并联后的总电阻为 $R_\Sigma = R_1 // R_{e0}$，回路的有载品质因数为 Q_e，由带宽公式得

$$Q_e = \frac{f_0}{BW_{0.7}} = \frac{10}{0.5} = 20$$

回路总电阻为

$$R_\Sigma = R_1 // R_{e0} = \frac{R_{e0} R_1}{R_{e0} + R_1} = Q_e \omega_0 L$$

$$= 20 \times 2\pi \times 10^7 \times 5.07 \times 10^{-6} \Omega = 6.37\text{k}\Omega$$

$$R_1 = \frac{6.37\text{k}\Omega \times R_{e0}}{R_{e0} - 6.37\text{k}\Omega} = 7.97\text{k}\Omega$$

因此，需要在回路上并联 7.97kΩ 的电阻。

2.2 窄带无源阻抗变换网络

在并联谐振回路中，为了减少负载 R_L 和信号源内阻 R_s 对选频回路的影响，保证回路有高的 Q 值，除了增大负载 R_L 和信号源内阻 R_s 外，还可以采用阻抗变换网络。

2.2.1 串、并联阻抗的等效互换

在介绍阻抗变换网络之前，首先介绍网络分析中常用的串、并联阻抗的等效转换公式。所谓的"等效"是指回路 A、B 两端的阻抗（或导纳）相等。若需将一个由电抗和电阻相串接的电路和相并接的电路进行等效转换，由图 2.2.1 可以得到

$$R_s + jX_s = \frac{R_p jX_p}{R_p + jX_p} = \frac{X_p^2}{R_p^2 + X_p^2} R_p + j\frac{R_p^2}{R_p^2 + X_p^2} X_p$$

由此得到并联阻抗转换为串联阻抗的公式

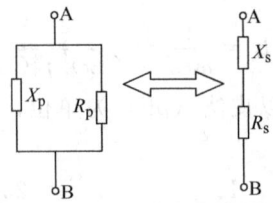

图 2.2.1 串、并联阻抗的等效变换

$$R_s = \frac{X_p^2}{R_p^2 + X_p^2}R_p = \frac{X_p^2}{Z_p^2}R_p \\ X_s = \frac{R_p^2}{R_p^2 + X_p^2}X_p = \frac{R_p^2}{Z_p^2}X_p \Bigg\} \quad (2.2.1)$$

式中，$Z_p^2 = R_p^2 + X_p^2$。

由图 2.2.1 又可以得到

$$\frac{1}{R_p} + \frac{1}{jX_p} = \frac{1}{R_s + jX_s}$$

令上式两边的实数与虚数部分分别相等，又可以得到所需的串联阻抗转换为并联阻抗的公式

$$R_p = \frac{R_s^2 + X_s^2}{R_s} = \frac{Z_s^2}{R_s} \\ X_p = \frac{R_s^2 + X_s^2}{X_s} = \frac{Z_s^2}{X_s} \Bigg\} \quad (2.2.2)$$

式中，$Z_s^2 = R_s^2 + X_s^2$。

若设串联电路的品质因数为 $\quad Q_s = \dfrac{X_s}{R_s} \quad (2.2.3)$

并联电路的品质因数为 $\quad Q_p = \dfrac{R_p}{X_p} \quad (2.2.4)$

将式 (2.2.1) 和式 (2.2.2) 代入式 (2.2.3)、式 (2.2.4)，可以得到

$$Q_p = Q_s = \frac{R_p}{X_p} = \frac{X_s}{R_s} = Q \quad (2.2.5)$$

串、并联支路的 Q 值相等。所以得到由品质因数表示的式 (2.2.1)、式 (2.2.2) 的关系为

$$R_s = \frac{R_p}{1 + Q^2} \\ X_s = \frac{Q^2}{1 + Q^2}X_p \Bigg\} \quad (2.2.6)$$

或者串联转换为并联阻抗的公式

$$R_p = R_s(1 + Q^2) \\ X_p = \left(1 + \frac{1}{Q^2}\right)X_s \Bigg\} \quad (2.2.7)$$

当回路的 Q 值较高（大于 10）时，上述式 (2.2.7) 可以改为

$$R_p = Q^2 R_s \\ X_p = X_s \}\quad (2.2.8)$$

上述各式表明，品质因数 Q 确定后，R_p 和 R_s 之间、X_p 和 X_s 之间可以相互转换，且转换前后的电抗性质不变（X_p 和 X_s 有相同的正负号且大小相等）；大的 R_p 是小的 R_s 的 Q^2 倍。

利用串并联阻抗转换公式，可以导出各种滤波匹配网络的元件表达式。

对于一般形式的并联回路，如图 2.2.2 所示，若

$$Z_1 = R_1 + jX_1 \qquad Z_2 = R_2 + jX_2$$

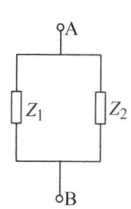

图 2.2.2 一般形式的并联阻抗回路

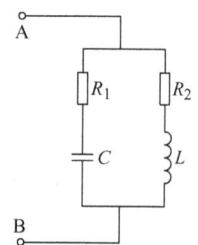

图 2.2.3 并联电路

而通常情况下电子线路中均满足 $X \gg R$ 的条件，因此回路并联谐振时，有

$$X_1 + X_2 = 0 \quad (2.2.9)$$

此时回路 A、B 间的阻抗

$$Z_{AB} = \frac{Z_1 Z_2}{Z_1 + Z_2} = \frac{(R_1 + jX_1)(R_2 + jX_2)}{R_1 + jX_1 + R_2 + jX_2} = \frac{(R_1 + jX_1)(R_2 + jX_2)}{R_1 + R_2}$$

由于 $X_1 \gg R_1$，$X_2 \gg R_2$，上式可以简化为

$$Z_{AB} \approx -\frac{X_1 X_2}{R_1 + R_2} \quad (2.2.10)$$

利用式 (2.2.9)，上式可以改写为

$$Z_{AB} \approx \frac{X_1^2}{R_1 + R_2} = \frac{X_2^2}{R_1 + R_2} \quad (2.2.11)$$

比较式 (2.2.11) 和式 (2.1.11) 可以看出，二者的形式完全相似。式 (2.2.11) 用于推算类似图 2.2.2 形式的并联谐振回路的特性。

例如，图 2.2.3 所示的并联电路在谐振时回路的阻抗为

$$Z_{AB} \approx \frac{(\omega_0 L)^2}{R_1 + R_2} = \frac{1}{R_1 + R_2} \frac{1}{(\omega_0 C)^2} \quad (2.2.12)$$

若 R_1、R_2 均不大，根据式 (2.1.11) 可以认为 $R_1 + R_2$ 是集中在电感支路内的，此时回路的 Q 值为

$$Q = \frac{(\omega_0 L)}{R_1 + R_2} \quad (2.2.13)$$

由式 (2.2.13) 所表述的观念非常重要，实际中会很有用。

2.2.2 变压器阻抗变换

变压器阻抗变换电路如图 2.2.4 所示，设变压器为无损耗的理想变压器，且一次绕组电

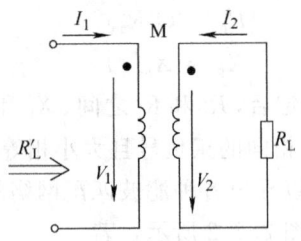

图 2.2.4 变压器阻抗变换器

感量为 L_1，匝数为 N_1；二次绕组电感量为 L_2，匝数为 N_2，M 为互感，则变压器一次、二次电压和电流的关系为

$$\frac{V_1}{V_2} = \frac{N_1}{N_2} = \frac{1}{n} \qquad \frac{I_1}{I_2} = -\frac{N_2}{N_1} = -n$$

电流式中的负号表示 I_2 实际方向与参考方向相反。

由于变压器一次、二次侧消耗的功率是相等的，可得一次、二次侧电阻的关系为

$$R_L' = \left(\frac{N_1}{N_2}\right)^2 R_L = \frac{1}{n^2} R_L \tag{2.2.14}$$

2.2.3 抽头式并联电路的阻抗变换

在实际应用中，为了减小负载电阻和信号源内阻对回路选频特性的影响，常常采用电抗元件部分接入的方法进行阻抗变换，也称之为抽头并联振荡回路。图 2.2.5 是几种常用的抽头振荡回路。采用抽头回路，可以通过改变电感抽头位置或电容分压比来进行阻抗变换。图 2.2.5a、b 为实现回路与信号源的阻抗匹配；图 2.2.5d、e 为实现回路与负载的阻抗匹配。

在图 2.2.5a 中，若品质因数足够大（$Q \gg 1$）、无互感，回路处于谐振或失谐不大时，

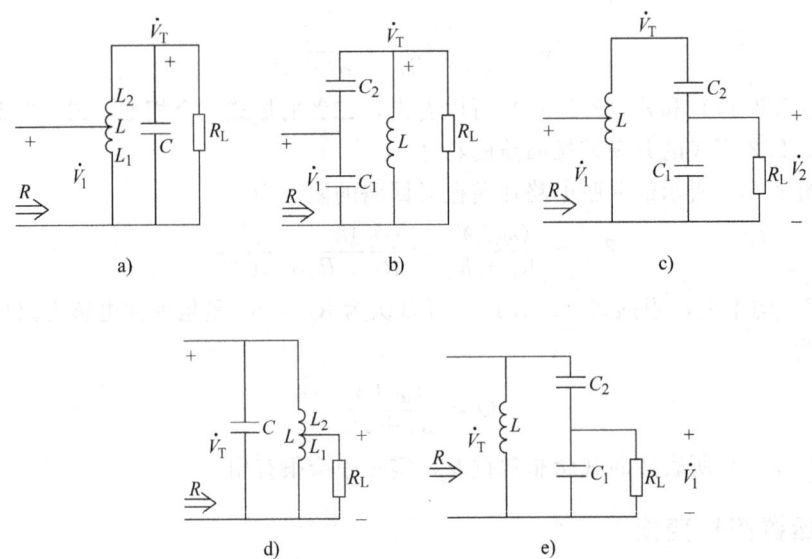

图 2.2.5 几种常用的部分接入方式

满足近似条件下，$\frac{V_1}{V_T} \approx \frac{L_1}{L_1+L_2}$。由此，接入系数 n 为

$$n = \frac{V_1}{V_T} \approx \frac{L_1}{L_1+L_2} \tag{2.2.15}$$

谐振时，设输入端呈现的电阻为 R，根据功率相等的原则，可得输入、输出电阻的关系为

$$R = (V_1/V_T)^2 R_L = n^2 R_L \tag{2.2.16}$$

回路失谐较小时，设输入端的阻抗为 Z，则输入、输出阻抗也有类似的关系：

$$Z = n^2 Z_L = \frac{n^2 R_L}{1+\mathrm{j}2Q\frac{\Delta\omega}{\omega_0}}$$

对图 2.2.5b 所示电路，满足近似条件时，以上公式也同样适用，只是接入系数变为

$$n = \frac{V_1}{V_T} \approx \frac{C_2}{C_1+C_2} \tag{2.2.17}$$

同理，对图 2.2.5d、e 所示电路，若假设流过电感（或电容）的电流比负载 R_L 上的电流大得多，故图 2.2.5d 可用图 2.2.6a 等效。其中

$$R_L' = \frac{1}{n^2} R_L \qquad n = \frac{L_1}{L_1+L_2} \tag{2.2.18}$$

图 2.2.5e 可用图 2.2.6b 等效。其中

$$R_L' = \frac{1}{n^2} R_L \qquad n = \frac{C_2}{C_1+C_2} \tag{2.2.19}$$

若外接负载不是纯电阻而包含电抗成分时，上述等效变换仍然成立。对于信号源，也可以采用上述方法进行变换。等效的原则仍是功率相等。

在满足近似条件下，图 2.2.5 中两电压的关系为

$$V_1 = nV_T \quad \text{或} \quad V_T = \frac{1}{n} V_1 \tag{2.2.20}$$

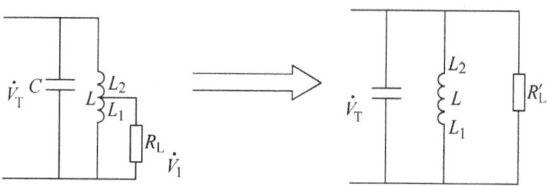

a)

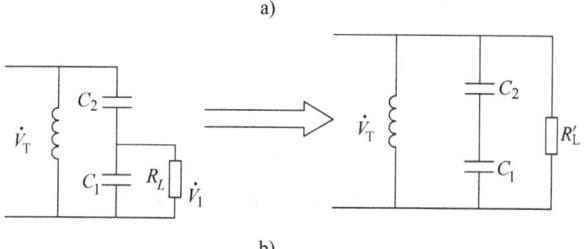

b)

图 2.2.6　图 2.2.5d、e 的等效电路

a) 图 2.2.5d 的等效电路　b) 图 2.2.5e 的等效电路

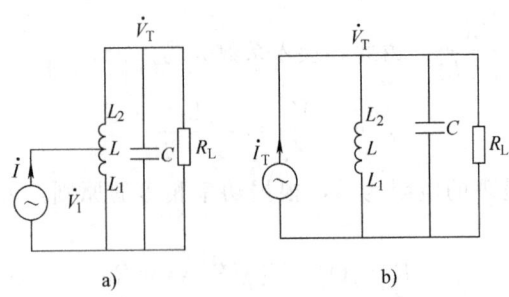

图 2.2.7 电流源及其等效电路

图 2.2.7a 所示的电流源，等效后的电路如图 2.2.7b 所示，其电流关系为

$$I_T = nI \quad \text{或} \quad I = \frac{1}{n}I_T \tag{2.2.21}$$

由以上分析可以看出，采用部分接入方式时，阻抗从低抽头（部分）向高抽头（整体）转换时，等效阻抗（R_L'、Z_L'）将增加，增加的倍数是 $\frac{1}{n^2}$。此时，合理选择抽头位置，可达到阻抗匹配的目的。

例 2.2.1 电路如图 2.2.8 所示，试求输出电压 $v_1(t)$ 的表达式及回路的带宽（忽略回路本身的固有损耗）。

解 设回路满足高 Q 的条件，由图知，回路电容为

$$C = \frac{C_1 C_2}{C_1 + C_2} = \frac{2000 \times 2000}{2000 + 2000}\text{pF} = 1000\text{pF}$$

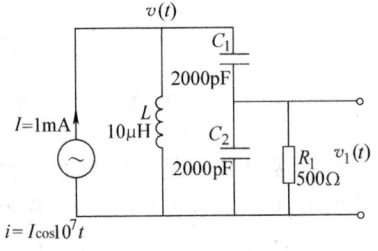

图 2.2.8 例 2.2.1 电路图

谐振角频率为 $\omega_0 = \frac{1}{\sqrt{LC}} = 10^7 \text{rad/s}$

电阻 R_1 的接入系数 $n = \frac{C_1}{C_1 + C_2} = \frac{2000}{2000 + 2000} = \frac{1}{2}$

等效到回路两端的电阻为 $R = \frac{1}{n^2}R_1 = \frac{500}{1/4}\Omega = 2000\Omega$

回路谐振时，两端的电压 $v(t)$ 与 $i(t)$ 同相，电压振幅为 $V = IR = 10^{-3} \times 2000\text{V} = 2\text{V}$，所以回路两端的电压 $v(t) = iR = 1\text{mA} \times \cos 10^7 t \times 2\text{k}\Omega = 2\cos 10^7 t \text{V}$

输出电压 $v_1(t) = nv(t) = \frac{1}{2} \times 2\cos 10^7 t \text{V} = \cos 10^7 t \text{V}$

回路品质因数 $Q_0 = \frac{R}{\omega_0 L} = \frac{2000}{10^7 \times 10^{-5}} = \frac{2000}{100} = 20$

回路带宽 $BW_{0.7} = \frac{f_0}{Q_0} = \frac{10^7}{2\pi \times 20}\text{Hz} \approx 79.58 \times 10^3 \text{Hz}$

通过计算表明满足高 Q 的假设，而且也基本满足 $Q_0 = 10$ 远大于 1 的条件。由上述计算知，$v_1(t)$ 与 $v(t)$ 同相位，实际上，由于 R_1 对实际分压比的影响，$v_1(t)$ 与 $v(t)$ 之间存在一小的相移。

最后，研究阻抗变换电路的谐振频率。例如图 2.2.5a 所示，其谐振频率的计算可以利用式（2.2.9）得到，即

$$\omega_0 L_1 + \left(\omega_0 L_2 - \frac{1}{\omega_0 C}\right) = 0 \tag{2.2.22}$$

由式（2.2.22）可知，当有多个电抗元件构成的回路处于谐振状态时，沿回路一圈的电抗和等于零。

式（2.2.22）可以改写为

$$\left. \begin{array}{l} \omega_0(L_1 + L_2) = \dfrac{1}{\omega_0 C} \\ \omega_0 L_1 = \dfrac{1}{\omega_0 C} - \omega_0 L_2 \end{array} \right\} \tag{2.2.23}$$

式（2.2.23）说明，当回路谐振时，由回路的任何两端点看去，回路都谐振于同一频率，且呈纯电阻性。其谐振频率为

$$\omega_0 = \frac{1}{\sqrt{(L_1 + L_2)C}} \tag{2.2.24}$$

2.3 耦合回路

耦合回路（Coupling Circuit）是由两个或两个以上的电路形成的一个网络，两个电路之间必须有公共阻抗存在，才能完成耦合作用。若公共阻抗是纯电阻或纯电抗，则称为纯耦合，图 2.3.1a~d 所示电路即为纯耦合。若公共阻抗由两种或两种以上的电路元件组成，则称为复耦合，图 2.3.2 所示电路即为复耦合。

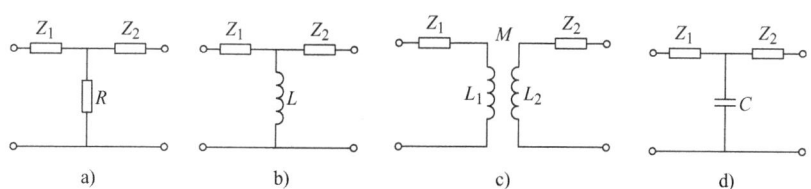

图 2.3.1 纯耦合电路
a) 电阻耦合 b) 电感耦合 c) 互感耦合 d) 电容耦合

在耦合回路中接有激励信号源的回路称为初级回路，与负载相接的回路称为次级回路。常用耦合系数 k 表示回路间的耦合程度，k 定义为：耦合回路的公共电抗（或电阻）绝对值与初次级回路中同性质的电抗（或电阻）的几何中项之比，即

$$k = \frac{|X_{12}|}{\sqrt{X_{11} X_{22}}} \tag{2.3.1}$$

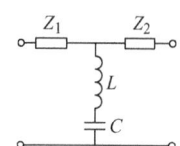

图 2.3.2 复耦合电路

式中，X_{12} 为耦合元件电抗；X_{11} 与 X_{22} 分别为初级回路和次级回路中与 X_{12} 同性质的总电抗。例如，图 2.3.1c 的耦合系数为

$$k = \frac{M}{\sqrt{L_1 L_2}} \tag{2.3.2}$$

根据耦合系数的定义，耦合系数是无量纲的正实数，其值小于 1，最大等于 1。

2.3.1 耦合回路的阻抗特性

在通信电子线路中,常采用图 2.3.3a、b 两种耦合回路。图 a 为互感耦合串联型回路;图 b 为电容耦合并联型回路。根据 2.2.1 小节的公式,串联型和并联型电路可以等效互换,可根据分析计算的方便而定。由于图 2.3.3 的初级回路和次级回路都是谐振回路,因而也称为耦合振荡回路。

现以图 2.3.3a) 所示的互感耦合回路为例来分析耦合回路的阻抗特性。在初级回路接入角频率为 ω 的正弦电压 $\dot{V}_1$,根据基尔霍夫定律和图 2.3.3 中所示的初级回路和次级回路中电流 $\dot{I}_1$ 和 $\dot{I}_2$ 的参考方向以及线圈的同名端,可以得到回路电压方程为

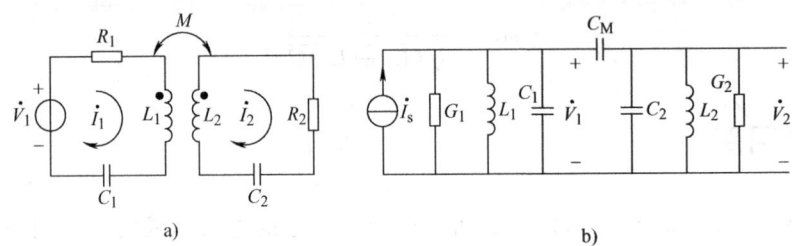

图 2.3.3 常用的两种耦合回路
a) 互感耦合串联型回路   b) 电容耦合并联型回路

$$\dot{V}_1 = \dot{I}_1 \left(R_1 + j\omega L_1 + \frac{1}{j\omega C_1} \right) - \dot{I}_2 j\omega M = \dot{I}_1 Z_{11} - j\omega M \dot{I}_2$$

$$0 = \dot{I}_2 \left(R_2 + j\omega L_2 + \frac{1}{j\omega C_2} \right) - \dot{I}_1 j\omega M = \dot{I}_2 Z_{22} - j\omega M \dot{I}_1$$

式中,$Z_{11} = R_1 + j\omega L_1 + \frac{1}{j\omega C_1}$ 为初级回路的自阻抗;$Z_{22} = R_2 + j\omega L_2 + \frac{1}{j\omega C_2}$ 为次级回路的自阻抗;耦合元件电抗 $Z_{12} = j\omega M$。

由上两式可以得到,初级回路和次级回路电流分别为

$$\dot{I}_1 = \frac{\dot{V}_1}{Z_{11} + \frac{(\omega M)^2}{Z_{22}}} = \frac{\dot{V}_1}{Z_{11} + Z_{f1}}$$

$$\dot{I}_2 = \frac{j\omega M \dot{I}_1}{Z_{22}} = \frac{j\omega M \dfrac{\dot{V}_1}{Z_{11}}}{Z_{22} + \dfrac{(\omega M)^2}{Z_{11}}} = \frac{j\omega M \dfrac{\dot{V}_1}{Z_{11}}}{Z_{22} + Z_{f2}}$$

式中,$Z_{f1} = \dfrac{(\omega M)^2}{Z_{22}}$ 称为次级回路在初级回路中产生的反射阻抗;同理 $Z_{f2} = \dfrac{(\omega M)^2}{Z_{11}}$ 称为初级回路在次级回路中产生的反射阻抗;反射阻抗又称为耦合阻抗,是耦合回路中极其重要的参数。$Z_{f1}(Z_{f2})$ 的物理意义是:次(初)级电流 $\dot{I}_2(\dot{I}_1)$ 通过互感 M 的作用,在初(次)级回路中产生的感应电动势 $\pm j\omega M \dot{I}_2 (\pm j\omega M \dot{I}_1)$ 对初(次)级回路电流 $\dot{I}_1(\dot{I}_2)$ 的影响。

反射阻抗的作用：耦合回路的许多重要特性是由反射阻抗 $Z_{f1} = \dfrac{(\omega M)^2}{Z_{22}}$ 决定的。当互感 M 很小时，反射阻抗也很小，因此次级回路对初级回路电流的影响很小，此时初级回路电流与次级回路不存在时的情形相近。当 $M=0$ 时，反射阻抗等于零，回路成为了单回路。另一方面，当 Z_{22} 很大时，即使 M 相当大，反射阻抗仍很小，故对初级回路电流的影响仍极小。以上两种情形的物理意义可解释如下：

1) 当 M 很小时，次级回路的感应电动势小，所以从初级回路传输至次级回路的能量也很小。

2) 当 Z_{22} 很大时，即使 M 也很大，次级回路有较高的感应电动势，但由于 Z_{22} 大，因而 $\dot{I}_2$ 很小，故从初级回路传输至次级回路的能量仍然很小。

因此，只有在次级回路 Z_{22} 不太大，互感 M 又不太小时，反射阻抗 Z_{f1} 才比较大。此时初级回路的电流与电压关系将受到次级回路相当大的影响。

2.3.2 耦合回路的频率特性

前面所讨论的情况都是假定信号源的频率固定不变，只是改变回路参数时产生的谐振现象。然而，在实用中却是回路参数不变，信号源频率在改变。次级回路的电压（或电流）随频率而变化的曲线，即为次级回路电压（或电流）的频率特性。

下面以图 2.3.3b 所示的并联型电路为例来进行分析，所得的结果对图 2.3.3a 所示的串联型电路同样适用。

实用中初级回路和次级回路的参量往往是相同的，因此以下的讨论假定：$L_1 = L_2 = L$，$C_1 = C_2 = C$，$G_1 = G_2 = G$；所以有：$\omega_{01} = \omega_{02} = \omega_0 = \dfrac{1}{\sqrt{LC}}$，$Q_1 = Q_2 = Q$，$\xi_1 = \xi_2 = \xi$。由图 2.3.3b 可以写出该电路的节点电流方程为

$$\dot{I}_s = \dot{V}_1 \left[G + \dfrac{1}{j\omega L} + j\omega(C + C_M) \right] - j\omega C_M \dot{V}_2$$

$$0 = \dot{V}_2 \left[G + \dfrac{1}{j\omega L} + j\omega(C + C_M) \right] - j\omega C_M \dot{V}_1$$

式中，C_M 为耦合电容。令 $C' = (C + C_M)$，并引入广义失谐 $\xi = Q\left(\dfrac{\omega}{\omega_0} - \dfrac{\omega_0}{\omega}\right)$，上两式可以改写为

$$\dot{I}_s = \dot{V}_1 G(1 + j\xi) - j\omega C_M \dot{V}_2$$

$$0 = \dot{V}_2 G(1 + j\xi) - j\omega C_M \dot{V}_1$$

求解上两式可以得到

$$\dot{V}_2 = \dfrac{j\omega C_M \dot{I}_s}{G^2(1 + j\xi)^2 + \omega^2 C_M^2} = \dfrac{j\omega C_M \dot{I}_s}{G^2 \left(1 - \xi^2 + \dfrac{\omega^2 C_M^2}{G^2} + j 2\xi\right)} \quad (2.3.3)$$

$\dot{V}_2$ 的模值为

$$V_2 = \dfrac{\omega C_M I_s}{G^2 \sqrt{\left(1 - \xi^2 + \dfrac{\omega^2 C_M^2}{G^2}\right)^2 + 4\xi^2}} = \dfrac{\eta I_s}{G \sqrt{(1 - \xi^2 + \eta^2)^2 + 4\xi^2}} \quad (2.3.4)$$

式中，$\eta = \dfrac{\omega C_M}{G}$ 称为耦合因数，表示耦合回路的耦合程度。该式表示在谐振点附近，次级回路输出电压幅值随频率和耦合程度变化的规律。要得到谐振曲线的相对抑制比，还需求出式（2.3.4）的最大值。利用导数求极值的方法可求得，当 $\eta = 1$ 时，在 $\xi = 0$ 处 V_2 出现最大值 $V_{2\max}$，将 $\eta = 1$，$\xi = 0$ 代入式（2.3.4），得

$$V_{2\max} = \frac{I_s}{2G} \tag{2.3.5}$$

耦合谐振回路谐振特性曲线的归一化表示式为

$$N = \frac{V_2}{V_{2\max}} = \frac{2\eta}{\sqrt{(1-\xi^2+\eta^2)^2+4\xi^2}} \tag{2.3.6}$$

它对于任何单一电抗耦合形式、任何形式的调谐方法都是适用的。这里唯一的限制条件就是信号频率只能在谐振频率附近改变，且变化范围不能太大，否则 η、Q 就不能视为常数。

将式（2.3.6）与单回路谐振曲线方程相比较，谐振曲线 N 不仅是 ξ 的函数，还是 η 的函数；不同的 η 值，曲线的形状也各异。η 之所以称为耦合因数，是因为它与耦合系数 k 成正比。η 与 k 的关系为

$$\eta = \frac{\omega C_M}{G} = \frac{C}{C}\frac{\omega C_M}{G} = \frac{\omega C}{G}\frac{C_M}{C} = Qk \tag{2.3.7}$$

为了便于分析，现将式（2.3.6）改写为

$$N = \frac{V_2}{V_{2\max}} = \frac{2\eta}{\sqrt{(1+\eta^2)^2+2(1-\eta^2)\xi^2+\xi^4}} \tag{2.3.8}$$

若以 ξ 为变量，η 为参变量，则根据式（2.3.8）画出的次级回路频率响应曲线如图 2.3.4 所示。可以看出，不同的 η 值有不同的频率特性。

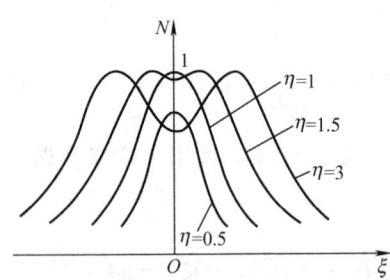

图 2.3.4 次级回路的归一化谐振特性曲线

当 $\eta < 1$ 时（$kQ < 1$），谐振曲线为尖锐的单峰，这是因为：此时次级回路对初级回路的影响小，因而初级回路电流随频率而变化的曲线可以认为和它本身单独存在时的串联谐振曲线相同，在次级回路中的电流则可认为是由次级回路本身的串联谐振曲线与初级回路电流的谐振曲线相乘而得，因此 V_2 的变化曲线要比单回路谐振曲线更尖锐。由式（2.3.8）知，在谐振点处（$\xi = 0$），$N = \dfrac{2\eta}{1+\eta^2} < 1$，而且 η 越小，则 V_2 越小，这一物理意义是很明显的。此时，称为欠耦合（Undercoupling）。

当 η 逐渐增大时，次级回路耦合到初级回路的阻抗也逐渐增加，亦即次级回路对初级回

路的影响逐渐加强，因此，在谐振点处次级回路电流（电压）逐渐增大，而且由于初级回路因反射电阻增加，以致有效 Q 值下降，因而 I_1 的谐振曲线变钝，随之 I_2（或 V_2）的谐振曲线也变钝了。直到 $\eta=1$ 时达到临界耦合（Critical Coupling），谐振曲线仍为单峰，但已经变得粗壮了。

临界耦合的情况下，将 $\eta=1$ 代入式（2.3.8）中，得到

$$N = \frac{V_2}{V_{2\max}} = \frac{2}{\sqrt{4+\xi^4}} \tag{2.3.9}$$

令 $N=\frac{1}{\sqrt{2}}$，由式（2.3.8）得到 $\xi=\sqrt{2}$，此时耦合回路的通频带为

$$\xi = Q\left(\frac{\omega}{\omega_0} - \frac{\omega_0}{\omega}\right) = \sqrt{2}$$

$$BW_{0.7} = \sqrt{2}\frac{f_0}{Q} \tag{2.3.10}$$

与式（2.1.15）比较知，在 Q 值相同的情况下，临界耦合（$\eta=1$）时耦合振荡回路通频带为单振荡回路通频带的 $\sqrt{2}$ 倍。在谐振点（$N=1$）处，$V_2=V_{2\max}$，这是最佳耦合下的全谐振。

临界耦合系数为

$$k = \frac{1}{Q} = \frac{C_M}{C} \tag{2.3.11}$$

对于互感耦合回路来说，临界耦合系数为

$$k = \frac{1}{Q} = \frac{M}{\sqrt{L_1 L_2}} = \frac{M}{L} \tag{2.3.12}$$

R 若继续增大，$\eta>1$，为过耦合（Over Coupling）状态。由式（2.3.8）知，其分母中的第二项 $2(1-\eta^2)\xi^2$ 变为负值，而且随着 $|\xi|$ 的增大，此负值也随着增大，所以分母先是减小，当 $|\xi|$ 较大时，分母中的第三项 ξ^4 的作用比较显著，分母又随 $|\xi|$ 的增大而增大，因此，随着 $|\xi|$ 的增大，N 值先是增大，而后又减小。这样，频率特性在 $\xi=0$ 的两边必然出现双峰，在 $\xi=0$ 处为谷点，η 愈大，两峰点拉开的距离愈远，谷点下凹也愈厉害。可以同样证明，在两峰点处，初级回路和次级回路处于共轭匹配状态。

若以 δ 来表示谷点下凹的程度，利用式（2.3.8），令 $\xi=0$ 求出 N 值，并以符号 δ 表示，可以得到

$$\delta = \frac{2\eta}{1+\eta^2} \tag{2.3.13}$$

可见 δ 随着 η 的增大而下降。

过耦合状态通频带的计算方法与临界耦合时一样，令式（2.3.8）$N=\frac{1}{\sqrt{2}}$，即

$$N = \frac{2\eta}{\sqrt{(1+\eta^2)^2 + 2(1-\eta^2)\xi^2 + \xi^4}} = \frac{1}{\sqrt{2}}$$

满足上式的广义失谐为

$$|\xi| = \sqrt{\eta^2 + 2\eta - 1}$$

回路的通频带为

$$BW_{0.7} = \sqrt{\eta^2 + 2\eta - 1}\frac{f_0}{Q} \qquad (2.3.14)$$

由图 2.3.4 中的谐振曲线可以看出，在过耦合的情况下，随着 η 的增大，中间的凹陷越来越深，因此为了满足通频带的定义，应该保证凹陷处的深度不低于 $\frac{1}{\sqrt{2}}$，为此应令式（2.3.13）的 $\delta = \frac{1}{\sqrt{2}}$，求出相应的 $\eta = 2.41$。$\eta = 2.41$ 的意义在于为了满足通频带的定义，耦合因数 η 最大只能为 2.41。将 $\eta = 2.41$ 代入式（2.3.14）中，得到

$$BW_{0.7} = 3.1\frac{f_0}{Q} \qquad (2.3.15)$$

与单振荡回路相比，在 Q 值相同的情况下，它是单回路通频带的 3.1 倍。

观察图 2.3.4 所示的谐振特性曲线，可以看出在凹陷处的深度不低于 $\frac{1}{\sqrt{2}}$ 的情况下，耦合振荡回路比单振荡回路的优越之处在于耦合振荡回路的频率特性曲线更接近于理想的矩形曲线，通频带宽。

2.4 滤波器的其他形式

在高频电子线路中，除应用上述的单振荡回路及耦合振荡回路作为选频网络外，目前还广泛应用各种滤波器，如石英晶体滤波器、陶瓷滤波器、声表面波滤波器等。下面分别介绍几种常用滤波器的工作原理和特性。

2.4.1 石英晶体滤波器

随着现代无线电技术的不断发展，对滤波器性能的要求也越来越高，要求其工作频率高度稳定，阻带衰减特性陡峭。要满足这样的条件，就要求滤波器元件具有高的品质因数。对前面讨论的 LC 振荡回路，由于电感的品质因数较低（一般在 100~200 范围内），不能满足要求。而用特殊方式切割的石英晶体片构成的石英晶体谐振器，其品质因数很高，可达几万。因此，用石英晶体谐振器组成滤波器元件来代替 LC 电路能得到工作频率稳定度很高、阻带衰减特性陡峭、通带衰减很小的滤波器，所以应用日益广泛。在高频电路中，石英晶体谐振器广泛应用于高稳定性的高频振荡器中，也用作高性能的窄带滤波器。

1. 石英晶体的物理特性

石英是一种矿物质硅石，化学成分是 SiO_2，形状为结晶的六角锥体。图 2.4.1a 表示自然结晶体，图 2.4.1b 表示晶体的横断面。为了便于研究，人们根据石英晶体的物理特性，在石英晶体内画出三种几何对称轴，连接两个角锥顶点的一根轴 Z，称为光轴；在图 2.4.1b 中沿对角线的三条 X 轴，称为电轴；与电轴相垂直的三条 Y 轴，称为机械轴。

石英晶体谐振器由石英晶体切片而成，各种晶

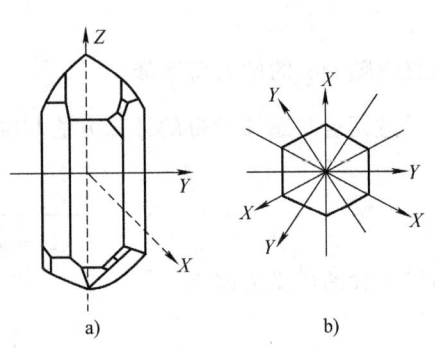

图 2.4.1 石英晶体的形状及横断面图

片按与各轴不同角度切割而成。图 2.4.2 就是石英晶体几种常用的切片方式,晶片经制作金属电极,安放于支架并封装即成为晶体谐振器元件。

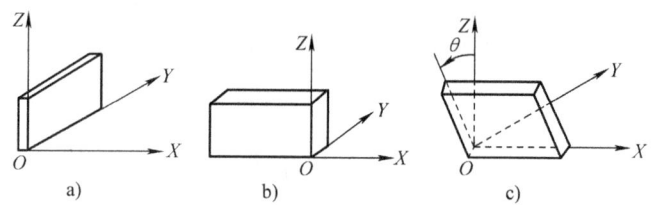

图 2.4.2　石英晶体的各种切割方式
a) X 切割　b) Y 切割　c) AT 切割

石英晶体之所以能成为电谐振器,是利用了它所特有的正、反两种压电效应。所谓正压电效应,就是当沿晶体的电轴或机械轴施以张力或压力时,就在垂直于电轴的两面上产生正、负电荷,呈现出电压。负压电效应是指当在垂直于电轴的两面上加交变电压时,晶体将会沿电轴或机械轴产生弹性变形(伸张或压缩),称为机械振动。因为石英晶体和其他弹性体一样,具有弹性和惯性,因而存在着固有振动频率。当外加电信号频率在此自然频率附近时,就会发生谐振现象。它既表现为晶片的机械共振,又在电路上表现出电谐振。这时有很大的电流流过晶体,产生电能和机械能的转换。晶片的谐振频率与晶片的几何尺寸及振动方式(取决于切片方式)有关。用于高频的晶体切片,其谐振时的电波长 λ_0 常与晶片厚度成正比,谐振频率与厚度成反比。正如我们平常观察到的某些机械振动那样(比如琴弦的振动),对于一定形状和尺寸的某一晶体,它既可以在某一基频上谐振(此时沿某一方向分布 1/2 个机械波长),也可以在高次谐波上谐振(此时沿同一方向分布 3/2、5/2、7/2 个机械波长)。通常把利用晶片基频共振的谐振器称为基频谐振器,利用晶片谐频共振的谐振器称为泛音谐振器。通常能利用的是 3、5、7 之类的奇次泛音。同一尺寸的晶片,泛音工作时的频率是基频工作时频率的 3、5、7 倍,由于是机械振动时的谐频,它们的电谐振频率之间并不是准确的 3、5、7 倍的整数关系。由于机械强度和加工的限制,通常基频谐振器的最高频率为几十 MHz,而泛音谐振器最高工作频率可达 100MHz 以上。当然,在几 MHz 的较低频率上也可以用泛音晶体。

2. 石英谐振器的等效电路及阻抗特性

图 2.4.3 是石英晶体谐振器的等效电路。图 2.4.3a 是考虑基频及各次泛音的等效电路。由于各谐波频率相隔较远,相互影响很小。对于某一具体应用(如工作于基频或工作于泛音),只须考虑此频率附近的电路特性,因此可以用图 2.4.3b 等效。图中,C_0 是晶体作为

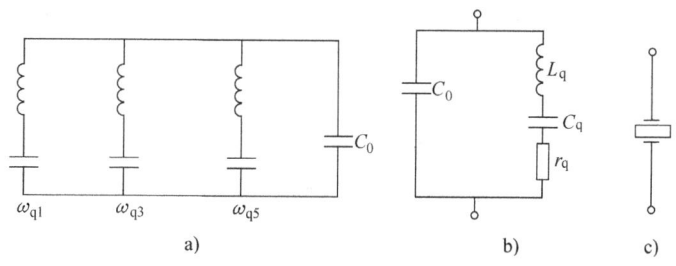

图 2.4.3　晶体谐振器的等效电路
a) 包括泛音在内的等效电路　b) 谐振频率附近的等效电路　c) 电路符号

介质的静态电容。其数值一般为几 pF 至几十 pF，较大。L_q、C_q、r_q 对应于机械共振经压电转换而呈现的动态电参数。r_q 是机械摩擦和空气阻尼引起的损耗，值很小，一般为几 Ω 到几十 Ω。L_q 很大，约为 $10^{-3} \sim 10^2$ H，C_q 约为 $10^{-1} \sim 10^{-4}$ pF，很小。

由图 2.4.3b 可以看出，晶体谐振器是一串并联的振荡回路，它的串、并联谐振频率分别为

$$f_q = \frac{1}{2\pi \sqrt{L_q C_q}} \tag{2.4.1}$$

$$f_p = \frac{1}{2\pi \sqrt{L_q \dfrac{C_q C_0}{C_q + C_0}}} = \frac{1}{2\pi \sqrt{L_q C_q}} \sqrt{1 + \frac{C_q}{C_0}} \tag{2.4.2}$$

晶体的主要特点是它的等效电感 L_q 特别大，而等效电容 C_q 特别小。晶体谐振器的品质因数为

$$Q_q = \frac{\omega_q L_q}{r_q}$$

所以，石英晶体的品质因数 Q_q 值非常高，一般为几万甚至几百万，这是普通 LC 振荡电路无法比拟的。

另外，由于 $C_0 \gg C_q$，所以 f_p 与 f_q 相差很小。将式（2.4.1）代入式（2.4.2）得

$$f_p = \frac{1}{2\pi \sqrt{L_q C_q}} \sqrt{1 + \frac{C_q}{C_0}} \approx f_q \left(1 + \frac{1}{2} \frac{C_q}{C_0}\right) \tag{2.4.3}$$

可见两频率之间的间隔为

$$\Delta f = f_p - f_q = \frac{1}{2} f_q \frac{C_q}{C_0} \tag{2.4.4}$$

图 2.4.3b 所示等效电路的阻抗一般表示式为

$$Z = \frac{-\mathrm{j} \dfrac{1}{\omega C_0} \left[r_q + \mathrm{j}\left(\omega L_q - \dfrac{1}{\omega C_q}\right)\right]}{r_q + \mathrm{j}\left(\omega L_q - \dfrac{1}{\omega C_q}\right) - \mathrm{j} \dfrac{1}{\omega C_0}}$$

上式在忽略 r_q 后可简化为

$$Z \approx -\mathrm{j} \frac{1}{\omega C_0} \frac{1 - \omega_q^2/\omega^2}{1 - \omega_p^2/\omega^2} = \mathrm{j} X_e \tag{2.4.5}$$

由式（2.4.5）知，当 $\omega > \omega_p$ 或 $\omega < \omega_q$ 时，电抗 $\mathrm{j} X_e$ 呈容性；当 $\omega_q < \omega < \omega_p$ 时，电抗 $\mathrm{j} X_e$ 呈感性。根据此式画出的电抗曲线如图 2.4.4 所示。

晶体谐振器与一般振荡回路比较，有以下几个明显的特点：

1) 晶体的谐振频率 f_p 和 f_q 非常稳定。这是因为 L_q、C_q、r_q 由晶体尺寸决定，由于晶体的物理特性，它们受外界因素（如温度、振动等）的影响小。

2) 有非常高的品质因数，而普通 LC 振荡回路

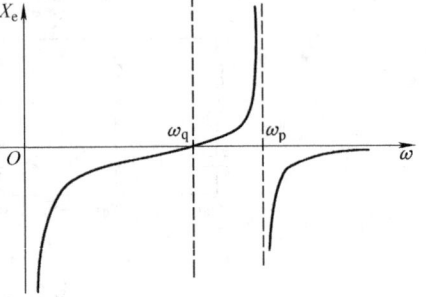

图 2.4.4　晶体谐振器的电抗曲线

的 Q 值只能到几百。

3) 晶体在工作频率附近阻抗变化率大,具有很高的并联谐振阻抗。

石英晶体滤波器工作时,石英晶体两个谐振频率之间的宽度,通常决定了滤波器的通带宽度。为了加宽滤波器的通带宽度,必须加宽石英晶体两个谐振频率之间的宽度。此时可以用外加电感与石英晶体串联或并联的方法实现。

2.4.2 陶瓷滤波器

利用某些陶瓷材料的压电效应构成的滤波器,称为陶瓷滤波器。常用的陶瓷滤波器是由锆钛酸铅(Pb（ZrTi）O$_3$)压电陶瓷材料（简称PZT）制成的。在制造时,陶瓷片的两面涂以银浆（一种氧化银）,加高温后还原成银,且牢固地附着在陶瓷片上,形成两个电极。再经过直流高压极化之后,具有和石英晶体相类似的压电效应。因此,它可以代替石英晶体作滤波器用。与其他滤波器相比,陶瓷容易焙烧,可制成各种形状,适合滤波器的小型化;而且耐热性耐湿性好,很少受外界条件的影响。它的等效品质因数 Q 值为几百,比 LC 滤波器的高,但比石英晶体滤波器的低。因此,作滤波器时,通带没有石英晶体的那样窄,选择性也比石英晶体滤波器的差。

目前陶瓷滤波器广泛应用于接收机和其他仪器中。

单片陶瓷滤波器（又称为单端口陶瓷滤波器）的等效电路和表示符号如图2.4.5a、b所示。图中,C_0 等效于压电陶瓷谐振子的固定电容值;电感 L_q、电容 C_q 和电阻 r_q 分别相当于机械振动时的等效质量、等效弹性模量和等效阻尼。

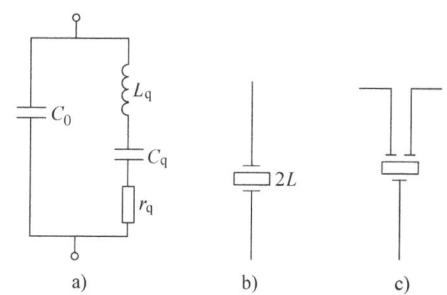

图 2.4.5 单片陶瓷滤波器的等效电路和符号
a) 等效电路 b) 单端口符号 c) 双端口符号

显然,陶瓷滤波器的等效电路与石英晶体相同,如图2.4.3b所示。因此具有与石英晶体滤波器相似的谐振特性。但由于陶瓷滤波器的品质因数低于石英晶体滤波器却高于 LC 滤波器,因而其选择性和通频带宽度介于二者之间。

如将陶瓷滤波器连成图2.4.6所示的形式,即为四端陶瓷滤波器,也称为双端口陶瓷滤波器,其电路图形符号如图2.4.5c所示。图2.4.6a为两个谐振子连接成的四端陶瓷滤波器,图2.4.6b、c分别由五个谐振子和九个谐振子连接成的四端陶瓷滤波器。谐振子数目越多,滤波器的性能越好。

单片陶瓷滤波器通常用在中频放大器的发射极电路里,取代旁路电容,如图2.4.7所示。由于滤波器工作于465kHz,因此对465kHz的信号呈现极小的阻抗;此时负反馈最小,增益最大。而对离465kHz稍远的频率,滤波器呈现较大的阻抗,使负反馈加大,增益下

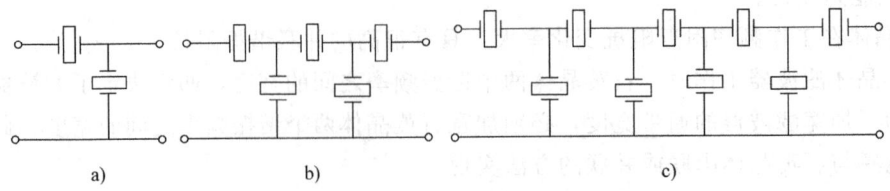

图 2.4.6 四端陶瓷滤波器等效电路

降,因而提高了此中放级的选择性。

图 2.4.8 表示图 2.4.6a 所示的陶瓷滤波器的等效电路。适当选择串臂和并臂陶瓷滤波器的串、并联谐振频率,就可以得到理想的衰减特性。例如,要求滤波器通过 (465 ± 5)kHz 的频带,那么,串臂陶瓷片的串联谐振频率 f_{q1} 应和并臂陶瓷片的并联谐振频率 f_{p2} 相重合,并等于 465kHz。而串臂陶瓷片的并联谐振频率 f_{p1} 应等于 $(465+5)$kHz,并臂陶瓷片的串联谐振频率 f_{q2} 则应等于 $(465-5)$kHz。对 465kHz 的载频信号来说,串臂陶瓷片产生串联谐振,阻抗最小;并臂陶瓷片产生并联谐振,阻抗最大,因而能让信号通过。对 $(465+5)$kHz 的信号,串臂陶瓷片产生并联谐振,阻抗最大,信号不能通过;对 $(465-5)$kHz 的信号,并臂陶瓷片产生串联谐振,阻抗最小,使信号旁路(无输出)。

因此,滤波器仅能通过频带为 (465 ± 5)kHz 的信号。

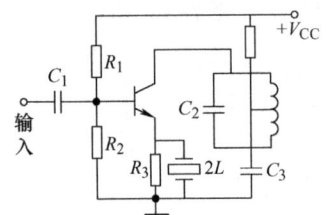

图 2.4.7 单片陶瓷滤波器作旁路电容的中频放大器

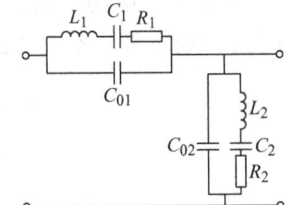

图 2.4.8 图 2.4.6a 的等效电路

2.4.3 声表面波滤波器

目前,在高频电子线路中,还应用声表面波带通滤波器。这种滤波器有体积小、重量轻、中心频率可做得很高、相对带宽较宽、有理想的矩形选频特性等特点。并且,这种滤波器可采用与集成电路工艺相同的平面加工工艺,制造简单,成本低,重复性和设计灵活性高,可大量生产,是一种应用日益广泛的滤波器。

声表面波滤波器是一种以铌酸锂、石英或锆钛酸铅等压电材料为衬底(基体)的一种电声换能元件,其结构如图 2.4.9 所示。图中左、右两对交叉指形(简称叉指)电极分别称为发端换能器和收端换能器。它是利用真空蒸镀法,在抛光过的衬底表面沉积成厚度约为 $10\mu m$ 的铝膜或金膜电极。

电信号由交叉指形换能器转换成声波。换能器的工作原理是利用压电衬底对电场作用时的膨胀和收缩效应。电场是由沉积在压电衬底表面的两个平行交错(即交叉指形)的薄膜金属电极上的电位差形成的。一个时变电信号(交流信号源供给)输入,引起压电衬底振动,并沿其表面产生声波。严格地说,传输的声波有表面波和体波,但主要是表面波。在压电衬

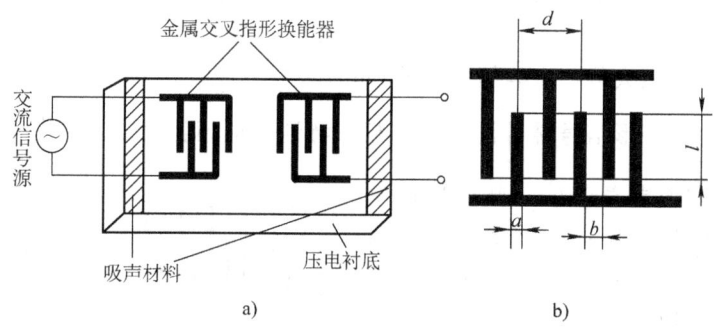

图 2.4.9 声表面波滤波器结构示意图

底的另一端可用第二个叉指形换能器将声波转换成电信号。

换能器可以分为 n 节（$n+1$ 个电极）或 N（$N=n/2$）个周期段。指状物的宽度 a 和指状物之间的间隔 b 决定声波波长。假如声表面波传播的速度是 v，可得 $f_0 = \dfrac{v}{d}$，即换能器的频率为 f_0 时，声表面波的波长是 λ_0，它等于换能器周期段长 d，$d=2(a+b)$，如图 2.4.9b 所示。为了避免声表面波可能从衬底的左、右边沿反射，在衬底表面的左、右边沿处涂敷了一种吸声材料，如黑蜡。

当外来电信号的频率 f 等于换能器的 f_0 时，各节所激发的声表面波同相叠加，振幅最大，可写成

$$A_s = nA_0 \tag{2.4.6}$$

式中，A_0 是每节所激发的声波强度振幅值；A_s 是总振幅值。这时的信号频率即为换能器的频率 f_0，称为谐振频率。当信号频率偏离 f_0 时（如 $\Delta f = f - f_0$），换能器各节电极所激发的声波强度振幅值基本不变，但相位变化。分析指出，这时振幅—频率特性曲线出现熟知的 $\dfrac{\sin x}{x}$ 函数形式（$x = n\pi \dfrac{\Delta f}{f_0}$），最大振幅为 $2NA_0$，如图 2.4.10 所示。

由图 2.4.10 可见，主峰宽度约为 $\dfrac{2}{N}$，3dB 相对带宽 $\left(\dfrac{\Delta f}{f_0}\right)$ 约为 $\dfrac{1}{N}$。如用两个相同形式的换能器组成滤波器，则其频率特性曲线由函数 $\left(\dfrac{\sin x}{x}\right)^2$ 描绘，它是单个换能器的频率特性曲线表示式 $\dfrac{\sin x}{x}$ 的自乘。这时，滤波器的相对带宽约为 $0.65/N$，N 越大，频带越窄。在

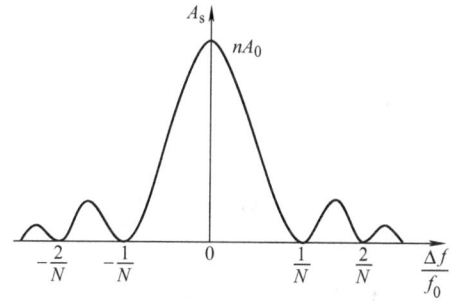

图 2.4.10 均匀叉指换能器声振幅—频率特性曲线

声表面波器件中，由于结构和其他方面的限制，N 不能做得太大，因而滤波器的带宽不能做得很窄。

通常，第一旁瓣最大值比主峰幅度约低 26dB。

由信号分析知，矩形信号脉冲的振幅—频率特性（幅频特性）是 $\frac{\sin x}{x}$ 函数形式，即上述均匀的多指叉指换能器的信号脉冲特性是矩形的。但在实际应用中，人们常希望滤波器的幅频特性是矩形的，有理想的矩形选频特性，那么就必须使换能器的信号脉冲特性有 $\frac{\sin x}{x}$ 函数形式。采用图 2.4.11a 所示的不均匀换能器就有图 2.4.11b 所示的信号脉冲。

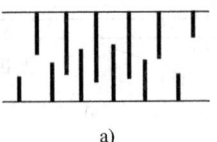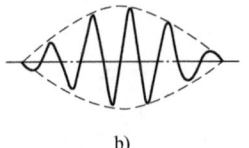

图 2.4.11 幅度变迹换能器

中间的金属电极对重叠最多，电场最强，脉冲特性最高；两边的金属电极对重叠逐渐减少，电场减弱，脉冲特性降低。这是信号脉冲特性是 $\frac{\sin x}{x}$ 函数形式，它的幅频特性将是此脉冲特性的傅里叶变换，是理想的矩形。随电极不均匀的变化而实现所需要的信号脉冲响应，称为换能器的幅度加权或幅度变迹。

目前声表面波滤波器的中心频率可在 10MHz～1GHz 之间，相对带宽为 0.5%～50%，插入损耗最低仅几 dB，矩形系数可达 1.2。

为了保证对信号的选择性要求，声表面波滤波器在接入实际电路时必须实现良好的匹配。图 2.4.12 所示为一接有声表面波滤波器的预中放电路，滤波器输出端与一宽带放大器相接。

比较常用的晶体、陶瓷和声表面波滤波器，一般有以下特点：
1) 声表面波滤波器的工作频率最高，陶瓷滤波器最低。
2) 晶体滤波器的相对带宽最窄，声表面波滤波器可宽可窄。
3) 均有一定的插入损耗，特别是多级级联实现良好的矩形系数要求时，插入损耗会更大。

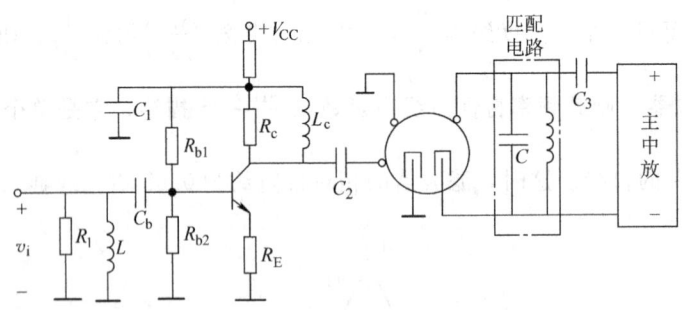

图 2.4.12 声表面波滤波器与放大器连接

思考题与习题

2.1 选频网络的通频带指归一化选频特性由 1 下降到 _____ 时的两边界频率之间的宽度。理想选频网络矩形系数 $k_{0.1} =$ _____ 。

2.2 所谓谐振是指 LC 串联回路或并联回路的固有频率 f_0 ＿＿＿＿＿信号源的工作频率 f。当工作频率 $f < f_0$ 时，并联回路的阻抗呈＿＿＿＿＿性；当工作频率 $f > f_0$ 时，并联回路的阻抗呈＿＿＿＿＿性；当工作频率 $f = f_0$ 时，并联谐振回路的阻抗呈＿＿＿＿＿性且最＿＿＿＿＿。

2.3 若 f_0 为串联回路的固有频率，则当信号源的工作频率 $f < f_0$ 时，串联回路的阻抗呈＿＿＿＿＿性；当工作频率 $f > f_0$ 时，串联回路的阻抗呈＿＿＿＿＿性；当工作频率 $f = f_0$ 时，串联谐振回路的阻抗呈＿＿＿＿＿性且最＿＿＿＿＿。

2.4 串、并联谐振回路的 Q 值定义为＿＿＿＿＿。Q 值越大，意味着回路损耗＿＿＿＿＿，谐振曲线越＿＿＿＿＿，通频带宽越＿＿＿＿＿。当考虑 LC 谐振回路的内阻和负载后，回路品质因数＿＿＿＿＿。

2.5 设 r 为 LC 并联谐振回路中电感 L 的损耗电阻，则该谐振回路谐振电阻为＿＿＿＿＿，品质因数为＿＿＿＿＿，谐振频率为＿＿＿＿＿，谐振时流过电感或电容支路的电流为信号源电流的＿＿＿＿＿倍。

2.6 设 r 为 LC 串联谐振回路中电感 L 的损耗电阻，则回路的品质因数为＿＿＿＿＿，谐振频率为＿＿＿＿＿，谐振时电感或者电容两端的电压是信号电压的＿＿＿＿＿倍。

2.7 已知 LC 串联谐振回路的 $C = 100\text{pF}$，$f_0 = 1.5\text{MHz}$，谐振时的电阻 $r = 5\Omega$，试求：L 和 Q_0。若信号源电压振幅 $V_{ms} = 1\text{mV}$，求回路谐振时的电流 I_0 以及回路电感两端的电压振幅 V_{L0m} 和电容两端的电压振幅 V_{C0m}。

2.8 在图 2.T.1 所示电路中，信号源频率 $f_0 = 1\text{MHz}$，信号源电压振幅 $V_s = 0.1\text{mV}$，回路空载 Q 值为 100，r 是回路损耗电阻。将 1、2 两端短路，电容 C 调至 100pF 时回路谐振。如将 1、2 两端接入阻抗 $Z_x = R + \dfrac{1}{\text{j}\omega C}$ 则回路失谐，需要将 C 调至 200pF 时回路重新谐振，这时回路有载 Q 值为 50。试求电感 L、未知阻抗 Z_x。

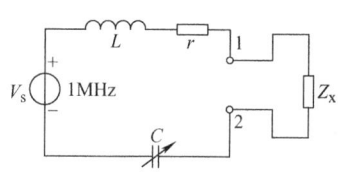

图 2.T.1 题 2.8 图

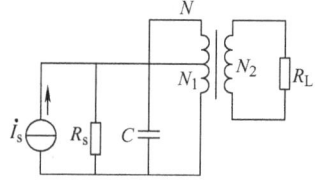

图 2.T.2 题 2.9 图

2.9 在图 2.T.2 所示电路中，已知回路谐振频率 $f_0 = 465\text{kHz}$，$Q_0 = 100$，$N = 160$ 匝，$N_1 = 40$ 匝，$N_2 = 10$ 匝，$C = 200\text{pF}$，$R_s = 16\text{k}\Omega$，$R_L = 1\text{k}\Omega$。试求回路电感 L、有载 Q 值和通频带 $BW_{0.7}$。

2.10 对于收音机的中频放大器，其中心频率 $f_0 = 465\text{kHz}$，$BW_{0.7} = 8\text{kHz}$，回路电容 $C = 200\text{pF}$，试计算回路电感 L 和 Q_e 的值。若电感线圈的 $Q_0 = 100$，问在回路上应并联多大的电阻才能满足要求？

2.11 有一并联回路在某频段内工作，频段最低频率为 535kHz，最高频率为 1605kHz。现有两个可变电容器，一个电容器的最小电容量为 12pF，最大电容量为 100pF；另一个电容器的最小电容量为 15pF，最大电容量为 450pF。试问：

(1) 应采用哪一个可变电容器，为什么？

(2) 回路电感应等于多少？

(3) 绘出实际的并联回路图。

2.12 给定并联谐振回路的 $f_0 = 5\text{MHz}$，$C = 50\text{pF}$，通频带 $BW_{0.7} = 150\text{kHz}$。试求电感 L、品质因数 Q_0 以及对信号源频率为 5.5MHz 时的失调。又把 $BW_{0.7}$ 加宽至 300kHz，应在回路两端再并联上一个阻值多大的电阻？

2.13 并联谐振回路如图 2.T.3 所示。已知通频带 $BW_{0.7} = 2\Delta f_{0.7}$，电容为 C。若回路总电导为 g_Σ ($g_\Sigma = g_s + g_{e0} + g_L$)，试证明：$g_\Sigma = 4\pi\Delta f_{0.7} C$。若给定 $C = 20\text{pF}$，$BW_{0.7} = 6\text{MHz}$，$R_e = 10\text{k}\Omega$，$R_s = $

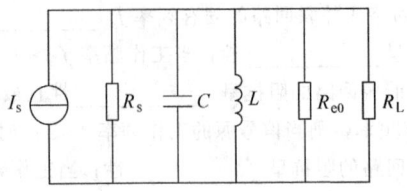

图 2.T.3　题 2.13 图

$10\text{k}\Omega$，求 $R_L = ?$

2.14　一个 $5\mu\text{H}$ 的线圈与一个可变电容相串联，外加激励电压源的电压值与频率是固定的，当 $C = 126.6\text{pF}$ 时，回路电流达到最大值 1A。当 $C = 100\text{pF}$ 时，回路电流值减小到了 0.5A。试求：（1）激励电压源的频率；（2）回路的 Q 值；（3）激励电压源的电压值。

2.15　证明图 2.T.4 所示电路在谐振时（设电阻损耗 r 很小，可以忽略）满足

$$\frac{Z_{bc}}{Z_{ac}} = \left(\frac{C_2}{C_1 + C_2}\right)^2$$

并证明从 bc 端和从 ac 端看去的谐振频率是相同的。

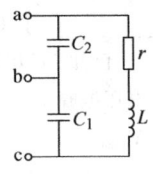

2.16　电路如图 2.T.5 所示，给定参数为 $f_0 = 30\text{MHz}$，$C = 20\text{pF}$，$R = 10\text{k}\Omega$，$R_g = 2.5\text{k}\Omega$，$R_L = 830\Omega$，$C_g = 9\text{pF}$，$C_L = 12\text{pF}$，线圈 L_{13} 的空载品质因数 $Q_0 = 60$，线圈匝数为：$N_{12} = 6$，$N_{23} = 4$，$N_{45} = 3$。求 L_{13}、Q_e。

图 2.T.4　题 2.15 图

2.17　如图 2.T.6 所示，已知 $L = 0.8\mu\text{H}$，$Q_0 = 100$，$C_1 = C_2 = 20\text{pF}$，$C_i = 5\text{pF}$，$R_i = 10\text{k}\Omega$，$C_o = 20\text{pF}$，$R_o = 5\text{k}\Omega$。试计算回路谐振频率、谐振阻抗（不计 R_o 和 R_i 时）、有载 Q_e 值和通频带。

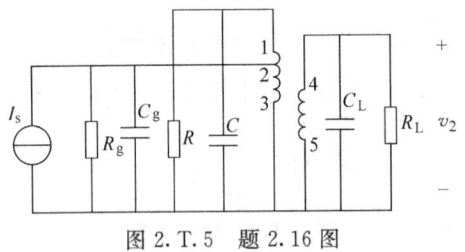

图 2.T.5　题 2.16 图

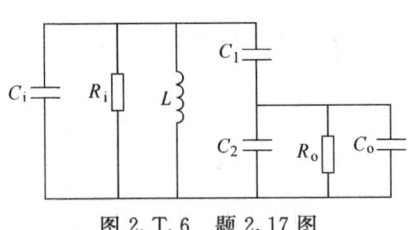

图 2.T.6　题 2.17 图

2.18　石英晶体有何特点？为什么用它制作的振荡器的频率稳定度较高？

2.19　一个 5kHz 的基频石英晶体谐振器，$C_0 = 6\text{pF}$，$C_q = 2.4 \times 10^{-2}\text{pF}$，$r_q = 15\Omega$。求此谐振器的品质因数 Q 值和串、并联谐振频率。

第 3 章　高频小信号放大器

3.1　引言

在无线电技术中，经常会遇到这样一个问题——所接收到的信号很弱，而这样的信号又往往是与干扰信号同时进入接收机的。人们希望将有用的信号得到放大，而把其他无用的干扰信号抑制掉。借助于选频放大器，便可达到此目的。高频小信号调谐放大器便是这样一种最常用的选频放大器，即可以有选择地对某一频率的信号进行放大。所谓"小信号"，通常指输入信号电压一般在微伏至毫伏数量级附近，放大器工作在线性范围内。所谓"调谐"，主要是指放大器的集电极负载为调谐回路（如 LC 调谐回路），对谐振频率 f_0 的信号具有最强的放大作用，而对其他远离 f_0 的信号，放大作用很差。

高频小信号放大器与低频（音频）小信号放大器的主要区别是：二者的工作频率范围和所需通过的频带宽度不同，因而采用的负载也不同。低频放大器的工作频率低，但整个工作频带宽度很宽，例如 20 Hz～20 kHz，高低频率的极限值相差 1000 倍，所以它的负载只能是纯电阻或有铁心的变压器等，不具备选频滤波的特性。高频放大器的中心频率一般在几百千赫兹到几百兆赫兹，但所通过的频率范围（频带）和中心频率比往往很小，因此负载必须是具有选频滤波特性的选频网络。

通常，高频小信号放大器是接收机前端的主要部分。因此对它的主要要求是：第一，它的噪声越小越好。第二，增益要高，也就是放大量要大，但同时为了防止产生非线性失真，它的增益又不宜过大，且放大器在工作频段内应该是稳定的。第三，放大器一般通过传输线直接和天线或天线滤波器相连，放大器的输入端必须和它们很好的匹配，以达到功率最大传输或最小的噪声系数。第四，应具有一定的选频功能，抑制带外和镜像频率干扰。

本章重点讨论高频小信号调谐放大器，对其他小信号放大器只作简单介绍。

根据以上分析知，高频小信号调谐放大器的主要质量指标如下：

（1）增益　放大器的输出电压（或功率）与输入电压（或功率）之比，称为放大器的增益或放大倍数，用 A_v（或 A_p）表示（有时以 dB 数计算），图 3.1.1 为放大器电压增益的频率特性曲线，中心频率为 f_0，在 f_0 处具有最大增益，其他频率处增减小。

（2）通频带　通频带也称为 3 dB 带宽，是指放大电路的电压增益比中心频率 f_0 处的增益下降 3 dB 时的上、下限频率之间的频带，用 $BW_{0.7}$ 表示，如图 3.1.1 所示。

$$BW_{0.7} = f_2 - f_1 = 2\Delta f_{0.7} \tag{3.1.1}$$

（3）选择性　选择性 S 表示放大电路从各种干扰信号中选择有用信号、抑制干扰信号的能力，等于在中心频率 f_0 上的电压放大倍数 A_{v0} 与偏离 f_0 为 Δf 处的放大倍数 A_{vn} 的比值，即

$$S = \frac{A_{v0}}{A_{vn}} \tag{3.1.2}$$

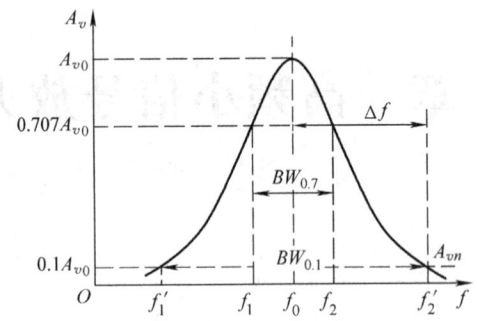

图 3.1.1 调谐放大器电压增益的频率特性曲线

显然，S 值越大表明选择性越好。

实际中，也可用矩形系数来衡量频率特性与理想矩形的接近程度，用 $K_{r0.1}$ 表示，定义为

$$K_{r0.1} = \frac{BW_{0.1}}{BW_{0.7}} \tag{3.1.3}$$

式中，$BW_{0.1}$ 为放大电路增益下降到最大值的 0.1 时的失谐（偏离 f_0）宽度，如图 3.1.1 所示。$K_{r0.1}$ 值是大于 1 的数，显然 $K_{r0.1}$ 越接近于 1，实际曲线越接近理想矩形特性，放大电路在满足通频带的要求下的选择性就越好。

(4) 工作稳定性　工作稳定性是指放大器的工作状态（直流偏置）、晶体管参数、电路元件参数等发生可能的变化时，放大器的主要特性的稳定程度。一般的不稳定现象是增益的变化、中心频率偏移、通频带变窄、谐振曲线变形等。不稳定状态的极端情况是放大器自激，以致放大器完全不能工作。为了使放大器稳定工作，必须采取稳定措施，如限制每级增益、选择内反馈小的晶体管、应用中和或失配方法、采取必要的工艺措施（元器件排列、接地、屏蔽等），以使放大器不自激或远离自激，且在工作过程中主要特性的变化不超出允许范围。

(5) 噪声系数　放大器的噪声性能可用噪声系数来表示，噪声系数的定义是放大器的输入信噪比（输入端的信号功率与噪声功率之比）与输出信噪比之比，通常用 N_F 表示。显然，N_F 是大于 1 的，N_F 越接近于 1，放大器的输出噪声越小。在放大器中，总是希望它本身产生的噪声越小越好。在多级放大器中，最前面的一、二级放大器的噪声对整个放大器的噪声起决定作用，因此，要求它们的噪声系数尽量接近 1。为了减少放大器的内部噪声，在设计与制作时应当采用低噪声器件，正确的选择工作点电流，选用合适的电路等。

以上质量指标，相互之间既有联系又有矛盾，例如增益与稳定性、通频带与选择性等，实际中应根据要求、决定主次，进行分析与讨论。

3.2　高频小信号谐振放大器

高频小信号谐振放大器由放大器件和调谐回路两部分组成，可以分为调谐放大器（通称为高频放大器）和频带放大器（通称为中频放大器），前者的调谐回路需要对外来不同的信号频率进行调谐，后者调谐回路的谐振频率固定不变。

3.2.1 晶体管高频等效电路

晶体管在高频线性运用时常采用两种等效电路进行分析：一种是物理模拟等效电路，另一种是形式等效电路。

前者是从模拟晶体管的物理特征出发，用集中参数元件 R、C 和受控源来表示管内的复杂关系，混合 π 形等效电路是高频电路中采用最多的物理模拟等效电路。优点是各元器件参数物理意义明确，在较宽的频带内元件值基本上与频率无关。缺点是随器件不同而有不少差别，分析和测量不方便。因而混合 π 形等效电路法较适合于分析宽带小信号放大器。

形式等效电路是从测量和使用的角度出发，把晶体管作为一个有源线性双口网络，用一些网络参数构成其等效电路，因为高频放大器的负载为 LC 并联谐振回路，所以多采用 Y 参数等效电路。优点是导出的表达式具有普遍意义，分析和测量方便。缺点是网络参数与频率有关。由于高频小信号谐振放大器相对频带较窄，一般仅需考虑谐振频率附近的特性，因而采用这种分析方法较合适。

1. 混合 π 形等效电路

图 3.2.1 是晶体管高频共发射极混合 π 形等效电路，图中各元器件名称及典型值范围如下：

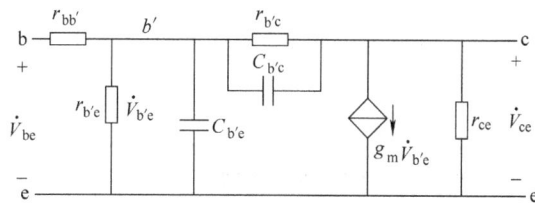

图 3.2.1 晶体管高频共发射极混合 π 形等效电路

$r_{bb'}$：基区体电阻，约 15~50Ω。

$r_{b'e}$：发射结电阻 r_e 折算到基极回路的等效电阻，约几十 Ω 到几千 Ω。

$r_{b'c}$：集电结电阻，约 10kΩ~10MΩ。

r_{ce}：集电极-发射极电阻，几十 kΩ 以上。

$C_{b'e}$：发射结电容，约 10pF 到几百 pF。

$C_{b'c}$：集电结电容，约几 pF。

g_m：晶体管跨导，几十 mS 以下。

与各参数有关的公式如下：

$$\begin{cases} g_m = \dfrac{1}{r_e} & r_e = \dfrac{kT}{qI_{EQ}} \approx \dfrac{26}{I_{EQ}} \\ r_{b'e} = (1+\beta_0)r_e & C_{b'e} + C_{b'c} = \dfrac{1}{2\pi f_T r_e} \end{cases} \quad (3.2.1)$$

式中，k 是玻耳兹曼常数；T 是电阻温度（以热力学温度单位 K 计量）；I_{EQ} 是发射极静态电流（单位为 mA）；β_0 是晶体管低频短路电流放大系数；f_T 是晶体管特征频率。

确定晶体管混合 π 形参数可以先查阅手册。晶体管手册中一般给出 $r_{bb'}$、$C_{b'c}$、β_0 和 f_T 等参数，然后根据式（3.2.1）可以计算出其他参数。注意各参数均与静态工作点有关。

另外，常用的晶体管高频共基极等效电路如图 3.2.2a 所示，图 b 是简化等效电路。

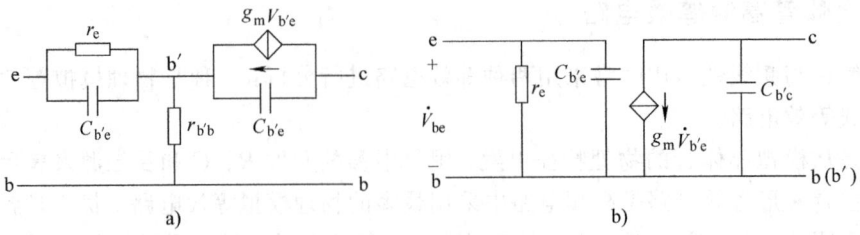

图 3.2.2 晶体管高频共基极等效电路及其简化电路

2. Y 参数等效电路

双口网络即具有两个端口的网络,如图 3.2.3 所示。所谓端口是指一对端钮,流入其中一个端钮的电流总是等于流出另一个端钮的电流。

对于双口网络,在其每一个端口都只有一个电流变量和一个电压变量,因此共有四个端口变量。如设其中任意两个为自变量,其余两个为应变量,则共有六种组合方式,也就是有六组可能的方程用以表明双口网络端口变量之间的相互关系。Y 参数方程就是其中的一组,它是选取各端口的电压为自变量,电流为应变量,其方程如下:

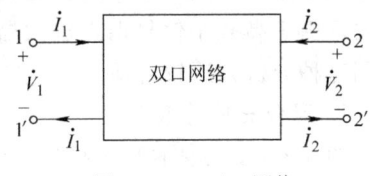

图 3.2.3 双口网络

$$\begin{cases} \dot{I}_1 = y_{11}\dot{V}_1 + y_{12}\dot{V}_2 \\ \dot{I}_2 = y_{21}\dot{V}_1 + y_{22}\dot{V}_2 \end{cases} \quad (3.2.2)$$

其中,y_{11}、y_{12}、y_{21}、y_{22} 四个参量均具有导纳量纲,且

$$\begin{cases} y_{11} = \dfrac{\dot{I}_1}{\dot{V}_1}\bigg|_{\dot{V}_2=0} \quad y_{21} = \dfrac{\dot{I}_2}{\dot{V}_1}\bigg|_{\dot{V}_2=0} \\ y_{12} = \dfrac{\dot{I}_1}{\dot{V}_2}\bigg|_{\dot{V}_1=0} \quad y_{22} = \dfrac{\dot{I}_2}{\dot{V}_2}\bigg|_{\dot{V}_1=0} \end{cases} \quad (3.2.3)$$

所以 Y 参数又称为短路导纳参数,即确定这四个参数时必须使某一个端口电压为零,也就是使该端口交流短路。

现以共发射极接法的晶体管为例,将其看作一个双口网络,如图 3.2.4 所示,相应的 Y 参数方程为

$$\begin{cases} \dot{I}_b = y_{ie}\dot{V}_{be} + y_{re}\dot{V}_{ce} \\ \dot{I}_c = y_{fe}\dot{V}_{be} + y_{oe}\dot{V}_{ce} \end{cases} \quad (3.2.4)$$

其中

$$\begin{cases} y_{ie} = \dfrac{\dot{I}_b}{\dot{V}_{be}}\bigg|_{\dot{V}_{ce}=0} \quad y_{fe} = \dfrac{\dot{I}_c}{\dot{V}_{be}}\bigg|_{\dot{V}_{ce}=0} \\ y_{re} = \dfrac{\dot{I}_b}{\dot{V}_{ce}}\bigg|_{\dot{V}_{be}=0} \quad y_{oe} = \dfrac{\dot{I}_c}{\dot{V}_{ce}}\bigg|_{\dot{V}_{be}=0} \end{cases} \quad (3.2.5)$$

式(3.2.5)中,y_{ie}、y_{re}、y_{fe}、y_{oe} 分别称为输入导纳、反向传输导纳、正向传输导纳和输出导纳。

图 3.2.4b 中受控电流源 $y_{re}\dot{V}_{ce}$ 表示输出电压对输入电流的控制作用(反向控制),

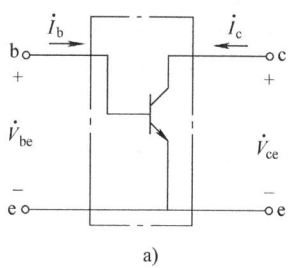 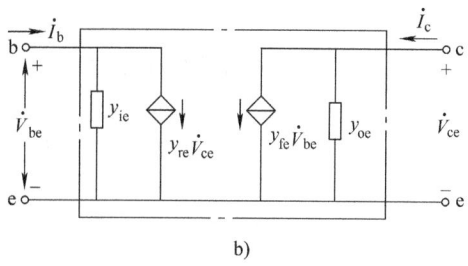

图 3.2.4 共发射极接法的晶体管 Y 参数等效电路

$y_{fe}\dot{V}_{be}$ 表示输入电压对输出电流的控制作用（正向控制）。y_{fe} 越大，表示晶体管的放大能力越强；y_{re} 越大，表示晶体管的内部反馈越强。y_{re} 的存在，对实际工作带来很大危害，是谐振放大器自激的根源，同时也使分析过程变得复杂，因此应尽可能使其减小，或削弱它的影响。

需要注意的是，Y 参数不仅与静态工作点的电压值、电流值有关，而且是工作频率的函数。例如当发射极电流增加时，输入与输出电导都将加大。当工作频率较低时，电容效应的影响逐渐减弱。所以无论是测量还是查阅晶体管手册，都应注意工作条件和工作频率。显然，在高频工作时由于晶体管结电容不可忽略，Y 参数是一个复数。晶体管 Y 参数中输入导纳和输出导纳通常可写成用电导和电容表示的直角坐标形式，而正向传输导纳和反向传输导纳通常可写成极坐标形式，即

$$\begin{cases} y_{ie} = g_{ie} + j\omega C_{ie} & y_{fe} = |y_{fe}| \angle \varphi_{fe} \\ y_{re} = |y_{re}| \angle \varphi_{re} & y_{oe} = g_{oe} + j\omega C_{oe} \end{cases} \quad (3.2.6)$$

利用图 3.2.1 所示的晶体管混合 π 形等效电路，考虑到 $r_{b'c}$ 为晶体管反偏集电结的结电阻，很大，且 $C_{b'e} \gg C_{b'c}$，根据 Y 参数的定义，可以得到 Y 参数与混合 π 参数之间的关系为

$$\begin{cases} y_{ie} = \dfrac{g_{b'e} + j\omega C_{b'e}}{1 + r_{b'b}(g_{b'e} + j\omega C_{b'e})} = g_{ie} + j\omega C_{ie} \\ y_{oe} = g_{ce} + j\omega C_{b'c} + \dfrac{j\omega C_{b'e} r_{b'b} g_m}{1 + r_{b'b}(g_{b'e} + j\omega C_{b'e})} = g_{oe} + j\omega C_{oe} \\ y_{re} = \dfrac{-j\omega C_{b'c}}{1 + r_{b'b}(g_{b'e} + j\omega C_{b'e})} = |y_{re}| e^{j\varphi_{re}} \\ y_{fe} = \dfrac{g_m}{1 + r_{b'b}(g_{b'e} + j\omega C_{b'e})} = |y_{fe}| e^{j\varphi_{fe}} \end{cases} \quad (3.2.7)$$

3.2.2 单调谐回路谐振放大器

1. 电路组成及工作原理

图 3.2.5a 是一典型的高频调谐放大器的实际电路图，图 b 是它的高频交流通路，为共发射极电路，其直流偏置电路与低频放大器的电路完全相同，即 R_{B11}、R_{B21}、R_E 构成晶体管的分压式电流反馈直流偏置电路，以保证晶体管工作在甲类状态，电容 C_B、C_E 对高频旁路，电容值比低频放大器中小得多。对高频信号来说，电源端是接地的。输入端用高频变压

器引入信号,部分接入的抽头振荡回路作为晶体管放大器的负载,为放大器提供选频回路。此回路对输入信号频率调谐,即 $\omega_0=\omega$ 时呈现大的阻抗,而对其他频率的阻抗很小,因而输入信号频率的电压得到放大,而其他频率信号受到抑制。振荡回路采用抽头连接,可以实现阻抗匹配,以提供晶体管集电极所需要的负载电阻,从而在负载(下一级晶体管的输入)上得到最大的电压输出。所以,振荡回路的作用是实现选频滤波及阻抗匹配。

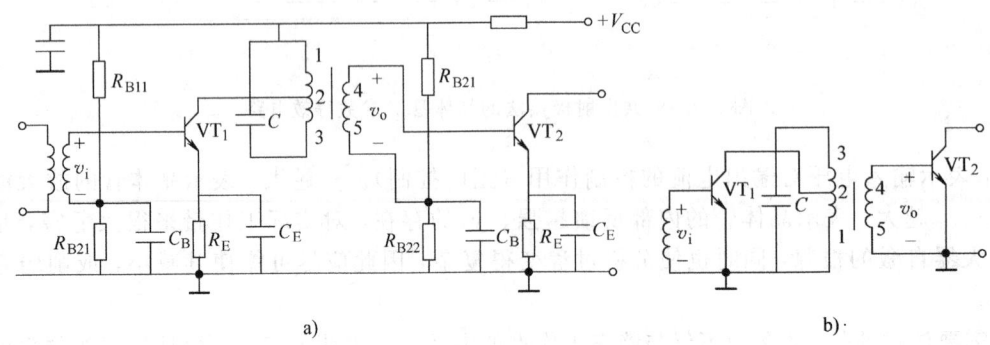

图 3.2.5 高频调谐放大器的典型线路
a) 实际线路 b) 高频交流通路

2. 放大器性能分析

(1) 小信号等效电路及其简化 在小信号条件下,将处于放大区的晶体管用 Y 参数等效电路取代,如图 3.2.6a 所示,其中忽略反向传输导纳 y_{re} 的影响,负载为下一级相同的单调谐放大器,用晶体管输入导纳 y_{ie} 表示。

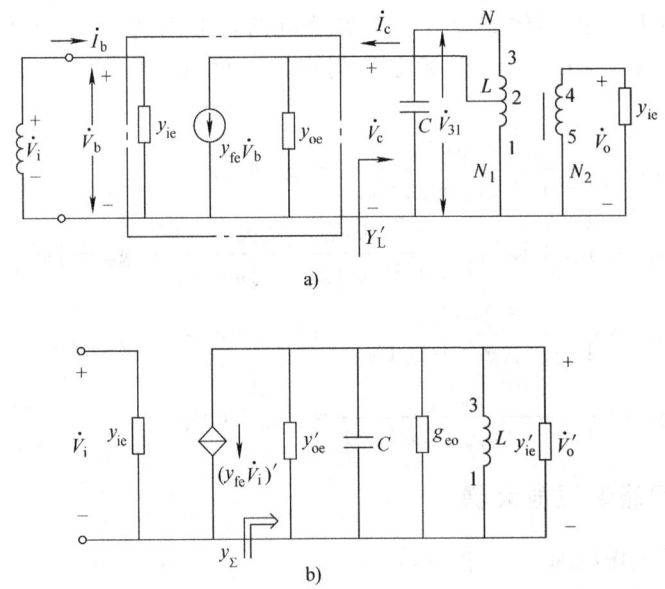

图 3.2.6 单管放大器的小信号等效电路

利用部分接入情况下的阻抗变换与电源变换关系,可以得到图 3.2.6b 所示的简化电路,其中 $R_{e0}(g_{e0})$ 为 LC 回路的固有谐振电阻(电导)。因为负载的接入系数为 $n_2=N_2/N$,晶体

管的接入系数为 $n_1 = N_1/N$，其中 N、N_1、N_2 分别为一次绕组（1、3 两端）的匝数、一次绕组中抽头 1、2 间的匝数、二次绕组的匝数，所以负载等效到回路两端的导纳为 $n_2^2 y_{ie}$，故

$$(y_{fe}\dot{V}_i)' = n_1 y_{fe}\dot{V}_i$$

$$y_{oe}' = n_1^2 y_{oe} = n_1^2 g_{oe} + j\omega n_1^2 C_{oe}$$

$$y_{ie}' = n_2^2 y_{ie} = n_2^2 g_{ie} + j\omega n_2^2 C_{ie}$$

$$\dot{V}_o' = \frac{1}{n_2}\dot{V}_o$$

(2) 放大器的质量指标

1) 电压增益。由图 3.2.6b 可知

$$\dot{V}_o' = -(y_{fe}\dot{V}_i)'/y_\Sigma$$

式中，y_Σ 为负载 LC 回路的总导纳。

$$y_\Sigma = y_{oe}' + y_{ie}' + g_{e0} + j\omega C + \frac{1}{j\omega L}$$

$$= n_1^2 g_{oe} + j\omega n_1^2 C_{oe} + n_2^2 g_{ie} + j\omega n_2^2 C_{ie} + g_{e0} + j\omega C + \frac{1}{j\omega L}$$

$$= g_\Sigma + j\left(\omega C_\Sigma - \frac{1}{\omega L}\right)$$

式中，$g_{e0} = \frac{1}{R_{e0}} = \frac{1}{Q_0}\sqrt{\frac{C_\Sigma}{L}} = \frac{1}{Q_0 \omega_0 L}$ 为谐振回路的固有谐振电导。

负载 LC 回路的总电导　　　$g_\Sigma = n_1^2 g_{oe} + n_2^2 g_{ie} + g_{e0}$ 　　(3.2.8)

负载 LC 回路的总电容　　　$C_\Sigma = n_1^2 C_{oe} \text{ // } n_2^2 C_{ie} \text{ // } C = n_1^2 C_{oe} + n_2^2 C_{ie} + C$ 　　(3.2.9)

因为　　　　　　　　$\dot{V}_o = n_2 \dot{V}_o' = -n_2 n_1 y_{fe} \dot{V}_i / y_\Sigma$

电压增益为　　　　　$\dot{A}_v = \frac{\dot{V}_o}{\dot{V}_i} = \frac{-n_1 n_2 y_{fe}}{g_\Sigma + j\left(\omega C_\Sigma - \frac{1}{\omega L}\right)}$ 　　(3.2.10)

同时，整个 LC 回路的有载品质因数为

$$Q_e = \frac{\omega_0 C_\Sigma}{g_\Sigma} = \frac{1}{g_\Sigma \omega_0 L} \quad (3.2.11)$$

回路的谐振频率为

$$f_0 = \frac{1}{2\pi \sqrt{LC_\Sigma}} \quad (3.2.12)$$

下面讨论电压增益的频率特性。当工作频率 f 在谐振频率 f_0 附近时，$\dot{A}_v$ 可写成

$$\dot{A}_v = \frac{\dot{V}_o}{\dot{V}_i} = -\frac{n_1 n_2 y_{fe}}{g_\Sigma \left(1 + jQ_e \dfrac{2\Delta f}{f_0}\right)} \quad (3.2.13)$$

式中，$\Delta f = f - f_0$ 是工作频率 f 对谐振频率 f_0 的失谐。谐振频率（$\Delta f = 0$）处，放大器的电压增益称为谐振电压增益，为

$$\dot{A}_{v0} = \frac{\dot{V}_{o0}}{\dot{V}_i} = -\frac{n_1 n_2 y_{fe}}{g_\Sigma} \quad (3.2.14)$$

该电压增益的振幅值为

$$A_{v0} = \frac{n_1 n_2 \mid y_{fe} \mid}{g_\Sigma} \qquad (3.2.15)$$

式（3.2.14）中的负号表示 180° 的相位差。同时，y_{fe} 为复数，其相角为 φ_{fe}，故放大器在回路谐振时，输出电压 $\dot{V}_o$ 和输入电压 $\dot{V}_i$ 之间的相位差并不是 180°，而是 180°＋φ_{fe}。当工作频率较低时，$\varphi_{fe} \approx 0$，$\dot{V}_o$ 和 $\dot{V}_i$ 相位才等于 180°，即输出电压 $\dot{V}_o$ 和输入电压 $\dot{V}_i$ 反相位。

结论：电压增益振幅与晶体管参数、负载电导、回路谐振电导和接入系数有关。

① 为了增大 A_{v0}，应选取 $\mid y_{fe} \mid$ 大，g_{oe} 小的晶体管。

② 为了增大 A_{v0}，要求负载电导小，如果负载是下一级放大器，则要求其 g_{ie} 小。

③ 回路谐振电导 g_{e0} 越小，A_{v0} 越大。而 g_{e0} 取决于回路空载品质因数 Q_0 值，与 Q_0 成反比。

④ A_{v0} 与接入系数 n_1、n_2 有关，但不是单调递增或单调递减关系。由于 n_1 和 n_2 还会影响回路有载品质因数 Q_e，而 Q_e 又将影响通频带，所以 n_1 与 n_2 的选择应全面考虑，选取最佳值。

实际放大器的设计是要在满足通频带和选择性的前提下，尽可能提高电压增益。

2）频率特性。放大器电压增益的归一化表达式称为单位谐振函数，表示为

$$N(jf) = \frac{\dot{A}_v}{\dot{A}_{v0}} = \frac{1}{1 + jQ_e \dfrac{2\Delta f}{f_0}} \qquad (3.2.16)$$

其中幅频特性表达式为

$$N(f) = \frac{1}{\sqrt{1 + \left(Q_e \dfrac{2\Delta f}{f_0}\right)^2}} \qquad (3.2.17)$$

幅频特性随工作频率 f 而变化的曲线，叫作放大器的谐振曲线，如图 3.1.1 所示。

3）放大器的通频带。令 $N(f) = \dfrac{1}{\sqrt{2}}$，得到放大器的通频带为

$$BW_{0.7} = 2\Delta f_{0.7} = \frac{f_0}{Q_e} \qquad (3.2.18)$$

由该式知，Q_e 越高，放大器的通频带越窄，反之越宽。

根据式（3.2.11）、式（3.2.14）、式（3.2.18），可得放大器的增益带宽积为

$$A_{v0} BW_{0.7} = \frac{n_1 n_2 y_{fe}}{2\pi C_\Sigma} \qquad (3.2.19)$$

这就是说，当晶体管选定（y_{fe} 值确定）、电路元件参数确定后，放大器的增益带宽积为一个常量，放大器的谐振电压增益 A_{v0} 只决定于回路的总电容 C_Σ 和通频带 $BW_{0.7}$ 的乘积。电容越大，通频带 $2\Delta f_{0.7}$ 越宽，则增益 A_{v0} 越小。

因此，要想既得到高的增益，又保证足够宽的通频带，除了选用 $\mid y_{fe} \mid$ 较大的晶体管外，还应该尽量减小谐振回路的总电容量 C_Σ，但也不能很小。因为总电容是由电路的固有电容和外加电容组成，如晶体管的输出电容、下级晶体管的输入电容、电感线圈的分布电容和安装电

容等这些固有电容都是不稳定的，会引起谐振曲线不稳定，使通频带改变。为减小不稳定电容的影响，希望增大外加电容 C，从而增大 C_Σ 值。因此，C_Σ 的取值需要折中考虑。

4）选择性。如前所述，放大器的选择性用矩形系数表示，可得

$$K_{r0.1} = \frac{2\Delta f_{0.1}}{2\Delta f_{0.7}} = \sqrt{10^2 - 1} \approx 9.95 \tag{3.2.20}$$

其矩形系数的值远大于 1，谐振曲线和矩形相差较远，频率选择性较差。这是单调谐回路放大器的缺陷。

例 3.2.1 在图 3.2.5 中，已知工作频率 $f_0 = 30\text{MHz}$，$V_{CC} = 6\text{V}$，$I_{EQ} = 2\text{mA}$。晶体管采用 3DG47 型 NPN 高频管，其 Y 参数在上述工作条件和工作频率处的数值如下：

$$g_{ie} = 1.2\text{mS}, C_{ie} = 12\text{pF}; g_{oe} = 400\mu\text{S}, C_{oe} = 9.5\text{pF}$$

$$|y_{fe}| = 58.3\text{mS}, \varphi_{fe} = -22°; |y_{re}| = 310\mu\text{S}, \varphi_{re} = -88.8°$$

回路电感 $L = 1.4\mu\text{H}$，接入系数 $n_1 = 1$，$n_2 = 0.3$，回路空载品质因数 $Q_0 = 100$，负载是另一级相同的放大器。求放大器的谐振电压增益 A_{v0}、通频带 $BW_{0.7}$，且回路电容 C 取多少时，回路谐振？

解 暂不考虑 y_{re} 的作用（$y_{re} = 0$），根据已知条件可得

$$R_{e0} = Q_0 \omega_0 L = 100 \times 2\pi \times 30 \times 10^6 \times 1.4 \times 10^{-6} \Omega \approx 26\text{k}\Omega$$

$$g_{e0} = \frac{1}{R_{e0}} = \frac{1}{26} \times 10^{-3}\text{S} = 3.85 \times 10^{-5}\text{S}$$

回路总电导

$$\begin{aligned}
g_\Sigma &= g_{e0} + n_1^2 g_{oe} + n_2^2 g_{ie} \\
&= 0.0385 \times 10^{-3}\text{S} + 0.4 \times 10^{-3}\text{S} + 0.3^2 \times 1.2 \times 10^{-3}\text{S} \\
&= 0.55 \times 10^{-3}\text{S}
\end{aligned}$$

电压增益为

$$A_{v0} = \frac{n_1 n_2 |y_{fe}|}{g_\Sigma} = \frac{1 \times 0.3 \times 58.3}{0.55} \approx 32$$

回路总电容为

$$C_\Sigma = \frac{1}{(2\pi f_0)^2 L} = \frac{1}{(2\pi \times 30 \times 10^6)^2 \times 1.4 \times 10^{-6}}\text{F} \approx 20\text{pF}$$

故外加电容 C 为

$$C = C_\Sigma - n_1^2 C_{oe} - n_2^2 C_{ie} = 20\text{pF} - 9.5\text{pF} - 0.3^2 \times 12\text{pF} \approx 9.4\text{pF}$$

通频带为

$$BW_{0.7} = \frac{n_1 n_2 |y_{fe}|}{2\pi C_\Sigma A_{v0}} = \frac{0.3 \times 58.3 \times 10^{-3}}{2\pi \times 20 \times 10^{-12} \times 32}\text{Hz} \approx 4.35\text{MHz}$$

从对单管单调谐回路谐振放大器的分析可知，其电压增益取决于晶体管参数、回路与负载特性及接入系数等，所以受到一定的限制。如果要进一步增大电压增益，可采用多级放大器。

3.2.3 多级单调谐回路谐振放大器

如果多级放大器中的每一级都调谐在同一频率上，则称为多级单调谐回路谐振放大器。

设放大器有 n 级，各级电压增益振幅分别为 A_{v1}、A_{v2}、A_{v3}、$\cdots$、A_{vn}，则总电压增益振幅是各级电压增益振幅的乘积，即

$$A_\Sigma = A_{v1} A_{v2} A_{v3} \cdots A_{vn} \tag{3.2.21}$$

如果每一级放大器的参数、结构均相同，根据式（3.2.13），则总电压增益振幅为

$$A_\Sigma = (A_{v1})^n = \frac{(n_1 n_2)^n \mid y_{fe} \mid^n}{\left[g_\Sigma \sqrt{1 + \left(Q_e \dfrac{2\Delta f}{f_0} \right)^2} \right]^n} \tag{3.2.22}$$

谐振频率处电压增益振幅

$$A_{\Sigma 0} = \frac{(n_1 n_2)^n \mid y_{fe} \mid^n}{g_\Sigma^n} \tag{3.2.23}$$

单位谐振函数

$$N(f) = \frac{A_\Sigma}{A_{\Sigma 0}} = \frac{1}{\left[\sqrt{1 + \left(Q_e \dfrac{2\Delta f}{f_0} \right)^2} \right]^n} \tag{3.2.24}$$

n 级放大器的通频带

$$(BW_{0.7})_n = (2\Delta f_{0.7})_n = \sqrt{2^{1/n} - 1} \frac{f_0}{Q_e} = \sqrt{2^{1/n} - 1} BW_{0.7} \tag{3.2.25}$$

由上述分析可知，n 级相同的单调谐回路谐振放大器的总增益比单级放大器的增益提高了，而通频带比单级放大器的通频带缩小了，且级数越多，频带越窄。换句话说，如多级放大器的频带确定以后，级数越多，则要求其中每一级放大器的频带越宽。所以，增益和通频带的矛盾是一个严重的问题，特别是对于要求高增益宽频带的放大器来说，这个问题更为突出。这一特性与低频多级放大器相同。

例 3.2.2 某中频放大器的通频带为 6MHz，现采用两级或三级相同的单调谐放大器，对每一级放大器的通频带要求各是多少？

解 根据式（3.2.25），当 $n=2$ 时

$$(BW_{0.7})_2 = (2\Delta f_{0.7})_2 = \sqrt{2^{1/2} - 1} BW_{0.7} = 6 \times 10^6 \text{Hz}$$

所以要求每一级放大器的带宽

$$BW_{0.7} = 2\Delta f_{0.7} = \frac{6 \times 10^6}{\sqrt{2^{1/2} - 1}} \text{Hz} \approx 9.3 \times 10^6 \text{Hz}$$

同理，当 $n=3$ 时，要求每一级放大器的带宽

$$BW_{0.7} = 2\Delta f_{0.7} = \frac{6 \times 10^6}{\sqrt{2^{1/3} - 1}} \text{Hz} \approx 11.8 \times 10^6 \text{Hz}$$

根据矩形系数的定义，令式（3.2.24）中的 $N(f) = 0.1$ 可以求得

$$(BW_{0.1})_n = (2\Delta f_{0.1})_n = \sqrt{100^{1/n} - 1} \frac{f_0}{Q_e} = \sqrt{100^{1/n} - 1} BW_{0.7}$$

所以，n 级单调谐放大器的矩形系数为

$$(K_{r0.1})_n = \frac{(BW_{0.1})_n}{(BW_{0.7})_n} = \frac{\sqrt{100^{1/n} - 1}}{\sqrt{2^{1/n} - 1}} \tag{3.2.26}$$

表 3.2.1 列出了 $K_{r0.1}$ 与 n 的关系。

表 3.2.1 单调谐放大器的矩形系数与级数的关系

级数 n	1	2	3	4	5	6	7	8	9	10	∞
矩形系数 $K_{r0.1}$	9.95	4.90	3.74	3.40	3.32	3.10	3.00	2.93	2.89	2.85	2.56

从表 3.2.1 中可以看出，当级数增加时，放大器的矩形系数有所改善，但这种改善是有一定的限度的，最小不会低于 2.56。也就是说，单调谐放大器的选择性差，增益和通频带的矛盾突出。

改善放大器选择性和解决其增益与通频带之间的矛盾的有效方法是采用双调谐回路放大器或参差调谐放大器。

3.2.4 双调谐回路谐振放大器

双调谐回路谐振放大器具有频带较宽、选择性较好的优点。图 3.2.7a 所示是一种常用的双调谐回路放大器线路。集电极采用互感耦合的谐振回路作负载，被放大的信号通过互感耦合加到次级放大器的输入端。晶体管 VT_1 的集电极在一次绕组的接入系数为 n_1，下一级晶体管 VT_2 的基极在二次绕组的接入系数为 n_2；另外，假设初、次级回路本身的损耗都很小，可以忽略。

图 3.2.7b 为该放大器的高频小信号等效电路。图 3.2.7c 为图 3.2.7b 的简化电路。由图 3.2.7c 可以看出，它是一个典型的并联型互感耦合回路。在 2.3 节中所得的一切结论对图 3.2.7c 都是适用的。在实际应用中，通常初、次级回路都调谐到同一中心频率 f_0。为了分析方便，设两个回路元件参数都相同，则：

回路电感
$$L_1 = L_2 = L$$

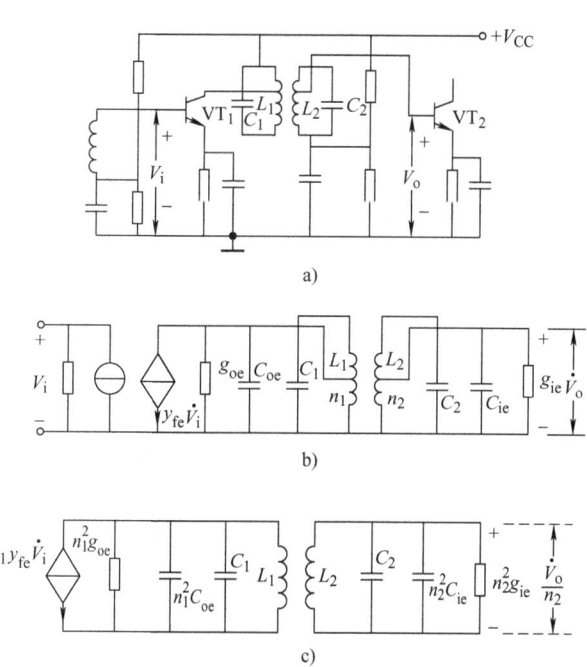

图 3.2.7 双调谐回路谐振放大器及其等效电路

初、次级回路总电容 $\qquad C_1 + n_1^2 C_{oe} = C_2 + n_2^2 C_{ie} = C$

折算到初、次级回路的导纳 $\qquad n_1^2 g_{oe} = n_2^2 g_{ie} = g$

回路谐振角频率 $\qquad \omega_{01} = \omega_{02} = \omega_0 = \dfrac{1}{\sqrt{LC}}$

初、次级回路有载品质因数 $\qquad Q_{e1} = Q_{e2} = Q_e = \dfrac{1}{g\omega_0 L} = \dfrac{\omega_0 C}{g}$

根据图 3.2.7c 可以得出放大器的电压增益的表达式为

$$A_v = \dfrac{n_1 n_2 |y_{fe}|}{g} \dfrac{\eta}{\sqrt{(1-\xi^2+\eta^2)^2 + 4\xi^2}} \tag{3.2.27}$$

在谐振时，$\xi = 0$，得

$$A_{v0} = \dfrac{\eta}{1+\eta^2} \dfrac{n_1 n_2 |y_{fe}|}{g} \tag{3.2.28}$$

式（3.2.27）具有与式（2.3.6）相似的表达形式，因此也就有相似的频率特性曲线。由该式画出的谐振曲线如图 3.2.8 所示。

观察式（3.2.27）可以看出，双调谐回路放大器的电压增益也与晶体管的正向传输导纳 $|y_{fe}|$ 成正比，与回路的电导 g 成反比。另外，谐振电压增益 A_{v0} 与耦合参数 η 有关。根据 η 的不同，可分为下列三种情况：

1) 弱耦合 $\eta < 1$，谐振曲线为单峰，且峰值出现在 f_0（$\xi = 0$）处。此时

$$A_{v0} = \dfrac{\eta}{1+\eta^2} \dfrac{n_1 n_2 |y_{fe}|}{g}$$

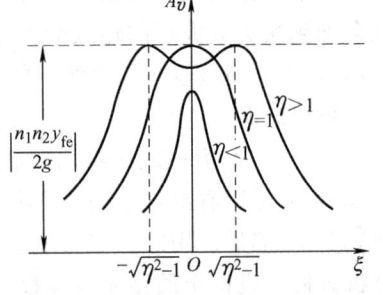

图 3.2.8 双调谐回路谐振放大器的谐振特性曲线

随着 η 的增加，A_{v0} 的值增加。

2) 临界耦合 $\eta = 1$，谐振曲线较平坦，仍为单峰，在 f_0（$\xi = 0$）处，出现最大峰值。该最大峰值为

$$A_{v0} = \dfrac{n_1 n_2 |y_{fe}|}{2g} \tag{3.2.29}$$

3) 强耦合 $\eta > 1$，谐振曲线出现双峰，两个峰点位置在

$$\xi = \pm \sqrt{\eta^2 - 1} \tag{3.2.30}$$

峰值处的增益为

$$A_{v0} = \dfrac{n_1 n_2 |y_{fe}|}{2g}$$

与 $\eta = 1$ 的峰值相同。

以上三种情况下，双调谐回路放大器的谐振曲线表示式如下：

弱耦合 $\eta < 1$ 时

$$\dfrac{A_v}{A_{v0}} = \dfrac{1+\eta^2}{\sqrt{(1-\xi^2+\eta)^2 + 4\xi^2}} \tag{3.2.31}$$

强耦合 $\eta > 1$ 时

$$\dfrac{A_v}{A_{v0}} = \dfrac{2\eta}{\sqrt{(1-\xi^2+\eta)^2 + 4\xi^2}} \tag{3.2.32}$$

临界耦合 $\eta=1$ 时

$$\frac{A_v}{A_{v0}} = \frac{2}{\sqrt{4+\xi^4}} \quad (3.2.33)$$

这是较常用的三种情况。

因此，很容易求出临界耦合时的通频带为

$$BW_{0.7} = \sqrt{2}\frac{f_0}{Q_e}$$

在回路有载品质因数 Q 相同的情况下，临界耦合双调谐回路谐振放大器的通频带等于单调谐回路谐振放大器通频带的 $\sqrt{2}$ 倍。

为了说明双调谐回路谐振放大器的选择性优于单调谐回路谐振放大器，先求出临界耦合时的矩形系数。根据定义，当 $\frac{A_v}{A_{v0}} = \frac{1}{10}$ 时，代入式（3.2.33），得

$$BW_{0.1} = \sqrt[4]{100-1}\frac{\sqrt{2}f_0}{Q_e}$$

因此，矩形系数为

$$K_{r0.1} = \sqrt[4]{100-1} \approx 3.16$$

显然，双调谐回路谐振放大器的矩形系数远比单调谐回路谐振放大器的小，它的谐振曲线更接近于矩形。

上面只讨论了临界耦合的情况，这种情况在实际上应用较多。弱耦合时，放大器的谐振曲线和单调谐回路放大器的相似，通频带较窄，选择性也较差。强耦合时，虽然通频带变得更宽，矩形系数也更好，但谐振曲线顶部出现凹陷，回路的调节也较麻烦。因此，只在与临界耦合级配合时或特殊场合才采用。

3.2.5 参差调谐放大器

参差调谐放大器在形式上和上述多级放大器没有什么不同，但在调谐回路上有区别。就是多级放大器级联以后，各级的调谐回路和调谐频率都彼此不同。采用参差调谐放大器的目的是增加放大器总的带宽，同时又得到边沿较陡峭的频率特性。参差调谐放大器常用于要求带宽较宽的场合，如电视机的高频头中常用到它。

1. 双参差调谐放大器

所谓双参差调谐，是将两级单调谐回路放大器的谐振频率，分别调整到略高于和略低于信号的中心频率。

图 3.2.9a 是一个由两级单调谐放大器组成的双参差调谐放大器的交流通路，图 b 为其频率特性曲线。设信号的中心频率是 f_0，则将第一级放大器调谐于 $f_0+\Delta f$ 上，第二级放大器调谐于 $f_0-\Delta f$ 上（Δf 是单个谐振回路的谐振频率与信号中心频率 f_0 之差）。各级回路的谐振频率参差错开，因此称为参差调谐放大器。此时，各级放大器的谐振频率分别为

$$f_{01} = f_0 + \Delta f$$
$$f_{02} = f_0 - \Delta f$$

对于单个谐振电路而言，它是工作于失谐状态的，相对失谐量分别是 $\pm\dfrac{\Delta f}{f_0}$，称为参差

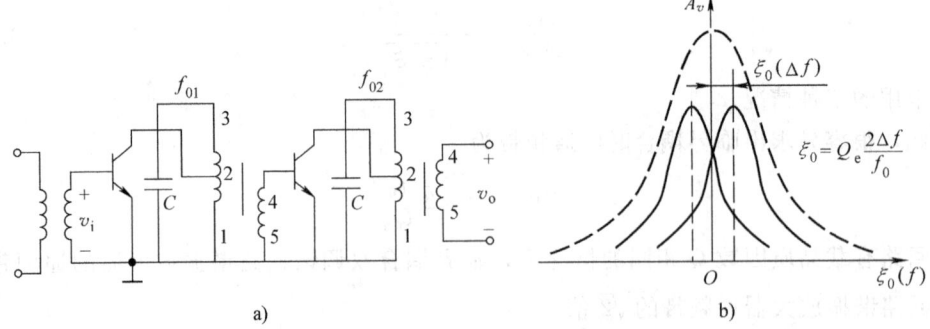

图 3.2.9 双参差调谐放大器的频率特性曲线
a) 双参差调谐放大器的交流通路 b) 双参差调谐放大器的频率特性曲线

失谐量,而对应的广义参差失谐量为 $\pm\xi_0 = \pm Q_e \dfrac{2\Delta f}{f_0}$。

当参差失谐的两个回路的 Q_e 值相同时,可将两个相同的频率特性曲线向左右方向各移动 $\pm\Delta f$,然后将它们的纵坐标分贝数相加,则得到双参差调谐回路的综合频率特性,如图 3.2.9b 所示。图中的两条实线曲线,是两个单级调谐放大器的增益曲线,虚线曲线是两级的综合频率特性。显然,合成的频率曲线较为平坦,总的通频带展宽。

参差调谐的综合频率特性与参差失谐量 Δf 有关,即与 ξ_0 有关。$\xi_0(\Delta f)$ 越小曲线越尖,$\xi_0(\Delta f)$ 越大曲线越平坦。当 $\xi_0(\Delta f)$ 大到一定程度时,由于 f_0 处的失谐太严重,综合频率特性曲线将出现马鞍形双峰的形状。

理论推导表明,当 $\xi_0 < 1$ 时综合频率特性曲线为单峰;$\xi_0 > 1$ 时为双峰;$\xi_0 = 1$ 为两者的分界线,相当于单峰中最平坦的情况。$\xi_0(\Delta f)$ 越大,则双峰的距离越远,且中间下凹越严重。

2. 三参差调谐放大器

在实际工作中,为了加宽通频带,又不造成谐振点输出显著下凹,通常工作于 $\xi_0 = 1$($\Delta f = \dfrac{f_0}{2Q_e}$)的情况下,但也可以工作于 ξ_0 略大于 1(即 Δf 略大于 $\dfrac{f_0}{2Q_e}$)的情况。例如,对于三参差调谐回路,可使其中的两级工作于参差调谐的双峰状态,第三级调谐于 f_0。它们合成的谐振曲线就比较平坦,如图 3.2.10 中的虚线曲线所示。由合成谐振曲线可见:利用三参差调谐电路,并适当地选择每个回路的有载品质因数 Q_e 和 Δf,就可以获得双参差调谐所不能得到的通频带。

最后需指出,由于参差调谐在 f_0 处失谐,故其在 f_0 点的放大倍数 A_{v0} 要比调谐于同一频率的两级放大器的放大倍数小。理论推导证明,它们有如下关系:

$$\dfrac{双参差调谐放大器的放大倍数}{调谐于同一频率的两级放大器的放大倍数} = \dfrac{1}{1+\xi_0^2}$$

例如,设 $\xi_0 = 1$,则上式等于 $1/2$,即参差调谐放大的谐振放大倍数等于调谐于同一频率的两级放大器的放大倍数的一半。

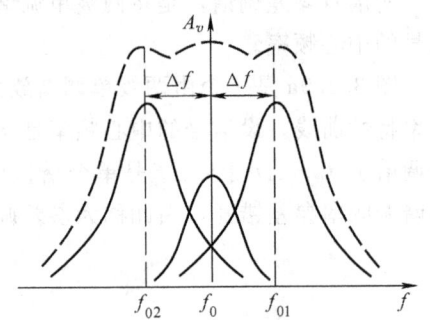

图 3.2.10 三参差调谐放大器的频率特性曲线

3.3 谐振放大器的稳定性

上面所讨论的放大器,都是假定工作于稳定状态的,即输出电路对输入端没有影响 ($y_{re}=0$),或者说,晶体管是单向工作的,输入可以控制输出,而输出则不影响输入。但实际上,晶体管是存在着反向输入导纳 y_{re} 的。那么 y_{re} 的存在将对电路造成何种影响呢?

3.3.1 晶体管内部反馈 y_{re} 的影响

1. 放大器调试困难

由于晶体管的集电极和基极之间存在结电容 $C_{b'c}$,使 $y_{re} \neq 0$,从而形成内部反馈,而且随着工作频率的升高,这种反馈越来越强。内部反馈使放大器的输入和输出导纳分别与负载及信号源导纳有关,在调整输出回路时(即改变 Y_L),放大器的输入端就受到影响;同样,调整输入回路时,Y_S 改变了,放大器的输出导纳也随之改变,这时输出电路的调谐和匹配又发生了影响。因此调整工作需要反复进行多次。

2. 放大器工作不稳定

晶体管内部反馈的另一有害影响是使放大器的工作不稳定。因为放大后的输出电压 $\dot{V}_o$ 通过反向传输导纳 y_{re},把一部分信号反馈到输入端,尽管 y_{re} 可能很小,但由于放大后的信号 $\dot{V}_o$ 比输入信号 $\dot{V}_i$ 大得多,所以反馈电压 $\dot{V}_f$ 并不是总可以忽略不计的,它回到输入端以后,又由晶体管再加以放大,再通过 y_{re} 反馈到输入端,如此循环不止。在条件合适时,放大器甚至不需要外加信号,也能够产生正弦或其他波形的振荡。这时,正常的放大作用就被破坏,即使不发生自激振荡,但由于内部反馈随频率而不同,它对于某些频率可能是正反馈而对另一些频率则是负反馈,反馈的强弱也不完全相等,这样,某一频率的信号将得到加强,输出增大,而另一些频率的信号分量可能受到削弱,输出减小,其结果是使放大器的频率特性受到影响,通频带和选择性有所改变,如图 3.3.1 所示,这是不希望的。

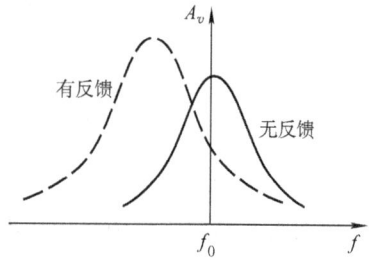

图 3.3.1 晶体管内部负反馈对频率特性的影响

3.3.2 解决的方法

欲解决上述问题,有两个途径。一是从晶体管本身想办法,使反向传输导纳减小。因为 y_{re} 主要决定于集电极和基极间的电容 $C_{b'c}$,设计晶体管时应使 $C_{b'c}$ 尽量减小。由于晶体管制造工艺的进步,这个问题已得到较好的解决。另一种方法是在电路上想办法把 y_{re} 的作用抵消或减小。也就是说,从电路上设法消除晶体管的反向传输作用,使它变为单向器件。单向化的方法有两种,即中和法和失配法。

1. 中和法

这种方法是在放大器的电路中插入一个外加的反馈电路来抵消 $C_{b'c}$ 内部反馈的影响,称为中和。这相当减小了晶体管的 y_{re},放大器可以稳定地工作。

中和的原理如图 3.3.2 所示。外加导纳 y_n 接在输出和输入之间，作为中和元件，完全中和时，等效反向传输导纳 y_{ren} 等于零。y_{ren} 可由图 3.3.2 求出，即

$$y_{ren} = \left. \frac{\dot{I}_1}{\dot{V}_c} \right|_{\dot{V}_b = 0} \tag{3.3.1}$$

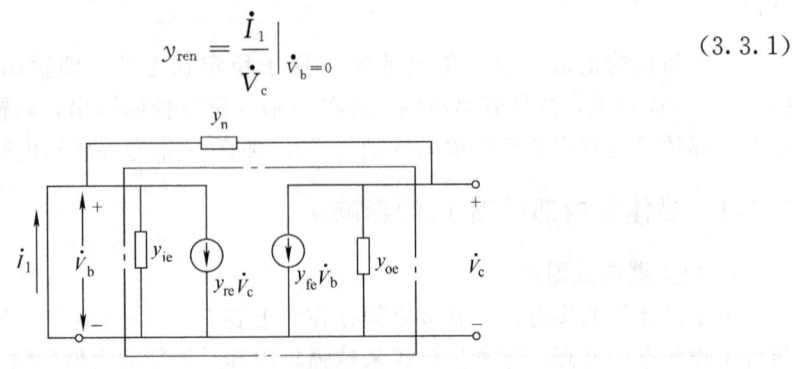

图 3.3.2 中和原理

输入端短路时，y_{ie} 中无电流，所以

$$\dot{I}_1 = y_{re}\dot{V}_c - y_n\dot{V}_c$$

将 $\dot{I}_1$ 代入式（3.3.1）中，得

$$y_{ren} = \left. \frac{\dot{I}_1}{\dot{V}_c} \right|_{\dot{V}_b = 0} = y_{re} - y_n$$

完全中和时，$y_{ren}=0$，内部反馈全部抵消，这时有

$$y_n = y_{re} \tag{3.3.2}$$

式（3.3.2）的条件满足时，有中和电路的晶体管输入导纳将与输出电路无关，晶体管处于稳定状态。

必须指出：y_{re} 与频率有关，为了在所有频率下使 $y_{ren}=0$，必须使 y_n 与 y_{re} 的频率特性相同，才能实现放大电路的单向化，使输出完全不受输入的影响。但是，要使 y_n 与 y_{re} 一样是不可能的，实际电路中只能在一个频率点起到中和作用。

图 3.3.3 是接收机中常用的中和电路。它的工作原理是集电极电压 $\dot{V}_c$ 通过晶体管基极与集电极间的结电容 $C_{b'c}$ 把反馈电流 $\dot{I}_F$ 注入基极，为了抵消这个电流，在回路二次绕组 L_2

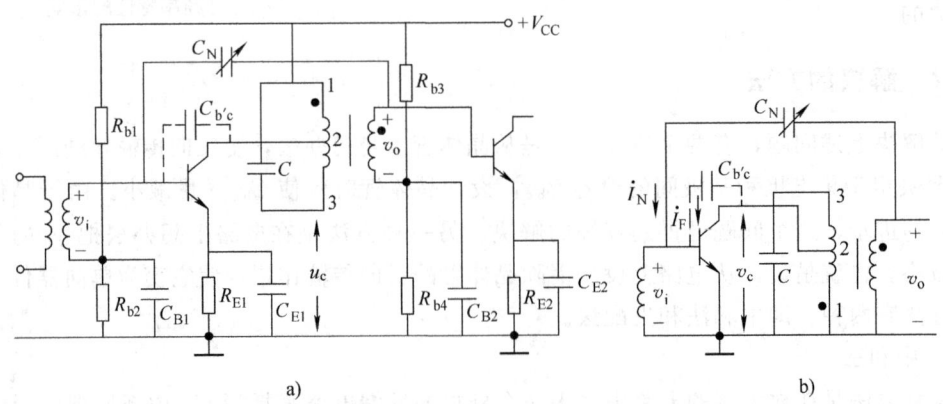

a)   b)

图 3.3.3 放大器中的中和电路

至基极之间插入中和电容 C_N，这样又有一反馈电流 $\dot{I}_N$ 从输出端反馈回到放大器的基极。连接绕组接线时有意使 L_1 和 L_2 的绕向相反，电压 $\dot{V}_c$ 和 $\dot{V}$ 的极性恰好相差 $180°$；同时适当调节中和电容 C_N 使中和电流 $\dot{I}_N$ 的大小恰好和内反馈电流 $\dot{I}_F$ 相等。这样流入基极的这两个电流相互抵消，放大器的输出对输入的影响就消除了。

由于中和法不能在一个频段满足实际需要；此外，由于晶体管集电极至基极的内部反馈电路并不是一个纯电容，而是具有一定的电阻分量，所以中和电路也应是电阻和电容构成的网络，这使设计和调整都比较麻烦。目前，仅在收音机中采用这种办法，而一些要求较高的通信设备大多不再用中和电路。

2. 失配法

失配是指信号源内阻不与晶体管输入阻抗匹配，晶体管输出端的负载阻抗不与本级晶体管的输出阻抗匹配。

用失配法实现晶体管单向化常用的办法是采用共发射极－共基极级联电路组成的调谐放大器，其稳定性较高，得到了广泛的应用。它的原理图如图 3.3.4 所示。

用两只晶体管按共发射极－共基极的方式级联，把它们做成一个复合管。已知，在级联放大器中，后一级放大器的输入导纳是前一级放大器的负载，而前一级放大器则是后一级的信号源，它的输出导纳就是信号源的内导纳。晶体管按共基极方式连接时，输入导纳较大，它与输出导纳

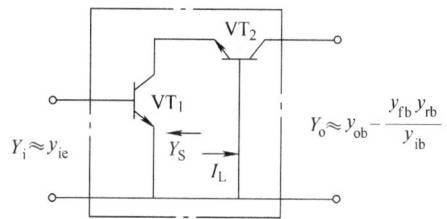

图 3.3.4 共发射极－共基极级联的复合管

较小的共发射极电路连接时，相当于增大了共射电路 VT_1 的负载导纳 Y_L 而使之失配，从而减小了共射电路的内部反馈，使复合管的输入导纳 $Y_i \approx y_{ie}$，提高了电路的稳定性。同理，按共发射极连接的第一级晶体管 VT_1 的输出导纳 y_{oe} 较小，对于 VT_2 来说，VT_1 的输出导纳就是它的信号源内电导 Y_S，Y_S 小，VT_2 这一级的输出导纳 Y_o 就只和共基极晶体管 VT_2 本身参量有关，而不受它的输入电路的影响。这样就大大减小了输入、输出回路间的牵扯作用，实际应用时，就可以把它看作是单向器件了。共射电路在负载导纳很大的情况下，虽然电压增益减小，但电流增益仍较大，而共基电路电压增益大，不存在 $C_{b'e}$ 的反馈，所以共发射极－共基极级联后，相互补偿，电压增益和电流增益仍较大。

以上分析可知，共发射极－共基极级联放大器，主要是使用两个管子来代替一个管子，既保证了高度的稳定性，又获得了比较大的增益（和一个管子比较）。

另外，共发射极－共基极电路能保证小的噪声系数，因此，通常这种级联电路又称为"低噪声电路"。

3.4 集成宽频带放大器

随着集成电路技术的飞速发展，许多具有不同功能特点的新的集成放大电路不断出现，给电子线路开发与应用提供了极为有利的条件。高频集成放大器有两类。一种是非选频的高频集成放大器，它用于某些不需有选频功能的设备中，如某些发射机和仪器设备中，通常以

电阻或宽带高频变压器作负载。另一类是集成选频放大器,用于需要有选频功能的场合,比如,接收机的中放就是它的典型应用。

对于采用集成放大电路构成集成选频放大器来说,通常是采用集中滤波和宽频带集成放大电路相结合的方式来实现。目前,宽频带集成放大电路的型号很多,各自的性能和适应范围也有所不同,使用时可根据放大器的技术指标要求查阅有关的集成电路手册,选用合适的集成电路。对于集中滤波器可选用频率特性合适的陶瓷滤波器、晶体滤波器、声表面波滤波器或 LC 滤波器。

图 3.4.1 是国产 FZ1 集成放大电路,是属于利用负反馈展宽频带的放大器。它是两个晶体管组成的直接耦合放大器,电路中具有两级电流并联负反馈。从 VT_2 的发射极电阻 R_{e2} 上取得反馈信号经 R_f 反馈到输入端,而电容 C_e 和 $(R_{e1}+R_{e2})$ 并联,是为了使高频工作时反馈最小,以改善高频特性。另外,改变外接元件还可以调节放大器的其他性能。例如,在引脚 8 和 6 之间接入电阻与 R_f 并联,可以增强反馈;在引脚 8 和 9 之间串入不同阻值的电阻可以减小反馈;在引脚 2 和 3 或 3 和 4 之间连接电阻,可以改变放大器的电压增益。

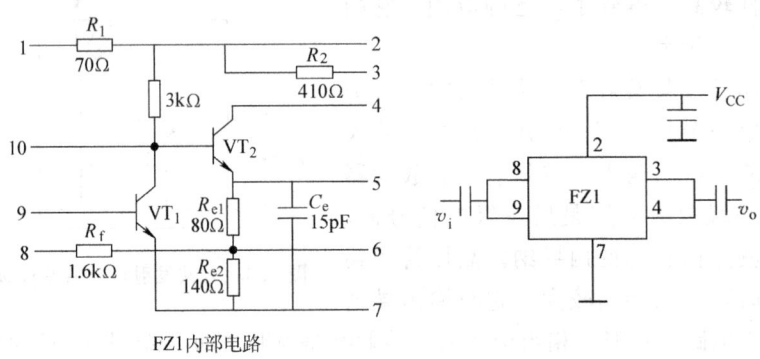

图 3.4.1 集成宽频带放大器 FZ1 内部电路和典型外接电路

图 3.4.2 所示国产 ER4803 的内部电路是共发射极－共基极集成宽频带放大器。该电路是由 VT_1、VT_3(或 VT_4)与 VT_2、VT_6(或 VT_5)组成共发射极－共基极放大器,输出电压的特性由外电路控制。若外电路使 $I_{b2}=0$,而 $I_{b1}\neq 0$ 时,VD_2 和 VT_4、VT_5 截止。这时信号经 VT_1、VT_3 与 VT_2、VT_6 组成的共发射极－共基极差分对放大后输出。若外电路使 $I_{b1}=0$,而 $I_{b2}\neq 0$ 时,VD_1 和 VT_3、VT_6 截止。这时信号经 VT_1、VT_4 与 VT_2、VT_5 组

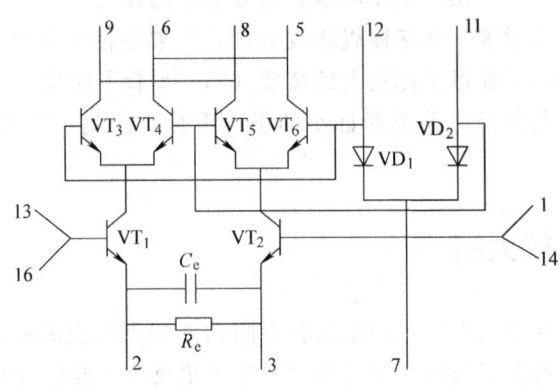

图 3.4.2 国产 ER4803 的内部电路

成的共发射极－共基极差分对放大后输出。输出电压极性与上述相反。C_e 是 MOS 电容,用来补偿高频特性以展宽频带。这种集成电路常用于 350MHz 以上的宽带示波器中实现高频、中频或视频放大。

图 3.4.3 是集成宽带放大器 F733 的内部电路,图中,VT_1、VT_2 组成电流串联负反馈差分放大器,$VT_3 \sim VT_6$ 组成电压并联负反馈差分放大器(VT_5 和 VT_6 兼作输出级),$VT_7 \sim VT_{11}$ 为恒流源电路。改变第一级差放的负反馈电阻,可以调节整个电路的电压增益。将引脚 9 和 4 短接,增益可达 400 倍;将引脚 10 和 3 短接,增益可达 100 倍。各引脚均不短接,增益为 10 倍。以上三种情况的上限频率依次为 40MHz、90MHz、120MHz。

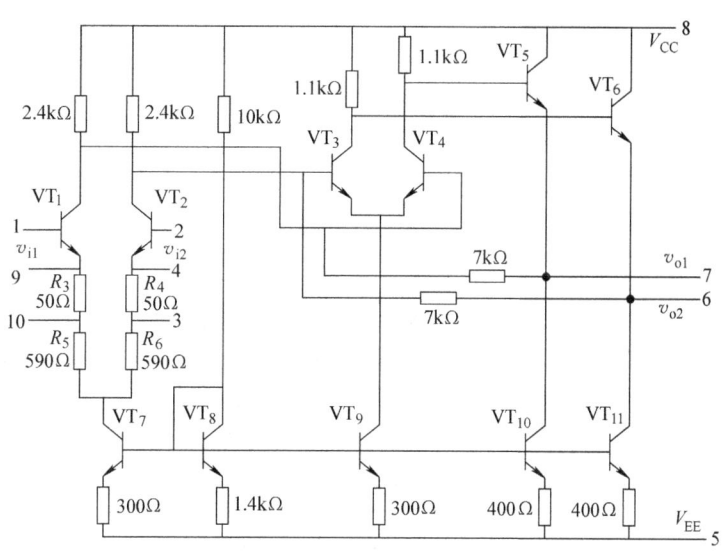

图 3.4.3 集成宽带放大器 F733 的内部电路

图 3.4.4 给出了 F733 用作可调增益放大器时的典型接法。图中电位器 RP 是用于调节电压增益和带宽的。当 RP 调到零时,引脚 4 与 9 短接,片内 VT_1、VT_2 发射极短接,增益最大,上限截止频率最低;当 RP 调到最大时,片内 VT_1、VT_2 发射极之间共并接了五个电阻,即片内 R_3、R_4、R_5、R_6 和外接电位器 RP,这时交流负反馈最强,增益最小,上限截止频率最高。可见,这种接法使得电压增益和带宽连续可调。

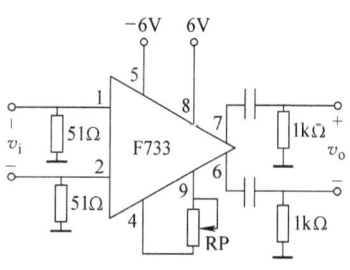

图 3.4.4 F733 外接电路

思考题与习题

3.1 高频小信号放大器采用_____作为负载,所以分析高频小信号放大器常采用_____等效参数电路进行分析,而且由于输入信号较弱,因此放大器中的晶体管可视为_____。高频小信号放大器不仅具有放大作用,还具有_____。衡量高频小信号放大器选择性的两个重要参数分别是_____和_____。

3.2 单级单调谐回路谐振放大器的通频带 $BW_{0.7} = $ _____,矩形系数 $k_{r0.1} = $ _____。

3.3 随着级数的增加，多级单调谐回路谐振放大器的（设各级的参数相同）增益＿＿＿＿＿＿，通频带＿＿＿＿＿＿，矩形系数＿＿＿＿＿＿，选择性＿＿＿＿＿＿。

3.4 试用矩形系数说明选择性与通频带的关系。

3.5 影响谐振放大器稳定性的因素是什么？反馈导纳的物理定义是什么？

3.6 在工作点合理的情况下，图3.2.5b中的晶体管能否用不含结电容的小信号等效电路等效？为什么？

3.7 说明图3.2.5b中，接入系数 n_1、n_2 对小信号谐振放大器的性能指标有何影响？

3.8 如果放大器的选频特性是理想的矩形，能否认为放大器能够滤除全部噪声，为什么？

3.9 高频谐振放大器中，造成工作不稳定的主要因素是什么？它有哪些不良影响？为使放大器稳定工作应采取哪些措施？

3.10 单级小信号调谐放大器的交流电路如图3.T.1所示。要求谐振频率 $f_0=10.7\text{MHz}$，$BW_{0.7}=500\text{kHz}$，$|A_{v0}|=100$。晶体管参数为

$y_{ie}=(2+j0.5)\text{mS}$；　　　　$y_{re}=0$；

$y_{fe}=(20-j5)\text{mS}$；　　　　$y_{oe}=(20+j40)\mu\text{S}$

如果回路空载品质因数 $Q_0=100$，试计算谐振回路的 L、C、R。

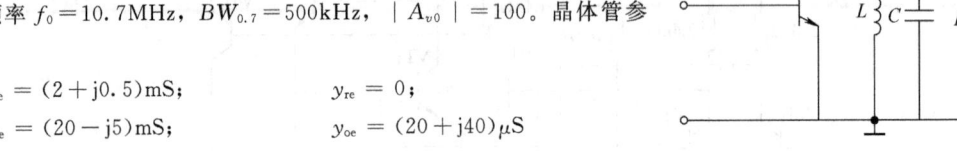

图3.T.1　题3.10图

3.11 在图3.T.2中，晶体管3DG39的直流工作点是 $V_{CEQ}=+8\text{V}$，$I_{EQ}=2\text{mA}$；工作频率 $f_0=10.7\text{MHz}$；调谐回路采用中频变压器，$L_{1-3}=4\mu\text{H}$，$Q_0=100$，其抽头为 $N_{23}=5$ 匝，$N_{13}=20$ 匝，$N_{45}=5$ 匝。试计算放大器的下列各值：电压增益、功率增益、通频带（设放大器和前级匹配 $g_s=g_{ie}$）。晶体管3DG39 在 $V_{CEQ}=8\text{V}$，$I_{EQ}=2\text{mA}$ 时参数如下：

$g_{ie}=2860\mu\text{S}$；　　$C_{ie}=18\text{pF}$

$g_{oe}=200\mu\text{S}$；　　$C_{oe}=7\text{pF}$

$|y_{fe}|=45\text{mS}$；　　$\varphi_{fe}=-54°$

$|y_{re}|=0.31\text{mS}$；　$\varphi_{re}=-88.5°$

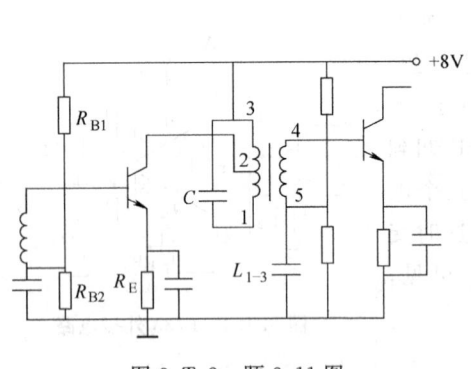

图3.T.2　题3.11图

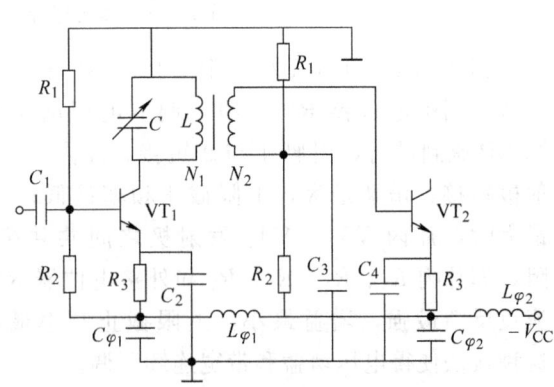

图3.T.3　题3.12图

3.12 图3.T.3是中频放大器单级电路。已知回路电感 $L=1.5\mu\text{H}$，$Q_0=100$，$N_1/N_2=4$，$C_1\sim C_4$ 均为耦合电容或旁路电容。晶体管采用CG322A，当 $I_{EQ}=2\text{mA}$，$f_0=30\text{MHz}$，测得Y参数如下：$y_{ie}=(2.8+j3.5)\text{mS}$，$y_{re}=(-0.08-j0.3)\text{mS}$，$y_{fe}=(36-j27)\text{mS}$，$y_{oe}=(0.2+j2)\text{mS}$。

(1) 画出用Y参数表示的放大器微变等效电路。
(2) 求回路的总电导 g_Σ。
(3) 求回路外接电容 C。
(4) 求放大器的电压增益 A_{v0}。

(5) 当要求该放大器通频带为 10MHz 时，应在回路两端并联多大的电阻？

3.13 设有一单调谐回路中频放大器，其通频带 $BW_{0.7}=4\text{MHz}$，$A_{v0}=10$。如果再用一级完全相同的放大器与之级联，这时两级中放总增益和通频带各为多少？若要求级联后总频带宽度为 4MHz，问每级放大器应如何改变？改变之后的总增益是多少？

3.14 三级相同的单调谐中频放大器级联，工作频率 $f_0=450\text{kHz}$，总电压增益为 60dB，总带宽为 8kHz，求每一级的增益、3dB 带宽和有载品质因数 Q_e 值。

3.15 图 3.T.4 表示一单调谐回路中频放大器。已知工作频率 $f_0=10.7\text{MHz}$，回路电容 $C_2=56\text{pF}$，回路电感 $L=4\mu\text{H}$，$Q_0=100$，L 的匝数 $N=20$ 匝，接入系数 $n_1=n_2=0.3$。采用晶体管 3DG6C，已知晶体管 3DG6C 在 $V_{CE}=8\text{V}$，$I_E=2\text{mA}$ 时参数如下：

$$g_{ie}=2860\mu\text{S}; \quad C_{ie}=18\text{pF}$$
$$g_{oe}=200\mu\text{S}; \quad C_{oe}=7\text{pF}$$
$$|y_{fe}|=45\text{mS}; \quad \varphi_{fe}=-54°$$
$$|y_{re}|=0.31\text{mS}; \quad \varphi_{re}=-88.5°$$

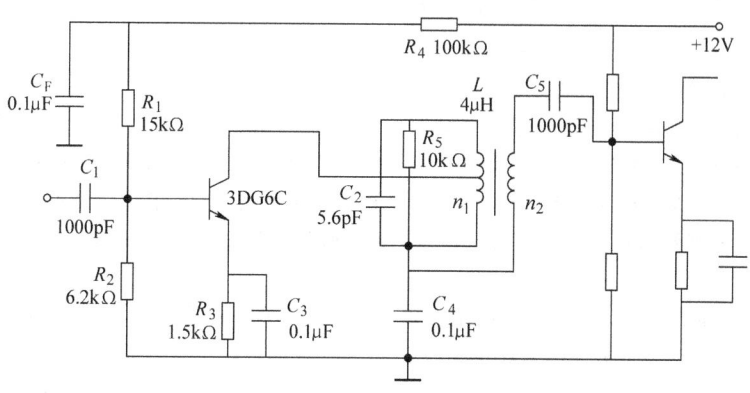

图 3.T.4 题 3.15 图

求：(1) 单级电压增益 A_{v0}。

(2) 单级通频带 $2\Delta f_{0.7}$。

(3) 四级的总电压增益 $(A_{v0})_4$。

(4) 四级的总通频带 $(2\Delta f_{0.7})_4$。

(5) 如四级的总通频带 $(2\Delta f_{0.7})_4$ 保持和单级的通频带 $2\Delta f_{0.7}$ 相同，则单级的通频带应加宽多少？四级的总电压增益下降多少？

3.16 设有一级单调谐中频放大器，谐振时电压增益 $A_{v0}=10$，通频带 $BW_{3dB1}=2\text{MHz}$，如果再用一级电路结构相同的中放与其组成双参差调谐放大器，工作于最佳平坦状态，求级联通频带 BW_{3dB} 和级联电压增益 $A_{v0\Sigma}$ 各是多少？若要同样改变每级放大器的带宽使级联带宽 $BW'_{3dB}=8\text{MHz}$，求改动后的各级增益 A'_{v0} 为多大？

3.17 图 3.T.5 所示的双调谐电感耦合电路中，设第一级放大器的输出导纳和第二级放大器的入导纳分别是：$g_{oe}=20\times10^{-6}\text{S}$，$C_{oe}=4\text{pF}$；$g_{ie}=0.62\times10^{-3}\text{S}$，$C_{ie}=40\text{pF}$。$|y_{fe}|=40\times10^{-3}\text{S}$，工作频率 $f_0=465\text{kHz}$，中频变压器一、二次线圈的空载 Q 值均为 100，线圈抽头为 $N_{12}=73$ 匝，$N_{34}=60$ 匝，$N_{45}=1$ 匝，$N_{56}=13.5$ 匝，L_1 和 L_2 为紧耦合。求：(1) 电压放大倍数；(2) 通频带和矩形系数。

3.18 设计一个中频放大器。要求：采用电容耦合双调谐放大器，一、二次线圈抽头 $n_1=0.3$，$n_2=0.2$；中频频率为 1.5MHz；中频放大器增益大于 60dB；通频带为 30kHz；矩形系数 $k_{r0.1}<1.9$；放大器工作稳定；回路电容选用 500pF，回路线圈品质因数 $Q_0=80$。已知晶体管在 $I_E=1\text{mA}$、$f=1.5\text{MHz}$ 时的参数如下：

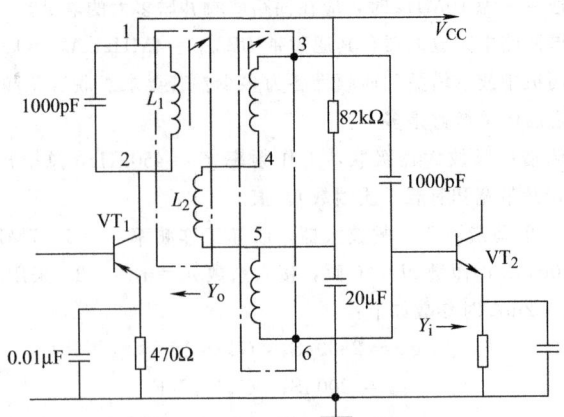

图 3.T.5　题 3.17 图

$$g_{ie}=1000\mu S;\ C_{ie}=74pF;\ g_{oe}=18\mu S;\ C_{oe}=18pF$$
$$y_{fe}=36000\ e^{-j4.3°}\ \mu S;\ y_{re}=33\ e^{-j93°}\ \mu S$$

另外，中放前的变频器也采用双调谐回路作为负载。

3.19　为什么晶体管在高频工作时要考虑单向化问题，而在低频工作时，则可不必考虑？

3.20　设有一级单调谐中频放大器，谐振时电压增益 $A_{v0}=10$，通频带 $BW_{3dB1}=2MHz$，如果再用一级电路结构相同的中放与其组成双参差调谐放大器，工作于最佳平坦状态，求级联通频带 BW_{3dB} 和级联电压增益 $A_{v0\Sigma}$ 各是多少？若要求同样改变每级放大器的带宽使级联带宽 $BW'_{3dB}=8MHz$，求改动后的各级增益 A'_{v0} 为多大？

3.21　三级单调谐放大器，三个回路的中心频率 $f_0=465kHz$，若要求总的带宽 $BW_{0.7}=8kHz$，求每一级回路的 3dB 带宽和回路有载品质因数 Q_e。

第 4 章 高频功率放大器

4.1 引言

在低频放大电路中为了获得足够大的低频输出功率，必须采用低频功率放大器。同样，在高频范围，为了获得足够大的高频输出功率，也必须采用高频功率放大器。高频功率放大器和低频功率放大器的共同特点都是输出功率大和效率高，但由于二者的工作频率和相对频带宽度相差很大，因此决定了它们之间有着根本的区别。因为低频功率放大器的工作频率很低，相对带宽很宽，所以其负载常采用纯电阻或变压器等。

高频功率放大器按其工作频带的宽窄来划分，有窄带高频功率放大器和宽带高频功率放大器。窄带高频功率放大器通常以具有选频滤波作用的选频回路作为输出负载，故又称为谐振功率放大器；其作用是提供足够强的以载频为中心的窄带信号功率，主要用于放大窄带已调信号或实现倍频，工作在乙类或丙类状态。宽带高频功率放大器的输出负载则是传输线变压器或其他宽带匹配电路，因此又称为非调谐功率放大器；它主要用在某些载波信号频率要求变化范围大的短波、超短波电台的中间各级放大级，以免对不同载频 f_c 的繁琐调谐，通常工作在甲类状态。

高频功率放大器是通信系统发送装置的重要组成部分。例如绪论中所述发射机框图中的高频部分，由于发射机中的振荡器所产生的高频振荡功率很小，因此在它的后面需经过一系列的放大，有缓冲级、中间放大级、末级功率放大级，目的是获得足够的高频功率后，才能馈送到天线上辐射出去。这里所提到的放大器都属于高频功率放大器的范畴，只是末级功率放大器集中反映了高频功率放大器的特点。因此，在本章中将以末级功率放大器为例分析高频功率放大器的工作原理、特点及性能指标。

高频功率放大器因工作于大信号的非线性状态，不能用线性等效电路分析，工程上普遍采用图解法或解析近似分析法。所谓的图解法是利用电子器件的特性曲线来对它的工作状态进行分析。解析近似分析法是将电子器件的特性用某些近似解析式来表示，然后对放大器的工作状态进行分析。

4.2 谐振功率放大器的原理与应用

4.2.1 谐振功率放大器的工作原理

1. 谐振功率放大器的工作原理分析

图 4.2.1a、b 分别为发送设备的中间放大级和末级放大器（r_A、C_A 为天线等效电路），图 c 为相应的原理电路。由图知，输入信号（又称为激励信号）经变压器耦合到晶体管的输入端得到 v_b，V_{CC} 是集电极直流电源电压，V_{BB} 是基极偏置电压，C_B 为旁路电容，C_C 为电源

滤波电容，L、C 组成并联谐振回路，作为集电极负载回路（或匹配网络），该回路又称为槽路。负载回路既可以实现选频滤波的功能，又实现阻抗匹配。放大后的信号通过变压器耦合到负载 R_L 上（见图 a）或通过天线（见图 b）向空间辐射。图 c 中的 R_Σ 为 L、C 回路的谐振总电阻。

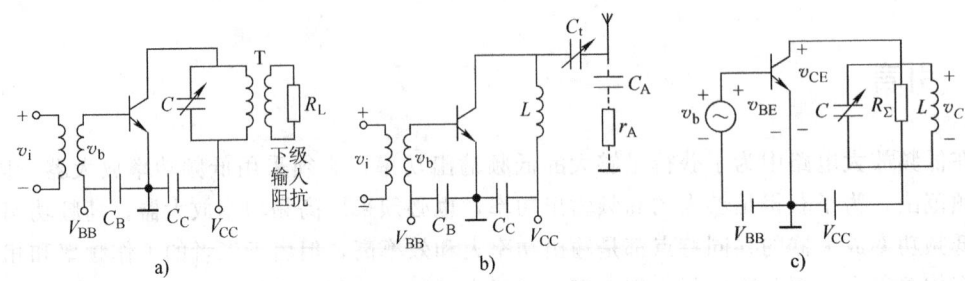

图 4.2.1 谐振功率放大器电路

放大器的工作状态由偏置电压 V_{BB} 的大小决定，当 $V_{BB}=V_{BEQ}>V_{BE(on)}$，$\theta=180°$ 时，电路工作在甲类状态；当 $V_{BB}=V_{BEQ}=V_{BE(on)}$，$\theta=90°$ 为乙类工作状态；当 $V_{BB}=V_{BEQ}<V_{BE(on)}$，$\theta<90°$ 为丙类工作状态。作为谐振功率放大器，电路工作在丙类状态，只有当 $v_{BE}>V_{BE(on)}$ 时，才有集电极电流流过，故集电极耗散功率小，效率 η_C 高。

设激励电压 $v_b=V_{bm}\cos\omega t$，$V_{BB}<V_{BE(on)}$，加到晶体管的基极-发射极间的电压为

$$v_{BE}=V_{BB}+v_b=V_{BB}+V_{bm}\cos\omega t \tag{4.2.1}$$

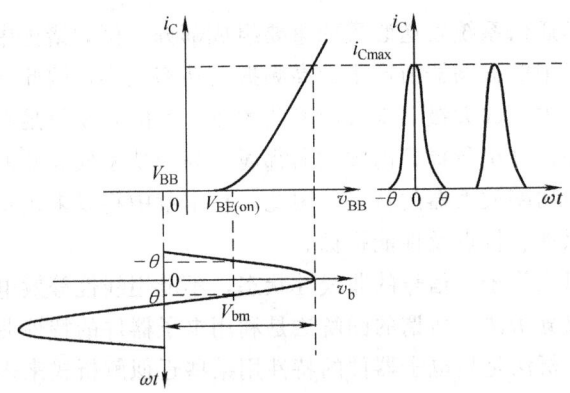

图 4.2.2 高频功率放大器的集电极电流 i_C 与电压 v_{BE} 的关系

由于基极直流偏压 $V_{BB}<V_{BE(on)}$，使基极处于反向偏置状态，因此只有在激励信号 v_b 为正值的一小段时间（$+\theta\sim-\theta$）内才有集电极电流产生，即集电极电流导通角小于 $180°$，电路工作在丙类状态，如图 4.2.2 所示。$V_{BE(on)}$ 称为晶体管的导通电压。由图 4.2.2 可知，2θ 是在一周期内的集电极电流导通角，为方便起见，后面将 θ 称为集电极电流导通角，晶体管的集电极电流 i_C 为周期性的余弦脉冲。实际上，工作在丙类状态的晶体管各极电流 i_B、i_C、i_E 均为周期性余弦脉冲，均可以展开为傅里叶级数式，其中 i_C 的傅里叶级数展开式为

$$i_C=I_{C0}+I_{c1m}\cos\omega t+I_{c2m}\cos2\omega t+\cdots \tag{4.2.2}$$

其中

$$I_{C0} = \frac{1}{2\pi}\int_{-\pi}^{\pi} i_C \mathrm{d}(\omega t) = i_{C\max}\alpha_0(\theta) \tag{4.2.3}$$

$$I_{c1m} = \frac{1}{\pi}\int_{-\pi}^{\pi} i_C \cos\omega t \mathrm{d}(\omega t) = i_{C\max}\alpha_1(\theta) \tag{4.2.4}$$

$$I_{cnm} = \frac{1}{\pi}\int_{-\pi}^{\pi} i_C \cos n\omega t \mathrm{d}(\omega t) = i_{C\max}\alpha_n(\theta) \tag{4.2.5}$$

式中，I_{C0}、I_{c1m}、I_{c2m}、$\cdots$、I_{cnm}分别为集电极电流的直流分量、基波分量以及各高次谐波分量的振幅；$\alpha_0(\theta)$、$\alpha_1(\theta)$、$\cdots$、$\alpha_n(\theta)$为余弦脉冲分解系数，见附录 B。由式（4.2.3）～式（4.2.5）可见，只要知道电流脉冲的最大值$i_{C\max}$和导通角θ就可以计算I_{C0}、I_{c1m}、I_{c2m}、$\cdots$、I_{cnm}。图 4.2.3 给出了导通角与各分解系数$\alpha_0(\theta)$、$\alpha_1(\theta)$、$\cdots$、$\alpha_n(\theta)$的关系曲线。由图可清楚地看到各次谐波分量随导通角θ变化的趋势。谐波次数越高，振幅就越小。因此，在谐振功率放大器中只需研究直流功率与基波功率。

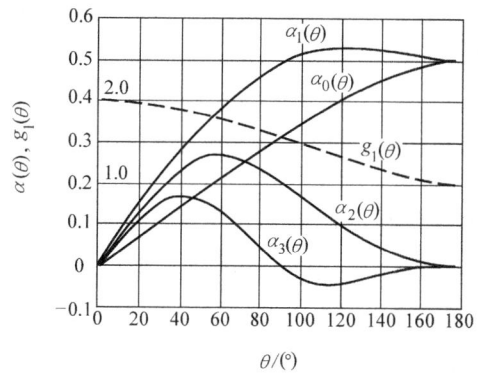

图 4.2.3 余弦脉冲分解系数曲线

当输出LC回路谐振于基波频率ω时，输出回路只对集电极电流中的基波分量呈现很大的谐振电阻，而对其他各次谐波分量呈现很小的电抗，并可看成短路（其证明留作课后习题，见思考题与习题 4.16）。这时周期性余弦脉冲形状的集电极电流经过选频网络后，只有基波电流才能在回路两端产生电压降，因而在LC回路两端得到的输出电压接近频率为ω的余弦电压，与输入电压v_b同频、反相，如图 4.2.4 所示，即

$$v_C = -I_{c1m}R_\Sigma \cos\omega t = -V_{cm}\cos\omega t \tag{4.2.6}$$

式中，$V_{cm}=I_{c1m}R_\Sigma$。在负载上得到了所需要的不失真信号功率。

由上述可见，利用谐振回路的选频作用，可以将失真的集电极电流波形变换为不失真的输出余弦电压。同时，谐振回路还可以将含有电抗分量的外接负载变换为谐振电阻R_Σ，而且调节C_1（或C）和L，还能保持回路谐振时使R_Σ等于放大管所需要的集电极负载值，实现阻抗匹配。因此，在谐振功率放大器中，谐振回路起到了选频滤波和阻抗匹配的双重作用。

结论：丙类谐振功率放大器，流过晶体管的各极电流均为余弦脉冲，但利用谐振回路的选频作用，其输出电压仍能反映输入电压的变化规律，即输出信号基本上是不失真的余弦信号，实现线性放大的功能。

2. 谐振功率放大器的主要技术指标

对于功率放大器的要求是：在保证功放管安全工作的条件下，在允许失真的范围内，高

效率地输出足够大的信号功率,因此,高频功率放大器的主要技术指标有:

(1) 电源电压提供的直流输入功率 P_D
$$P_D = V_{CC} I_{C0} \quad (4.2.7)$$

(2) 输出高频交流功率 P_o
$$P_o = \frac{1}{2} I_{c1m} V_{cm} = \frac{1}{2} I_{c1m}^2 R_\Sigma \quad (4.2.8)$$

(3) 集电极损耗功率 P_C 根据能量守恒定律,集电极损耗功率应为
$$P_C = P_D - P_o \quad (4.2.9)$$

(4) 集电极效率 η_C 为了衡量功率放大器的能量转换能力,引入集电极效率 η_C,定义为
$$\eta_C = P_o / P_D = \frac{1}{2} \frac{V_{c1m}}{V_{CC}} \frac{I_{c1m}}{I_{C0}} = \frac{1}{2} \xi g_1(\theta) \quad (4.2.10)$$

式中,$\xi = \frac{V_{c1m}}{V_{CC}}$ 为集电极电源电压利用系数;$g_1(\theta) = \frac{I_{c1m}}{I_{C0}}$ 为波形系数,随 θ 的变化规律如图 4.2.3 中虚线所示,θ 越小,$g_1(\theta)$ 越大,放大器的效率越高。但随着导通角 θ 的减小,i_C 中的基波分量幅度 I_{c1m} 将相应减小,从而导致放大器的输出功率减小。

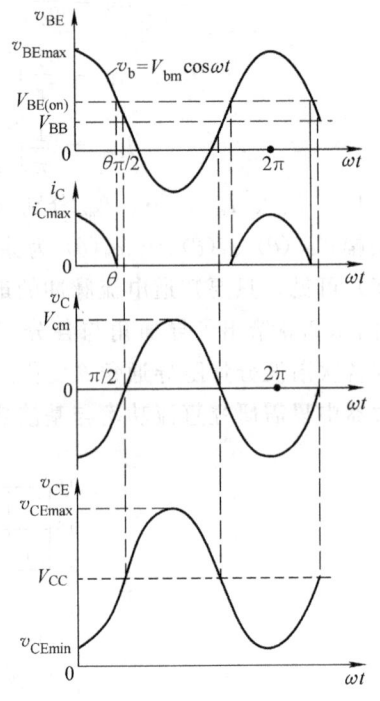

图 4.2.4 谐振功率放大器的各极电压、电流波形

如在 $\xi = 1$ 的条件下,当 $\theta = 180°$,放大器工作于甲类状态,$g_1(\theta) = 1$,$\eta_C = 50\%$;当 $\theta = 90°$,放大器工作于乙类状态时,$g_1(\theta) = 1.57$,$\eta_C = 78.5\%$;当 $\theta = 60°$,放大器工作于丙类状态,$g_1(\theta) = 1.8$,$\eta_C = 90\%$;当 $\theta = 0°$,$g_1(\theta) = 2$,$\eta_C = 100\%$,但此时 $\alpha_1 = 0$,输出功率 $P_o = 0$;所以,为了既得到较高的集电极效率,又可以获得较大的输出功率,集电极电流导通角的最佳值为 $\theta = 60° \sim 80°$。当 $\xi = 1$ 时,η_C 可达 85%,且输出功率较大。

4.2.2 谐振功率放大器的近似分析方法

1. 近似分析方法

近似分析方法(又称为准静态分析法)所做的近似如下:

近似一:谐振回路具有理想的选频滤波特性,其上只能产生基波电压(在倍频器中,只能产生特定次数的谐波电压),而其他分量的电压均可忽略。因而,尽管集电极电流为脉冲波,但是集电极电压却是余弦的。同理,放大器输入端也接有谐振回路,因而,尽管基极电流为脉冲波,但是加到基极上的电压却是余弦波,它们可分别表示为
$$v_{BE} = V_{BB} + v_b = V_{BB} + V_{bm} \cos\omega t \quad (4.2.11a)$$
$$v_{CE} = V_{CC} + v_c = V_{CC} - V_{cm} \cos\omega t = V_{CC} - I_{c1m} R_\Sigma \cos\omega t \quad (4.2.11b)$$

近似二:功放管的特性用输入和输出静态特性曲线表示,其高频效应可忽略。需要指出,在分析谐振功率放大器性能时,采用的输出特性曲线,其参变量是 v_{BE},而不是通常的 i_B(根据输入特性曲线上 i_B 与 v_{BE} 之间的对应关系,就可将 i_B 转换为 v_{BE})。

在上述两个近似条件下,分析谐振功率放大器性能时,可先设定四个电量 V_{BB}、V_{bm}、V_{CC}、V_{cm} 的数值,并将 ωt 按等间隔给定不同的数值(例如,$\omega t=0$,$\pm 15°$,$\pm 30°$,$\pm 45°$,…),则 v_{BE} 和 v_{CE} 便是确定的数值,如图 4.2.5a 所示。而后,根据不同间隔上的 v_{BE} 和 v_{CE} 值在以 v_{BE} 为参变量的输出特性曲线上找出对应的动态点和由此确定的 i_C 值。其中,动态点的连线称为谐振功率放大器的动态线(Dynamic Line)(又称为工作路、负载线),它是指输入信号的一个周期内,由管子的集电极电流 i_C 与集电极电压 v_{CE} 共同决定的动态点的运动轨迹,并将其画在晶体管的输出特性曲线上。动态线是由电路中晶体管和外电路特性共同决定的。由此画出的 i_C 波形便是需要求得的集电极电流脉冲波形及其数值,如图 4.2.5b 所示。

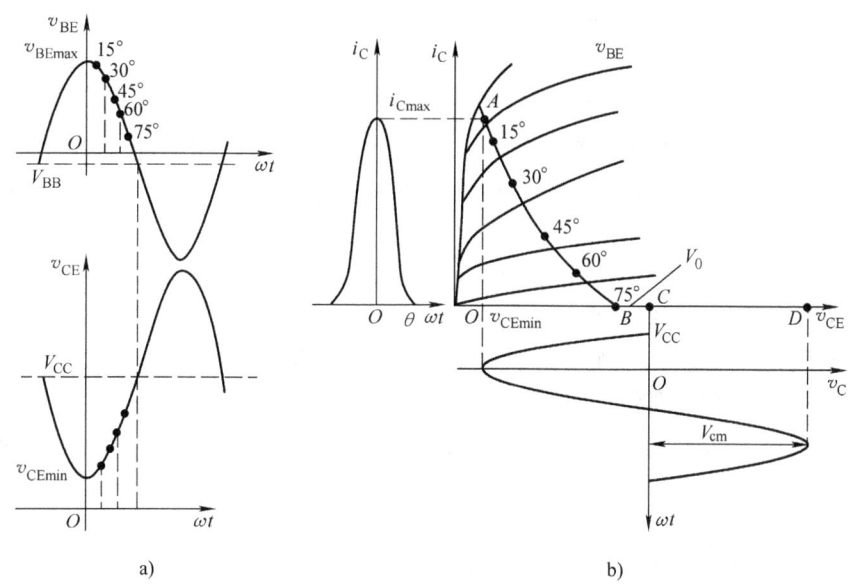

图 4.2.5 谐振功率放大器的近似分析方法

根据 I_{c1m} 和设定的 V_{cm},便可确定所需的集电极谐振回路的谐振总电阻 R_Σ 值

$$R_\Sigma = V_{cm}/I_{c1m} \tag{4.2.12}$$

画动态负载线要注意的是,外电路输出方程式(4.2.11b)描述的是集电极电压 v_{CE} 与基波电流 $i_{c1} = I_{c1m}\cos\omega t$ 的关系,而不是晶体管的输出特性所表征的 v_{CE} 与 i_C 的关系。所以不可能把输出方程作为一条负载线方程直接画在晶体管的输出特性上。在此我们采用了物理意义比较明确的逐点描述法。

从图 4.2.5 所示的动态线可以看出以下几点:

1)动态线在横轴上的截距是 V_0,而非 V_{CC},$V_0 \neq V_{CC}$,这是区别于乙类放大器之处。

2)在输入信号变化一周的过程中,由晶体管的集电极电流 i_C 与集电极电压 v_{CE} 共同决定的动态点沿着 $A \to B \to C \to D \to C \to B \to A$ 轨迹移动。即动态线是条曲线,管子经历了导通→截止→导通的过程。

3)集电极电压的最大值 $v_{CEmax} = V_{CC} + V_{cm}$。若 $\xi \approx 1$,$V_{CC} \approx V_{cm}$,则在选择功放管时,应保证集电极与发射极间的击穿电压 $v_{(BR)CEO} > 2V_{CC}$。

4)丙类放大器是非线性放大器,不适合放大振幅变化的已调信号,如图 4.2.6 所示。

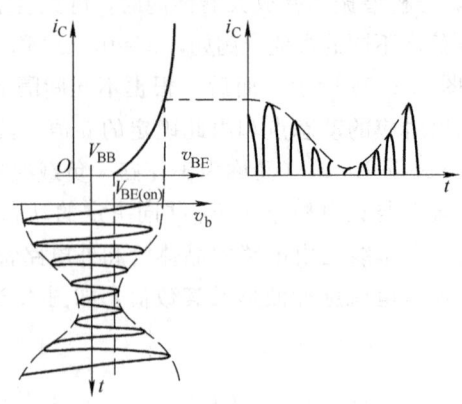

图 4.2.6　调幅波（AM）通过丙类放大器

显然，当幅度变化时，电流导通角 θ 不同，造成输出电流的基波分量振幅 $I_{c1m} = i_{Cmax}\alpha_1(\theta)$ 不同（$\alpha_1(\theta)$ 与 θ 之间是非线性的关系），使输出电压 v_c 的幅度 $V_{cm} = I_{c1m}R_\Sigma$ 与输入电压的包络不成正比，产生了失真。

通过上述讨论可见，设定不同数值的 V_{BB}、V_{bm}、V_{CC}、V_{cm}，画出的动态线就不同，集电极电流脉冲波形及其数值也不同，由此求得所需的 R_Σ 值及相应的功率性能也就不同。因此，要了解谐振功率放大器性能变化的特点，就必须了解这四个电量是如何影响放大器性能的。

2. 丙类谐振功率放大器的工作状态

丙类谐振功率放大器的工作状态可划分为：欠电压状态、过电压状态、临界状态。V_{CC}、V_{bm}、V_{BB} 一定时，改变 V_{cm} 或 R_Σ 对放大器的工作状态、集电极电流脉冲波形及其数值的影响，如图 4.2.7 所示。

集电极电流脉冲的宽度主要取决于 V_{BB} 和 V_{bm} 的大小，参见图 4.2.2。当 V_{BB} 和 V_{bm} 一定时，集电极电流脉冲宽度（θ）也就近似一定，几乎不随 V_{cm} 的大小而变化。集电极电流脉冲的最大值 i_{Cmax} 由 v_{BEmax} 与 v_{CEmin} 的交点确定，当 $\omega t = 0$ 时，$v_{BEmax} = V_{BB} + V_{bm}$，$v_{CEmin} = V_{CC} - V_{cm}$，当 V_{BB}、V_{bm} 为定值时，随着 V_{cm}（或 R_Σ）由小增大，v_{CEmin} 由大减小，对应的动态点将从 A' 点沿 v_{BEmax} 的那条特性曲线向左移动（$A' \to A'' \to A'''$），放大器由放大区逐渐进入饱和区，其对应的工作状态分别为欠电压状态、临界状态和过电压状态。

（1）欠电压（Undervoltage）状态　图 4.2.7a 所示的动态线①代表 V_{cm} 较小（或 R_Σ 较小）的情况，称为欠电压工作状态。它与静态特性曲线 v_{BEmax} 的交点 A' 确定了集电极电流脉冲的高度。显然，集电极电流波形如图 4.2.7b 中曲线①所示，为尖顶的余弦脉冲。

（2）临界（Critical）状态　图 4.2.7a 所示的动态线②代表 V_{cm} 较大（或 R_Σ 较大），意味着动态线的斜率减小，这时 v_{BEmax} 和 v_{CEmin} 交点 A'' 正好落在静态曲线 v_{BEmax} 的临界点上（放大管输出特性曲线上由放大区进入饱和区的点称为临界点，临界点处满足 $v_{CE} = v_{BE}$ 或 $i_C = g_{cr} v_{CE}$，g_{cr} 为临界线的斜率），$i_C = g_{cr} v_{CE}$ 为临界线方程。这时放大器的工作状态称为临界状态，对应的集电极电流脉冲波形如图 4.2.7b 中曲线②所示，仍然是尖顶的余弦脉冲。

（3）过电压（Overvoltage）状态　图 4.2.7a 所示的动态线③代表 V_{cm} 继续增大（或 R_Σ 继续增大）的情况，由于仍是 v_{BEmax} 那个静态特性曲线，所以对应 v_{BEmax} 和 v_{CEmin} 的动态点 A''' 必定进入饱和区，并在 E 点（$v_{CE} = v_{BE}$ 对应的点）转折，这种工作状态称为过电压状

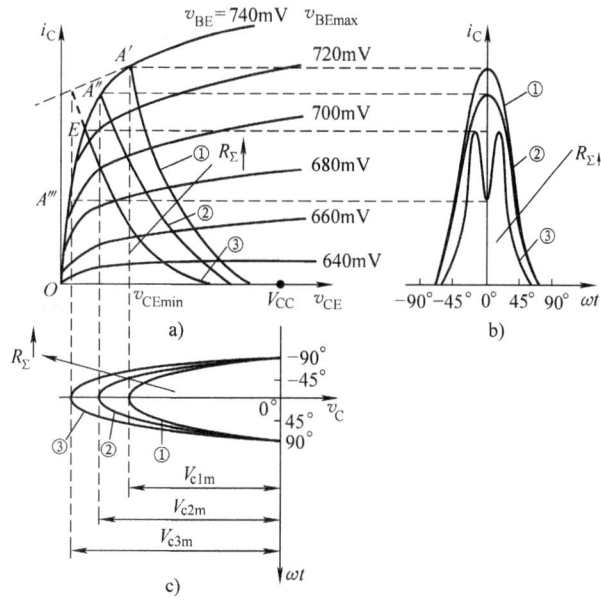

图 4.2.7 谐振功率放大器的工作状态

态,对应的集电极电流脉冲波形如图 4.2.7b 中曲线③所示,是顶部凹陷的电流脉冲,E 点对应电流脉冲的 i_{Cmax} 值,A''' 点对应凹陷脉冲的 i_{Cmin} 值。

在过电压状态下,i_C 电流脉冲出现凹陷是由于集电极负载性质造成的。它的负载是具有选频作用的 LC 并联谐振回路,其上只能产生基波余弦电压,因而沿动态线画出的 i_C 波形才会出现中间凹陷。

4.2.3 谐振功率放大器的外部特性

由谐振功率放大器的原理分析知:

$$\begin{cases} v_{BE} = V_{BB} + V_{bm}\cos\omega t \\ v_{CE} = V_{CC} - I_{c1m}R_\Sigma \cos\omega t \end{cases}$$

所以,当晶体管确定后,放大器的工作状态及 $V_{cm} = I_{c1m}R_\Sigma$ 与 V_{CC}、R_Σ、V_{bm}、V_{BB} 四个参量有关,同时也影响 P_D、P_o、P_C、η_C。当 V_{CC}、R_Σ、V_{bm}、V_{BB} 这四个参量一定时,工作状态也就唯一地确定了。

1. 负载特性

负载特性是指谐振功率放大器维持 V_{CC}、V_{bm}、V_{BB} 不变时,放大器的工作状态,性能 (V_{cm}、I_{C0}、I_{c1m}、P_D、P_o、P_C、η_C)随 R_Σ 变化的特性。

当 R_Σ 升高时,$V_{cm} = I_{c1m}R_\Sigma$ 同样升高。由图 4.2.7 的分析知,电路的工作状态经历了从欠电压状态到临界状态又到过电压状态的变化。集电极电流由近似余弦脉冲波形逐渐变化到中间有凹陷的脉冲波,得到图 4.2.8 所示的电流 i_C 波形。

由图 4.2.8 知,欠电压状态到临界状态:i_{Cmax} 略微减小,θ 却几乎不变,I_{c1m} 和 I_{C0} 也几乎不变。临界状态到过电压状态:i_{Cmax} 迅速下降,曲线出现凹陷,I_{c1m} 和 I_{C0} 也迅速下降。当负载电阻增大时,功率与效率跟随负载变化的关系如图 4.2.9 所示。

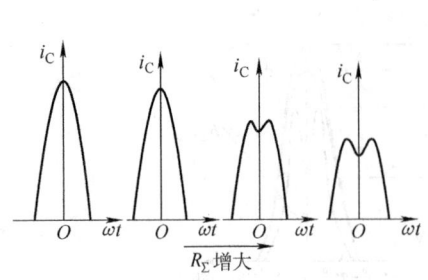

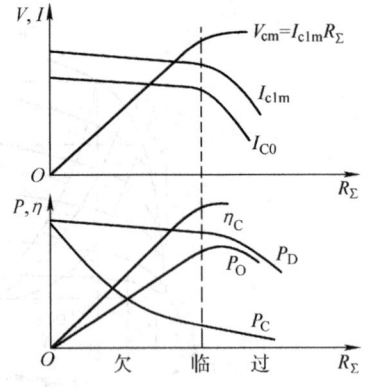

图 4.2.8 负载变化对电流脉冲的影响

图 4.2.9 负载特性

根据图 4.2.9 所示的负载特性曲线,可以得出如下几点:

1) 欠电压区,由于 I_{c1m} 和 I_{C0} 基本不变,可近似为一恒流源,该区域的 V_{cm}、$P_o=\frac{1}{2}I_{c1m}^2 R_\Sigma$ 却随着 R_Σ 的增加而近似线性上升;而 $P_D=I_{C0}V_{CC}$ 略有下降,致使 η_C 明显提高,P_C 迅速下降。欠电压状态:η_C 比较低,P_o 比较小,所以,电路一般不会工作在这种状态。

2) 临界状态,P_o 达到最大,η_C 较高,P_C 较小,是最佳工作状态,对应的 R_Σ 称为谐振功率放大器的匹配负载,用 $R_{\Sigma(opt)}$ 表示。一般情况下,发射极末级的工作状态选在临界状态。

3) 过电压区,随着 R_Σ 的增加,I_{c1m} 和 I_{C0} 急剧下降,使 V_{cm} 基本不变(略有增加),此时放大器可近似为一恒压源。P_o 变化趋势与 I_{c1m} 相同,P_D 减小速度比 P_o 快,使 η_C 略有增大;由于在过电压区 V_{cm} 较平稳,因此发送设备的中间放大级通常工作在过电压区。

2. 放大特性

放大特性是指保持 R_Σ、V_{CC}、V_{BB} 一定时,放大器性能随输入激励电压的振幅 V_{bm} 变化的特性。

当 V_{bm} 由零开始增加时,$v_{BEmax}=V_{BB}+V_{bm}$ 随着 V_{bm} 的增大而增大,放大器的工作状态经历从欠电压区、临界状态、最后到过电压区的变化过程,导致集电极电流导通角 θ 以及电流脉冲最大值 i_{Cmax} 均随着 V_{bm} 的增大而增大。

V_{bm} 由零开始增加,集电极电流 i_C 的最大值 i_{Cmax} 和导通角 θ 均随之增加,进入过电压区后随着 V_{bm} 增大,电流脉冲 i_C 中间出现凹陷,且高度 i_{Cmax} 和宽度 θ 也增加,凹陷加深,电流 i_C 波形的变化如图 4.2.10 所示。由此得到的放大特性曲线如图 4.2.11 所示。

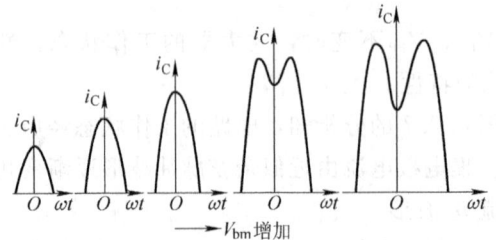

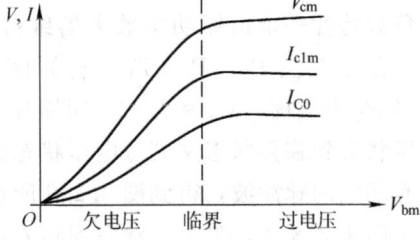

图 4.2.10 V_{bm} 对集电极电流 i_C 的影响

图 4.2.11 放大特性曲线

由放大特性知,在欠电压区,当 V_{bm} 增大时,i_{Cmax} 和 θ 都随着增加,导致 I_{c1m}、I_{C0}、V_{cm}

不能按 V_{bm} 线性增大，产生放大特性的失真，所以丙类谐振功放只能放大高频等幅波（载波，调频、调相波）。若用谐振功率放大器作为线性功率放大器，用来放大调幅信号，如图 4.2.12a 所示，则为了使输出信号振幅 V_{cm} 反映输入信号振幅 V_{bm} 的变化，不仅应使放大器必须在 V_{bm} 变化范围内工作在欠电压状态，还应设法消除丙类工作下由于 V_{bm} 的增大而产生的放大特性的失真。实际电路中除了采用负反馈等措施来消除放大特性失真外，还普遍采用乙类工作的推挽电路，以使集电极电流脉冲保持半个周期，而仅高度随 V_{bm} 变化。

由图 4.2.11 可见，当谐振功率放大器用作振幅限幅器（Amplitude Limiter）时，为了能在改变 V_{bm} 时使 V_{cm} 基本保持不变，实现限幅的作用，由图 4.2.12b 所示的放大特性知，放大器必须在 V_{bm} 变化范围内工作在过电压区，或者说，输入信号振幅的最小值应大于临界状态所对应的 V_{bm} 值，通常将该值称为限幅门限值。

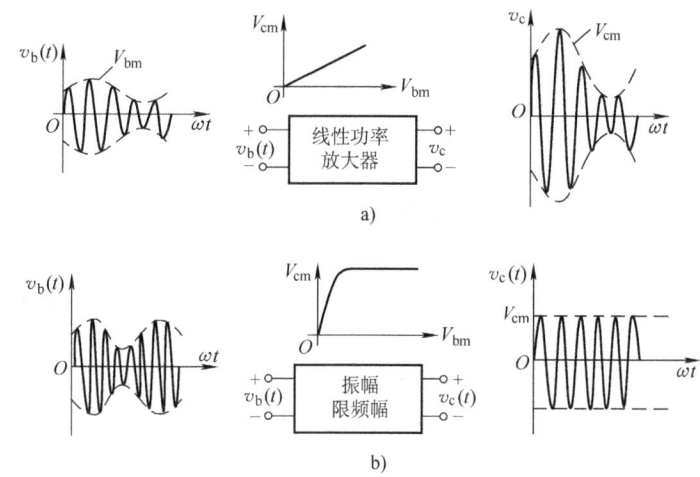

图 4.2.12 线性功率放大器和振幅限幅器的作用
a) 线性功率放大器的作用　b) 振幅限幅器的作用

3. 调制特性

调制特性是指谐振功率放大器，在保持 V_{bm}、R_Σ 不变时，放大器的性能（I_{C0}、I_{c1m}、V_{cm}）跟随集电极电源电压 V_{CC} 或基极偏置电压 V_{BB} 变化的特性，前者称为集电极调制特性，后者称为基极调制特性。

（1）集电极调制特性　保持 V_{BB}、R_Σ 和 V_{bm} 固定，输出电压振幅 V_{cm} 及 I_{C0}、I_{c1m} 随集电极电压 V_{CC} 变化的规律。当 V_{CC} 由小到大变化时，将使静态工作点 Q 由左至右平移，由于 V_{BB} 和 V_{bm} 不变，意味着 $v_{BEmax}=V_{BB}+V_{bm}$ 和 i_C 的导通角 θ 是不变的。又因 R_Σ 不变，动态线的斜率不变，所以当 V_{CC} 由小到大变化时，动态线由左至右平移。若电路原本工作在过电压状态，则放大器的工作状态将由过电压状态到临界，最后进入欠电压状态。集电极电流 i_C 波形由顶部凹陷脉冲逐渐变为接近余弦的脉冲，如图 4.2.13a 所示。

由图可见，在过电压状态下，i_C 的 i_{Cmax} 随 V_{CC} 从小到大增加而迅速增大，因而 I_{C0}、I_{c1m} 也显著增大，相应的 V_{cm} 也显著增大，由此获得集电极的调制特性如图 4.2.13b 所示。显然，在过电压状态时，V_{cm} 随 V_{CC} 单调变化，此时，V_{CC} 起到了控制作用。集电极调幅电路（见 6.3 节）就是通过改变 V_{CC} 来改变 I_{c1m} 与 V_{cm} 实现的。

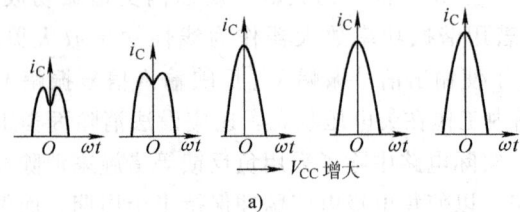

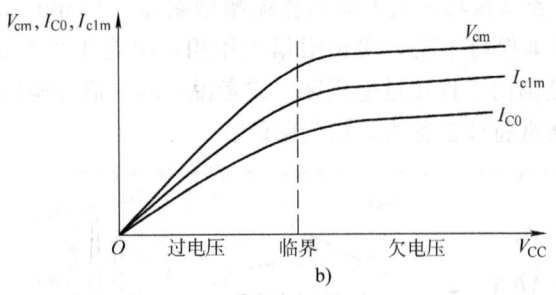

图 4.2.13 集电极调制特性

(2) 基极调制特性 基极调制特性是指若保持 V_{CC}、R_Σ 和 V_{bm} 固定，I_{C0}、I_{c1m} 及 V_{cm} 随基极偏压 V_{BB} 变化的特性。

实际上，由于 $v_{BEmax}=V_{BB}+V_{bm}$，因而当 V_{CC}、R_Σ 不变时，固定 V_{bm} 而改变 V_{BB} 和固定 V_{BB} 而改变 V_{bm} 的情况是相似的，所不同的是 V_{BB} 可以由负值变到正值，而 V_{bm} 却是由零开始变化的。所以，得到的 V_{BB} 对 i_C 的影响及基极调制特性如图 4.2.14 所示。

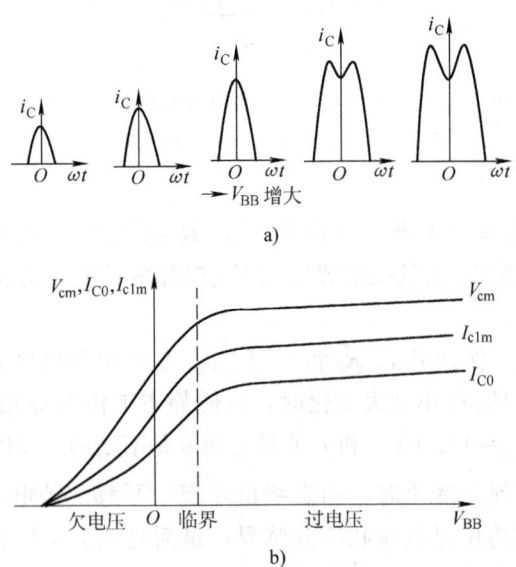

图 4.2.14 基极调制特性

由基极调制特性知，在欠电压区，V_{cm}、I_{c1m} 随 V_{BB} 单调变化，此时，V_{BB} 起到了控制作用；而在过电压区，V_{BB} 对 V_{cm}、I_{c1m} 的影响很小；基极调幅电路（见 6.3 节）是通过改变 V_{BB} 来改变 I_{c1m} 与 V_{cm} 才实现的。所以，要实现有效的基极调幅，谐振功率放大器必须工作在欠电压区。

根据以上对丙类谐振功率放大器的性能分析,可得以下几点结论:

1) 若对等幅信号进行功率放大,应使功放工作在临界状态,此时输出功率最大,效率也接近最大。比如对第 7 章介绍的调频信号进行功率放大。

2) 若对非等幅信号进行功率放大,应使功放工作在欠电压状态,但线性较差。若采用甲类或乙类工作,则线性较好。

3) 丙类谐振功率放大器在进行功率放大的同时,也可进行振幅调制。若调制信号加在基极偏压上,功放应工作在欠电压状态;若调制信号加在集电极电压上,功放应工作在过电压状态。

4) 回路等效总电阻 R_Σ 直接影响功率放大器在欠电压区内的动态线斜率,对其各项性能指标影响很大,在分析和设计功率放大器时应重视负载特性。

4. 四个特性在调试中的应用

正如前述,在调试谐振功率放大器时,上述四个特性是十分有用的。

例如,一个丙类谐振功率放大器,设计在临界状态,现若发现所研制放大器的 P_o 和 η_C 均不能达到设计要求,则应如何进行调整。

P_o 不能达到设计要求,表明放大器没有进入临界,而是工作在欠电压或过电压状态。例如,增大 R_Σ 能使 P_o 增大,则根据负载特性可以断定放大器实际工作在欠电压状态,在这种情况下,分别增大 R_Σ、V_{bm} 和 V_{BB} 或同时增大或两两增大均可使放大器由欠电压进入临界。P_o 和 η_C 同时增大。如果增大 R_Σ 反而使 P_o 减小,则可断定放大器实际工作在过电压状态,在这种情况下,增大 V_{CC} 的同时适当增大 R_Σ 或 V_{bm} 或 V_{BB},可增大 P_o 和 η_C。不过,增大 V_{CC} 时必须注意放大管工作安全。

实际上,放大器的工作状态除改变 R_Σ 外还可根据实际情况通过改变 V_{CC}、V_{bm} 或 V_{BB} 来进行判断,不过,改变 R_Σ 的方法用得较为普遍。顺便指出,不论采用改变哪种电量判断工作状态或调整 P_o 和 η_C 时,都必须保证回路谐振在工作频率上。

4.3 谐振功率放大器的实际线路

谐振功率放大器的管外电路包含有直流馈电电路和滤波匹配网络两部分,它们是保证谐振功率放大器能够正常工作的必要条件。

4.3.1 直流馈电线路

直流馈电电路是指直流供电电路,它包括集电极馈电电路和基极馈电电路。考虑到滤波匹配网络元件的安装方便、馈电电路(Power Supply Circuit)对滤波匹配网络的影响等实际因素,在谐振功率放大器中,无论是集电极馈电还是基极馈电,都有两种不同的连接方式,分别称为串联馈电和并联馈电。

1. 集电极馈电电路

集电极馈电电路的形式如图 4.3.1 所示,图 4.3.1a 为串联馈电(简称为串馈)电路。所谓串馈(Series Sulpply)是指直流电源 V_{CC}、滤波匹配网络和功率管在电路形式上为串接的一种馈电方式。图中,L_C 为高频扼流圈,它与 C_C 构成电源滤波电路,要求在信号频率上

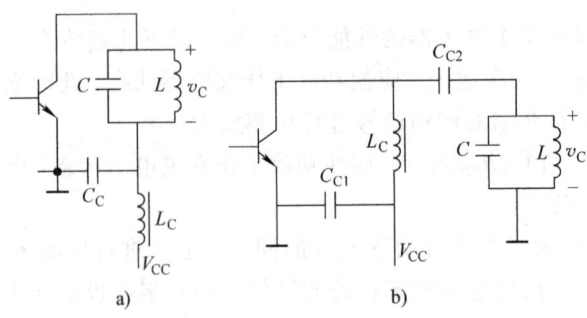

图 4.3.1 集电极馈电电路

L_C 的感抗很大,接近开路,C_C 的容抗很小,接近短路,目的是避免信号电流通过直流电源而产生级间反馈,造成工作不稳定。图 4.3.1b 为并联馈电(简称为并馈)电路。所谓并馈(Parallel Supply)是指直流电源 V_{CC}、滤波匹配网络和功率管在电路形式上为并接的一种馈电方式。图中,L_C 为高频扼流圈,C_{C1} 为电源滤波电容,C_{C2} 隔直流电容。无论哪种馈电方式,都满足 $v_{CE}=V_{CC}+v_c=V_{CC}-V_{cm}\cos\omega t$ 的条件。

以上两种形式的馈电电路各有特点。串联馈电电路的主要优点是电路简单,附加的馈电元件 C_C、L_C 处于高频"地"电位,它们的分布电容不影响谐振回路的谐振频率,但 LC 回路处在直流高电位上,使得在对回路进行调谐时感应大,不安全以及安装、调整不方便,所以,这种电路适合于频率较高的场合。并联馈电电路谐振回路处于直流"地"电位上,安装、调整方便,但附加的馈电元件 C_{C2}、L_C 处于高频高电位上,使馈电支路分布参数直接影响信号回路的谐振频率,同时电路较为复杂。所以,并联馈电适合于频率较低的场合。

2. 基极馈电电路

基极馈电电路如图 4.3.2 所示。在图 4.3.2a 所示电路中,基极偏置电压是由 V_{CC} 通过 R_{B1}、R_{B2} 分压提供的,为了保证丙类工作,R_{B1} 上的分压值应小于功率管导通电压 $V_{BE(on)}$,

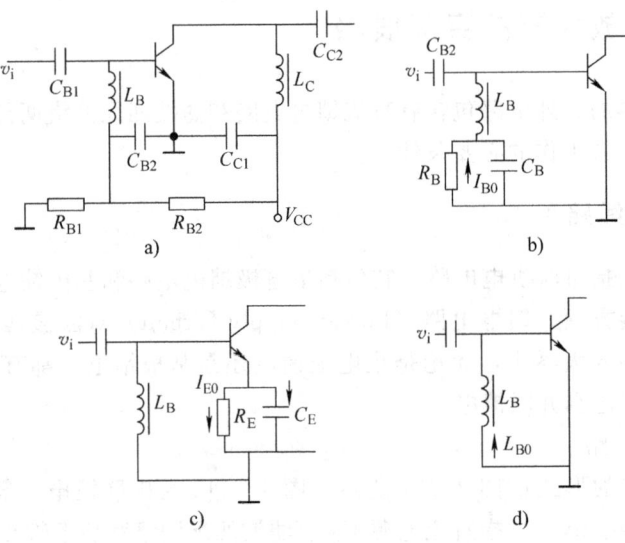

图 4.3.2 常用的基极馈电形式

属于并馈电路;实际上,在丙类谐振功率放大器中,更常采用的是用自偏压的方法来产生 V_{BB},如图 4.3.2b~d 所示。

图 4.3.2b 所示是利用基极电流的直流分量 I_{B0} 在 R_B 上产生所需的偏置电压 V_{BB},是并馈电路。图 4.3.2c 所示是利用射极电流直流分量 I_{E0} 在 R_E 上产生所需的反向偏置电压 V_{BB},是串馈电路,这种自给偏置的优点是能够自动维持放大器的工作稳定。当激励加大时,I_{E0} 增大,使偏压 $|V_{BB}|$ 也加大,静态工作点 Q 降低,因而又使 I_{E0} 的相对增加量减小;反之,当激励减小时,I_{E0} 减小,偏压 $|V_{BB}|$ 也减小,因而 I_{E0} 的相对减小量也减小,这就使放大器的工作状态变化不大。图 4.3.2d 所示是利用 I_{B0} 流过高频扼流圈 L_B 的直流电阻,得到近似 0V 的稳定偏置电压,是并馈电路,由于所得到的 V_{BB} 小,因而一般只在需要小的 V_{BB}(接近乙类工作)时,才采用这种电路。

4.3.2 高频功率放大器的滤波匹配网络

高频功率放大器的级与级之间或放大级与负载之间,都要采用一定形式的回路,这个回路一般是四端网络。如果四端网络是用以与下级放大器的输入端相连接,则叫做级间耦合网络或下级的输入匹配网络(Input Matching Circuit);如果是用以输出功率至负载,则叫做输出匹配网络(Output Matching Circuit)。

输入匹配网络的作用:自前级放大器或信号源取得最大的激励功率。

输出匹配网络的作用:保证放大器的输出功率有效地加到负载(天线)上。

放大器与负载之间所用的匹配网络可用图 4.3.3 所示的四端网络来表示。这个四端网络应完成的任务是:

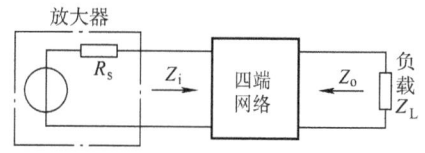

图 4.3.3 放大器与负载之间用四端网络耦合

1) 使负载阻抗与放大器所需要的最佳阻抗相匹配,以保证放大器传输到负载的功率最大,即它起着阻抗匹配的作用。

2) 抑制工作频率范围以外的无用频率,即它应有良好的滤波作用。

3) 大多数发射机为波段工作,因此该四端网络应适应波段工作的要求,改变工作频率时调谐要方便,并能在波段内保持良好的匹配等。

4) 在有几个电子器件同时输出功率的情况下,保证它们都能有效地传送功率到负载,但同时又应尽可能地使这几个电子器件彼此隔离,互不影响。

在通信发射机中,为了获得足够大的高频输出功率,常将多级高频功率放大器级联,因此也就产生了各级放大电路之间的耦合与匹配问题。通常情况下,将信号源与谐振功率放大器之间的匹配网络称为输入匹配网络,推动级与输出级之间的耦合匹配网络称为级间耦合匹配网络,输出级与天线负载之间的网络称为输出匹配网络。

1. 输出匹配网络

最常见的输出回路的形式是图 4.3.4 所示的复合输出回路。这种电路是将天线(负载)回路通过互感或其他形式与集电极调谐回路相耦合。图中,介于电子器件与天线回路之间的 L_1C_1 回路就叫做中介回路(Intermediate Circuit);$R_A C_A$ 分别代表天线的辐射电阻与等效电容;$L_t C_t$ 为天线回路的调谐元件,它们的作用是使天线回路处于串联谐振状态,以获得最大的天线回路电流,亦即使天线辐射功率达到最大。

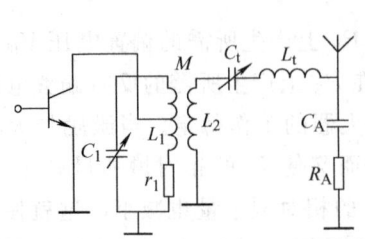
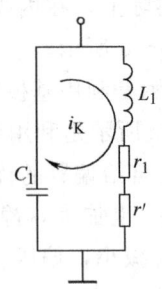

图 4.3.4　复合输出回路的高频通路　　　　图 4.3.5　等效电路

除了图 4.3.4 所示的电路外，还可以用其他形式的四端网络，例如 π 形、T 形网络等。但不论是哪种选频网络，从集电极向右方看去，它们都应当等效为一个并联谐振回路，如图 4.3.5 所示。以互感耦合电路为例，由耦合电路的理论可知，当天线回路调谐到串联谐振状态时，它反映到 L_1C_1 中介回路的等效电阻为

$$r' = \frac{\omega^2 M^2}{R_A} \tag{4.3.1}$$

因而等效回路的谐振阻抗为

$$R'_p = \frac{L_1}{C_1(r_1 + r')} = \frac{L_1}{C_1\left(r_1 + \frac{\omega^2 M^2}{R_A}\right)} \tag{4.3.2}$$

由式（4.3.2）显然可知，改变 M，就可以在不影响回路调谐的情况下，调整中介回路的等效阻抗 R'_p，以达到阻抗匹配的目的。耦合越紧，即互感 M 越大，则反映等效电阻 r' 越大，回路的等效阻抗 R'_p 也就下降越多。在复合输出回路中，即使负载（天线）断路，对电子器件也不至造成严重的损害，而且它的滤波作用要比简单回路优良，因而获得广泛的应用。

这里应该说明，由于高频功率放大器工作于非线性状态，因此线性电路的阻抗匹配（负载阻抗与电源内阻相等）这一概念不能适用于它。因为在非线性（丙类）工作时，电子器件的内阻变动剧烈：导通时，内阻很小；截止时，内阻近于无穷大。因此输出电阻不是常数。所谓匹配时内阻等于外阻，也就失去了意义。因此，高频功率放大器的阻抗匹配概念是：在给定的电路条件下，改变负载回路的可调元件，使电子器件送出额定的输出功率 P_o 至负载。这就叫做达到了匹配状态。

为了使器件的输出功率绝大部分能送到负载 R_A 上，总是希望反映电阻 r' 远大于回路损耗电阻 r_1。衡量回路传输能力优劣的标准，通常以输出至负载的有效功率与输入到回路的总交流功率之比来代表。这个比值叫做中介回路的传输效率 η_k，简称中介回路效率。由图 4.3.5 可知

$$\eta_k = \frac{I_k^2 r'}{I_k^2 (r_1 + r')} = \frac{r'}{r_1 + r'} \tag{4.3.3}$$

若设：无负载时的回路谐振阻抗为　　　$R_p = \dfrac{L_1}{C_1 r_1}$

无负载时的回路 Q 值　　　　　　　　$Q_0 = \dfrac{\omega L_1}{r_1}$

有负载时的回路 Q 值
$$Q_e = \frac{\omega L_1}{r_1 + r'}$$

代入式 (4.3.3) 得

$$\eta_k = \frac{r'}{r_1 + r'} = 1 - \frac{r_1}{r_1 + r'} = 1 - \frac{R'_p}{R_p} = 1 - \frac{Q_e}{Q_0} \quad (4.3.4)$$

式 (4.3.4) 说明，要想回路的传输效率高，则空载 Q 值 (Q_0) 越大越好，有载 Q 值 (Q_e) 越小越好，也就是说，中介回路本身的损耗越小越好。在广播波段，线圈的 Q_0 值约为 $100 \sim 200$。有载 Q_e 值应如何选取呢？

从回路传输效率高的观点来看，应使 Q_e 尽可能地小，但从要求回路滤波作用良好来考虑，则 Q_e 值又应该足够大。兼顾这两个方面，Q_e 值一般不小于 10，当然在输出功率很大的放大器中，Q_e 也可以低于 10。

例 4.3.1 图 4.3.4 所示电路中，假设初级回路、次级回路均调谐在 1MHz 的工作频率上，天线辐射电阻 $R_A = 37\Omega$，放大管采用 3DA1，为了使天线与 3DA1 匹配，求出所需要的 M、L_1、C_1 的值。设 $Q_0 = 100$，$Q_e = 10$，晶体管与天线回路的接入系数 $n = 0.2$。已知放大管 3DA1 在 $V_{CC} = 24\text{V}$，工作频率为 1MHz，输出功率 $P_o = 2\text{W}$ 的条件下，其饱和压降 $V_{CE(\text{sat})} = 1.5\text{V}$。

解 根据已知条件知，在工作条件下的集电极输出电压振幅值为
$$V_{cm} = V_{CC} - V_{CE(\text{sat})} = (24 - 1.5)\text{V} = 22.5\text{V}$$

根据式 (4.2.8) 可以得到等效回路的谐振阻抗为
$$R'_p = \frac{V_{cm}^2}{2P_o} = \frac{22.5^2}{2 \times 2}\Omega = 126.5\Omega$$

根据谐振回路的理论知
$$R'_p = n^2 Q_e \omega L_1$$

于是得到
$$L_1 = \frac{R'_p}{n^2 Q_e \omega} = \frac{126.5}{0.2^2 \times 10 \times 2\pi \times 10^6}\text{H} = 50.3\mu\text{H}$$

$$C_1 = \frac{25330}{f^2 L_1} = \frac{25330}{1 \times 50.3}\text{pF} = 504\text{pF}$$

由式 (4.3.4) 知
$$\frac{Q_0}{Q_e} = 1 + \frac{r'}{r_1}$$

因此可以得到
$$\frac{r'}{r_1} = \frac{Q_0}{Q_e} - 1 = \frac{100}{10} - 1 = 9$$

而
$$r_1 = \frac{\omega L_1}{Q_0} = \frac{2\pi \times 10^6 \times 50.3 \times 10^{-6}}{100}\Omega = 3.16\Omega$$

所以
$$r' = 9r_1 = 9 \times 3.16\Omega = 28.44\Omega$$

由于次级回路处于谐振状态，因此它反映到初级的耦合电阻为
$$r' = \frac{\omega^2 M^2}{R_A}$$

最后得到
$$M = \frac{\sqrt{r' R_A}}{\omega} = \frac{\sqrt{28.44 \times 37}}{2\pi \times 10^6}\text{H} = 5.16\mu\text{H}$$

其他形式的输出匹配网络如图 4.3.6 所示。图中，高频晶体管的等效负载电阻 $R_p = \frac{V_{cm}^2}{2P_o}$，$C_o = 2C_{ce}$，$C_{ce}$ 为晶体管的等效输出电容，R_2 为负载天线的等效电阻，其值在 50Ω 左

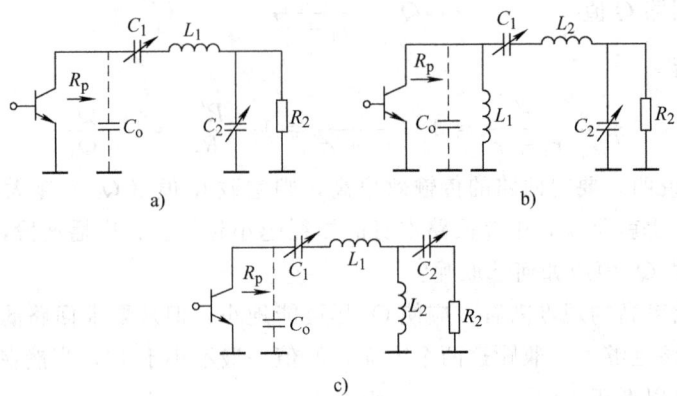

图 4.3.6 其他形式的输出匹配网络

右。下面给出各个电路的元件计算公式。

图 4.3.6a 所示匹配网络中,当满足 $Q_e X_{Co} > R_p$, $\dfrac{R_p R_2}{X_{Co}^2} > 1$ 的条件时,元件的计算公式为

$$\left.\begin{aligned}X_{C1} &= \frac{Q_e X_{Co}^2}{R_p}\left(1 - \frac{R_p}{Q_e X_{Co}}\right) \\ X_{C2} &= \frac{R_2}{\sqrt{\dfrac{Q_e^2+1}{Q_e^2}\dfrac{R_p R_2}{X_{Co}^2} - 1}} \\ X_{L1} &= \frac{Q_e X_{Co}^2}{R_p}\left(1 + \frac{R_2}{Q_e X_{C2}}\right)\frac{Q_e^2}{Q_e^2+1}\end{aligned}\right\} \quad (4.3.5)$$

图 4.3.6b 所示匹配网络中,当满足 $R_p > R_1$ 的条件时,元件的计算公式为

$$\left.\begin{aligned}X_{C1} &= Q_e R_p \\ X_{C2} &= \frac{R_2}{\sqrt{\dfrac{R_2}{R_p}\dfrac{Q_e^2+1}{Q_e^2} - 1}} \\ X_{L1} &= \frac{Q_e R_p}{\left(\dfrac{Q_e R_p}{X_{Co}} + 1\right)} \\ X_{L2} &= Q_e R_p\left(1 + \frac{R_2}{Q_e X_{C2}}\right)\end{aligned}\right\} \quad (4.3.6)$$

图 4.3.6c 所示匹配网络中,当满足 $\dfrac{Q_e X_{Co}}{\sqrt{R_p R_2}} > 1$, $Q_e X_{Co} > R_p$ 的条件时,元件的计算公式为

$$\left.\begin{aligned}X_{L1} &= (1 - \sqrt{R_p R_2}/Q_e X_{Co})Q_e X_{Co}^2/R_p \\ X_{L2} &= X_{Co}\sqrt{R_2/R_p} \\ X_{C1} &= (1 - R_p/Q_e X_{Co})Q_e X_{Co}^2/R_p \\ X_{C2} &= (Q_e X_{Co}/\sqrt{R_p R_2} - 1)R_2/Q_e\end{aligned}\right\} \quad (4.3.7)$$

需要说明的是,对于输出级,要求输出功率最大,放大器应该工作在临界状态,所以最佳负载 R_p 应该保证放大器工作在临界状态。对于中间级,要求输出电压变化小,放大器应工作在过电压状态,而最佳电阻 R_p 应保证放大器工作于过电压状态。

2. 输入匹配网络

由于高频功率晶体管的输入阻抗的实数部分很小,一般为几欧姆,而信号源的内阻比晶体管的输入电阻要高得多,因此为使信号源的功率有效地加到高频功率晶体管的发射结上,通常采用输入匹配网络实现。常用的输入匹配网络如图 4.3.7 所示。其中,电感 L_1 的品质因数在大功率电路中一般为 $Q_e = 2 \sim 10$,晶体管的输入电阻 R_2 可以近似用 $r_{bb'}$ 替代。下面简要说明图 4.3.7 中元件的计算公式。

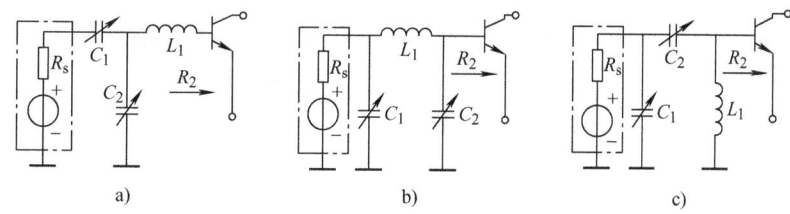

图 4.3.7 常用的输入匹配网络

图 4.3.7a 所示匹配网络中,当满足 $Q_e R_s > X_{C1}$,$R_s > R_2$ 的条件时,元件的计算公式为

$$\left. \begin{aligned} X_{C1} &= R_s \sqrt{\frac{R_2}{R_s}(Q_e^2 + 1) - 1} \\ X_{C2} &= \frac{R_2}{Q_e}(Q_e^2 + 1) \frac{1}{1 - \frac{X_{C1}}{Q_e R_s}} \\ X_{L1} &= Q_e R_2 \end{aligned} \right\} \quad (4.3.8)$$

图 4.3.7b 所示匹配网络中,当满足 $Q_e^2 > \frac{R_s}{R_2} - 1$ 的条件时,元件的计算公式为

$$\left. \begin{aligned} X_{L1} &= \frac{Q_e R_s}{(Q_e^2 + 1)}\left(1 + \frac{R_2}{Q_e X_{C2}}\right) \\ X_{C1} &= R_s / Q_e \\ X_{C2} &= R_2 / \sqrt{\frac{R_2}{R_s}(Q_e^2 + 1) - 1} \end{aligned} \right\} \quad (4.3.9)$$

图 4.3.7c 所示匹配网络中,当满足 $Q_e^2 > \frac{R_s}{R_2} - 1$,$R_2 > X_{L1}$ 的条件时,元件的计算公式为

$$\left. \begin{aligned} X_{L1} &= R_2 \sqrt{\frac{R_2}{R_s}(Q_e^2 + 1) - 1} \\ X_{C1} &= R_s / Q_e \\ X_{C2} &= \frac{Q_e R_s}{(Q_e^2 + 1)}\left(\frac{R_2}{X_{L1}} - 1\right) \end{aligned} \right\} \quad (4.3.10)$$

3. 级间耦合匹配网络

在发送设备中，末级以前的各级（主振级除外）都叫做中间级。虽然这些中间级的用途不尽相同，例如可以作为缓冲级、倍频级或功率放大级等，但它们的集电极回路都是用来馈给下一级所需要的激励功率。这些回路叫做级间耦合匹配网络。常用的级间耦合匹配网络如图 4.3.8 所示。图中线圈电感 L_1 的品质因数一般在 $Q_e = 2 \sim 10$，晶体管 VT_2 的输入电阻 R_2 可以用 $r_{bb'}$ 近似替代，晶体管 VT_1 的输出功率 P_o 决定了电阻 R_1 的大小，$R_1 = \dfrac{V_{cm}^2}{2P_o}$，$V_{cm}$ 是晶体管 VT_1 的集电极输出电压，$C_o = 2C_{ce}$，C_{ce} 为晶体管的等效输出电容。下面简要说明图 4.3.8 中元件的计算公式。

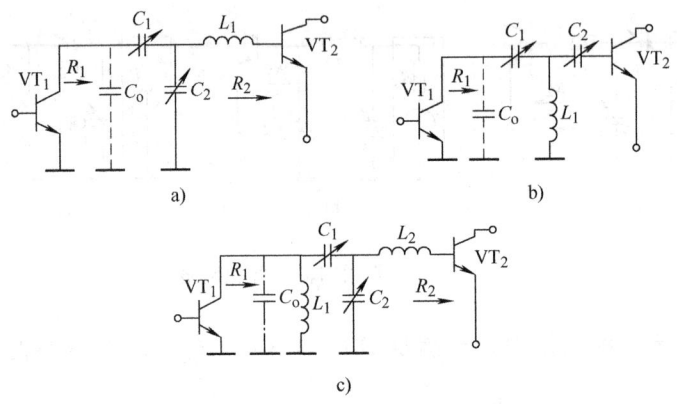

图 4.3.8 常用的级间耦合匹配网络

图 4.3.8a 所示网络中，当满足 $Q_e^2 > \dfrac{R_1}{R_2} - 1$，$Q_e^2 X_{Co}^2 > (Q_e^2 + 1)R_1 R_2$ 的条件时，元件的计算公式为

$$\left. \begin{aligned} X_{C1} &= X_{Co}\left[\sqrt{\dfrac{R_2}{R_1}(Q_e^2 + 1)} - 1\right] \\ X_{C2} &= \dfrac{(Q_e^2 + 1)R_2}{Q_e\left[1 - \sqrt{(Q_e^2 + 1)\dfrac{R_1 R_2}{Q_e^2 X_{Co}^2}}\right]} \\ X_{L1} &= Q_e R_2 \end{aligned} \right\} \tag{4.3.11}$$

图 4.3.8b 所示网络中，当满足 $Q_e^2 > \dfrac{R_1}{R_2} - 1$ 的条件时，元件的计算公式为

$$\left. \begin{aligned} X_{L1} &= \dfrac{(Q_e^2 + 1)R_2}{Q_e} \dfrac{1}{1 - \sqrt{(Q_e^2 + 1)\dfrac{R_1 R_2}{Q_e^2 X_{Co}^2}}} \\ X_{C1} &= X_{Co}\left[\sqrt{\dfrac{R_2}{R_1}(Q_e^2 + 1)} - 1\right] \\ X_{C2} &= Q_e R_2 \end{aligned} \right\} \tag{4.3.12}$$

图 4.3.8c 所示网络中，当满足 $R_1 > R_2$，$X_{Co} > X_{L1}$ 的条件时，元件的计算公式为

$$\left.\begin{aligned}X_{C1} &= \frac{R_1}{Q_e}\frac{1-\sqrt{R_2/R_1}}{1-R_1/Q_e X_{Co}} \\ X_{C2} &= \frac{R_1}{Q_e}\frac{\sqrt{R_2/R_1}}{1-R_1/X_{Co}} \\ X_{L1} &= R_1/Q_e \\ X_{L2} &= \frac{R_2}{Q_e}\frac{\sqrt{\frac{R_1}{R_2}-1}}{1-R_1/Q_e X_{Co}}\end{aligned}\right\} \quad (4.3.13)$$

需要说明的是，上面介绍的各种输入、输出匹配网络及级间耦合匹配网络的计算公式，只是为了便于说明问题，在实际应用中，各类匹配网络既可以用于输出电路，也可以用于输入级或中间级，应视实际电路要求而定。匹配网络在高频功率放大器中占有很重要的地位，只要匹配网络设计和调整良好，就能保证放大器工作于最佳状态。

例 4.3.2 某高频功率放大器的交流通路如图 4.3.9 所示。已知晶体管 VT_1 的输出功率 P_o 为 2W，晶体管 VT_2 的输入电阻 R_2 为 50Ω，若工作频率为 50MHz，回路的 $Q_e=10$，求出所需要的 C_1、C_2、L_1 的值。

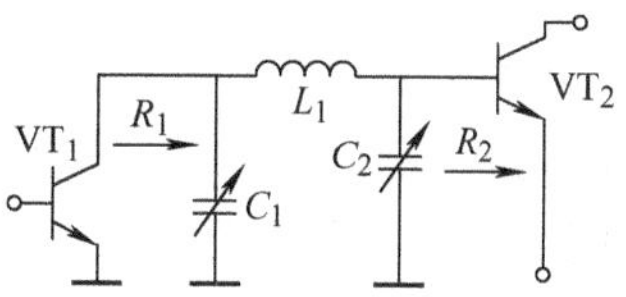

解 根据 $P_o = \frac{V_{cm}^2}{2R_1}$ 可以得到

$$R_1 = \frac{V_{cm}^2}{2P_o} = \frac{(V_{CC}-V_{CE(sat)})^2}{2P_o} \approx \frac{V_{CC}^2}{2P_o} = \frac{24^2}{2\times 2}\Omega = 144\Omega$$

图 4.3.9 例 4.3.2 图

根据式（4.3.9）得到

$$X_{C1} = R_1/Q_e = 144/10\Omega = 14.4\Omega$$

$$C_1 = \frac{1}{\omega X_{C1}} = \frac{1}{2\pi\times 50\times 10^6\times 14.4}\text{F} = 221\text{pF}$$

$$X_{C2} = R_2 / \sqrt{\frac{R_2}{R_1}(Q_e^2+1)-1} = \frac{50}{\sqrt{\frac{50}{144}(1+10^2)-1}}\Omega = 8.57\Omega$$

$$C_2 = \frac{1}{\omega X_{C2}} = \frac{1}{2\pi\times 50\times 10^6\times 8.57}\text{F} = 371\text{pF}$$

$$X_{L1} = \frac{Q_e R_1}{(Q_e^2+1)}\left(1+\frac{R_2}{Q_e X_{C2}}\right) = \frac{10\times 144}{10^2+1}\left(1+\frac{50}{10\times 8.52}\right)\Omega = 22.6\Omega$$

$$L_1 = \frac{X_{L1}}{\omega} = \frac{22.6}{2\pi\times 50\times 10^6}\text{H} = 72\text{nH}$$

4.3.3 谐振功率放大器的实际线路举例

图 4.3.10[○] 所示是工作频率为 50MHz 的谐振功率放大电路，它向 50Ω 外接负载提供 70W 功率，功率增益达 11dB。电路中，基极采用自给偏置电路，由高频扼流圈 L_B 中的直流电阻产生很小的负值偏置电压 V_{BB}；C_1、C_2、C_3 和 L_1 组成由 T 形和 L 形构成的两级混合网络，作为输入滤波匹配网络，调节 C_1、C_2 可使功率管的输入阻抗在工作频率上变换为前级

○ 图中"~68pF"表示电容值的上限为 68pF；1T 表示线圈的匝数为 1。

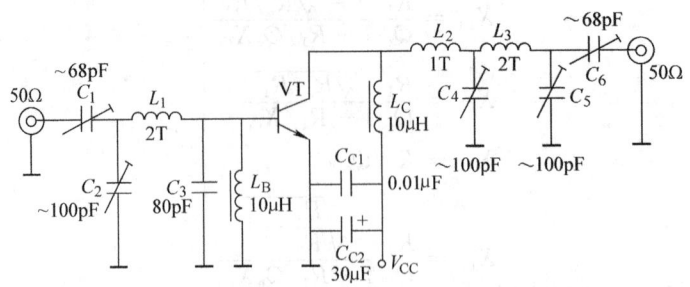

图 4.3.10　50MHz 谐振功率放大器电路

要求的 50Ω 匹配电阻。集电极采用并馈电路，L_C 为高频扼流圈 C_{C1} 和 C_{C2} 为电源滤波电容，C_4、C_5、C_6、L_2 和 L_3 组成 L 形和 T 形构成的两级混合网络，调节 C_4、C_5、C_6 可使 50Ω 外接负载在工作频率上变换为放大管所要求的匹配电阻。

图 4.3.11 所示是工作频率为 150MHz 的谐振功率放大电路，它向 50Ω 外接负载提供 3W 功率，功率增益达 10dB。图中，基极采用由 R_B 产生负值偏置电压的自给偏置电路。L_B 为高频扼流圈，C_B 为滤波电容，由 C_1、C_2、C_3 和 L_1 构成的 T 形网络作为放大器输入端匹配网络。集电极采用串馈电路，高频扼流圈 L_C 和 R_C、C_{C1}、C_{C2}、C_{C3} 组成电源滤波网络，输出端采用由 $C_4 \sim C_8$ 和 $L_2 \sim L_5$ 构成的三级 π 形混合匹配滤波网络。

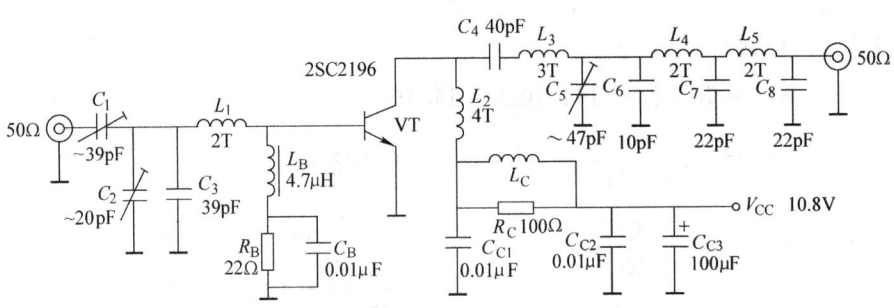

图 4.3.11　150MHz 谐振功率放大器电路

图 4.3.12 所示为 160MHz 的谐振功率放大器。它向 50Ω 外接负载提供 10W 功率，功率增益为 5dB。图中，基极采用由高频扼流圈 L_B 中的直流电阻产生很小的负值偏置电压 V_{BB} 的自给偏压电路。集电极采用串馈电路。高频扼流圈 L_C、R_C 和 $C_5 \sim C_8$ 组成 π 形电源滤波网络，C_5 和 C_8 为穿心电容。放大器输入端由 C_1、C_2、L_1 构成 T 形输入匹配网络，输出端采

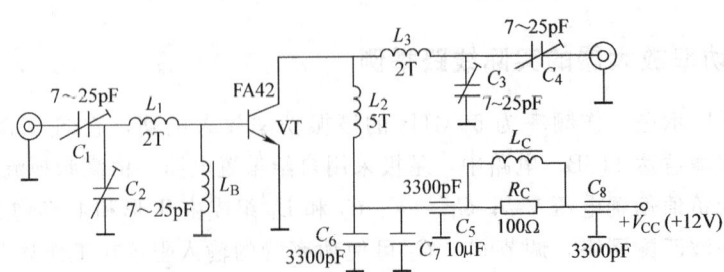

图 4.3.12　160MHz 的谐振功率放大器

用由 C_3、C_4 和 L_2、L_3 组成 π 形输出匹配网络。

图 4.3.13 所示是工作频率为 400MHz 的场效应晶体管谐振功率放大器，它向 50Ω 外接负载提供 15W 功率，功率增益达 14dB，电路效率为 54%。图中，栅极采用由 R_1、R_2 组成的分压式偏置电路，漏极采用并馈电路，L_{D1}、L_{D2} 为高频扼流圈，放大器的输入端采用由 C_1、C_2、L_1 构成的 T 形滤波匹配网络，输出端采用由 C_3、C_4、C_5、C_6 和 L_2、L_3 组成的 L 形和 π 形混合滤波匹配网络。$C_{D1} \sim C_{D3}$ 和 L_{D2} 组成 π 形电源滤波网络。

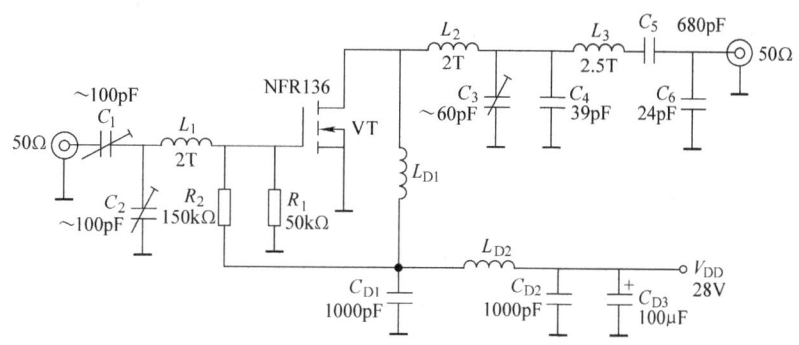

图 4.3.13 场效应晶体管谐振功率放大器电路

4.4 宽带高频功率放大器

谐振式高频功率放大器的优点是效率高，但其调谐非常繁琐，而且调谐速度慢，不能适应现代通信发展的要求。对于要求工作于多个频道、快速换频的发射机，对于电子对抗系统中有快速跳频技术要求的发射机，以及对于多频道频率合成器构成的发射机等，都要求采用快速调谐跟踪的放大器，以便于迅速转换工作频率。为了满足上述要求，可以在发射机的中间各级采用宽带高频功率放大器，它不需要调谐回路，就能在很宽的波段范围内获得线性放大。因此，宽频带放大技术在高频放大中的应用非常重要。宽频带高频功率放大器的频带可以覆盖整个发射机工作频率范围，所以在发射机变换工作频率时不需要进行调谐。但为了只输出所需的工作频率，发射机末级（有时还包括末前级）还要采用调谐放大器。当然，所付出的代价是输出功率和功率增益都降低了。因此，一般来说，宽带功率放大器适用于中、小功率级。对于大功率设备来说，可以采用宽带功率放大器作为推动级，其效果同样也能节约调谐时间。

最常见的宽频带高频功率放大器是利用宽频带变压器（Transformer）作为输入、输出或级间耦合电路，并实现阻抗匹配。宽频带变压器有两种形式：一种是利用普通变压器的原理，只是采用高频磁心来扩展频带，它可以工作在短波波段；另一种是利用传输线原理与变压器原理二者结合的所谓传输线变压器（Transmission-line Transformer），其频带可以做得很宽。

4.4.1 传输线变压器的工作原理及特性

已知，低频功率放大器的功率、效率和阻抗匹配等问题可以通过低频变压器耦合电路来实现，而且它的相对频带也很宽，一般从几十 Hz 到一万多 Hz，高低端频率之比可达几百甚至上千，这种变压器的结构示意图如图 4.4.1a 所示，它是依靠铁心中的公共磁通 Φ 将一次绕组（匝数 N_1）的能量传输到二次绕组（匝数 N_2）中。对于理想变压器来说，应该是对所有频率的能量都能进行同样的传输，即通频带应为无限宽。但实际上，音频变压器的频率特性大致如图 4.4.1b 所示，即在中间一段是平坦的，在低音频端，由于一次侧电感不可能为无穷大（这是理想变压器的条件），因而频率响应下降。在高音频端，则由于绕组漏电感与分布电容的影响，在某一频率可能产生串联谐振，频率响应出现高峰。然后随频率的升高，它的输出电压因分布电容的旁路作用而迅速下降。这就是说，变压器虽然是一种应用非常广泛的阻抗变换器，但它的频带是有限的。因此，普通铁心变压器不能用于高频信号的传输。

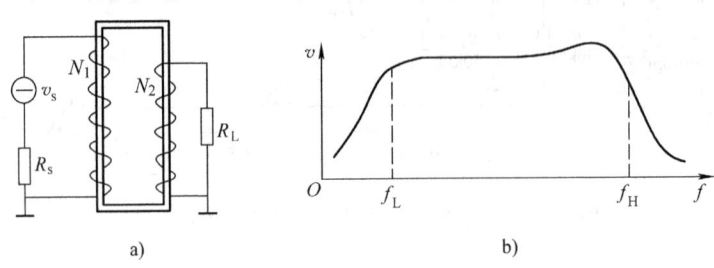

图 4.4.1 实际变压器及其频率特性
a) 变压器的结构示意图 b) 频率特性

为了使变压器工作于高频，并展宽工作频带，可采取以下几项措施：

1) 尽量减小绕组的漏感与分布电容。为此，可将一、二次绕组绕在环形铁氧体做的磁心上，匝数要少，匝间距离要大（即绕得稀些）。

2) 减小磁心的功率损耗。可采用高频铁氧体做的磁心，例如镍锌（NXO）系列。

3) 为了展宽低频响应，要求一次绕组的电感大，为此，应采用高磁导率磁心，加大环形磁心截面积，适当增加匝数。

由以上几条来看，展宽低频响应与改善高频响应之间是有矛盾的。解决矛盾的方法是采用高磁导率磁心。这样，可以在较少的线圈匝数下，获得较高的励磁电感（满足低频要求），同时漏电感与分布电容也小（满足高频要求）。但通常磁导率高的磁心，它的磁心功率损耗也大，因此应采用能在高频工作的高磁导率磁心。例如采用相对磁导率为几十的高频高磁导率铁氧体磁心，其频率可自几百 kHz 至几十 MHz，波段覆盖系数可达几十到一百。

由于高频变压器仍然用的是变压器原理，因而线圈漏电感与分布电容仍然是限制它工作到更高频率的主要因素。为了克服这个困难，必须另找新的途径。而扩展变压器频带的根本思路是，应将漏电感和线匝间的电容这些寄生参数变为传输能量的有效工具。这就是下面要介绍的传输线变压器。

传输线变压器是把传输线的原理应用于变压器，从而提高上限工作频率，并解决带宽问题。

1. 传输线变压器的结构

在通信系统中，传输线变压器是一种非常有用的元件，它不仅可以像变压器那样，实现信号的倒相和阻抗变换，而且具有变压器所不具备的宽带特性，因而得到了广泛的应用。传输线变压器的原理是传输线原理与变压器原理二者的结合,是最常用的一种宽带变压器。

所谓传输线是指连接信号源和负载的两根导线,如图 4.4.2a 所示。在低频工作时,因信号波长远大于导线长度,传输线就是两根普通的连接线,因此它的下限频率为零。而在高频工作时,因信号波长与导线长度可以比拟,两导线上的固有分布电感和线间分布电容的影响就不能忽略,如图 4.4.2b 所示。这时在输入信号源的作用下,沿传输线始端 1-3 到终端 2-4 的不同位置上,通过导线的电流和线间的电压无论在幅度和相位上都是不同的,只有在传输线是无耗的且它的端阻抗是匹配的(即 $R_s = R_L = Z_C$)的情况下(Z_C 是传输线的特性阻抗,其值取决于传输线的结构尺寸及线间填充介质的特性。对于理想无耗的传输线,Z_C 为纯电阻)。可以证明,它的上限频率 f_H 与其长度 l 有关,l 越小,上限频率 f_H 就越高。若设上限频率 f_H 所对应的波长为 $\lambda_{min}[= (3 \times 10^8 \text{m/s})/f_H]$,且 l 取为 λ_{min} 的 $1/10 \sim 1/8$,即

$$l = \left(\frac{1}{8} \sim \frac{1}{10}\right)\lambda_{min} \tag{4.4.1}$$

则可近似认为,在上限频率范围内,线上电压和电流幅值处处相等(无驻波),即

$$V_1 = V_2 = V \qquad I_1 = I_2 = I \tag{4.4.2}$$

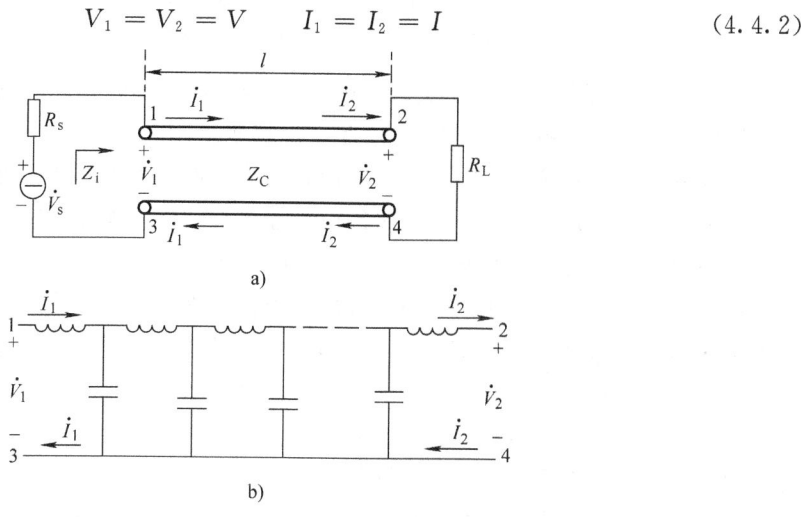

图 4.4.2 传输线

传输线变压器是用传输线(两根紧靠的平行线、扭绞线、带状传输线或同轴线等)绕在高磁导率的铁心磁环上构成。图 4.4.3a 所示为一个 1:1 的传输线变压器结构示意图。图中,磁心用高频铁氧体磁环,材料为锰锌(MXO)或镍锌(NXO),频率较高时,以用镍锌材料为宜;磁环直径小的只有几 mm,大的有几十 mm,视功率大小而定,一般 15W 功率放大器用直径为 10~20mm 的磁环即可。这种变压器的结构简单、轻便、价廉、频带很宽(可从几百 kHz 至几百 MHz),因而在宽带高频功率放大器中获得了广泛的应用。

2. 传输线变压器的工作原理

图 4.4.3b 是传输线变压器的电路表示形式,图 4.4.3c 是用普通变压器表示的电路形式。为了比较,它们的一次、二次绕组都有一端接地。图 4.4.3b 和图 4.4.3c 在电路连接上完全相同。由图 4.4.3c 可以看出,如果是普通变压器,则负载 3、4 两端可以对地隔离,也可以任意一端接地。但作为传输线变压器,则必须是 1、4(或 2、3)两端同时接地才行。

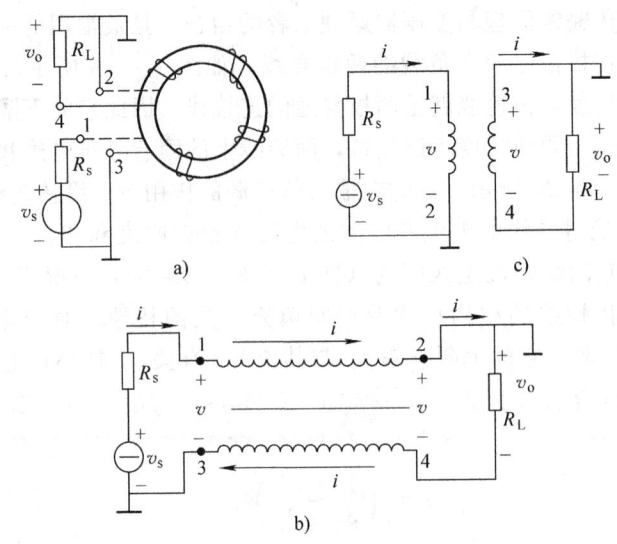

图 4.4.3 1∶1 传输线变压器
a) 结构图 b) 传输线电路 c) 等效为 1∶1 的倒相变压器电路

由电源端 1、3 看的阻抗应等于负载阻抗 R_L（等于传输线的特性阻抗 R_C），但输出电压与输入电压反相，所以它相当于一个 1∶1 阻抗反相变压器。

应该指出，传输线变压器的工作原理既然是传输线原理与变压器原理的结合，那么它的工作也可分为两种方式：一种是按照传输线方式来工作，即在传输线的任一点上，两导线上通过大小相等、方向相反的电流，两导线上电流所产生的磁通只存在于两导线间，使磁心中的磁场正好互相抵消。因此，磁心没有功率损耗，磁心对传输线的工作没有什么影响。当负载电阻 R_L 与 Z_C 相等而匹配时，两导线间的电压沿线均匀分布（指振幅）。此时传输特性的频带很宽。另一种是按照变压器方式工作，此时线圈中有励磁电流，并在磁心中产生公共磁场，有铁心功率损耗。传输线变压器通常同时存在着这两种模式，或者说，传输线变压器正是利用这两种模式来适应不同的功用的。

如上所述，传输线变压器存在着两种工作方式：在高频率时，传输线模式起主要作用，此时一次侧、二次侧之间的能量传输主要依靠线圈之间分布电容的耦合作用；在低频率时，变压器模式起主要作用，一次侧、二次侧之间的能量传输主要依靠线圈的磁耦合作用。需要说明的是：既然高频时传输线模式起主要作用，因此为了提高上限频率，传输线长度应尽量短；而在低频时，由于变压器模式起主要作用，为了扩展低频响应范围，应该加大一次线圈的电感量，即应加长线圈的总长度；可见二者之间存在着突出的矛盾。因此采用高频磁心来解决圈数少，而一次线圈电感量又足够大的问题，在一定程度上可以缓和此矛盾。由以上分析知，传输线变压器的上限频率受到传输线长度的限制，而下限频率却受一次线圈电感量的限制。

4.4.2 传输线变压器的应用举例

1. 作高频反相器用

图 4.4.3b 是传输线作成的反相器。将其重画于图 4.4.4。由图知，由于端点 2、3 同

时接地，当在 1、3 端加高频电压 $\dot{V}_1$ 时，也就在线圈 1、2 上加有电压 $\dot{V}_1$，因此由变压器工作方式知，在线圈 3、4 上同时也有电压 $\dot{V}_1$，所以在 2、4 端有 $\dot{V}_2$ 输出，且 $\dot{V}_2 = -\dot{V}_1$，即输出电压 $\dot{V}_2$ 与输入电压 $\dot{V}_1$ 大小相等，相位反相，这就是反相作用。

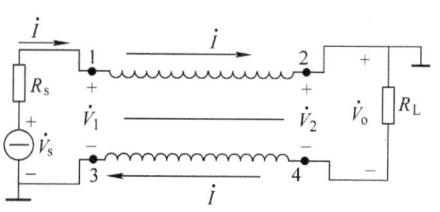

图 4.4.4　1∶1 高频反相器

2. 不平衡—平衡转换器

有时需要从一个信号源变换得到两个大小相等、对地完全反相的电压，图 4.4.5a 就是这种传输电路。因信号源的一端接地，称为"不平衡"，而变换后的两个电压对地是大小相等、相位相反，称为"平衡"输出，故称为不平衡—平衡转换器。由图可以看出，由于两负载电阻是相等的（都为 $R_L/2$），输出电压自然是反相的。还可以分析出，两线圈上有 $V/2$ 的电压。图 4.4.5b 则是实现对平衡的双端输入信号转换为不平衡的单端输出信号的传输电路。

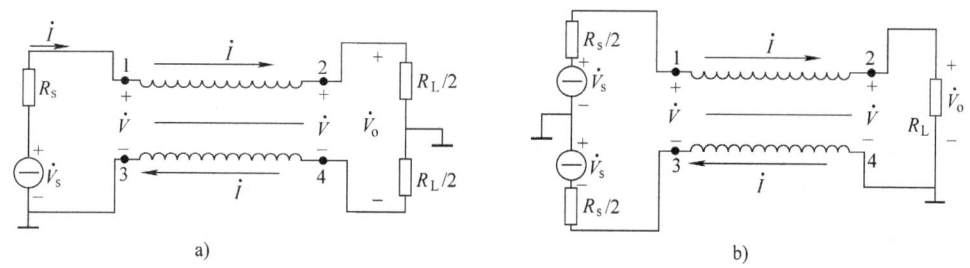

图 4.4.5　平衡与不平衡转换器
a) 不平衡—平衡　b) 平衡—不平衡

3. 1∶4 与 4∶1 阻抗变换器

传输线变压器的一个主要应用就是构成 1∶4 或 4∶1 宽带阻抗变换器。图 4.4.6a 就是 4∶1 阻抗变换器的电路。2、3 端连接，信号源加在 1、4 端，负载电阻 R_L 加在 2、4 端（实际上也加在 3、4 端）。若设负载电阻 R_L 上的电压为 $\dot{V}$，输入信号源提供的电流为 $\dot{I}$，则通过 R_L 的电流为 $2\dot{I}$，输入信号源端对地呈现的电压为 $2\dot{V}$。因此，信号源端呈现的输入电阻

$$R_i = \frac{2V}{I} = 4\frac{V}{2I} = 4R_L \tag{4.4.3}$$

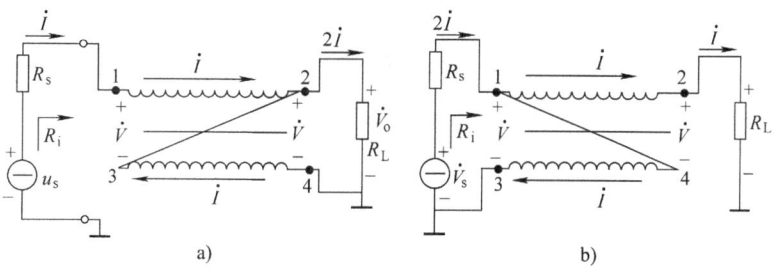

图 4.4.6　1∶4 与 4∶1 阻抗变换器
a) 4∶1 阻抗变换器　b) 1∶4 阻抗变换器

为 R_L 的 4 倍,即 $R_i：R_L=4：1$。传输线的特性阻抗相应为

$$Z_C = \frac{V}{I} = 2\frac{V}{2I} = 2R_L \tag{4.4.4}$$

图 4.4.6b 是 1∶4 阻抗变换器的电路。1、4 端连接,信号源加在 1、3 端(实际上也加在 4、3 端)。负载电阻 R_L 加在 2、3 端。若设输入信号源端呈现的电压为 $\dot{V}$,通过 R_L 的电流为 $\dot{I}$,则 R_L 上产生的电压为 $2\dot{V}$,输入信号源提供的电流为 $2\dot{I}$。因此,信号源端呈现的输入电阻

$$R_i = \frac{V}{2I} = \frac{2V}{4I} = \frac{1}{4}R_L \tag{4.4.5}$$

为 R_L 的 1/4,即 $R_i：R_L=1：4$。传输线的特性阻抗相应为

$$Z_C = \frac{V}{I} = \frac{1}{2}\frac{2V}{I} = \frac{1}{2}R_L \tag{4.4.6}$$

传输线变压器的 1∶1 和 4∶1(1∶4) 的阻抗变换器是基本型。用两个或多个传输线变压器进行组合,还可以得到其他阻抗变换器。也有用三线并绕构成的传输线变压器。

4.4.3 宽频带高频功率放大器

图 4.4.7 给出了一个两级宽带高频功率放大电路,其匹配网络采用了三个传输线变压器。由图可见,两级功放都工作在甲类状态,并采用本级直流负反馈方式展宽频带,改善非线性失真。三个传输线变压器均为 4∶1 阻抗变换器。前两个级联后作为第一级功放的输出匹配网络,总阻抗比为 16∶1,使第二级功放的低输入阻抗与第一级功放的高输出阻抗实现匹配。第三个使第二级功放的高输出阻抗与 50Ω 的负载电阻实现匹配。

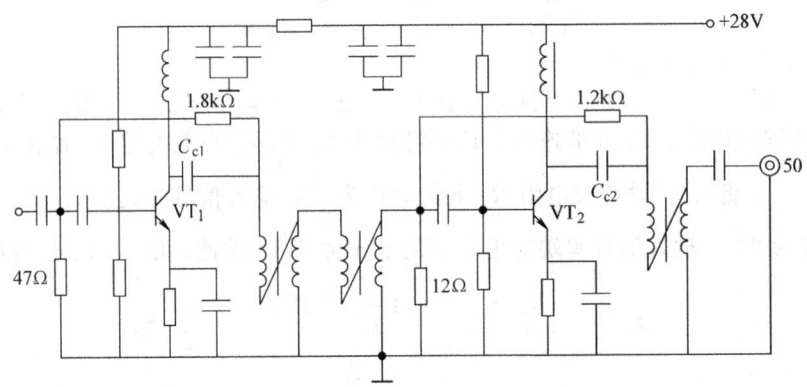

图 4.4.7 两级宽带高频功率放大电路

4.5 功率合成器

随着无线电技术的发展,要求高频功率放大器的输出功率越来越高。当需要的输出功率超过单个电子器件所能输出的功率时,可以利用多个功率放大电路同时对输入信号进行放大,然后设法将各个功率放大器的输出信号相加,这样得到的总输出功率可以远远大于单个功率放大器的输出功率,这就是功率合成技术。

利用功率合成技术可以获得几百瓦甚至上千瓦的高频输出功率。

理想的功率合成器不但应具有功率合成的功能，还必须满足下列条件：

1) 功率相加条件，即若有 N 个相同功率放大器，每个功率放大器为匹配负载提供额定的功率 P_1，则 N 个负载上得到总功率为 NP_1。

2) 相互无关条件，即 N 个功率放大器彼此是隔离的。也就是说当任何一个功率放大器损坏时，不影响其余放大器工作，它们各自仍能够向负载提供自己的额定功率。

3) 功率相减条件，即当一个或数个功率放大器损坏时，负载上所得到的功率虽然下降，但下降要尽可能小。在理想情况下，减少值等于损坏放大器数目 M 与额定功率 P_1 的乘积，即 MP_1。

图 4.5.1 为采用七个功率增益为 2，最大输出功率为 10W 的高频功率放大器，利用功率合成技术，可以获得 40W 的功率输出。其中采用了三个一分为二的功率分配器和三个二合一的功率合成器。功率分配器的作用在于将前级功放的输出功率平分为若干份，然后分别提供给后级若干个功放电路。很显然，讨论功率合成技术，首先应该讨论功率分配和功率合成网络。

实现理想功率合成的关键是魔 T 混合网络。魔 T 混合网络有四个端点，分别是 A 端、B 端、C 端和 D 端，如图 4.5.2 所示。

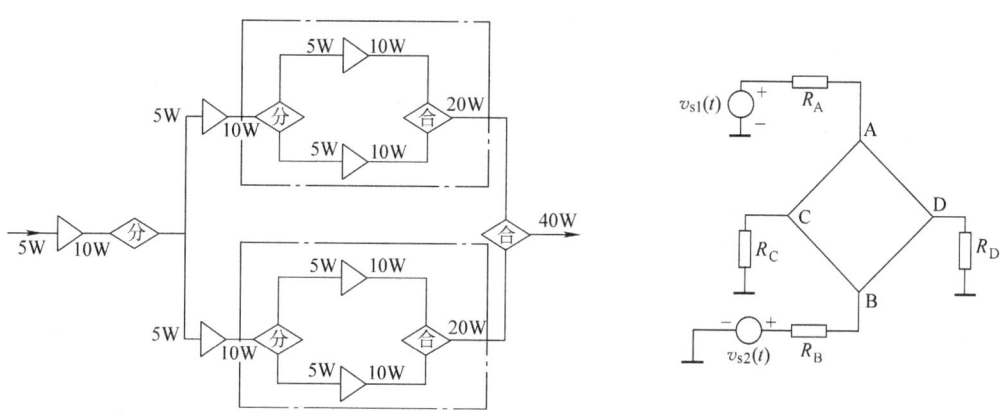

图 4.5.1　功率合成框图示例　　　　图 4.5.2　功率合成示意图

C 端为同相功率合成端。当 A、B 两端输入等值同相功率时，C 端负载 R_C 上获得两输入功率的合成，而 D 端负载 R_D 上无功率输出。

D 端为反相功率合成端。当 A、B 两端输入等值反相功率时，D 端负载 R_D 上获得两输入功率的合成，而 C 端负载 R_C 上无功率输出。

当 C 端和 D 端的负载 R_D、R_C 之间满足特定关系时，A、B 两输入端彼此隔离。即任一端功率放大器的工作状态变化或损坏时，不会影响另一端功率放大器的工作状态，并维持其原输出功率。

利用该网络还可实现功率分配的功能。当 $R_A = R_B$ 时，加在 D 端的功率放大器将其输出功率均等地分配给 R_A 和 R_B，且它们之间是反相的，而 C 端无功率输出；加到 C 端的功率放大器将其输出功率均等地分配给 R_A 和 R_B，且它们之间是同相的，而 D 端无功率输出。

实现理想的功率合成功能的关键在于选择合适的魔 T 混合网络（Hybrid Circuit）。能够完成上述功能且满足理想功率合成器三个条件的魔 T 混合网络,是 4.4 节介绍的传输线变压器,特别是 1∶4(4∶1)传输线变压器。

4.5.1 魔 T 网络

利用传输线变压器可以组成各种类型的功率分配器和功率合成器,且具有频带宽、结构简单、插入损耗小等优点,然后可进一步组成宽频带大功率高频功放电路。

图 4.5.3 所示的网络就具有上述特性,它既可以作功率分配,又可作功率合成,因此称之为魔 T 网络。

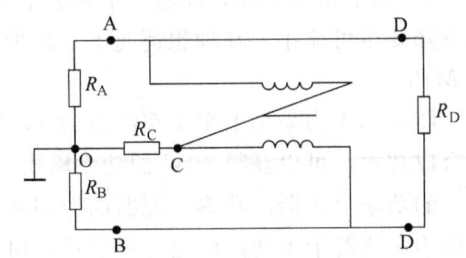

图 4.5.3 魔 T 网络

1. 魔 T 网络的结构特点

魔 T 网络由 4∶1 传输线变压器和相应的 AO、BO、CO、DD 四条臂组成,其中 DD 臂是平衡臂,臂的两端均不接地。

传输线变压器的特性阻抗 Z_C 和每条臂上的阻值(负载电阻或信号源内阻)满足以下关系:

$$R_A = R_B = 2R_C = \frac{1}{2}R_D = Z_C = R \tag{4.5.1}$$

2. 魔 T 网络的功能

(1) 功率合成 当 AO、BO 上接有相同的信号源 $V_a = V_b = V$,且内阻为 R,如图 4.5.4 所示。设各臂的电流方向如图示,则有

$$I_a = I + I_d \qquad I_b = I - I_d$$

将上面两式相加或相减,分别得到

$$I_a + I_b = 2I = I_c \ \text{及} \ I_d = \frac{1}{2}(I_a - I_b)$$

设 AO、BO 两臂的信号源的正负极性如图 4.5.4a 所示,称之为同相源,则此时电流 I_a、I_b 为正。

由于电路对称,所以 $I_a = I_b$,则 $I_c = 2I_a = 2I_b$,$I_d = 0$。可将电路等效为图 4.5.4b 所示。CO 臂上的 $R/2$ 可以看作两个电阻 R 的并联,所以 AO、BO 两支路上的信号源均工作于匹配状态,输出额定功率 $P_{AO} = I_a V$,$P_{BO} = I_b V$。

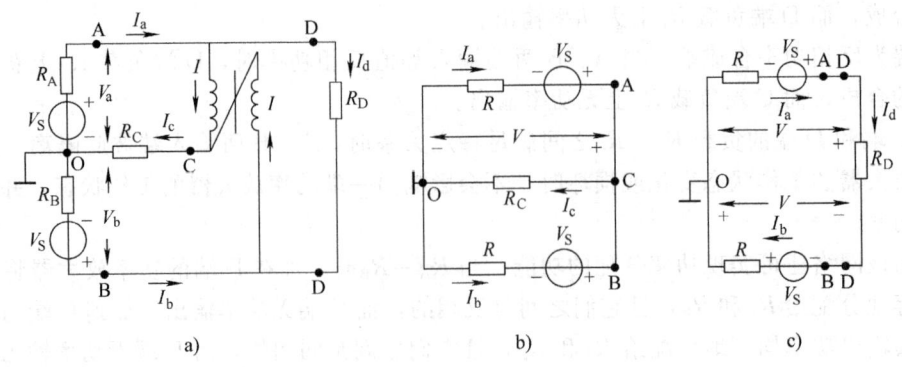

a)   b)   c)

图 4.5.4 功率合成网络

$$P_{\mathrm{CO}} = I_{\mathrm{c}}V = 2I_{\mathrm{a}}V = 2I_{\mathrm{b}}V = P_{\mathrm{AO}} + P_{\mathrm{BO}} \tag{4.5.2}$$

鉴于 AO、BO 为同相源，故称为同相功率合成。

当 AO、BO 两臂的信号源为反相源时，即 $V_{\mathrm{a}} = -V_{\mathrm{b}} = V$，则 I_{b} 为负，因此 $I_{\mathrm{c}} = 2I = 0$，传输线上无电流，可将其开路，得到图 4.5.4c 所示等效电路。$I_{\mathrm{d}} = I_{\mathrm{a}} = I_{\mathrm{b}}$，$V_{\mathrm{d}} = 2V$；AO、BO 两臂上的两信号源工作于匹配状态，它们的输出功率为 $P_{\mathrm{AO}} = I_{\mathrm{a}}V$，$P_{\mathrm{BO}} = I_{\mathrm{b}}V$，在 DD 臂上得到合成功率，输出功率为

$$P_{\mathrm{DD}} = V_{\mathrm{d}}I_{\mathrm{d}} = 2VI_{\mathrm{d}} = 2VI_{\mathrm{a}} = 2VI_{\mathrm{b}} = P_{\mathrm{AO}} + P_{\mathrm{BO}} \tag{4.5.3}$$

鉴于 AO、BO 为反相源，故称为反相功率合成。

（2）功率分配

同相分配：若信号源接在 CO 臂，如图 4.5.5a 所示。其输出功率同相地（见图中 I_{a}、I_{b} 方向，均流向地）平均分配给 AO、BO 臂上的负载，DD 臂上无电流。即 CO 臂与 DD 臂相互隔离。

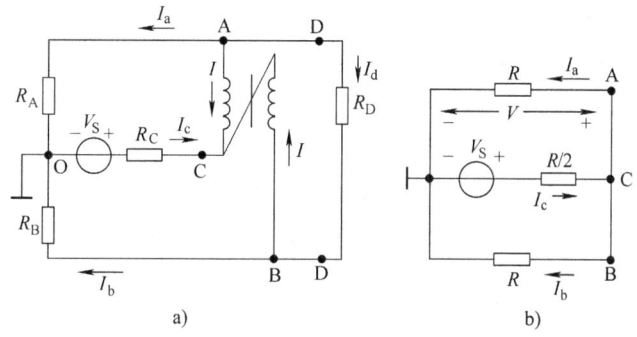

图 4.5.5 同相功率分配

由电路可知，当 $R_{\mathrm{A}} = R_{\mathrm{B}} = R$ 时，电路对称，$V_{\mathrm{a}} = V_{\mathrm{b}}$，因而 $I_{\mathrm{d}} = 0$，$P_{\mathrm{DD}} = 0$，D 端无输出。而又已知传输线变压器的始端电压与终端电压相等，即 $V_{\mathrm{ca}} = V_{\mathrm{bc}}$，所以有 $V_{\mathrm{b}} - V_{\mathrm{a}} = V_{\mathrm{bc}} + V_{\mathrm{ca}} = 0$，因此必有 $V_{\mathrm{ca}} = V_{\mathrm{bc}} = 0$，传输线上无电压。可将传输线变压器的 A、B、C 三个点短路，得到图 4.5.5b 电路。可见在规定的各臂阻值条件下，信号源与负载匹配，$I_{\mathrm{c}} = I_{\mathrm{a}} + I_{\mathrm{b}} = 2I_{\mathrm{a}} = 2I_{\mathrm{b}}$，CO 臂上信号源输出额定功率 $P_{\mathrm{CO}} = I_{\mathrm{c}}V = 2I_{\mathrm{a}}V = 2I_{\mathrm{b}}V$，而 AO、BO 上获得地同相等功率信号

$$P_{\mathrm{AO}} = P_{\mathrm{BO}} = I_{\mathrm{a}}V = I_{\mathrm{b}}V = \frac{V_{\mathrm{S}}^{2}}{4R} = \frac{1}{2}P_{\mathrm{CO}} \tag{4.5.4}$$

反相分配：信号源接在 DD 臂，如图 4.5.6 所示。其输出功率反相地（见图 4.5.6a 中 I_{a}、I_{b} 方向）分配给 AO、BO 臂上的负载，CO 臂上无电流。

由电路可知，当 $R_{\mathrm{A}} = R_{\mathrm{B}} = R$ 时，由于电路对称，必有 $V_{\mathrm{c}} = V_{\mathrm{o}}$，$I_{\mathrm{c}} = 0$，$P_{\mathrm{CO}} = 0$，C 端无输出。由于传输线上两电流相等，因此有 $I + I = I_{\mathrm{c}} = 0$，传输线上无电流。可将传输线开路，得图 4.5.6b 所示等效电路。由图知，$I_{\mathrm{a}} = I_{\mathrm{b}} = I_{\mathrm{d}}$，可见在规定的各臂阻值下，信号源与负载匹配。信号源输出额定功率 $P_{\mathrm{DD}} = I_{\mathrm{d}}V$，AO、BO 上获得反相等功率输出。

$$P_{\mathrm{AO}} = P_{\mathrm{BO}} = I_{\mathrm{a}}\frac{V}{2} = I_{\mathrm{b}}\frac{V}{2} = \frac{1}{2}P_{\mathrm{DD}} \tag{4.5.5}$$

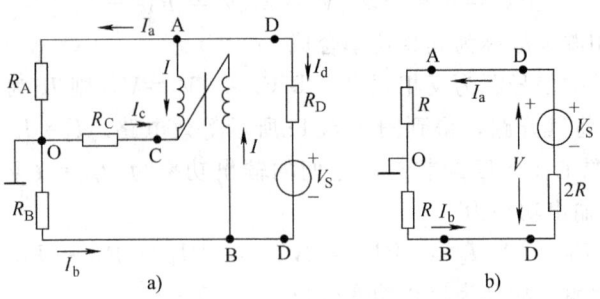

图 4.5.6 反相功率分配

4.5.2 功率合成电路介绍

将魔 T 网络配上合适的功率放大器就可以构成功率合成电路。功率合成电路可以采用同相合成也可以采用反相合成。

图 4.5.7 是典型的反相功率合成原理电路。

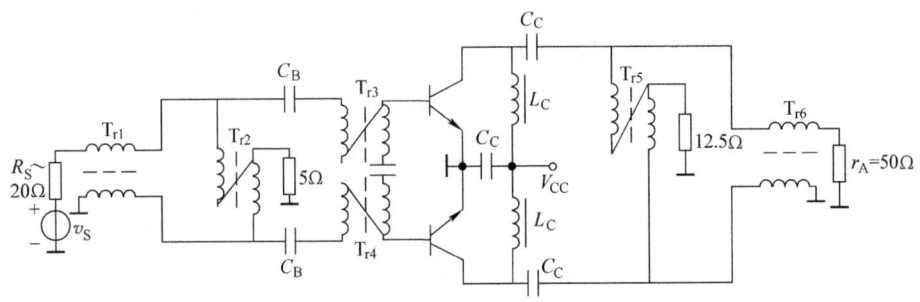

图 4.5.7 反相功率合成电路举例

内阻 R_S 为 20Ω 的信号源,以单端输入方式送入,经 T_{r1} 转换,将不平衡转变为平衡端,送入魔 T 网络 T_{r2} 的平衡臂 DD 端,实现反相功率分配。由于两晶体管的输入电阻为 $R_i = 2.5\Omega$,T_{r3} 和 T_{r4} 两个 4:1 阻抗变换器将 R_S 变换为晶体管的匹配电阻。晶体管的输出最佳负载电阻为 $R_o = 25\Omega$。由于两放大器工作在乙类推挽状态,轮流导通,它们将两个等值反相的等功率信号放大后,利用魔 T 网络 T_{r5} 实现反相合成。T_{r6} 作为平衡转换为不平衡网络,将合成后的功率信号以单端形式送至负载($r_A = 50\Omega$)天线。其中,各传输线变压器的特性阻抗应为

$$Z_{C1} = 20\Omega, Z_{C2} = 10\Omega, Z_{C3} = Z_{C4} = 5\Omega, Z_{C5} = 25\Omega, Z_{C6} = 50\Omega$$

特别要注意的是,图 4.5.7 所示的功率放大器是宽带放大器,它的阻抗变换网络均采用了宽带的传输线变压器。由于没有选频回路,因此晶体管必须工作于乙类或甲乙类,而不能工作于丙类。

反相功率合成电路的优点是:输出没有偶次谐波,因此失真较小;输入电阻比单边工作时高,因而引线电感的影响减小。

图 4.5.8 表示一个典型的同相功率合成器电路,图中 T_{r1} 与 T_{r6} 为魔 T 混合网络。T_{r1} 为同相功率分配网络,它的作用是将 C 端的输入功率平均分配,供给 A 端与 B 端同相激励功

率。T_{r6} 为同相功率合成网络，它的作用是将两个晶体管输至 A'、B' 两端的功率在 C' 端合成，供给负载。T_{r2}、T_{r3} 与 T_{r4}、T_{r5} 分别为 4∶1 与 1∶4 阻抗变换器，它们的作用是完成阻抗匹配。晶体管发射极接入 1.1Ω 的负反馈电阻，用来提高晶体管的输入阻抗。各基极串联的 22Ω 电阻作为提高输入电阻与防止寄生振荡之用。T_{r1} 的 D 端所接的 400Ω 及 T_{r6} 的 D' 端所接的 200Ω 电阻分别是 T_{r1} 与 T_{r6} 的假负载电阻。

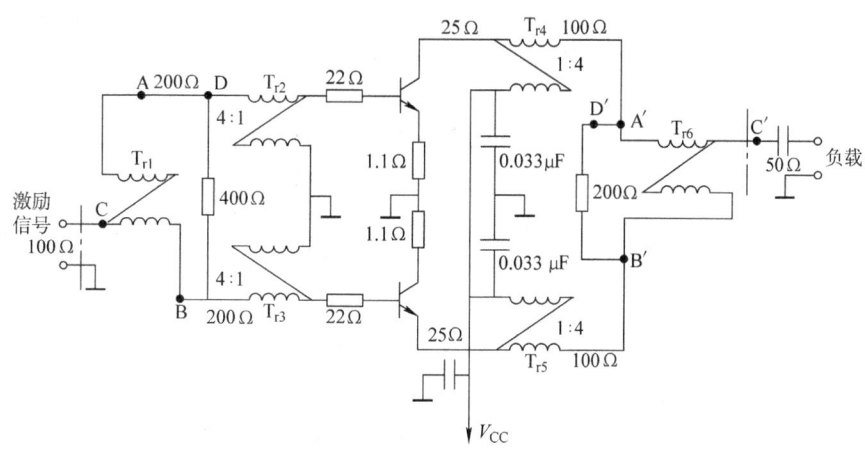

图 4.5.8　同相功率合成电路举例

在同相功率合成器中，由于偶次谐波在输出端是相加的，因此输出中有偶次谐波存在，这是不如反相功率合成电路的地方（反相功率合成电路中的偶次谐波在输出端互相抵消）。

概括起来可以这样说，掌握图 4.5.3 所示的魔 T 混合网络的工作原理后，只要看是 D 端还是 C 端作为输出端，就能容易地判断是反相功率合成电路，还是同相功率合成电路。D 端接输出，则必为反相功率合成电路；C 端接输出，则必为同相功率合成电路。

用传输线变压器所组成的功率合成电路已获得广泛的应用，因为它能较好地解决高效率、大功率与宽频带等一系列问题。为了滤除功率合成器在非甲类工作时输出中所含有的高次谐波，通常在它后面要加入低通滤波器。

※4.6　丁类和戊类高频功率放大器

如前所述，高频功率放大器的主要问题是如何尽可能地提高它的输出功率与效率。由于功率放大器的集电极效率为

$$\eta_C = \frac{P_o}{P_D} = \frac{P_o}{P_o + P_C} \tag{4.6.1}$$

而放大器的集电极耗散功率 P_C 为

$$P_C = \frac{1}{2\pi}\int_{-\theta}^{\theta} i_C v_{CE} \mathrm{d}(\omega t) \tag{4.6.2}$$

因此可以得出以下两点结论：

1) 要提高集电极效率，应设法尽量降低集电极耗散功率 P_C。这样，在给定 P_D 时，晶体管的交流输出功率 P_o 就会增大。

2) 如果维持晶体管的集电极耗散功率 P_C 不超过规定值,那么,提高集电极效率 η_C,将使交流输出功率 P_o 大为增加。对于这一点可说明如下:

由式(4.6.1)得

$$P_o = \frac{\eta_C}{1-\eta_C} P_C \tag{4.6.3}$$

由式(4.6.3)可见,只要将效率稍许提高一点,就能在同样的器件耗散功率条件下,大大提高输出功率。当然,这时输入直流功率也要相应地提高,才能在 P_C 不变的情况下,增加输出功率。

高频功率放大器正是从这方面入手来提高放大器的输出功率与效率的。

由式(4.6.2)知,减小集电极耗散功率的方法就是减小积分区间 θ,使 i_C 只在 v_{CE} 最低的时候才通过。也就是说,要想获得高的集电极效率,放大器的集电极电流应该是脉冲状的。而甲、乙、丙类功率放大器就是沿着不断减小电流导通角 θ 的思路,来不断提高放大器效率的。

但是,θ 的减小是有一定限度的。因为 θ 太小时,效率虽然很高,但因 I_{c1m} 下降太多,输出功率反而下降,如前面提到的当 $\theta=0$ 时,效率 $\eta_C=100\%$,但此时 $P_o=0$。所以,要想维持 I_{c1m} 不变,就必须加大激励电压,这又可能因激励电压过大,而引起管子的击穿。因此必须另寻蹊径来设法提高放大器的输出功率与效率。丁类、戊类等放大器就是采用固定 θ(取 $\theta=90°$),但尽量降低管耗功率的办法,来提高功率放大器的效率的。具体的说,丁类放大器的晶体管工作于开关状态:导通时,管子进入饱和区,器件内阻接近于零;截止时,电流为零,器件内阻接近于无穷大。这样,就使集电极功耗大为减小,效率大大提高。在理想情况下,丁类放大器的效率可达 100%。

4.6.1 丁类功率放大器

晶体管丁类放大器都是由两个晶体管组成的,它们轮流导通来完成功率放大任务。控制晶体管工作于开关状态的激励电压波形可以是正弦波,也可以是方波。晶体管丁类放大器有两种类型的电路:一种是电流开关型,另一种是电压开关型。

1. 电压开关型电路

在电压开关型电路(见图 4.6.1)中,两管是与电源电压 V_{CC} 串联的。激励电压 v_i 通过变压器产生两个极性相反的电压 v_{b1}、v_{b2},作为两个特性配对的同型晶体管的激励输入电压。若激励电压是角频率为 ω 的余弦波,且其幅度足够大,足以使 v_i 正半周时 VT_1 管饱和导通,VT_2 管截止,而 v_i 负半周时 VT_2 管饱和导通、VT_1 管截止。若 VT_1、VT_2 管的饱和压降均为 $V_{CE(sat)}$,则 A 点的电压 v_A 在 VT_1 管饱和导通、VT_2 管截止时为 $V_{CC}-V_{CE(sat)}$;在 VT_2 管饱和导通、VT_1 管截止时为 $V_{CE(sat)}$。因而合成的 A 点电压 v_A 波形为矩形方波,而两个晶体管的集电极电流为半个周期的余弦波。电压 v_A 加到由 R_L、L、C 组成的串联谐振回路上,若回路谐振在输入信号角频率 ω 上,且其 Q 值足够高,可以认为通过回路的电流 i 是由通过上、下两管的电流合成的,所以在负载 R_L 上得到合成的波形,如图 4.6.2 所示。可见尽管每管的电流很大,但相应的管压降很小,使每个管子的管耗很小,放大器的效率也就很高。

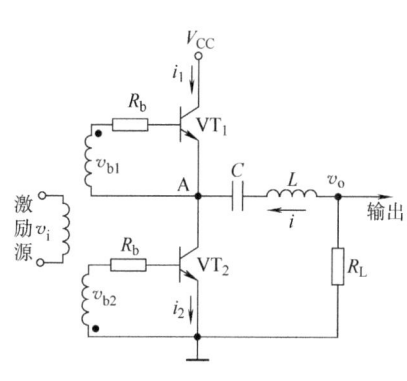
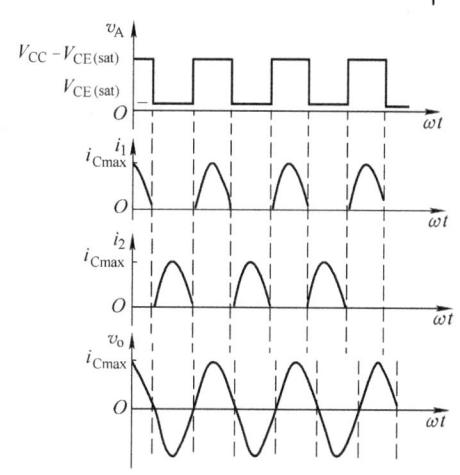

图 4.6.1 电压开关型丁类放大器电路　　　图 4.6.2 丁类功率放大器的工作波形

2. 电流开关型电路

在电流开关型电路中，两管推挽工作，电源 V_{CC} 通过大电感 L' 供给一个恒定电流 I_C。两管轮流导通（饱和），因而回路电流方向也随之轮流改变，如图 4.6.3 所示。

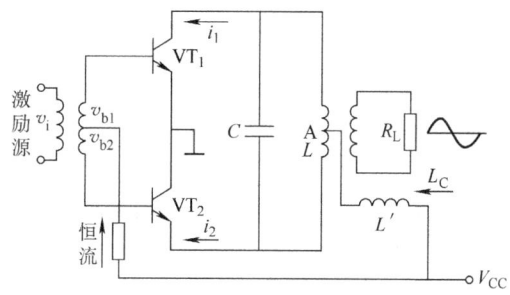

图 4.6.3 电流开关型功率放大器电路

由图 4.6.3 知，该电路与推挽电路非常相似，但有两点不同之处：一个是集电极回路的中点不是地电位（推挽电路此点则在交流地电位）；另一个是在 V_{CC} 电路中串接了大电感 L'。加入 L' 的目的是利用通过电感的电流不能突变的原理，使 V_{CC} 提供一个恒定的电流 I_C，以保证当两管轮流导通时，通过每管的电流波形是矩形方波。当 LC 回路谐振时，在它两端所产生的正弦波电压与集电极方波电流中的基波电流分量同相。两个晶体管的集电极-发射极瞬时电压 v_{CE} 的波形如图 4.6.4c、d 所示。

4.6.2 戊类功率放大器

戊类功率放大器是单管工作于开关状态。它的特点是选取适当的负载网络参数，以使它的瞬态响应最佳。也就是说，当开关导通（或断开）的瞬间，只有当器件的电压（或电流）降为零后，才能导通（或断开）。这样，即使开关转换时间与工作周期相比较已相当长，也能避免在开关器件内同时产生大的电压或电流。这就避免了在开关转换瞬间器件的功耗，从而克服了丁类放大器的缺点。

戊类功率放大器的基本电路如图 4.6.5 所示，图中 L、C 为串联调谐回路，C_1 为晶体管

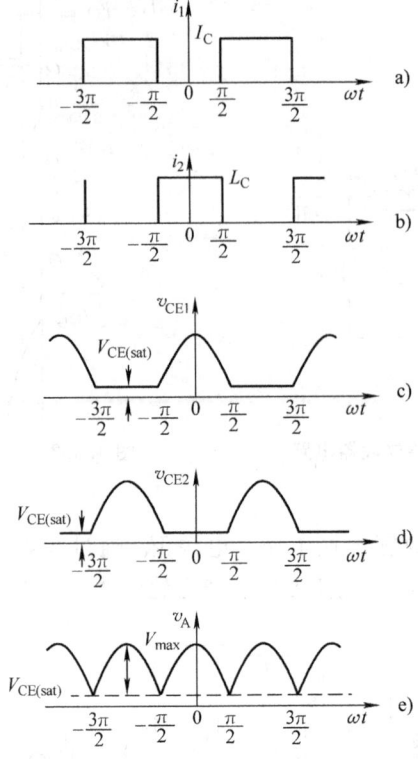

图 4.6.4 电流开关型功率放大器的工作波形

的输出电容，C_2 为外加电容，以使放大器获得所期望的性能，同时也消除了在丁类放大器中由 C_1 所引起的功率损失，因而提高了放大器的效率。

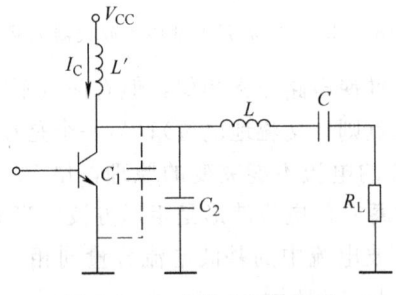

图 4.6.5 戊类功率放大器

4.7 晶体管倍频器

倍频器（Frequency Doubler）是一种输出信号频率等于输入信号频率整数倍的变换电路。倍频器的应用如图 4.7.1 所示。在通信系统中，采用倍频器主要有以下优点：

1）可以降低发射机主振器的频率。这对于稳定振荡器的频率是有利的，因为由振荡器一章可知，振荡器的频率越高，频率稳定度就越低。由于一般主振器频率不宜超过 5MHz，因此，发射频率高于 5MHz 的发射机，一般宜采用倍频器。

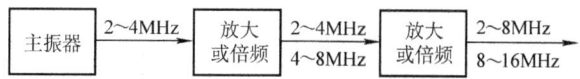

图 4.7.1 倍频器的应用

2) 在采用石英晶体稳频时，振荡频率越高，石英晶体越薄，越易振碎。一般来说，最薄的石英晶体的固有振荡频率限制在 20MHz 以下。超过这一频率，就宜在石英振荡器后面采用倍频器。

3) 如果中间级既可工作于放大状态，也可工作于倍频状态，那么，就可以在不扩展主振器波段的情况下，扩展发射机的波段，如图 4.7.1 示例所举的数字。这对稳频是有利的，因为振荡器波段越窄，频率稳定度就越高。

4) 在多级放大器中，倍频器的输出频率不同于前级的工作频率，可以减小级间寄生耦合，使发射机的工作稳定性提高。

5) 采用倍频技术，可以扩展调频或调相波的线性频偏。

倍频的基本原理是利用非线性元器件使正弦输入信号失真，产生谐波，在输出端设法提取所需次数的谐波。倍频器的主要研究内容是，通过在电路上采取措施来适当选择元器件的工作状态，以获得尽可能高的输出谐波功率与输入谐波功率之比——倍频效率，同时应考虑元器件的安全工作条件。

晶体管倍频器有两种主要形式：一种是利用丙类放大器电流脉冲中的谐波来获得倍频，叫做丙类倍频器；另一种是利用晶体管的结电容随电压变化的非线性来获得倍频，这是半导体器件所特有的性质，可叫做参量倍频器。下面只对丙类倍频器进行介绍。

大家知道，丙类放大器的电流是余弦脉冲状，包含有丰富的谐波，其集电极电流 i_C 的傅里叶级数分解式为

$$i_C = I_{C0} + I_{c1m}\cos\omega t + I_{c2m}\cos2\omega t + I_{c3m}\cos3\omega t + \cdots$$

如果集电极选频回路不是谐振在基频上，而是谐振在 n 次谐波上，那么，回路对基频和其他谐波的阻抗很小，而对 n 次谐波的阻抗最大，且呈纯电阻性。于是回路的输出电压和功率就是 n 次谐波。这就起到了倍频作用。

需要说明的是，用丙类谐振功率放大器实现倍频，在采用最佳通角值的情况下，2 次倍频器和 3 次倍频器的输出功率要比作为谐振功率放大器工作时分别减小 1/2 和 1/3，而且倍频次数越高，输出功率越小。基于上述原因，丙类倍频器的倍频次数一般只限于 2~3 次，少数情况取 4~5 次。

思考题与习题

4.1 按照电流导通角 θ 来分类，$\theta=180°$ 的高频功率放大器称为_____类功率放大器，$\theta>90°$ 的高频功率放大器称为_____类功率放大器，$\theta=90°$ 的高频功率放大器称为_____类功率放大器，$\theta<90°$ 的高频功率放大器称为_____类功率放大器。

4.2 高频功率放大器一般采用_____作为负载，属_____类功率放大器。其电流导通角 $\theta<90°$。兼顾效率和输出功率，高频功率放大器的最佳导通角 $\theta=$_____。高频功率放大器的两个重要性能指标为_____、_____。

4.3 高频功率放大器通常工作于丙类状态,因此晶体管为_____器件,常用_____进行分析,常用的曲线除晶体管输入特性曲线,还有_____曲线和_____曲线。

4.4 若高频功率放大器的输入电压为余弦波信号,则功率晶体管的集电极、基极、发射极电流均是_____脉冲,放大器输出电压为_____形式的信号。

4.5 高频功率放大器的动态特性曲线是斜率为_____的一条_____。

4.6 对高频功率放大器而言,如果动态特性曲线和 v_{BEmax} 对应的静态特性曲线的交点位于放大区就称为_____工作状态;交点位于饱和区就称为_____工作状态;动态特性曲线、v_{BEmax} 对应的静态特性曲线及临界饱和线交于一点就称为_____工作状态。

4.7 在保持其他参数不变的情况下,高频功率放大器的基极电源电压 $|V_{BB}|$ 由大到小变化时,功放的工作状态由_____状态到临界状态到_____状态变化。高频功率放大器的集电极电源电压 V_{CC}(其他参数不变)由小到大变化时,功率放大器的工作状态由_____状态到临界状态到_____状态变化。高频功率放大器的输入信号幅度 V_{bm}(其他参数不变)由小到大变化,功率放大器的工作状态由_____状态到临界状态到_____状态变化。

4.8 丙类功率放大器在_____工作状态相当于一个恒流源;而在_____工作状态相当于一个恒压源。集电极调幅电路的高频功率放大器应工作在_____工作状态,而基极调幅电路的高频功率放大器应工作在_____工作状态。发射机末级通常是高频功率放大器,此功放工作在_____工作状态。

4.9 高频功率放大器在_____工作状态时输出功率最大,在_____工作状态时效率最高。

4.10 当高频功率放大器用作振幅限幅器时,放大器应工作在_____工作状态,用作线性功率放大器时应工作在_____工作状态,当高频功率放大器放大振幅调制信号时,放大器应工作在_____工作状态,放大等幅信号时应工作在_____工作状态。

4.11 假设高频功率放大器开始工作于临界状态,且负载回路处于谐振状态,当回路失谐时,功率放大器会进入_____工作状态。高频功率放大器通常采用_____指示负载回路的调谐。

4.12 为什么高频功率放大器一般要工作于乙类或丙类状态?为什么采用谐振回路作负载?为什么要调谐在工作频率上?回路失谐将产生什么结果?

4.13 丙类高频功率放大器的动态特性与低频甲类功率放大器的负载线有什么区别?为什么会产生这些区别?动态特性的含义是什么?

4.14 为什么谐振功率放大器能工作于丙类,而电阻性负载功率放大器不能工作于丙类?

4.15 放大器工作于丙类比工作于甲、乙类有何优点?为什么?丙类工作的放大器适宜于放大哪些信号?

4.16 试求图 4.2.1a 所示电路的并联谐振回路各次谐波与基频的阻抗值之比。已知回路的品质因数 $Q=\dfrac{\omega L}{r}=10$,回路谐振于基频。

4.17 晶体管放大器工作于临界状态,已知 $R_p=200\Omega$,$I_{C0}=90\text{mA}$,$V_{CC}=30\text{V}$,$\theta=90°$。试求 P_o 与 η_C。

4.18 某一晶体管谐振功率放大器,已知 $V_{CC}=24\text{V}$,$I_{C0}=250\text{mA}$,$P_o=5\text{W}$,电压利用系数 $\xi=0.95$,试求 P_D、η_C、R_Σ、I_{c1m} 和 θ。

4.19 某一 3DA4 高频功率晶体管的饱和临界线跨导 $g_{cr}=0.8\text{S}$,用它做成谐振功率放大器,选定 $V_{CC}=24\text{V}$,$\theta=70°$,$i_{Cmax}=2.2\text{A}$,并工作于临界状态,试计算:R_Σ、P_D、P_o、P_C 和 η_C。

4.20 高频功率放大器的欠电压、临界、过电压状态是如何区分的?各有什么特点?当 V_{CC}、V_{cm}、V_{BB} 和 R_Σ 四个外界因素只变化其中一个因素时,功率放大器的工作状态如何变化?

4.21 已知集电极电流余弦脉冲 $i_{Cmax}=100\text{mA}$,试求导通角 $\theta=120°$,$\theta=70°$ 时集电极电流的直流分量

I_{C0} 和基波分量 I_{c1m}；若 $V_{cm}=0.95V_{CC}$，求出两种情况下放大器的效率各为多少？

4.22 谐振功率放大器原来工作于临界状态，它的导通角 θ 为 $70°$，输出功率为 3W，效率为 60%，后来由于某种原因，性能发生变化，经实测发现效率增加到 68%，而输出功率明显下降，但 V_{CC}、V_{cm}、v_{BEmax} 不变，试分析原因，并计算实际输出功率和导通角 θ。

4.23 谐振功率放大器原工作于欠电压状态。现在为了提高输出效率，将放大器调整到临界状态。试问，可分别改变哪些量来实现？当改变不同的量调到临界状态时，放大器的输出功率是否都是一样大？

4.24 谐振功率放大器工作于临界状态。已知 $V_{CC}=18V$，$g_{cr}=0.6S$，$\theta=90°$，若 $P_o=1.8W$，试计算 P_D、P_C、η_C 和 R_Σ。若 θ 减小到 $80°$，各量又为何值？

4.25 已知谐振功率放大电路，$V_{CC}=24V$，$P_o=5W$。当 $\eta_C=60\%$ 时，试计算 P_C 和 I_{C0}。若保持 P_o 不变，η_C 提高到 80%，则 P_C 和 I_{C0} 减小为多少？

4.26 某高频谐振功率放大器工作于临界状态，输出功率为 $P_o=15W$，且 $V_{CC}=24V$，导通角 $\theta_C=70°$。功率管参数为：$g_{cr}=1.5A/V$，$I_{CM}=5A$。试问：

（1）直流电源提供的功率 P_D、功率管的集电极损耗功率 P_C、效率 η_C 和临界负载电阻 R_{pcr} 各是多少？
[注：$\alpha_0(70°)=0.253$，$\alpha_1(70°)=0.436$]

（2）若输入信号振幅增大一倍，功率放大器的工作状态将如何改变？此时的输出功率约为多少？

（3）若负载电阻增大一倍，功率放大器的工作状态将如何改变？

（4）若回路失谐，会有何危险？如何指示调谐？

4.27 高频大功率晶体管 3DA4 的参数为 $f_T=100MHz$，$\beta=20$，额定输出功率 $P_o=20W$，临界饱和线跨导 $g_{cr}=0.8A/V$，用它做成 2MHz 的谐振功率放大器，选定 $V_{CC}=24V$，$\theta_C=70°$，$i_{Cmax}=2.2A$，并工作于临界状态。试计算 R_p、P_o、P_C、η_C 与 P_D。

4.28 试回答下列问题：

（1）利用功率放大器进行振幅调制时，当调制的音频信号加在基极或集电极上时，应如何选择功率放大器的工作状态？

（2）利用功率放大器放大振幅调制信号时，应如何选择功率放大器的工作状态？

（3）利用功率放大器放大等幅已调的信号时，应如何选择功率放大器的工作状态？

4.29 设一谐振功率放大器的谐振回路具有理想的滤波性能，试说明它的动态线为什么是曲线？在过电压状态下集电极脉冲电流波形为什么会中间凹陷？

4.30 谐振功率放大器工作在欠电压区，要求输出功率 $P_o=5W$。已知 $V_{CC}=24V$，$V_{BB}=V_{BE(on)}$，$R_\Sigma=53\Omega$，设集电极电流为余弦脉冲，即

$$i_C = \begin{cases} i_{Cmax}\cos\omega t & v_b > 0 \\ 0 & v_b \leq 0 \end{cases}$$

试求电源供给功率 P_D、集电极效率 η_C。

4.31 一谐振功率放大器，设计在临界状态，经测试得输出功率 P_o 仅为设计值的 60%，而 I_{C0} 却略大于设计值。试问该放大器处于何种状态？分析产生这种状态的原因？

4.32 设两个谐振功率放大器具有相同的回路元件参数，它们的输出功率 P_o 分别为 1W 和 0.6W。现若增大两放大器的 V_{CC}，发现其中 $P_o=1W$ 的放大器输出功率增加不明显，而 $P_o=0.6W$ 放大器的输出功率增加明显，试分析其原因。若要增大 $P_o=1W$ 放大器的输出功率，试问还应同时采取什么措施（不考虑功率管的安全工作问题）？

4.33 高频功率放大器中需考虑的直流馈电电路有＿＿＿＿＿＿＿馈电电路和＿＿＿＿＿＿＿馈电电路两种。集电极馈电电路的馈电方式有＿＿＿＿＿＿＿和＿＿＿＿＿＿＿两种。基极馈电电路的馈电方式有＿＿＿＿＿＿＿和＿＿＿＿＿＿＿两种。对于基极馈电电路而言，通常采用＿＿＿＿＿＿＿电路来产生基极偏置电压。

4.34 试画出两级谐振功放的实际线路，要求：

(1) 两级均用 NPN 型晶体管，发射极直接接地。

(2) 第一级基极前级采用互感耦合，第二级采用零偏电路。

(3) 第一级集电极馈电电路采用并联形式，第二级集电极馈电电路采用串联形式。

(4) 两级间回路为 T 形网络，输出回路采用 π 形匹配网络，负载为天线。

4.35 一谐振功率放大器，已知工作频率 $f=300\text{MHz}$，负载 $R_L=50\Omega$，晶体管输出容抗 $X_{C0}=-25\Omega$，其并联的谐振电阻 $R_e=50\Omega$，试设计图 4.T.1 所示 L 形匹配网络的 C_1、C_2、L 值，设网络有载品质因数 $Q_{e1}=5$。

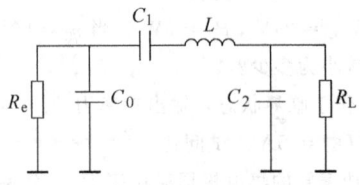

图 4.T.1 题 4.35 图

4.36 谐振功率放大器电路如图 4.T.2 所示，试从馈电方式、基极偏置和滤波匹配网络等方面分析电路的特点。

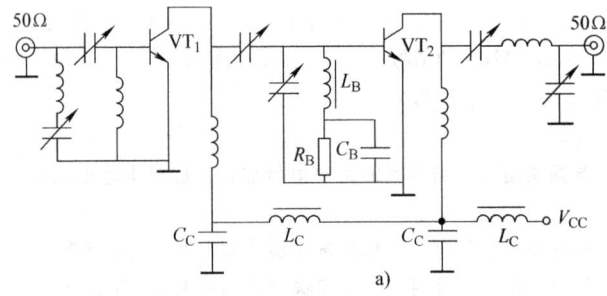

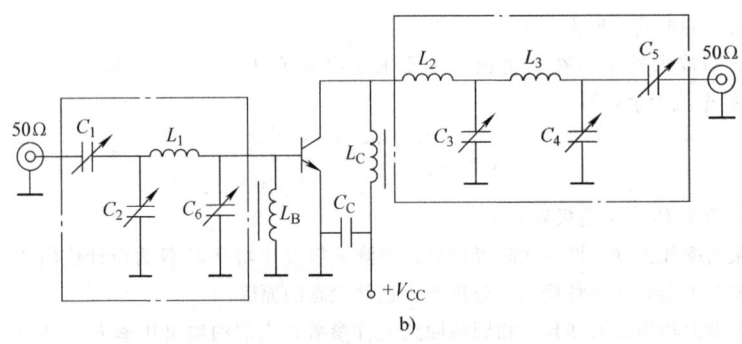

图 4.T.2 题 4.36 图

4.37 试求图 4.T.3 所示各传输线变压器的阻抗变换关系（R_i/R_L）及相应的特性阻抗 Z_C 表达式。

4.38 图 4.T.4 所示为用传输线变压器构成的魔 T 混合网络，试分析工作原理。已知 $R_L=50\Omega$，试指出 R_i、R_1、R_2、R_3 的阻值。

4.39 证明图 4.5.4a 所示电路中，当 A（或 B）端单边工作时，D、C 两端均分 A（或 B）的功率，而 B（或 A）端无输出。

4.40 图 4.T.5 所示为工作在 2～30MHz 频段上、输出功率为 50W 的反相功率合成电路，试指出各

第 4 章 高频功率放大器

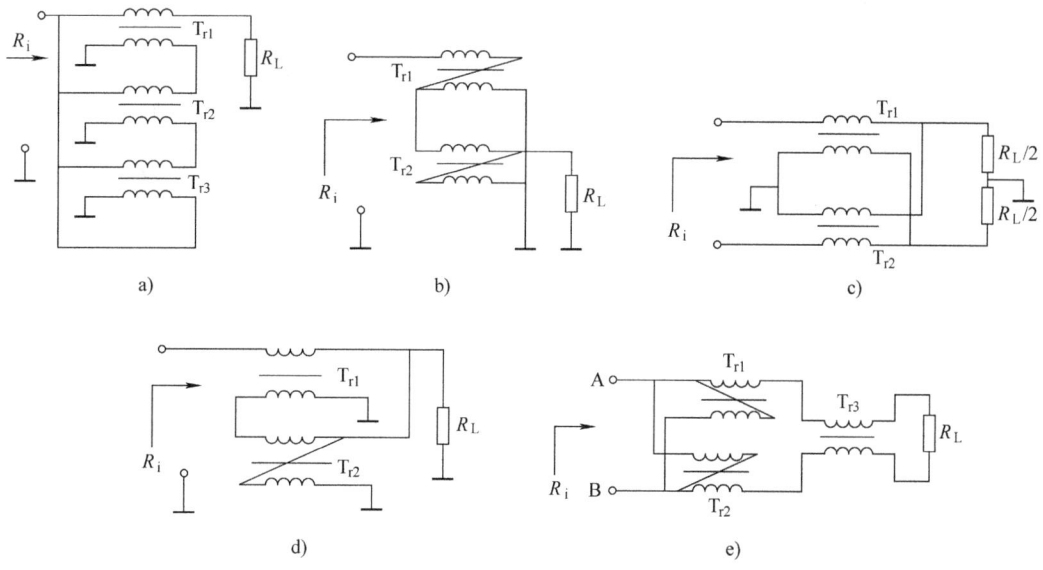

图 4.T.3 题 4.37 图

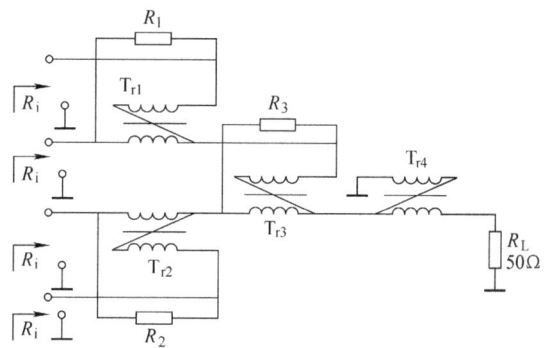

图 4.T.4 题 4.38 图

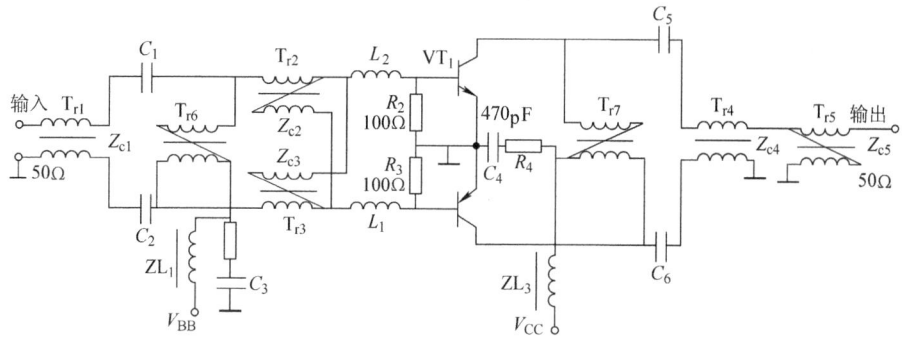

图 4.T.5 题 4.40 图

传输线变压器的功能及 T_{r1}、T_{r2}、T_{r3}、T_{r4}、T_{r5} 的特性阻抗,并估算功率晶体管输入阻抗和集电极等效负载阻抗。图中 L_1、L_2 的作用不予考虑。

4.41 为了使输出电流最大，二倍频的最佳导通角 $\theta =$ _____，三倍频的最佳导通角 $\theta =$ _____。

4.42 丁类功率放大器中的晶体管工作在 _____ 状态，其效率 _____ 丙类功率放大器的效率。理想情况下丁类功率放大器的效率 $\eta =$ _____。丁类功率放大器有 _____ 型和 _____ 型两种基本电路。

4.43 什么是丁类功率放大器？为什么它的集电极效率高？什么是电流开关型和电压开关型丁类放大器？

第5章 正弦波振荡器

从能量的观点看,功率放大器是一种在输入信号的激励下,将直流电源提供的能量转换为按输入信号规律变化的交变能量的电路,而正弦波振荡器(Sine Wave Oscillator)是不需要输入信号激励就能自动的将直流电源的能量转变为特定频率和振幅的正弦交变能量的电路。

正弦波振荡器广泛用于各种电子设备中。例如,无线发射机中的载波信号源、超外差式接收机中的本地振荡信号源、电子测量仪器中的正弦波信号源、数字系统中的时钟信号源等。在这些应用中,对振荡器提出的要求主要是振荡频率和振幅的准确性和稳定性,其中尤以振荡频率的准确性和稳定性最为主要。正弦波振荡器的另一类用途是作为高频加热设备和医用电疗仪器中的正弦交变能源。在这类应用中,对振荡器提出的要求主要是高效率地产生足够大的正弦交变功率,而对振荡频率的准确性和稳定性一般不作苛求。本章仅限于讨论前一类用途的振荡器。

对于振荡器的输出信号,应该由以下指标来衡量:一是频率,即频率的准确度与稳定度;二是振幅,即振幅的大小与稳定性;三是波形及波形的失真;四是输出功率,要求该振荡器能带动一定阻抗的负载。

正弦波振荡器按其组成原理可分为两大类:一类是利用正反馈原理构成的反馈型振荡器,它是目前应用最广的一类振荡器;另一类是负阻型振荡器,这里说的负阻型振荡器主要是指它是将负阻器件直接接到谐振回路中,利用负阻器件的负电阻效应去抵消回路中的损耗,从而产生出等幅的自由振荡。根据振荡器所产生的波形,又可以把振荡器分为正弦波振荡器和非正弦波振荡器。也可以按照选频网络的性质分为 LC 振荡器和 RC 振荡器。本章主要介绍反馈型振荡器,讨论反馈型振荡器的工作原理、设计方法、影响性能指标的因素及典型线路。

5.1 反馈型振荡器的基本原理

5.1.1 振荡的产生

在反馈型振荡器中,LC 并联谐振回路是最基本的选频网络,所以先讨论 LC 并联回路的自由振荡现象,并以此为基础分析反馈振荡器的工作原理。

图 5.1.1a 是一个并联谐振回路与一个直流电压源 V_s 的连接图,R_{e0} 是并联回路的谐振电阻。在 $t=0$ 以前开关 S 接通 1,使 $v_C(0)=V_s$。在 $t=0$ 时,开关 S 很快断开 1,接通 2。由电路分析可知,在 $R_{e0} > \frac{1}{2}\sqrt{L/C}$ 的情况下,当 $t>0$ 以后,并联回路两端电压的零输入响应为

$$v_C(t) = V_s e^{-\alpha t} \cos\omega_{osc} t \tag{5.1.1}$$

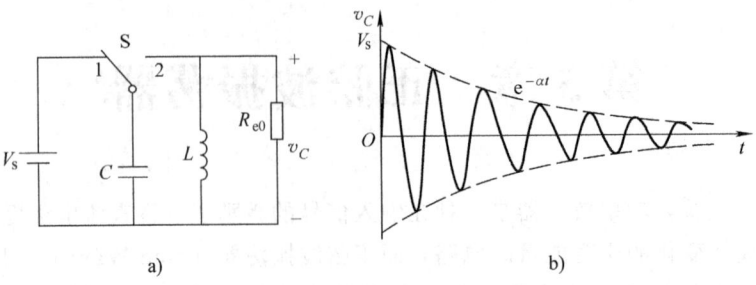

图 5.1.1 并联谐振回路的自由振荡现象
a) LC 并联谐振回路　b) 阻尼振荡波形

是一个振幅按指数规律衰减的正弦振荡，称为阻尼振荡，其中振荡角频率 $\omega_{\text{osc}} = 1/\sqrt{LC}$，$\alpha = 1/(2R_{e0}C)$ 称为衰减（阻尼）系数，其振荡波形如图 5.1.1b 所示。

LC 并联谐振回路中自由振荡衰减（产生阻尼振荡）的原因在于损耗电阻的存在。若回路无损耗，即 $R_{e0} \to \infty$，则衰减系数 $\alpha \to 0$，由式（5.1.1）可知，回路两端电压变化将是一个等幅正弦振荡。由此可以产生一个设想，如果采用正反馈的方法，不断地适时给回路补充能量，使之刚好与 R_{e0} 上损耗的能量相等，那么就可以获得等幅的正弦振荡了；或者在电路中引入一个具有负阻特性的器件，使之等效电阻刚好与电路的损耗电阻大小相等，相互抵消，同样也可以获得一个等幅的正弦振荡。

5.1.2　反馈型振荡器的原理分析

反馈型振荡器（Feedback Oscillator）是基于放大与反馈的机理而构成的，对于任何一个带有反馈的放大电路，都可以由图 5.1.2a 所示的框图构成，其输入、输出满足以下关系：

主网络的放大倍数（开环放大倍数） $A(j\omega) = \dfrac{\dot{V}_o}{\dot{V}_i}$

反馈网络的反馈系数 $F(j\omega) = \dfrac{\dot{V}_f}{\dot{V}_o}$

而
$$\dot{V}_i = \dot{V}_s + \dot{V}_f$$

此时，反馈放大器的放大倍数为

$$A_f(j\omega) = \frac{\dot{V}_o}{\dot{V}_s} = \frac{A(j\omega)}{1 - A(j\omega)F(j\omega)}$$

当 $A(j\omega)F(j\omega) = 1$ 时，该放大器的增益无穷大，说明当输入信号为零时，放大器具有有限输出，这就是振荡器。因此，反馈型振荡器可以画成图 5.1.2b 所示的结构，是一个由主网络和反馈网络构成的闭合环路，主网络完成放大作用，反馈网络引入正反馈，反馈电压 $\dot{V}_f$ 恰好等于放大器所需的输入电压 $\dot{V}_i$。

为了便于理解，给出变压器耦合反馈型振荡器的原理电路和交流通路，如图 5.1.3 所示。由图可见，反馈型振荡器中的主网络是负载为谐振回路的谐振放大器，反馈网络是与 L 相耦合的线圈 L_F。

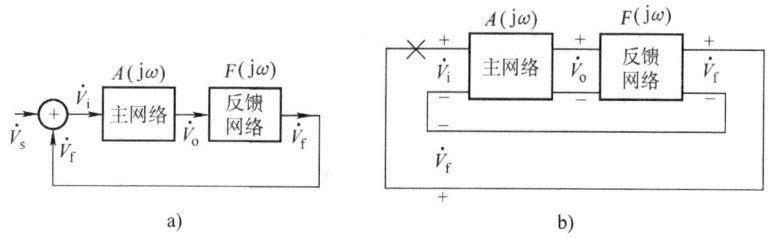

图 5.1.2 反馈型振荡器组成框图
a) 带有反馈的放大电路框图 b) 反馈型振荡器组成框图

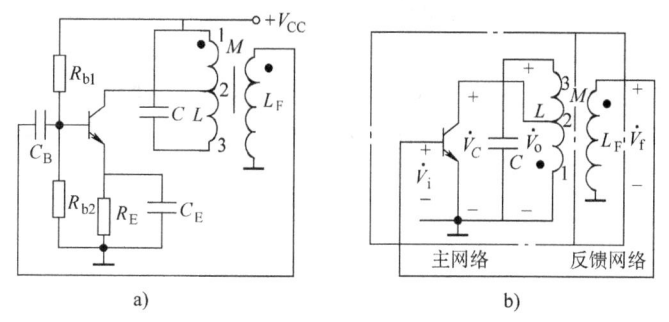

图 5.1.3 变压器耦合反馈型振荡器
a) 原理电路 b) 交流通路

作为反馈振荡器,刚接通电源时,振荡电压是不会立即建立起来的,而必须经历一段振荡电压从无到有逐步增长的过程,直到进入平衡状态,使振荡电压的振幅和频率维持在相应的平衡值上。即便有外界不稳定的因素影响,振荡的振幅和频率仍能维持在原来的平衡值附近,而不会产生突变或停止振荡。因此,要保证上述闭合环路成为反馈型振荡器的条件是:保证接通电源后从无到有地建立起振荡的起振条件,进入平衡状态后,输出等幅持续振荡的平衡条件以及保证平衡状态不因外界不稳定因素的影响而受到破坏的稳定条件。下面详细讨论。

5.1.3 反馈振荡的条件

在图 5.1.2b 所示的闭合环路中,将在"×"处断开,并定义环路增益

$$T(j\omega) = \frac{\dot{V}_f}{\dot{V}_i} = A(j\omega)F(j\omega) \tag{5.1.2}$$

式中,$\dot{V}_f$、$\dot{V}_i$、$A(j\omega)$、$F(j\omega)$ 均为复数。

1. 起振条件和平衡条件

(1) 起振条件和平衡条件的一般表示 在刚接通电源时,电路中存在各种电扰动,如接通电源瞬间引起的电流突变,电路中的热噪声等,这些扰动均具有很宽的频谱。如果选频网络是由 LC 并联谐振回路组成,其谐振频率为 ω_0,而振荡器的振荡频率为 ω_{osc},二者近似相等。只有角频率近似为 ω_{osc} 的分量才能通过反馈产生较大的反馈电压 $\dot{V}_f$。如果在 ω_{osc} 处,$\dot{V}_f$ 与原输入电压 $\dot{V}_i$ 同相,并且具有更大的振幅,则经过线性放大和反馈的不断循环,振荡电

压振幅就会不断增大。所以，使振幅不断增长的条件（起振条件）是

$$\dot{V}_f > \dot{V}_i$$

即
$$T(j\omega_{osc}) = \frac{\dot{V}_f}{\dot{V}_i} > 1 \tag{5.1.3}$$

若令 $T(j\omega_{osc}) = T(\omega_{osc})e^{j\varphi_T(\omega_{osc})}$，则上式又可以写成

振幅起振条件 $\qquad T(\omega_{osc}) > 1 \qquad$ (5.1.4a)

相位起振条件 $\qquad \varphi_T(\omega_{osc}) = 2n\pi \qquad (n = 0, 1, 2, \cdots) \qquad$ (5.1.4b)

在起振过程中，直流电源补充的能量大于整个环路消耗的能量。

振荡幅值的增长过程不可能无止境地延续下去，因为放大器的线性范围是有限的。随着振幅的增大，放大器逐渐由放大区进入饱和区或截止区，工作于非线性的甲乙类状态，其增益逐渐下降。当放大器增益下降而导致环路增益下降到 1 时，振幅的增长过程将停止，振荡器达到平衡，进入等幅振荡状态。振荡器进入平衡状态以后，直流电源补充的能量刚好抵消整个环路消耗的能量。

所以，反馈振荡器的平衡条件为

$$T(j\omega_{osc}) = \frac{\dot{V}_f}{\dot{V}_i} = 1 \tag{5.1.5}$$

或 振幅平衡条件 $\qquad T(\omega_{osc}) = 1 \qquad$ (5.1.6a)

相位平衡条件 $\qquad \varphi_T(\omega_{osc}) = 2n\pi \qquad (n = 0, 1, 2, \cdots) \qquad$ (5.1.6b)

(2) 起振条件和平衡条件的实际分析　作为反馈型振荡器，既要满足起振条件，又要满足平衡条件。为此，根据振幅的起振条件和平衡条件，电源接通后，环路增益的振幅 $T(\omega_{osc})$ 必须具有随振荡电压振幅 V_i 增大而下降的特性，如图 5.1.4 所示。由于一般放大器的增益特性曲线均具有如图 5.1.4 所示的形状，所以这一条件很容易满足，只要保证起振时环路增益幅值大于 1 即可。而环路增益的相位 $\varphi_T(\omega_{osc})$ 则必须维持在 $2n\pi$ 上，保证为正反馈。严格说来，振荡电压由小到大的建立过程中，由于管子特性的非线性，振荡频率是有变化的。不过，这种变化很小，可忽略。因此起振时，$T(\omega_{osc}) > 1$，V_i 迅速增长，而后 $T(\omega_{osc})$ 下降，V_i 的增长速度变慢，直到 $T(\omega_{osc}) = 1$ 时，V_i 停止增长，振荡器进入平衡状态，在相应的平衡振幅 V_{iA} 上维持等幅振荡。图 5.1.5 给出了振荡建立过程的波形。

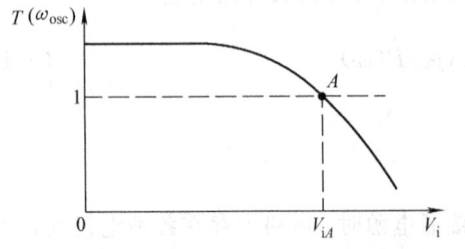 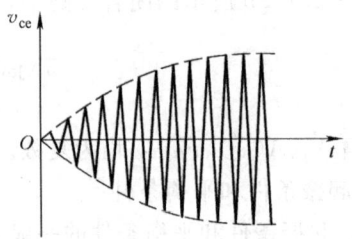

图 5.1.4 满足起振条件和平衡条件的环路增益特性　　图 5.1.5 振荡建立过程的波形

例如，在图 5.1.3 所示变压器耦合反馈型振荡电路中，由于共发射极放大器的反相放大作用（$\dot{V}_o$ 与 $\dot{V}_i$ 反相），因此，要保证 $\dot{V}_f$ 与 $\dot{V}_i$ 同相，满足相位平衡条件，就必须要求 $\dot{V}_f$ 与 $\dot{V}_o$ 反相。为此，变压器的一、二次绕组必须有正确的绕向，如图中所标注的同名端所示。

为了获得图 5.1.4 所示的特性,环路中必须包含非线性环节。在大多数振荡电路中,这个非线性环节由主网络放大器的非线性放大特性实现。例如,图 5.1.3 所示电路中,当电源刚接通时,V_i 较小,放大器工作在小信号线性放大状态,其增益较大,相应的 $T(\omega_{osc})$ 为大于 1 的水平线。当 V_i 增大到一定数值后,放大器进入大信号工作状态。正如前面指出的,由于放大特性的非线性,放大器的增益将随 V_i 增大而减小,相应地,$T(\omega_{osc})$ 也就随 V_i 增大而下降,符合图 5.1.4 所示的特性。

(3) 振荡频率的确定　振荡器的振荡频率与谐振回路的谐振频率近似相等,确切地讲,振荡频率需要由相位平衡条件确定。

在图 5.1.3b 所示的振荡器电路中,其振荡角频率为 ω_{osc},选频网络是并联 LC 回路,作为晶体管放大器的负载,构成选频放大器。电路中,晶体管放大器的增益为

$$A(j\omega) = \frac{\dot{V}_o}{\dot{V}_i} = \dot{g}_m Z(j\omega) \tag{5.1.7}$$

式中,$\dot{g}_m$ 是晶体管在振荡器平衡时的平均跨导;$Z(j\omega)$ 是计入晶体管输入阻抗影响后的并联回路的阻抗。反馈网络的反馈系数为

$$F(j\omega) = \frac{\dot{V}_f}{\dot{V}_o}$$

故振荡器的环路增益为

$$T(j\omega) = A(j\omega) F(j\omega) = \dot{g}_m Z(j\omega) F(j\omega)$$

在振荡频率处,其相位条件可以表示为

$$\varphi_T(\omega_{osc}) = \varphi_{\dot{g}_m}(\omega_{osc}) + \varphi_Z(\omega_{osc}) + \varphi_F(\omega_{osc}) = 0 \quad (\text{取 } n = 0) \tag{5.1.8}$$

即

$$\varphi_Z(\omega_{osc}) = -[\varphi_{\dot{g}_m}(\omega_{osc}) + \varphi_F(\omega_{osc})]$$

式中,$\varphi_{\dot{g}_m}$、φ_Z、φ_F 分别是 $\dot{g}_m$、$Z(j\omega)$ 及 $\dot{F}$ 的相角。一般来说,$\varphi_{\dot{g}_m}$、φ_F 都很小,几乎不随角频率变化,而 LC 并联回路的相频特性是

$$\varphi_Z(\omega_{osc}) \approx -\arctan 2Q_e \frac{\omega_{osc} - \omega_0}{\omega_0}$$

相位条件如图 5.1.6 所示,在 ω_{osc} 处,环路增益的相移为零,所以 ω_{osc} 为振荡器的振荡频率。显然 $\omega_0 \neq \omega_{osc}$,也就是说在振荡器平衡时,谐振频率为 ω_{osc} 的并联谐振回路是失谐的,此失谐量产生的相移恰好抵消晶体管的 $\dot{g}_m$ 和反馈系数 $\dot{F}$ 的相移,保证整个环路的相移为零,即 $\dot{V}_f$ 与 $\dot{V}_i$ 同相。

一般来说,只要晶体管的特征频率选的合适,其正向传输的相移可以忽略,则 $\varphi_{\dot{g}_m} = 0$,反馈系数 $F(j\omega)$ 是变压器的匝数比 n,$\varphi_F = 0$。因此 $\varphi_T(j\omega) \approx \varphi_Z(j\omega)$,此时 $\omega_{osc} = \omega_0$。

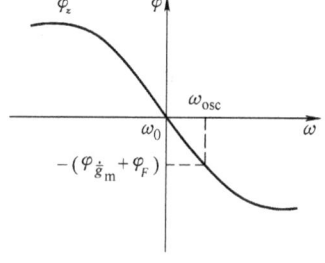

图 5.1.6　振荡器的相位条件

(4) 分析起振过程和平衡过程的要点

1) 起振时,由于放大器工作在小信号条件下,是线性工作状态,晶体管工作在甲类状态,此时对振荡器的分析可以用小信号等效电路方法来计算其环路增益 $T(j\omega)$。另外,为了获得较高的放大器增益,放大器必须有合适的静态工作点。

2)在振荡建立过程中,环路增益恒大于1,放大器的输入V_i不断增大。放大器从小信号工作条件逐渐变为大信号工作条件,若外界不加任何措施,放大器就从线性放大器过渡到非线性放大器(出现饱和、截止),工作波形如图5.1.7所示。因此振荡器平衡时增益的计算方法不同于起振时,此时应采用晶体管的大信号平均参数,即平均跨导$\bar{g}_m$。同时晶体管进入大信号非线性工作状态后,其集电极电流中包含有丰富的谐波,将会造成输出信号的波形失真。

3)振荡器的振幅起振条件$T(\omega_{osc})=AF>1$,保证了振幅不断增长,但随后又必须限制其增长,使振荡达到平衡,即满足$T(\omega_{osc})=AF=1$。因此在振荡环路中必须有一个非线性器件,它的某些参数应随信号的增大而变化,达到限幅的目的。一般这个非线性器件就是晶体管(场效应管)本身,晶体管的非线性特性使放大器的增益A随输

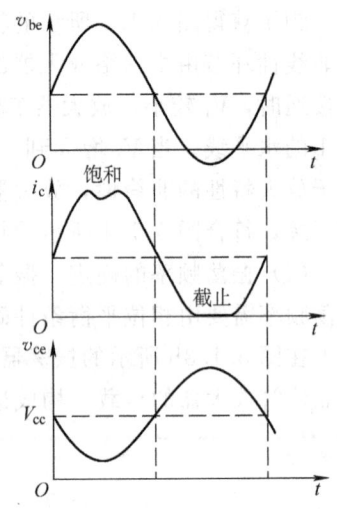

图5.1.7 晶体管工作波形

入信号V_i的增大而减小。图5.1.8中实线画出了对应某一固定直流偏置放大器的增益A随V_i变化的曲线。

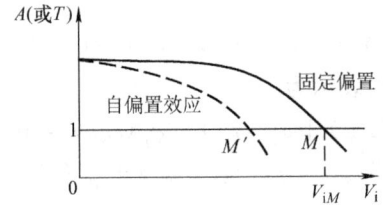

图5.1.8 放大器的增益A或T随V_i变化的曲线

在实际电路中,为了帮助振荡器在起振过程中,将$T=AF>1$状态自动调节为平衡时的$T=AF=1$状态,从而减弱管子的非线性工作程度,以改善输出信号波形,减少失真,通常采用图5.1.9所示的电路形式,这是一带有直流负反馈电阻R_E的振荡电路。

电阻R_E的作用是:电路在刚起振时,让正反馈占主导;而在起振过程中,随着幅度的增大,使负反馈量随之增加,从而降低放大器增益,达到平衡,图中偏置电阻R_{B1}、R_{B2}、R_E使晶体管的静态工作点为Q,工作点处的偏置电压是

$$V_{BEQ}=V_{BB}-I_{BQ}R_B-I_{EQ}R_E$$

式中 $$V_{BB}=\frac{V_{CC}}{R_{B1}+R_{B2}}R_{B2},\qquad R_B=R_{B1}//R_{B2}$$

起振时晶体管处于甲类状态,增益较高,起振后,随着V_i不断增大,晶体管进入非线性区,导致电流$i_E(\approx i_C)$正负半周不对称(见图5.1.9c),i_E的平均分量I_{E0}增大,使$I_{E0}>I_{EQ}$,在发射极电阻R_E上的压降$I_{E0}R_E$增大。同理,i_B的平均分量I_{B0}也相应增大。结果是在起振过程中晶体管的直流工作点变为

$$V_{BE}=V_{BB}-I_{B0}R_B-I_{E0}R_E$$

可见直流偏置随着起振的过程不断降低,工作点不断左移,放大器工作状态从甲类向乙

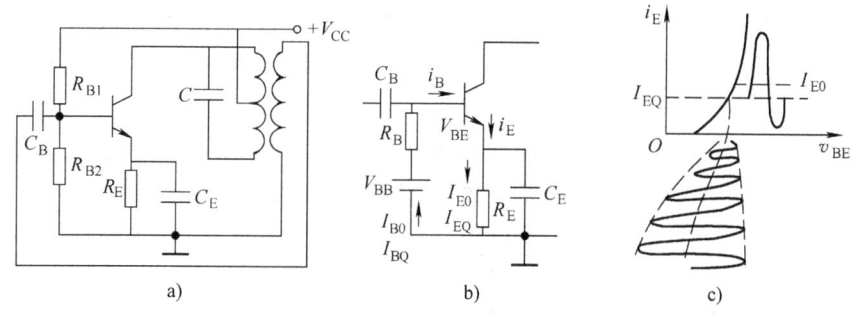

图 5.1.9 振荡器的偏置效应
a) 振荡器电路　b) 偏置电路　c) 自偏置效应

类，甚至丙类过渡（见图 5.1.9c）。工作点越低，放大器的增益越小，从而在起振的过程中环路增益不断降低，最终达到振幅平衡。

上述现象称为振荡器中的自偏压效应。带有自偏压效应的振荡器的环路增益 T 随 V_i 的变化曲线如图 5.1.8 虚线所示，它的变化率要比固定偏置的振荡器陡。采用自偏置方法的优点是避免了通过晶体管的饱和来达到振幅平衡，而是让晶体管在振荡周期的一周内有一部分时间是截止的。这样，对选频回路 Q 值的影响，也即对选频回路的选频性能影响就很小，从而对振荡器的频率稳定性有益。平衡时处于丙类放大状态的晶体管电流中虽然也包含了很多谐波，但选频回路良好的选频特性使振荡器输出仍为正弦波。

2. 稳定条件

自然界中处于平衡状态的物体都有稳定平衡和不稳定平衡之分。如将一个小球放在球体上，处于平衡状态，当稍受冲击时，小球就会立即滚下球体，因而这种平衡状态是不稳定的。又如，不倒翁放在桌子上处于平衡状态，当有外力使它倾斜时，不倒翁总是具有恢复到原平衡状态的趋势；而当外力消失后又恢复到原平衡状态，因而这种平衡状态是稳定的。

振荡电路中不可避免地受到电源电压、温度、湿度等外界因素变化的影响，这些变化将引起管子和回路参数的变化。同时，振荡电路内部存在着固有噪声，尽管它是起振时的原始输入电压，但是，进入平衡状态后它却叠加在振荡电压上，引起振荡电压振幅及其相移的起伏波动。所有这些都将造成 $T(\omega_{osc})$ 和 $\varphi_T(\omega_{osc})$ 变化，从而破坏已维持的平衡条件。如果通过放大和反馈的反复循环，振荡器越来越离开原来的平衡状态，从而导致振荡器停振或突变到新的平衡状态，则表明原来的平衡状态是不稳定的。反之，如果通过放大和反馈的反复循环，振荡器能够产生回到平衡状态的趋势，并在原平衡状态附近建立新的平衡状态；而当这些变化的因素消失以后，又能恢复到原平衡状态，则表明原平衡状态是稳定的。在稳定的平衡状态下，振荡器的振荡幅度和振荡频率虽然受到外界因素变化和内部噪声的影响而稍有变化，但不会导致停振或突变。

可见，为了产生等幅持续振荡，振荡器还必须满足稳定条件，保证所处的平衡状态是稳定的。这就是说：振荡器平衡条件和起振条件的满足仅仅是产生稳定的等幅持续振荡的必要条件，还不是充分条件，充分条件是平衡状态的稳定。

(1) 振幅稳定条件　在具有图 5.1.4 所示环路增益特性的环路中，满足了振幅起振和振幅平衡条件，是否能够满足振幅稳定条件呢？为此作如下分析：若某种原因使 $V_i > V_{iA}$，则

由于 $T(\omega_{osc})$ 随之减小，使 $T(\omega_{osc})<1$，因而通过每次放大和反馈后，V_i 将逐渐减小，最后在 V_{iA} 附近重新满足平衡条件。反之，若某种原因使 $V_i<V_{iA}$，则由于 $T(\omega_{osc})$ 随之增大，使 $T(\omega_{osc})>1$，因而通过每次放大和反馈后，V_i 将逐渐增大，最后仍能在 V_{iA} 附近重新满足平衡条件。

这就是说，要使平衡点稳定，$T(\omega_{osc})$ 必须在平衡点附近具有负斜率变化的特性，即环路增益 $T(\omega_{osc})$ 具有随 V_i 增大而下降的特性，所以振荡器的振幅稳定条件是

$$\left.\frac{\partial T(\omega_{osc})}{\partial V_i}\right|_{V_{iA}} < 0 \tag{5.1.9}$$

且这个斜率越陡，表明 V_i 的变化而产生的 $T(\omega_{osc})$ 变化越大，这样，只需很小的 V_i 变化就可抵消外界因素引起的 $T(\omega_{osc})$ 的变化，使环路重新回到平衡状态，因而外界因素变化引起振荡振幅的波动（即振幅稳定度）也就越小。

(2) 相位（频率）稳定条件　在讨论相位稳定条件之前，有两点需要说明：

1) 任何正弦振荡 $v(t)=V_m\cos\omega t$，它的角频率 ω 是它的相位 φ 随时间的变化率，即 $\omega = d\varphi/dt$，相位变化必然引起角频率变化。在相同时间内，相位超前了，则意味着角频率必然上升；相位滞后，必然使角频率下降，因此振荡器的相位稳定条件也就是振荡器的角频率稳定条件。

2) 一个正弦波振荡器的角频率 ω_{osc} 值是根据其相位平衡条件求出的，也就是说，在此角频率 ω_{osc} 处，经过一个循环，反馈振荡器的反馈电压 V_f 与 V_i 相位相差 2π，环路增益 $T(j\omega_{osc})$ 的相位为 2π（或者为 $2n\pi$，$n=0,1,2,3,\cdots$）。

由上述两点可知，振荡器若满足相位平衡条件，即 $\varphi_T(\omega_{osc})=0$ 时，表明每次放大和反馈后的电压 $\dot{V}_f$（角频率为 ω_{osc}）与原输入电压 $\dot{V}_i$ 同相。当外界突发的扰动（例如温度等外界环境因素变化）使 $\varphi_T(\omega_{osc})>0$，则通过每次放大和反馈后的电压 $\dot{V}_f$ 的相位都将超前于原 $\dot{V}_i$ 的相位。由 1) 知，这种相位的不断超前表明振荡器的振荡角频率将高于 ω_{osc}。反之，若外界突发的扰动使 $\varphi_T(\omega_{osc})<0$，则由于每次放大和反馈后的电压 V_f 的相位都要滞后于原输入电压的相位，因而振荡角频率必将低于 ω_{osc}。

如果 $\varphi_T(\omega)$ 具有随 ω 增加而减小的特性，如图 5.1.10 所示，则必将阻止上述角频率的变化。例如，若外界突发的扰动使 $\varphi_T(\omega_{osc})>0$ 而导致频率高于原振荡角频率 ω_{osc} 时，则由于 $\varphi_T(\omega)$ 随角频率的增大而减小，$\dot{V}_i$ 的超前势必受到阻止，因而角频率的增高也就受到阻止；又若外界突发的扰动使 $\varphi_T(\omega_{osc})<0$ 而导致频率低于原振荡角频率 ω_{osc} 时，则由于 $\varphi_T(\omega)$ 随角频率的降低而增大，结果将阻止 $\dot{V}_i$ 的滞后，也就阻止了角频率的降低。结果它们通过不断的放大和反馈，最后都将在原振荡角频率附近（设为 ω'_{osc}）达到新的平衡，使 $\varphi_T(\omega'_{osc})=0$。

反之，若 $\varphi_T(\omega)$ 随角频率升高而增大，则不仅不会阻止振荡角频率的变化，反而会更加速振荡角频率的变化，最后就无法实现新的相位平衡。

通过上述讨论可知，要使振荡器的相位平衡条件稳定，

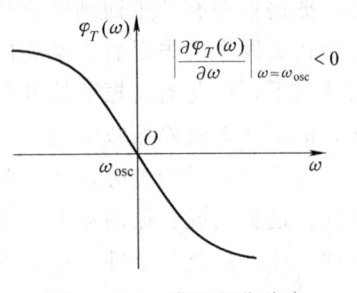

图 5.1.10　满足相位稳定条件的 $\varphi_T(\omega)$ 特性

$\varphi_T(\omega)$ 则必须在 ω_{osc} 附近具有负斜率变化的特性,即 φ_T 随 ω 的升高而下降,于是振荡器的相位(角频率)稳定条件为

$$\left.\frac{\partial \varphi_T(\omega)}{\partial \omega}\right|_{\omega=\omega_{osc}} < 0 \tag{5.1.10}$$

且这个斜率越陡,表明振荡角频率变化而产生的 $\varphi_T(\omega)$ 变化越大,这样,只需很小的振荡角频率变化就可抵消外界因素变化引起 $\varphi_T(\omega)$ 的变化,因而外界因素变化引起振荡角频率的波动(即角频率稳定度)也就越小。

在振荡器的平衡条件的分析中已知,$\varphi_T(\omega)$ 由两部分组成:放大器输出电压 $\dot{V}_o$ 对输入电压 $\dot{V}_i$ 的相移 $\varphi_A(\omega) = \varphi_{\dot{g}_m} + \varphi_z$($\varphi_{\dot{g}_m}$ 为放大管产生的相移,φ_z 为并联谐振回路的相移)和反馈网络的反馈电压 $\dot{V}_f$ 对 $\dot{V}_o$ 的相移 $\varphi_F(\omega)$,即

$$\varphi_T(\omega) = \varphi_F(\omega) + \varphi_A(\omega) = \varphi_{\dot{g}_m} + \varphi_z + \varphi_F(\omega)$$

其中 $\varphi_{\dot{g}_m}$ 和 $\varphi_F(\omega)$ 几乎不随频率而变,所以有

$$\frac{\partial \varphi_T}{\partial \omega} = \frac{\partial \varphi_z}{\partial \omega} + \frac{\partial \varphi_F}{\partial \omega} + \frac{\partial \varphi_{\dot{g}_m}}{\partial \omega} \approx \frac{\partial \varphi_z}{\partial \omega}$$

因此,$\varphi_z(\omega)$ 随 ω 的变化特性可代表 $\varphi_T(\omega)$ 随 ω 的变化特性。或者说,只要选频网络具有负斜率变化的相频特性,即

$$\left.\frac{\partial \varphi_z(\omega)}{\partial \omega}\right|_{\omega=\omega_{osc}} < 0 \tag{5.1.11}$$

振荡电路就可满足相位稳定条件。

5.1.4 电路组成及分析方法

如前所述,要产生稳定的正弦振荡,振荡器必须满足振荡的起振条件、平衡条件和稳定条件,三者缺一不可。因此,在由主网络和反馈网络组成的闭合环路中,必须包含可变增益放大器和相移网络。前者应提供足够的增益,且其值具有随输入电压增大而减小的特性;而后者应具有负斜率变化的相频特性,且为环路提供合适的相移,保证环路在振荡频率上的相移为零(或 $2n\pi$)。所以,正弦波振荡器由以下几部分组成:①满足增益要求的放大器件;②稳定输出幅度的稳幅电路;③获得单一频率正弦波输出的选频网络;④提供正反馈的正反馈网络。前三者构成了可变增益放大器——主网络。选频网络往往和正反馈网络或放大电路合二为一。正弦波振荡器的名称一般由选频网络来命名。

各种反馈振荡电路的区别就在于可变增益放大器和相移网络的实现电路不同。常用的可变增益放大器有晶体管放大器、场效应晶体管放大器、差分对管放大器和集成运算放大器等。它们的可变增益特性有两种实现方法:一种是利用放大器固有的非线性,这种方法称为内稳幅(Self Limiting);另一种是保持放大器线性工作,而另外插入非线性环节,共同组成可变增益放大器,这种方法称为外稳幅(External Limiting),下面将结合具体电路作介绍。而常用的相移网络有 LC 谐振回路、RC 相移和选频网络、石英晶体谐振器等,它们都可具有负斜率变化的相频特性。目前应用最广的是下列三种振荡电路:采用 LC 谐振回路的 LC 振荡器,采用石英晶体谐振器的晶体振荡器,采用 RC 移相网络或 RC 选频网络的 RC 振荡器。

分析反馈型振荡器时，首先要抓住以下几个要点：
1) 包含一个合适偏置的可变增益放大器。
2) 闭合环路是正反馈。
3) 选频回路具有负斜率变化的相频特性。
4) 按照小信号放大器的等效电路的分析方法，计算出环路增益 $T(j\omega)$，看其是否满足振幅起振条件 $T>1$，再按照相位平衡条件计算振荡频率。

最后，分析振荡器的频率稳定度，并提出改进措施。

5.2 LC 正弦波振荡器

采用 LC 谐振回路作为选频网络的 LC 正弦波振荡器有各种实现电路，有互感耦合 LC 振荡器、三点式振荡电路和集成电路 LC 振荡器。而后两种振荡器是目前应用最广泛的振荡器电路。

LC 正弦波振荡器可以用来产生几十 kHz 到几百 MHz 的正弦波信号。实际上，高频正弦波振荡器几乎都是采用 LC 谐振回路进行选频的，只是有些高频正弦波振荡器，如晶体管振荡器、压控振荡器、集成电路振荡器等，分别在结构和工作原理上各具特色，这将在以后各章予以说明。

5.2.1 互感耦合 LC 振荡器

图 5.1.3 是常见的一种集电极调谐互感耦合振荡器电路，采用共射极组态，LC 回路接在集电极上。注意耦合电容 C_B 的作用。如果将 C_B 短路，则基极通过变压器二次侧直流接地，振荡电路不能起振。

互感耦合振荡器是依靠线圈之间的互感耦合实现正反馈，所以，应注意耦合线圈同名端的正确位置。同时耦合系数要选择合适，使之满足振幅起振需要。若不考虑晶体管的极间电容与输入、输出阻抗的影响，图 5.1.3 所示的振荡器的振荡频率近似为选频回路的谐振频率，即

$$f_{osc} \approx f_0 = \frac{1}{2\pi\sqrt{LC}} \tag{5.2.1}$$

实际上，振荡电路的振荡频率的大小并不完全取决于 LC 回路，而是与晶体管参数、电路的工作状态以及负载有关。所以，互感耦合振荡器的频率稳定度较差，且由于互感耦合元件分布电容的存在，限制了振荡频率的提高，所以只适用较低频段，如中波广播。

图 5.2.1 给出了不同的互感耦合振荡电路。从选频回路所在的电极来看，它们都不利于及时滤除晶体管集电极输出的谐波电流成分。因此电路的电磁干扰大，使集电极电压加大。

例 5.2.1 判断图 5.2.2 所示两级互感耦合振荡电路能否起振。

解 在 VT_1 的发射极与 VT_2 之间断开。从断开处向左看，将 VT_1 的 eb 结作为输入端，VT_2 的 be 结作为输出端，可知这是一个共基极-共集电极反馈电路，振幅条件是可以满足的，所以只要相位条件满足，就可以起振。

利用瞬时极性判断法，根据同名端位置，可以得到：

$$v_{e1} \uparrow \to v_{c1} \uparrow \to v_{b2} \downarrow \to v_{e2}(v_{e1}) \downarrow$$

可见电路是负反馈，不能产生振荡。

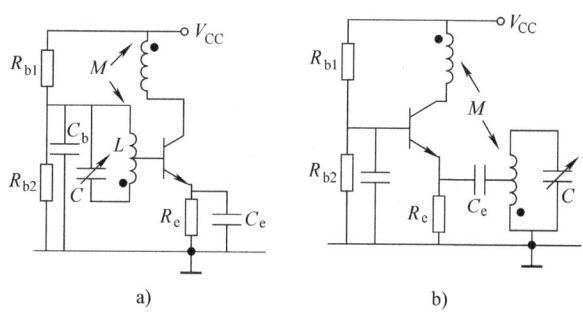

图 5.2.1 互感耦合振荡电路举例

a) 基极选频 b) 发射极选频

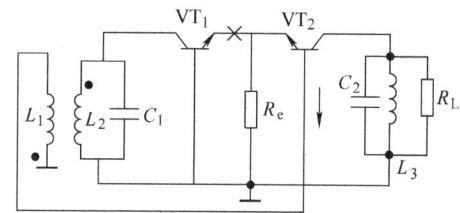

图 5.2.2 例 5.2.1 图

如果把变压器二次侧同名端位置换一下,则可改为正反馈。而变压器一次回路是并联 LC 回路,作为 VT_1 的负载,考虑其阻抗特性满足相位稳定条件,因此电路有可能产生振荡。

5.2.2 三点式振荡电路

1. 电路组成法则（相位条件）

三点式振荡器是指 LC 回路的三个端点与晶体管的三个电极分别连接而组成的一种振荡器。三点式振荡器电路用电容耦合或自耦变压器耦合代替互感耦合,可以克服互感耦合振荡器振荡频率低的缺点,是一种广泛应用的振荡电路,其工作频率可达到几百 MHz。

图 5.2.3 是三点式振荡器的原理图。先分析在满足正反馈相位条件时,LC 回路中三个电抗元件应具有的性质。

假定 LC 回路由纯电抗元件组成,其电抗值分别为 X_{cb}、X_{ce} 和 X_{be},同时不考虑晶体管的电抗效应。当回路谐振 ($\omega = \omega_0$) 时,回路呈纯阻性,有

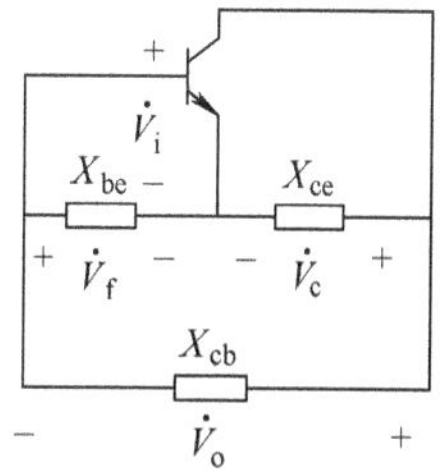

$$X_{ce} + X_{be} + X_{bc} = 0$$

即

$$X_{ce} = -X_{be} - X_{bc}$$

图 5.2.3 三点式振荡器的原理图

由于 $\dot{V}_f$ 是 $\dot{V}_c$ 在 $X_{be}X_{bc}$ 支路分配在 X_{be} 上的电压,有

$$\dot{V}_f = \frac{jX_{be}\dot{V}_c}{j(X_{be}+X_{bc})} = -\frac{X_{be}}{X_{ce}}\dot{V}_c$$

因为这是一个由反相放大器组成的正反馈电路,要求 $\dot{V}_i$ 与 $\dot{V}_f$ 同相,而 $\dot{V}_c$ 与 $\dot{V}_i$ 反相,所

以必有 $X_{be}/X_{ce}>0$ 成立，即 X_{be} 与 X_{ce} 必须是同性质电抗，因而 X_{bc} 必须是异性质电抗。

由上面的分析可知，在三点式电路中，LC 回路中与发射极相连接的两个电抗元件必须为同性质，另外一个电抗元件必须为异性质，同时满足 $X_{ce}+X_{be}+X_{bc}=0$。这就是三点式电路组成的相位判据，或称为三点式电路的组成法则。

例 5.2.2 在图 5.2.4 所示振荡器交流等效电路中，三个 LC 并联回路的谐振频率分别是：$f_1=1/(2\pi\sqrt{L_1C_1})$，$f_2=1/(2\pi\sqrt{L_2C_2})$，$f_3=1/(2\pi\sqrt{L_3C_3})$，试问 f_1、f_2、f_3 满足什么条件时该振荡器能正常工作？

解 由图可知，只要满足三点式组成法则，该振荡器就能正常工作。

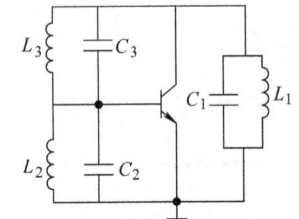

若组成电容三点式，则在振荡频率 f_{osc1} 处，L_1C_1 回路与 L_2C_2 回路应呈现容性，L_3C_3 回路应呈现感性。所以应满足 $f_1 \leqslant f_2 < f_{osc1} < f_3$ 或 $f_2 \leqslant f_1 < f_{osc1} < f_3$。

图 5.2.4 例 5.2.2 图

若组成电感三点式，则在振荡频率 f_{osc2} 处，L_1C_1 回路与 L_2C_2 回路应呈现感性，L_3C_3 回路应呈现容性，所以应满足 $f_1 \geqslant f_2 > f_{osc2} > f_3$ 或 $f_2 \geqslant f_1 > f_{osc2} > f_3$。

2. 电容三点式电路（又称考毕兹电路，Coplitts）

三点式电路中，当与发射极相连接的两个电抗元件同为电容时称为电容三点式电路，也称为考毕兹电路。

（1）电容三点式电路的分析　图 5.2.5a 是电容三点式电路一种常见形式，图 b 是其高频等效电路，图中 C_1、C_2 是回路电容，L 是回路电感，C_b 和 C_c 分别是高频旁路电容和耦合电容。一般来说，旁路电容和耦合电容的电容值至少要比回路电容值大一个数量级以上。有些电路里还接有高频扼流圈，其作用是为直流提供通路而又不影响谐振回路工作特性。对于高频振荡信号，旁路电容和耦合电容可近似为短路，高频扼流圈可近似为开路。

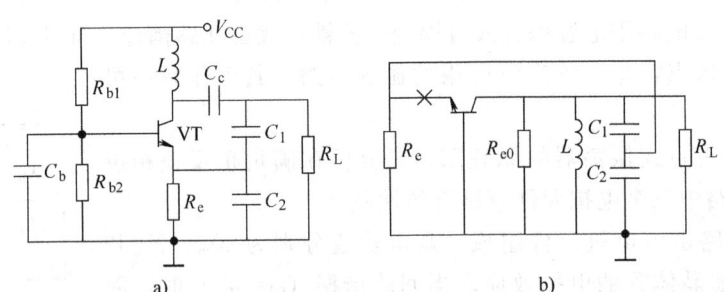

图 5.2.5　电容三点式电路
a) 原理电路　b) 高频等效电路

由于电容三点式电路已满足反馈振荡器的相位条件，只要再满足振幅起振条件就可以正常工作。

由图 5.2.5b 可见，这是一个共基极电路。利用晶体管共基极组态简化等效电路，并在电路的 × 处断开，计入晶体管的输入阻抗 r_e 和输入电容 $C_{b'e}$ 对回路的影响，可以将图 5.2.5b 电路画成图 5.2.6a 所示的小信号等效电路，其中点画线框内是晶体管共基极组态简化等效电路，$R_L'=R_{e0}//R_L$，未考虑晶体管输出电容。

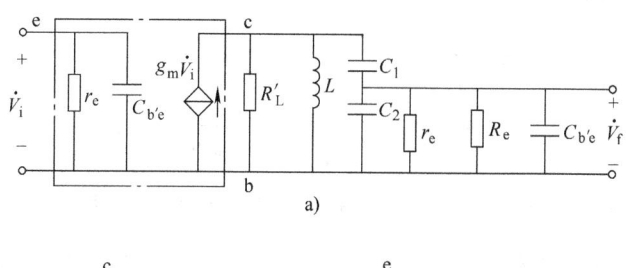

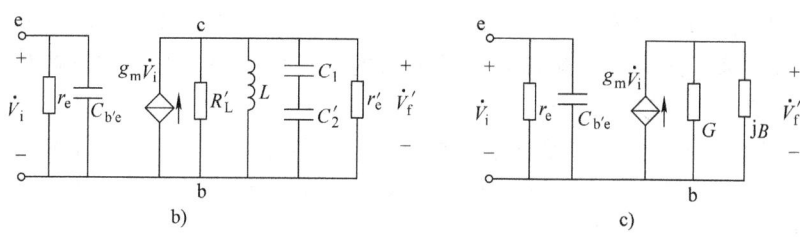

图 5.2.6 推导 $T(\mathrm{j}\omega)$ 的等效电路

假设满足阻抗部分接入变换条件,将图 5.2.6a 电路转换为图 5.2.6b 电路,其中

$$C_2' = C_2 + C_{b'e}$$

$$r_e' = \frac{1}{n^2}(r_e /\!/ R_e) \approx \frac{1}{n^2} r_e \quad (因为 r_e \ll R_e)$$

$$\dot{V}_f' = \frac{1}{n}\dot{V}_f$$

接入系数
$$n = \frac{C_1}{C_1 + C_2'}$$

图 5.2.6b 又可以进一步等效为图 5.2.6c,其中等效电导

$$G = g_L' + g_e'$$

式中,$g_L' = \frac{1}{R_L'}$;$g_e' = \frac{1}{r_e'}$。

等效电纳 $B = \omega C - 1/(\omega L)$,$C = \dfrac{C_1 C_2'}{C_1 + C_2'} \approx \dfrac{C_1 C_2}{C_1 + C_2}$

因为 $\dot{V}_f' = \dfrac{g_m \dot{V}_i}{G + \mathrm{j}B}$,$\dot{V}_f = n\dot{V}_f'$

所以环路增益
$$T(\mathrm{j}\omega) = \frac{\dot{V}_f}{\dot{V}_i} = \frac{n g_m}{G + \mathrm{j}B} = \frac{n g_m}{g_L' + g_e' + \mathrm{j}\left(\omega C - \dfrac{1}{\omega L}\right)} \tag{5.2.2}$$

令 $T(\mathrm{j}\omega)$ 分母的虚部为零,即可得到振荡器的振荡角频率

$$\omega_{\mathrm{osc}} = \frac{1}{\sqrt{LC}} \tag{5.2.3}$$

令 $T(\omega) > 1$,即可求得振幅起振的条件为

$$T(\omega_{\mathrm{osc}}) = AF = \frac{n g_m}{g_L' + g_e'} > 1 \tag{5.2.4}$$

一般要求 $T(\omega_{\mathrm{osc}})$ 为 3~5。

振幅起振条件又可表示为

$$g_m > \frac{1}{n}(g_L' + g_e') = \frac{1}{n}g_L' + ng_e \tag{5.2.5}$$

其中

$$g_L' = \frac{1}{R_L \mathbin{/\mkern-6mu/} R_{e0}}, \quad g_e = \frac{1+\beta}{r_{b'e}} = \frac{1}{r_e}$$

本电路的反馈系数 $F = n = \dfrac{C_1}{C_1 + C_2}$，对于反馈系数 F，并不是越大越好。由式（5.2.4）知，由于 $F = n$，反馈系数太大会使增益 A 降低。而且反馈系数太大，还会使输入阻抗 r_e 对回路的接入系数变大，降低回路的有载 Q 值，使回路的选择性变差，振荡波形产生失真，频率稳定性降低。F 的取值一般为 $1/8 \sim 1/2$。

由式（5.2.5）可知，为了满足振幅起振条件，应该增大 g_m，减小 g_L' 和 g_e。但是增大 g_m 必然使 g_e 变大，对增大增益不利，而且 g_e 变大会降低回路的有载品质因数 Q，因为此谐振回路的 Q 值为

$$Q_e = \frac{\omega_{osc} C_\Sigma}{g_L' + g_e'} = \frac{\omega_{osc} C_\Sigma}{g_L' + n^2 g_e} \tag{5.2.6}$$

因此应合理选择放大器的工作点。

一般来说，在射频段的振荡器，放大器主要采用共基极形式，因为对于 f_T 相同的晶体管，共基极要比共射极的工作频率高。

（2）实际考虑　上面的分析均基于理想假设，实际上有很多因素会影响振荡器的工作频率，如晶体管的输入输出阻抗，晶体管的偏置电阻与去耦电容、电感的损耗等等，下面对这些因素进行分析。当然要精确考虑这些因素的影响，最好采用计算机辅助分析。

在图 5.2.6a 中，令

$$Z_1 = \frac{1}{j\omega C_1}, \quad Z_2 = \frac{1}{g_i + j\omega C_2'}, \quad g_i = \frac{1}{r_e} + \frac{1}{R_e}, \quad Z_3 = \frac{1}{g_L' + 1/(j\omega L)} \tag{5.2.7}$$

由图求得反馈电压

$$\dot{V}_f = \frac{g_m \dot{V}_i}{\dfrac{1}{Z_1 + Z_2} + \dfrac{1}{Z_3}} \cdot \frac{Z_2}{Z_1 + Z_2}$$

所以

$$T(j\omega) = \frac{\dot{V}_f}{\dot{V}_i} = \frac{g_m}{\dfrac{1}{Z_1 + Z_2} + \dfrac{1}{Z_3}} \cdot \frac{Z_2}{Z_1 + Z_2} = \frac{g_m}{\dfrac{1}{Z_2} + \dfrac{1}{Z_3} + \dfrac{Z_1}{Z_2 Z_3}} \tag{5.2.8}$$

将式（5.2.7）代入上式整理后得

$$\dot{T}(j\omega) = \frac{g_m}{A + jB} = T(\omega) e^{j\varphi_T(\omega)} \tag{5.2.9}$$

式中

$$T(\omega) = \frac{g_m}{\sqrt{A^2 + B^2}}, \quad \varphi_T(\omega) = -\arctan \frac{B}{A}$$

且

$$A = g_L' + g_i + g_L' \frac{C_2'}{C_1} - g_i/(\omega^2 L C_1)$$

$$B = \omega C_2' - \frac{1}{\omega C_1} g_i g_L' - \frac{C_2'}{\omega L C_1} - \frac{1}{\omega L}$$

根据起振条件，令 $B=0$ 可以求得振荡器的振荡角频率为

$$\omega_{\text{osc}} = \sqrt{\frac{1}{LC} + \frac{g_i g'_L}{C_1 C'_2}} = \frac{1}{\sqrt{LC}}\sqrt{1 + \frac{g_i g'_L}{\omega_0^2 C_1 C'_2}} = \omega_0 \sqrt{1 + \frac{g_i g'_L}{\omega_0^2 C_1 C'_2}} \quad (5.2.10)$$

振幅起振条件为

$$g_m > A = g'_L\left(1 + \frac{C'_2}{C_1}\right) + g_i\left(1 - \frac{1}{\omega_{\text{osc}}^2 LC_1}\right) \quad (5.2.11)$$

式（5.2.10）表明，电容三点式振荡器的振荡角频率 ω_{osc} 不仅与 ω_0 有关，还与 g_i、g'_L 即回路固有谐振电阻 R_{e0}、外接电阻 R_L 和晶体管输入电阻 r_e 有关，且 $\omega_{\text{osc}} > \omega_0$。在实际电路中，一般满足

$$\omega_0^2 C_1 C'_2 \gg g_i g'_L$$

因此，工程估算时可近似认为：$\omega_{\text{osc}} = \omega_0 = \dfrac{1}{\sqrt{LC}}$

3. 电感三点式电路（又称哈特莱电路，Hartley）

三点式电路中，当与发射极相连接的两个电抗元件同为电感时称为电感三点式电路，也称为哈特莱电路。

图 5.2.7a 为电感三点式振荡器电路，其中 L_1、L_2 是回路电感，C 是回路电容，C_c 和 C_e 是耦合电容，C_b 是旁路电容，L_3 和 L_4 是高频扼流圈。图 b 为其交流等效电路。

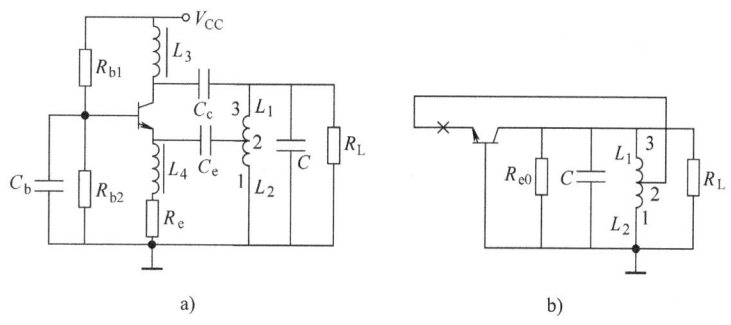

图 5.2.7 电感三点式振荡器电路

利用类似于电容三点式振荡器的分析方法，也可以求得电感三点式振荡器振幅起振条件和振荡频率，区别在于这里以自耦变压器耦合代替了电容耦合。

振荡角频率 $\quad\quad\quad\quad\quad\quad\quad \omega_{\text{osc}} \approx \dfrac{1}{\sqrt{LC}}$

式中，$L = L_1 + L_2 \pm 2M$，M 为互感系数。

起振条件 $\quad\quad\quad\quad\quad\quad\quad g_m > \dfrac{1}{n}g'_L + ng_e$

接入系数 $\quad\quad\quad\quad\quad\quad\quad n = \dfrac{N_{12}}{N_{13}} = \dfrac{L_2 \pm M}{L_1 + L_2 \pm 2M}$

$$g'_L = \frac{1}{R'_L}, \quad g_e = \frac{1}{r_e}, \quad R'_L = R_L // R_{e0}$$

本电路的反馈系数 $\quad\quad\quad\quad F = n = \dfrac{L_2 \pm M}{L_1 + L_2 \pm 2M}$

4. 三点式电路的特点

电容三点式：反馈电压中高次谐波分量很小，因而输出波形好，接近正弦波。反馈系数与回路电容有关，如果用改变回路电容的方法来调整振荡频率，必将改变反馈系数，从而影响起振。

电感三点式：便于用改变电容的方法来调整振荡频率，而不会影响反馈系数，但反馈电压中高次谐波分量较多，输出波形差。

例 5.2.3 在图 5.2.8 所示电容三点式振荡电路中，已知 $L=0.5\mu\text{H}$，$C_1=51\text{pF}$，$C_2=3300\text{pF}$，$C_3=12\sim250\text{pF}$，$R_L=5\text{k}\Omega$，$g_m=30\text{mS}$，$C_{b'e}=20\text{pF}$，$Q_0=80$，试求起振的频率范围。

解 参照图 5.2.5 所示交流等效电路，可求得图 5.2.8 所示电容三点式电路的有关参数

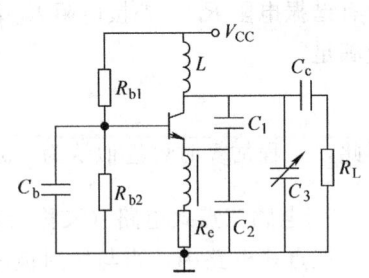

图 5.2.8 例 5.2.3 图

$$n = \frac{C_1}{C_1 + C_2 + C_{b'e}} = \frac{51}{51+3300+20} \approx 0.015$$

当 $C_3 = 12\text{pF}$ 时

$$C_\Sigma = \frac{C_1(C_2+C_{b'e})}{C_1+C_2+C_{b'e}} + C_3 \approx 62.23\text{pF}$$

$$g_{e0} = \frac{1}{Q_0}\sqrt{\frac{C_\Sigma}{L}} = \frac{1}{80}\sqrt{\frac{62.23\times10^{-12}}{0.5\times10^{-6}}}\text{S} \approx 0.14\times10^{-3}\text{S}$$

又因为

$$g_L = \frac{1}{R_L} = \frac{1}{5\times10^3\Omega} = 0.2\times10^{-3}\text{S}$$

$$g_e = \frac{1+\beta}{r_{b'e}} \approx \frac{\beta}{r_{b'e}} = g_m = 30\times10^{-3}\text{S}$$

所以

$$\frac{1}{n}g'_L + ng_e = \frac{1}{n}(g_L + g_{e0}) + ng_e$$

$$= \frac{1}{0.015}(0.2\times10^{-3} + 0.14\times10^{-3})\text{S} + 0.015\times30\times10^{-3}\text{S} \approx 23\times10^{-3}\text{S}$$

根据振幅起振条件 $g_m > \frac{1}{n}g'_L + ng_e$

可见 $C_3=12\text{pF}$ 时，电路满足起振条件，相应的振荡频率

$$f_{osc} = \frac{1}{2\pi\sqrt{LC_\Sigma}} = \frac{1}{2\pi\sqrt{0.5\times10^{-6}\times62.23\times10^{-12}}}\text{Hz} \approx 28.53\text{MHz}$$

当 $C_3=250\text{pF}$ 时，可求出相应的参数

$$\frac{1}{n}g'_L + ng_e \approx 34\times10^{-3}\text{S} > g_m = 30\times10^{-3}\text{S}$$

可见这时电路不满足起振条件。

低频情况下满足起振条件的临界值为

$$g_m = \frac{1}{n}g'_L + ng_e = \frac{1}{n}(g_{e0}+g_L) + ng_e$$

所以

$$g_{e0} = n(g_m - ng_e) - g_L \approx 0.24\times10^{-3}\text{S}$$

对应的总等效电容
$$C_\Sigma = L(Q_0 g_{e0})^2 \approx 184\text{pF}$$
对应的可变电容
$$C_3 = C_\Sigma - \frac{C_1(C_2 + C_{b'e})}{C_1 + C_2 + C_{b'e}} \approx 184\text{pF} - 50\text{pF} = 134\text{pF}$$
对应的振荡频率
$$f_{osc} = \frac{1}{2\pi\sqrt{LC_\Sigma}} = \frac{1}{2\pi\sqrt{0.5\times10^{-6}\times184\times10^{-12}}}\text{Hz} \approx 16.59\text{MHz}$$
所以，振荡的频率范围为 $16.59\sim28.53\text{MHz}$。

5. 场效应晶体管振荡器

由于场效应晶体管是一电压控制器件，其输入阻抗要比电流控制的双极型晶体管高得多，故用它做成的振荡器，具有更高的频率稳定度。

从电路构成形式来看，场效应晶体管与双极型晶体管并无什么不同，也可接成互感耦合振荡器、三点式振荡器等，图 5.2.9 示出两种三点式场效应晶体管的电路原理图。

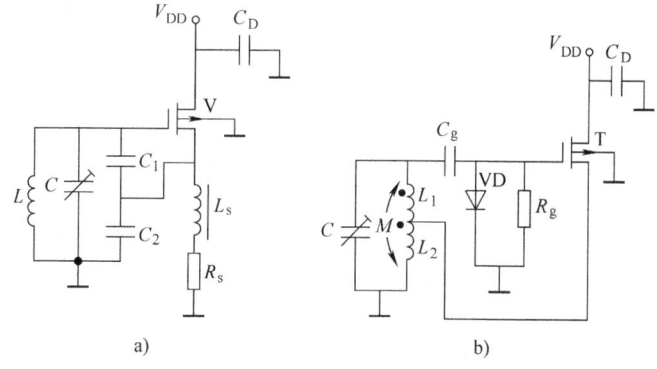

图 5.2.9 场效应晶体管振荡器
a) 电容三点式　b) 电感三点式

它们的振荡频率分别为
$$f_{osc} = \frac{1}{2\pi\sqrt{L\left(C + \dfrac{C_1 C_2}{C_1 + C_2}\right)}}$$

$$f_{osc} = \frac{1}{2\pi\sqrt{(L_1 + L_2 + 2M)C}}$$

构成场效应晶体管振荡器时，必须十分注意其偏置电压的设置方法。例如 MOS 场效应晶体管，不存在栅极直流电流，其偏置电压一般采用图 5.2.9a 所示的源极自给偏置方式。如果必须在栅极提供直流偏置，则多采用栅极外接专门检波电路的方法。在图 5.2.9b 所示电路中由二极管 VD、直流负载 R_g、储能电容 C_g 和 LC 回路构成的并联检波器，它们在 C_g 两端形成对振荡信号的直流偏置。由于 C_g 在此电路中兼有储能和隔直流作用，其电容值的选择必须十分注意。因为，若容量太小，不易获得稳定的偏置；容量过大，则可能破坏振荡器的平衡条件，使输出幅度不稳定。

5.2.3 单片集成振荡器

1. 差分对管振荡电路

在集成电路振荡器中,广泛采用如图 5.2.10a 所示的差分对管振荡电路,其中 VT_2 管集电极外接的 LC 回路调谐在振荡频率上。图 b 为其交流等效电路。图 b 中 R_{ee} 为恒流源 I_0 的交流等效电阻。可见,这是一个共集电极—共基极反馈电路。由于两个电路均为同相放大电路,且电压增益可调至大于 1,根据瞬时极性法判断,在 VT_1 管基极断开,有 $v_{b1}\uparrow \to v_{e1}(v_{e2})\uparrow \to v_{c2}\uparrow \to v_{b1}\uparrow$,所以是正反馈。在振荡频率点,并联 LC 回路阻抗最大,正反馈电压 $v_f(v_o)$ 最强,且满足相位稳定条件。综上所述,此振荡器电路能正常工作。

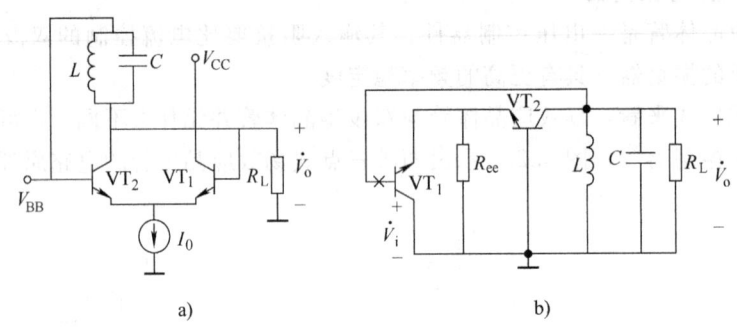

图 5.2.10 差分对管振荡电路
a) 原理电路 b) 交流等效电路

2. E1648 单片集成振荡器

现以常用电路 E1648 为例介绍集成电路振荡器的组成。单片集成振荡器 E1648 是 ECL 中规模集成电路,其内部电路图如图 5.2.11 所示。

E1648 采用典型的差分对管振荡电路。电路由差分对管振荡电路、放大电路和偏置电路组成。VT_7、VT_8、VT_9 管与 10 脚、12 脚之间外接 LC 回路组成差分对管振荡电路,其中

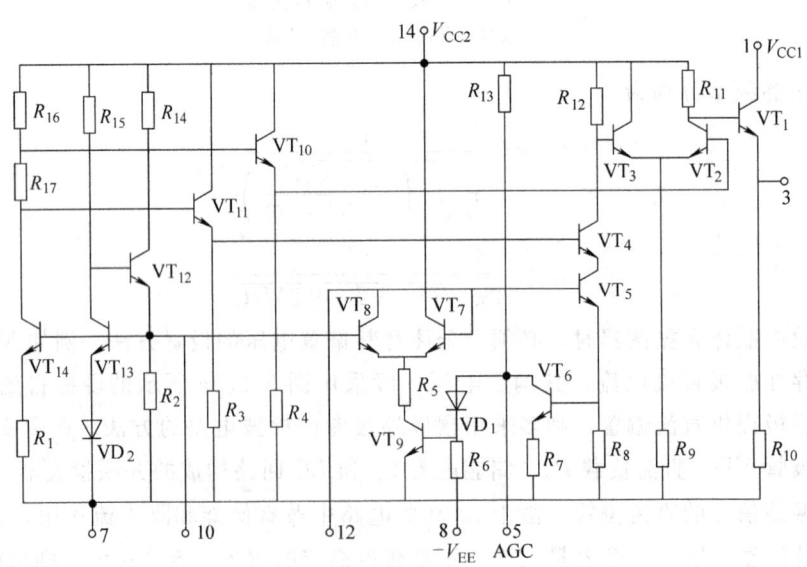

图 5.2.11 单片集成振荡器 E1648 内部电路图

VT_9 管为可控恒流源。振荡信号由 VT_8 管集电极取出,经两级放大电路和一级射极跟随器(射随器),从 3 脚输出。第一级放大电路由 VT_5 和 VT_4 管组成共射极-共基极级联放大器,第二级由 VT_3 和 VT_2 管组成单端输入、单端输出的差分放大器,VT_1 管作射极跟随器。偏置电路由 $VT_{10} \sim VT_{14}$ 管组成,其中 VT_{11} 与 VT_{10} 管分别为两级放大电路提供偏置电压,$VT_{12} \sim VT_{14}$ 管为差分对管振荡电路提供偏置电压。VT_{12} 与 VT_{13} 管组成互补稳定电路,稳定 VT_8 基极电位。若 VT_8 基极电位受到干扰而升高,则有 $v_{b8}(v_{b13})\uparrow \rightarrow v_{c13}(v_{b12})\downarrow \rightarrow v_{e12}(v_{b8})\downarrow$,这一负反馈作用使 VT_8 基极电位保持恒定。

图 5.2.12 是利用 E1648 组成的正弦波振荡器。振荡频率 $f_{osc}=\dfrac{1}{2\pi\sqrt{L_1(C_1+C_i)}}$,其中 $C_i \approx 6pF$ 是 10、12 脚之间的输入电容。E1648 的最高振荡频率可达 225MHz。E1648 有 1 脚与 3 脚两个输出端。由于 1 脚和 3 脚分别是片内 VT_1 管的集电极和发射极,所以 1 脚输出电压的幅度可大于 3 脚的输出。当然,L_2C_2 回路应调谐在振荡频率 f_{osc} 上。

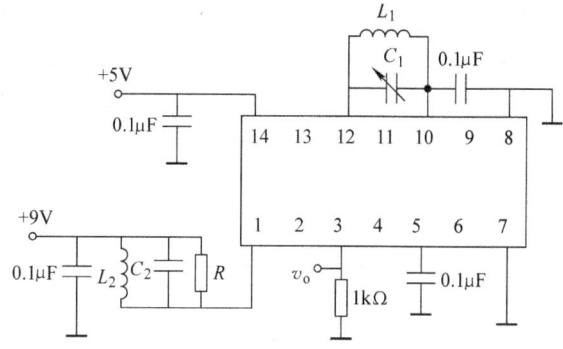

图 5.2.12 E1648 组成的正弦波振荡器

如果 10 脚与 12 脚外接包括变容二极管在内的 LC 元件,可以构成压控振荡器。显然,利用 E1648 也可以构成晶体振荡器。

5.3 振荡器的频率稳定度

由于振荡器的振荡频率往往作为一种频率标准或时间标准运用,因此在通信系统和电子设备中,振荡器的振荡频率应尽可能地保持准确和稳定,但由于各种外界条件和电路内部因素的变化,振荡频率必然会出现不稳定的情况。我们希望通过分析频率不稳定产生的原因,对症下药,能够采取一些措施尽可能地减弱频率的不稳定性。

频率稳定度是指振荡器的实际振荡频率偏离其标称值而变化的程度。这种变化是由于加在振荡器的电源电压不恒定、环境条件(温度、湿度…)的变化、元器件内部噪声以及机械振动、电磁干扰等因素而引起的。因此,根据系统的总体要求,对不同的振荡器提出恰当的稳定性要求,并使之达到规定的指标,这是保证设备的合理性和保证通信质量的一个重要方面。

5.3.1 频率稳定的表示方法

对振荡器频率性能的要求,通常用频率准确度和频率稳定度来衡量。

频率准确度又称频率精度，它表示振荡频率 f_{osc} 偏离标称频率 f_0 的程度，一般以两者的差值来表示，称为绝对频率准确度，用 Δf 表示。

$$\Delta f = |f_{osc} - f_0| \tag{5.3.1}$$

为了合理评价不同标称频率振荡器的频率偏差，频率准确度也可用其相对值来表示，称为相对频率准确度或相对频率偏差，用 $\dfrac{\Delta f}{f_0}$ 表示。

$$\Delta f/f_0 = |f_{osc} - f_0|/f_0 \tag{5.3.2}$$

频率稳定度则是指在一定观测时间内，由于各种因素变化，引起振荡频率相对于标称频率变化的程度。根据观测时间的长短不同，频率稳定度（简称频稳度）有：长期频稳度，时间间隔为 1 天到 12 个月，一般高精度的频率基准、时间基准（如天文观测台、国家计时台等）均采用长期频稳度来计量频率源的特性；短期频稳度，时间间隔为 1 天以内，用小时、分、秒计算，大多数电子设备和仪器均采用短期频稳度来衡量；瞬间频稳度，用于衡量秒或毫秒时间内频率的随机变化。这些变化均由设备内部噪声或各种突发性干扰所引起。瞬间频稳度是高速通信设备、雷达设备以及以相位信息为主要传输对象的电子设备的重要指标。

通常所讲的频稳度一般指短期频稳度。若将规定时间划分为 n 个等间隔，各间隔内实测的振荡频率分别为 f_1、f_2、f_3、f_4、$\cdots$、f_n，则当振荡频率规定为 f_0（标称频率）时，短期频率稳定度的定义为

$$\frac{\Delta f}{f_0} = \lim_{n \to \infty} \sqrt{\frac{1}{n} \sum_{i=1}^{n} \left[\frac{(\Delta f_0)_i}{f_0} - \overline{\frac{\Delta f_0}{f_0}} \right]^2} \tag{5.3.3}$$

式中，$(\Delta f_0)_i = f_i - f_0$ 为第 i 个时间间隔内实测的绝对误差。

$$\overline{\Delta f_0} = \lim_{n \to \infty} \frac{1}{n} \sum_{i=1}^{n} (f_i - f_0) \tag{5.3.4}$$

为绝对频差的平均值，称为绝对频率准确度。显然，$\overline{\Delta f_0}$ 越小，频率准确度就越高。

对频稳度的要求视用途不同而异。用于中波广播电台发射机的为 10^{-5} 数量级，电视发射机的为 10^{-7} 数量级，普通信号发生器的为 $10^{-4} \sim 10^{-5}$ 数量级，高精度信号发生器的为 $10^{-7} \sim 10^{-9}$ 数量级，作频率标准用的是 10^{-11} 数量级以上。

5.3.2 振荡器的稳频原理

根据振荡器的工作原理知，振荡器的振荡频率 ω_{osc} 是由振荡器的相位平衡条件决定的，故振荡器的频率稳定也是由相位平衡条件决定的。根据相位平衡条件 $\varphi_{\dot{g}_m} + \varphi_z + \varphi_k = 0$，设回路 Q 值较高，振荡回路在 ω_{osc} 附近的相角 φ_z 可以表示为

$$\tan\varphi_z = -\frac{2Q_e(\omega_{osc} - \omega_0)}{\omega_0}$$

因此相位平衡条件可以表示为

$$-\frac{2Q_e(\omega_{osc} - \omega_0)}{\omega_0} = \tan[-(\varphi_{\dot{g}_m} + \varphi_F)] \tag{5.3.5}$$

即

$$\omega_{osc} = \omega_0 + \frac{\omega_0}{2Q_e}\tan(\varphi_{\dot{g}_m} + \varphi_F) \tag{5.3.6}$$

因而有
$$\Delta\omega_{\text{osc}} = \frac{\partial \omega_{\text{osc}}}{\partial \omega_0}\Delta\omega_0 + \frac{\partial \omega_{\text{osc}}}{\partial Q_e}\Delta Q_e + \frac{\partial \omega_{\text{osc}}}{\partial (\varphi_{\dot{g}_m}+\varphi_k)}\Delta(\varphi_{\dot{g}_m}+\varphi_F) \tag{5.3.7}$$

考虑到 Q_e 值较高，即 $\partial\omega_{\text{osc}}/\partial\omega_0 \approx 1$，有

$$\Delta\omega_{\text{osc}} \approx \Delta\omega_0 - \frac{\omega_0}{2Q_e^2}\tan(\varphi_{\dot{g}_m}+\varphi_k)\Delta Q_e + \frac{\omega_0}{2Q_e\cos^2(\varphi_{\dot{g}_m}+\varphi_k)}\Delta(\varphi_{\dot{g}_m}+\varphi_F)$$

得到振荡频率稳定度的（相对变化量）表达式为

$$\frac{\Delta\omega_{\text{osc}}}{\omega_0} \approx \frac{\Delta\omega_0}{\omega_0} - \frac{1}{2Q_e^2}\tan(\varphi_{\dot{g}_m}+\varphi_F)\Delta Q_e + \frac{1}{2Q_e\cos^2(\varphi_{\dot{g}_m}+\varphi_F)}\Delta(\varphi_{\dot{g}_m}+\varphi_F) \tag{5.3.8}$$

式（5.3.8）就是 LC 振荡器频率稳定度的一般表达式，它反映了影响振荡器频率稳定性的主要因素。显然，LC 选频回路固有频率的变化、回路品质因数的变化以及晶体管和反馈网络产生的相位差的变化，都将引起振荡频率的不稳定。

5.3.3 提高频率稳定度的措施

式（5.3.8）可知，影响振荡器的频率稳定度的主要因素是：谐振回路的参数变化产生的 $\frac{\Delta\omega_0}{\omega_0}$ 和晶体管参数的变化等，因此稳频的主要有下面几项措施。

1. 提高振荡回路的标准性

回路标准性指外界因素变化时，回路元件保持回路固有频率不变的能力。

由 LC 构成的振荡回路，不但要考虑回路的线圈电感、调谐电容和反馈电路元件，还应考虑并在回路上的其他电抗，如晶体管的极间电容、后级负载电容（或电感）等。设回路电感和电容的总变化量分别为 ΔL、ΔC，则由 $\omega_0 = \frac{1}{\sqrt{LC}}$ 可得

$$\frac{\Delta\omega_0}{\omega_0} = -\frac{1}{2}\left[\frac{\Delta C}{C}+\frac{\Delta L}{L}\right] \tag{5.3.9}$$

式中，"—"号表示当 L（或 C）增加时，ω_0 将减小。

由此可见，振荡回路的标准性是指回路电感和电容的标准性。温度是影响标准性的主要因素，温度的改变，电感线圈和电容器极板的几何尺寸将发生变化，而且电容器介质材料的介电系数及磁性材料的磁导率也将变化，从而使电感、电容值改变。为减少温度的影响，应该采用温度系数较小的电感、电容，如电感线圈可采用高频瓷骨架，固定电容可采用陶瓷介质电容，可变电容宜采用极片和转轴线膨胀系数小的金属材料（如铁镍合金）制作。还可以用负温度系数的电容补偿正温度系数的电感的变化，在对频率稳定度要求较高的振荡器中，为减小温度对振荡频率的影响，可以将振荡器放在恒温槽内。

2. 减少晶体管的影响

晶体管的极间电容将影响频稳度，在设计电路时应尽可能减少晶体管和回路之间的耦合。另外，应选择 f_T 较高的晶体管。f_T 越高，高频性能越好，可以保证在工作频率范围内均有较高的跨导，电路易于起振；而且 f_T 越高，晶体管内部相移越小。一般可选择 $f_T > (3\sim10)f_{\text{oscmax}}$，$f_{\text{oscmax}}$ 为振荡器最高工作频率。

3. 减少电源、负载等的影响

电源电压的波动，会使晶体管的工作点、电流发生变化，从而改变晶体管的参数，降低频稳度。为了减小其影响，振荡器电源应采取必要的稳压措施。

负载电阻并联在回路的两端，这会降低回路的品质因数，从而使振荡器的频稳度下降。为了减小其影响，应减小负载对回路的耦合，可以在负载与回路之间加射极跟随器等措施。

另外，为提高振荡器的频稳度，在制作电路时应将振荡电路安置在远离热源的位置，以减小温度对振荡器的影响；为防止回路参数受寄生电容及周围电磁场的影响，可以将振荡器屏蔽起来，以提高稳定度。

4. 提高回路的品质因数

首先回顾一下相位稳定条件，要使相位稳定，回路的相频特性应具有负的斜率，且斜率越大，相位越稳定。根据 LC 回路的特性，回路的 Q 值越大，回路的相频特性斜率就越大，即相位越稳定，振荡频率也越稳定。

前面介绍的电容、电感反馈的振荡器，其频稳度一般为 10^{-3} 数量级。频稳度低的原因是晶体管的极间电容、分布电容和分布电感的影响，减小这些不稳定因素对振荡频率影响的有效措施是：缩短引线，采用机械强度高的引线且安装牢靠或者采用贴片元器件；也可以增加回路总电容，减小管子与回路之间的耦合，从而有效地减小管子输入和输出电阻以及它们的变化量对振荡回路 Q_e 的影响；但回路总电容的增加是有限的，当频率一定时，增加回路总电容，就必须减小回路电感。实际制作电感线圈时，电感量过小，线圈的固有品质因数 Q_0 就不易做高，相应的 Q_e 也就不能高，这反而不利于提高振荡器的频稳度。因此，一般都采用减小管子与回路之间的耦合方法。下面介绍的两种改进型的电容反馈振荡器——克拉泼振荡器和西勒振荡器，就是采用这种方法设计出来的高稳定度的振荡器。

5.3.4 改进型电容反馈振荡器

1. 克拉泼（Clapp）电路

图 5.3.1a 是克拉泼电路的实用电路，图 b 是其高频等效电路。与电容三点式电路比较，克拉泼电路的特点是在回路中增加了一个与 L 串联的电容 C_3。各电容取值必须满足 $C_3 \ll C_1$ 和 $C_3 \ll C_2$，这样可使电路的振荡频率近似只与 C_3、L 有关。先不考虑晶体管输入输出电容的影响。因为 C_3 远远小于 C_1、C_2，所以 C_1、C_2、C_3 三个电容串联后的等效电容

$$C = \frac{C_1 C_2 C_3}{C_1 C_2 + C_2 C_3 + C_1 C_3} = \frac{C_3}{1 + \frac{C_3}{C_1} + \frac{C_3}{C_2}} \approx C_3 \tag{5.3.10}$$

于是，振荡角频率

$$\omega_{osc} = \frac{1}{\sqrt{LC}} \approx \frac{1}{\sqrt{LC_3}} \tag{5.3.11}$$

由此可见，克拉泼电路的振荡频率几乎与 C_1、C_2 无关，也就与并接在 C_1、C_2 两端的 C_{ce}、C_{be}、C_{cb} 无关。

在实际电路中，根据所需的振荡频率决定 L、C_3 的值，然后取 C_1、C_2 远大于 C_3 即可。但是 C_3 不能取得太小，否则将影响振荡器的起振。

由图 5.3.1 可以看到，晶体管 c、b 两端与回路 A、B 两端之间的接入系数

$$n_1 = \frac{C_3}{\frac{C_1 C_2}{C_1 + C_2} + C_3} = \frac{1}{\frac{C_1 C_2}{C_3(C_1 + C_2)} + 1}$$

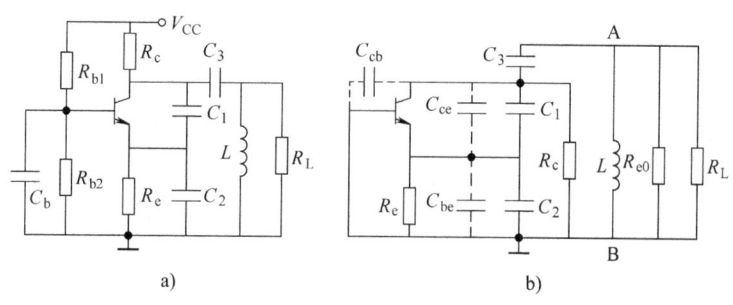

图 5.3.1 克拉泼振荡电路
a) 实用电路 b) 高频等效电路

所以，A、B 两端的等效电阻 $R'_L = R_L // R_{e0}$ 折算到 c、b 两端为

$$R''_L = n_1^2 R'_L = \left[\frac{1}{\frac{C_1 C_2}{C_3(C_1+C_2)}+1}\right]^2 R'_L < R'_L \tag{5.3.12}$$

当 C_3 决定后，C_1、C_2 取值越大，则 R''_L 越小于 R'_L。而 R''_L 就是共基极电路的等效负载，R''_L 越小，则共基极电路的电压增益越小，从而环路增益越小，越不易起振。对于考毕兹电路而言，共基极电路的等效负载就是 R'_L。所以，克拉泼电路是用牺牲环路增益的方法来换取回路标准性的提高。

克拉泼电路的缺陷是不适合作波段振荡器。波段振荡器要求在一段区间内振荡频率可变，且振荡幅值保持不变。由于克拉泼电路在改变振荡频率时需调节 C_3，根据式 (5.3.12)，当 C_3 改变以后，R''_L 将发生变化，使环路增益发生变化，从而使振荡幅值也发生变化。所以克拉泼电路只适宜于作固定频率振荡器或波段覆盖系数较小的可变频率振荡器。所谓波段覆盖系数是指可以在一定波段范围内连续正常工作的振荡器的最高工作频率与最低工作频率之比。一般克拉泼电路的波段覆盖系数为 1.2~1.3。

2. 西勒 (Selier) 电路

针对克拉泼电路的缺陷，出现了另一种改进型电容三点式电路——西勒电路。图 5.3.2a 是其实用电路，图 b 是其高频等效电路。西勒电路是在克拉泼电路基础上，在电感 L 两端并联了一个可变电容 C_4，且满足 $C_3 \ll C_1$，$C_3 \ll C_2$ 的条件，此时回路总电容

$$C = \frac{C_1 C_2 C_3}{C_1 C_2 + C_2 C_3 + C_1 C_3} + C_4 \approx C_3 + C_4 \tag{5.3.13}$$

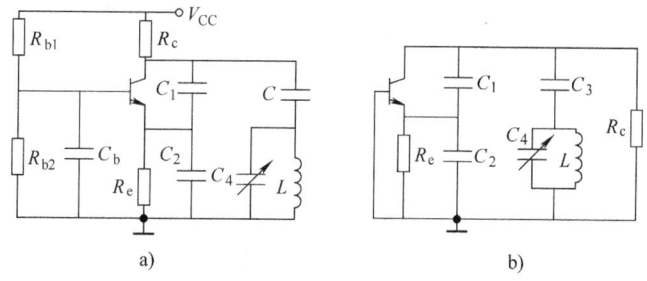

图 5.3.2 西勒振荡电路
a) 实用电路 b) 高频等效电路

所以，振荡频率

$$f_{osc} = \frac{1}{2\pi\sqrt{LC}} \approx \frac{1}{2\pi\sqrt{L(C_3+C_4)}} \tag{5.3.14}$$

在西勒电路中，由于 C_4 与 L 并联，所以 C_4 的变化不会影响回路的接入系数，其共基极电路等效负载 R'_L 仍如式（5.3.12）所示。如果使 C_3 固定，通过变化 C_4 来改变振荡频率，则 R'_L 在振荡频率变化时基本保持不变，从而使输出振幅稳定。因此，西勒振荡电路可用作波段振荡器，其波段覆盖系数为 1.6~1.8 左右。西勒电路适用于较宽波段工作，在实际中用得较多。

5.4 LC 振荡器的设计考虑

由振荡器的原理可以看出，振荡器实际上是一个具有反馈的非线性系统，精确计算很困难，而且也是不必要的。因此，振荡器的设计通常是进行一些设计考虑和近似估算，选择合理的线路和工作点，确定元器件的数值，而工作状态和元器件的准确数值需要在调整、调试中最后确定。设计时一般应考虑以下一些主要问题：

1. 振荡器电路选择

LC 振荡器一般工作在几百 kHz 至几百 MHz 范围。振荡器电路主要根据工作的频率范围及波段宽度来选择。在短波范围，电感反馈振荡器、电容反馈振荡器都可以采用。在中、短波收音机中，为简化电路常用变压器反馈振荡器作本地振荡器。在要求波段范围较宽的信号产生器中常用电感反馈振荡器。在短波、超短波波段的通信设备中常用电容反馈振荡器。当频稳度要求较高，波段范围又不很宽的场合，常用克拉泼、西勒振荡器。西勒振荡器电路调节频率方便，有一定的波段工作范围，用得较多。

2. 晶体管选择

从稳频的角度出发，应选择 f_T 较高的晶体管，这样晶体管内部相移较小。通常选择 $f_T > (3 \sim 10)f_{oscmax}$。同时希望电流放大系数 β 大些，这样既容易振荡，也便于减小晶体管和回路之间的耦合。虽然不要求振荡器中的晶体管输出多大功率，但考虑到稳频等因素，晶体管的额定功率也应有足够的余量。

3. 静态工作点和工作状态的选择

为保证振荡器起振的振幅条件，起始工作点应设置在线性放大区；从稳频出发，稳定状态应在截止区，而不应在饱和区，否则回路的有载品质因数 Q_e 将降低。所以，通常应将晶体管的静态偏置点设置在小电流区，电路应采用自偏压。对于小功率晶体管，集电极静态电流约为 1~4mA。

4. 振荡回路及反馈电路的元件选择

从稳频出发，振荡回路中电容 C 应尽可能大，但 C 过大，不利于波段工作；电感 L 也应尽可能大，但 L 大后，体积大，分布电容大，L 过小，回路的品质因数过小，因此应合理地选择回路的 C、L。在短波范围，C 一般取几十至几百 pF，L 一般取 0.1 至几十 μH。

由前述可知，为了保证振荡器有一定的稳定振幅以及容易起振，在静态工作点通常应选择 $g_m R'_L F = 3 \sim 5$；当静态工作点确定后，g_m 的值就一定，对于小功率晶体管可以近似为

$g_\mathrm{m} = \dfrac{I_\mathrm{CQ}}{26\mathrm{mV}}$，反馈系数 F 的大小应在 $0.15 \sim 0.5$ 范围内选择。

在按上述方法选择参数 R_L、F 时，显然不能够预期稳定状态时的电压、电流，只能保证在合理的状态下产生振荡。

5.5 晶体振荡器

以上各节所讨论的 LC 振荡器，它们的短期频稳度大约在 $10^{-2} \sim 10^{-3}$ 数量级。即使采用了一系列稳频措施，一般也难以获得比 10^{-4} 更高的频率稳定度。但是，实际情况往往需要更高的频稳度。例如，广播发射机的短期频稳度一般要求优于 1.5×10^{-5}；单边带发射机的频稳度一般要求优于 10^{-6}；作为频率标准的振荡器，频稳度要求高达 $10^{-8} \sim 10^{-9}$。显然，普通的 LC 振荡器是不可能满足上述要求的。利用 2.4 节讨论过的石英晶体的压电效应，将石英晶体作为滤波元件，构成石英晶体振荡器，可以获得很高的频稳度。采用中精度的晶体，频稳度可达 10^{-6} 数量级；若加单层恒温控制，则频稳度可提高到 $10^{-7} \sim 10^{-8}$ 数量级；在实验室条件下，采用高精度晶体，并用双层恒温控制，则频稳度可以高达 $10^{-9} \sim 10^{-11}$ 数量级。

5.5.1 石英晶体振荡器的频率稳定度

为什么用石英晶体作为滤波元件，就能使振荡器的频稳度大大提高呢？由 2.4 节的讨论可知，石英晶体谐振器与一般的 LC 谐振回路相比具有优良的特性，具体表现为：

1) 石英晶体谐振器具有很高的标准性。石英晶体振荡器的振荡频率主要由石英晶体谐振器的谐振频率决定。石英晶体的串联谐振频率 f_q 主要取决于晶片的尺寸，石英晶体的物理性能和化学性能都十分稳定，它的尺寸受外界条件如温度、湿度等影响很小，因而其等效电路的 L_q、C_q 值很稳定，使得 f_q 很稳定。

2) 石英晶体谐振器与有源器件的接入系数 $n = C_\mathrm{q}/(C_\mathrm{q} + C_0) \ll 1$，一般为 $10^{-3} \sim 10^{-4}$ 数量级，这大大减弱了有源器件的极间电容等参数和外电路中不稳定因素对石英晶体的影响，使石英晶体振荡器的振荡频率基本不受外界不稳定因素的影响。

3) 石英晶体谐振器具有非常高的 Q 值。因为 $Q_\mathrm{q} = 1/r_\mathrm{q}\sqrt{L_\mathrm{q}/C_\mathrm{q}}$。$Q$ 值可达几万到几百万，与 Q 值仅为几百数量级的普通 LC 回路相比，其 Q 值极高，维持振荡频率稳定不变的能力极强。

基于上述特性，采用高精度和稳频措施后，由石英晶体构成的振荡器就可以具有较高的频稳度。

石英晶体产品的标称频率为 f_N，是指石英晶体两端并接一电容 C_L 的频率，如图 5.5.1 所示。$f_\mathrm{N} = f_\mathrm{q}\left(1 + \dfrac{1}{2}\dfrac{C_\mathrm{q}}{C_\mathrm{L} + C_0}\right)$，通常 C_L 值为 $30\mathrm{pF}$（高频晶体）。

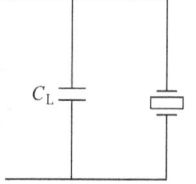

图 5.5.1 石英晶体产品的标称频率

5.5.2 晶体振荡器电路

晶体振荡器的电路类型很多，但根据晶体在电路中的作用，可以将晶体振荡器归为两大类：并联型晶体振荡器和串联型晶体振荡器。在并联型晶体振荡器中,晶体等效为电感,振荡器的振荡频率在石英晶体谐振器的 f_p 与 f_q 之间;在串联型晶体振荡器中,振荡器的振荡频率等于 f_q,晶体以低阻抗接入电路,相当于高选择性的短路线。两类电路都可以利用基频晶体或泛音晶体。

1. 并联型晶体振荡器

并联型晶体振荡器的工作原理和三点式振荡器相同,只是将其中一个电感元件换成石英晶体。石英晶体可接在晶体管 c、b 极间,b、e 极间或 c、e 极间,接在晶体管 c、e 极间不常用;由前两种接法所组成的电路分别称为皮尔斯晶振和密勒晶振电路。

(1) 皮尔斯晶体振荡器 图 5.5.2a 是目前应用最广的皮尔斯(Pierce)晶体振荡电路。图中 R_{b1}、R_{b2}、R_e 构成分压式自偏压偏置电路,L_c 为高频扼流圈,C_b 为旁路电容,C_c 为耦合电容。相应的高频交流通路如图 b 所示,其中点画线框内是石英晶振的等效电路。由图 b 可以看出,它与克拉泼电路十分类似(C_q 类似于小电容 C_3),利用晶体的高 Q_q 和很小的 C_q,即可以获得很高的频稳度。这是因为:

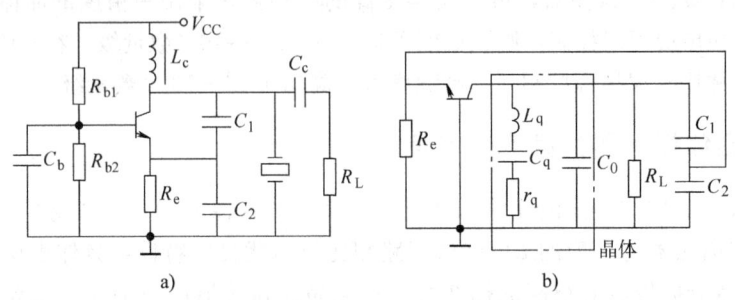

图 5.5.2 皮尔斯晶体振荡器电路
a) 实际电路 b) 高频交流通路

1) 振荡回路与晶体管、负载之间的耦合很弱。晶体管 c、b 端,c、e 端和 e、b 端的接入系数分别是

$$n_{cb} = \frac{C_q}{C_q + C_0 + C_L}, \quad C_L = \frac{C_1 C_2}{C_1 + C_2}$$

$$n_{ce} = \frac{C_2}{C_1 + C_2} n_{cb} \quad n_{eb} = \frac{C_1}{C_1 + C_2} n_{cb}$$

以上三个接入系数一般均小于 $10^{-3} \sim 10^{-4}$,所以外电路中的不稳定参数对振荡回路影响很小,提高了回路的标准性。

2) 振荡频率几乎由石英晶体的参数决定,而石英晶体本身的参数具有高度的稳定性。

振荡频率 $$f_{osc} = \frac{1}{2\pi \sqrt{L_q \frac{C_q(C_0 + C_L)}{C_q + C_0 + C_L}}} = f_q \sqrt{1 + \frac{C_q}{C_0 + C_L}}$$

式中,C_L 是和晶体两端并联的外电路各电容的等效值,即根据产品要求的负载电容。在实用时,一般需加入微调电容,用以微调回路的谐振频率,保证电路工作在晶体外壳上所注明的标称频率 f_N 上。

3) 由于振荡频率 f_{osc} 一般调谐在标称频率 f_N 上,位于晶体的感性区内,电抗曲线陡峭,稳频性能极好。

4)石英晶体的 Q 值和特性阻抗 $\rho = \sqrt{\dfrac{L_q}{C_q}}$ 都很高,所以晶体的谐振电阻也很高,一般可达 $10^{10}\Omega$ 以上。这样即使外电路接入系数很小,此谐振电阻等效到晶体管输出端的阻抗仍很大,使晶体管的电压增益仍能满足振幅起振条件的要求。

事实上为了保证振荡频率的精度和稳定性,应尽可能减小与晶体并联的电容 C_L。这些电容包括外接反馈电容、晶体管极间电容及各种杂散电容。显然,由于 C_L 中包含了不稳定的因素,将使振荡频率有所变化,为此一方面应减小 C_L 的变化量,同时应使 C_L 尽量接近晶体出厂时规定的负载电容值。

削弱 C_L 影响的措施是在晶体谐振器支路串接一小电容 C,以隔离外部电路与石英谐振器的耦合,如图 5.5.3 中的 C_4。适当调节 C_4 的值,可以使振荡器工作在晶体的标称频率上,使外接电容更接近出厂时规定的负载电容值。此外,若串联电容 C 为变容二极管,还可构成电压控制型晶体振荡器。

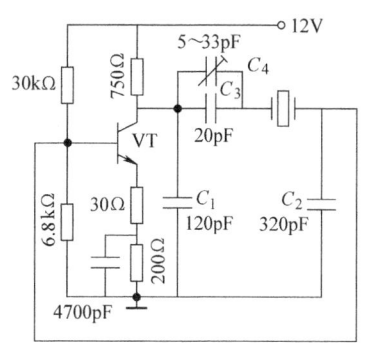

图 5.5.3 采用微调电容的晶体振荡电路

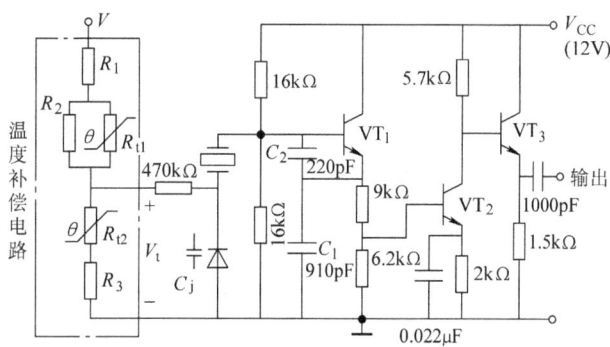

图 5.5.4 温度补偿晶体振荡器实用电路

在频稳度要求很高的场合,可将晶体或整个振荡器置于恒温槽内,并将槽内温度控制在晶体拐点温度附近。采用这种措施的振荡电路,其频稳度可提高到 10^{-10} 数量级。此外,还可采用变容管的温度补偿电路,如图 5.5.4 所示。图中 VT_1 管接成皮尔斯晶体振荡器,VT_2 管为共射放大器,VT_3 管为射极跟随器。点画线框内为温度补偿电路,它是由 R_1、R_2、R_{t1} 和 R_{t2}、R_3 构成的电阻分压器,其中,R_{t1} 和 R_{t2} 为阻值随周围温度变化的热敏电阻,该电路的作用是使 R_{t2} 和 R_3 上的分压值 V_t 反映周围温度的变化。将 V_t 加到与晶体相串接的变容二极管上,控制变容二极管电容量变化来补偿因温度变化引起振荡频率的变化。如果 V_t 的温度特性与晶体的温度特性相匹配,振荡器的频稳度就可提高 1~2 个数量级。

例 5.5.1 图 5.5.5a 是一个数字频率计晶振电路,试分析其工作情况。

解 先画出 VT_1 管高频交流等效电路,如图 5.5.5b 所示,$0.01\mu F$ 电容较大,作为高频旁路电路,VT_2 管作射极跟随器。

由高频交流等效电路可以看到,VT_1 管的 c、e 极之间有一个 LC 回路,其谐振频率为

$$f_0 = \dfrac{1}{2\pi\sqrt{4.7\times 10^{-6}\times 330\times 10^{-12}}}\text{Hz} \approx 4.0\text{MHz}$$

所以在晶体振荡器工作频率 5MHz 处,此 LC 回路等效为一个电容。可见,这是一个皮尔斯振荡电路,晶体等效为电感,容量为 3~10pF 的可变电容起微调作用,使振荡器工作

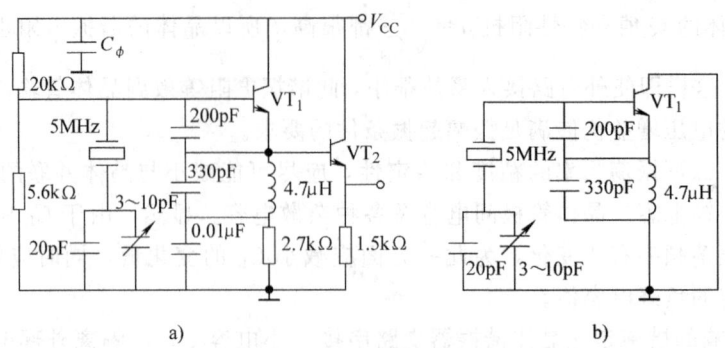

图 5.5.5 例 5.5.1 图
a) 数字频率计晶振电路 b) 高频交流等效电路

在晶体振荡器的标称频率 5MHz 上。

(2) 密勒振荡电路 图 5.5.6a 示出了另一种并联型晶体振荡器电路,该电路晶体接在基极和发射极之间,只要晶体呈现感性,该电路即满足三点式振荡器的组成原则,且电路类似于电感反馈的振荡器,又称为密勒(Miler)振荡器。由于晶体与晶体管的低输入阻抗并联,降低了有载品质因数 Q_e 值,故密勒振荡器的频稳度较低。实际上,密勒振荡电路通常不采用晶体管,而是采用输入阻抗高的场效应晶体管来提高回路的标准性和频率的稳定性,如图 5.5.6b 所示。

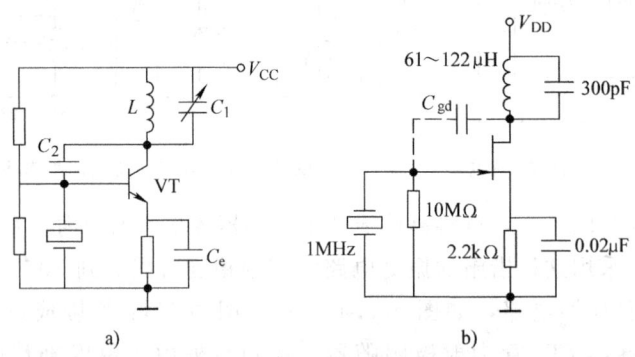

图 5.5.6 密勒振荡电路
a) 晶体管密勒振荡电路 b) 场效应晶体管密勒振荡电路

(3) 泛音晶振电路 在工作频率较高的晶体振荡器中,多采用泛音晶体振荡电路。泛音晶体振荡电路与基频晶体振荡电路有些不同。在泛音晶体振荡电路中,为了保证振荡器能准确地振荡在所需要的奇次泛音上,不但必须有效地抑制掉基频和低次泛音上的寄生振荡,而且必须正确地调节电路的环路增益,使其在工作泛音频率上略大于 1,满足起振条件,而在更高的泛音频率上都小于 1,不满足起振条件。在实际应用时,可在三点式振荡电路中,用一选频回路来代替某一支路上的电抗元件,使这一支路在基频和低次泛音上呈现的电抗性质不满足三点式振荡器的组成法则,不能起振;而在所需要的泛音频率上呈现的电抗性质恰好满足组成法则,达到起振。

图 5.5.7a 给出了一种并联型泛音晶体振荡电路。假设泛音晶振为五次泛音,标称频率为 5MHz,基频为 1MHz,则 LC_1 回路必须调谐在三次和五次泛音频率之间。这样,在

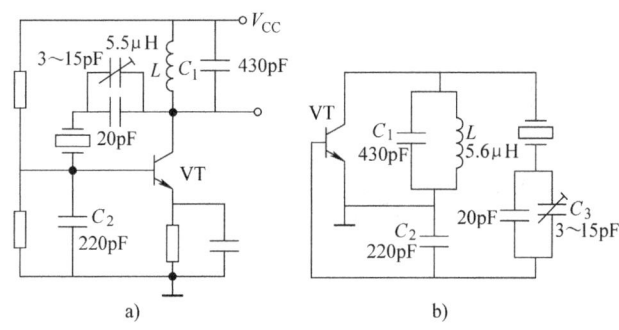

图 5.5.7 并联型泛音晶体振荡电路
a) 实用电路　b) 交流通路

5MHz 频率上，LC_1 回路呈容性，振荡电路满足组成法则。对于基频和三次泛音频率来说，LC_1 回路呈感性，电路不符合组成法则，不能起振。而在七次及其以上泛音频率，LC_1 回路虽呈现容性，但等效容抗减小，从而使电路的电压放大倍数减小，环路增益小于 1，不满足振幅起振条件。

2. 串联型晶体振荡电路

在串联型晶体振荡器中，晶体接在振荡器要求低阻抗的两点间，通常将石英晶体接在正反馈支路中，利用其串联谐振时等效为短路元件的特性，电路反馈作用最强，满足振幅起振条件；当回路的谐振频率距串联谐振频率较远时，晶体的阻抗增大，使反馈减弱，从而使电路不能满足振幅条件，电路不能工作。串联型晶体振荡器的工作频率等于晶体的串联谐振频率 f_q。不需要外加负载电容 C_L，通常这种晶体标明其负载电容为无穷大，在实际制作中，若 f_q 有小的误差，则可以通过回路调谐来微调。图 5.5.8a 是一种串联型单管晶体振荡器电路，图 b 是其高频等效电路。

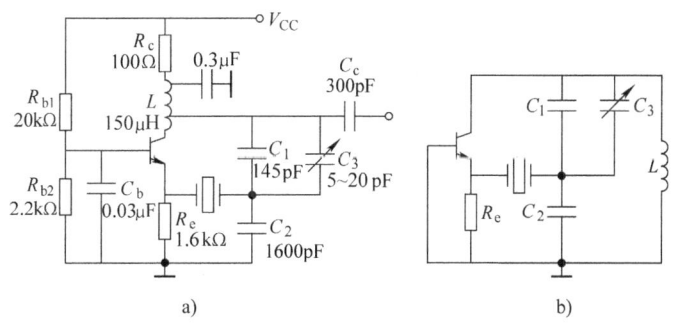

图 5.5.8　串联型单管晶体振荡器电路
a) 实用电路　b) 高频等效电路

这种振荡器与三点式振荡器基本类似，只不过在正反馈支路上增加了一个晶体。L、C_1、C_2 和 C_3 组成并联谐振回路而且调谐在晶体的串联谐振频率 f_q 上。

图 5.5.9 示出了集成晶体振荡器 XK76 的内部电路，图中，VT_1 和 VT_2 管与外接晶体构成正反馈放大器，当晶体串联谐振等效为短路元件时，不仅满足相位平衡条件，而且反馈也最强，满足振幅起振条件，因而振荡器在晶体串联谐振频率 f_q 上起振。而当偏离串联谐振频率时，晶体呈现的阻抗值迅速增大，导致反馈显著减弱，不能满足起振条件（振幅和相

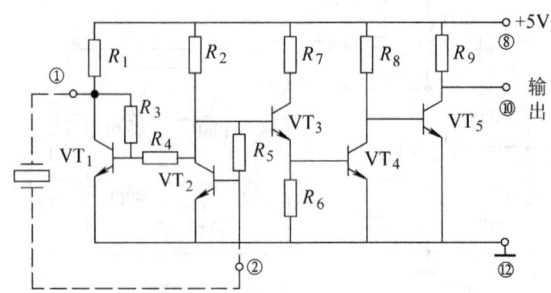

图 5.5.9 XK76 集成晶体振荡器的内部电路

位），可见，这种振荡器的振荡频率受晶体串联谐振频率的控制，具有很高的频稳度。电路中，VT_3 管为共集电极放大器，VT_4 和 VT_5 管为共发射极放大器。

串联型晶体振荡器能适应高次泛音工作，这是由于晶体只起到控制频率的作用，对回路没有影响，只要电路能正常工作，输出幅度就不受晶体控制。

5.6 RC 正弦波振荡器

当要求产生频率在几十 kHz 以下或更低频率的正弦波信号时，一般采用 RC 振荡器。RC 振荡器的工作原理和 LC 振荡器一样，也是由放大器和正反馈网络两部分构成，区别仅在于用 RC 选频网络代替 LC 回路。

RC 振荡器的主要优点是结构简单、经济方便。根据 RC 选频网络的不同形式，可以将 RC 振荡器分为 RC 超前（或滞后）相移振荡电路和文氏电桥（RC 串并联选频）振荡电路。

5.6.1 RC 选频网络

RC 选频网络有相移型和串并联型网络。

1. RC 相移型选频网络

（1）超前型 超前相移网络如图 5.6.1a 所示，其传输系数 $F(j\omega)$ 为

$$F(j\omega) = \frac{\dot{V}_2}{\dot{V}_1} = \frac{R}{R + \dfrac{1}{j\omega C}} = \frac{j\omega CR}{1 + j\omega CR} = j\dfrac{\dfrac{\omega}{\omega_0}}{1 + j\dfrac{\omega}{\omega_0}}$$

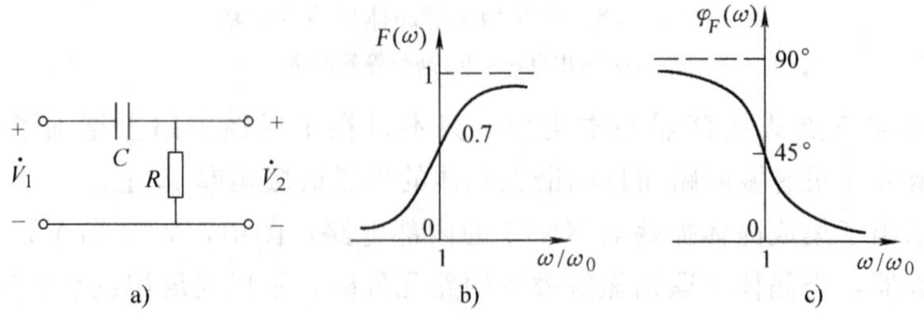

图 5.6.1 RC 超前相移网络及其频率特性
a）相移网络 b）幅频特性 c）相频特性

式中，$\omega_0 = \dfrac{1}{RC}$。

幅频特性
$$F(\omega) = \dfrac{\omega/\omega_0}{\sqrt{1 + \left(\dfrac{\omega}{\omega_0}\right)^2}} \tag{5.6.1}$$

相频特性
$$\varphi_F(\omega) = \dfrac{\pi}{2} - \arctan \dfrac{\omega}{\omega_0} \tag{5.6.2}$$

相应的幅频特性和相频特性曲线如图 5.6.1b、c 所示。

（2）滞后型　滞后移相网络如图 5.6.2a 所示，其传输系数 $F(\mathrm{j}\omega)$ 为

$$F(\mathrm{j}\omega) = \dfrac{\dot{V}_2}{\dot{V}_1} = \dfrac{\dfrac{1}{\mathrm{j}\omega C}}{R + \dfrac{1}{\mathrm{j}\omega C}} = \dfrac{1}{1 + \mathrm{j}\omega CR} = \dfrac{1}{1 + \mathrm{j}\dfrac{\omega}{\omega_0}}$$

式中，$\omega_0 = \dfrac{1}{RC}$。

幅频特性
$$F(\omega) = \dfrac{1}{\sqrt{1 + \left(\dfrac{\omega}{\omega_0}\right)^2}} \tag{5.6.3}$$

相频特性
$$\varphi_F(\omega) = -\arctan \dfrac{\omega}{\omega_0} \tag{5.6.4}$$

相应的幅频特性和相频特性曲线如图 5.6.2b、c 所示。

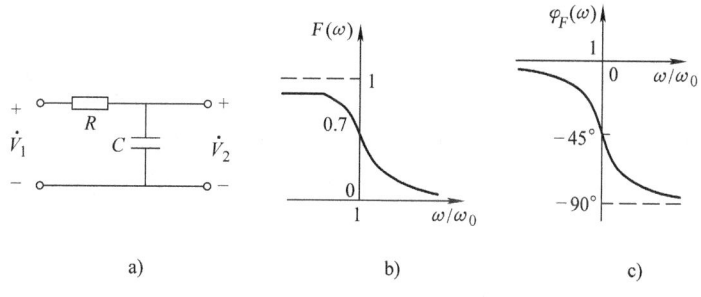

图 5.6.2　RC 滞后相移网络及其频率特性
a) 相移网络　b) 幅频特性　c) 相频特性

结论：

1）无论是超前移相网络还是滞后移相网络，每节网络在极限情况下只能产生 90°（或 −90°）的相移量，实际产生的相移量小于 90°（−90°）（当相移趋近 ±90° 时，增益已趋于零），所以，至少要有三节 RC 移相电路才能产生 180° 相移。

2）与反相放大器相连接，就可以组成正反馈型振荡器。

3）超前移相电路和滞后移相电路分别具有高通滤波和低通滤波的特性，其幅频特性分别是单调递增和单调递减曲线，选频特性很差。

2. RC 串并联网络

RC 串并联选频网络如图 5.6.3a 所示，其传输系数为

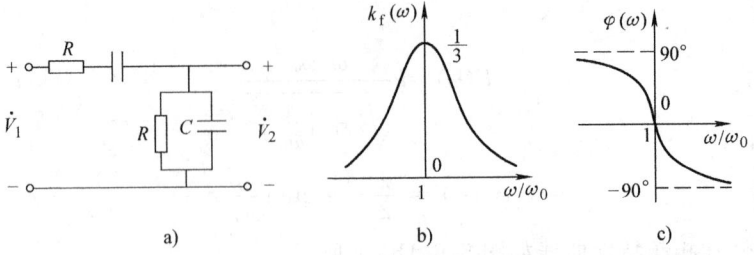

图 5.6.3 RC 串并联相移网络及其频率特性
a) 相移网络　b) 幅频特性　c) 相频特性

$$F(j\omega) = \frac{\dot{V}_2}{\dot{V}_1} = \frac{R \mathbin{/\!/} \dfrac{1}{j\omega C}}{R + \dfrac{1}{j\omega C} + R \mathbin{/\!/} \dfrac{1}{j\omega C}} = \frac{1}{3 + j\left(\dfrac{\omega}{\omega_0} - \dfrac{\omega_0}{\omega}\right)} \tag{5.6.5}$$

式中，$\omega_0 = \dfrac{1}{RC}$ 或 $f_0 = \dfrac{1}{2\pi RC}$。

幅频特性

$$F(\omega) = \frac{1}{\sqrt{9 + \left(\dfrac{\omega}{\omega_0} - \dfrac{\omega_0}{\omega}\right)^2}} \tag{5.6.6}$$

相频特性

$$\varphi_F(\omega) = -\arctan\left(\frac{\dfrac{\omega}{\omega_0} - \dfrac{\omega_0}{\omega}}{3}\right) \tag{5.6.7}$$

结论：

1) 当 $\omega = \omega_0$ 时，$F = F_{\text{fmax}} = \dfrac{1}{3}$，$\varphi_F(\omega_0) = 0$，所以可以与同相放大器构成正反馈电路。

2) 串并联选频电路具有类似 LC 回路的带通滤波特性，但选择性能不如 LC 回路。

由以上讨论知：三种 RC 网络均具有负斜率的相频特性，若作为振荡器的选频网络，满足振荡器的相位稳定条件。

5.6.2　文氏电桥振荡器和相移振荡器

1. 文氏电桥振荡器

采用同相集成运算放大器与串并联选频电路组成的振荡器如图 5.6.4 所示，又称为文氏电桥振荡器。

根据串并联选频网络的频率特性 [式 (5.6.5)] 知，振荡器的起振条件为：当 $\omega_{\text{osc}} = \omega_0$ 时，环路增益 $T(\omega_{\text{osc}}) = AF = \dfrac{1}{3}A > 1$，所以 $A > 3$，而 $A = 1 + \dfrac{R_t}{R_1}$，所以文氏电桥振荡器的起振条件为

$$\frac{R_t}{R_1} > 2 \tag{5.6.8}$$

振荡器的振荡角频率

$$\omega_{\text{osc}} = \omega_0 = \frac{1}{RC} \tag{5.6.9}$$

文氏电桥振荡器的特点：

1) 引入负反馈以减小和限制放大器的增益，使在开始时放大器增益略大于 3，这样，环路增益仅在振荡频率 f_{osc} 及其附近很窄的频段略大于 1，满足振幅起振条件，而在其余频段均不满足正反馈振幅起振条件。

2) 在负反馈支路上采用具有负温度系数的热敏电阻（如图 5.6.4 中的 R_t）。起振后，振荡电压振幅逐渐增大，加在 R_t 上的平均功率增加，温度升高，使 R_t 阻值减小，负反馈加深，放大器增益迅速下降。这样，放大器在线性工作区就会具有随振幅增加而增益下降的特性，满足振幅平衡和稳定条件。

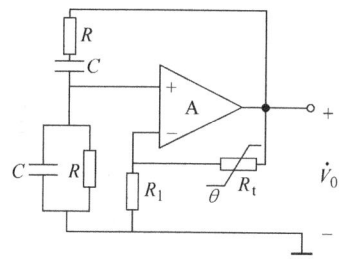

图 5.6.4　文氏电桥振荡器

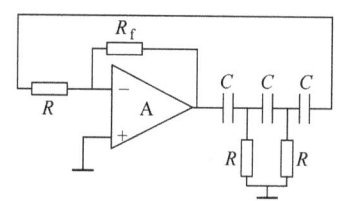

图 5.6.5　RC 相移振荡器

2. 相移振荡器

相移振荡器是采用超前移相或滞后移相电路作为选频网络，与反相放大器构成的振荡器。图 5.6.5 是由三节超前移相电路和集成运放组成的 RC 相移振荡器。可以证明，该振荡器的振荡频率 f_{osc} 和振幅起振条件分别为

$$\begin{cases} f_{osc} = \dfrac{1}{2\pi\sqrt{6}RC} \\ \dfrac{R_f}{R} > 29 \end{cases} \quad (5.6.10)$$

RC 相移振荡器是采用内稳幅的振荡电路，RC 相移网络的选频性能很差，振荡器的输出波形不好，频稳度低，只能用在性能要求不高的设备中。

※5.7　负阻振荡器

前面已经指出，从能量平衡的角度出发，只要能够抵消振荡回路中的损耗，就可以使振荡维持下去。本节所讨论的负阻振荡器就是根据能量平衡的原理，利用负阻器件抵消回路中的正阻损耗，产生自激振荡的。由于负阻器件与回路仅有两端连接，故负阻振荡器又称为"二端振荡器"。

5.7.1　负阻器件的基本特性

常见的电阻，不论是线性电阻还是非线性电阻，都属于正电阻。其特征是流过电阻的电流越大，其电阻两端的电压降也越大，消耗功率也越大，如图 5.7.1a 所示。三者的关系为

这里

$$P = \Delta I \Delta V$$
$$\Delta V = \Delta I R \tag{5.7.1}$$

负电阻是流过其间的电流越大，电阻两端电压越小，故电流、电压增量的方向相反，两者的乘积为负值，如图 5.7.1b、c 所示。

$$\Delta V = -\Delta I R \tag{5.7.2}$$

正功率表示能量的消耗，负功率表示能量的产生，即负阻器件在一定条件下，不但不消耗交流能量，反而向外部电路提供交流能量，当然该交流能量并不存在于负阻器件内部，而是利用其能量变换特性，从保证电路工作的直流能量中取得。所以负阻振荡器同样是一个能量变换器。

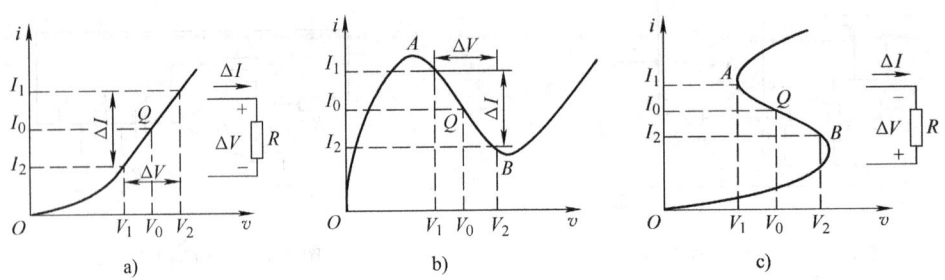

图 5.7.1 电阻器件的伏安特性
a) 正阻器件 b) 电压控制型负阻器件 c) 电流控制型负阻器件

图 5.7.1b、c 示出两种负阻器件的伏安特性。可以看出，在它们各自的 AB 段，电流、电压呈负斜率的关系。根据曲线的形状，通常称具有图 b 所示特性的器件为 N 型负阻器件或电压控制器件，其电流为电压的单值函数，具有这种特性的器件有隧道二极管、共发射极组态的某种点接触晶体管和真空四极管等；具有图 c 所示特性的器件称为 S 型负阻器件或电流控制器件，其电压为电流的单值函数，属于这一类的器件有单晶体管、晶闸管整流器和弧光放电管等。

目前，各种新型的负阻器件仍在不断地发明、研制，并逐步在实际电路中被采用。例如在固体微波振荡方面，用雪崩二极管、体效应二极管（耿氏二极管或限累二极管）等负阻器件构成负阻振荡器，显示出体积小、重量轻、耗电低、机械强度高等许多优点，取代了一些老式的微波振荡器。

本书不讨论各种负阻器件产生负阻特性的原理，仅从负阻器件的外特性说明产生负阻振荡的电路原理。下面以隧道二极管负阻振荡电路为例。

负阻器件的工作参数也用直流参数、微变参数来表示。在图 5.7.1b 中，若将静态工作点 Q 设置在伏安特性的负斜率区，则其直流电阻 R 和微变电阻 r 可分别表示如下：

$$R = \frac{V_0}{I_0} \tag{5.7.3}$$

$$r = \frac{\Delta V}{\Delta I} = -\frac{V_2 - V_1}{|I_2 - I_1|} \tag{5.7.4}$$

可见，尽管器件的微变电阻是负值，但其直流电阻则是正值。这说明负阻器件起着从直流电源中获取能量并将其转换成交变能量的作用。

显然，负阻器件是指它的增量电阻为负值的器件。当在 Q 点加上微弱的正弦电压（见图 5.7.2）$v_i = V_m \sin\omega t$ 时，即

$$v = V_Q + v_i = V_Q + V_m \sin\omega t \tag{5.7.5}$$

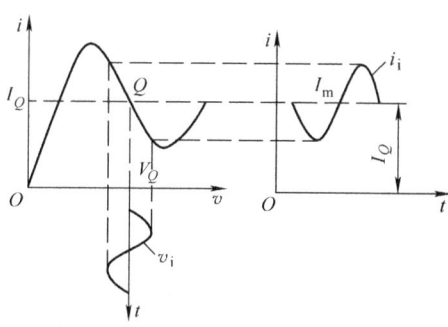

图 5.7.2 隧道二极管特性

在忽略失真的情况下，通过管子的电流为

$$i = I_Q + i_i = I_Q - \frac{V_m}{r}\sin\omega t \tag{5.7.6}$$

式中，i_i 是增量电流，其值为

$$i_i = \frac{v_i}{r} = (-g_n)v_i = (-g_n)V_m\sin\omega t = -I_m\sin\omega t \tag{5.7.7}$$

式中，$I_m = \frac{V_m}{|r|} = g_n V_m$；$-g_n = \frac{1}{r}$ 是隧道二极管在静态工作点上的增量电导，其值为负（g_n 为正值）。因此，加到器件上的平均功率为

$$P = \frac{1}{T}\int_0^T vi\,dt = \frac{1}{T}\int_0^T (V_Q + V_m\sin\omega t)(I_Q - I_m\sin\omega t)dt$$

$$= V_Q I_Q - \frac{V_m I_m}{2} = V_Q I_Q - \frac{V_m^2 g_n}{2} \tag{5.7.8}$$

式中，$V_Q I_Q$ 表示直流电源供给器件的平均功率；$-\frac{V_m^2 g_n}{2}$ 表示器件给出的交流功率。由于 $V_m < V_Q$，$I_m < I_Q$，则 $P > 0$，因此，负阻器件本身总是消耗功率的，它所以能够通过负电导给出交流功率，是由于它具有将直流功率的一部分转换为交流功率的作用。

当器件在小信号工作时，g_n 为定值。而当器件进入大信号工作时，通过器件的电流波形是非正弦的，如图 5.7.3a 所示。在这种情况下，为了表示器件的负阻特性，引入参数 $(-g_{n(av)})$，称为平均负增量电导，其中，$g_{n(av)}$ 定义为 i 中基波电流振幅与外加正弦电压振幅的比值。可见，当静态工作点一定时，随着输入电压的增大，电流正、负半周的顶部出现凹陷，并且不断加深，因此，基波电流分量的增长逐步趋缓，结果使 $g_{n(av)}$ 减小，如图 5.7.3b 所示。

5.7.2 负阻振荡器的原理和实用电路

负阻（Negative Resistance）振荡器是采用负阻器件与 LC 谐振回路共同构成的一种正

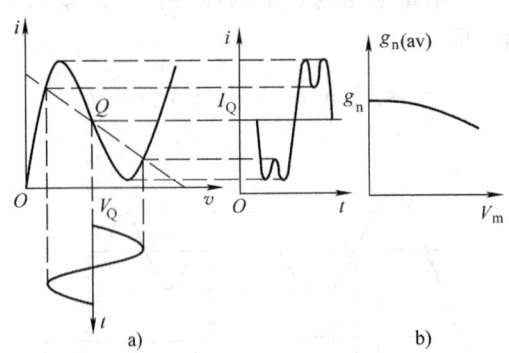

图 5.7.3 隧道二极管工作在大信号时的特性
a) 电流波形　b) 平均电导特性

弦波振荡器,主要工作在 100MHz 以上的超高频段。随着新型微波半导体负阻振荡器的研制成功,目前,负阻振荡器的振荡频率范围已扩展到几十 GHz 以上。

负阻振荡器中负阻器件向外电路提供交流功率,但同时它要消耗直流功率。这就是说,为了从负阻获得交流功率必须给于它适当的直流偏置,而直流电源提供偏置就供给了负阻器件直流功率,这个功率的一部分转化为交流功率,即负阻器件向外电路提供的交流输出功率;另一部分则是器件消耗的功率。因此,具有负阻特性的器件并不能自动地产生交流功率,只有利用负阻器件组成一定的振荡电路,使它能够从直流电源中得到能量,再借助于动态负阻的作用将直流能量变换为交流功率。这就是负阻振荡器的基本原理。

1. 负阻振荡原理

将负阻器件并接到并联谐振回路上,如图 5.7.4 所示,图中 g_{e0} ($=1/R_{e0}$) 为谐振回路的固有谐振电导,$-g_{n(av)}$ 为负阻器件的平均增量负电导。该电路的齐次微分方程为

$$C\frac{\mathrm{d}v}{\mathrm{d}t} + \frac{1}{L}\int v\mathrm{d}t + g_e v = 0 \tag{5.7.9}$$

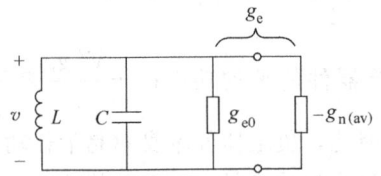

图 5.7.4 负阻振荡原理图

式中,$g_e = g_{e0} - g_{n(av)}$,当 $\dfrac{g_e}{2\omega_0 C} < 1$ 时,对上式求解的结果是

$$v(t) = Ae^{-\alpha t}\cos(\omega_0' t + \varphi) \tag{5.7.10}$$

式中,$\omega_0' = \sqrt{\omega_0^2 - \alpha^2}$,$\alpha = \dfrac{g_e}{2C}$,$\omega_0 = \dfrac{1}{\sqrt{LC}}$;$A$ 和 φ 为由起始条件决定的常数。由上式可见,当 $\dfrac{g_e}{2\omega_0 C} < 1$(或 $Q_e = \dfrac{\omega_0 C}{g_e} > 1/2$)时,一旦受到原始冲击(例如,电源接通瞬间引起电流突变等),并联谐振回路就将产生以电容中的电能和电感中的磁能交替转换为特征的余弦振荡,

振荡角频率为 ω_0'。若 $g_n > g_{e0}$，即 g_e 为负值，则振荡电压振幅将按指数规律增长。随着振荡电压振幅的增长，$g_{n(av)}$ 相应减小，直到 $g_{n(av)} = g_{e0}$ 时，$g_e = 0$，即 $\alpha = 0$，并联谐振回路便在相应的平衡振幅上产生角频率为 ω_0 的持续正弦振荡。

负阻振荡器就是根据上述原理而构成的。它的振幅起振条件为

$$g_n > g_{e0} \tag{5.7.11}$$

平衡条件为

$$g_{e0} - g_{n(av)} + j\omega_{osc}C + \frac{1}{j\omega_{osc}L} = 0 \tag{5.7.12}$$

或

$$g_{n(av)} = g_{e0}, \quad \omega_{osc} = \omega_0 = \frac{1}{\sqrt{LC}} \tag{5.7.13}$$

而其振幅稳定条件为

$$\frac{\partial g_{n(av)}}{\partial V_m} < 0 \tag{5.7.14}$$

相位稳定条件则依靠并联谐振回路具有负斜率变化的相频特性予以保证。

上面讨论了由隧道二极管构成的电压控制型负阻振荡器的工作原理。可以看出，在这种振荡电路中，负阻器件必须并接在谐振回路上，以保证加到负阻器件上的电压控制量是正弦的。现在如果改用电流控制型负阻器件，即具有如图 5.7.5a 所示伏安特性的单结晶体二极管构成负阻振荡器，则负阻器件应串接在谐振回路中，如图 5.7.5b 所示，以保证加到负阻器件的电流控制量是正弦的。此时，器件的负阻特性应由平均负电阻 $-r_{n(av)}$ 表示。采用同样的分析方法可以得到它的起振条件，即

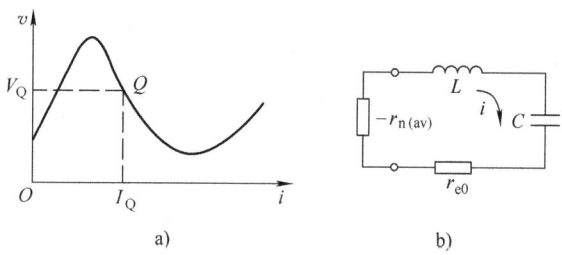

图 5.7.5 电流控制型负阻振荡原理图
a) 伏安特性 b) 负阻振荡器原理电路

$$r_n > r_{e0} \tag{5.7.15}$$

平衡条件为

$$r_{e0} - r_{n(av)} + j\omega_{osc}L + \frac{1}{j\omega_{osc}C} = 0 \tag{5.7.16}$$

或

$$r_{e0} = r_{n(av)}, \quad \omega_{osc} = \omega_0 = \frac{1}{\sqrt{LC}} \tag{5.7.17}$$

而其振幅稳定条件为

$$\frac{\partial r_{n(av)}}{\partial I_m} < 0 \tag{5.7.18}$$

相位稳定条件则依靠串联谐振回路具有负斜率变化的相频特性予以满足。

2. 负阻振荡器电路

由前面的分析知,负阻振荡器一般由负阻器件和选频网络两部分构成。为保证振荡器的正常工作,电流型负阻器件应与串联谐振回路相连接,电压型负阻器件则应与并联谐振回路相连接。

图 5.7.6a 所示是电压控制型负阻振荡器的实用电路。图中,V_{DD}、R_1、R_2 组成隧道二极管 VD 的直流供电电路,提供合适的静态工作点 Q;C_1 是高频旁路电容,用来避免直流供电电路对回路 Q_e 的影响,L 和 C 是谐振回路的电感和电容,R_L 为负载电阻。图 5.7.6b 是高频等效电路,r_n 和 C_n 为隧道二极管的等效负电阻和电容,$R_L' = R_L // R_{e0}$ 为等效负载,R_{e0} 为回路的固有谐振电阻。

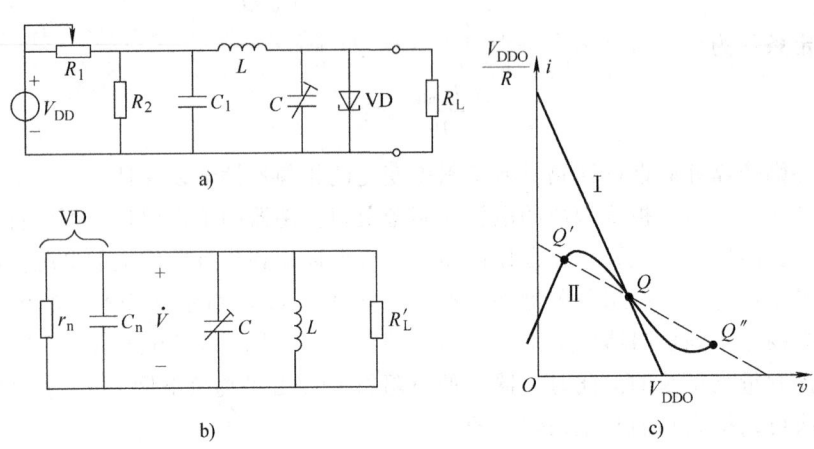

图 5.7.6 电压控制型负阻振荡器
a) 实用电路 b) 高频等效电路 c) 伏安特性

在上述电路中,R_1、R_2 取值应保证直流负载线与隧道二极管伏安特性的交点(静态工作点 Q)处于负阻区,如图 5.7.6c 中的直线 I,图中

$$V_{DDO} = V_{DD} \frac{R_2}{R_1 + R_2}, \quad R = R_1 // R_2$$

如果 R_1、R_2 取值过大,则直流负载线(图中所示直线 II)与伏安特性就有三个交点,就会引起静态工作点的不稳定,例如,若原先工作在 Q 点,由于偶然因素使 I_Q 稍有增大,工作点就会迅速地移到 Q',反之 I_Q 稍有减小,工作点将迅速地移到 Q'',它们都处于伏安特性的正阻区,从而导致振荡器停振。

该电路的起振条件是 $\qquad R_L' > |r_n|$

平衡条件 $\qquad R_L' = |r_{n(av)}|$

振荡频率近似为 $\qquad f_{osc} = \dfrac{1}{\sqrt{L(C+C_n)}}$

隧道二极管振荡电路虽很简单,但在微波波段应用时,结构问题非常重要,常用谐振腔或带状线作为其谐振回路,有时还用变容二极管作为回路可调电容,工作频率最高可达几 GHz,体积小,耗电量低;它的缺点是输出功率小。近年来,在微波振荡技术方面,其他新型负阻器件的出现,克服了这一缺点,使负阻振荡器的应用更为广泛。

思考题与习题

5.1 振荡器是一个能自动将_____能量转换成_____能量的转换电路,所以说振荡器是一个_____转换器。

5.2 振荡器在起振初期工作在小信号_____类线性状态,因此晶体管可用_____等效电路进行简化,达到等幅振荡时,放大器进入_____类工作状态。

5.3 一个正反馈振荡器必须满足三个条件:_____、_____、_____。正弦波振荡器的振幅起振条件是_____,相位起振条件是_____;正弦波振荡器的振幅平衡条件是_____,相位平衡条件是_____;正弦波振荡器的振幅平衡状态的稳定条件是_____,相位平衡状态的稳定条件是_____。

5.4 LC三点式振荡器电路组成原则是与发射极相连接的两个电抗元件必须_____,而不与发射极相连接的电抗元件与前者必须_____。

5.5 从能量的角度出发,分析振荡器能够产生振荡的实质。

5.6 为何在振荡器中,应保证振荡平衡时放大电路有部分时间工作在截止状态,而不是饱和状态?这对振荡电路有何好处?

5.7 若反馈振荡器满足起振和平衡条件,则必然满足稳定条件,这种说法是否正确?为什么?

5.8 分析图5.2.1a电路振荡频率不稳定的具体原因?

5.9 试定性说明电感三点式振荡器中L_1和L_2(见图5.2.7a)的大小对振幅起振条件的影响。

5.10 说明反馈型振荡器各组成部分的功能,原始信号是如何产生的?

5.11 什么是振荡器的起振条件、平衡条件和稳定条件?各有什么物理意义?振荡器输出信号的振幅和频率分别是由什么条件决定的?

5.12 反馈型LC振荡器从起振到平衡,放大器的工作状态是怎样变化的?它与电路的哪些参数有关?

5.13 试判断图5.T.1所示交流通路中,哪些可能产生振荡,哪些不能产生振荡。若能产生振荡,则说明是哪种振荡电路。

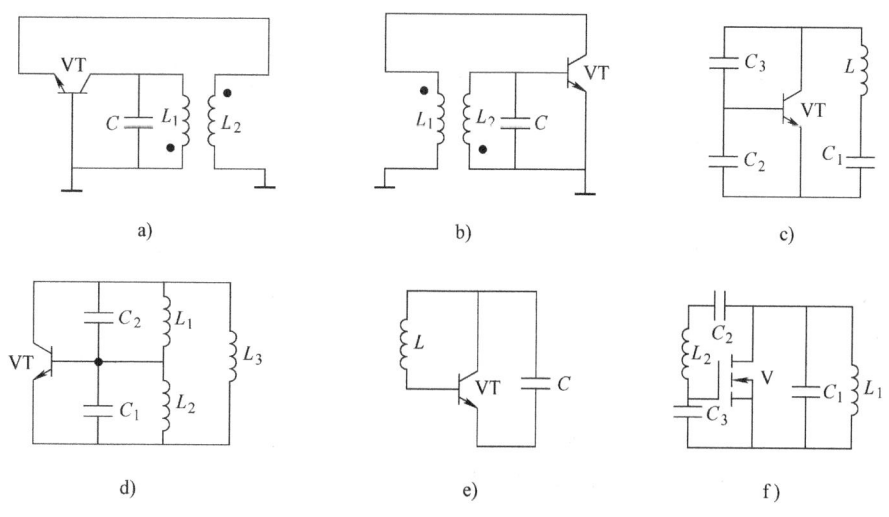

图5.T.1 题5.13图

5.14 图5.T.2所示为互感耦合反馈式振荡器,画出其高频等效电路,并注明电感线圈的同名端。

5.15 试画出图5.T.3所示各振荡器的交流通路,并判断哪些电路可能产生振荡,哪些电路不能产生振荡。

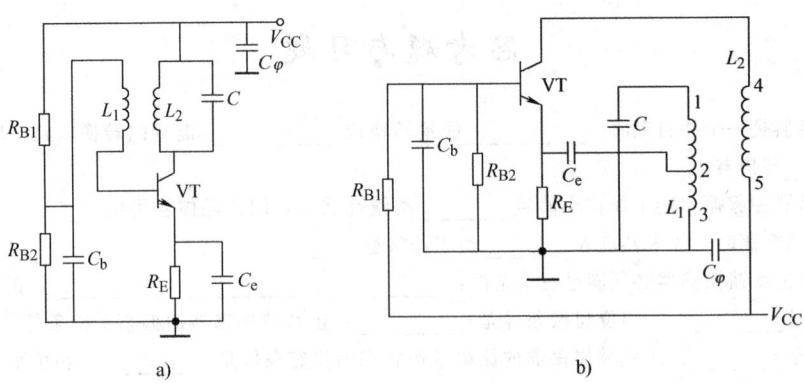

图 5.T.2 题 5.14 图

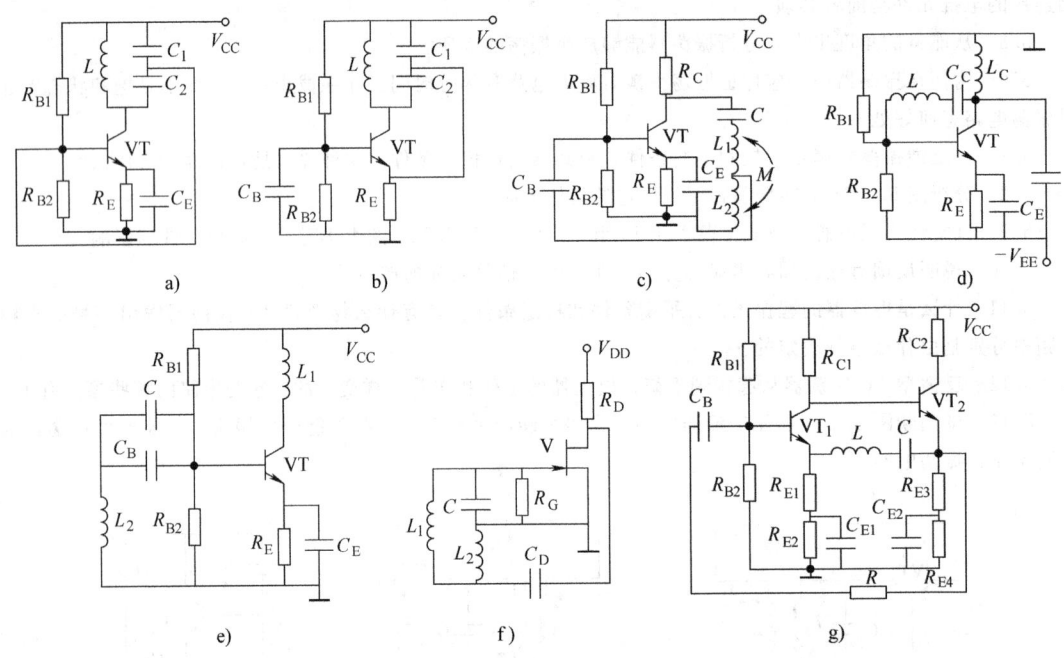

图 5.T.3 题 5.15 图

图中，C_B、C_C、C_E、C_D 为交流旁路电容或隔直流电容，L_C 为高频扼流圈，偏置电阻 R_{B1}、R_{B2}、R_G 不计。

5.16 试改正图 5.T.4 所示振荡电路中的错误，并指出电路类型。图中 C_B、C_D、C_E 均为旁路电容或隔直流电容，L_C、L_E、L_S 均为高频扼流圈。

5.17 在图 5.T.5 所示的三点式振荡电路中，已知 $L=1.3\mu H$，$C_1=51pF$，$C_2=2000pF$，$Q_0=100$，$R_L=1k\Omega$，$R_E=500\Omega$。试问 I_{EQ} 应满足什么要求时振荡器才能振荡。

5.18 已知图 5.T.6 所示的振荡电路中，$C_1=C_2=C_3=100pF$，$L=20\mu H$，$Q=150$。若晶体管的正向传输导纳 $y_{fe}=32\times 10^{-1}S$，该电路能否产生振荡？

5.19 已知图 5.T.7 所示的振荡器中，晶体管在工作条件下的 Y 参数为：$g_{ie}=2mS$，$g_{oe}=20\mu S$，$|y_{fe}|=20.6mS$。回路元件参数为 $Q_0=100$，$C_2=300pF$，$C_1=60pF$，$L=5\mu H$。

(1) 画出振荡器的共射交流等效电路。

(2) 估算振荡频率和反馈系数。

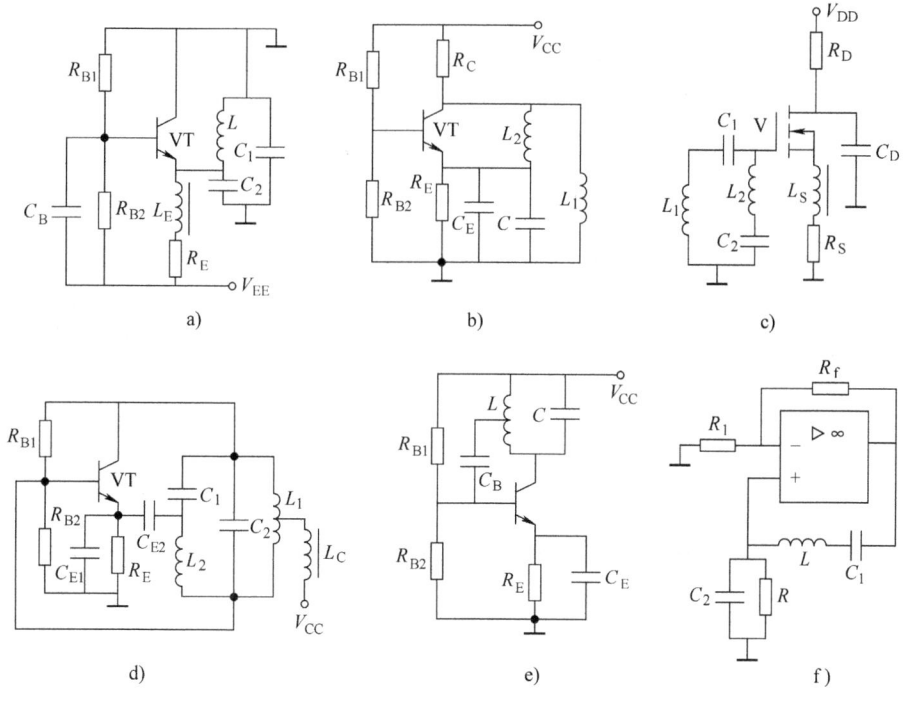

图 5.T.4　题 5.16 图

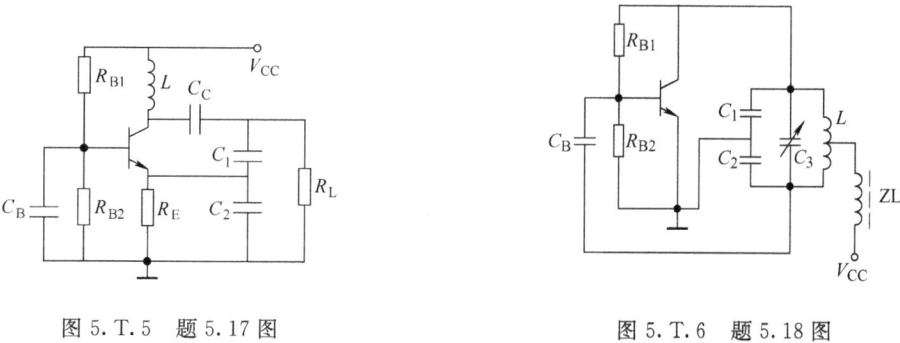

图 5.T.5　题 5.17 图　　　　　　　图 5.T.6　题 5.18 图

(3) 根据振幅起振条件判断该电路能否起振。

(提示：在振荡器共射交流等效电路中，设法求出 g_{ie} 等效到晶体管 c、e 两端的值 g'_{ie})

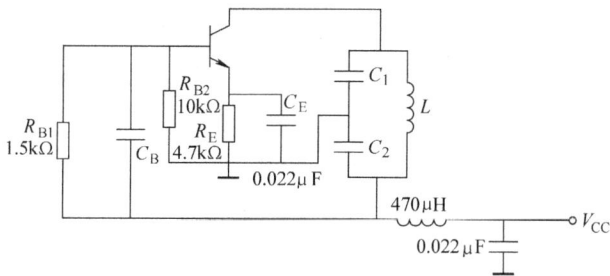

图 5.T.7　题 5.19 图

5.20 图5.T.8所示为 LC 振荡器。

(1) 试说明振荡电路各元件的作用。

(2) 若当电感 $L=1.5\mu H$，要使振荡频率为 $49.5MHz$，则 C_4 应调到何值？

5.21 图5.T.9所示的电容反馈振荡电路中，$C_1=100pF$，$C_2=300pF$，$L=50\mu H$。画出电路的交流等效电路，试估算该电路的振荡频率和维持振荡所必须的最小电压放大倍数 A_{vmin}。

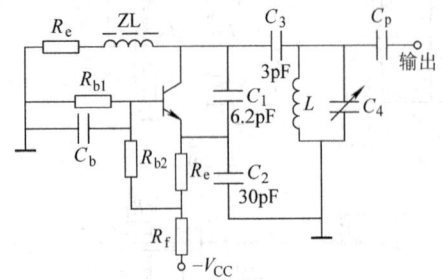
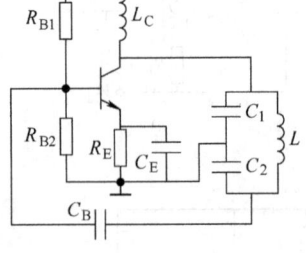

图5.T.8 题5.20图　　　　　　图5.T.9 题5.21图

5.22 图5.T.10所示振荡电路的振荡频率 $f_{osc}=50MHz$，画出其交流等效电路，并求回路电感 L。

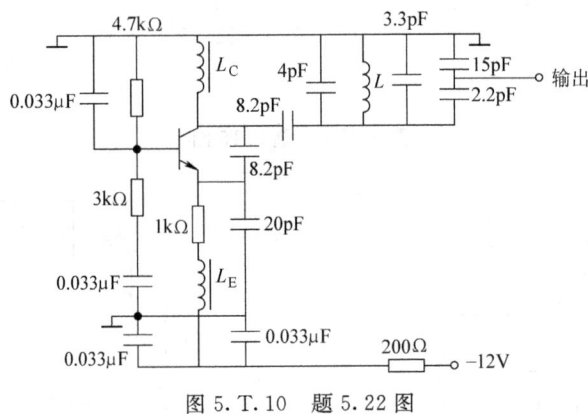

图5.T.10 题5.22图

5.23 图5.T.11所示是一电容反馈振荡器的实际电路，已知 $C_1=50pF$，$C_2=100pF$，$C_3=10\sim 260pF$，要求工作在波段范围，即 $f=(10\sim 20)MHz$，试计算回路电感 L 和电容 C_0。设回路空载 $Q_0=100$，负载电阻 $R_L=500\Omega$，晶体管输入电阻 $R_i=500\Omega$，若要求起振时环路增益 $A_v F=3$，问要求的跨导 g_m 必须为多大？

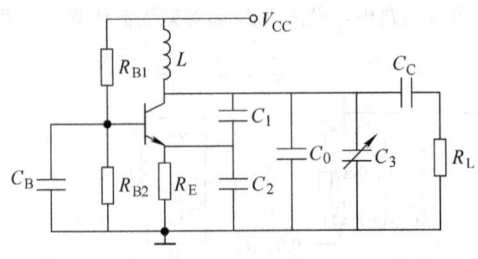

图5.T.11 题5.23图

5.24 说明克拉泼电路和西勒振荡电路是如何改进电容反馈振荡器性能的。

5.25 图5.T.12所示为克拉泼振荡电路。已知 $L=2\mu H$，$C_1=1000pF$，$C_2=4000pF$，$C_3=70pF$，

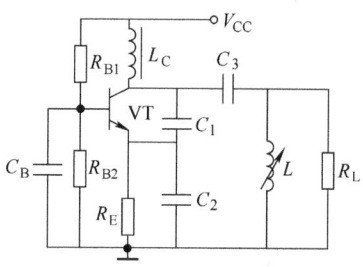

图 5.T.12 题 5.25 图

$Q_0=100$，$R_L=15\text{k}\Omega$，$C_{b'e}=10\text{pF}$，$R_E=500\Omega$，试估算振荡角频率 ω_{osc} 值，并求满足起振条件时的 I_{EQmin}。设 β 很大。

5.26 在上题所示电路中，若调整工作点，使 $I_{EQ}=5\text{mA}$，并将 C_3 分别减小到 60pF、40pF，调节 L 使 ω_{osc} 不变，设 $Q_0=100$，试问电路能否振荡？

5.27 石英晶体具有一种特殊的物理性能，即＿＿＿＿＿和＿＿＿＿＿；当 $f_g<f<f_p$ 时，石英晶体阻抗呈＿＿＿＿＿；当 $f=f_g$ 时，石英晶体为＿＿＿＿＿；当 $f>f_p$ 时，石英晶体阻抗呈＿＿＿＿＿。

5.28 并联型晶体振荡器中，晶体等效为＿＿＿＿＿元件，其振荡频率满足＿＿＿＿＿；串联型晶体振荡器中，晶体等效为＿＿＿＿＿元件，其振荡频率为＿＿＿＿＿。

5.29 并联型晶体振荡器中，晶体若接在晶体管的 c、b 极之间，这样组成的电路称为＿＿＿＿＿；晶体若接在晶体管的 b、e 极之间，这样组成的电路分别称为＿＿＿＿＿。

5.30 画出图 5.T.13 所示各晶体振荡器的交流通路，并指出电路类型。

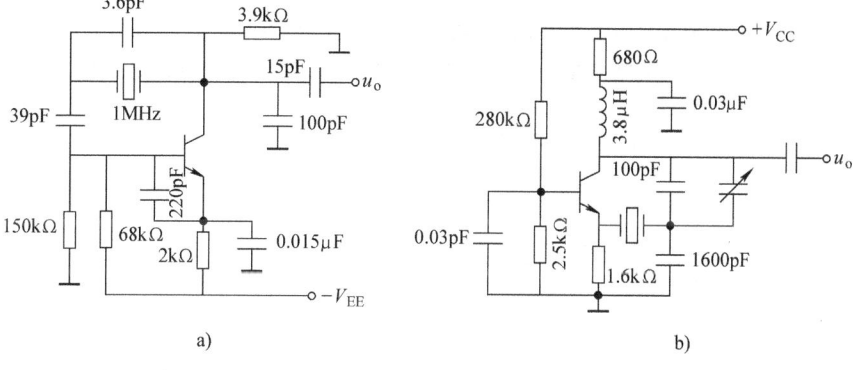

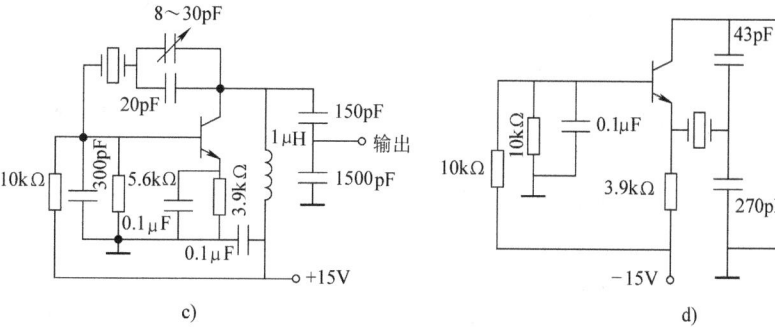

图 5.T.13 题 5.30 图

5.31 某通信接收机本地振荡的实际电路如图 5.T.14 所示,试画出其交流等效电路并说明是什么形式的电路。

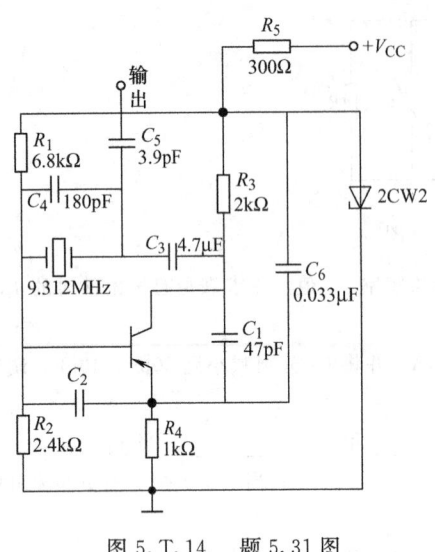
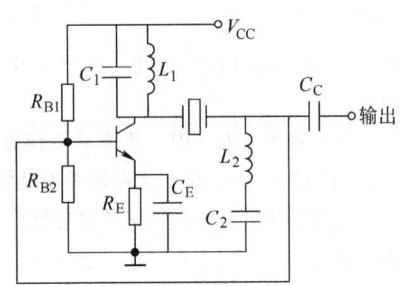

图 5.T.14 题 5.31 图   图 5.T.15 题 5.32 图

5.32 晶体振荡电路如图 5.T.15 所示,已知 $\omega_1 = \dfrac{1}{\sqrt{L_1 C_1}}$,$\omega_2 = \dfrac{1}{\sqrt{L_2 C_2}}$,试分析电路能否产生正弦波振荡;若能振荡,试指出 ω_{osc} 与 ω_1、ω_2 之间的关系。

5.33 振荡器的频率稳定度用什么来衡量?什么是长期、短期和瞬时频稳度?引起振荡器频率变化的外界因素有哪些?

5.34 在高稳定晶体振荡器中,采用了哪些措施来提高频率稳定度?

5.35 试将晶体正确地接入图 5.T.16 所示电路中,组成并联或串联型晶体振荡电路。

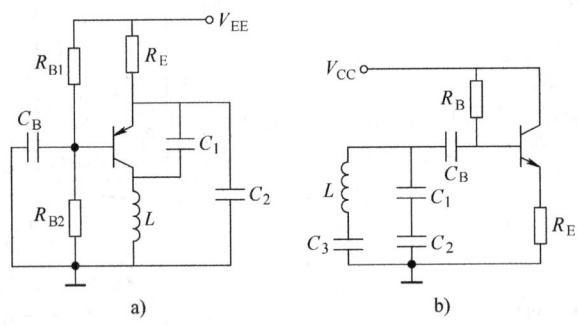

图 5.T.16 题 5.35 图

5.36 图 5.T.17a 为文氏电桥振荡器,而图 5.T.17b 为二极管稳幅文氏电桥振荡器,试指出集成运算放大器输入端的极性,说明电路是如何实现稳幅的。

5.37 试求图 5.T.18 所示串并联移相网络振荡器的振荡角频率 ω_{osc} 及维持振荡所需 R_f 最小值 R_{fmin} 的表示式。已知:

(1) $C_1 = C_2 = 0.05 \mu F$,$R_1 = 5 k\Omega$,$R_2 = 10 k\Omega$。

(2) $R_1 = R_2 = 10 k\Omega$,$C_1 = 0.01 \mu F$,$C_2 = 0.1 \mu F$。

5.38 图 5.T.19 所示文氏电桥电路音频振荡器的频率范围为 20Hz~20kHz,共分为三挡。如果双联

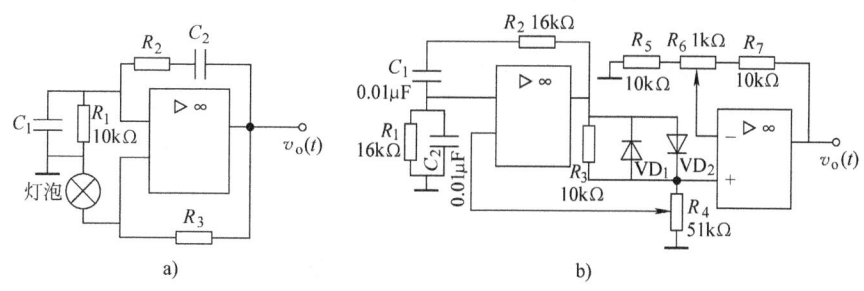

图 5.T.17 题 5.36 图

可变电阻器 R_1 的阻值范围是 $1\sim10\text{k}\Omega$，试求 C_1、C_2、C_3 的值，以及每挡的频率范围。

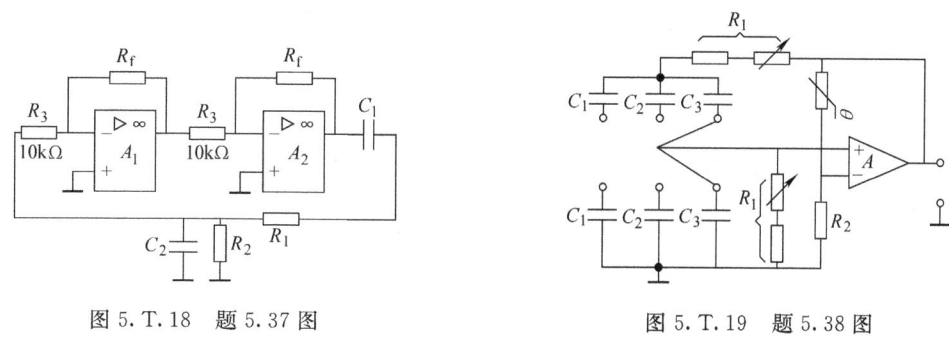

图 5.T.18 题 5.37 图　　　　图 5.T.19 题 5.38 图

5.39　试用振荡相位平衡条件判断图 5.T.20 所示各电路能否产生正弦波振荡，为什么？

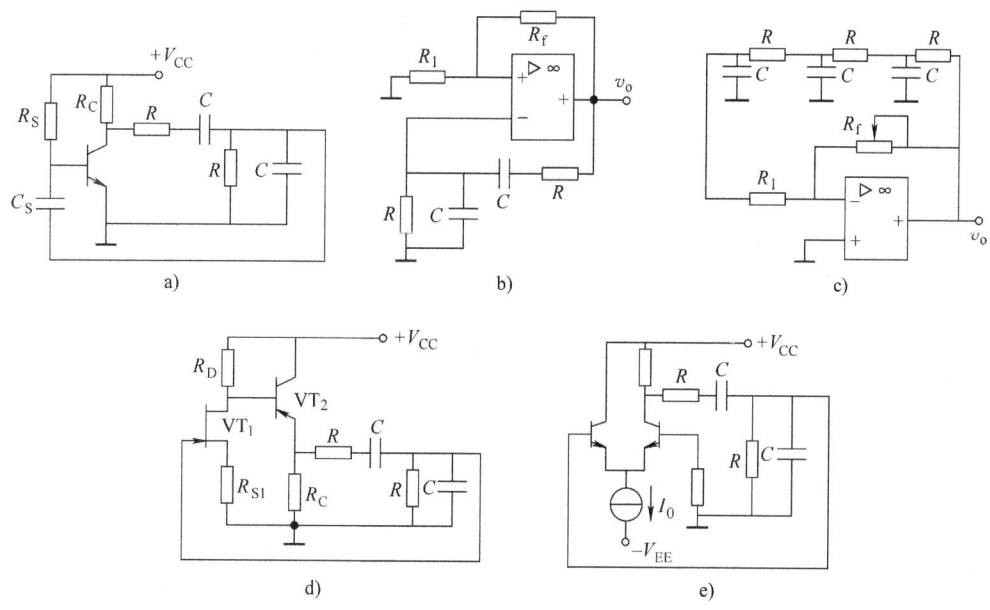

图 5.T.20 题 5.39 图

5.40　在图 5.T.21 中：

(1) 判断电路是否满足正弦振荡的相位平衡条件。如不满足，修改电路连线使之满足。（画在图上）

(2) 在图示参数下能否保证起振条件？如不能，应调节哪个参数？调到什么值？

(3) 起振以后，振荡频率 f_{osc} 应为多少？

(4) 如果希望提高振荡频率 f_{osc}，可以改变哪些参数？增大还是减小？

(5) 如果要求改善输出波形，减小非线性失真，应调哪个参数？增大还是减小？

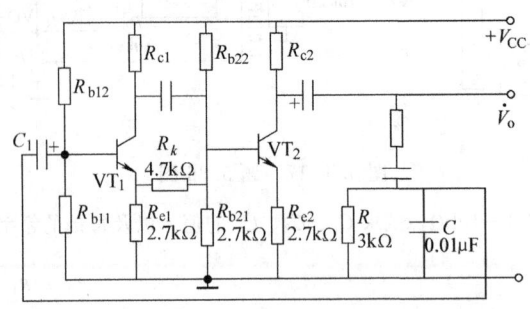

图 5.T.21   题 5.40 图

5.41 在图 5.T.22 中：

(1) 要组成一个文氏电桥 RC 振荡器，图中电路应如何连接？（在图中画出连线）

(2) 当 $R=10\text{k}\Omega$，$C=0.1\mu\text{F}$ 时，估算振荡频率 f_{osc} 是多少（忽略负载效应）？

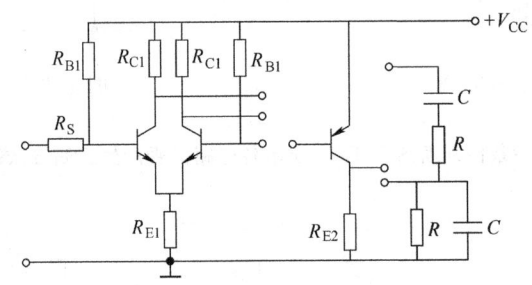

图 5.T.22   题 5.41 图

5.42 为了提高带负载能力，改善输出电压的波形，试在图 5.T.22 所示电路中引入一个适当的负反馈，请画在图上。

5.43 一电压控制型负阻振荡器如图 5.T.23a 所示，并设负阻特性如图 5.T.23b 所示。已知：负阻支架电容 $C_d=5\text{pF}$；其他参数：$V=3\text{V}$，$C_1=0.01\mu\text{F}$，$C=25\text{pF}$，$L=0.36\mu\text{H}$，$R=5\text{k}\Omega$。

(1) 画出直流等效电路，选择 R_1、R_2 以保证正确的工作点。

(2) 画出交流等效电路，计算振荡频率 f_{osc} 和回路压降幅度。

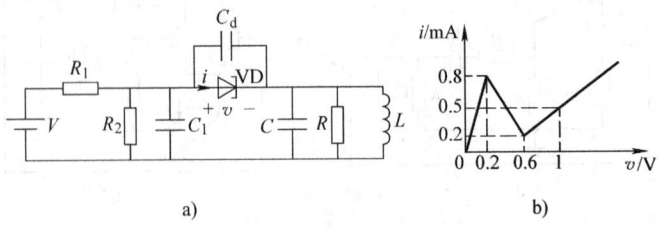

图 5.T.23   题 5.43 图

第 6 章 频谱搬移电路

绪论中已经指出，振幅调制与解调、混频、频率调制与解调电路是通信、广播、电视等系统及各种电子设备中不可缺少的单元电路，这些电路统称为频率变换电路。它们的共同特点是将输入信号进行频谱变换，以获得具有所需频谱结构的输出信号。

根据频谱变换的不同特点，频率变换电路可以分为频谱的线性变换（频谱搬移）电路和频谱的非线性变换电路。频谱搬移电路的特点是将输入信号的频谱在频率轴上进行不失真的线性搬移，即要求已调信号的频谱结构不失真地复现低频调制信号的频谱结构形式。属于这类电路的有振幅调制电路、振幅调制波的解调电路和混频电路。频谱的非线性变换电路是将输入信号频谱进行特定的非线性变换，属于这类电路的有角度调制与解调电路，将在第 7 章中介绍，本章主要介绍频谱的线性变换（频谱搬移）电路。

6.1 频谱搬移的基本原理及电路组成模型

如前所述，频谱搬移包括振幅调制与解调以及混频。调制的目的是在发射端将调制信号从低频端变换到高频端，便于天线发送或实现不同信号源、不同系统的频分复用。解调则是调制的逆过程，是将载于高频振荡信号上的调制信号恢复出来的过程。本节以振幅调制电路为重点，分析频谱搬移电路的作用，并提出相应的组成模型，然后对照地指出振幅解调电路和混频电路在组成模型上的异同点。

6.1.1 振幅调制的原理及电路组成模型

调制是利用有用信号（调制信号或基带信号）$v_\Omega(t)$ 控制高频载波的某一参数，使这个参数随 $v_\Omega(t)$ 而变化。根据载波信号的不同，调制的方式分为连续波调制（Continuous Wave Modulation）和脉冲波调制（Pulse Wave Modulation）两大类。连续波调制是用 $v_\Omega(t)$ 控制正弦载波的振幅、频率或相位，从而得到调幅、调频和调相三种已调制信号。脉冲波调制是用 $v_\Omega(t)$ 控制脉冲波的振幅、宽度和位置等，从而得到脉幅、脉宽、脉位调制等已调信号。在此只介绍连续波调制。

振幅调制（Amplitude Modulation）是由调制信号 $v_\Omega(t)$ 控制载波信号的振幅，使之按调制信号的规律变化；严格地讲，是使高频振荡的振幅与调制信号成线性关系，其他参数（频率和相位）不变。振幅调制按其频谱结构不同分为四种方式：普通（标准）调幅方式（Standard AM）（简称为 AM）、抑制载波的双边带调制（Double Sideband Modulation，DSB）、抑制载波的单边带调制（Single Sideband Modulation，SSB）方式及残留边带调制（Vestigial Sideband Modulation，VSB）方式。所得到的已调信号分别称为调幅信号、双边带信号、单边带信号及残留边带信号。本节将对各种振幅调制信号进行分析，并提出相应的实现模型。

6.1.1.1 普通调幅信号的基本特性及其组成模型

设载波信号为
$$v_c(t) = V_{cm}\cos\omega_c t \tag{6.1.1}$$

1. 单音频调制

若调制信号为 $v_\Omega(t) = V_{\Omega m}\cos\Omega t$ (为单音频信号) (6.1.2)

通常满足 $\omega_c \gg \Omega$。根据振幅调制信号的定义，可知 AM 信号的振幅为

$$V_m(t) = V_{cm} + \Delta V(t) = V_{cm} + k_a V_{\Omega m}\cos\Omega t = V_{cm}(1 + M_a\cos\Omega t) \quad (6.1.3)$$

式中，M_a 称为调幅指数（Amplitude Modulation Factor），且 $M_a = k_a\dfrac{V_{\Omega m}}{V_{cm}}, 0 < M_a \leqslant 1$；$k_a$ 是由调制电路决定的比例系数，称为调制灵敏度。由此，可得 AM 信号的数学表达式为

$$v_{AM}(t) = (V_{cm} + k_a V_{\Omega m}\cos\Omega t)\cos\omega_c t$$
$$= V_{cm}(1 + M_a\cos\Omega t)\cos\omega_c t \quad (6.1.4)$$

图 6.1.1a 给出了 $v_\Omega(t)$、$v_c(t)$ 和 $v_{AM}(t)$ 的波形图，由图可以得到调幅指数 M_a 的另一计算式为

$$M_a = \frac{V_{max} - V_{min}}{V_{max} + V_{min}} = \frac{V_{max} - V_{cm}}{V_{cm}} = \frac{V_{cm} - V_{min}}{V_{cm}} \quad (6.1.5)$$

式中，$V_{max} = V_{cm}(1 + M_a)$、$V_{min} = V_{cm}(1 - M_a)$ 分别是调幅信号电压的最大振幅和最小振幅。

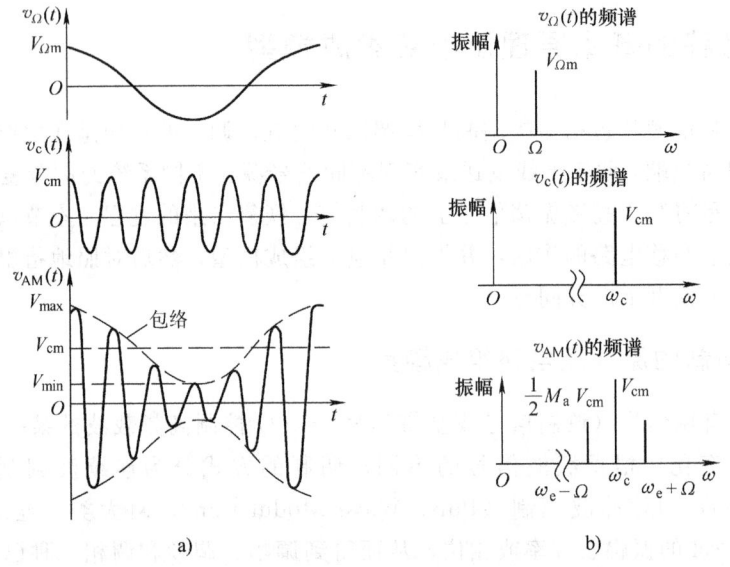

图 6.1.1 $v_\Omega(t)$、$v_c(t)$ 和 $v_{AM}(t)$ 的波形图及频谱图
a）AM 波形图　b）AM 频谱图

显然，当 $M_a > 1$ 时，$V_{min} = V_{cm}(1 - M_a) < 0$，即在 $\Omega t = \pi$ 附近，包络 $V_m(t)$ 为负值，如图 6.1.2a 所示，包络 $V_m(t)$ 已不能反映原调制信号的变化规律而产生了失真，通常称这种失真为过调制失真（Over Modulation）。但在实际调幅电路中，由于 $V_m(t) < 0$ 时管子截止，过调制失真的波形如图 6.1.2b 所示。

利用三角函数，可以将式（6.1.4）展开成为

$$v_{AM}(t) = V_{cm}\cos\omega_c t + \frac{M_a V_{cm}}{2}\cos(\omega_c + \Omega)t + \frac{M_a V_{cm}}{2}\cos(\omega_c - \Omega)t \quad (6.1.6)$$

可见，单音频信号调制的 AM 波，有一对边频，对称地分布在 ω_c 两边，振幅均为 $\dfrac{1}{2}M_a V_{cm}$，

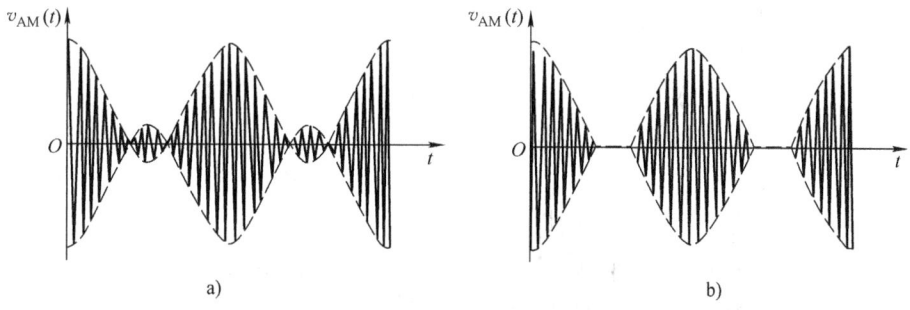

图 6.1.2 过调制失真波形

其频谱图如图 6.1.1b 所示。AM 信号的频谱宽度为

$$BW_{AM} = 2F, \quad F = \frac{\Omega}{2\pi} \tag{6.1.7}$$

因此，单音频调制时的调幅信号的频谱由三个高频正弦波叠加而成，角频率为 ω_c 的载频分量和角频率为 $\omega_c+\Omega$、$\omega_c-\Omega$ 的上、下边频分量。这就是说，调幅的过程实际上是一种频谱搬移过程，经过调制后，将 $v_\Omega(t)$ 的频谱搬移到载频 ω_c 的左右两边，成为上、下边频。显然上、下边频分量是由乘法器对 $v_\Omega(t)$ 和 $v_c(t)$ 进行相乘的产物。

2. 多音频调制波

设 $v_\Omega(t)$ 为非余弦的周期性信号，其傅里叶级数展开式为

$$v_\Omega(t) = \sum_{n=1}^{n_{max}} V_{\Omega mn} \cos\Omega_n t \tag{6.1.8}$$

则

$$v_{AM}(t) = (V_{cm} + k_a \sum_{n=1}^{n_{max}} V_{\Omega mn} \cos\Omega_n t)\cos\omega_c t$$

$$= V_{cm}(1 + \sum_{n=1}^{n_{max}} M_{an}\cos\Omega_n t)\cos\omega_c t \tag{6.1.9}$$

式中，$M_{an} = k_a \dfrac{V_{\Omega mn}}{V_{cm}}$

多音频调制的调幅波波形与频谱图如图 6.1.3 所示。显然，AM 调制是将调制信号频谱不失真地搬移到载频 ω_c 的两边，成为上、下边带，实现了频谱的线性搬移。由图可见，上边带的频谱结构与原调制信号的频谱结构相同，下边带是上边带的镜像。所谓频谱结构相同，是指各频率分量的相对振幅及相对位置没有变化。

多频率调制时调幅信号的频带宽度为调制信号带宽的两倍，即

$$BW_{AM} = 2F_{max} \tag{6.1.10}$$

信号带宽是决定无线电台频率间隔的主要因素，如通常广播电台规定的带宽为 9kHz，VHF 电台的带宽为 25kHz。

3. 调幅波的功率

如果将调幅波电压加在负载 R_L 上，则由"电路分析基础"中非正弦波电路理论可知，负载电阻吸收的功率为各项正弦分量单独作用时功率之和，对于式（6.1.6），可以写出负载 R_L 上获得的功率包含三部分：

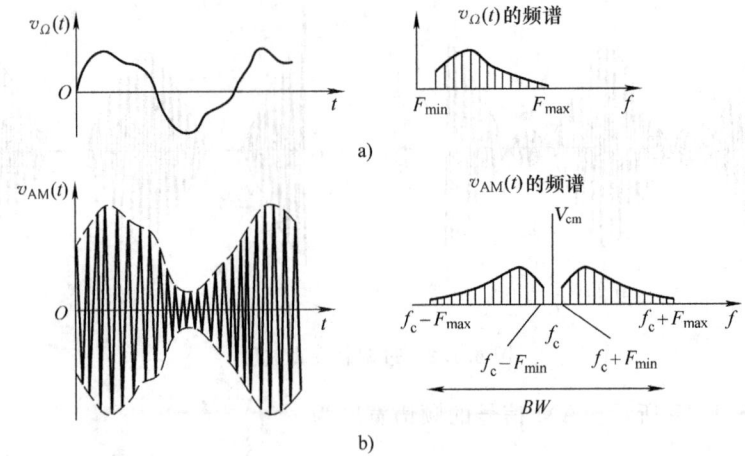

图 6.1.3 多音频调制时的调幅波的波形与频谱
a) 多音频信号的波形与频谱 b) 多音频调制情况下的调幅信号的波形与频谱

载波分量功率

$$P_\mathrm{o} = \frac{1}{2}\frac{V_\mathrm{cm}^2}{R_\mathrm{L}} \tag{6.1.11}$$

上（下）边频分量功率

$$P_{\omega_\mathrm{c}+\Omega} = P_{\omega_\mathrm{c}-\Omega} = \frac{1}{2R_\mathrm{L}}\left(\frac{M_\mathrm{a}V_\mathrm{cm}}{2}\right)^2 = \frac{1}{4}M_\mathrm{a}^2 P_\mathrm{o} \tag{6.1.12}$$

所以调幅波在调制信号一个周期内的平均值为

$$P_\mathrm{av} = P_\mathrm{o} + P_{\omega+\Omega} + P_{\omega-\Omega} = P_\mathrm{o} + P_\mathrm{SB} = P_\mathrm{o}\left(1+\frac{1}{2}M_\mathrm{a}^2\right) \tag{6.1.13}$$

式中，P_SB 为上、下两个边频分量产生的平均总功率。且

$$P_\mathrm{SB} = \frac{1}{2}M_\mathrm{a}^2 P_\mathrm{o} \tag{6.1.14}$$

4. AM 信号的实现模型

式（6.1.4）可以改写为

$$\begin{aligned}v_\mathrm{AM}(t) &= \left(1+\frac{k_\mathrm{a}}{V_\mathrm{cm}}V_{\Omega\mathrm{m}}\cos\Omega t\right)V_\mathrm{cm}\cos\omega_\mathrm{c}t \\ &= [1+k_1 v_\Omega(t)]v_\mathrm{c}(t)\end{aligned}$$

式中，$k_1 = \dfrac{k_\mathrm{a}}{V_\mathrm{cm}}$。

根据上式，可以得到图 6.1.4 所示的实现模型，其中带通滤波器的中心频率为 f_c，带宽为 BW_AM。

AM 调制被广泛地应用于传统的无线电通信及无线电广播中，其主要原因是设备简单，特别是解调 AM 信号的电路很简单，便于接收，而且与其他调制方式（如调频）相比，所占用的频带窄。

6.1.1.2 双边带调幅信号基本特性及其组成模型

由普通调幅（AM）信号的频谱结构可知，只有上、下边频分量反映调制信号的频谱结

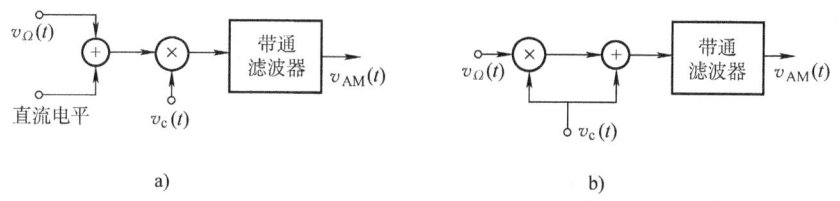

图 6.1.4　AM 信号的实现模型

构,载波分量仅起着通过乘法器将调制信号频谱搬移到载频 ω_c 两边的作用,其本身并不反映调制信号的变化。这就是说,调制信号包含在边频带中,而不携带调制信号的载频却占去了绝大部分的发射功率。如当 $M_a = 1$ 时,$P_o = 0.67 P_{av}$;当 M_a 减小时,P_{av} 减小,而 P_o 不变,因而 P_o 在 P_{av} 中的比重增大。例如当 $M_a = 0.3$ 时,$P_o = 0.95 P_{av}$,占 P_{av} 的 95% 以上。所以,AM 调制方式功率浪费大,效率低。

因此,从传输信息的观点来看,占有绝大部分功率的载波分量是无用的,它起到的仅仅是运载工具的作用。如果在传输前将它抑制掉,仅发送上、下两个边频带,那么就可以在不影响传输信息的条件下,大大节省发射机的发射功率。这种仅传输两个边带的调制方式称为抑制载波的双边带调制,简称为双边带调制（DSB）。

1. 单频率调制的双边带调幅信号

设载波为 $$v_c(t) = V_{cm}\cos\omega_c t$$
单频率调制信号为 $$v_\Omega(t) = V_{\Omega m}\cos\Omega t \quad (\Omega \ll \omega_c)$$
则双边带调幅信号的数学表达式为

$$v_{DSB}(t) = k_a v_\Omega(t) v_c(t)$$
$$= k_a V_{\Omega m} V_{cm} \cos\Omega t \cos\omega_c t = g(t)\cos\omega_c t \tag{6.1.15}$$

式中,k_a 为由调制电路确定的比例系数。DSB 信号波形如图 6.1.5a 所示。显然,由式（6.1.15）可知,单频调制的双边带调幅信号中仅包含上、下两个边频 [$(\omega_c + \Omega)$、$(\omega_c - \Omega)$] 分量,无载频 ω_c 分量,频谱图如图 6.1.5b 所示,频带宽度仍为调制信号带宽的两倍。

2. 多频率调制的双边带调幅信号

若设 $v_\Omega(t)$ 仍为式（6.1.8）的非余弦的周期性信号,则其 DSB 信号为

$$v_{DSB}(t) = k_a v_\Omega(t) v_c(t) = k_a \sum_{n=1}^{n_{max}} V_{\Omega mn}\cos\Omega_n t V_{cm}\cos\omega_c t \tag{6.1.16}$$

所得到的波形图与频谱图如图 6.1.6 所示。与 $v_{AM}(t)$ 的频谱结构相比,DSB 信号的频谱除不含有载频分量外,其他频率分量完全相同。

由以上讨论知,DSB 信号与 AM 信号相比,具有以下特点:

1) 包络不同。AM 信号的包络正比于调制信号 $v_\Omega(t)$,而 DSB 信号的包络 $|g(t)|$ 正比于 $|v_\Omega(t)| = |V_{\Omega m}\cos\Omega t|$,当调制信号 $v_\Omega(t) = 0$ 时,即 $\cos\Omega t = 0$,DSB 信号的幅度也为零,DSB 信号的包络已不再反映调制信号 $v_\Omega(t)$ 的变化。

2) DSB 信号的高频载波在调制信号自正值或负值通过零点时,出现 180°的相位突变。因此,严格地讲,DSB 信号已非单纯的振幅调制信号,而是既调幅又调相的信号。

3) DSB 信号只有上、下两个边频带,所占频谱宽度为

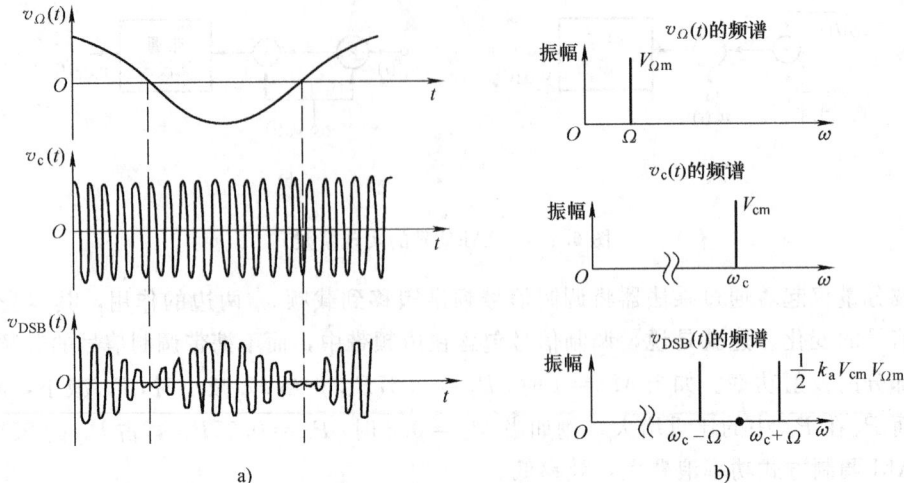

图 6.1.5 单频调制的 DSB 信号的波形图和频谱图
a) DSB 波形图　b) DSB 频谱图

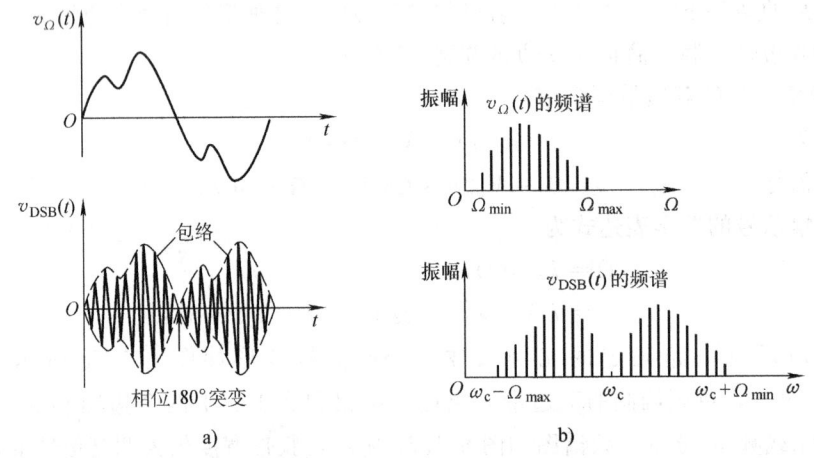

图 6.1.6 DSB 信号的波形图与频谱图
a) 波形图　b) 频谱图

$$BW_{\text{DSB}} = 2F_{\max}, \quad F_{\max} = \frac{\Omega_{\max}}{2\pi} \tag{6.1.17}$$

与 AM 信号具有相同的带宽。

4）由于 DSB 信号不含载波，全部功率为边带占有，所以发送的全部功率都载有信息，功率利用率高于 AM 信号。

3. 双边带调幅信号的产生

由式（6.1.15）或式（6.1.16）知，产生双边带调幅信号的最直接的方法就是将调制信号与载波信号相乘，如图 6.1.7 所示。这里的带通滤波器应该具有中心频率为 f_c、带宽为 BW_{DSB} 的频率特性。

6.1.1.3 单边带调幅信号的基本特性及实现模型

由双边带信号的频谱知，其上、下两个边频带所含的信息完全一样，从信息传输的角度看，仅发送一个边

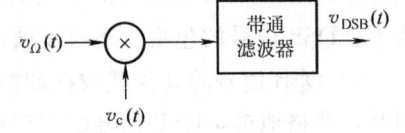

图 6.1.7 双边带调幅信号的实现模型

带的信号而把另一个边带抑制掉，同样可以达到信息传输的目的。这种仅传输一个边带（上边带或下边带）的调制方式称为单边带调制（SSB）。

1. 单边带信号的基本特性

在单音频调制时，$v_{DSB}(t) = k_a v_\Omega(t) v_c(t)$。取上边带时

$$v_{SSB}(t) = \frac{1}{2} k_a V_{\Omega m} V_{cm} \cos(\omega_c + \Omega) t \tag{6.1.18}$$

取下边带时

$$v_{SSB}(t) = \frac{1}{2} k_a V_{\Omega m} V_{cm} \cos(\omega_c - \Omega) t \tag{6.1.19}$$

从上两式看，单频调制时的 SSB 信号仍是等幅波，但它与原载波电压不同。SSB 信号的振幅与调制信号的振幅成正比，频率随调制信号频率的不同而不同，高于（上边频）或低于（下边频）载波频率，含有信息特征。图 6.1.8 为单频调制时单边带信号的波形图与频谱图。

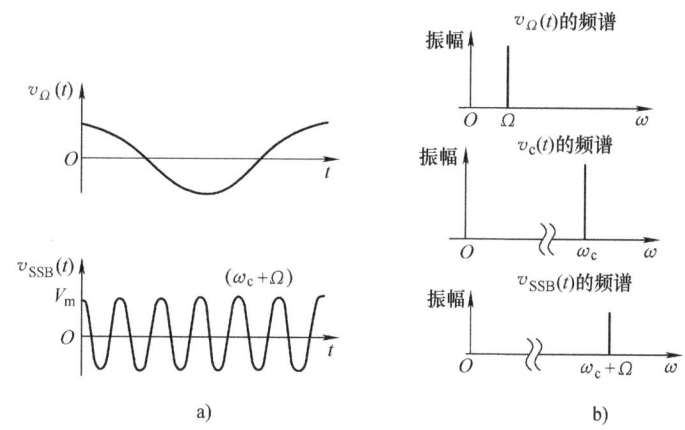

图 6.1.8 单频调制时单边带信号的波形图与频谱图
a) 波形图　b) 频谱图

由以上分析知，单边带调制方式除了保持双边带调制波节省发射功率的优点外，还将已调信号的频谱宽度压缩了一半，即

$$BW_{SSB} = F_{max} \tag{6.1.20}$$

结论：单频调制的单边带调幅信号是一个角频率为 $\omega_c + \Omega$ 或 $\omega_c - \Omega$ 的单频正弦波信号。但是，多频率调制的单边带调幅信号波形却比较复杂。不过有一点是相同的，即单边带调幅信号的包络已不能反映调制信号的变化。单边带调幅信号的带宽与调制信号的带宽相同，是普通调幅和双边带调幅信号带宽的一半。

由于上述优点，单边带调制已经成为频道特别拥挤的短波无线电通信中最主要的一种调制方式。

2. 产生单边带调幅信号的方法

产生单边带调幅信号的方法主要有滤波法和相移法。

（1）滤波法　滤波法产生单边带信号的实现模型如图 6.1.9a 所示，根据单边带调幅信号的频谱特点，先产生双边带调幅信号，再利用带通滤波器取出其中一个边带的信号，滤除另一个边带的信号。图中，带通滤波器应该采用单边带滤波器，所具有的频率特性是：中心

频率为 $f_c \pm \dfrac{F_{\max}}{2}$（上边带调制或下边带调制），带宽为 $BW_{\text{SSB}} = F_{\max}$，如图 6.1.9b 所示。

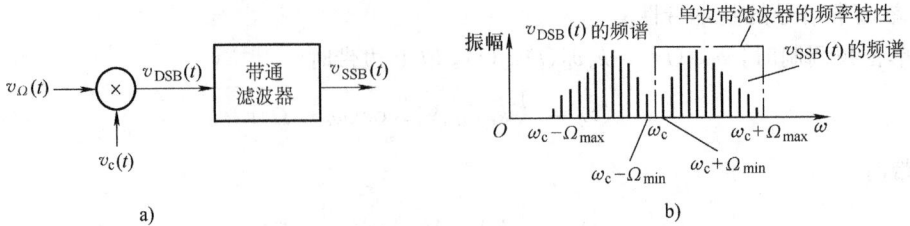

图 6.1.9　单边带信号的实现模型
a）实现模型　b）频谱图

这种实现方法电路简单，但其难点在于滤波器的实现。当调制信号的最低频率 $F_{\min}$ 很小（甚至为 0）时，上、下两个边带的频差 $\Delta f = 2F_{\min}$ 很小，即相对频差值 $\Delta f / f_c$ 很小，要求滤波器的矩形系数几乎接近 1，导致滤波器的实现十分困难。

在实际设备中可以采用多次搬移法来降低对滤波器的要求，如图 6.1.10 所示。

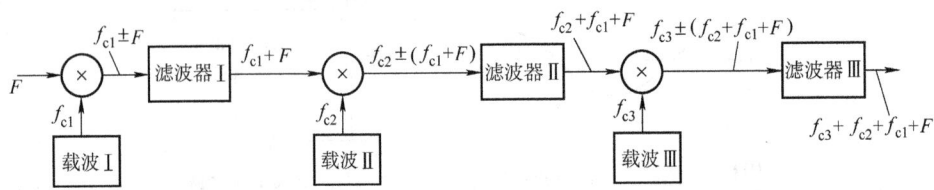

图 6.1.10　频谱多次搬移产生单边带信号

第一次调制，将音频 F 先搬移到较低的载频 f_{c1} 上，由于载频 f_{c1} 较低，相对值 $\Delta f / f_{c1}$ 较大，滤波器容易制作。然后再将滤波得到的单边带信号的频谱 $f_{c1} + F$ 搬移到载频 f_{c2} 上，得到两个信号 $f_{c2} + (f_{c1} + F)$ 和 $f_{c2} - (f_{c1} + F)$，这两个信号的频率间隔为 $\Delta f = 2(f_{c1} + F)$ 较大，滤波又比较容易实现，三次搬移后，最终的载频 $f_c = f_{c3} + f_{c2} + f_{c1}$，单边带信号的频谱为 $f_{c3} + f_{c2} + f_{c1} + F$。

（2）相移法　相移法是基于单边带调幅信号的时域表达式实现的。将单边带信号的表达式转化为两个双边带信号之和，如式（6.1.19）的单频调制的 SSB 信号改写为

$$v_{\text{SSB}}(t) = V_m \cos(\omega_c + \Omega)t = V_m \cos \omega_c t \cos \Omega t - V_m \sin \omega_c t \sin \Omega t$$

由上式可知，只要用两个 90°相移器分别将调制信号和载波信号相移 90°，成为 $\sin \Omega t$ 和 $\sin \omega_c t$，然后进行相乘和相减，就可以实现单边带调幅，如图 6.1.11 所示。

两个乘法器的输出分别为

$$v_{o1}(t) = k_1 V_{cm} V_{\Omega m} \cos \omega_c t \cos \Omega t = \frac{1}{2} k_1 V_{cm} V_{\Omega m} [\cos(\omega_c + \Omega)t + \cos(\omega_c - \Omega)t]$$

$$v_{o2}(t) = k_1 V_{cm} V_{\Omega m} \sin \omega_c t \sin \Omega t = \frac{1}{2} k_1 V_{cm} V_{\Omega m} [\cos(\omega_c - \Omega)t - \cos(\omega_c + \Omega)t]$$

将上两式相加，结果是上边带抵消，下边带叠加，输出为取下边带的单边带调幅信号。将上面两式相减，结果是下边带抵消，上边带叠加，输出为取上边带的单边带调幅信号，即

$$v_{\text{SSB}}(t) = \begin{cases} v_{o1}(t) - v_{o2}(t) = k_1 V_{cm} V_{\Omega m} \cos(\omega_c + \Omega)t \\ v_{o1}(t) + v_{o2}(t) = k_1 V_{cm} V_{\Omega m} \cos(\omega_c - \Omega)t \end{cases}$$

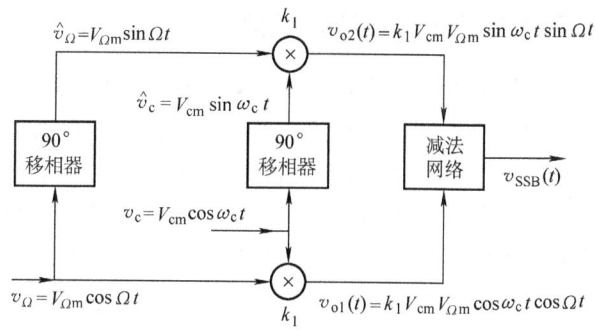

图 6.1.11 相移法产生单边带调幅信号

显然，对单频信号进行 90°相移比较简单，但是对于一个包含许多频率分量的一般调制信号进行 90°移相，要保证其中每个频率分量都准确移相 90°，且幅频特性又应为常数，这是很困难的。

6.1.1.4 残留边带调幅方式（VSB）

残留边带调幅是指发送信号中包括一个完整边带、载波及另一个边带的小部分（即残留一小部分）。这样，既比普通调幅方式节省了频带，又避免了单边带调幅要求滤波器衰减特性陡峭的困难，发送的载频分量也便于接收端提取同步信号。

在广播电视系统中，由于图像信号频带较宽，为了节约频带，同时又便于接收机进行检波，所以对图像信号采用了残留边带调幅方式，而对于伴音信号则采用了调频方式。现以电视图像信号为例，说明残留边带调幅方式的调制与解调原理。

电视图像信号带宽为 6MHz。在发射端先产生普通调幅信号，然后利用具有图 6.1.12a 所示特性的滤波器取出一个完整的上边带、一部分下边带以及载频分量，组成残留边带调幅信号发送出去。在接收端，采用具有图 6.1.12b 所示特性的滤波器从残留边带调幅信号中取出所需频率分量。由于载频两旁的接收滤波器幅频特性正好互补，而上、下边带又对称置于载频两边，所以实际上可等效为接收到一个完整的上边带和增益为上边带一半的载频信号。

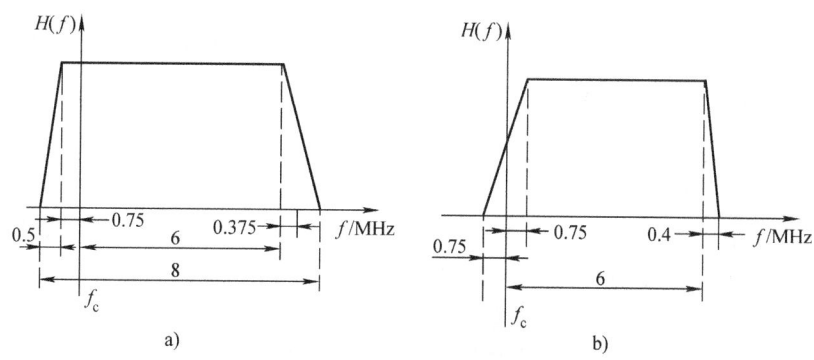

图 6.1.12 残留边带调幅发送和接收滤波器的幅频特性
a) 发送滤波器幅频特性 b) 接收滤波器幅频特性

由图 6.1.12 可见，若采用普通调幅，每一频道电视图像信号的带宽需 12MHz，而采用残留边带调幅只需 8MHz，另外，对于滤波器过渡带的要求远不如单边带调幅那样严格，故容易实现。

6.1.2 调幅信号解调的原理及电路组成模型

调幅信号的解调是振幅调制的逆过程,是从高频已调信号中恢复出原调制信号 $v_\Omega(t)$ 的过程,通常将这种解调过程称为检波。实现检波的电路称为检波电路,简称为检波器,功能如图 6.1.13 所示。从时域上看,检波的过程是将调制信号波形从已调幅波信号中恢复出来的过程,如图 6.1.13b 所示。从频域上看,是将高频信号的频谱从高频端搬移到低频端,如图 6.1.13c 所示。这种搬移正好与调制的搬移过程相反,也是线性搬移。这就是说解调具有类似于调幅电路的实现模型,如图 6.1.14 所示。

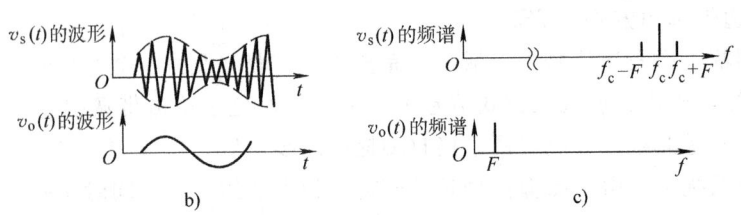

图 6.1.13 检波器的功能

a) 组成框图　b) 检波器输入、输出信号的波形　c) 检波器输入、输出信号的频谱

图 6.1.14 中,$v_r(t)$ 称为参考信号,必须与发射端载波同步(同频、同相),又称同步信号。若

$$v_s(t) = v_{DSB}(t) = \sum_{n=\min}^{\max} V_{mn} \cos\Omega_n t \cos\omega_c t \quad (6.1.21)$$

则

$$v_r(t) = V_{rm} \cos\omega_c t \quad (6.1.22)$$

此时,乘法器输出为

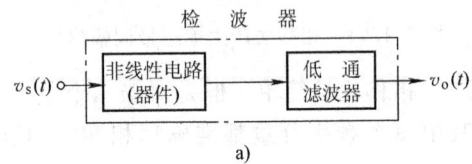

图 6.1.14 振幅解调电路的组成模型

$$v_{o1}(t) = kv_{DSB}(t)v_r(t) = kV_{rm} \sum_{n=\min}^{\max} V_{mn} \cos\Omega_n t \cos^2\omega_c t$$

$$= \frac{1}{2}kV_{rm} \sum_{n=\min}^{\max} V_{mn} \cos\Omega_n t (1 + \cos 2\omega_c t) \quad (6.1.23)$$

可见,$v_{o1}(t)$ 中包含的频率分量为 $\Omega_{\min} \sim \Omega_{\max}$、$2\omega_c \pm \Omega_{\min} \sim 2\omega_c \pm \Omega_{\max}$ 等。用低通滤波器取出低频分量,滤除高频分量,得到的输出信号为

$$v_o(t) = \frac{1}{2}kV_{rm} \sum_{n=\min}^{\max} V_{mn} \cos\Omega_n t = \sum_{n=\min}^{\max} V_{\Omega mn} \cos\Omega_n t \quad (6.1.24)$$

式中,$V_{\Omega mn} = \frac{1}{2}kV_{rm}V_{mn}$,从而实现线性解调。图 6.1.15 为相应的频谱搬移过程。

由以上分析知,$v_s(t)$ 与 $v_r(t)$ 相乘,将 $v_s(t)$ 的频谱搬移到 ω_c 的两边,向右搬移到 $2\omega_c$ 上,构成载波角频率为 $2\omega_c$ 的双边带调幅信号,是无用的寄生分量,向左搬移到零频率上,$v_s(t)$ 的一个边带就被搬到负频率轴上。实际中负频率是不存在的,分析时负频率分量叠加

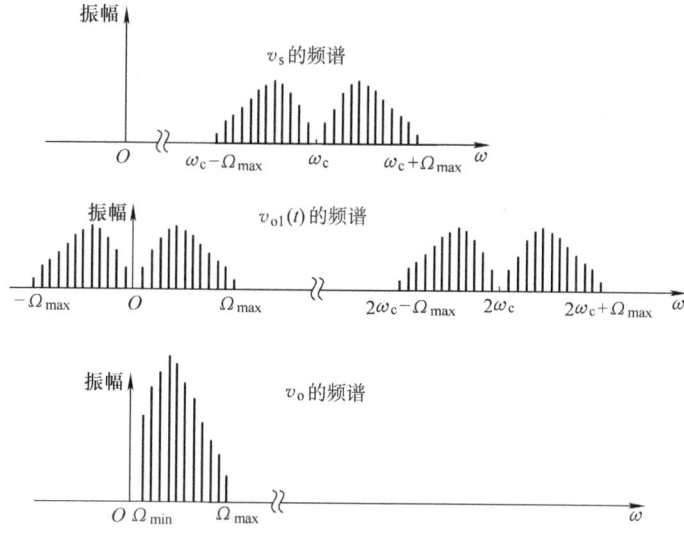

图 6.1.15 振幅解调电路的频谱搬移过程

到相应的正频率分量上,幅度加倍,构成实际的频谱(单边频谱与双边频谱的概念可参考"信号与系统"课程内容)。而后用低通滤波器滤除无用的寄生分量,取出所需的解调信号。

6.1.3 混频的原理及电路组成模型

1. 混频器的功能

混频的过程是把载波为 f_c 的已调信号,不失真地变换成载波为 f_I 的已调信号,同时保持调制类型、调制参数不变,即保持原调制规律、频谱结构不变的过程。完成这种功能的电路称为混频器(Mixer)或变频器(Convertor)。

混频器的功能可以分别用时域和频域两种方法表示,如图 6.1.16 所示。从时域波形上看,混频前后的调制规律保持不变,即输出中频信号的波形与输入高频信号的波形相同,只是载波频率不同,如图 6.1.16a 所示;从频域角度看,混频前后各频率分量的相对大小和相互间隔并不发生变化,即混频是一种频谱的线性搬移,输出中频信号与输入高频信号的频谱结构相同,唯一不同的也是载频,如图 6.1.16b 所示。

由图 6.1.16 可见,混频器是一个三端口网络,它有两个输入端口,分别是频率为 f_c 的高频信号 $v_s(t)$ 输入端口和频率为 f_L 的本地振荡信号 $v_L(t)$ 输入端口。一个混频输出端口,输出频率为 f_I 的中频信号 $v_I(t)$。f_I 与 f_c 和 f_L 的关系是:$f_I = f_L \pm f_c$,常称为中频。由此可见,混频器在频域上起着频率减(加)的作用。

混频器是通信机的重要组成部件。在发射机中一般用上混频(和频),在频谱上将已调制的高频信号搬移到更高的频段上;接收机一般用下混频(差频),在频谱上将接收到的高频已调制的信号搬移到中频上。

例如,在超外差接收机中,混频器将载频为 f_c 的高频已调信号 $v_s(t)$(振幅调制信号和频率调制信号等)不失真的变换为载频为 f_I 且频率固定的中频已调信号 $v_I(t)$,而 f_c、f_I 和 f_L 之间应满足下列关系式之一:

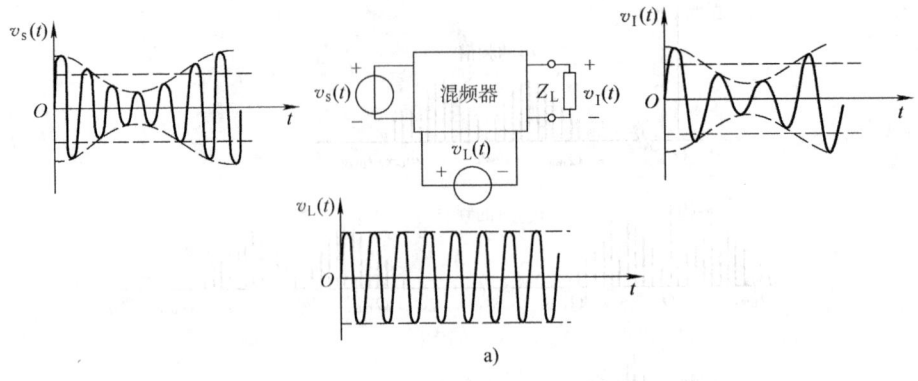

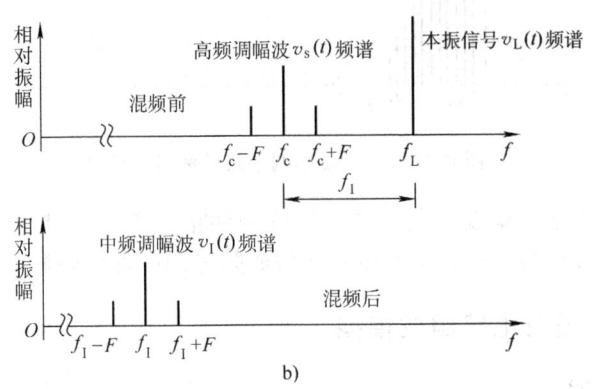

图 6.1.16 混频器的功能
a) 混频前、后的波形图 b) 混频前、后的频谱图

$$f_I = f_c + f_L \tag{6.1.25a}$$

或

$$f_I = \begin{cases} f_c - f_L, & f_c > f_L \\ f_L - f_c, & f_c < f_L \end{cases} \tag{6.1.25b}$$

式中，f_I 大于 f_c 的混频称为上混频，输出高中频；f_I 小于 f_c 的混频称为下混频，输出低中频。虽然高中频比输入的载波信号的频率高，仍将其称为中频。根据信号频率范围的不同，常用的中频为 465kHz、500kHz、1MHz、1.5MHz、4.3MHz、5MHz、10.7MHz、21.4MHz、30MHz、70MHz、140MHz 等。例如，调幅接收机的中频为 465kHz，调频接收机的中频为 10.7MHz，微波接收机、卫星接收机的中频为 70MHz 或 140MHz 等。

混频器也是频率合成器等电子设备的重要组成部分，用来实现频率加、减的运算功能。

2. 混频器的实现模型及简单的工作原理

如前所述，混频的过程与调幅、检波的过程一样，也是频谱的线性搬移过程，因此实现混频的关键部件仍然是乘法器。实现模型如图 6.1.17 所示。设混频器的输入已调信号 $v_s(t)$ 和本振电压 $v_L(t)$ 分别为

$$v_s(t) = \sum_{n=\min}^{\max} V_{smn} \cos\Omega_n t \cos\omega_c t$$

$$v_L(t) = V_{Lm} \cos\omega_L t$$

则乘法器的输出为

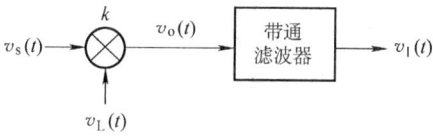

图 6.1.17 混频器的实现模型

$$v_o(t) = kV_{Lm}\sum_{n=\min}^{\max}V_{smn}\cos\Omega_n t\cos\omega_c t\cos\omega_L t$$

$$= \frac{1}{2}kV_{Lm}\sum_{n=\min}^{\max}V_{smn}\cos\Omega_n t[\cos(\omega_L-\omega_c)t+\cos(\omega_L+\omega_c)t] \quad (6.1.26)$$

若带通滤波器的中心频率为 $f_I = f_L - f_c$，带宽 $BW_{0.7} = 2F_{max}$，则输出的中频信号为

$$v_I(t) = \frac{1}{2}kV_{Lm}\sum_{n=\min}^{\max}V_{smn}\cos\Omega_n t\cos(\omega_L-\omega_c)t = \sum_{n=\min}^{\max}V_{Imn}\cos\Omega_n t\cos\omega_I t \quad (6.1.27)$$

式中，$V_{Imn} = \frac{1}{2}kV_{Lm}V_{smn}$ 为中频输出电压的振幅。其频谱搬移过程如图 6.1.18 所示。

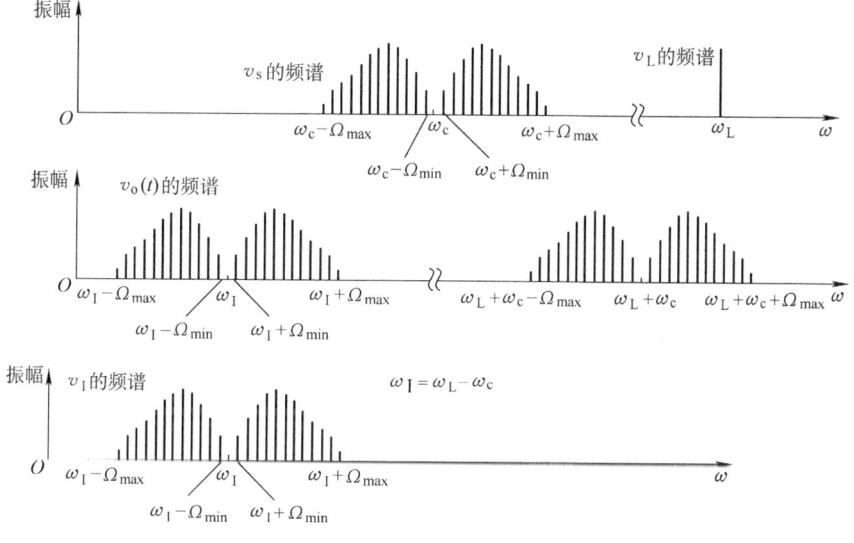

图 6.1.18 混频器的频谱搬移过程

混频器有两大类，即混频器与变频器。非线性器件本身仅实现频率变换，而由另外器件提供本振电压的混频电路称为它激式混频器，简称为混频器。非线性器件本身既产生本地振荡，又实现频率变换，即本振和混频功能由同一个非线性器件（同一晶体管）完成的混频电路称为自激式混频器，简称为变频器。有时也将振荡器和混频器两部分合起来称为变频器。在实际使用中，通常将"混频"与"变频"两词混用，不再加以区分。

6.1.4 小结

振幅调制的过程，是频谱的线性搬移过程，它将调制信号频谱从低频端不失真地搬移到高频载波的两端，成为了上、下边频（带）。

振幅解调是从已调幅信号中不失真地恢复出原调制信号的过程，它也是频谱的线性搬移过程，它将已调制信号的频谱从高频端重新搬回到原来低频的位置。

混频的过程同样是频谱的线性搬移过程，它将输入信号的频谱从一个高频不失真地搬移到另一个高频。

振幅调制与解调、混频电路都是频率变换电路，在频域中起频率加、减的作用，它们同属频谱的线性搬移电路，都可以用乘法器和相应的滤波器组成的模型来实现，如图 6.1.19 所示。

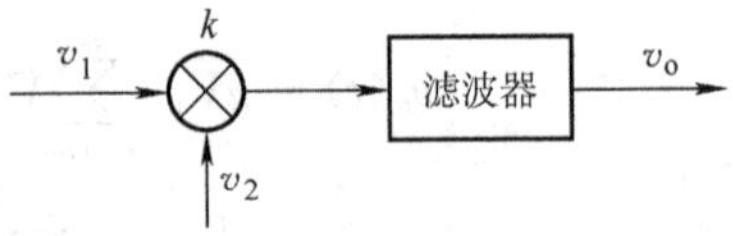

1) 当 $v_1 = v_\Omega(t)$ 为调制信号，$v_2 = v_c(t) = V_{cm}\cos\omega_c t$ 为载波信号时，滤波器需要中心频率为 f_c，带宽为 $BW = 2F_{max}$ 的高频带通滤波器，此时电路实现的是振幅调制功能。

图 6.1.19 频谱搬移电路的实现模型

2) 当 $v_1 = v_s(t)$ 为振幅调制信号（AM、DSB、SSB），$v_2 = v_r(t) = V_{rm}\cos\omega_c t$ 为同步信号时，滤波器需要带宽为 $BW = F_{max}$ 的低通滤波器，此时电路实现的是解调功能。

3) 当 $v_1 = v_s(t)$ 为已调制信号，$v_2 = v_L(t) = V_{Lm}\cos\omega_L t$ 为本地振荡信号时，滤波器需要中心频率为 f_I，带宽为 $BW = 2F_{max}$ 的中频带通滤波器，此时电路实现的是混频功能。

振幅调制、解调、混频电路的共同特点是：乘法器实现将输入信号的频谱不失真地向左、向右搬移一个参考信号频率的位置；不同点是：根据实现功能的不同，乘法器的两个相乘信号不同，滤波器的参数不同。

实际电路中，乘法器是利用非线性器件所固有的相乘作用而构成的，所以，频谱搬移电路的关键部件是具有相乘作用的非线性器件。

6.2 乘法器电路

在频谱搬移电路中，乘法器是完成频谱搬移功能的核心部件，是由非线性器件实现的。

6.2.1 非线性器件的特性及相乘作用

1. 非线性器件相乘作用的一般分析

一个非线性器件，如二极管电路、晶体管电路，若加到器件输入端的电压为 v，流过器件的电流为 i，则伏安特性为

$$i = f(v) \tag{6.2.1}$$

式中，$v = V_Q + v_1 + v_2$；V_Q 为静态工作点电压；v_1 和 v_2 为加到输入端的交流电压，分别为 $v_1 = V_{1m}\cos\omega_1 t$，$v_2 = V_{2m}\cos\omega_2 t$；将伏安特性采用幂级数逼近，即将 $i = f(v)$ 在 $v = V_Q$ 处展开为泰勒级数

$$i = f(v) = a_0 + a_1 v' + a_2 v'^2 + a_3 v'^3 + \cdots + a_n v'^n \tag{6.2.2}$$

式中，$v' = v_1 + v_2$；$a_0, a_1, a_2, a_3, \cdots, a_n$ 可以由下列通式表示：

$$a_n = \frac{1}{n!}\frac{d^n f(v)}{dv^n}\bigg|_{v=V_Q} = \frac{f^n(V_Q)}{n!} \tag{6.2.3}$$

由于

$$v'^n = (v_1 + v_2)^n = \sum_{m=0}^{n}\frac{n!}{m!(n-m)!}v_1^{n-m}v_2^m$$

故式 (6.2.2) 可以改写为

$$i = f(v) = \sum_{n=0}^{\infty} \sum_{m=0}^{n} \frac{n!}{m!(n-m)!} a_n v_1^{n-m} v_2^m \quad (6.2.4)$$

由式 (6.2.4) 知，当 $m=1$，$n=2$ 时，$i=2a_2v_1v_2$，实现了 v_1 和 v_2 的相乘运算，可以起到频谱搬移的作用。也就是说，产生频谱搬移作用的是非线性器件的二次项。但在产生频谱搬移的同时，出现了 $m\neq 1$，$n\neq 2$ 的众多的无用高阶相乘项。所以说，一般情况下，非线性器件的相乘作用是不理想的，如果不采取措施减少这些无用的乘法项，所构成的乘法器往往是不符合要求的。

若将 v_1 和 v_2 的表达式代入到式 (6.2.4) 中，利用三角函数变换，不难看出，电流 i 中包含的频率分量为

$$f_{p,q} = |\pm pf_1 \pm qf_2| \quad (6.2.5)$$

式中，p 和 q 是包含零在内的正整数。

因此，为了实现理想的相乘运算可以采取如下措施：

1) 从器件的特性考虑。必须尽量减少无用的高阶相乘项及其产生的组合频率分量。为此，应选择合适的静态工作点使器件工作在特性接近平方律的区域，或者选用具有平方律特性的非线性器件（如场效应晶体管）等。

2) 从电路考虑。可以用多个非线性器件组成平衡电路，用以抵消一部分无用的频率分量，或采用补偿或负反馈技术实现理想的相乘运算。

3) 从输入信号的大、小考虑。采用大信号使器件工作在开关状态或工作在线性时变状态，以获得优良的频谱搬移特性。

2. 线性时变状态

若设 v_2 是小信号，v_1 是大信号，将式 (6.2.1) $i=f(v)=f(V_Q+v_1+v_2)$ 在 V_Q+v_1 上对 v_2 展开为泰勒级数式，于是得到

$$\begin{aligned} i &= f(v) = f(V_Q+v_1+v_2) \\ &= f(V_Q+v_1) + f'(V_Q+v_1)v_2 + \frac{1}{2!}f''(V_Q+v_1)v_2^2 + \cdots \end{aligned} \quad (6.2.6)$$

式中，$f(V_Q+v_1) = \sum_{n=0}^{\infty} a_n v_1^n$ 为函数 $i=f(v)$ 在 $v=V_Q+v_1$ 处的函数值；$f'(V_Q+v_1) = \sum_{n=1}^{\infty} na_n v_1^{n-1}$ 为函数 $i=f(v)$ 在 $v=V_Q+v_1$ 处的一阶导数值；$f''(V_Q+v_1) = \sum_{n=2}^{\infty} \frac{n!}{(n-2)!} a_n v_1^{n-2}$ 为函数 $i=f(v)$ 在 $v=V_Q+v_1$ 处的二阶导数值。

当 v_2 足够小时，可以忽略二次方以上的各高次方项，则上式可简化为

$$i = f(V_Q+v_1+v_2) \approx f(V_Q+v_1) + f'(V_Q+v_1)v_2 \quad (6.2.7)$$

显然，$f(V_Q+v_1)$ 及 $f'(V_Q+v_1)$ 均与 v_2 无关，且它们都是 v_1 的非线性函数，是随时间变化的，故称为时变系数或时变参量。$f(V_Q+v_1)$ 是 $v_2=0$ 时的电流，称为时变静态（$v_2=0$ 时的工作状态）电流，用 $I_0(v_1)$ 表示；$f'(V_Q+v_1)$ 是增量电导在 $v_2=0$ 时的数值，称为时变增量电导，用 $g(v_1)$ 表示。这样，式 (6.2.7) 可以改写为

$$i \approx I_0(v_1) + g(v_1)v_2 \quad (6.2.8)$$

式 (6.2.8) 表明，电流 i 与 v_2 之间的关系是线性的，类似于线性器件，但系数是时变

的,所以将这种器件的工作状态称为线性时变状态。非线性器件的这种状态非常适合于构成频谱搬移电路。

如当 $v_1 = V_{1m}\cos\omega_1 t$ 时,$g(v_1)$ 是角频率为 ω_1 的周期性函数,其傅里叶级数展开式为

$$g(v_1) = g(V_{1m}\cos\omega_1 t) = g_0 + g_{1m}\cos\omega_1 t + g_{2m}\cos2\omega_1 t + \cdots \quad (6.2.9)$$

式中

$$g_0 = \frac{1}{2\pi}\int_{-\pi}^{\pi} g(v_1)\mathrm{d}\omega_1 t \quad (6.2.10\mathrm{a})$$

$$g_{nm} = \frac{1}{\pi}\int_{-\pi}^{\pi} g(v_1)\cos n\omega_1 t\mathrm{d}\omega_1 t \quad (n \geqslant 1) \quad (6.2.10\mathrm{b})$$

当 $v_2 = V_{2m}\cos\omega_2 t$ 时,电流 i 中包含的组合频率分量的通式为 $|\pm pf_1 \pm f_2|$。与式(6.2.5)比较,消除了 p 为任意值、$q=0$ 和 $q>1$ 的众多分量,组合频率分量减少。同时有用频率($p=1$)与无用频率($p\neq 1$)分量之间的频率间隔很大,很容易用滤波器滤除无用分量,取出有用的频率分量。

虽然线性时变电路相对于非线性电路输出中的组合频率分量大大减少,但二者的实质是一致的。线性时变电路是在一定条件下由非线性电路演变来的,其产生的频率分量与非线性器件产生的频率分量是完全相同的(在同一非线性器件条件下),只不过是选择线性时变工作状态后,由于分量($|\pm pf_1 \pm qf_2|,q>1$)的幅度,相对于低阶的分量($q=1$)的幅度要小得多,因而被忽略,这在工程中是完全合理的。但是仍存在无用的频率分量,故滤波器是必不可少的。

应指出的是,线性时变电路并非线性电路,前已指出,线性电路不会产生新的频率分量,不能完成频谱的搬移功能。线性时变电路本质是非线性电路,是非线性电路在一定的条件下近似的结果,可以大大减少非线性器件的组合频率分量;线性时变分析方法是在非线性电路的幂级数展开分析法的基础上,在一定的条件下的近似,大大简化了非线性电路的分析。因此,为了提高系统的性能指标,大多数频谱搬移电路都工作于线性时变工作状态。

下面分别介绍由不同非线性器件组成的频谱搬移电路。

6.2.2 二极管电路

1. 单二极管电路

单二极管电路如图 6.2.1a 所示,输入信号 v_2 和控制信号 v_1(参考信号)相加后作用在二极管上。若二极管的伏安特性可以近似地用自原点转折的两段折线逼近,且导通区折线的斜率为 g_D,如图 6.2.1b 所示。当 $v = v_1 + v_2$,且 $v_1 = V_{1m}\cos\omega_1 t$、$v_2 = V_{2m}\cos\omega_2 t$ 时,若 $V_{1m} \gg V_{2m}$,V_{1m} 足够大,二极管将在 v_1 的控制下轮流工作在导通区和截止区。

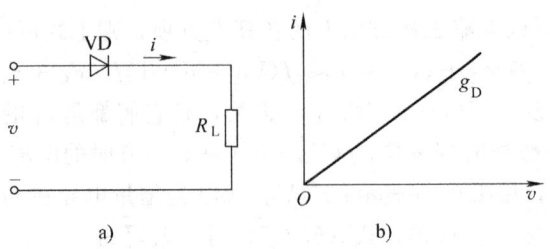

图 6.2.1 二极管电路
a) 原理电路 b) 伏安特性

在 v_1 的正半周（当 $v_1 \geqslant 0$ 时），二极管导通，流过负载 R_L 的电流为

$$i = \frac{1}{R_D + R_L}v = \frac{1}{R_D + R_L}(v_1 + v_2)$$

其中 $R_D = \dfrac{1}{g_D}$，为二极管的导通电阻。

在 v_1 的负半周（$v_1 < 0$ 时），二极管截止，流过负载 R_L 的电流为 $i = 0$。故在 v_1 的整个周期内，流过负载 R_L 的电流可以表示为

$$i = \begin{cases} \dfrac{1}{R_D + R_L}(v_1 + v_2), & v_1 \geqslant 0 \\ 0, & v_1 < 0 \end{cases} \tag{6.2.11}$$

现引入开关函数

$$K_1(\omega_1 t) = \begin{cases} 1, & v_1 \geqslant 0 \\ 0, & v_1 < 0 \end{cases} \tag{6.2.12}$$

表示高度为 1 的单向周期性方波，称为单向开关函数，如图 6.2.2c 所示。于是，电流 i 可表示为

$$\begin{aligned} i &= \frac{1}{R_D + R_L}(v_1 + v_2)K_1(\omega_1 t) \\ &= \frac{1}{R_D + R_L}v_1 K_1(\omega_1 t) + \frac{1}{R_D + R_L}K_1(\omega_1 t)v_2 \\ &= I_o(t) + g(t)v_2 \end{aligned} \tag{6.2.13}$$

其中，$I_o(t)$、$g(t)$ 的波形如图 6.2.2a、b 所示。

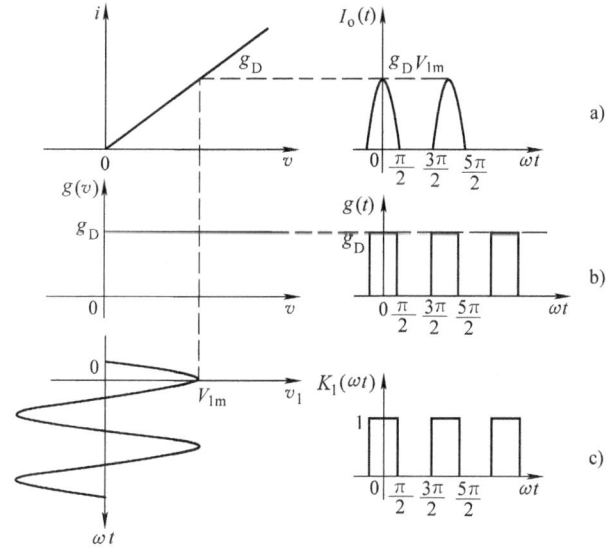

图 6.2.2 单二极管电路的图解分析

因此，可将二极管等效为受 $v_1(t)$ 控制的开关，按角频率 ω_1 作周期性的启闭，闭合时的导通电阻为 R_D，如图 6.2.3 所示。

单向开关函数 $K_1(\omega_1 t)$ 的傅里叶级数展开式为

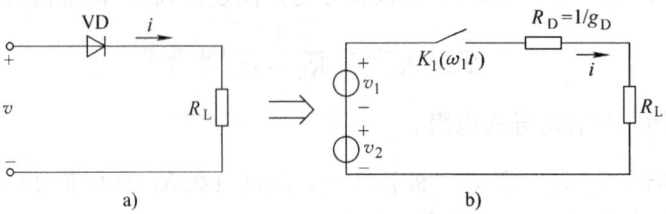

图 6.2.3 二极管开关等效电路

$$K_1(\omega_1 t) = \frac{1}{2} + \frac{2}{\pi}\cos\omega_1 t - \frac{2}{3\pi}\cos 3\omega_1 t + \cdots$$

$$= \frac{1}{2} + \sum_{n=1}^{\infty}(-1)^{n-1}\frac{2}{(2n-1)\pi}\cos(2n-1)\omega_1 t \tag{6.2.14}$$

代入式 (6.2.13) 中，可得电流 i 中包含的频率分量为 $2n\omega_1$、$(2n-1)\omega_1 \pm \omega_2$、$\omega_1$、$\omega_2$。其中有用成分为

$$i_{有用} = \frac{2}{\pi}\frac{1}{R_D + R_L}v_2\cos\omega_1 t \tag{6.2.15}$$

电路可以实现频谱搬移的功能。

由前面的分析知，二极管用受 $v_1(t)$ 控制的开关等效是线性时变状态的一个特例。它除了要求 $v_2(t)$ 足够小外，还要求 $v_1(t)$ 足够大，使二极管特性可用在原点处转折的两段折线逼近。需要说明的是，若上述条件不满足，电路仍可以完成频谱搬移功能，不同的是电路不能等效为线性时变电路，不能用线性时变电路的分析法来分析，但仍然是一非线性电路，可以用幂级数展开的非线性电路的分析方法来分析。

2. 双二极管平衡开关电路

在单二极管电路中，由于工作在线性时变工作状态，二极管产生的非线性频率分量大大减少，但仍有不少的无用频率分量，若采用二极管平衡电路，可以进一步减少无用的频率分量。

二极管平衡电路如图 6.2.4a 所示。若二极管 VD_1、VD_2 的伏安特性均可用自原点转折的两段折线逼近，且导通区折线的斜率均为 $g_D = 1/R_D$。T_{r1} 和 T_{r2} 为带有中心抽头的宽频带变压器（如传输线变压器），其一、二次绕组的匝数比分别为 1∶2 和 2∶1，相应的等效电路如图 6.2.4b 所示。

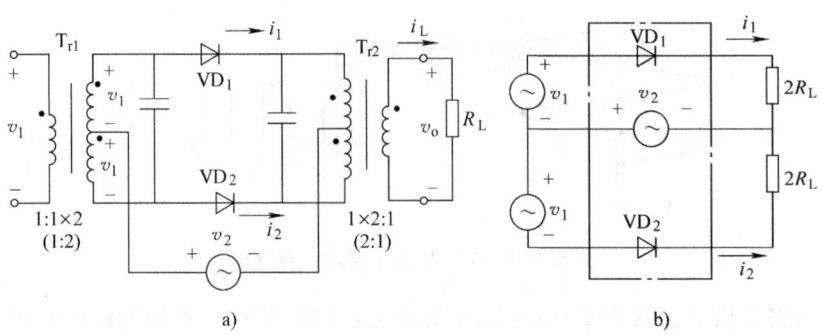

图 6.2.4 双二极管平衡开关电路
a) 原理电路 b) 等效电路

当 $v_1 = V_{1m}\cos\omega_1 t$、$v_2 = V_{2m}\cos\omega_2 t$ 时，若 $V_{1m} \gg V_{2m}$，V_{1m} 足够大，二极管将在 v_1 的控制下轮流工作在导通区和截止区。

当 $v_1 \geqslant 0$ 时，二极管 VD_1 导通，VD_2 截止，电流 i_1、i_2 分别为

$$\begin{cases} i_1 = \dfrac{1}{R_D + 2R_L}v = \dfrac{1}{R_D + 2R_L}(v_1 + v_2) \\ i_2 = 0 \end{cases}$$

根据变压器 T_{r2} 的同名端及电流的参考方向，流过负载 R_L 的电流为

$$i_L = i_1 - i_2 = \frac{1}{R_D + 2R_L}(v_1 + v_2)$$

当 $v_1 < 0$ 时，二极管 VD_1 截止，VD_2 导通，电流 i_1、i_2 分别为

$$\begin{cases} i_1 = 0 \\ i_2 = \dfrac{1}{R_D + 2R_L}(-v_1 + v_2) \end{cases}$$

流过负载 R_L 的电流为 $\quad i_L = i_1 - i_2 = \dfrac{1}{R_D + 2R_L}(v_1 - v_2)$

在 v_1 的整个周期内，流过负载 R_L 的电流可以表示为

$$i_L = \begin{cases} \dfrac{1}{R_D + 2R_L}(v_1 + v_2), & v_1 \geqslant 0 \\ \dfrac{1}{R_D + 2R_L}(v_1 - v_2), & v_1 < 0 \end{cases}$$

利用单向开关函数 $K_1(\omega_1 t)$，可以将上式表示为

$$\begin{aligned} i_L &= \frac{1}{R_D + 2R_L}(v_1 + v_2)K_1(\omega_1 t) + \frac{1}{R_D + 2R_L}(v_1 - v_2)K_1(\omega_1 t - \pi) \\ &= \frac{1}{R_D + 2R_L}v_1 + \frac{1}{R_D + 2R_L}v_2 K_2(\omega_1 t) \end{aligned} \quad (6.2.16)$$

式中，$K_2(\omega_1 t)$ 称为双向开关函数（高度为 1 的双向周期性方波），如图 6.2.5 所示。双向开关函数的傅里叶展开式为

$$\begin{aligned} K_2(\omega_1 t) &= \frac{4}{\pi}\cos\omega_1 t - \frac{4}{3\pi}\cos 3\omega_1 t + \cdots \\ &= \sum_{n=1}^{\infty}(-1)^{n-1}\frac{4}{(2n-1)\pi}\cos(2n-1)\omega_1 t \end{aligned} \quad (6.2.17)$$

将式（6.2.17）代入式（6.2.16）可知，电流 i_L 中包含的频率分量为 ω_1、$(2n-1)\omega_1 \pm \omega_2$，其中有用成分为

$$i_{有用} = \frac{1}{R_D + 2R_L} \cdot \frac{4}{\pi}v_2\cos\omega_1 t \quad (6.2.18)$$

显然此电路也可以实现频谱搬移的功能。且输出电流的幅度是单二极管电路输出电流幅度的两倍。

在上面的分析中，假设电路是理想对称的，因而可以抵消一些无用频率分量，但实际上难以做到这点。例如，两个二极管特性不一致，i_1 和 i_2 中频率为 ω_2 的电流值将不同，致使 ω_2 及其谐波分量不能完全抵消。变压器不对称也会造成这个结果。很多情况下，不需要有控制信号输出，但由于电路不可能完全平衡，从而形成控制信号的泄漏。一般要求泄漏的控

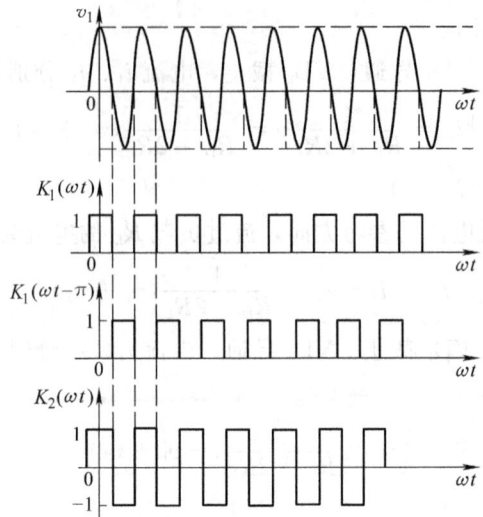

图 6.2.5 开关函数 $K_1(\omega_1 t)$ 与 $K_2(\omega_1 t)$ 的关系

制信号频率分量的电平要比有用的输出信号电平至少低 20dB 以上。为减少这种泄漏,以满足实际运用的需要,首先要保证电路的对称性。一般采用如下办法:

选用特性相同的二极管,用小电阻与二极管串接,使二极管等效正、反向电阻彼此接近。但串接电阻后会使电流减小,所以阻值不能太大,一般为 10～1000Ω。

变压器中心抽头要准确对称,分布电容及漏感要对称,这可以采用双线并绕法绕制变压器,并在中心抽头处加平衡电阻。同时,还要注意两线圈对地分布电容的对称性。为了防止杂散电磁耦合影响对称性,可采取屏蔽措施。

为改善电路性能,应使其工作在理想开关状态,且二极管的通断只取决于控制电压,而与输入信号电压无关。为此,要选择开关特性好的二极管,如热载流子二极管。控制电压要远大于输入信号电压,一般要大 10 倍以上。

3. 二极管环形电路

二极管环形电路如图 6.2.6a 所示,由四只方向一致的二极管组成一个环,因此称为二极管环形电路。当 $v_1 = V_{1m}\cos\omega_1 t$、$v_2 = V_{2m}\cos\omega_2 t$ 时,若 $V_{1m} \gg V_{2m}$,V_{1m} 足够大,二极管 VD_1、VD_2、VD_3、VD_4 将在 v_1 的控制下轮流工作在导通和截止区域。

当 v_1 为正半周时,二极管 VD_1、VD_2 导通,VD_3、VD_4 截止,等效电路如图 6.2.6b 所示;当 v_1 为负半周时,VD_1、VD_2 截止,VD_3、VD_4 导通,等效电路如图 6.2.6c 所示。在理想情况下,它们互不影响,因此,二极管环形电路由两个平衡电路组成:VD_1、VD_2 组成一个平衡电路,VD_3、VD_4 组成另一个平衡电路。因此,二极管环形电路又称为二极管双平衡电路。可以证明,流过负载的电流可以表示为

$$i_L = \frac{2v_2}{R_D + 2R_L} K_2(\omega_1 t) \tag{6.2.19}$$

显然,i_L 中包含的频率分量为 $(2n-1)\omega_1 \pm \omega_2$, $(n=0,1,2,\cdots)$。若 ω_1 较高,则 $3\omega_1 \pm \omega_2$,$5\omega_1 \pm \omega_2$,… 组合频率分量很容易滤除,故环形电路的性能更接近理想乘法器,这是频谱线性搬移电路要解决的核心问题。

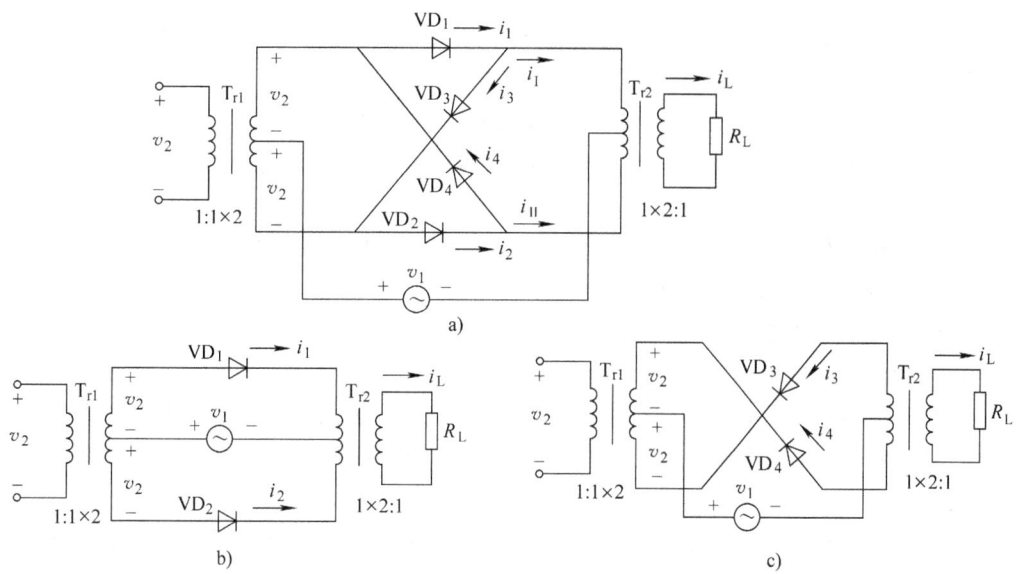

图 6.2.6 二极管环形电路

式（6.2.19）中包含的有用成分为

$$i_{有用} = \frac{2}{R_D + 2R_L} \frac{4}{\pi} v_2 \cos\omega_1 t \tag{6.2.20}$$

前述平衡电路中的实际问题仍存在于环形电路中，在实际电路中仍需采取措施加以解决。

6.2.3 三极管电路及差分对电路

1. 晶体管电路

晶体管电路如图 6.2.7 所示，若忽略输出电压 v_{CE} 的反作用，晶体管的集电极电流 i_C 跟随发射结电压 v_{BE} 变化的关系（晶体管的转移特性）为

$$i_C = f(v_{BE}, v_{CE}) \approx f(v_{BE})$$

设加到晶体管发射结的信号为参考信号 $v_1 = V_{1m}\cos\omega_1 t$ 和输入信号 $v_2 = V_{2m}\cos\omega_2 t$，且 $V_{1m} \gg V_{2m}$，V_{1m} 足够大，V_{2m} 很小。由图 6.2.7 知，$v_{BE} = V_Q + v_1 + v_2$，其中 V_Q 为晶体管的直流工作点电压，设 $V_{BB}(t) = V_Q + v_1$ 为时变工作点，此时转移特性可以表示为

$$i_C = f(v_{BE}) = f(V_Q + v_1 + v_2) = f[V_{BB}(t) + v_2] \tag{6.2.21}$$

利用式（6.2.7）、式（6.2.8）可得

$$i_C \approx I_C(t) + g(t)v_2 \tag{6.2.22}$$

式中，$I_C(t) = f[V_{BB}(t)]$ 为时变工作点处的电流，随 v_1 周期性的变化；$g(t) = f'[V_{BB}(t)] = \dfrac{di}{dv_{BE}}\bigg|_{v_{BE}=V_{BB}(t)}$ 为晶体管的时变跨导，也随 v_1 周期性的变化。它们的傅里叶级数展开式分别为

$$I_C(t) = I_0 + I_{1m}\cos\omega_1 t + I_{2m}\cos 2\omega_1 t + \cdots \tag{6.2.23}$$

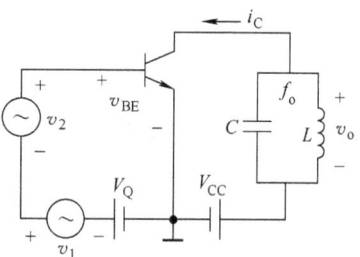

图 6.2.7 晶体管电路

$$g(t) = g_0 + g_{1m}\cos\omega_1 t + g_{2m}\cos 2\omega_1 t + \cdots \tag{6.2.24}$$

式（6.2.24）中，g_0 是时变跨导 $g(t)$ 的平均分量，g_{1m} 是 $g(t)$ 中角频率为 ω_1 分量的振幅，即时变跨导的基波分量振幅。

由式（6.2.22）知，电流 i_C 中包含的频率分量为 $n\omega_1$ 和 $n\omega_1 \pm \omega_2 (n=0,1,2,\cdots)$，用滤波器选出所需频率分量，就可以完成频谱线性搬移功能。其中，有用成分为

$$i_{C\text{有用}} = g_{1m} v_2 \cos\omega_1 t \tag{6.2.25}$$

显然该有用项是 $g(t)$ 中的基波分量与 v_2 的相乘项。由式（6.2.25）知，频谱搬移效率或灵敏度与基波分量振幅 g_{1m} 有关。

2. 场效应晶体管电路

晶体管频谱搬移电路具有增益高、低噪声等特点，但它的动态范围小，非线性失真大。在高频工作时，场效应晶体管（FET）比晶体管（BJT）的性能好，因为其转移特性近似为平方律，动态范围大，非线性失真小。下面以结型场效应晶体管为例讨论场效应晶体管的频谱搬移功能。

结型场效应晶体管电路如图 6.2.8 所示，图 a 为实用电路，图 b 为原理电路。利用栅、漏极间的非线性转移特性实现频谱搬移功能。已知场效应晶体管的转移特性可以近似表示为

$$i_D = I_{DSS}\left(1 - \frac{v_{GS}}{V_{GS(\text{off})}}\right)^2 \tag{6.2.26}$$

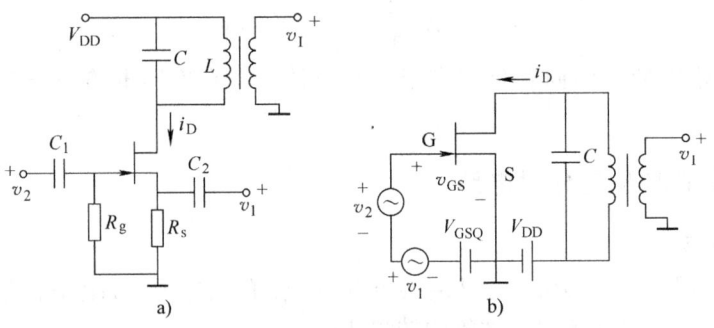

图 6.2.8　结型场效应晶体管电路
a) 实际电路　b) 原理电路

式中，$V_{GS(\text{off})}$ 为结型场效应晶体管的夹断电压。由图 b 知，$v_{GS} = V_{GSQ} + v_1 + v_2$，其中 V_{GSQ} 为静态工作点电压，$v_1 = V_{1m}\cos\omega_1 t$ 为参考信号，$v_2 = V_{2m}\cos\omega_2 t$ 为输入信号，可将式（6.2.26）表示为

$$i_D = I_{D0}(t) + g(t)v_2 + \frac{1}{2}g'(t)v_2^2 \tag{6.2.27}$$

式中

$$I_{D0}(t) = I_{DSS}\left(1 - \frac{V_{GSQ} + v_1}{V_{GS(\text{off})}}\right)^2 \tag{6.2.28a}$$

$$g(t) = \frac{di_D}{dv_{GS}}\bigg|_{v_{GS}=V_{GS}+v_1} = 2\frac{I_{DSS}}{|V_{GS(\text{off})}|}\left(1 - \frac{V_{GSQ}+v_1}{V_{GS(\text{off})}}\right) \tag{6.2.28b}$$

$$g'(t) = \frac{d^2 i_D}{dv_{GS}^2}\bigg|_{v_{GS}=V_{GS}+v_1} = -2\frac{I_{DSS}}{V_{GS(\text{off})}^2} \tag{6.2.28c}$$

令 $g_{m0} = 2\dfrac{I_{DSS}}{|V_{GS(\text{off})}|}$ 为 $v_{GS} = 0$ 时的跨导，则时变跨导可以进一步表示为

$$g(t) = 2\frac{I_{\text{DSS}}}{|V_{\text{GS(off)}}|}\left(1 - \frac{V_{\text{GSQ}} + v_1}{V_{\text{GS(off)}}}\right)$$

$$= g_{\text{mo}}\left(1 - \frac{V_{\text{GSQ}}}{V_{\text{GS(off)}}}\right) - g_{\text{mo}}\frac{v_1}{V_{\text{GS(off)}}} = g_{\text{mQ}} - g_{\text{mo}}\frac{v_1}{V_{\text{GS(off)}}} \tag{6.2.29}$$

式中，$g_{\text{mQ}} = g_{\text{mo}}\left(1 - \dfrac{V_{\text{GSQ}}}{V_{\text{GS(off)}}}\right)$ 为静态工作点处的静态跨导。

$$i_D = I_{\text{DSS}}\left(1 - \frac{V_{\text{GSQ}} + v_1}{V_{\text{GS(off)}}}\right)^2 + \left(g_{\text{mQ}} - g_{\text{mo}}\frac{v_1}{V_{\text{GS(off)}}}\right)v_2 - \frac{I_{\text{DSS}}}{V_{\text{GS(off)}}^2}v_2^2 \tag{6.2.30}$$

显然，i_D 中包含的频率分量只有 ω_1、$2\omega_1$、$\omega_1 \pm \omega_2$、ω_2、$2\omega_2$，比晶体管频谱搬移电路的频率分量少得多。同时，由式（6.2.30）可以看出，完成频谱搬移功能的是式中的第二项，频谱搬移的效率或灵敏度与 $g(t)$ 中基波分量振幅 $g_{\text{mo}}\dfrac{V_{1m}}{V_{\text{GS(off)}}}$ 有关。如果 Q 点选在 $g(t)$ 曲线的中点，则 $g_{\text{mQ}} = g_{\text{mo}}/2$，$V_{1m}$ 在 $g(t)$ 的线性区工作，故场效应晶体管频谱搬移电路的效率较高，失真小，如图 6.2.9 所示。

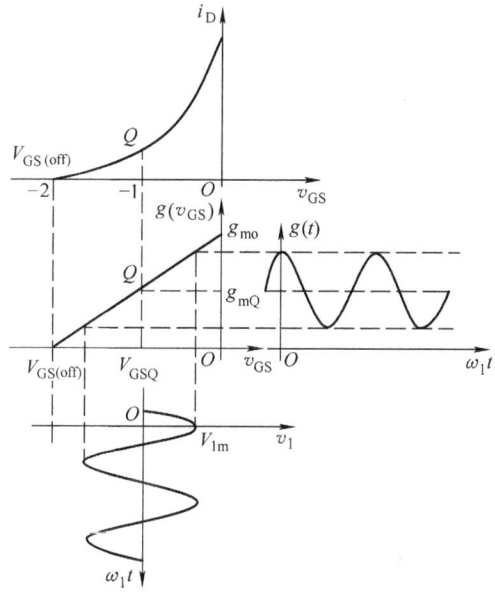

图 6.2.9 结型场效应晶体管的电流与跨导特性

3. 差分对电路

差分对频谱搬移电路如图 6.2.10 所示。图 a 中，VT_3 管的集电极电流 i_3 作为差分对管 VT_1、VT_2 的电流源，且

$$v_2 = v_{\text{BE3}} + i_3 R_e - V_{\text{EE}}$$

若忽略 VT_3 管的发射结电压 v_{BE3}，可以得到

$$i_3 = \frac{v_2}{R_e} + \frac{V_{\text{EE}}}{R_e} = A + B v_2 \tag{6.2.31}$$

式中，$A = \dfrac{V_{\text{EE}}}{R_e}$ 为 VT_3 管的静态工作点电流；$B = \dfrac{1}{R_e}$。

又由低频电路的分析知，差分对电路的差模输出电流为

$$i_L = i_1 - i_2 = i_3 \text{th}\left(\frac{v_1}{2V_T}\right)$$

将式（6.2.31）代入，可以得到图 6.2.10a 所示电路的差值输出电流为

$$i_L = \left(\frac{V_{EE}}{R_e} + \frac{v_2}{R_e}\right)\text{th}\left(\frac{v_1}{2V_T}\right) \tag{6.2.32}$$

显然，差分对电路的差模输出电流 i_L 与 v_1 的关系为非线性的双曲正切函数 $\text{th}\left(\frac{v_1}{2V_T}\right)$ 关系，曲线如图 6.2.10b 所示，电路工作在线性时变状态。由双曲正切函数的特性知：

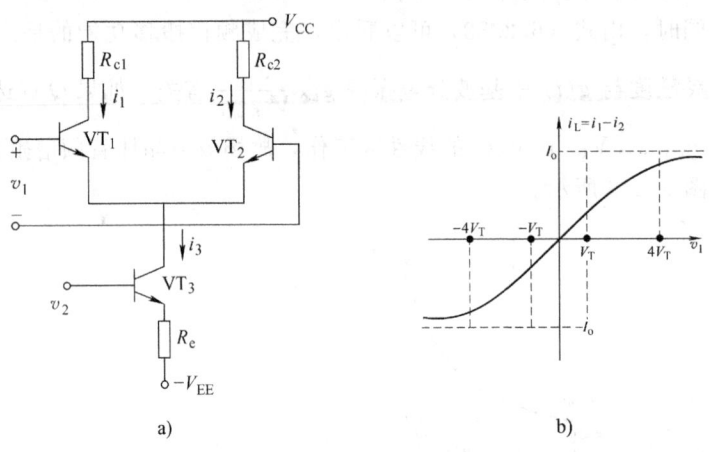

图 6.2.10 差分对频谱搬移电路及其电流传输特性

1）当 $\frac{V_{1m}}{V_T} < 1$ 时，即输入电压 v_1 较小时，传输特性近似为线性关系，$\text{th}\left(\frac{v_1}{2V_T}\right) \approx \frac{v_1}{2V_T}$，电路工作在线性放大区，如图 6.2.11 中输出曲线 1 所示，此时

$$i_L = i_3 \text{th}\left(\frac{v_1}{2V_T}\right) \approx \left(\frac{V_{EE}}{R_e} + \frac{v_2}{R_e}\right)\frac{v_1}{2V_T} \tag{6.2.33}$$

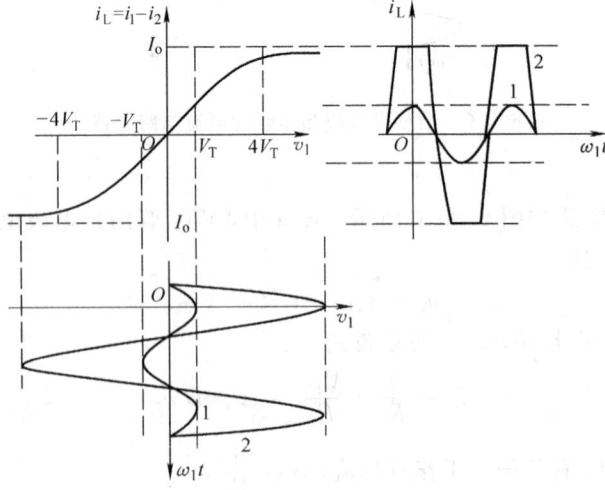

图 6.2.11 差分对电路的图解分析

输出电流中包含的频率分量为 ω_1、$\omega_1 \pm \omega_2$，电路能够完成频谱搬移功能。

2) 若输入信号 v_1 很大，一般应满足 $\dfrac{V_{1m}}{V_T} > 4$ 的条件，电路呈现限幅状态，两个晶体管接近开关状态。因此，电路可以作为高速开关、限幅放大器等电路。此时，双曲正切函数可以近似为双向开关函数，如图 6.2.11 中输出曲线 2 所示，即

$$\text{th}\left(\dfrac{v_1}{2V_T}\right) \approx K_2(\omega_1 t)$$

差模输出电流为

$$i_L = i_3 \text{th}\left(\dfrac{v_1}{2V_T}\right) \approx \left(\dfrac{V_{EE}}{R_e} + \dfrac{v_2}{R_e}\right) K_2(\omega_1 t) \qquad (6.2.34)$$

电路工作在开关状态，输出电流中包含的频率分量为 $(2n-1)\omega_1$、$(2n-1)\omega_1 \pm \omega_2$，能够实现频谱搬移功能。

3) 若输入电压 v_1 的大小介于上述 1)、2) 两种情况之间，当 $v_1(t) = V_{1m}\cos\omega_1 t$，$x_1 = V_{1m}/V_T$，则双曲正切函数的傅里叶级数展开式为

$$\text{th}\left(\dfrac{v_1}{2V_T}\right) = \text{th}\left(\dfrac{x_1}{2}\cos\omega_1 t\right) = \sum_{n=1}^{\infty} 2\beta_{2n-1}(x_1)\cos(2n-1)\omega_1 t$$

于是得到输出电流为

$$i_L = i_3 \text{th}\left(\dfrac{v_1}{2V_T}\right) = \left(\dfrac{V_{EE}}{R_e} + \dfrac{v_2}{R_e}\right) \sum_{n=1}^{\infty} 2\beta_{2n-1}(x_1)\cos(2n-1)\omega_1 t \qquad (6.2.35)$$

电路工作在线性时变状态，输出电流中包含的频率分量为 $(2n-1)\omega_1$、$(2n-1)\omega_1 \pm \omega_2$，同样能够实现频谱搬移功能。

6.2.4 集成模拟乘法器

在通信系统电路中，大多数实际应用的乘法器都是集成模拟乘法器（Integrated Analog Multiplier）。集成模拟乘法器是模拟集成电路的重要分支，已成为继集成运放后最通用的模拟集成电路之一，推动了非线性电子线路的变革。

集成模拟乘法器是通用的集成器件，广泛应用于信号处理、通信、自动控制等领域，它的电路图形符号如图 6.2.12a、b 所示，有两个输入端口（X 和 Y），输入电压分别为 v_x 和 v_y；一个输出端口，输出电压为 v_o。在理想情况下，输入输出的关系为

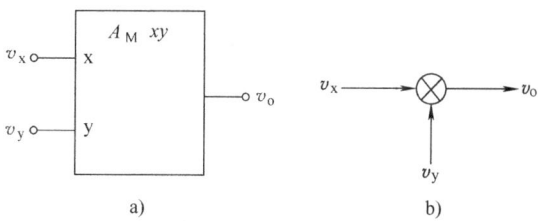

图 6.2.12 集成模拟乘法器电路图形符号

$$v_o = A_M v_x v_y \qquad (6.2.36)$$

其中，v_x 和 v_y 的极性是任意的，可正可负，因而又将这种乘法器称为四象限乘法器。当

任一输入电压为零（$v_x=0$ 或 $v_y=0$ 或 $v_x=0$、$v_y=0$）时输出电压为零（$v_o=0$）；任一输入电压为恒值（$v_x=V_{REF}$ 或 $v_y=V_{REF}$）时，输出电压与另一输入电压之间呈线性关系，即

$$v_o = A_M V_{REF} v_y \quad 或 \quad v_o = A_M V_{REF} v_x$$

类似于线性放大器，其增益受 V_{REF} 控制，构成可控增益放大器。

1. 双差分对乘法器电路（吉尔伯特乘法器单元）

电压模四象限集成模拟乘法器是由双极型晶体管构成的单片集成模拟乘法器，核心单元是以基本差动放大器为基础构成的电压模电路。此电路是吉尔伯特（B. Gilbert）20 世纪 60 年代末期设计的，故又称吉尔伯特乘法器单元。它受两个信号电压 v_x 和 v_y 的控制，此乘法单元又叫开关乘法器或压控吉尔伯特核心单元电路。

双差分对模拟乘法器（吉尔伯特乘法器单元）原理电路如图 6.2.13 所示，由三个差分对管组成。电流源 I_0 提供差分对管 VT_5、VT_6 的偏置电流，而 VT_5 提供 VT_1、VT_2 差分对管的偏置电流，VT_6 提供 VT_3、VT_4 差分对管的偏置电流。输入信号 v_1 交叉加到 VT_1、VT_2 和 VT_3、VT_4 两个差分对管的输入端，v_2 加到差分对管 VT_5、VT_6 的输入端。静态情况下，即 $v_1=v_2=0$ 时，$I_{C5}=I_{C6}=I_0/2$，$I_{C1}=I_{C2}=I_{C3}=I_{C4}=I_0/4$，$I_I=I_{C1}+I_{C3}=I_0/2$，$I_{II}=I_{C2}+I_{C4}=I_0/2$。由差分对电路的分析知，差分对 VT_1、VT_2 的差模输出电流为

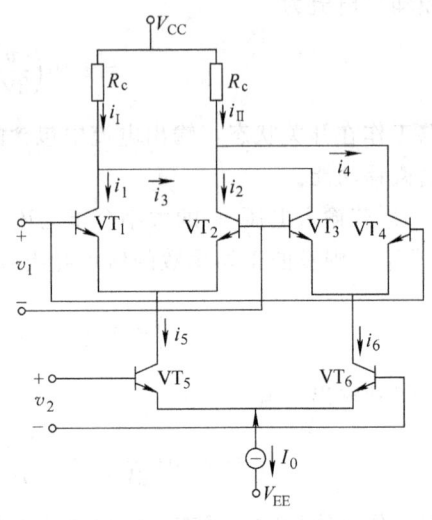

图 6.2.13 吉尔伯特乘法器单元

$$i_1 - i_2 = i_5 \text{th}\left(\frac{v_1}{2V_T}\right)$$

差分对管 VT_3、VT_4 的差模输出电流为

$$i_4 - i_3 = i_6 \text{th}\left(\frac{v_1}{2V_T}\right)$$

故双差分对模拟乘法器的差值输出电流为

$$i = i_I - i_{II} = (i_1+i_3)-(i_2+i_4) = (i_1-i_2)-(i_4-i_3) = (i_5-i_6)\text{th}\left(\frac{v_1}{2V_T}\right)$$

其中，(i_5-i_6) 是 VT_5 和 VT_6 差分对管的差模输出电流，其值为

$$i_5 - i_6 = I_0 \text{th}\left(\frac{v_2}{2V_T}\right)$$

因而双差分对乘法器电路的输出电流为

$$i = (i_5-i_6)\text{th}\left(\frac{v_1}{2V_T}\right) = I_0 \text{th}\left(\frac{v_2}{2V_T}\right)\text{th}\left(\frac{v_1}{2V_T}\right) \tag{6.2.37}$$

显然，该电路不能实现两个电压 v_1、v_2 的相乘运算，仅提供了两个非线性函数（双曲正切）相乘的特征。但由双曲正切函数的特性知：

1）当 $|v_1| \leqslant 26\text{mV}$，$|v_2| \leqslant 26\text{mV}$ 时，式（6.2.37）可以近似为

$$i = I_0 \text{th}\left(\frac{v_2}{2V_T}\right)\text{th}\left(\frac{v_1}{2V_T}\right) \approx I_0 \frac{v_1 v_2}{4V_T^2} \quad (6.2.38)$$

实现了两个电压 v_1、v_2 的相乘运算。

2) 当 $|v_2| \leqslant 26\text{mV}$,$v_1$ 为任意值时,式 (6.2.37) 可以近似为

$$i = I_0 \text{th}\left(\frac{v_2}{2V_T}\right)\text{th}\left(\frac{v_1}{2V_T}\right) \approx \frac{I_0}{2V_T}\text{th}\left(\frac{v_1}{2V_T}\right)v_2 \quad (6.2.39)$$

实现了线性时变工作状态。

显然,线性时变工作时,利用双差分对电路的平衡原理,进一步抵消了 p 为偶数,$q>1$ 的众多组合频率分量。

3) 当 $|v_2| \leqslant 26\text{mV}$,$|v_1| \geqslant 260\text{mV}$ 时,$\text{th}\left(\frac{v_1}{2V_T}\right) \approx K_2(\omega_1 t)$,式 (6.2.37) 可近似为

$$i = I_0 \text{th}\left(\frac{v_2}{2V_T}\right)\text{th}\left(\frac{v_1}{2V_T}\right) \approx \frac{I_0}{2V_T} v_2 K_2(\omega_1 t) \quad (6.2.40)$$

实现了开关工作。

上述讨论说明,为了实现频谱搬移功能,v_2 必须为小信号,这将使双差分对模拟乘法器的应用范围受到限制,在实际电路中可采用负反馈技术来扩展 v_2 的动态范围。

2. MC1496/1596 集成模拟乘法器

根据双差分对模拟乘法器基本原理制成的单片集成模拟乘法器 MC1496/1596 的内部电路如图 6.2.14a 所示,引脚排列如图 b 所示,电路内部结构与图 6.2.13 基本类似。所不同的是 MC1496/1596 乘法器用 VT_7、VT_8、VD 及相应的电阻等组成多路电流源电路,VT_7、VT_8 分别给 VT_5、VT_6 管提供 $I_0/2$ 的恒流电流,R 为外接电阻,可用以调节 $I_0/2$ 的大小。另外,由 VT_5、VT_6 两管的发射极引出接线端 2 和 3,用以外接电阻 R_y,利用 R_y 的负反馈作用可以扩大输入电压 v_2 的动态范围。R_C 为外接负载电阻。

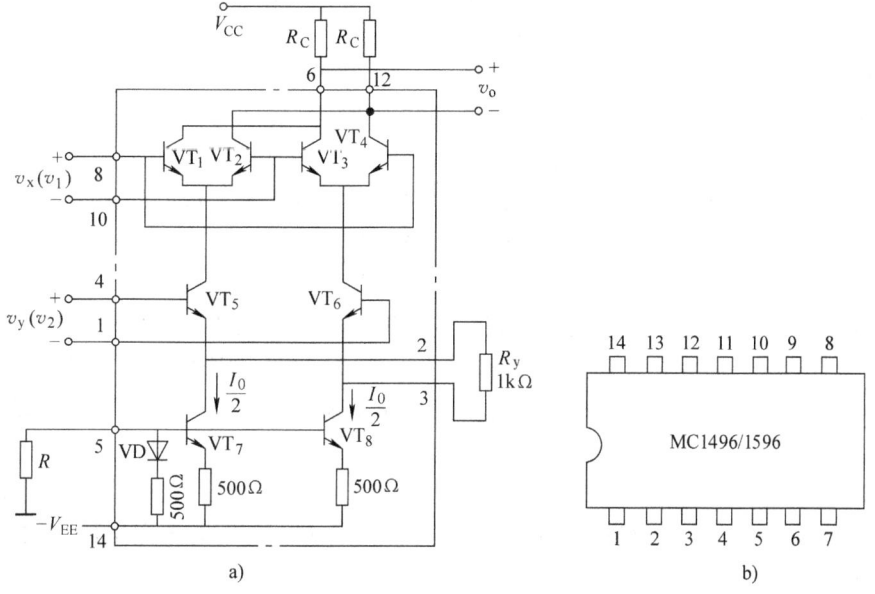

图 6.2.14 单片集成模拟乘法器 MC1496/1596 的内部电路及其引脚排列
a) 内部电路 b) 引脚排列

下面分析输入电压 v_2 的动态范围扩大的基本原理。为便于分析，将 VT_5、VT_6 两管组成的电路简化为图 6.2.15。

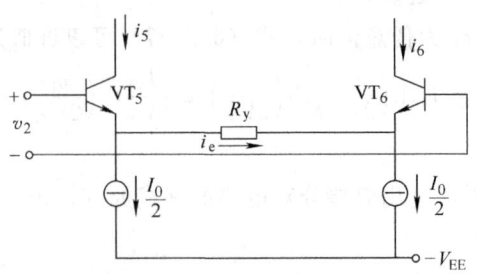

图 6.2.15 v_2 动态范围的扩展

电路满足深度负反馈的条件，于是

$$v_2 = v_{BE5} + i_e R_y - v_{BE6}$$

其中，$v_{BE5} - v_{BE6} = V_T \ln i_5/i_6$，且 $V_T \ln i_5/i_6 \ll i_e R_y$，所以，上式可以简化为

$$v_2 \approx i_e R_y$$

而 $i_5 - i_6 = 2i_e \approx \dfrac{2v_2}{R_y}$，双差分对模拟乘法器的差值输出电流为

$$i = (i_5 - i_6)\text{th}\left(\frac{v_1}{2V_T}\right) \approx \frac{2v_2}{R_y}\text{th}\left(\frac{v_1}{2V_T}\right) \tag{6.2.41}$$

此时 v_2 允许的最大动态范围为（推导过程见附录 C）

$$-\left(\frac{1}{4}I_0 R_y + V_T\right) \leqslant v_2 \leqslant \left(\frac{1}{4}I_0 R_y + V_T\right) \tag{6.2.42}$$

MC1496/1596 广泛应用于调幅及解调、混频等电路中，但应用时 VT_1、VT_2、VT_3、VT_4、VT_5、VT_6 晶体管的基极均需外加偏置电压，方能正常工作。通常把 8、10 端称为 X 输入端，输入参考电压 v_1；4、1 端称为 Y 输入端，输入信号电压 v_2。

3. MC1595 集成模拟乘法器

作为通用的模拟乘法器，还需将 v_1 的动态范围进行扩展。MC1595（或 BG314）就是在 MC1496 的基础上增加了 v_1 动态范围扩展电路，使之成为具有四象限相乘功能的通用集成器件，如图 6.2.16 所示。图 a 为 MC1595 的内部电路，图 b 为相应的外接电路。

图中，由 $VT_1 \sim VT_6$ 管组成具有 MC1596 功能的乘法器电路，$VT_{11} \sim VT_{13}$ 为电流源电路，为 VT_5、VT_6 管提供偏置电流 I_0；VT_9、VT_{10} 和 VT_7、VT_8 管为具有反双曲正切函数特性的补偿电路；$VT_{14} \sim VT_{16}$ 管为电流源电路，为 VT_9、VT_{10} 管提供偏置电流 I'_0。4、8 和 9、12 端为乘法器的两个输入端口 $v_1(v_x)$ 和 $v_2(v_y)$；2、14 端为乘法器的输出端口，分别接直流负载电阻 R_C、R_C'，5、6 端和 10、11 端分别接负反馈电阻 R_x 和 R_y，3 和 13 端分别接电阻 R_3、R_{13}，用来设定电流 I'_0 和 I_0；1 端接电阻 R_K，用来设定 1 端电位，以保证各管工作在放大区。

为了方便使用，许多集成模拟乘法器已包含了设定 I'_0 和 I_0 的偏置电路、输出放大器、负反馈电阻等，例如 AD834。

下面分析 v_1 动态范围的扩展原理。为分析方便，将 $VT_7 \sim VT_{10}$ 管组成的补偿电路简化为图 6.2.17 所示的形式，由图知 R_x 为深度负反馈电阻，有

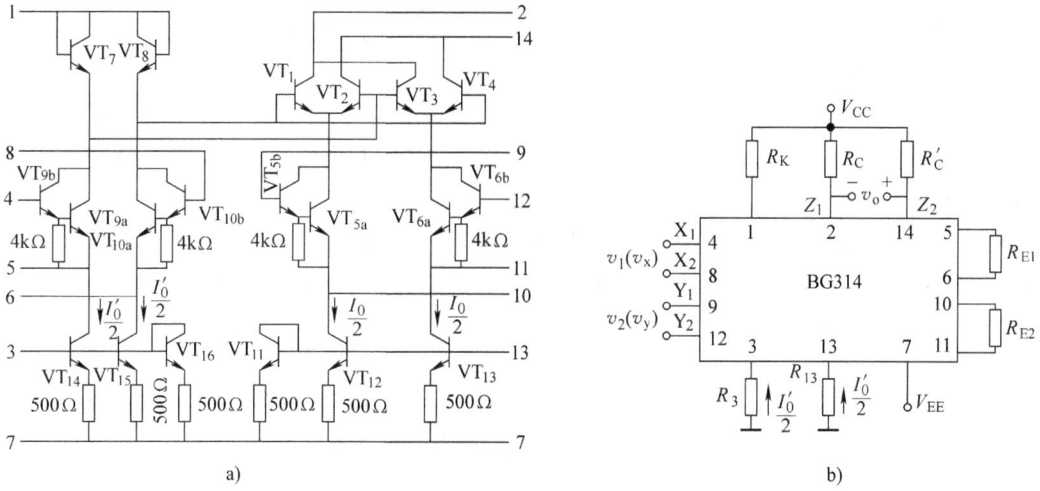

图 6.2.16 集成模拟乘法器 MC1595（BG314）的内部电路及相应的外接电路

$$i_9 - i_{10} \approx \frac{2v_1}{R_x}$$

v_1 的动态范围为

$$-\left(\frac{1}{4}I_0 R_x + V_T\right) \leqslant v_1 \leqslant \left(\frac{1}{4}I_0 R_x + V_T\right)$$

当晶体管 $VT_7 \sim VT_{10}$ 的 β 值足够大时，$i_7 \approx i_9$，$i_8 \approx i_{10}$，$I_k \approx I'_0$，又由于 $v_{BE7} - v'_1 - v_{BE8} = 0$，所以

$$v_{BE7} - v_{BE8} = v'_1$$

而

$$i_7 - i_8 = i_9 - i_{10} = I_k \text{th}\left(\frac{v_{BE7} - v_{BE8}}{2V_T}\right) = I'_0 \text{th}\left(\frac{v'_1}{2V_T}\right)$$

于是得到

$$v'_1 = 2V_T \text{arcth} \frac{i_9 - i_{10}}{I'_0} = 2V_T \text{arcth} \frac{2v_1}{I'_0 R_x} \quad (6.2.43)$$

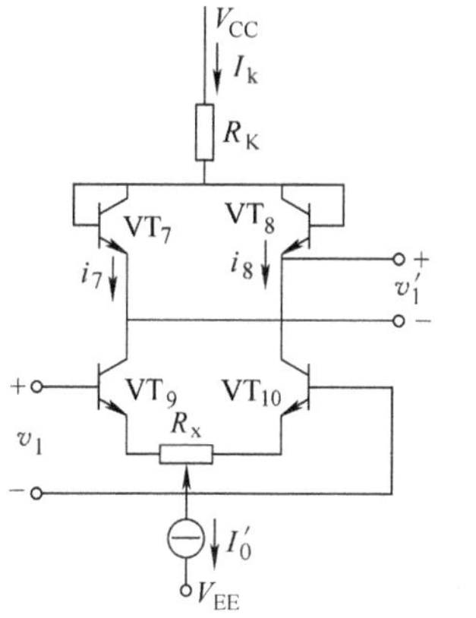

图 6.2.17 v_1 动态范围的扩展

v'_1 即为图 6.2.14 中的输入电压 v_1，将式(6.2.43)代入式(6.2.41)中得到

$$i = \frac{4v_1 v_2}{I'_0 R_x R_y} = A_M v_1 v_2 \quad (6.2.44)$$

式中，$A_M = \dfrac{4}{I'_0 R_x R_y}$ 为乘法器的乘法系数。

6.3 振幅调制电路

通过 6.1 节的讨论已知，普通振幅调制、抑制载波的双边带调制和单边带调制的共同特点是将调制信号的频谱不失真地搬移到载频上，调制信号的频谱结构不发生变化。因此，产生这些信号的方法的相同之处在于：将调制信号 $v_\Omega(t)$ 与载波信号 $v_c(t)$ 相乘，或者说这些调制方法的实现必须以乘法器为基础。

6.2 节介绍了能够实现乘积功能的电路，在这些电路中，只要非线性器件的伏安特性中包含二次方项或乘积项，就可以用来完成上述调制功能。能够完成上述功能的电路称为调制电路，它是无线电发送设备的主要组成部分。对调制电路的主要要求是调制效率高、调制线性范围大、失真小等。

调制电路按照输出已调波功率的大小分为高电平调制电路和低电平调制电路两大类，如图 6.3.1 所示。前者置于发射机末端，是将功率放大器和调制合二为一的电路，调制后的信号不需再放大就可直接发送出去，如许多广播发射机都采用这种调制方式，这种调制主要用于形成 AM 信号；后者置于发射机前端，产生小功率的已调信号，低电平调制是将调制和功率放大器分开，调制后的信号电平较低，需要通过线性功率放大器放大到所需的发射功率再发送出去，DSB、SSB 以及第 7 章介绍的调频（FM）信号均采用这种方式。下面分别讨论。

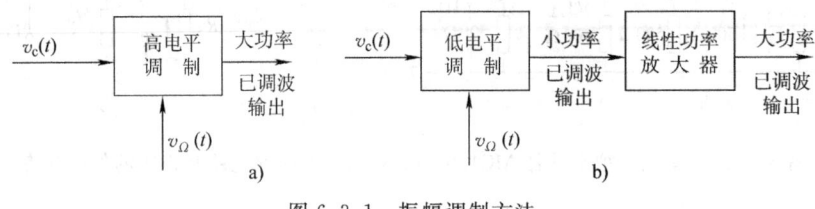

图 6.3.1 振幅调制方法
a）高电平调制 b）低电平调制

6.3.1 低电平调制器

低电平调制是调制信号 $v_\Omega(t)$ 与载波信号 $v_c(t)$ 通过时域内的乘法器实现的。如前所述，时域内的乘法器有各种各样的实现方法，如可以采用各种二极管电路，也可以采用性能优良的四象限模拟乘法器实现。下面分别加以讨论。

6.3.1.1 模拟乘法器调幅电路

模拟乘法器是低电平调幅电路的常用器件，它不仅可以实现普通调幅，也可以实现双边带调幅与单边带调幅。既可以用单片集成模拟乘法器来组成低电平调幅电路，也可以直接采用含有模拟乘法器功能的专用集成调幅电路。

图 6.3.2 是用 MC1596 组成的调幅电路。由图可知，X 通道两输入端 8、10 脚直流电位

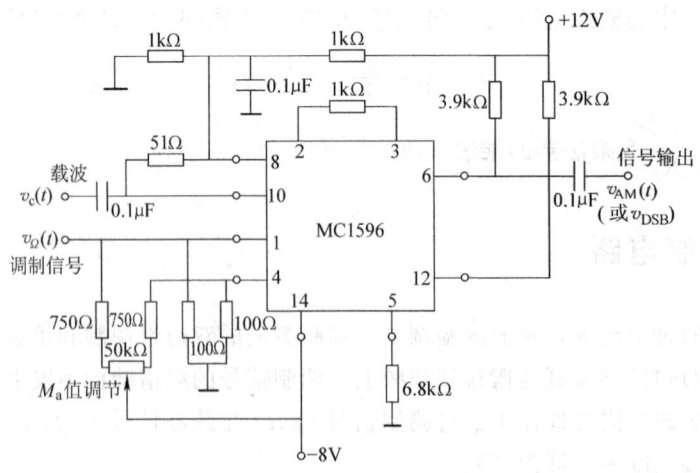

图 6.3.2 MC1596 组成的普通调幅或双边带调幅电路

均为 6V，可作为载波输入通道；Y 通道两输入端 1、4 脚之间有外接调零电路。若实现普通调幅，可通过调节 50kΩ 电位器使 1 脚电位比 4 脚高 V_y，调制信号 $v_\Omega(t)$ 与直流电压 V_y 叠加后输入 Y 通道。调节电位器可改变 V_y 的大小，即改变调制指数 M_a。若实现 DSB 调制，通过调节 50kΩ 电位器使 1 脚和 4 脚之间直流等电位，即 Y 通道输入信号仅为交流调制信号。为了减小流经电位器的电流，便于调零准确，可加大两个 750Ω 电阻的阻值，比如各增大 10kΩ。输出端 6、12 脚外应接调谐于载频的带通滤波器。2、3 脚之间外接 Y 通道负反馈电阻，用以扩展 Y 通道的输入信号动态范围。

6.3.1.2 大动态范围平衡调制器 AD630

AD630 是用两只增益相同的同相和反相放大器交替工作而构成的平衡调制器，可以有效地扩展 v_Ω 的动态范围（高达 100dB）。

1. 组成原理

图 6.3.3 是 AD630 的组成框图。图中，调制信号 $v_\Omega(t)$ 同时加到两只放大器 A_1、A_2 的输入端，并通过开关 S 与放大器 A_3 级联。当开关 S 接到端 1 时，A_1 与 A_3 级联，并通过反馈电阻 R_f 接成反相放大器，增益 $A_{vf1} = -R_f/R_1$；当开关 S 接到端 2 时，A_2 与 A_3 级联，并通过反馈电阻 R_f 接成同相放大器，增益 $A_{vf2} = 1 + R_f/R_2$。为了使两个增益值相等，必须满足下列关系式：

$$\frac{R_f}{R_1} = 1 + \frac{R_f}{R_2} \quad \text{或} \quad R_1 = R_f // R_2 \tag{6.3.1}$$

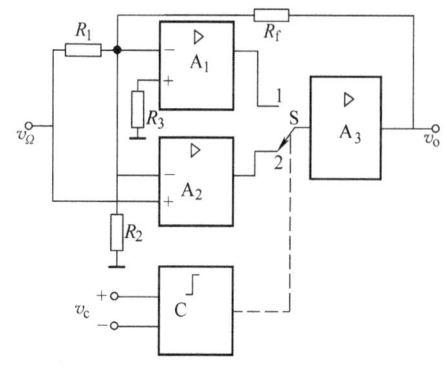

图 6.3.3 AD630 的组成框图

开关 S 受电压比较器 C 的输出电平的控制，而输出电平则由输入电压 v_c 控制，假设 $v_c = V_{cm} \cos\omega_c t$，正半周时 S 接到 2 端，负半周时 S 接到 1 端，因而合成输出电压 v_o 可以表示为

$$v_o = \frac{R_f}{R_1} v_\Omega K_2(\omega_c t) \tag{6.3.2}$$

构成工作在开关状态的平衡调制器，产生 DSB 信号。

2. AD630 的内部简化电路和主要特性

图 6.3.4 为 AD630 的内部简化电路。图中，VT_{52}、VT_{53} 和 $VT_3 \sim VT_6$ 管为迟滞电压比较器电路，其中 VT_{52}、VT_{53} 为 PNP 型管，组成偏置电流为 I_{SS} 的差分对管，VT_3、VT_4 和接成二极管的 VT_5、VT_6 组成双稳态触发器，作为 VT_{52} 和 VT_{53} 的有源负载，并将电压比较器的迟滞宽度设定为 3mV，即当 v_c 大于 1.5mV 时，VT_{53} 管的 i_{C53} 大于 VT_{52} 管的 i_{C52}，它们分别激励 VT_3 和 VT_4 管，促使 VT_{52} 管集电极电位低于 VT_{53} 管集电极电位，通过内部正反馈作用，很快使 VT_{52} 管输出低电平，VT_{53} 管输出高电平，它们分别加到作为开关的 VT_{28}、VT_{29} 和 VT_{30}、VT_{31} 管的基极，导致 VT_{28}、VT_{29} 管导通，VT_{30}、VT_{31} 管截止。反之，当 v_c 小于 -1.5mV 时，通过同样过程使 VT_{30}、VT_{31} 管导通，VT_{28}、VT_{29} 管截止。

VT_{33}、VT_{34}、VT_{62}、VT_{65} 管和 VT_{35}、VT_{36}、VT_{67}、VT_{70} 管分别构成共集极—共基极组合差分放大器 A_1 和 A_2，VT_{24}、VT_{25} 管接成电流源电路，作为这两个放大器的有源负载。当开关

管 VT_{28}、VT_{29} 导通，VT_{30}、VT_{31} 截止时，电流源 I_{22}、I_{23} 通过 VT_{28}、VT_{29} 管为放大器 A_1 提供偏流（其中通过 VT_{37}、VT_{38} 为 VT_{62}、VT_{65} 管提供基极偏置电压），而放大器 A_2 因无偏流而不工作。反之，VT_{30}、VT_{31} 管导通，VT_{28}、VT_{29} 管截止，偏流提供给放大器 A_2 而 A_1 不工作。

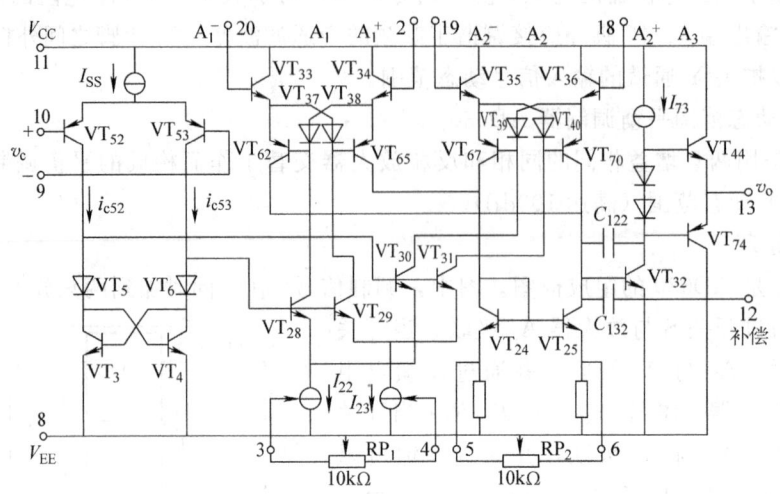

图 6.3.4 AD630 的内部简化电路

VT_{32} 管是以电流源 I_{73} 作为有源负载的共发放大器，VT_{44} 和 VT_{74} 是甲乙类推挽放大器，它们共同组成放大器 A_3，C_{122} 为相位补偿电容。

3 与 4 端之间的 RP_1 和 5 与 6 端之间的 RP_2 为放大器的调零电位器。

在 AD630 中，两个放大器（A_1 与 A_3 级联，A_2 与 A_3 级联）的性能是十分优良的，它们的开环增益 A_{vd} 和共模抑制比 K_{CMR} 均达到 110dB 以上，转移率 S_R 大于 $45V/\mu S$，单位增益带宽 $BW_G > 2MHz$，输入动态范围大于 100dB。片内有 5 只精密电阻，采用不同组合可将两只放大器的闭环增益设置在 ± 1 和 ± 2 上。如果需要更大增益，可外接电阻实现。

由于两只放大器是分时工作的，且它们之间的隔离度超过 100dB，因而 AD630 除了用作各种频谱搬移电路外，还可构成其他应用电路。例如，用作模拟开关，这时，A_1 和 A_2 加不同输入信号，控制 v_c 就可切换 A_1 或 A_2，如果用 N 个 AD630 并联，就可组成 2N 路的多路模拟开关。

6.3.1.3 二极管调制电路

1. 二极管平衡调制器

图 6.3.5 所示电路中，令 $v_\Omega = V_{\Omega m}\cos\Omega t$，$v_c = V_{cm}\cos\omega_c t$，且 $V_{cm} \gg V_{\Omega m}$，V_{cm} 足够大，则二极管工作在受 v_c 控制的开关状态，即可构成二极管平衡调制电路。若设带通滤波器的谐振等效阻抗为 R_L，根据 6.2 节乘法器电路的分析方法，可以证明流过负载的电流 i_L 为

$$i_L = i_1 - i_2 = \frac{2}{R_D + 2R_L}v_\Omega(t)K_1(\omega_c t) \tag{6.3.3}$$

式中，R_D 为二极管的导通内阻；$K_1(\omega_c t)$ 是以 ω_c 为角频率的单向开关函数，将其傅里叶级数展开式代入式（6.3.3）可得

$$i_L = \frac{2}{R_D + 2R_L}V_{\Omega m}\cos\Omega t\left(\frac{1}{2} + \frac{2}{\pi}\cos\omega_c t - \frac{2}{3\pi}\cos 3\omega_c t + \cdots\right) \tag{6.3.4}$$

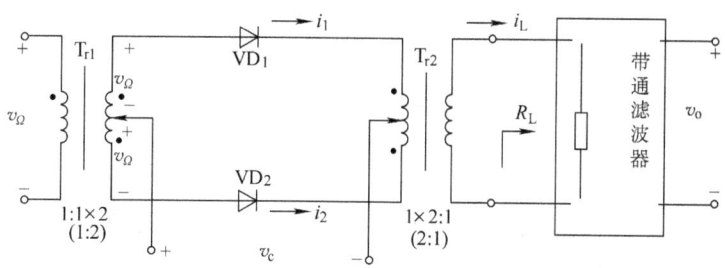

图 6.3.5 二极管平衡调制器

i_L 中包含的频谱分量为 Ω 和 $(2n-1)\omega_c \pm \Omega$ ($n=1, 2, 3, \cdots$)。若输出滤波器的中心频率为 f_c，带宽为 $2F$，则输出电压为

$$v_o(t) = \frac{4}{\pi} \frac{R_L}{R_D + 2R_L} V_{\Omega m} \cos\Omega t \cos\omega_c t \tag{6.3.5}$$

当 $R_L \gg R_D$ 时，有

$$v_o(t) \approx \frac{2}{\pi} V_{\Omega m} \cos\Omega t \cos\omega_c t \tag{6.3.6}$$

图 6.3.5 所示二极管平衡调制器的工作波形如图 6.3.6 所示，输出电压是双边带调幅 (DSB) 信号。需要说明的是，二极管平衡调制器中，调制电压和载波信号的输入位置与所要完成的频谱搬移功能有密切的关系。若将图 6.3.5 中的信号交换位置，如图 6.2.4 所示，则流过负载的电流见式 (6.2.16)，此时电路将实现普通调幅 (AM) 功能。

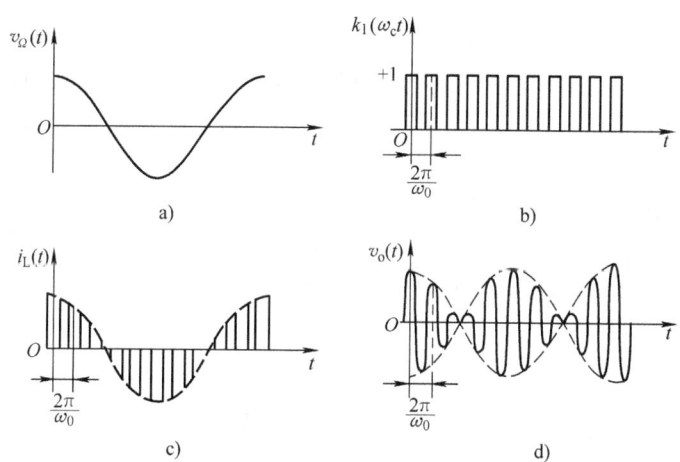

图 6.3.6 二极管平衡调制器的工作波形

2. 二极管环形调制器

为了进一步减少组合频率分量，提高调制效率，可采用 6.2 节中介绍的图 6.2.6a 所示的二极管环形电路。令 $v_1(t) = v_c(t)$、$v_2(t) = v_\Omega(t)$，代入式 (6.2.19) 中得到输出电流 i_L 为

$$i_L = \frac{2v_\Omega}{R_D + 2R_L} K_2(\omega_c t) \tag{6.3.7}$$

显然，i_L 中的频率分量为 $(2n-1)\omega_c \pm \Omega$，利用中心频率为 f_c，带宽为 $2F$ 的带通滤波

器滤波后，输出信号为

$$v_o(t) = \frac{2V_{\Omega m}}{R_D + 2R_L} R_L \frac{4}{\pi} \cos\Omega t \cos\omega_c t \qquad (6.3.8)$$

当 $R_L \gg R_D$ 时，输出电压可以进一步简化为

$$v_o(t) \approx \frac{4}{\pi} V_{\Omega m} \cos\Omega t \cos\omega_c t \qquad (6.3.9)$$

很显然，式（6.3.9）的振幅是式（6.3.6）的两倍，输出的信号电压是双边带调幅信号。该电路的工作波形请自行分析。

一般说来，低电平调制电路主要用来实现双边带和单边带调制，对它提出的要求主要是调制线性好，载波抑制能力强，而功率和效率的要求则是次要的。载波抑制能力的强弱可用载漏表示，所谓载漏是指输出泄漏的载波分量低于边带分量的分贝数。分贝数越大，载漏就越小。例如，在由 XFC1596 构成的双差分对平衡调制器中，调节 50kΩ 调零电位器，载漏可达到 36dB 以上，又如，在由 AD630 构成的大动态范围平衡调制器中，反复调节电位器 RP_1 和 RP_2，载漏可达到 40~60dB。

6.3.2 高电平调制器

高电平调幅是在发送设备的高电平级进行的。高电平调幅器广泛采用高效率的丙类谐振功率放大器。根据调制信号控制的电极不同，调制方法主要有：

集电极调制——用调制信号控制集电极电源电压，以实现调幅。

基极调制——用调制信号控制基极电源电压，以实现调幅。

1. 集电极调幅

所谓集电极调幅，就是用调制信号来改变高频功率放大器的集电极直流电源电压，而输出高频正弦波的振幅 V_{cm} 随集电极直流电源电压变化而变化，从而得到调幅波输出。集电极调幅的实际电路如图 6.3.7a 所示。图 b 为等效原理电路，图中低频调制信号 $v_\Omega(t)$ 与直流电源 V_{CC0} 相串联，放大器的有效集电极电源电压 $V_{CC}(t) = V_{CC0} + v_\Omega(t)$，随调制信号变化而变化。根据第 4 章图 4.2.13 所示集电极调制特性可知，在过电压状态下，集电极电流的基波分量振幅 I_{c1m} 集电极电源电压 $V_{CC}(t)$ 成正比变化。因此集电极的回路输出高频电压振幅 $V_{cm} = I_{c1m} R'_L$ 也将随调制信号 $[V_{CC}(t)]$ 的变化而变化，得到调幅波输出。其工作波形如图 6.3.8 所示。

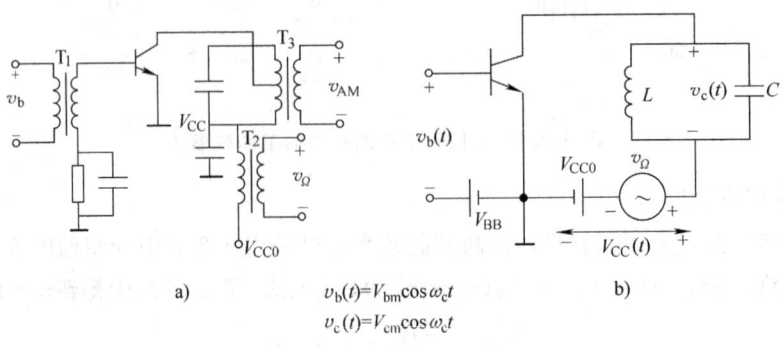

图 6.3.7 集电极调幅电路
a) 实际调幅电路 b) 原理电路

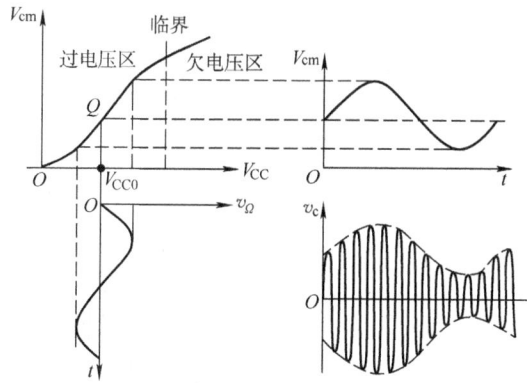

图 6.3.8 集电极调幅工作波形

由此可知，为了获得有效的调幅，集电极调幅电路必须总是工作于过电压状态。该电路中，若 V_{CC0} 的大小不是选择在过电压区的中点，而是偏高或偏低，得到的调幅波将产生怎样的变化？请自行画出此时的波形。

可以证明，集电极调幅电路的集电极效率高，晶体管获得充分的应用，这是它的主要优点。其缺点是已调波的边频带功率 $P_{(\omega_0 \pm \Omega)}$ 由调制信号供给，因而需要大功率的调制信号源。

2. 基极调幅

所谓基极调幅，就是用调制信号电压来改变高频功率放大器的基极偏压，以实现调幅。它的实际电路如图 6.3.9a 所示，图 b 为等效原理电路，低频调制信号 $v_\Omega(t)$ 与直流偏压 V_{BB0} 相串联，放大器的有效基极偏压 $V_{BB}(t) = V_{BB0} + v_\Omega(t)$，随调制信号变化而变化。根据第 4 章图 4.2.14 所示基极调制特性可知，在欠电压状态下，集电极电流的基波分量振幅 I_{c1m} 随基极电源电压 $V_{BB}(t)$ 成正比变化。因此其集电极的回路输出高频电压 $v_c(t)$ 的振幅 $V_{cm} = I_{c1m} R'_L$ 也将随调制信号 $[V_{BB}(t)]$ 的变化而变化，得到调幅波输出。图 6.3.10 为其工作波形。

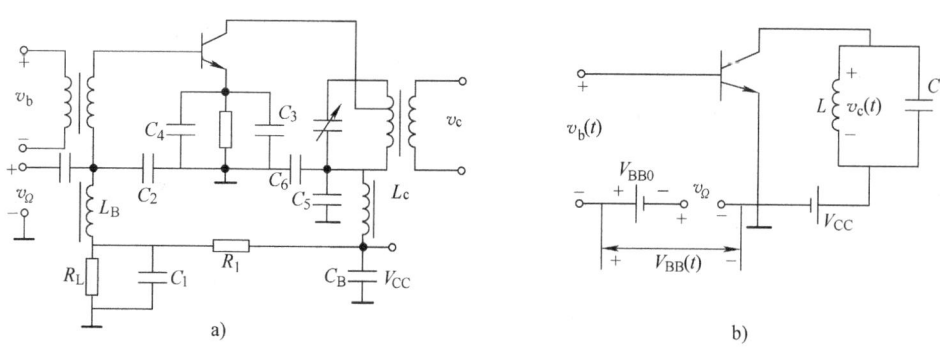

图 6.3.9 基极调幅电路
a）实际电路 b）等效原理电路

由图 6.3.10 可知，为了获得有效的调幅，基极调幅电路必须总是工作于欠电压状态。该电路中，若 V_{BB0} 的大小不是选择在欠电压区的中点，而是偏高或偏低，此时得到的调幅波将产生怎样的变化？请自行画出此时的波形。

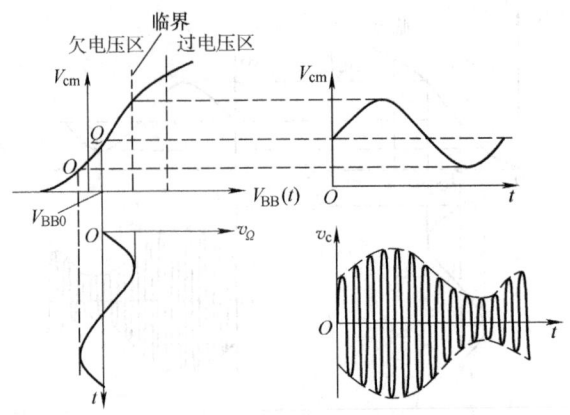

图 6.3.10 调幅工作波形

可以证明,基极调幅电路的集电极效率并不高,这是它的主要缺点。其主要优点是所需要的调制信号功率很小,对整机的小型化有利。

高电平调幅电路具有以下特点:

1) 高电平调幅电路可以产生且只能产生普通调幅波,集电极调幅时,谐振功率放大器应工作在过电压状态。基极调幅时,谐振功率放大器应工作在欠电压状态。

2) 集电极调幅的集电极效率高,晶体管获得充分的应用。其缺点是已调波的边频带功率 P_{SB} 由调制信号供给,需要大功率的调制信号源。集电极调幅效率较高,适用于较大功率的调幅发射机中。

3) 基极调幅电路电流小,消耗功率小,所需的调制信号功率很小,调制信号的放大电路比较简单。其缺点是由于工作在欠电压状态,集电极效率低。所以一般只用于功率不大,对失真要求较低的发射机中。

6.3.3 采用滤波法的单边带发射机

利用上述各种双边带调幅电路,可以获得单边带信号,下面仅就它在滤波法单边带发射机中的应用作一介绍。图 6.3.11a 所示框图为采用滤波法构成的单边带发射机。若设调制信号的频谱分量自 100Hz 到 3000Hz,则相应各点的频谱如图 6.3.11b 所示。由图可见,平衡调制器的载波频率取 100kHz,其输出端的上、下边带之间的最小频率间隔为 0.2kHz,相对频率间隔为 0.2%。第一混频器的本振频率取 2MHz,将带通滤波器取出的上边带频谱(100.1~103kHz)搬移到 2MHz 的两边,最小频率间隔扩大到 200.2kHz(2100.1kHz-1899.9kHz),相对频率间隔为 9.4%。第二混频器的本振频率取 26MHz,将带通滤波器取出的频谱(2100.1~2103kHz)搬移到 26MHz 的两边,频率间隔进一步扩大到 4200.2kHz(28100.1kHz-23899.9kHz),相对频率间隔为 14.9%。因此,两个混频器的输出滤波器很容易取出所需分量,滤除无用分量。

采用滤波法的技术难度与载波频率的高低密切相关。例如,假设调制信号的最低频率为 100Hz,载波频率为 2000kHz,则双边带调制信号的两个边频分别为 2000.1kHz 和 1999.9kHz,两边频的间隔为 0.2kHz。当取上边频时,两边频的相对间隔为(0.2/2000.1)×100%=0.01%;若载波频率减小为 50kHz,上、下边频间隔仍为 0.2kHz,但两边频的相

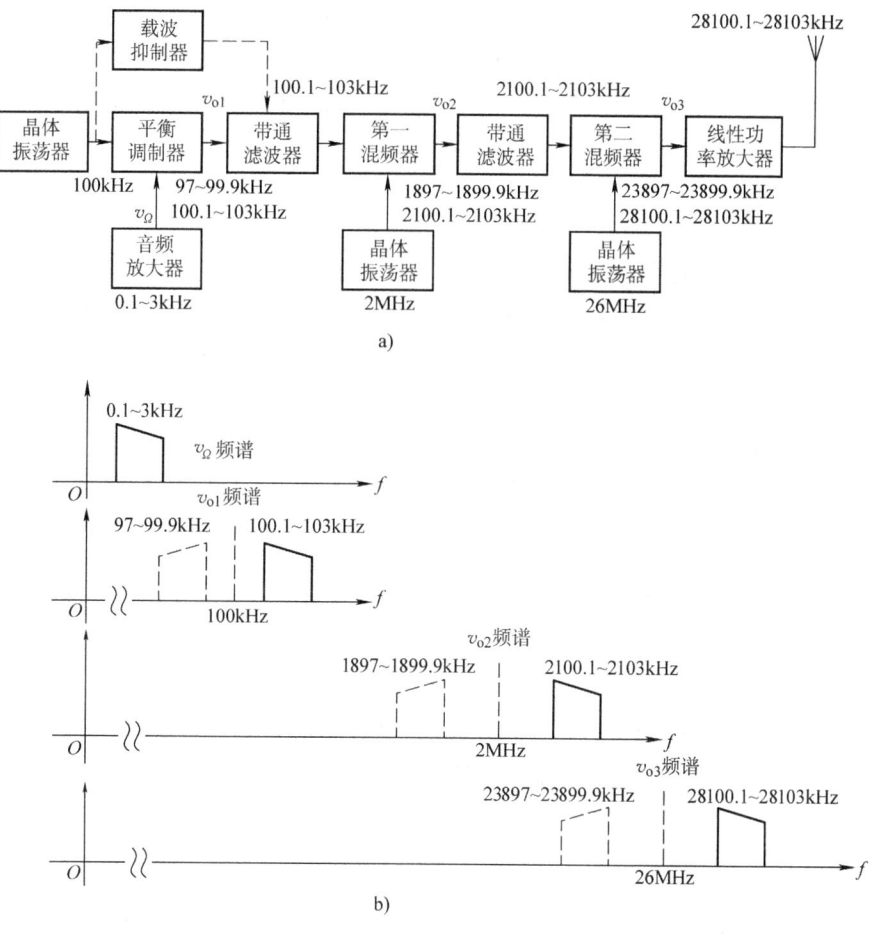

图 6.3.11 采用滤波法的单边带发射机框图及其各点信号的频谱图

对间隔为 $(0.2/50.1) \times 100\% = 0.4\%$。在带外衰减相同时，相对频率间隔越大，滤波器就越容易实现。

鉴于上述原因，一般均在低载波频率上产生单边带信号，而后用混频器将载波频率提升到所需的载波频率上，如图 6.3.11 所示。

在某些单边带发射机中，为了使接收机便于产生同步信号，还同时发射低功率的载波信号，称为导频信号，这个信号直接由 100kHz 的振荡信号通过图 6.3.11a 中的虚线方框所示载波抑制器衰减 10~30dB 后叠加在单边带信号上。

6.4 调幅信号的解调电路

如前所述，从高频已调幅信号中恢复出原调制信号 $v_\Omega(t)$ 的过程称为调幅信号的解调。振幅解调方法可分为包络检波和同步检波两大类。包络检波是指解调器输出电压与输入已调波的包络成正比的检波方法。由于 AM 信号的包络与调制信号成线性关系，而 DSB 和 SSB 信号的包络不再反映调制信号的变化规律，因此包络检波只适用于 AM 信号。DSB 和 SSB 信号的解调必须使用同步检波。同步检波器是一个三端口网络，有两个输入端口，一个是

DSB 或 SSB 信号输入端,另一个是参考信号(或称为插入载波或恢复载波,通常称之为同步信号)输入端口。为了正常地进行解调,同步信号应与调制端的载波电压完全同步(同频、同相),这就是同步检波名称的由来。顺便指出,同步检波也可解调 AM 信号,虽然性能好,但比包络检波器复杂得多,所以很少采用。

6.4.1 包络检波器

实现包络检波过程的电路为包络检波器。

包络检波器根据所用器件不同,可分为二极管包络检波器和晶体管包络检波器;根据信号的大小不同,又可分为小信号平方律检波器和大信号峰值检波器。

6.4.1.1 二极管峰值包络检波器

二极管峰值包络检波器的原理电路如图 6.4.1 所示,信号源、非线性器件二极管及低通滤波器三者串联连接,为串联型电路。该检波器工作于大信号状态,输入信号电压要大于 0.5V,故这种检波器的全称为二极管串联型大信号峰值包络检波器。当输入电压为小信号的情况下,电路将工作在小信号非线性状态,实现检波主要靠非线性特性的二次方项,此时的电路称为小信号平方律检波器。

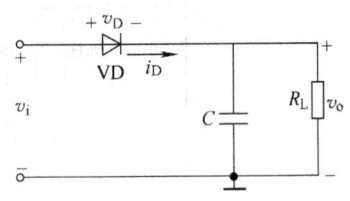

图 6.4.1 二极管峰值包络检波器

二极管通常选用导通电压 $V_{D(on)}$ 小、内阻 R_D 小的点接触型锗管。$R_L C$ 电路有两个作用:一是作为检波器的负载,在其两端产生解调输出电压;二是实现低通滤波,使高频电流旁路,$R_L C$ 须满足

$$\frac{1}{\omega_c C} \ll R_L \quad \text{及} \quad \frac{1}{\Omega C} \gg R_L$$

式中,ω_c 为输入高频调幅信号的载频;Ω 为调制信号频率。理想情况下,$R_L C$ 低通滤波器的阻抗 $Z(\omega)$ 应满足 $Z(\omega_c) \approx 0$、$Z(\Omega) \approx R_L$。

1. 工作原理

由图 6.4.1 可知,加在二极管上的正向电压为 $v_D = v_i - v_o$。为分析方便,设 $v_{D(on)} = 0$,当输入信号 v_i 为等幅高频电压 $v_i = V_{im} \cos \omega_c t$,且加电压前电容 C 上的电荷为零,$v_D = v_i$。

电路接通后,当 v_i 的幅值足够大,二极管的伏安特性可用自原点转折、斜率为 $g_D = 1/R_D$ 的折线逼近。利用二极管导通时($v_D > 0$)v_i 给电容 C 充电(充电时间常数 $\tau_{充} = R_D C$)和截至时($v_D < 0$)电容器 C 经电阻 R_L 放电(放电时间常数 $\tau_{放} = R_L C$)的不断重复,达到充、放电动态平衡后,输出电压 $v_o(t)$ 将稳定在平衡值 V_{av} 上下作锯齿波动,如图 6.4.2 所示,显然输出电压已接近输入电压的峰值。

在下面的研究中,只考虑稳态过程,因为暂态过程是很短暂的瞬间过程。输出电压的波形如图 6.4.2a 中的实线所示,流过二极管的电流如图 b 所示。

从以上分析可以看出:

1)检波过程就是信号源通过二极管给电容充电与电容对电阻 R_L 放电的交替重复过程。在工作原理上,二极管包络检波器与整流电路十分类似,但在要求上二者大不相同。作为检波器,要求输出电压不失真地反映输入信号的包络变化;同时,在接收机中还必须考虑检波器与其前后级之间的连接问题。但整流电路无此要求。

2)由于时间常数 $\tau_{放} = R_L C$ 远大于输入电压载波周期,放电慢,使得二极管负极永远处于正的较高的电位(因为输出电压接近于高频正弦波的峰值,即 $v_o = V_{av} = V_{im}$)。该电压对二极管形成一个大的负电压,使二极管只在输入电压的峰值附近才导通。导通时间很短,二极管电流 i_D 是导通角为 θ 的窄脉冲序列,如图 6.4.2b 所示,这也是峰值包络检波名称的由来。

3)二极管电流 i_D 包含平均分量(输入为等幅信号的情况下为直流分量)I_{av} 及高频分量。I_{av} 流经电阻 R_L 形成平均电压 V_{av}(载波输入时,$V_{av} = V_{im}$),它是检波器的有用输出电压。高频电流主要被旁路电容 C 旁路,在其上产生很小的

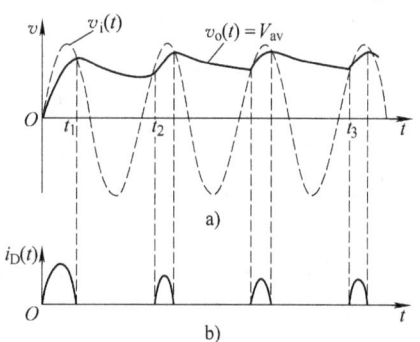

图 6.4.2 输入信号为高频等幅正弦波的检波过程

残余高频电压,称为纹波电压。实际中,当电路元件参数选择合适时,高频波纹电压很小,可以忽略,这时检波器输出电压为直流并接近但小于输入电压峰值。显然,放电时间常数比输入信号周期大得越多,输出电压越接近输入电压峰值。

如果输入信号为一调幅波,只要选择合理的 $R_L C$ 参数,$v_o(t)$ 的波形就可以反映输入调幅信号的包络变化规律,也即 $v_o(t)$ 为解调输出的原调制信号。在正常情况下,导通角 θ 越小,输出 $v_o(t)$ 曲线与输入包络越接近。当 $\theta \to 0$ 时,$v_o(t)$ 曲线几乎完全反映了 $v_i(t)$ 的包络变化规律,此时效率最高,失真最小。在此情况下,二极管峰值包络检波器的工作过程示意图如图 6.4.3 所示。其中,图 a 所示为输入调幅电压 $v_i(t)$、流过检波二极管的电流 i_D 及检波器输出电压 $v_o(t)$ 的波形。图 b 所示是加在二极管两端的电压 $v_D(t)$ 和流过二极管电流 $i_D(t)$ 的波形。

从这个工作过程可以看出,$R_L C$ 的数值对检波器输出的性能有很大影响。为使检波器的输出信号反映输入信号的包络,要求时间常数 $R_L C$ 远大于输入调幅信号载波的周期,但它

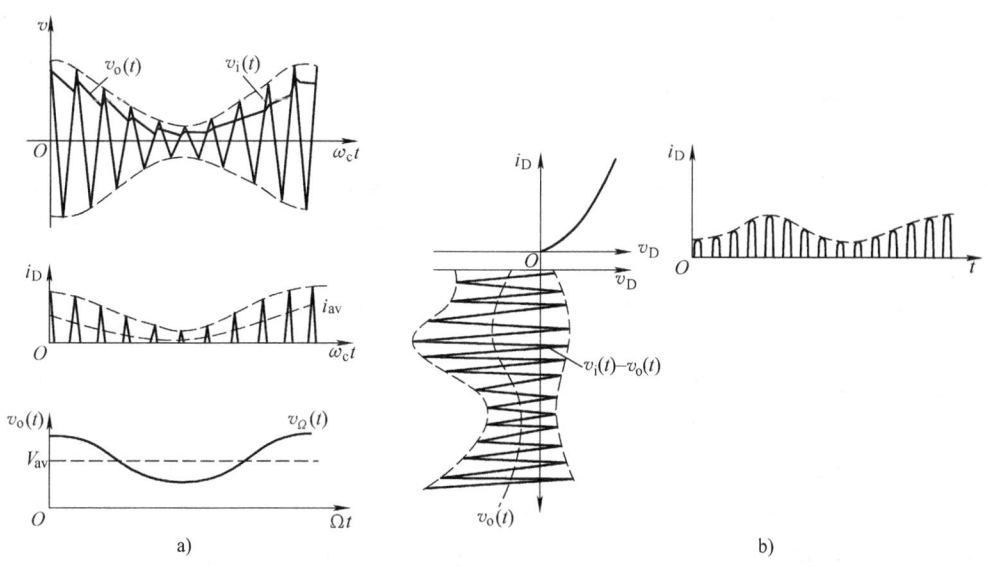

图 6.4.3 输入为调幅波情况下的检波器工作波形

又必须远小于调制信号的周期,即包络的周期,否则将会引起解调的失真。如果 R_L 值小(或 C 小),则放电快,高频波纹加大,平均电压下降;R_LC 数值大则作用相反。当检波器电路一定时,它跟随输入电压的能力取决于输入电压幅度变化的速度。当幅度变化快,例如调制频率高或调幅度 M_a 大时,电容器必须较快地放电,以使电容器上的电压能跟随峰值包络的下降而下降,此时,如果 R_LC 太大,就会造成失真。

2. 性能指标

二极管峰值包络检波器的性能指标主要有检波效率、输入电阻、惰性失真和底部切割失真等几项。

(1) 检波效率 η_d 当输入信号 $v_i(t) = V_{im}\cos\omega_c t$ 时,检波效率 η_d 定义为输出直流电压 V_{av} 与输入 $v_i(t)$ 的振幅之比值,即

$$\eta_d = \frac{V_{av}}{V_{im}} \tag{6.4.1}$$

当输入信号为已调幅信号时,检波效率 η_d 定义为输出 $v_o(t)$ 中低频分量振幅 $V_{\Omega m}$ 与输入已调波包络振幅的比值。如输入信号是单频调幅波,即 $v_i(t) = V_{im}(1+M_a\cos\Omega t)\cos\omega_c t$,则检波效率为

$$\eta_d = \frac{V_{\Omega m}}{M_a V_{im}} \tag{6.4.2}$$

此时输出为

$$v_o(t) = V_{av} + V_{\Omega m}\cos\Omega t = \eta_d V_{im}(1+M_a\cos\Omega t) \tag{6.4.3}$$

利用折线近似分析方法,可以求得检波效率的近似表达式为

$$\eta_d = \frac{V_{av}}{V_{im}} = \cos\theta \tag{6.4.4}$$

且

$$\theta = \sqrt[3]{\frac{3\pi}{g_D R_L}} \tag{6.4.5}$$

由式 (6.4.4)、式 (6.4.5) 可以得出以下结论:

1) 检波器的检波效率 η_d 与 g_D、R_L 有关,g_D 或 R_L 越大,导通角 θ 越小,检波效率越高。考虑到二极管的实际导通电压不为零,以及充电电流在二极管微变等效电阻上的压降等因素,实际检波效率比以上公式计算值要小。当 $g_D R_L \gg 3\pi$ 时,$\theta \to 0$,$\eta_d \to 1$。

2) 当电路一定时,二极管与负载 R_L 一定,则 θ 恒定,与输入信号大小无关。原因是由于负载电阻 R_L 的反作用,使电路具有自动调节作用而维持 θ 不变。例如,当输入电压增加,引起 θ 增大,I_{av} 增大,使负载上获得电压 $V_{av} = I_{av}R_L$ 加大,加到二极管上的反偏电压增大,使 θ 下降。

θ 确定,则检波效率确定,输出信号与输入信号包络呈线性关系,称为线性检波,见式 (6.4.3)。

3) 从提高检波效率的角度出发,总是希望 R_L 大一些为好。R_L 越大,θ 越小,η_d 越大,并趋近于 1。但是,R_L 的增大将受到检波器中非线性失真的限制(参阅下面的讨论)。

(2) 等效输入电阻 R_i 在接收设备中,检波器前接有中频放大器,如图 6.4.4 所示。检波器作为中频放大器的输出负载,可用检波等效输入电阻 R_i 来表示这种负载效应。R_i 定义为输入高频电压振幅与二极管电流 i_D 中基波分量振幅 I_{d1m} 的比值,可近似从能量守恒原理求得。设输入为高频等幅电压 $v_i = V_{im}\cos\omega_c t$,输出直流电压为 V_{av},则检波器从输入信号

源获得的高频功率为 $P_i = V_{im}^2/2R_i$；经二极管的变换作用，一部分转换为有用输出，平均功率为 $P_o = V_{av}^2/R_L$，其余部分全部消耗在二极管正向导通电阻 R_D 上。由于 VD 的导通时间很短，在 R_D 上消耗的功率很小，可忽略，因而可近似认为

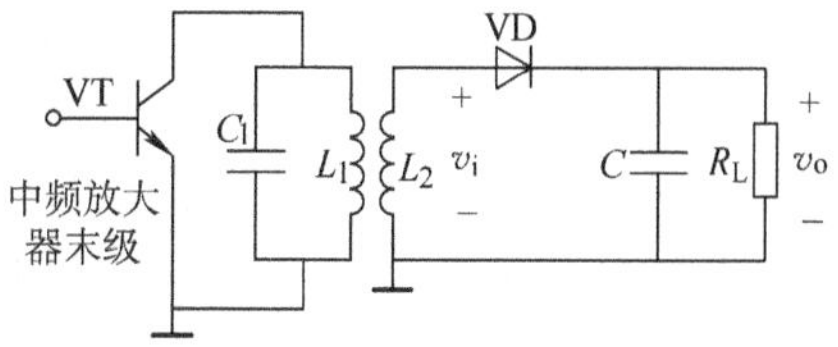

$$P_i = \frac{V_{im}^2}{2R_i} \approx P_o = \frac{V_{av}^2}{R_L}$$

图 6.4.4　中频放大器与检波器级联

而在 $\eta_d \to 1$ 的情况下，$V_{av} \approx V_{im}$，可求得

$$R_i = \frac{1}{2}R_L \tag{6.4.6}$$

若输入为调幅信号，当 $\dfrac{1}{\Omega C} \gg R_L$ 时，可用同样推导方法得到上式结果。

式（6.4.6）表明，二极管包络检波器的输入电阻 R_i 与输出负载电阻 R_L 直接有关。考虑到输出电压的反作用，这个结论是不难解释的。因为增大 R_L 就会导致 VD 的导通时间缩短，从而使 i_D 中的基波分量减小，结果使 R_i 增大。

由于 R_i 为中频放大器的输出负载，所以从增加中频放大器增益、提高接收机灵敏度的角度出发，应尽量加大 R_i，也即应加大 R_L。但是 R_L 的增大同样受到检波器中非线性失真的限制。

解决以上矛盾的一个有效方法是采用图 6.4.5 所示的晶体管射极包络检波电路。由图可见，就其检波物理过程而言，它利用发射结产生与二极管包络检波器相似的工作过程，不同的仅是输入电阻比二极管检波器增大了 $(1+\beta)$ 倍。这种电路适宜于集成化，在集成电路中得到了广泛的应用。

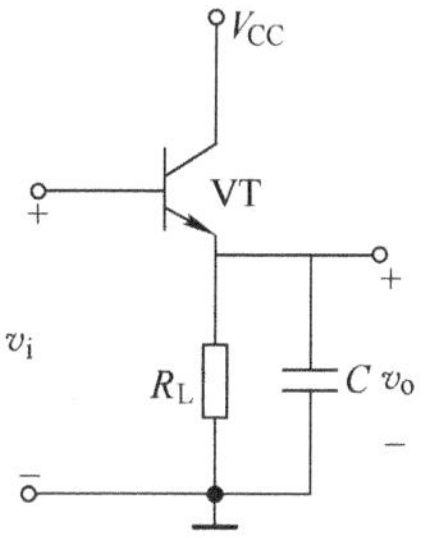

3. 二极管包络检波器中的失真

图 6.4.5　晶体管射极包络检波电路

由前面的讨论知，理想情况下，包络检波器的输出波形应与调幅波包络的形状完全相同。但实际上，二者之间总会有一些差别，即检波器输出波形总是存在失真。所产生的失真主要有惰性失真（Inertia Distortion）、负峰切割失真（Negative Peak Clipping Distortion）、非线性失真以及频率失真。

（1）惰性失真（对角线切割失真）　惰性失真如图 6.4.6 所示。它是在调幅波包络下降时，由于时间常数太大（图中时间 $t_1 \sim t_2$ 内），输入信号电压总是低于电容 C 上的电压，二极管始终处于截止状态，输出电压不受输入信号电压的控制，而是取决于 $R_L C$ 的放电，只有当输入信号电压的振幅重新超过输出电压时，二极管才重新导通。这种非线性失真是由于 C 的惰性太大引起的，所以称为惰性失真。为了防止惰性失真，只要适当选择 $R_L C$ 的数值，使 C 的放电加快，能跟上高频信号电压包络的变化就可以了。

下面来确定不产生惰性失真的条件。

要避免惰性失真，就要保证电容 C 两端的电压减小速率（电容 C 的放电速度）在任何一个高频周期内都要大于或等于包络线的下降速率。

单频率调制的调幅波包络表达式为

$$V_m(t) = V_{im}(1 + M_a \cos\Omega t)$$

其变化速度为

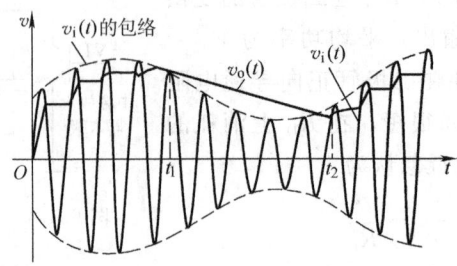

图 6.4.6 惰性失真

$$\frac{dV_m(t)}{dt} = \frac{dV_{im}(1+M_a\cos\Omega t)}{dt} = -V_{im}M_a\Omega\sin\Omega t \tag{6.4.7}$$

电容器 C 通过电阻 R_L 放电，放电时通过 C 的电流 i_C 应等于通过 R_L 的电流 i_R，而

$$i_C = \frac{dQ}{dt} = C\frac{dv_C}{dt} = C\frac{dv_o}{dt}; \quad i_R = \frac{v_o}{R_L}$$

所以
$$C\frac{dv_o}{dt} = \frac{v_o}{R_L}$$

即
$$\frac{dv_o}{dt} = \frac{v_o}{R_L C} \tag{6.4.8}$$

对大信号检波而言，$\eta_d \approx 1$，在二极管截止的瞬间（图 6.4.6 中 t_1 瞬间），$v_o = V_m(t)$，

所以
$$\frac{dv_o}{dt} = \frac{1}{R_L C}V_{im}(1+M_a\cos\Omega t) \tag{6.4.9}$$

即为电容 C 的放电速度。

令
$$A = \left|\frac{dV_m(t)}{dt} \middle/ \frac{dv_o}{dt}\right|$$

将式（6.4.7）、式（6.4.9）代入，可以得到

$$A = R_L C\Omega \left|\frac{M_a\sin\Omega t}{(1+M_a\cos\Omega t)}\right| \tag{6.4.10}$$

由 A 的定义知，要不产生惰性失真，必须保证 $A \leqslant 1$，即电容 C 的放电速度大于包络的下降速度。只要 $A_{max} \leqslant 1$，不管 t 为何值，都不会产生惰性失真。

利用函数求极值的方法，可以得到

$$A_{max} = R_L C\Omega \frac{M_a}{\sqrt{1-M_a^2}} \tag{6.4.11}$$

即可得到不产生惰性失真的不等式（避免惰性失真应满足的条件）为

$$R_L C \leqslant \frac{\sqrt{1-M_a^2}}{\Omega M_a} \tag{6.4.12}$$

当 $\Omega = \Omega_{max}$ 时，A_{max} 最大。为了保证在 $\Omega = \Omega_{max}$ 时也不产生失真，应满足

$$R_L C \leqslant \frac{\sqrt{1-M_a^2}}{\Omega_{max} M_a} \tag{6.4.13}$$

可见，调幅指数越大，调制信号的频率越高，时间常数 $R_L C$ 的允许值越小。这是由于 M_a 越大，高频信号的包络变化越快，所以 $R_L C$ 时间常数需要小些，以缩短放电时间，从而保证电容 C 的放电速度能够跟得上包络的变化。同样，当最高调制角频率 Ω_{max} 加大时，高

频信号包络的变化也加快，所以 $R_L C$ 时间常数也应相应缩短。

（2）底部切割失真（负峰切割失真）　负峰切割失真产生的原因是检波器的直流负载阻抗 $Z_L(0)$ 与交流（音频）负载阻抗 $Z_L(\Omega)$ 不相等，而且调幅度 M_a 太大时引起的。

通常情况下，检波器输出须通过耦合电容 C_C 与输入等效电阻为 R_{i2} 的低频放大器相连接，如图 6.4.7 所示。C_C 容量较大，对音频来说，可以认为是短路。因此，检波器的交流负载阻抗 $Z_L(\Omega)$ 为

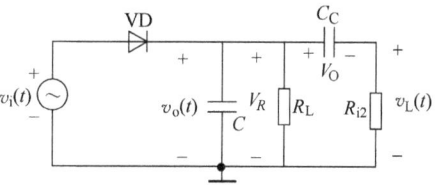

图 6.4.7　计入耦合电容 C_C 和低放输入等效电阻 R_{i2} 后的检波电路

$$Z_L(\Omega) = R_L // R_{i2} = \frac{R_L R_{i2}}{R_L + R_{i2}} \quad (6.4.14)$$

而检波器的直流负载阻抗　　　　$Z_L(0) = R_L$ 　　　　　　(6.4.15)

显然　　　　　　　　　　　　　$Z_L(0) > Z_L(\Omega)$ 　　　　　(6.4.16)

检波器输出是在一个直流电压上叠加了一个音频交流信号，即

$$v_o(t) = V_O + v_\Omega(t)$$

为了有效地将检波后的低频信号耦合到下一级电路，要求耦合电容 C_C 的容抗远远小于 R_{i2}，所以 C_C 的值很大。这样，v_o 中的直流分量几乎都落在 C_C 上，这个直流分量的大小近似为输入载波的振幅，即 $V_O \approx V_{im}$。所以 C_C 可等效为一个电压为 V_{im} 的直流电压源，此电压源在 R_L 上的分压为

$$V_R = \frac{R_L}{R_{i2} + R_L} V_{im} \quad (6.4.17)$$

此电压反向加在二极管两端，如图 6.4.7 所示。当输入调幅波的调制系数 M_a 较小时，这个电压的存在不致影响二极管的工作。当调制系数 M_a 较大时，调幅信号的最小振幅或包络线的最小电平 $V_{im}(1-M_a)$ 可能低于 V_R，即 $V_{im}(1-M_a) < V_R$，如图 6.4.8a) 所示，将造成二极管截止。直至输入调幅波包络负半周变化到大于 V_R 时，二极管才能恢复正常工作。因此，产生了如图 6.4.8b) 所示的波形失真，将输出低频电压负峰切割掉了。也就是说，电平小于 V_R 的包络线不能被提取出来，出现了失真。由于这种失真出现在调制信号的底部，故称为底部切割失真。

显然，R_{i2} 越小，则 R_L 上的分压值 V_R 越大，这种失真越易产生。另外，M_a 越大，则

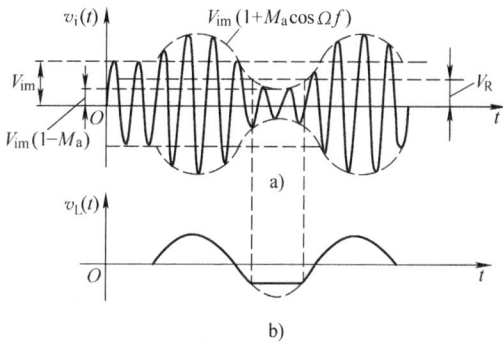

图 6.4.8　负峰切割失真

$(1-M_a)V_{im}$ 越小，这种失真也越易产生。由图 6.4.8a 可见，要防止这种失真的产生，必须使包络线的最小电平大于或等于 V_R，即满足

$$V_{im}(1-M_a) \geqslant \frac{R_L}{R_{i2}+R_L}V_{im}$$

或

$$M_a \leqslant \frac{R_{i2}}{R_{i2}+R_L} = \frac{Z_L(\Omega)}{Z_L(0)} \tag{6.4.18}$$

式（6.4.18）即为不产生负峰切割失真的条件。

实际上，现代设备一般采用 R_{i2} 很大的集成运放，不会产生底部切割失真。另外，可以采用如图 6.4.9 所示的分负载电路，以此减少 $Z_L(0)$ 与 $Z_L(\Omega)$ 的差别。

例如，图 6.4.10 是某收音机二极管检波器的实际电路，低频电压由电位器 R_{L2} 引出（音量控制电位器）。$R_{L1}C_1$ 和 $R_{L2}C_2$ 组成检波负载（低通滤波器），取出低频分量，滤除高频分量。电阻 $R'_3 \left[R'_3 = R_2 + \dfrac{R_{L2}(R_{L1}+R_D)}{R_D+R_{L1}+R_{L2}} \right]$ 和 R_1

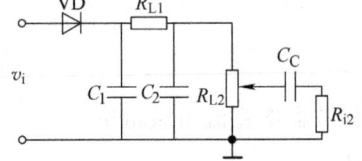

图 6.4.9 分负载检波电路

是确定自动增益控制 AGC 受控级（由 VT 组成的中频放大器）工作点电流的基极分压电阻。电阻 R_1、R_2 和 R_{L2} 和 $-6V$ 电源给二极管提供固定偏压，以抵消其导通电压 $V_{D(on)}$ 的影响。R_2C_3 构成低通滤波器，C_3 上仅有直流电压，与输入载波成正比，并加到中放级的基极作为偏压，以便自动控制该级增益。如果输入信号强，C_3 上直流电压大，则加到放大管的偏压大，增益下降，使检波器输出电压下降。图中 R_{i2} 表示低放等效输入电阻。

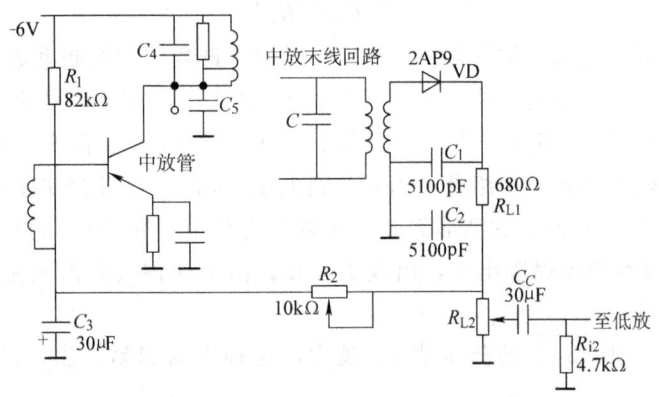

图 6.4.10 收音机中的实际二极管检波电路

4. 设计考虑

设计二极管包络检波器的关键在于：正确选用二极管，合理选取 R_LC 等数值，保证检波器提供尽可能大的输入电阻，同时满足不失真的要求。

(1) 检波二极管的选择　为了提高检波器电压传输系数，应选用正向导通电阻 R_D 和极间电容 C_D 小（或最高工作频率高）的二极管。为了克服导通电压的影响，一般都需外加正向偏置，提供 $20\sim50\mu A$ 静态工作点电流，具体数值由实验确定。

(2) R_LC 和 C 的选择　首先根据下述考虑确定 R_LC 的乘积。

1) 从提高检波电压传输系数和高频滤波能力考虑，R_L 应尽可能大。工程上，要求它的

最小值满足下列条件：
$$R_\mathrm{L}C = \frac{5\sim 10}{\omega_\mathrm{c}}$$

2) 从避免惰性失真考虑，允许 $R_\mathrm{L}C$ 的最大值满足下列条件：
$$R_\mathrm{L}C \leqslant \frac{\sqrt{1-M_\mathrm{amax}^2}}{\Omega_\mathrm{max}M_\mathrm{amax}}$$

工程分析时，取 $R_\mathrm{L}C\Omega_\mathrm{max} \leqslant 1.5$ 即可。

因此，要同时满足上述两个条件，$R_\mathrm{L}C$ 可供选用的数值范围由下式确定：
$$\frac{5\sim 10}{\omega_\mathrm{c}} \leqslant R_\mathrm{L}C \leqslant \frac{1.5}{\Omega_\mathrm{max}} \quad (6.4.19)$$

$R_\mathrm{L}C$ 值确定后，一般可按下列考虑分配 R_L 和 C 的数值。

① 为保证所需的检波输入电阻 R_i，R_L 的最小值应满足下列条件：
$$R_\mathrm{L} \geqslant 2R_\mathrm{i} \quad \text{或} \quad R_\mathrm{L} \geqslant 3R_\mathrm{i} \quad (6.4.20)$$

② 为避免产生负峰切割失真，R_L 的最大允许值应满足下列条件：
$$R_\mathrm{L} \leqslant \frac{1-M_\mathrm{amax}}{M_\mathrm{amax}}R_\mathrm{i2} \quad (6.4.21)$$

若采用集成运放作为低频放大级，该条件可以忽略。因此，要同时满足上述两个条件 R_L 的取值范围应为
$$2R_\mathrm{i}(\text{或 } 3R_\mathrm{i}) \leqslant R_\mathrm{L} \leqslant \frac{1-M_\mathrm{amax}}{M_\mathrm{amax}}R_\mathrm{i2} \quad (6.4.22)$$

③ 当 R_L 选定后，就可按 $R_\mathrm{L}C$ 乘积求得 C，但应检验求得的 C 值是否满足下列条件：
$$C > 10C_\mathrm{D} \quad (6.4.23)$$

这是因为输入高频电压是通过 C_D 和 C 的分压后加到二极管上的，满足上式所示条件就可保证输入高频电压能够有效地加到二极管上，以提高检波电压传输系数。

④ 当采用分负载电路时，R_L1 和 R_L2 的数值可按 $R_\mathrm{L1}/R_\mathrm{L2}=0.1\sim 0.2$ 进行分配，而 C_1 和 C_2 均可取为 $C/2$。

例 6.4.1 二极管包络检波器如图 6.4.9 所示。现要求检波器的等效输入电阻 $R_\mathrm{i}\geqslant 5\mathrm{k}\Omega$ 时，不产生惰性失真和负峰切割失真。选择检波器的各元件参数值。（设调制信号频率 F 为 $300\sim 3000\mathrm{Hz}$；信号载频为 $465\mathrm{kHz}$；二极管的正向导通电阻 $R_\mathrm{D}\approx 100\Omega$，低放级输入阻抗 $R_\mathrm{i2}\approx 2\mathrm{k}\Omega$，调制指数 $M_\mathrm{a}\approx 0.3$）。

解 先计算电阻 R_L1、R_L2 的值。

因为二极管包络检波器的输入电阻 R_i 与其直流负载 R_L 的关系为 $R_\mathrm{i}=\frac{1}{2}R_\mathrm{L}$，所以有 $R_\mathrm{L}=2R_\mathrm{i}\geqslant 10\mathrm{k}\Omega$。不产生负峰切割失真的条件是 $\frac{Z(\Omega)}{Z(0)}\geqslant M_\mathrm{a}$，而 $Z(0)=R_\mathrm{L1}+R_\mathrm{L2}$ 为检波器的直流负载阻抗，$Z(\Omega)$ 为检波器的交流负载阻抗。由此可得到 $Z(\Omega)\geqslant 0.3\times Z(0)=3\mathrm{k}\Omega$。若取 $R_\mathrm{L1}=(1/5\sim 1/10)R_\mathrm{L2}$，且 $R_\mathrm{L1}=2\mathrm{k}\Omega$，$R_\mathrm{L2}=10\mathrm{k}\Omega$，则 $Z(0)=R_\mathrm{L1}+R_\mathrm{L2}=12\mathrm{k}\Omega>10\mathrm{k}\Omega$，满足设计要求。此时交流负载
$$Z(\Omega)=R_\mathrm{L1}+\frac{R_\mathrm{L2}R_\mathrm{i2}}{R_\mathrm{L2}+R_\mathrm{i2}}=2\mathrm{k}\Omega+\frac{2\times 10}{2+10}\mathrm{k}\Omega\approx 3.7\mathrm{k}\Omega$$

由不产生惰性失真的条件 $R_L C \Omega_{max} \leqslant 1.5$ 知

$$R_L C \leqslant 1.5/\Omega_{max} = \frac{1.5}{2\pi \times 3000}$$

R_L 即直流负载 $Z(0)$,于是 $C \leqslant \frac{1.5}{2\pi \times 3000 R_L} = \frac{1.5}{2\pi \times 3000 \times 12 \times 10^3} F = 0.007\mu F$

所以 C_1、C_2 可以选用 $0.005\mu F$ 的电容。

6.4.1.2 并联型二极管包络检波器

有些情况下,需要在中频放大器和检波器之间接入隔直流电容,以防止中频放大器的集电极馈电电压加到检波器上,为此可以采用并联型二极管包络检波器,如图 6.4.11 所示。

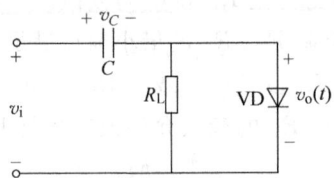

图 6.4.11 并联型二极管包络检波器

在该电路中,C 是负载电容,并兼作隔直流电容,R_L 是负载电阻,与二极管并联,为二极管电路中的平均分量提供通路。由于 R_L、VD 并接,所以称之为并联型包络检波器。

该电路具有与串联型电路相同的检波过程。当 VD 导通时,$v_i(t)$ 通过 VD 给电容充电,充电时间常数为 $R_D C$。达到动态平衡后,电容 C 上具有与串联型电路相类似的锯齿波动电压 $v_c(t)$。但输出电压 $v_o(t)$ 中却包括输入信号直接通过 C 在输出端产生的高频电压,即 $v_o(t) \approx v_i(t) - v_c(t)$,如图 6.4.12 所示。所以需要在检波器的后续电路中另加低通滤波器,以滤除高频分量。同时,由于输入信号源直接加在负载 R_L 上,R_L 将消耗高频功率,输入电阻比串联电路小。根据能量守恒定律,实际加到检波器中的高频功率一部分直接消耗在负载 R_L 上,另一部分转换为有用的输出平均功率,即

$$\frac{V_{im}^2}{2R_i} \approx \frac{V_{im}^2}{2R_L} + \frac{V_o^2}{R_L}$$

当 $V_o \approx V_{im}$ 时 $\qquad R_i \approx \frac{1}{3} R_L \qquad (6.4.24)$

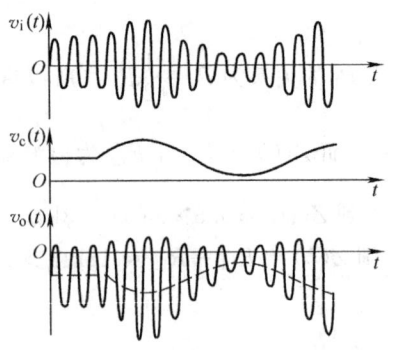

图 6.4.12 并联型包络检波器工作波形

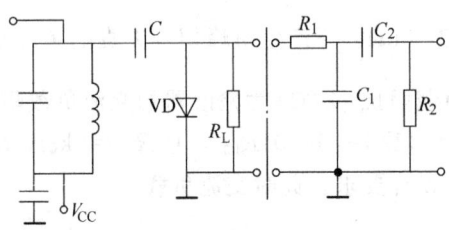

图 6.4.13 并联型包络检波器的实际电路

显然比串联型电路的等效输入电路小，不利于提高中频放大器的电压增益。图 6.4.13 为并联型包络检波器的实际电路。

6.4.2 同步检波器

同步检波（Synchronous Detector）又称为相干检波，主要用于解调 DSB 和 SSB 信号，有乘积型和叠加型两种方式，其组成框图分别如图 6.4.14 所示。

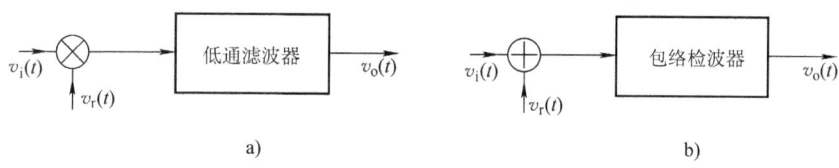

图 6.4.14 两种方式同步检波器的组成框图
a) 乘积型 b) 叠加型

同步检波是一个三端口网络，两个输入端口分别输入已调幅信号 $v_i(t)$（AM、DSB、SSB 等）和外加的参考信号（又称为同步信号）$v_r(t)$，同步信号是同步检波必需的。

1. 乘积型同步检波器

乘积型同步检波器的原理在 6.1.2 中已讨论过，这里不再赘述。下面讨论当同步信号与发送端的载波信号不同频同相的情况下，解调输出的信号会是怎样呢？

若同步信号 v_r 与发射端载波不同步，二者之间存在一相位差 $\varphi(t)$，其一般表示式为

$$\varphi(t) = \Delta\omega t + \varphi_0 \qquad (6.4.25)$$

式中，φ_0 为一常量，表示两个载波之间的相位误差；$\Delta\omega$ 表示两个载波之间的频率误差，即

$$v_r(t) = V_{rm}\cos[\omega_c t + \varphi(t)] \qquad (6.4.26)$$

若

$$v_i(t) = V_{im}\cos\Omega t \cos\omega_c t$$

由图 6.1.14a 知，乘法器的输出为

$$v_{o1}(t) = kv_i(t)v_r(t) = kV_{rm}V_{im}\cos\Omega t \cos\omega_c t \cos[\omega_c t + \varphi(t)]$$
$$= \frac{1}{2}kV_{rm}V_{im}\cos\Omega t \{\cos\varphi(t) + \cos[2\omega_c t + \varphi(t)]\}$$

低通滤波器的输出为

$$v_o(t) = \frac{1}{2}kV_{rm}V_{im}\cos\varphi(t)\cos\Omega t \qquad (6.4.27)$$

从式 (6.4.27) 可以看出，相角 $\varphi(t)$ 的存在将直接影响解调输出。若 $\varphi(t) = \varphi_0$ 是一常数，即同步信号与发射端载波的相位差始终保持恒定，同频不同相，则解调输出的低频分量仍与原调制信号成正比，只不过振幅有所减小。当然 $\varphi(t) \neq \pm\frac{\pi}{2}$，否则 $\cos\varphi(t) = 0$ 将无解调输出。若 $\varphi(t)$ 是随时间变化的 [见式 (6.4.25)]，则 $v_r(t)$ 与发射端载波之间不再同频，这时式 (6.4.27) 变为

$$v_o(t) = \frac{1}{2}kV_{rm}V_{im}\cos(\Delta\omega t + \varphi_0)\cos\Omega t \qquad (6.4.28)$$

这个结果表示解调输出是一个具有小的载波角频率和相位的 DSB 信号，信号的幅度缓

慢且周期性地变化，不再与原调制信号成线性关系，而是振幅按 $\cos(\Delta\omega t + \varphi_0)$ 的规律变化的音频电压，因此接收机发出的声音就会高低起伏，令人厌烦。

如果解调的是单边带信号，经过同样的分析表明，同步信号的不同步不仅引起输出音频电压的频率偏移，而且还会引起相位偏移。实验证明，在进行语音通信时，频率偏移 20Hz，就会察觉到声音不自然，偏移 200Hz，语音可懂度将明显下降。

通过以上分析知，在同步解调电路中的关键问题是如何获得与发射端载波同步的信号 $v_r(t)$。通常情况下，欲解调的信号不同，获得 $v_r(t)$ 的电路（称之为载波恢复或载波提取电路）也各不相同，如图 6.4.15 所示。

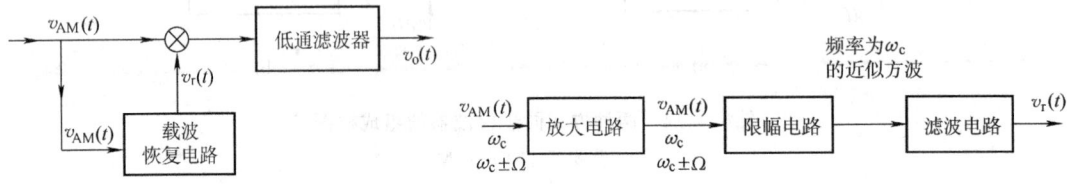

图 6.4.15　同步检波器框图　　　　图 6.4.16　解调 AM 信号时的载波恢复电路的框图

1) 若是解调 AM 波，载波恢复电路的组成框图如图 6.4.16 所示。它是将 $v_{AM}(t)$ 经放大器放大后，再经限幅器和滤波器后得到 $v_r(t)$。此时载波恢复电路的理想输出与 AM 信号中的载波分量同频率同相位。

前面已经提到，对于相干解调，产生同步信号是一个关键问题。在高质量解调电路中，将采用锁相环产生同步信号，这种环路的带宽很窄，又能跟踪输入频率的变化，因而较好地解决了使用选择性回路时遇到的矛盾。有关锁相环实现同步解调的方法将在第 8 章中介绍。

2) 若是解调双边带信号，由于双边带信号不含固定的载波分量，不能用限幅滤波法得到同步信号，此时可以采用非线性变化方法，组成框图如图 6.4.17a 所示，其工作波形如图 b 所示。这种方法是将双边带信号取二次方，分离出 $2\omega_c$，再经过二次分频即可得到 $v_r(t)$。

如若输入信号为单频率调制的 DSB 信号，即
$$v_i(t) = v_{DSB}(t) = V_m \cos\Omega t \cos\omega_c t$$
经平方器后的输出为
$$v_1(t) = v_{DSB}^2(t) = V_m^2 \cos^2\Omega t \cos^2\omega_c t$$
$$= \frac{1}{4}V_m^2(1+\cos 2\Omega t)(1+\cos 2\omega_c t) \quad (6.4.29)$$

经过带通滤波器取出

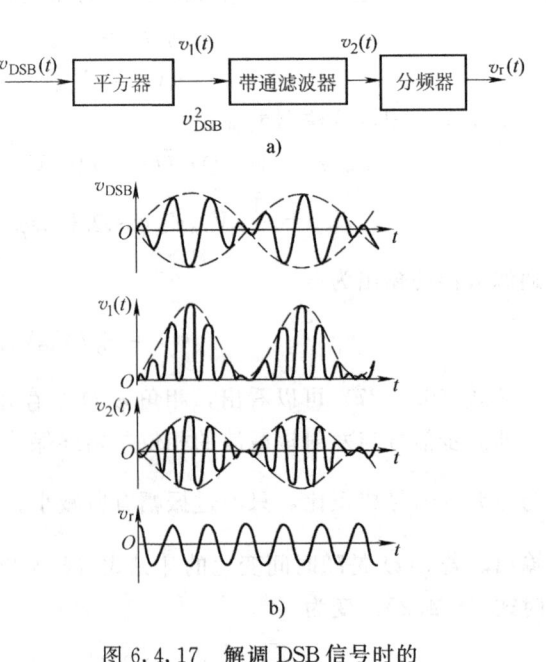

图 6.4.17　解调 DSB 信号时的载波恢复电路的组成框图及工作波形

$$v_2(t) = \frac{1}{4}V_m^2 \cos 2\omega_c t \tag{6.4.30}$$

经过二分频可得到同步信号,大家可自行分析当输入为多频率调制的 DSB 信号情况下的工作过程。

3) 解调单边带信号,可在发射端发射单边带信号的同时发射导频信号,在接收端采用高选择性的窄带滤波器从输入信号中取出该导频信号,经过放大后即可作为同步信号。或采用高稳定度的晶体振荡器产生指定频率的同步信号,但这种方法产生的同步信号不可能与原载频同步,只能将这种不同步量限制在允许的范围内。

图 6.4.18 是用 MC1596 组成的同步检波电路。普通调幅信号或双边带调幅信号经耦合电容后从 y 通道 1、4 脚输入,同步信号从 x 通道 8、10 脚输入。12 脚单端输出后经 $RC\Pi$ 型低通滤波器取出解调信号 v_o。

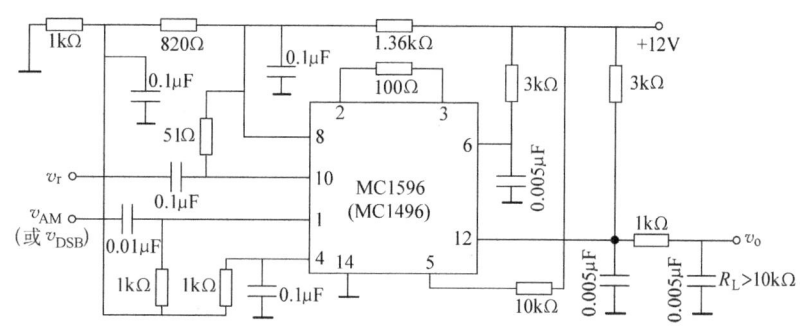

图 6.4.18 MC1596 组成的同步检波电路

此电路的输入同步信号可以是小信号,也可以是大信号,分析方法与用作调幅电路时一样。

2. 叠加型同步检波器

将输入信号与同步信号叠加后,合成包络反映调制信号变化的普通调幅信号,再利用包络检波器实现解调,原理电路如图 6.4.19 所示。

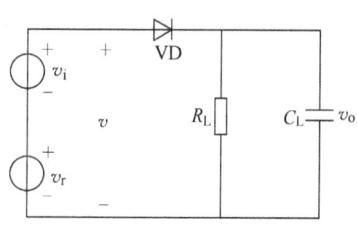

图 6.4.19 叠加型同步检波器

若 $v_r(t) = V_{rm}\cos\omega_c t$,当 $v_i(t) = V_{im}\cos\Omega t\cos\omega_c t$ 为双边带信号时,合成电压

$$\begin{aligned}v(t) &= v_i(t) + v_r(t) \\ &= V_{rm}\cos\omega_c t + V_{im}\cos\Omega t\cos\omega_c t \\ &= V_{rm}\left(1 + \frac{V_{im}}{V_{rm}}\cos\Omega t\right)\cos\omega_c t \\ &= V_{rm}(1 + M_a\cos\Omega t)\cos\omega_c t\end{aligned} \tag{6.4.31}$$

由此式可见,只要满足 $V_{rm} \geqslant V_{im}$,$M_a = \dfrac{V_{im}}{V_{rm}} \leqslant 1$,合成信号即为不失真的 AM 调幅信号,利用包络检波器可以解调出所需要的音频信号。

当 $v_i(t) = V_{im}\cos(\omega_c + \Omega)t$ 为单边带信号时,合成电压

$$v(t) = v_i(t) + v_r(t)$$
$$= V_{rm}\cos\omega_c t + V_{im}\cos(\omega_c + \Omega)t$$
$$= (V_{rm} + V_{im}\cos\Omega t)\cos\omega_c t - V_{im}\sin\Omega t \sin\omega_c t$$
$$= V_m\cos(\omega_c t + \varphi) \tag{6.4.32}$$

式中

$$\begin{cases} V_m = \sqrt{(V_{rm} + V_{im}\cos\Omega t)^2 + (V_{im}\sin\Omega t)^2} \\ \varphi = -\arctan\dfrac{V_{im}\sin\Omega t}{V_{rm} + V_{im}\cos\Omega t} \end{cases} \tag{6.4.33}$$

合成信号的包络和相角均受到调制信号的控制，不能不失真地反映原调制信号的变化规律。所以，一般情况下，由包络检波器构成的叠加型同步检波器不能对单边带信号实现线性解调。

假若满足一定的条件，失真可以减小到允许值。将 V_m 改写为

$$V_m = V_{rm}\sqrt{1 + \left(\frac{V_{im}}{V_{rm}}\right)^2 + 2\frac{V_{im}}{V_{rm}}\cos\Omega t} \tag{6.4.34}$$

若满足 $V_{rm} \gg V_{im}$，上式可以简化为

$$V_m \approx V_{rm}\left[1 + \frac{V_{im}}{V_{rm}}\cos\Omega t - \frac{1}{2}\left(\frac{V_{im}}{V_{rm}}\right)^2\cos^2\Omega t + \cdots\right] \tag{6.4.35}$$

进一步忽略上式中的三次方及其以上的各项，经三角变换后可得

$$V_m \approx V_{rm}\left[1 - \frac{1}{4}\left(\frac{V_{im}}{V_{rm}}\right)^2 + \frac{V_{im}}{V_{rm}}\cos\Omega t - \frac{1}{4}\left(\frac{V_{im}}{V_{rm}}\right)^2\cos 2\Omega t\right] \tag{6.4.36}$$

将角频率为 Ω 和 2Ω 分量的振幅之比定义为二次谐波失真系数，用 k_{f2} 表示，其值为

$$k_{f2} = \frac{V_{2\Omega m}}{V_{\Omega m}} = \frac{1}{4}\frac{V_{im}}{V_{rm}} \tag{6.4.37}$$

若要求 $k_{f2} < 2.5\%$，则要求 $\dfrac{V_{im}}{V_{rm}} < 0.1$。通过上述分析知，当采用包络检波器构成同步检波电路用以解调单边带信号时，为将 k_{f2} 限制在允许的范围内，必须要求同步信号 $v_r(t)$ 有足够大的振幅 V_{rm}。

实际上，为了进一步抵消众多的失真频率分量，可以采用平衡式同步检波器，如图 6.4.20 所示。可以证明，它的解调输出电压中抵消了 2Ω 及其以上的各偶次谐波分量。

同步检波电路比包络检波电路复杂，而且需要一个同步信号，但检波线性好，不存在惰

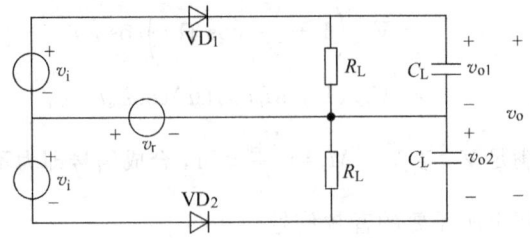

图 6.4.20 平衡叠加型同步检波器

性失真和底部切割失真问题。

6.5 混频电路

混频器是超外差式接收机的重要组成部分。例如，在超外差式广播接收机中（中波广播收音机），把载频频率 f_c 位于 $535 \sim 1605 \text{kHz}$ 波段范围内的各电台 AM 信号变换为中频频率 f_I 为 465kHz 的 AM 信号。由于采用的是超外差式，所需要的本地频率 f_L 的频率范围是 $1000 \sim 2070 \text{kHz}$。调频广播中，把载频位于 $88 \sim 108 \text{MHz}$ 的各短波调频台信号变换为中频为 10.7MHz 的调频信号。电视接收机中，把载频位于 $49.75 \sim 216.25 \text{MHz}$ 的各电视台的图像信号（VSB 信号）变换为 38MHz 的中频（VSB）图像信号；而将载频位于 $56.25 \sim 222.75 \text{MHz}$ 的各电视台的电视伴音（FM）信号变换为中频 31.5MHz 的 FM 信号。

混频以后便于设计和制作出增益高、选择性好、工作频率稳定且频率固定的中频放大器。由于中频放大器增益高，可以大大提高接收机的灵敏度；频率低，两个边频分量的相对距离大，易于滤波器的实现，且利于提高接收机的邻道选择性；合理选择中频频率，有利于减少各种非线性干扰等各项性能指标。

混频器的主要性能指标如下所述。

6.5.1 混频器的主要性能指标

混频器的主要性能指标有：混频增益、选择性、噪声系数、1dB 压缩电平、混频失真和干扰、隔离度等。

1. 混频增益

混频增益（或混频损耗）是评价混频器性能的重要指标。混频增益是指混频器输出中频信号电压振幅 V_{Im}（或功率 P_I）对输入高频信号电压振幅 V_{sm}（或功率 P_s）的比值，用分贝（dB）表示，即

$$A_{vc} = 20\lg \frac{V_{Im}}{V_{sm}} \quad \text{或} \quad G_{Pc} = 10\lg \frac{P_I}{P_s} \tag{6.5.1}$$

在相同输入信号情况下，分贝数越大，表明混频增益越高，混频器将输入信号变换为输出中频信号的能力越强，接收机的灵敏度越高。

混频损耗是对不具备混频增益的混频器而言的，它定义为在最大功率传输条件下，输入信号功率 P_s 对输出中频功率 P_I 的比值，用分贝表示，即

$$L_C = 10\lg \frac{P_s}{P_I}$$

显然，在相同输入信号情况下，分贝数越大，即混频损耗越大，混频器将输入信号变换为输出中频信号的能力越差。

2. 噪声系数

混频器的输入信号噪声功率之比 $(P_s/P_n)_i$ 对输出中频信号噪声功率之比 $(P_I/P_n)_o$ 的比值，用分贝表示，定义为噪声系数

$$N_F = 10\lg \frac{(P_s/P_n)_i}{(P_I/P_n)_o} \tag{6.5.2}$$

接收机的噪声系数主要取决于它的前端电路，前端电路的噪声将直接影响整个接收机的

噪声系数。在没有高频放大器的情况下，接收机的噪声系数主要由混频电路决定。因此，降低混频器的噪声，对减少噪声系数十分重要。

3. 1dB 压缩电平

当输入信号功率较小时，混频增益为定值，输出中频功率随输入信号功率线性增大。由于器件的非线性，随着输入信号功率的增大，输出中频功率的增大将趋于缓慢，直到比线性增长低于 1dB 时所对应的中频输出功率电平称为 1dB 压缩电平（1dB Compression Level），用 P_{I1dB} 表示。图 6.5.1 中，P_I 和 P_s 的单位用 dBm 表示，即高于 1mW 的分贝数，$P(\text{dBm}) = 10\lg P(\text{mW})$（如 0dBm=1mW，3dBm=2mW，10dBm=10mW，20dBm=100mW）等。

P_{I1dB} 所对应的输入信号功率是混频器动态范围的上限电平，而动态范围的下限电平则是由噪声系数确定的最小输入信号功率决定。

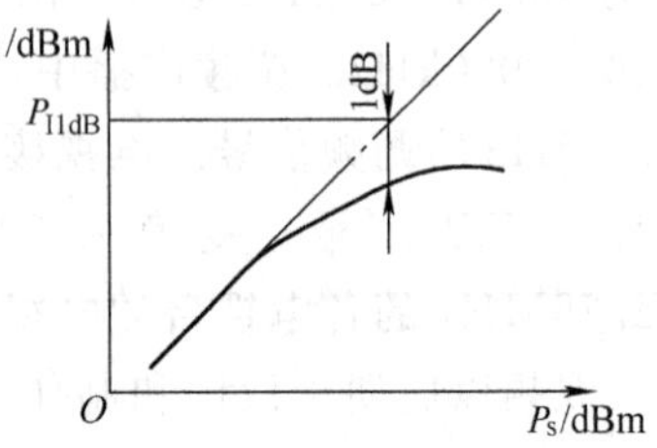

图 6.5.1　1dB 压缩电平

4. 选择性

混频器的有用成分为中频，输出应该只有中频信号，实际上由于各种因素会混杂很多干扰信号。因此为了抑制中频以外的不需要的干扰，就要求混频器的高频输入、中频输出回路有良好的选择性，即回路应有较理想的谐振曲线。为此，可以选用高 Q 值的选择性回路或集中选择性滤波器。

5. 混频失真

混频失真包括频率失真、非线性失真以及各种非线性干扰，如组合频率干扰、交叉调制、互相调制等等。混频失真的存在，将影响通信质量，所以要求混频器要有良好的频率特性，应工作在特性曲线近似平方律的区域内，以保证既能完成频率变换的功能，又能抑制各种干扰。

6. 隔离度

理论上要求混频器的各端口之间是隔离的，任一端口上的功率不会窜通到其他端口。但在实际电路中，总有极少量功率在各端口之间窜通，隔离度就是用来评价这种窜通大小的一个性能指标，定义为本端口功率与窜通到其他端口的功率之比，用分贝数表示。

在接收机中，本振端口功率向输入信号端口的窜通危害最大。一般情况下，为保证混频性能，加在本振端口的功率都比较大，当它窜通到输入信号端口时，就会通过输入信号回路加到天线上，产生本振功率的反向辐射，严重干扰邻近接收机。

6.5.2　二极管混频器

在高质量的通信设备中，通常使用二极管平衡混频器和环形混频器，其主要优点是二极管混频器噪声低、电路简单、组合频率分量少等。

1. 二极管环形混频器

二极管环形混频电路如图 6.5.2 所示。当 $v_\text{L} = V_{\text{Lm}}\cos\omega_\text{L} t$，$v_\text{s} = V_{\text{sm}}\cos\omega_\text{c} t$，且 $V_{\text{Lm}} \gg V_{\text{sm}}$ 时，二极管将在 v_L 的控制下轮流工作在导通区和截止区，下面分析电路的工作原理。

由图 6.5.2a 知，流过负载 R_L 的总电流 i_L 为

$$i_\text{L} = i_1 + i_3 - i_2 - i_4 \tag{6.5.3}$$

当 $v_\text{L} \geqslant 0$ 时，二极管 VD_3、VD_2 导通，VD_1、VD_4 截止，相应的等效电路为图 6.5.2b

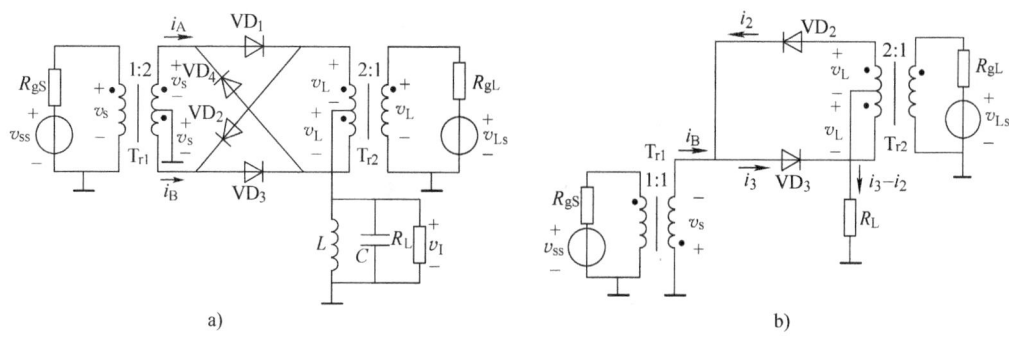

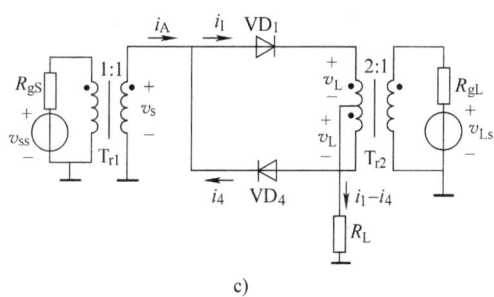

图 6.5.2 二极管双平衡（环形）混频器

所示。流过负载的电流为

$$i_L = i_1 + i_3 - i_2 - i_4 = i_3 - i_2 = \frac{-2v_s}{R_D + 2R_L} \tag{6.5.4}$$

当 $v_L < 0$ 时，二极管 VD_1、VD_4 导通，VD_3、VD_2 截止，相应的等效电路为图 6.5.2c 所示。流过负载的电流为

$$i_L = i_1 + i_3 - i_2 - i_4 = i_1 - i_4 = \frac{2v_s}{R_D + 2R_L} \tag{6.5.5}$$

因此，在 v_L 的整个周期内，流过负载的总电流 i_L 可以表示为

$$i_L = \frac{-2v_s}{R_D + 2R_L} K_2(\omega_L t) \tag{6.5.6}$$

由此可见，电流 i_L 中包含的频率分量为 $(2n-1)\omega_L \pm \omega_c$。

经 LC 带通滤波器滤除无用频率分量，在负载上得到的有用中频电流分量为

$$i_I = -\frac{4}{\pi} \frac{V_{sm}}{2R_L + R_D} \cos(\omega_L - \omega_c)t \tag{6.5.7}$$

电路实现了混频功能。

若二极管特性一致，变压器中心抽头上、下完全对称，则环形电路的最重要特点就是各端口之间有良好的隔离。

二极管环形混频器插入损耗的分析。

根据定义，由图 6.5.2a 知，流过输入信号源端的电流为

$$i_i = i_A - i_B = (i_1 - i_4) - (i_3 - i_2) \tag{6.5.8}$$

将式（6.5.4）和式（6.5.5）代入上式得

$$i_i = \frac{2v_s}{R_D + 2R_L}[k_1(\omega_L t - \pi) + k_1(\omega_L t)] = \frac{2v_s}{R_D + 2R_L} \quad (6.5.9)$$

所以接在信号源端的等效负载电阻为

$$R_i = \frac{v_s}{i_i} = R_L + \frac{1}{2}R_D \approx R_L \quad (6.5.10)$$

若令 $R_s = R_i = R_L$，实现功率匹配，信号源所提供的最大信号功率为

$$P_s = \frac{V_{sm}^2}{2R_i} = \frac{V_{sm}^2}{2R_L} \quad (6.5.11)$$

由式（6.5.7）知，负载 R_L 上所得到的中频电压幅值为

$$V_{Im} = \frac{4}{\pi} \frac{V_{sm}}{2R_L + R_D} R_L \approx \frac{2}{\pi} V_{sm} \quad （一般 R_L \gg R_D） \quad (6.5.12)$$

相应的输出中频功率为

$$P_I = \frac{V_{sm}^2}{2R_L}\left(\frac{2}{\pi}\right)^2 \quad (6.5.13)$$

因此，电路的插入损耗为

$$L_C = 10\lg\frac{P_s}{P_I} = 10\lg\frac{\pi^2}{4} \approx 4\text{dB} \quad (6.5.14)$$

实际上，考虑变压器和二极管中的损耗，环形混频器的插入损耗 L_C 约为 6～8dB。当工作频率升高时，由于二极管结电容和变压器分布参数的影响，L_C 将相应增大。如果本振功率足够大，而输入信号功率远小于本振功率，混频二极管工作在开关状态，则 L_C 与本振功率大小无关，近似为定值。但如果混频器的开关工作条件遭到破坏，不仅会导致 L_C 增大，而且还与工作频率有关。

将图 6.5.2a 所示的混频电路改画成图 6.5.3 所示电路。由图可见，四个二极管实际组成了一个环，各二极管的极性沿环路一致，故又称为环形混频器（Ring Mixer）。如果各二极管的特性一致，变压器中心抽头上、下又完全对称，那么，环形混频器的一个重要特点就是各个端口之间有良好的隔离。环形混频器电路中通常用符号 R、I、L 分别代表信号输入端口、中频输出端口和本振输入端口，各个端口的匹配阻抗都是 50Ω。当本振注入功率为 5mW（相当于加在 50Ω 电阻上的本振电压有效值为 0.5V），输入信号功率小于本振功率 1/

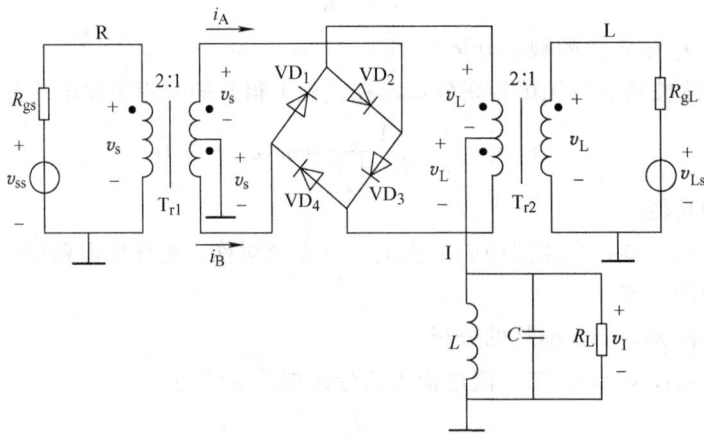

图 6.5.3 二极管环形混频器

10以下时,二极管工作于受本振电压控制的开关状态,混频损耗约为4dB。

二极管环形混频器可以做成集成电路,称为双平衡混频器组件或环形混频器组件,从短波到微波波段的产品已经形成完整的系列,它用保证二极管开关工作所需本振功率的高低进行分类,其中,常用的是 $L_{evel}7$,$L_{evel}17$,$L_{evel}23$ 三种系列,它们所需的本振功率分别为 7dBm(5mW),17dBm(50mW)和23dBm(200mW)。这种组件是由精密配对的肖特基二极管及传输线变压器装配而成,内部元件用硅胶粘接,外部用小型金属壳封装,其引脚和内部电路如图 6.5.4a、b 所示。二极管和变压器在装入混频器之前经过严格的筛选,能承受强烈的振动、冲击和温度循环。

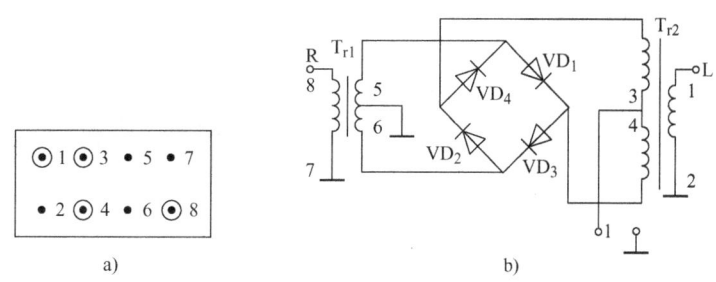

图 6.5.4　环形混频器组件引脚及内部电路

双平衡混频器组件的三个端口均具有极宽的频带,它的动态范围大、损耗小、频谱纯、隔离度高,而且还有一个非常突出的特点:在其工作频率范围内,从任意两端口输入 v_1 和 v_2,就可在第三端口得到所需的输出。另外,实际环形混频器组件各端口的匹配阻抗均为 50Ω,应用时,各端都必须接入滤波匹配网络,分别实现混频器与输入信号源、本振信号源、输出负载之间的阻抗匹配。同时应注意所用器件对每一输入信号的输入电平要求,以保证器件的安全。

理论上,环形混频器各端口之间是彼此隔离的,但是实际上,由于二极管和变压器中心抽头不对称,总有极少量电压在各端口之间窜通,造成端口之间的隔离度下降。所以,二极管环形混频器的主要缺点是没有混频增益,端口之间的隔离度低,其中 L 端口到 R 端口的隔离度一般小于 40dB,且端口隔离度随工作频率提高而下降。

2. 电路实例分析

图 6.5.5 所示是二极管环形混频器实用电路之一,VT_1 与 C_8、C_9、C_{10} 及晶体构成皮尔斯晶振电路,产生10MHz本地振荡信号,经 VT_2 管实现三倍频后,得到30MHz的本振信号,由变压器 T_{r3} 耦合,从 T_{r1} 的中心抽头加入;频率为20MHz的高频信号由 T_{r1} 耦合加入。图中 R_1、R_2、R_3 组成电阻性π形网络,其作用是实现阻抗匹配;环形组件 ND487C1-3R 中四个二极管都工作在开关状态,混频器的输入与输出电阻都是50Ω。

由于实际二极管环形混频器各端口的匹配阻抗均为50Ω,所以实际使用时,各端口都必须接输入滤波匹配网络,以实现阻抗匹配。

6.5.3　集成混频器

集成混频器由集成模拟乘法器和带通滤波器组成。在通信系统中,常采用 MC1596 双差分对模拟乘法器实现混频,此时电路可以工作在很高的工作频率上。实际电路如图 6.5.6

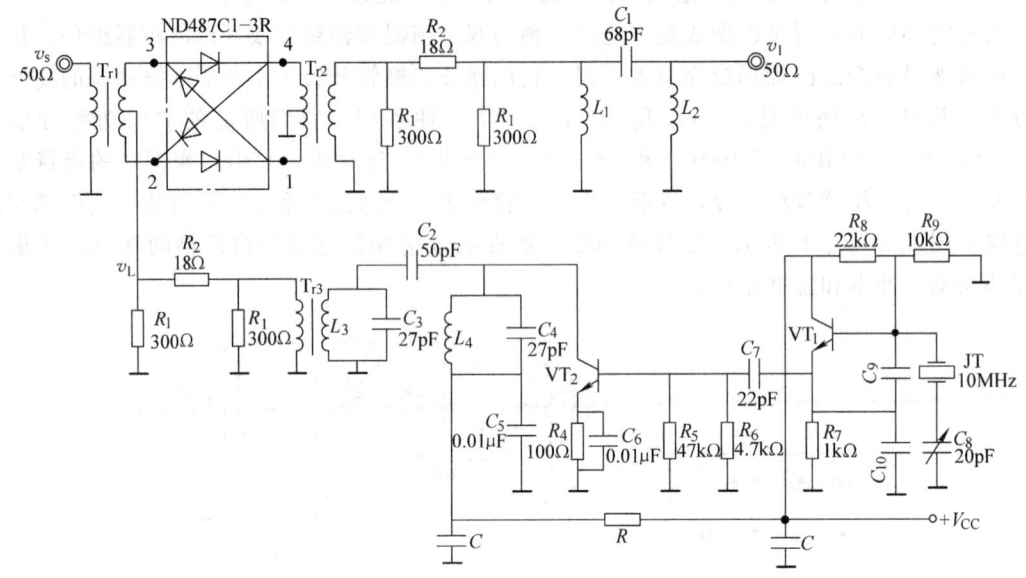

图 6.5.5 二极管环形混频器实用电路之一

所示。图中，本振电压 v_L 由 8 端输入，它的振幅约为 150mV。信号电压 v_s 由 1 端输入，最大电压约为 25mV。由 6 端输出的电压为 v_o'，经输出滤波器选频后，就可得到中频信号电压 $v_I(t)$、滤波器中心频率 9kHz，其 3dB 带宽为 450kHz。当输入端不接调谐回路，而是宽带应用时，可输入 HF（即高频，3～30MHz）或 VHF（即甚高频，30～300MHz）信号。例如输入信号的频率为 200MHz，这时混频增益为 9dB，灵敏度为 14μV。当输入端接有阻抗匹配的调谐回路时，可获得更高的混频增益。

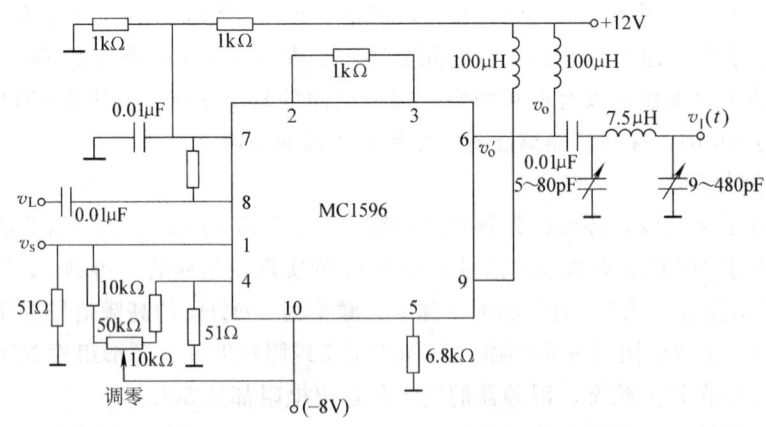

图 6.5.6 采用 MC1596 双差分对模拟乘法器构成的混频器

由集成高频双差分对电流模模拟乘法器 AD831 构成的平衡混频器外接电路如图 6.5.7 所示，其中 AD831 由双差分对平衡调制器输出低噪声放大器和本振驱动器组成，工作频率可以达到 500MHz 以上。图中，C_1、C_2、L 为输入信号滤波匹配网络，R_{f1}、R_{f2} 为输出放大器的增益设定电阻，R_T 为中频滤波器的匹配电阻。

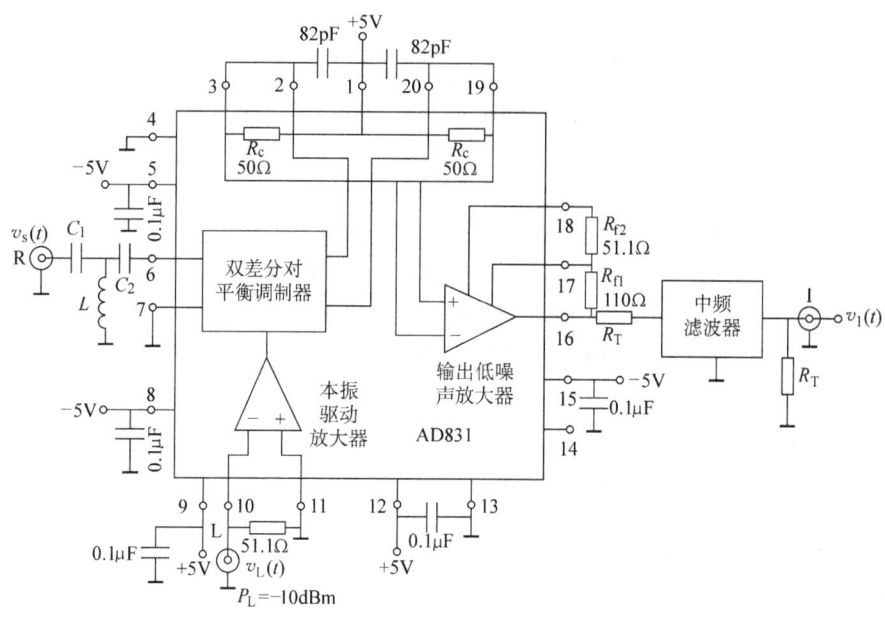

图 6.5.7 AD831 的内部电路组成及构成混频器的外接电路

与二极管环形混频器比较，双差分对平衡混频器的特点是混频增益大，而且输入端只需要电压激励，一般不必加功率匹配网络，使用比较方便。同时，AD831 中设有本振驱动放大器，为保证开关工作而所需的本振功率很小，仅为 -10dBm（0.1mW），而且端口之间的隔离度很高，不必考虑天线反向辐射的问题。双差分对平衡混频器的主要缺点是噪声系数较大（>10dB），动态范围小。

综上所述，用集成模拟乘法器构成的混频器具有如下优点：组合频率分量少，寄生干扰小；对本振电压没有严格的要求，不会因 V_{Lm} 较小而失真严重；有较高的混频增益；输入信号 v_s 与本振信号 v_L 隔离较好，相互牵引也小；同时，输入信号 v_s 有很大的线性动态范围，集成乘法器构成的混频器体积小，可靠性高。

6.5.4 三极管混频器

三极管混频器是利用器件特性曲线的非线性，其基本原理与二极管混频器基本相似，可分为晶体管混频器和场效应晶体管混频器。

1. 晶体管混频器

利用图 6.2.7 所示电路，令 $v_2 = v_s(t) = V_{sm}\cos\omega_c t$，$v_1 = v_L = V_{Lm}\cos\omega_L t$，即可实现混频功能，由式（6.2.22）知，此时流过晶体管的集电极电流为

$$i_C(t) \approx I_C(\omega_L t) + g(\omega_L t)v_s(t) \qquad (6.5.15)$$

式中，$I_C(\omega_L t)$ 和 $g(\omega_L t)$ 均为本振频率 ω_L 的周期性函数，显然，集电极电流 $i_C(t)$ 中包含频率为 $n\omega_L$ 和 $n\omega_L \pm \omega_c$ 的分量；$i_C(t)$ 中的中频电流为

$$i_1(t) = \frac{1}{2}g_{1m}V_{sm}\cos(\omega_L - \omega_c)t = g_{cm}V_{sm}\cos\omega_I t = I_{Im}\cos\omega_I t \qquad (6.5.16)$$

若图 6.2.7 所示电路的集电极回路谐振在 $\omega_I = \omega_L - \omega_c$ 上，R'_L 为谐振回路的谐振总电阻，则在回路两端所得到的中频输出电压为

$$v_I(t) = -i_I(t)R'_L = -I_{Im}R'_L\cos(\omega_L - \omega_c)t = -V_{Im}\cos\omega_I t \qquad (6.5.17)$$

由式 (6.5.16)、式 (6.5.17) 知，输出中频电流振幅 I_{Im} 或电压 V_{Im} 与输入高频电压的振幅 V_{sm} 成正比，即 $I_{Im} = \frac{1}{2}g_{1m}V_{sm} = g_{cm}V_{sm}$ 或 $V_{Im} = I_{Im}R'_L = g_{cm}V_{sm}R'_L$。

当输入信号为已调波时，如 $v_s(t) = V_{sm}(1 + M_a\cos\Omega t)\cos\omega_c t$，则

$$i_I(t) = g_{cm}V_{sm}(1 + M_a\cos\Omega t)\cos\omega_I t \qquad (6.5.18)$$

式 (6.5.18) 说明，电路在将高频信号变换为中频信号的过程中，并没有改变高频信号的原调制规律，实现了频谱的线性搬移即混频功能。

下面来讨论混频跨导和混频增益。

混频跨导的定义为混频器输出中频电流振幅 I_{Im} 与输入高频信号电压振幅 V_{sm} 之比，即

$$g_{cm} = \frac{\text{输出中频电流振幅}}{\text{输入高频电压振幅}} = \frac{I_{Im}}{V_{sm}} = \frac{1}{2}g_{1m} \qquad (6.5.19)$$

其值等于时变跨导 $g(t)$ 中基波分量振幅 g_{1m} 的一半。

此时混频增益为

$$A_{vc} = \frac{V_{Im}}{V_{sm}} = g_{cm}R'_L = \frac{1}{2}g_{1m}R'_L \qquad (6.5.20)$$

综上所述，晶体管混频器在满足线性时变的条件下，混频增益与混频跨导成正比。实际上，g_{1m} 又与本振电压的振幅 V_{Lm} 的大小和静态偏置有关，如图 6.5.8 所示。

其中，$v_{BE} = V_{BB}(t) = V_Q + v_L$，时变跨导 $g(t)$ 波形如图 6.5.8 所示，即

$$g(t) = \frac{\partial i_C}{\partial v_{BE}}\bigg|_{v_{BE}=V_{BB}(t)=V_Q+v_L}$$

由图 6.5.8 可见，当 V_Q 一定，V_{Lm} 由小增大时，g_{1m} 即 g_{cm} 也相应地由小增大，直到 $g(t)$ 趋近方波时，相应的 $g_{1m}(g_{cm})$ 便达到最大值。实际上，在晶体管混频电路中，一般均采用分压式偏置电路，所以当 V_{Lm} 增大到一定值后，由于晶体管特性的非线性，将产生自给偏压效应，基极偏置电压将从静态值 V_Q 开始向截止方向移动，相应的 g_{1m} 或 g_{cm} 就比上述恒定偏置时小，结果使 g_{cm} 随 V_{Lm} 的变化规律如图 6.5.9 中实线所示。显然，在 V_{Lm} 为某一值 $V_{Lm(opt)}$（称之为最佳值）的情况下，混频增益可以达到最大值。实验证明，在中波广播收音机中，这个最佳值约为 20～200mV。同样，若固定 V_{Lm} 值，改变 V_Q（或发射极静态电流 I_{EQ}）值，g_{cm} 也会相应地变化，如图 6.5.10 所示，实验表明当 I_{EQ} 在 0.2～1mA 时，g_{cm} 近似不变，并接近最大。

混频增益是混频器的主要参数，是衡量混频器性能的主要指标之一。增益越大，混频器的性能越好，所以在设计混频器时以能够获得

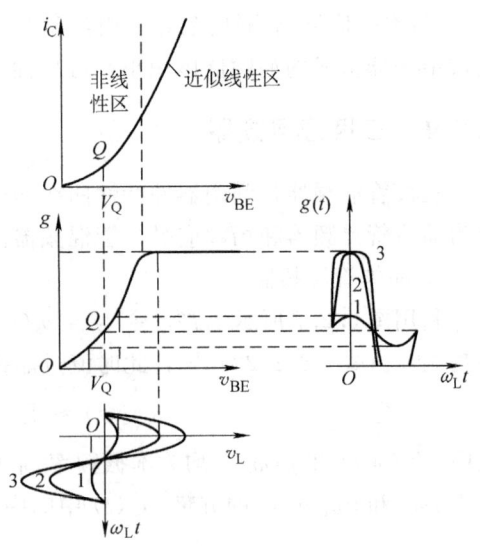

图 6.5.8 时变跨导 $g(t)$ 的图解分析

最大增益的工作状态为最佳状态。

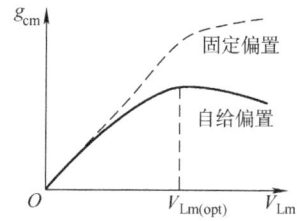

图 6.5.9　g_{cm} 随 V_{Lm} 变化的特性

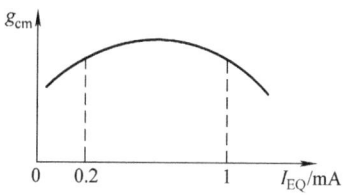

图 6.5.10　g_{cm} 随 I_{EQ} 变化的特性

2. 场效应晶体管混频电路

场效应晶体管（FET）的转移特性近似为平方律，用场效应晶体管组成的混频器，不会产生高于输入信号二次谐波的组合频率。同时，这种电路动态范围大，非线性失真小，所以得到了广泛的应用。

利用图 6.2.8 所示电路，令 $v_1 = -v_L = -V_{Lm}\cos\omega_L t$，$v_2 = v_s = V_{sm}\cos\omega_c t$，可以构成场效应晶体管混频电路。

由图知 $v_{GS} = V_{GSQ} - v_L + v_s$，$V_{GSQ}$ 为静态工作点电压。将 $v_1 = -v_L$、$v_2 = v_s$ 代入关系式 (6.2.30) 中得

$$i_D = I_{DSS}\left(1 - \frac{V_{GSQ} - v_L}{V_{GS(off)}}\right)^2 + \left(g_{mQ} + g_{mo}\frac{v_L}{V_{GS(off)}}\right)v_s - \frac{I_{DSS}}{V_{GS(off)}^2}v_s^2 \quad (6.5.21)$$

显然，i_D 中包含的频率分量只有 ω_c、$2\omega_c$、$\omega_L \pm \omega_c$、ω_L、$2\omega_L$，当输出端 LC 回路谐振在 $\omega_I = \omega_L - \omega_c$ 时，回路两端将得到中频输出电压 v_I，而其余的频率分量将被滤除掉，即可实现混频功能。

由图 6.2.9 的分析知，如果 Q 点选在 $g(v_{GS})$ 线性区的中点，即静态工作点选在 $v_{GS} = V_{GSQ} = \frac{1}{2}V_{GS(off)}$ 处，则 $g_{mQ} = g_{mo}/2$，此时，电路在 $g(t)$ 的线性区工作。并且当 $V_{Lm} = \frac{1}{2}|V_{GS(off)}|$ 时，混频跨导 $g_{cm} = \frac{g_{mo}}{4} = \frac{g_{mQ}}{2}$（$g_{mo}$ 和 g_{mQ} 分别为 $v_{GS} = 0$ 和 $v_{GS} = V_{GSQ}$ 时场效应晶体管的跨导）最大，场效应晶体管混频电路的效率最高，混频增益最大，失真最小。

3. 实际电路分析

晶体管混频器的实际电路很多。图 6.5.11 所示是晶体管中波调幅收音机中常用的电路，该电路中，本振和混频都由晶体管 3AG1D 完成，是自激式混频器。图中 R_1、R_2、R_3 是晶体管的偏置电阻，L_4、C_4、C_{1B}、C_6 组成振荡回路，L_3 是反馈线圈。由于 L_2 的电感值很小，其阻抗可忽略。中频回路的 L_5C_5 并联阻抗对于本振频率来说也可视为短路，因此 3AG1D 构成共基极组态变压器耦合振荡器。由磁性天线接收到的无线电信号经过 L_1、C_{1A}、C_2 组成的输入回路，选出所需接收信号（电台）的频率，再经 L_1 与 L_2 互感耦合，送到晶体管基极。本振信号经 C_7 注入晶体管的发射极。混频后由集电极输出，L_3 对中频可视为短路，L_5、C_5 调谐于中频，以便抑制混频输出电流中的无用分量，输出中频分量 $f_I = f_L - f_c$，然后再经 L_6 将中频信号耦合至中频放大器。

根据混频的要求，希望在所接收的频段内，对每一个频率都能满足 $f_I = f_L - f_c$ 的条件。为此通常采用双联电容 C_{1A}、C_{1B} 作为输入回路和振荡回路的统调电容，同时还增加了

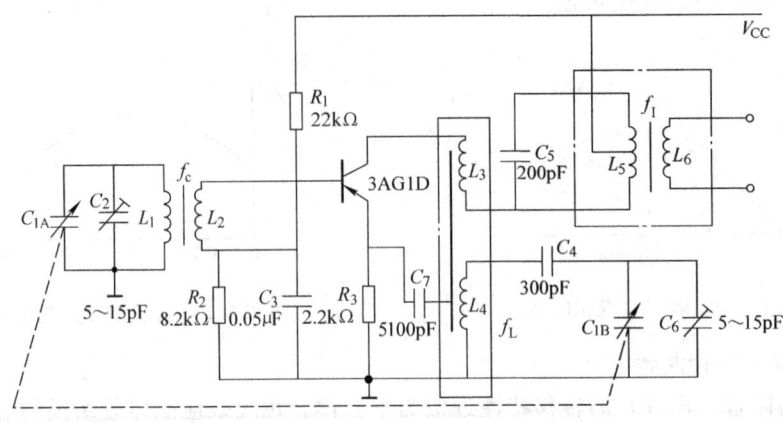

图 6.5.11 晶体管中波调幅收音机中的混频器

垫整电容 C_4 和补偿电容 C_2、C_6。经过仔细调整这些补偿元件，就可以在整个波段内做到本振频率基本上能自动跟踪输入信号频率，即保证在可变电容器的任何位置上，本振频率 $f_L = f_c + f_I$。这种混频器的优点是本振与混频均由同一个晶体管完成，电路简单、节省元器件；缺点是本振频率仍受到信号频率牵引，电路工作状态无法同时兼顾本振和混频处在最佳工作状态，并且一般工作频率不高。

图 6.5.12 所示是电视接收机混频电路，来自高频放大器的已调信号经由 L_1、L_2、C_1、C_2 和 C_3 组成的双耦合回路加到混频管基极，输入回路除将主频已调信号有效地传输到晶体管基极外，还具有阻抗匹配和带通滤波的作用，它只能通过有用信号并抑制无用信号。晶体管是实现混频的非线性器件，由基极输入高频已调制的小信号，对已调制信号来说晶体管可认为是线性放大器件。本地振荡信号经 C_8 也加到晶体管基极上，为减少两个信号之间的相互影响，耦合电容 C_8 的值取得很小，并调整 C_8 的数值可改变加到发射结上的本振信号幅度。改变 R_1、R_2 电阻值，可调整晶体管工作点。合理选择 C_8、R_1、R_2 的数值，可以使晶体管工作于混频的最佳状态。输出电路是由 L_3、L_4、C_4、C_6 和 C_7、R_4 组成的双耦合回路，是混频晶体管的负载，并调谐在中频频率 37MHz 上，其中 R_4 用以降低回路的 Q 值，满足通频带的要求。次级回路由 C_6、C_7 分压，以实现与 75Ω 电缆的特性阻抗相匹配。

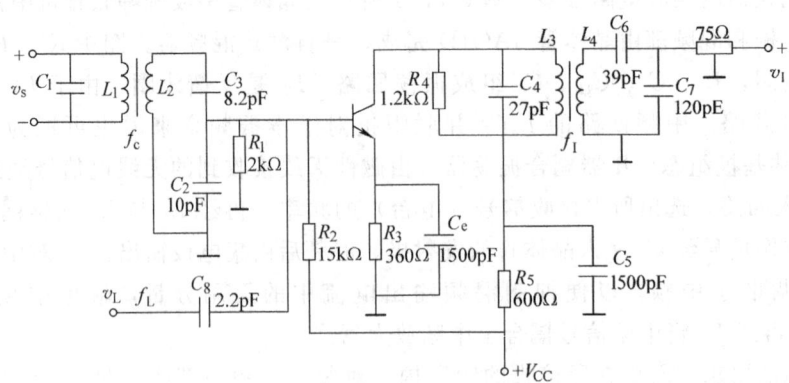

图 6.5.12 电视接收机混频器

图 6.5.13 所示是 FM 收音机的混频电路。图中，R_1、R_2 是晶体管的偏置电阻，C_4 是基极旁路电容，保证基极为高频地电位。信号通过 C_1 注入晶体管发射极，所以对输入信号 v_s 而言电路是共基极放大器。集电极有两个串联的回路，其中 L_2、C_6、C_7、C_8、C_2 和 C_5 组成本振回路。变压器 T_{r1} 的一次绕组的电感和 C_9 调谐于 10.7MHz，该回路对于本振频率近似为短路。这样 L_2 上端相当于接集电极，下端接于基极。C_2 一端接发射极，另一端通过大电容 C_3 接基极。发射极与集电极间接 C_5，本振电路为共基极电容三点式振荡器。电阻 R_5 起稳定幅度及改善波形的作用。L_1、C_2 为中频陷波电路。输出回路中的二极管 VD_1 起过载阻尼作用，当信号特别大时，它趋于导通，其阻值减小，使回路有效 Q 值降低，本振增益下降，防止中频过载，二极管 2CK86 主要起稳定基极电压的作用。在调频收音机中，本振频率较高（100MHz 以上），因此要求振荡管的截止频率高。由于共基极电路比共发射极电路截止频率高得多，对晶体管的要求可以降低，所以一般采用共基极混频电路。

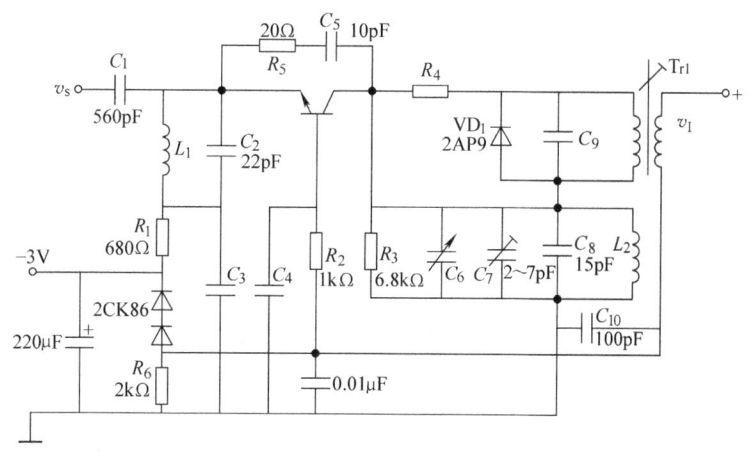

图 6.5.13 FM 收音机的混频电路

6.5.5 混频器的干扰和非线性失真

通过前面的讨论已知，混频器中产生混频作用的是非线性器件的非线性特性。然而，事情总有两重性，器件的非线性在产生混频作用的同时，不可避免地会产生许多无用的组合频率分量（$|\pm pf_L \pm qf_c|$），这些频率分量满足一定条件时，它们中的一些分量将会对接收机造成干扰，轻则影响通信质量，重则使有用信号淹没在干扰之中无法接受。因此，如何减小各种干扰和非线性失真成为我们必须考虑的问题。

一般情况下，由于混频器件的非线性，混频器将产生各种干扰和失真，它们分别是干扰哨声、寄生通道干扰、交叉调制失真、互相调制失真和强信号阻塞等。前两种干扰是混频器中特有的干扰，后面的失真不仅在混频器中存在，在具有非线性器件的电路（各类放大器）中都有可能产生。下面分别讨论产生这些干扰和失真的原因及克服干扰的措施。

1. 干扰哨声（组合频率干扰——Combined Frequency Interference）

输入到混频器的有用信号与本振信号，由于器件的非线性作用，除了产生有用的中频外，还产生许多无用的组合频率分量 f_k，如果它们中的有些频率分量正好接近中频 f_I（或落在中频通带内），则这些 f_k 成分将和有用中频 f_I 同时经过中放加到检波器上。通过检波器的非线性特性,这些接近中频的组合频率 f_k 与有用中频 f_I 差拍检波,产生差拍信号 ΔF(可听音频),形成干扰哨声。

组合频率
$$f_k = |\pm pf_L \pm qf_c| \tag{6.5.22}$$

形成干扰的条件
$$|\pm pf_L \pm qf_c| = f_I \pm \Delta F \tag{6.5.23}$$

式中,ΔF 为可听音频;p、q 为 f_L、f_c 的谐波次数,取值为 $0、1、2、\cdots$。

式(6.5.23)可以分为四种情况:
$$\begin{cases} -pf_L + qf_c = f_I \pm \Delta F \\ +pf_L - qf_c = f_I \pm \Delta F \\ -pf_L - qf_c = f_I \pm \Delta F \\ +pf_L + qf_c = f_I \pm \Delta F \end{cases} \tag{6.5.24}$$

由于在超外差接收机中,通常 $f_I = f_L - f_c < f_c$,则上述四式中只有前两式有可能成立,而后两式是无效的(因为 $+pf_L + qf_c$ 恒大于 f_I,$-pf_L - qf_c$ 是无意义的负频率)。将前两种情况合并,可以得到

$$f_c = \frac{p \pm 1}{q - p} f_I \pm \frac{\Delta F}{q - p} \tag{6.5.25}$$

一般 $f_I \gg \Delta F$,所以上式可写为

$$f_c \approx \frac{p \pm 1}{q - p} f_I \tag{6.5.26}$$

此式说明:

1)当 f_I 选定后,只要 f_c 接近此式所计算的值,就能产生干扰哨声。

2)若 p、q 取不同的正整数,产生干扰的输入信号频率有无限多个,但当 $p + q \geqslant 5$ 时,幅度已经很小,可以忽略。

例如,当 $f_c = 931\text{kHz}$ 时,本振频率 $f_L = (931 + 465)\text{kHz} = 1396\text{kHz}$,这时 $p = 1$、$q = 2$ 所对应的组合频率分量 $f_{pq} = 2f_c - f_L = 2 \times 931\text{kHz} - 1396\text{kHz} = 466\text{kHz}$,它与有用中频频率只差 1kHz,显然可以通过中频放大器进入检波器,与有用中频 $f_I = 465\text{kHz}$ 信号作用后产生 $\Delta F = 466\text{kHz} - 465\text{kHz} = 1\text{kHz}$ 的差拍信号,在输出端产生 1kHz 的干扰哨声。所以在选择电台频率时,应避免选择这些频率。

式(6.5.26)中最强的干扰是 $p = 0$、$q = 1$ 的组合频率,此时的干扰信号频率 $f_{pq} \approx f_I$;其次是 $p = 1$、$q = 2$ 的组合频率,此时的干扰信号频率 $f_{pq} \approx 2f_I$。这两种干扰一旦进入接收机输入端,就具有和有用信号相同的频率变换和传输能力。

由此可知,一定要合理选择电台的发射载频频率,使 f_k 处在中频频带外,以避免这种干扰。同时,应合理选择中频频率,使 f_I 在接收段之外,可以避免上述两种强干扰。

例如,当 $f_c = 918\text{kHz}$ 时,$f_L = 918\text{kHz} + 465\text{kHz} = 1383\text{kHz}$,$2f_c - f_L = 1836\text{kHz} - 1383\text{kHz} = 453\text{kHz}$,$\Delta F = 465\text{kHz} - 453\text{kHz} = 12\text{kHz}$。而一般中频通频带为 6~8kHz,所以 $\Delta F = 12\text{kHz}$ 的组合频率在中频通带以外,不会形成干扰。而中波广播的 $f_I = 465\text{kHz}$,在 535~1605kHz 外。

综合上述得到克服干扰哨声的方法是:选定合理的静态工作点,减小传输特性中的谐波分量,从而减少组合频率分量,限制输入信号 $v_s(t)$ 的幅度,适当选择中频频率,使其避开混频过程可能产生的组合频率等。

2. 寄生通道干扰（组合副波道干扰——Combined Subchannel Interference）

混频器前的输入回路选择性差，使频率为 f_n 的干扰信号进入混频器中，它与本振频率 f_L 经频率变换后产生许多组合频率分量，当满足 $|\pm pf_L \pm qf_n| = f_I$ 时，即这些组合频率接近中频时，经中频放大器放大，进入检波器。经检波后在输出端不仅能够听到有用电台的声音，还将听到干扰电台的声音，这种干扰称为寄生通道干扰。

由式 $|\pm pf_L \pm qf_n| = f_I$ 知，干扰频率 f_n 与本振频率 f_L 满足下列条件：

$$\begin{cases} -pf_L + qf_n = f_I \\ +pf_L - qf_n = f_I \end{cases} \quad (6.5.27)$$

都会产生寄生通道干扰，p、q 为正整数。

由此可以求出接收机调谐在信号频率 f_c 时，有可能产生寄生通道干扰的干扰信号频率为

$$f_n = \frac{p}{q}f_L \pm \frac{f_I}{q} = \frac{p}{q}f_c + \frac{p \pm 1}{q}f_I \quad (6.5.28)$$

该式表明：

1) 寄生通道干扰总是对称地分布在 $\frac{p}{q}f_L$ 的两边，且与它的间隔均为 f_I/q。

2) 从理论上讲，p、q 为正整数，由上式求出的 f_n 有无数多个。实际上，只有在 p、q 值较小时才能形成较强的干扰，而当 $p+q \geqslant 5$ 时，形成的干扰强度很小，可以不计。

将式（6.5.28）变换，可得

$$f_c = \frac{q}{p}f_n - \frac{p \pm 1}{p}f_I \quad (6.5.29)$$

式（6.5.29）说明，当干扰电台的频率 f_n 一定时，只要接收机调谐在满足上式计算出的频率上，则该干扰电台就会形成寄生通道干扰。例如，中波收音机中，在混频器输入端有干扰电台 $f_n = 1000\text{kHz}$ 作用，根据上式求出收音机调谐在下列几个频率上时，会使该干扰形成寄生通道干扰。

当 $p=1$、$q=2$ 时，$f_c = 2f_n - 2f_I = 2000\text{kHz} - 930\text{kHz} = 1070\text{kHz}$；

当 $p=2$、$q=2$ 时，$f_c = f_n - \frac{1}{2}f_I = 1000\text{kHz} - \frac{465}{2}\text{kHz} = 767.5\text{kHz}$。

对应于其他不同的 p、q 值，得到的 f_c 均在接收机频率范围（中波广播为 535～1605kHz）之外，不会形成干扰。

在式（6.5.28）干扰中，最强的两个干扰是：

1) 中频干扰（$p=0$、$q=1$）(Intermediate Frequency Interference)

$$f_n = f_I \quad (\text{中频直通}) \quad (6.5.30)$$

中频干扰一旦进入混频器输入端，混频器无法将其削弱或抑制，它具有比有用信号更强的传输能力。因为对于中频干扰来讲，混频器实际上起到了中频放大器的作用。当晶体管作放大器时，可以工作在跨导最大的区域，得到较高的电压增益；而同一晶体管用作混频器时，只能工作在线性跨导区的中点。所以在负载相同的情况下，混频器的增益只有作放大器时的 1/4～1/16，如图 6.5.8 所示。因此，必须在混频器前将这种干扰抑制掉，一般要求中频抑制比不小于 30dB。实现方法一是提高输入回路的选择性，抑制中频信号通过；二是在

高频放大器输入回路中接入中波陷波电路或高通滤波器。另外,适当选择混频晶体管的静态工作点和本振电压的幅度,也可以减小中频干扰。

2) 镜像干扰($p=1$、$q=1$)(Image Frequency Interference)

$$f_n = f_L + f_I = f_c + 2f_I \qquad (6.5.31)$$

镜像干扰只要能进入输入回路到达混频器输入端,就具有与有用中频相同的变换力,混频器无法将其削弱或抑制。

抑制镜像干扰的方法是提高混频器前各级回路的选择性和提高中频频率 f_I。当混频器前有高频放大器时,其优良的频率选择性可以提高对镜像干扰信号的抑制能力。因此,一般高质量的接收机,在混频器前常设有一级或两级高频放大器。由于有用信号 f_c 与干扰信号频率 f_n 之间的间距是 $2f_I$,因此,提高中频频率可以使两个信号的频率差(f_n 与 f_c 间距)加大,有利于对镜像干扰信号的抑制。

3. 非线性失真

非线性失真包括交叉调制失真、互相调制失真、包络失真和强信号阻塞。这些失真不仅在混频器中存在,在各种类型的放大器中也会存在。

(1) 交叉调制失真(Crossmoduiation Distortion) 当接收机的输入回路选择性不好时,有用信号(f_c)和干扰信号(f_n)将同时进入接收机的输入端,此时会出现当接收机调谐在有用信号频率 f_c 上时,不仅能够收听到有用信号的声音,同时也能收听到干扰信号的声音,而当接收机对 f_c 偏调,干扰声也随之减小。如果对 f_c 完全失调(没有了有用信号的声音)则干扰声也完全消失。这种现象就称为交叉调制失真,简称为交调失真。这是由晶体管特性中的三次及以上高次非线性项产生的。

产生交调失真的机理可以利用非线性器件的特性 $i = f(v)$ 来说明。

将非线性器件的伏安特性 $i = f(v)$ 用幂级数表示为

$$i = f(v) = a_0 + a_1 v + a_2 v^2 + a_3 v^3 + \cdots \qquad (6.5.32)$$

当 $v = v_s + v_n = V_{sm}\cos\omega_c t + V_{nm}\cos\omega_n t$ 时,代入式(6.5.32)中,并利用三角函数变换后,取出信号的基波电流,可以得到

$$i_1 = (a_1 V_{sm} + 2a_2 V_{sm}V_{nm}\cos\omega_n t + 3a_3 V_{sm}V_{nm}^2 + \cdots)\cos\omega_c t \qquad (6.5.33)$$

若 $v_s = V_{sm}(1 + M_a\cos\Omega t)\cos\omega_c t$,$v_n = V_{nm}(1 + M_n\cos\Omega_n t)\cos\omega_n t$ 时

$$i_1 = (a_1 V_{sm} + a_1 M_a V_{sm}\cos\Omega t + \cdots + 6a_3 V_{sm}V_{nm}^2 M_n\cos\Omega_n t + \cdots)\cos\omega_c t \qquad (6.5.34)$$

式中,第二项为有用信号 Ω 的调制;第三项为干扰信号 Ω_n 的调制,与干扰信号的振幅二次方成正比。

由式(6.5.34)可以看出:

1) 交调失真无需 f_c 与 f_n 间发生频率的联系,只要干扰信号一旦进入接收机输入端,这种干扰就能发生,所以交叉调制干扰是一种危害较大的电台干扰形式。

2) 交调是由 $i = f(v)$ 特性的三次及更高次非线性项产生的,为了避免产生交调失真,应选用平方律特性的工作区域或具有平方律特性的器件(如场效应晶体管)。

3) 交调与干扰信号的振幅二次方成正比,与有用信号无关,所以不能用增加 V_{sm} 的方法克服交调失真,只能靠提高输入回路的选择性来杜绝干扰信号 v_n 的进入。也可以在高放级加负反馈改善非线性特性,增加动态范围,使三次方及以上的各项降低。

(2) 互相调制失真(Intermodulation Distortion) 当接收机的输入回路选择性不好时,

不仅有用信号（f_c）进入接收机，同时还有两个干扰信号（f_{n1}、f_{n2}）进入接收机的输入端。由于器件特性的非线性，若两个干扰信号之间的组合频率满足下式的条件时，就会形成互相调制失真，简称为互调失真。例如，对于高频放大器，若

$$|\pm mf_{n1} \pm nf_{n2}| = f_c \tag{6.5.35}$$

则它们将与有用信号一同进入混频器混频后，经中频放大到达检波器，在检波器中与有用信号差拍检波，产生哨叫声，其中 $n+m=2$ 的失真项称为二阶互调，$n+m=3$ 的失真项称为三阶互调。

与分析交调情况类似，可以证明互相调制是由器件非线性特性的二次方项及以上高次方项产生的，而且干扰信号幅度越大，互调失真分量越大。另外，产生互调的两个干扰信号间必须满足一定的频率关系（这与交调不同）。一般来说，当 f_{n1}、f_{n2} 距离 f_c 较远时，利用提高前端电路选择性的方法，可以有效地减小互调影响。

交调与互调的差别：在干扰信号电压远远超过有用信号电压时，对交调来说经检波后可以同时听到质量很差的有用电台信号与干扰电台的声音，对互调来说听到的是哨叫声和杂乱的干扰声，无有用信号声音。

（3）包络失真和强信号阻塞　当混频器输入较强的已调幅信号时，由于混频器件的非线性，输出信号的包络与输入信号的包络不成正比，即产生了包络失真。

例如，若混频输入端 $v = v_s + v_L$，器件伏安特性中的四次方项的非线性产物 $v_s^3 v_L$ 的影响最大。当 $v_s = V_{sm}(1+M_a\cos\Omega t)\cos\omega_c t, v_L = V_{Lm}\cos\omega_L t$ 时，$v_s^3 v_L$ 使输出中频信号的包络中出现了 2Ω 和 3Ω 的频率分量，即输出中频信号的包络不能反映 v_s 包络的变化，产生了包络失真，且这种失真随信号 v_s 幅度的增加而增大。

强信号阻塞是指当强的干扰信号使混频器工作点变化，进入非线性区域，甚至进入饱和区，造成有用信号的增益下降，输出幅度减小，严重时失去放大作用，有用信号的接收成为不可能，即无法接收有用信号。

防止的措施是尽量提高前级回路的选择性，扩大前级电路的动态范围等。

6.5.6　超外差接收机的统调与跟踪

在超外差接收机中，为了调谐方便，希望高频调谐回路（输入回路、高频放大回路）与本振信号回路，实行统一调谐。即通常采用的每波段中最低到最高频率的调谐，这由同轴可变电容器来实现，而改变波段则采用改变固定电感的方法。

因为高频调谐回路和本振回路的波段覆盖系数 k_d 不同，例如，某分段波的最低频率 $f_{\min}=535\text{kHz}$，而最高频率 $f_{\max}=1605\text{kHz}$，所以若高频回路的波段覆盖系数为

$$k_d = \frac{f_{\max}}{f_{\min}} = \sqrt{\frac{C_{\max}}{C_{\min}}} = 3$$

当中频选用 465kHz 时，如用容量相同的可变电容，则本振波段将从最低频率 $f_{L\min}=(535+465)\text{kHz}=1000\text{kHz}$ 变化到最高频率 $f_{L\max}=3f_{L\min}=3000\text{kHz}$，而要求的最高频率为 $(1605+465)\text{kHz}=2070\text{kHz}$。

这说明除最低频率 $f_{L\min}$ 处满足中频为 465kHz 外，在波段其他频率处均不是 465kHz，也就是只有一点跟踪，可以用图 6.5.14 所示电容与频率的关系来说明这种情况。

图 6.5.14 中，实线①满足波段覆盖系数 $k_d=3$ 时，所采用的电容变化与波段频率的关

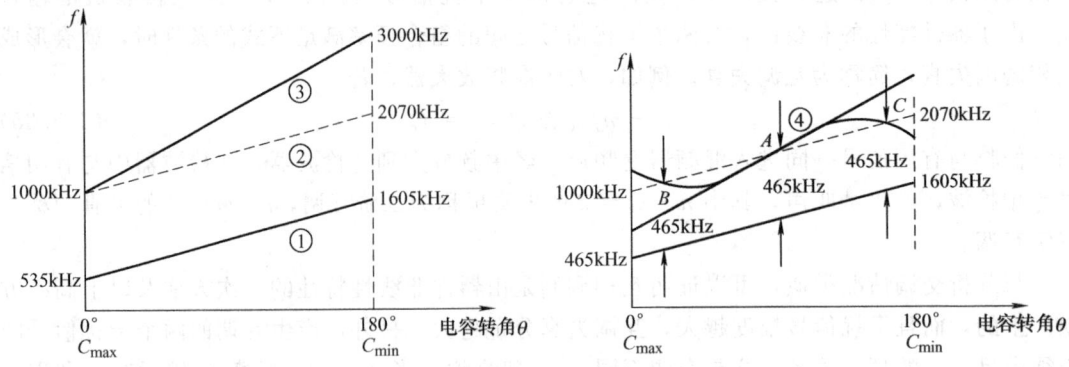

图 6.5.14 电容与频率的关系

系。$\theta = 0°$ 时电容最大（C_{max}），调谐于最低频率 $f_{min} = 535\text{kHz}$。$\theta = 180°$ 时电容最小（C_{min}），调谐于最高频率 $f_{max} = 1605\text{kHz}$。

虚线②表示要求的电容与本振频率 f_L 的关系。显然虚线②平行于实线①，且间隔均为 465kHz。

实线③表示所采用容量相同的可变电容时，电容变化所得到的本振频率 f_L 的变化（由 1000kHz 变化到 3000kHz）。

为使统调要求能基本满足，而又不使电路太复杂，目前都是在本振回路上采取措施，这种方法称为三点统调，或称三点跟踪。

三点统调的方法是在中间频率 A 点处（例如信号频率为 1000kHz，本振频率为 1465kHz）满足差频 465kHz 要求，过 A 点作实线③的平行线。可知，此时在最低和最高频率处差频（中频）分别低于和高于 465kHz。再设法将低端的本振频率提高，使得低端有一点（B 点）的差频为 465kHz。同样，将高端的本振频率降低，使得高端有一点（C 点）的差频为 465kHz。这时实线④变成 S 形，本振频率与波段频率的差频在三点上完全符合要求，这种方法称为三点统调。

图 6.5.15 所示电路就是实现三点统调的电路，为了满足三点统调，在本振回路上必须附加电容，如图 6.5.15 所示。

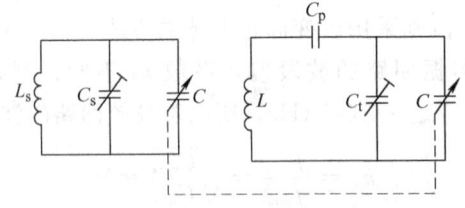

图 6.5.15 三点统调电路

通常，本振回路附加串联电容 C_p（C_p 称为垫整电容），其容量较大，与 C_{max} 的容量相近；还附加并联电容 C_t（C_t 称为垫补电容），其容量较小，与 C_{min} 的容量相近。

这样，在本振波段中间一点要求的本振频率，可以由可变电容中间位置的值（考虑 C_p 和 C_t 的作用）和电感 L 确定。

在本振频率高频端，$C = C_{min}$，由于 C_t 与 C_{min} 相近，使总的电容增大，所以使高频本振频率降低。

在本振频率低频端，$C=C_{\max}$，C_t 的并联作用可忽略。串联 C_p 后，使总的电容 C 减少，所以使低端本振频率提高。这样就达到了三点统调的目的。

※6.6 数字信号的调幅与解调

在绪论中提到，当调制信号为数字信号时，称之为数字调制。实现数字调制的电路称为数字调制器。数字调制的方式有三大类，即振幅键控（Amplitude Shift Keying，ASK），用图 6.6.1a 所示的数字脉冲信号对载波振幅进行调制，得到图 6.6.1b 所示的已调波形；移频键控（Frequency Shift Keying，FSK），用数字脉冲信号对载波频率进行调制，得到图 6.6.1c 所示的已调波形；移相键控（Phase Shift Keying，PSK），用数字脉冲信号对载波相位进行调制，得到图 6.6.1d 所示的已调波形。本节仅介绍数字信号的调幅（ASK）与解调，对于 FSK 和 PSK 及其解调在第 7 章中介绍。

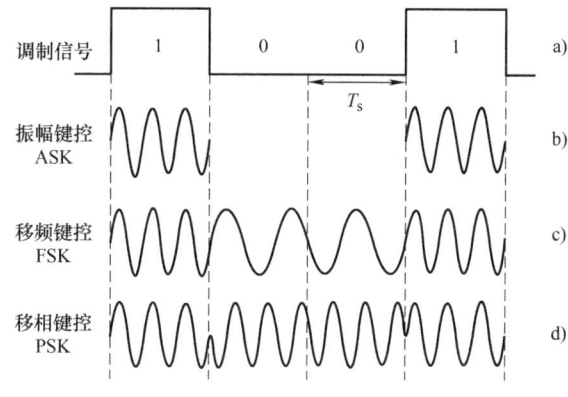

图 6.6.1 数字调制信号的波形

6.6.1 数字信号的调幅

正如前述，当调制信号为数字信号时，对载波进行幅度调制称为数字信号调幅，也称为振幅键控（ASK）。二进制数字振幅键控通常称为 2ASK。

1. 基本原理

数字信号调幅的原理框图如图 6.6.2 所示。

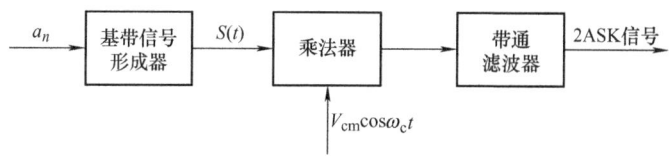

图 6.6.2 数字信号调幅的原理框图

设未调制的载波电压为

$$v_c = V_{cm}\cos\omega_c t \tag{6.6.1}$$

二进制数字为数字序列 a_n

$$a_n = \begin{cases} 1 & \text{概率为 } P \\ 0 & \text{概率为 } 1-P \end{cases} \qquad (6.6.2)$$

式中，a_n 为随机变量，在二进制中，当第 n 个码元为 1 时，$a_n=1$；当第 n 个码元为 0 时，$a_n=0$（或 -1）。$g(t)$ 是码元的波形，它可以是矩形脉冲，也可以是升余弦脉冲或钟形脉冲等。T_s 为码元宽度，它的倒数为码速，单位为比特每秒（bit/s 或 b/s）。将 a_n 通过基带信号形成器转换成单极性基带矩形序列 $S(t)$

$$S(t) = \sum_n a_n g(t-nT_s) \qquad (6.6.3)$$

式中，$g(t)$ 为持续时间为 T_s 的矩形脉冲。用乘法器将 $S(t)$ 与载波 $v_c = V_{cm}\cos\omega_c t$ 相乘，得到的 ASK 的已调波可表示为

$$v_{ASK}(t) = A_M v_c S(t) = A_M [\sum_n a_n g(t-nT_s)] V_{cm}\cos\omega_c t \qquad (6.6.4)$$

式中，A_M 是乘法器的相乘系数。波形图如图 6.6.3 所示。

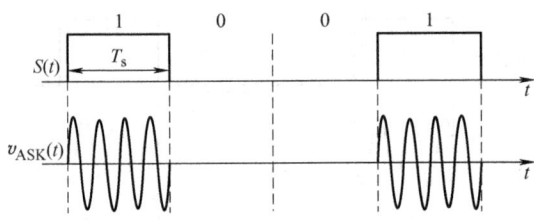

图 6.6.3 2ASK 波形图

2. 数字信号调幅的实现电路

前面所讨论的模拟信号的调幅方法，都可以获得 ASK 已调波。根据需要，也可以获得抑制载波双频带、残留单边带或单边频已调波。

利用相乘原理实现 2ASK，与模拟信号调幅相似，可以利用模拟乘法器来实现。图 6.6.4 所示为利用环形调幅电路来实现 2ASK。其中输入载波信号加到 1、2 端，而基带数字信号加到 5、6 端。因为基带数字信号的性质决定 5 端电压始终大于或等于 6 端的电压，二极管 VD_3、VD_4 始终截止，实际上可不用，只有 VD_1、VD_2 的导通受基带数字信号控制。"1" 时，VD_1、VD_2 导通，在 3、4 端有载波信号输出。"0" 时，VD_1、VD_2 截止，在 3、4 端无输出。得到的 2ASK 信号如图 6.6.3 所示。

用一个电键来控制载波振荡的输出也可以获得 2ASK 信号，图 6.6.5 所示是这种方法的原理框图，称之为键控法。

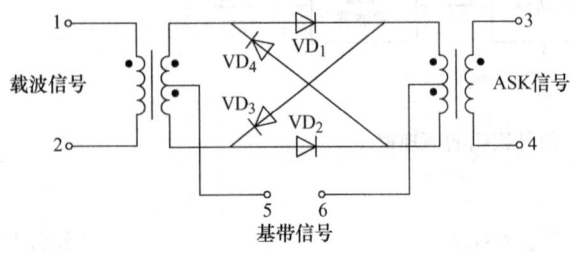

图 6.6.4 环形调制器

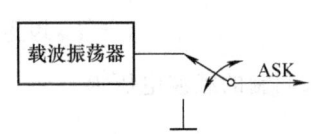

图 6.6.5 键控法产生 2ASK 信号原理框图

6.6.2 数字调幅信号的解调

数字调幅信号的解调与模拟调幅信号的解调相似。2ASK 信号的解调由振幅检波器完成，具体方法主要有两种：包络解调法和相干解调法。

1. 包络解调法

图 6.6.6 所示是包络解调的原理框图。带通滤波器恰好使 2ASK 信号完整地通过，经包络检波器后，输出其包络。低通滤波器的作用是滤除高频杂波，使基带包络信号通过。为了提高数字解调的性能在低通滤波器后增加了抽样判决器，它包括抽样、判决及码元形成，有时又称译码器。包络检波器输出基带包络经抽样，判决后将码元再生，即可恢复数字序列 a_n。

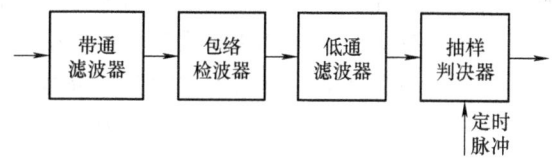

图 6.6.6 2ASK 信号包络解调的原理框图

2. 相干解调法

相干解调就是同步解调。与模拟调幅信号同步检波一样，利用乘法器实现同步检波，再通过抽样判决器恢复数字序列 a_n。图 6.6.7 所示是 2ASK 信号相干解调的原理框图。

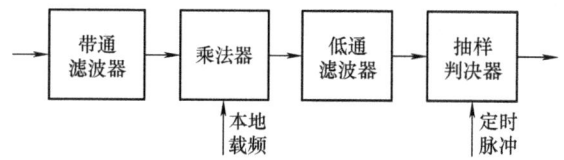

图 6.6.7 2ASK 信号相干解调

本章小结

1) 调幅、检波及混频过程，在时域上都表现为两信号的相乘；在频域上则是频谱的线性搬移。因此其原理电路模型相同，都由非线性元器件（实现频率变换）和滤波器（滤除不需要的频率分量，取出所需的频率分量）组成。不同之处是输入信号、参考信号及滤波器特性在实现调幅、检波及混频时各有不同的形式，以完成特定要求的频谱搬移。

2) 用调制信号去控制高频振荡载波的幅度，使其幅度的变化量随调制信号成正比地变化，这一过程称为振幅调制。经过振幅调制后的高频振荡称为振幅调制波（简称调幅波）。根据频谱的结构不同，可分为普通调幅（AM）波、抑制载波的双边带调幅（DSB）波和单边带调幅（SSB）波。普通调幅、抑制载波的双边带调幅及单边带调幅的数学表达式、波形图、功率分配及频带宽度等各有区别，其检波也可采用不同的电路模型。

3) 普通调幅波产生电路可采用低电平调制电路（模拟乘法器），也可采用高电平调制电路（集电极调制电路或基极调制电路）。抑制载波的双边带调幅波的产生电路一般可采用二极管平衡或环形调制电路、模拟乘法器电路等。

4) 解调是调制的逆过程。振幅调制波的解调简称检波，其作用是从振幅调制波中不失真地检测出调制信号来。从频谱上看，就是将振幅调制波的边带信号不失真地搬到零频。普通调幅波中已含有载波，对于大信号检波可采用二极管包络检波器，对于小信号检波宜采用同步解调。在包络检波器中要合理地选择元器件值，避免失真。对于抑制载波的调幅波只能采用同步检波器进行解调。同步检波的关键是产生一个与发射载波同频、同相并保持同步变化的参考信号。在集成电路中多采用模拟乘法器构成同步检波器。

5) 混频电路是超外差接收机的重要组成部分。它的基本功能是在保持调制类型和调制参数不变的情况下，将高频振荡的频率 f_c 变换为固定频率的中频 f_I，以利于提高接收机的灵敏度和选择性。在频域上，其工作原理是将载波为高频的已调波信号的频谱不失真地线性搬移到中频载波上。因此，混频电路是典型的频谱线性搬移电路。混频电路可采用二极管平衡和环形混频电路、三极管混频电路，也可采用模拟乘法器混频电路，后者比前两种混频电路输出的信号频谱更纯。为了减少混频干扰，净化其输出频率分量，较好的方法是选用伏安特性具有平方律特性的场效应晶体管和乘法器为混频器件，或者采用平衡式电路。还应合理地设置静态工作点和适当选取本振电压振幅。

思考题与习题

6.1 已知某广播电台的信号电压为 $v(t) = 20(1+0.3\cos 6280t)\cos 5.76504 \times 10^6 t$ mV，问此电台的频率是多少？调制信号频率是多少？

6.2 已知非线性器件的伏安特性为 $i = a_0 + a_1 v + a_2 v^3$，试问它能否产生频谱搬移功能？

6.3 画出下列各式的波形图和频谱图，并指出是何种调幅波的数学表达式。

(1) $(1+\cos\Omega t)\cos\omega_c t$

(2) $\left(1+\dfrac{1}{2}\cos\Omega t\right)\cos\omega_c t$

(3) $\cos\Omega t\cos\omega_c t$　　（假设 $\omega_c = 10\Omega$）

6.4 已知调制信号 $v_\Omega(t) = [2\cos(2\pi \times 2 \times 10^3 t) + 3\cos(2\pi \times 300t)]$ V，载波信号 $v_c(t) = 5\cos(2\pi \times 5 \times 10^5 t)$ V，$k_a = 1$，试写出调幅波的表示式，画出频谱图，求出频带宽度 BW。

6.5 已知调幅波表示式 $v_{AM}(t) = [20+12\cos(2\pi \times 500t)]\cos(2\pi \times 10^6 t)$ V，试求该调幅波的载波振幅 V_{cm}、载波频率 f_c、调制信号频率 F、调幅指数 M_a 和频带宽度 BW。

6.6 已知调幅波表示式：
$$v_{AM}(t) = \{5\cos(2\pi \times 10^6 t) + \cos[2\pi(10^6 + 5 \times 10^3)t] + \cos[2\pi(10^6 - 5 \times 10^3)t]\} \text{V}$$
试求出调幅系数及频带宽度，画出调幅波波形和频谱图。

6.7 调制信号如图 6.T.1 所示，画出 $M_a = 0.5$ 和 $M_a = 1$ 的 AM 波及 DSB 信号的波形图。

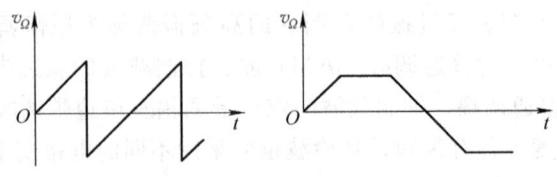

图 6.T.1　题 6.7 图

6.8 电路如图 6.T.2a 所示，试根据图 6.T.2b、c、d 所示输入信号频谱，画出乘法器输出电压 $v'_o(t)$

的频谱。已知参考信号频率为600kHz、12kHz、60kHz。

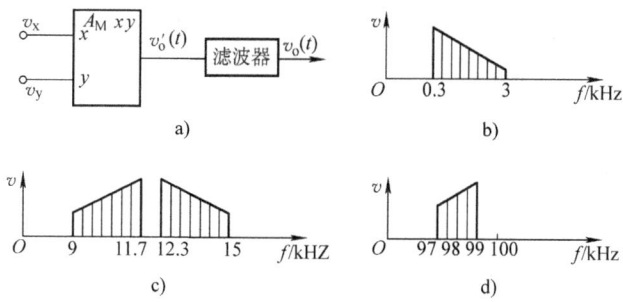

图 6.T.2 题 6.8 图

6.9 在图 6.T.3a 所示电路模型中，v_c 是重复频率为 100kHz 的方波信号，如图 b 所示。若将该电路模型作为下列功能的频谱搬移电路，试画出滤波器（理想）的幅频特性曲线，并写出电压 v_o 的表达式。

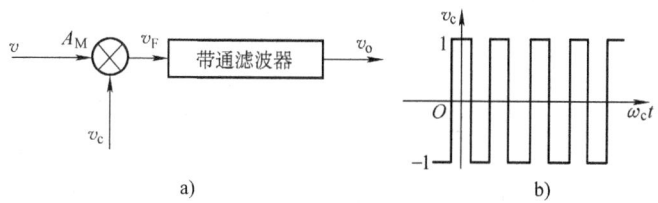

图 6.T.3 题 6.9 图

(1) $v = v_\Omega = \sum_{n=1}^{10} V_{\Omega m}\cos(2\pi n \times 300t)$，要求输出载频为 300kHz 的 DSB 信号。

(2) $v = v_{AM} = V_{cm}[1 + \sum_{n=1}^{10} M_{an}\cos(2\pi n \times 300t)]\cos(2\pi \times 100 \times 10^3 t)$ 要求输出电压不失真地反映调制信号的变化规律。

(3) $v = v_{DSB} = V_{cm}[\sum_{n=1}^{10} M_{an}\cos(2\pi n \times 300t)]\cos(2\pi \times 450 \times 10^3 t)$，要求输出载波频率为 50kHz 的双边带调制信号。

6.10 有一调幅波的表达式为
$$v = 25[1 + 0.7\cos(2\pi \times 5000t) - 0.3\cos(2\pi \times 10000t)]\cos(2\pi \times 10^6 t) \text{V}$$
(1) 试求出它所包含的各分量的频率与振幅。
(2) 绘出该调幅波包络的形状，并求出峰值与谷值幅度。

6.11 某调幅波表达式为 $v_{AM}(t) = (5 + 3\cos 2\pi \times 4 \times 10^3 t)\cos 2\pi \times 465 \times 10^6 t \text{V}$
(1) 画出此调幅波的波形；
(2) 画出此调幅波的频谱图，并求带宽；
(3) 若负载电阻 $R_L = 100\Omega$，求调幅波的总功率。

6.12 已知负载电阻 R_L 上的电压表达式为 $v(t) = (10 + 2.5\cos\Omega t)\cos\omega t \text{ V}$
求：(1) 载波电压的振幅值 $V_{cm} = ?$
(2) 已调波电压的最大振幅值 $V_{max} = ?$
(3) 已调波电压的最小振幅值 $V_{min} = ?$
(4) 调幅指数 $M_a = ?$
(5) 若负载电阻为 $1k\Omega$，计算负载电阻 R_L 上吸收的载波功率 $P_{oT} = ?$ 负载电阻 R_L 上吸收的两个边频功

率之和 $P_{\omega\pm\Omega}=$?

6.13 若 AM 调幅波的最大振幅值为 10V,最小振幅值为 6V,试问此时调制系数 $M_a=$?

6.14 已知两个信号电压的频谱分别如图 6.T.4a、b 所示,要求:(1)写出两个信号电压的数学表达式,并指出已调波的性质;(2)计算在单位电阻上消耗的总功率以及已调波的频带宽度。

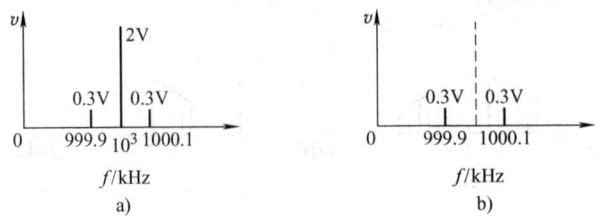

图 6.T.4 题 6.14 图

6.15 当采用相移法实现单边带调制时,若要求上边带传输的调制信号为 $V_{\Omega m1}\cos\Omega_1 t$,下边带传输的调制信号为 $V_{\Omega m2}\cos\Omega_2 t$,试画出其实现框图。

6.16 电视图像传输系统如图 6.T.5 所示,设输入的图像信号频谱在 $0\sim6$MHz 范围内是均匀的,试画出(A~H)各点的频谱图,证明系统输出信号 v_o 不失真地重现输入图像信号 v_i 频谱。

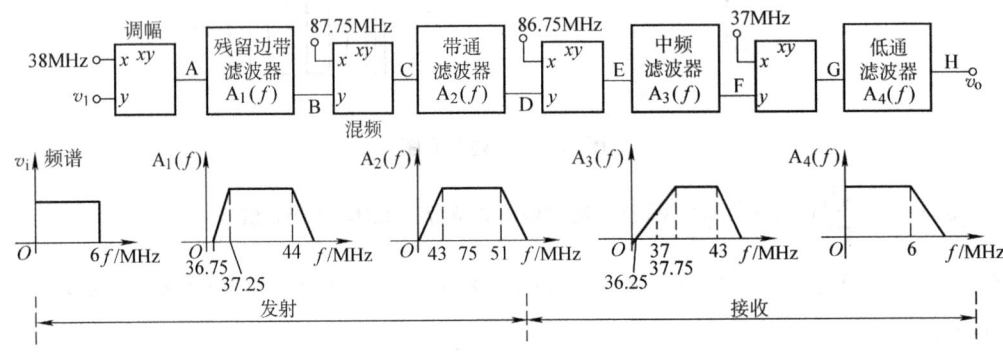

图 6.T.5 题 6.16 图

6.17 何谓过调幅?为什么双边带调制信号和单边带调制信号均不会产生过调幅?

6.18 为什么调制必须利用电子器件的非线性才能实现?它和放大在本质上有什么不同?

6.19 非线性器件的伏安特性为 $i=a_1v+a_2v^2$,已知信号电压为 $v(t)=V_{cm}\cos\omega_c t+V_{\Omega m}\cos\Omega+\frac{1}{2}V_{\Omega m}\cos2\Omega t$,其中,$\omega_c \gg \Omega$,分析电流 i 中包含的组合频率分量。

6.20 两个信号数学表达式分别为 $v_1=\cos 2\pi Ft$ V 和 $v_2=\cos 20\pi Ft$ V,写出两者相乘后的数学表达式,并画出其波形图和频谱图。

6.21 一非线性器件的伏安特性为 $i=a_0+a_1v+a_2v^2+a_3v^3$,式中
$$v=V_Q+V_{1m}\cos\omega_1 t+V_{2m}\cos\omega_2 t+V_{3m}\cos\omega_3 t$$
试写出电流 i 中组合频率分量的频率通式;求出其中的 ω_1、$2\omega_1+\omega_2$、$\omega_1+\omega_2-\omega_3$ 频率分量的振幅,并说明它们是由 i 中的哪些乘积项产生的。

6.22 若二极管 VD 的伏安特性曲线可用图 6.T.6b 中的折线来近似,输入电压为 $v=V_m\cos\omega_0 t$,试求流过图 6.T.6a 中电流 i 的各频谱分量及其振幅值(设 g、R_L、V_m 均已知)。

6.23 一非线性器件的伏安特性为
$$i=\begin{cases}g_D v & (v>0)\\ 0 & (v\leqslant 0)\end{cases}$$

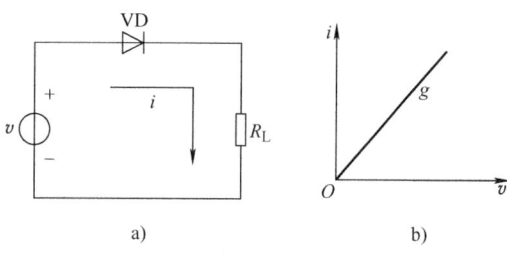

图 6.T.6 题 6.22 图

式中，$v = V_Q + v_1 + v_2 = V_Q + V_{1m}\cos\omega_1 t + V_{2m}\cos\omega_2 t$。若 V_{2m} 很小，满足线性时变条件，则在 $V_Q = -V_{1m}/2、0、V_{1m}$ 三种情况下，画出 $g(v_1)$ 波形，并求出时变增量电导 $g(v_1)$ 的表达式，分析该器件在什么条件下能实现振幅调制、解调和混频等频谱搬移功能。

6.24 在图 6.T.7 所示的差分对管调制电路中，已知 $v_c(t) = 360\cos(10\pi \times 10^6 t)\text{mV}$，$v_\Omega(t) = 5\cos(2\pi \times 10^3 t)\text{mV}$，$V_{CC} = |V_{EE}| = 10\text{V}$，$R_{EE} = 15\text{k}\Omega$，晶体管 β 很大，$V_{BE(on)}$ 可忽略。试用开关函数求 $i_C = (i_{C1} - i_{C2})$ 值。

6.25 一双差分对平衡调制器如图 6.T.8 所示，其单端输出电流

$$i_1 = \frac{I_0}{2} + \frac{i_5 - i_6}{2}\text{th}\frac{qv_1}{2kT} \approx \frac{I_0}{2} + \frac{v_2}{R_E}\text{th}\frac{qv_1}{2kT}$$

试分析为实现下列功能（不失真），两输入端各自应加什么信号电压？输出端电流包含哪些频率分量？输出滤波器的要求是什么？

(1) 混频（取 $\omega_1 = \omega_L - \omega_c$）。
(2) 双边带调制。
(3) 双边带调制波解调。

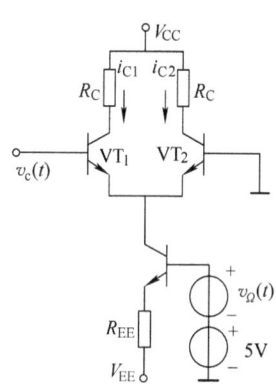

图 6.T.7 题 6.24 图

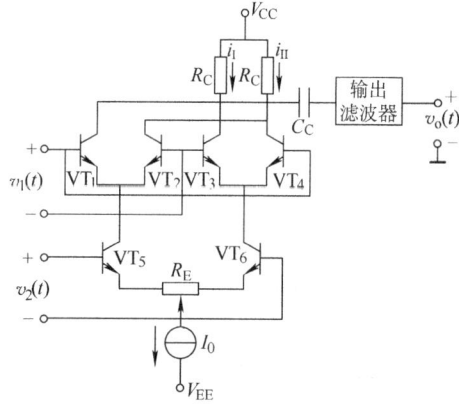

图 6.T.8 题 6.25 图

6.26 分析图 6.T.9 所示电路的功能，求出输出电压 $v_o(t)$。

6.27 二极管平衡电路如图 6.T.10 所示，现有以下几种可能的输入信号：

$v_1 = V_{\Omega m}\cos\Omega t$；

$v_2 = V_{cm}\cos\omega_c t$；

$v_3 = V_m(1 + M_1\cos\Omega_1 t)\cos\omega_c t$；

$v_4 = V_{4m}\cos(\omega_c t + M_f\sin\Omega t)$；

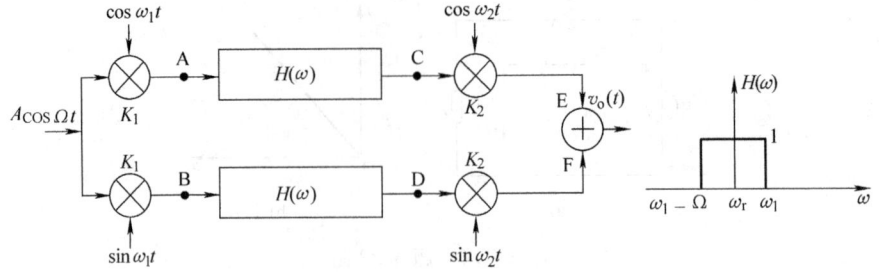

图 6.T.9　题 6.26 图

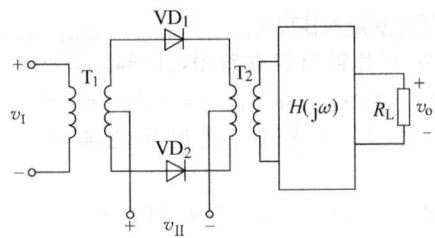

图 6.T.10　题 6.27 图

$v_5 = V_{rm}\cos\omega_r t, \omega_r = \omega_c$；

$v_6 = V_{Lm}\cos\omega_L t$；

$v_7 = V_{7m}\cos\Omega_1 t\cos\omega_c t$。

问该电路能否得到下列输出信号？若能，此时电路中的 v_I 及 v_{II} 为哪种输入信号？$H(j\omega)$ 应采用什么滤波器？其中心频率 f_0 以及 $BW_{0.7}$ 各为多少？（不需要推导计算，直接给出结论）

(1) $v_{o1} = V_m(1+M\cos\Omega t)\cos\omega_c t$

(2) $v_{o2} = V_m\cos\Omega t\cos\omega_c t$

(3) $v_{o3} = V_m\cos(\omega_c + \Omega)t$

(4) $v_{o4} = V_m\cos\Omega_1 t$

(5) $v_{o5} = V_m\cos(\omega_1 t + M_f\sin\Omega t)$

(6) $v_{o6} = V_m(1 + M_1\cos\Omega_1 t)\cos\omega_1 t$

(7) $v_{o7} = V_m\cos\Omega_1 t\cos\omega_1 t$

6.28　图 6.T.11 所示为单边带（上边带）发射机的框图，调制信号为 $300\sim3000\text{Hz}$ 的音频信号，其频谱分布如图所示。试画出图中各点输出信号的频谱图。

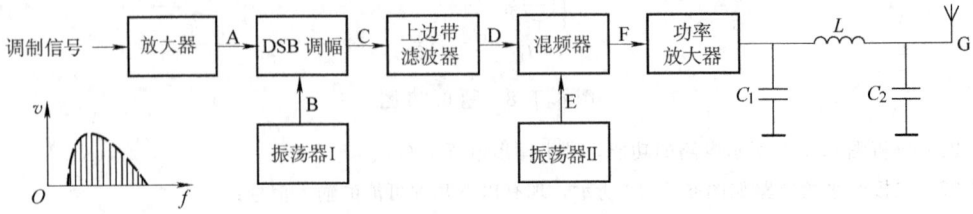

图 6.T.11　题 6.28 图

6.29　根据调幅级电平的高低，振幅调制电路分为两类，分别是 ＿＿＿＿＿＿＿＿＿＿ 调幅电路和 ＿＿＿＿＿＿＿＿＿＿ 调幅电路。

6.30 常用的高电平振幅电路有_____调幅电路和_____调幅电路两种。高电平调幅电路能够且只能产生_____信号。

6.31 低电平调幅电路的实现是以_____器件为核心的频谱_____电路。

6.32 二极管平衡调幅电路如图 6.T.12 所示，$v_c(t)$ 及 $v_\Omega(t)$ 的注入位置如图中所示，其中载波信号 $v_c(t)=V_{cm}\cos\omega_c t$，调制信号 $v_\Omega(t)=V_{\Omega m}\cos\Omega t$，$V_{cm}$ 足够大，使二极管工作于开关状态，求 $v(t)$ 的表达式（输出调谐回路中心频率为 ω_c，通频带为 2Ω）。

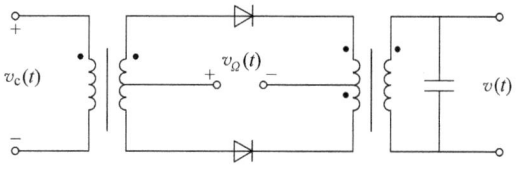

图 6.T.12 题 6.32 图

6.33 图 6.T.13 所示电路中，调制信号 $v_\Omega(t)=V_{\Omega m}\cos\Omega t$，载波信号 $v_c(t)=V_{cm}\cos\omega_c t$，并且 $V_{cm}\gg V_{\Omega m}$，$\omega_c\gg\Omega$；二极管特性相同，均从原点出发，斜率为 g_d 的直线，试问图中电路能否实现双边带调幅？为什么？

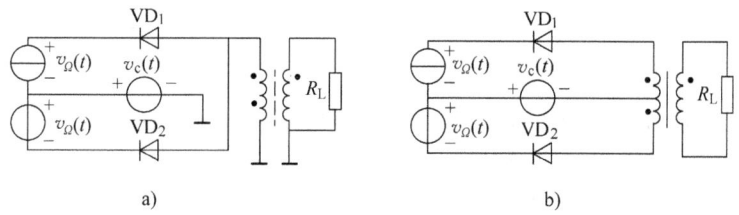

图 6.T.13 题 6.33 图

6.34 采用双平衡混频组件作为振幅调制器，如图 6.T.14 所示。图中 $v_c(t)=V_{cm}\cos\omega_c t$，$v_\Omega(t)=V_{\Omega m}\cos\Omega t$。各二极管正向导通电阻为 R_D，且工作在受 $v_c(t)$ 控制的开关状态。设 $R_L\gg R_D$，试求输出电压 $v_o(t)$ 表达式。

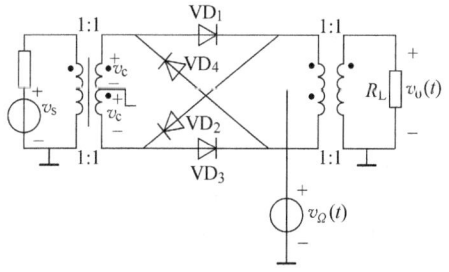 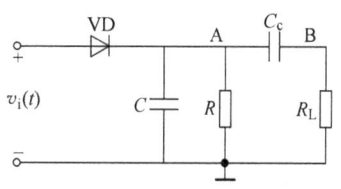

图 6.T.14 题 6.34 图   图 6.T.15 题 6.35 图

6.35 二极管检波器如图 6.T.15 所示。已知二极管的导通电阻 $R_D=60\Omega$，$V_{D(on)}=0$，$R=5k\Omega$，$R_L=10k\Omega$，$C=0.01\mu F$，$C_c=20\mu F$，输入调幅波的载波频率为 465kHz，调制信号频率为 5kHz，调幅波振幅的最大值为 20V，最小值为 5V，试求：

(1) v_A、v_B。

(2) 能否产生惰性失真和负峰切割失真。

6.36 二极管检波电路仍如图 6.T.15 所示。电路参数与题 6.35 相同，只是 R_L 改为 $5k\Omega$，输入信号电压。

$$v_\mathrm{i}(t) = 1.2\cos(2\pi \times 465 \times 10^3 t)\mathrm{V} + 0.36\cos(2\pi \times 462 \times 10^3 t)\mathrm{V} + 0.36\cos(2\pi \times 468 \times 10^3 t)\mathrm{V}$$

试求：(1) 调幅指数 M_a，调制信号频率 F，调幅波的数学表达式。

(2) 试问能否产生惰性失真和负峰切割失真？

(3) $v_\mathrm{A} = ?$ $v_\mathrm{B} = ?$ 画 A、B 点的瞬时电压波形图。

6.37 检波电路如图 6.T.16 所示，其中 $v_\mathrm{s} = 0.8(1+0.25\cos\Omega t)\cos\omega_\mathrm{s} t(\mathrm{V})$，$F=5\mathrm{kHz}$，$f_\mathrm{s}=465\mathrm{kHz}$，二极管导通电阻 $R_\mathrm{D} = 125\Omega$，试求：

(1) 输入电阻 R_id 及传输系数 η_d；

(2) 检验有无惰性失真及底部切割失真；

(3) 若 $f_\mathrm{c} = 30\mathrm{MHz}$，$F=300\mathrm{kHz}$，$C_\mathrm{L}$ 应如何选？

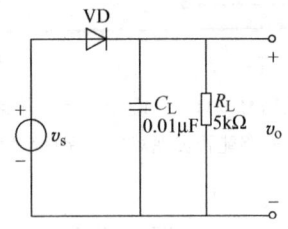
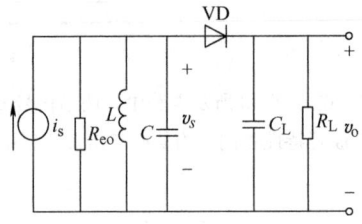

图 6.T.16　题 6.37 图　　　　图 6.T.17　题 6.38 图

6.38 在图 6.T.17 所示的检波电路中，输入信号回路为并联谐振电路，其谐振频率 $f_0 = 10^6\mathrm{Hz}$，回路本身谐振电阻 $R_\mathrm{eo} = 20\mathrm{k}\Omega$，检波负载 $R_\mathrm{L} = 10\mathrm{k}\Omega$，$C_\mathrm{L} = 0.01\mu\mathrm{F}$，$R_\mathrm{D} = 100\Omega$。

(1) 若 $i_\mathrm{s} = 0.5\cos 2\pi \times 10^6 t\mathrm{mA}$，求检波器的输入电压 $v_\mathrm{s}(t)$ 及检波器输出电压 $v_\mathrm{o}(t)$ 的表达式；

(2) 若 $i_\mathrm{s} = 0.5(1+0.5\cos 2\pi \times 10^3 t)\cos 2\pi \times 10^6 t\mathrm{mA}$，求输出电压 $v_\mathrm{o}(t)$ 的表达式。

6.39 图 6.T.18 所示为并联型包络检波电路。图中，$R_\mathrm{L} = 4.7\mathrm{k}\Omega$，$i_\mathrm{s}(t) = (1+0.6\cos\Omega t)\cos\omega_\mathrm{c} t\mathrm{mA}$，$R_\mathrm{e0} = 5\mathrm{k}\Omega$。回路 $BW_{0.7} > 2F$，试画出 $v_\mathrm{o}(t)$ 波形。

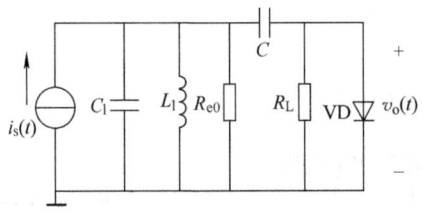

图 6.T.18　题 6.39 图

6.40 包络检波电路如图 6.T.19 所示，二极管正向电阻 $R_\mathrm{D} = 100\Omega$，$F = 100 \sim 5000\mathrm{Hz}$。图 a 中，$M_\mathrm{amax} = 0.8$；图 b 中，$M_\mathrm{a} = 0.3$。试求图 a 中电路不产生负峰切割失真和惰性失真的 C 和 R_{i2} 值；图 b 中当可变电阻 R_2 的接触点在中心位置时，是否会产生负峰切割失真？

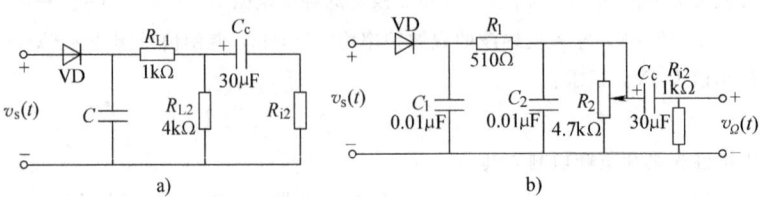

图 6.T.19　题 6.40 图

6.41 图 6.T.20 所示两个电路中,已知 $v_s(t) = V_{m0}\cos\Omega t\cos\omega_c t$,$v_r(t) = V_{rm}\cos\omega_c t$,$V_{rm} > V_{m0}$,两检波器均工作在大信号检波状态。试指出哪个电路能实现同步检波。

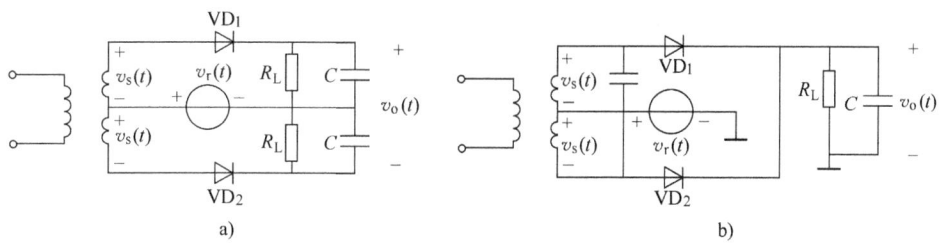

图 6.T.20 题 6.41 图

6.42 图 6.T.21 所示为一乘积型同步检波器电路模型。乘法器的特性为 $i = Kv_s v_r$,其中 K 为相乘系数,$v_r = V_{rm}\cos(\omega_c t + \varphi)$。试求在下列两种情况下输出电压 v_o 的表达式,并说明是否有失真?假设 $Z_L(\omega_c) \approx 0$,$Z_L(\Omega) \approx R_L$。

(1) $v_s = M_a V_{cm}\cos\Omega t\cos\omega_c t$

(2) $v_s = \dfrac{1}{2}M_a V_{cm}\cos(\omega_c + \Omega)t$

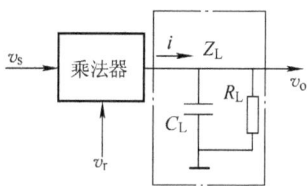

图 6.T.21 题 6.42 图

6.43 上题中,若 $v_s = \cos\Omega t\cos\omega_c t$,当 v_r 为下列信号时

(1) $v_r = 2\cos\omega_c t$

(2) $v_r = 2\cos[(\omega_c + \Delta\omega)t + \varphi]$

试求输出电压 v_o 的表达式,判断上述情况可否实现无失真解调,为什么?

6.44 在图 6.2.13 中,求出当模拟乘法器的两个输入电压分别为下列情况时的输出电压表达式,并分析其频率含量。设 $v_1 = V_{1m}\cos\omega_1 t$,$v_2 = V_{2m}\cos\omega_2 t$。

(1) $V_{1m} \geqslant 260\text{mV}$、$V_{2m} \geqslant 260\text{mV}$

(2) $V_{1m} \geqslant 260\text{mV}$、$V_{2m} \ll V_T$

(3) $V_{2m} \geqslant 260\text{mV}$、$V_{1m} \ll V_T$

6.45 若调制信号为 $v_\Omega(t) = 0.2\cos2\pi\times10^3 t\text{V}$,将其对频率为 20MHz,振幅为 2V 的载波信号进行调幅,设调幅系数为 1。

(1) 试写出该调幅波的数学表达式;

(2) 若将该信号绎过图 6.T.22 所示的滤波器后加到串联型峰值包络检波器上,检波器的电压传输系数为 $\eta_d = 0.8$,试写出检波器输出电压的表达式,并画出其波形。

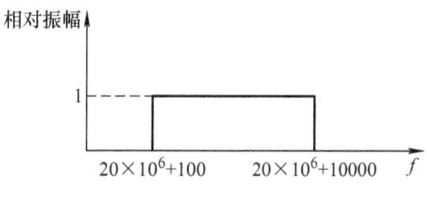

图 6.T.22 题 6.45 图

6.46 某器件的伏安特性如图 6.T.23 所示,利用该器件构成混频时,输入信号 $v_{GS} = V_Q + v_L + v_s$,$V_{Lm} = 1\text{V}$,$v_s = \cos\Omega t\cos\omega t\text{V}$,设滤波器为带通滤波器,中心频率 $f_0 = f_I = f_L - f_c$,带宽 $BW = 2F$($F = \Omega/2\pi$);等效负载阻抗 $R_e = 10\text{k}\Omega$。分别写出下列两种情况输出电压的表达式:

(1) $V_Q = -1\text{V}$

(2) $V_Q = -2\text{V}$

6.47 二极管平衡混频器如图 6.T.24 所示。L_1C_1、L_2C_2、L_3C_3 三个回路各自调谐在 f_s、f_L、f_I 上，试问在下列三种情况下，电路是否仍能实现混频？

(1) 将输入信号 $v_s(t)$ 与本振信号 $v_L(t)$ 互换。

(2) 将二极管 VD_1 的正、负极反接。

(3) 将二极管 VD_1、VD_2 的正、负极同时反接。

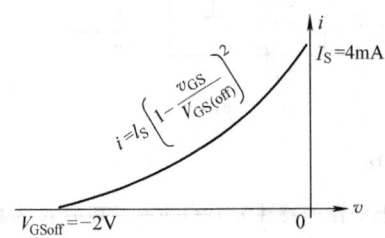
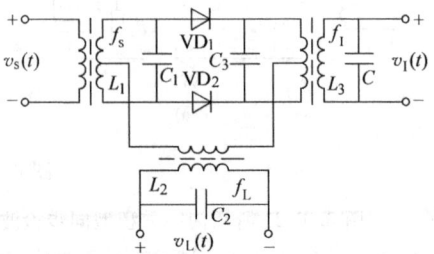

图 6.T.23 题 6.46 图　　　　　图 6.T.24 题 6.47 图

6.48 二极管平衡混频器如图 6.T.25 所示。设二极管的伏安特性均为从原点出发，斜率为 g_d 的直线，且二极管工作在受 v_L 控制的开关状态。试求各电路的输出电压 v_o 的表示式。若要取出 v_o 中的中频电压应采用什么样的滤波器？

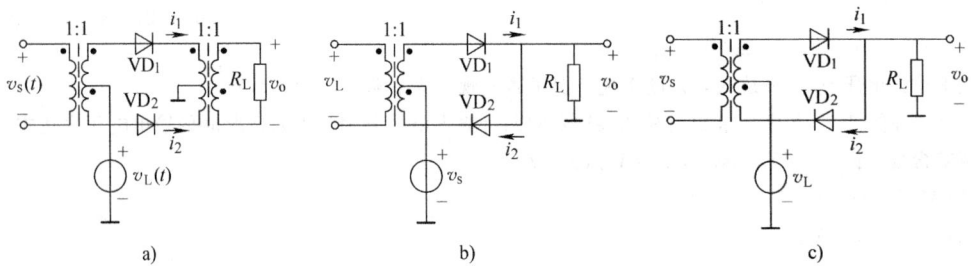

图 6.T.25 题 6.48 图

6.49 已知混频电路的输入信号电压 $v_s(t) = V_{sm}\cos\omega_c t$，本振电压 $v_L(t) = V_{Lm}\cos\omega_L t$，静态偏置电压 $V_Q = 0$，在满足线性时变条件下，试分别求出具有图 6.T.26 所示两种伏安特性的混频管的混频跨导 g_{mc}。

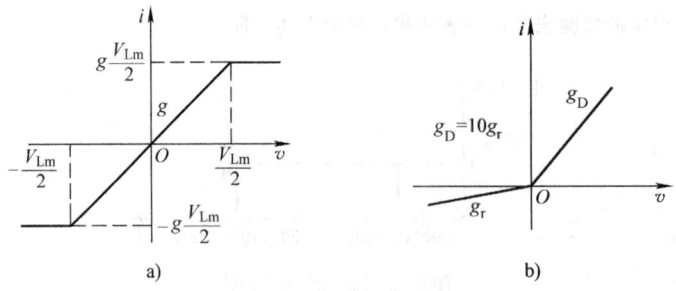

图 6.T.26 题 6.49 图

6.50 用图 6.2.8 所示的场效应晶体管混频器电路，若已知负载电阻 $R_L = 1\text{k}\Omega$，场效应晶体管的 $I_{DSS} = 50\text{mA}$，在 $v_{GS} = 0$ 时场效应晶体管的跨导 $g_{mo} = 15\times 10^{-3}\text{S}$。试计算混频器的最大混频增益。

6.51 在一超外差式广播收音机中，中频频率 $f_I = f_L - f_c = 465\text{kHz}$。试分析下列现象属于何种干扰，又是如何形成的？

(1) 当收到频率 $f_c=931\text{kHz}$ 的电台时，伴有频率为 1kHz 的哨叫声。

(2) 当收听频率 $f_c=550\text{kHz}$ 的电台时，听到频率为 1480kHz 的强电台播音。

(3) 当收听频率 $f_c=1480\text{kHz}$ 的电台播音时，听到频率为 740kHz 的强电台播音。

6.52 超外差式广播收音机的接收频率范围为 535～1605kHz，中频频率 $f_I=f_L-f_c=465\text{kHz}$。试问：

(1) 当收听 $f_c=702\text{kHz}$ 电台的播音时，除了调谐在 702kHz 频率刻度上能收听到该电台信号外，还可能在接收频段内的哪些频率刻度上收听到该电台信号（写出最强的两个）？并说明它们各自通过什么寄生通道形成的。

(2) 当收听 $f_c=600\text{kHz}$ 的电台信号时，还可能同时收听到哪些频率的电台信号（写出最强的两个）？并说明它们各自通过什么寄生通道形成的。

6.53 晶体管混频器的输出频率为 $f_I=200\text{kHz}$，本振频率 $f_L=500\text{kHz}$，输入信号频率为 $f_c=300\text{kHz}$。晶体管的静态转移特性在静态偏置电压上的幂级数展开式为 $i_C=I_0+av_{be}+bv_{be}^2+cv_{be}^3$。设还有一干扰信号 $v_M=V_M\cos(2\pi\times3.5\times10^5 t)$，作用于混频器的输入端。试问：

(1) 干扰信号 v_M 通过什么寄生通道变成混频器输出端的中频电压？

(2) 若转移特性为 $i_C=I_0+av_{be}+bv_{be}^2+cv_{be}^3+dv_{be}^4$，求其中交叉调制失真的振幅。

(3) 若改用场效应晶体管，器件工作在平方律特性的范围内，试分析干扰信号的影响。

6.54 已知频率为 $f_1=30\text{kHz}$，$f_2=20\text{kHz}$ 的两输入信号，经混频器混频后，输出差频频率 $f_o=f_1-f_2=10\text{kHz}$。由于器件特性不理想，输出端还含有其他组合频率，其值为

$$f_{mn}=|\pm mf_1\pm nf_2|$$

(1) 当 $m\leqslant 5$、$n\leqslant 5$ 时，指出除 $m=n=1$ 以外，对应 m、n 为多少，还会产生与 f_{mn} 同频的组合干扰频率。

(2) 为了减少组合频率的寄生干扰，在 $f_o=f_1-f_2$ 不变的前提下，应使 $\dfrac{f_1}{f_2}$ 的比值大一些好，还是小一些好？为什么？

第 7 章 角度调制与解调电路

采用电磁波传送信息，除了可以采用振幅调制方式外，还可以采用频率调制和相位调制方式。用调制信号去控制高频载波的角频率或相位，使载波的瞬时角频率（或瞬时相位）按调制信号的规律线性变化的过程称为频率调制（或相位调制），简称为调频（调相）。实际上，无论是调频还是调相，都表现为高频载波的总相角受调制信号的调变，所以统称为角度调制，简称为调角。它的逆过程称为频率解调或相位解调，是从频率（相位）已调波中不失真地恢复出原调制信号的过程。

和振幅调制相比，角度调制的主要优点是抗干扰性强。因为角度调制把调制信息寄载于已调波信号较宽的带宽内的各边频分量之中，更好地克服了信道中噪声和干扰的影响，而且传输带宽越宽，抗噪声性能越好。另外，调频信号所需要的发射功率小。因此，调频广泛应用于调频广播、电视伴音、通信和遥控、遥测等，而调相主要用于数字通信中。

本章首先讨论角度调制信号的基本特性，随后讨论角度调制与解调电路的工作原理及性能特点。

7.1 角度调制信号的基本特性

7.1.1 角度调制信号的数学表达式

任何高频振荡信号都可以表示为 $v_c(t)=V_{cm}\cos(\omega_c t+\varphi_0)=V_{cm}\cos\varphi(t)$，只要用调制信号 $v_\Omega(t)$ 控制高频振荡信号的任一参数，就会得到不同的调制。

振幅调制（Amplitude Modulation，AM）：用调制信号 $v_\Omega(t)$ 控制高频载波的振幅，得到的调幅信号的振幅为

$$V(t) = V_{cm} + k_a v_\Omega(t) = V_{cm} + \Delta V(t) \tag{7.1.1}$$

式中，k_a 为由调制电路决定的比例常数，表示单位调制信号电压引起的载波振幅的变化量。载波的角频率和相角 ω_c、φ_0 并不发生变化。

频率调制（Frequency Modulation，FM）：用调制信号 $v_\Omega(t)$ 控制高频载波的频率，得到的调频信号的瞬时角频率为

$$\omega(t) = \omega_c + k_f v_\Omega(t) = \omega_c + \Delta\omega(t) \tag{7.1.2}$$

式中，k_f 为由调制电路决定的比例常数，表示单位调制信号电压引起的角频率的变化量，单位是 rad/(sV)。载波的振幅 V_{cm} 并不发生变化。

相位调制（Phase Modulation，PM）：用调制信号 $v_\Omega(t)$ 控制高频载波的相位，得到的调相信号的瞬时相位为

$$\varphi(t) = (\omega_c t + \varphi_0) + k_p v_\Omega(t) = (\omega_c t + \varphi_0) + \Delta\varphi(t) \tag{7.1.3}$$

式中，k_p 为由调制电路决定的比例常数，表示单位调制信号电压引起的相位的变化量，单位是 rad/V。载波的振幅 V_{cm} 并不发生变化。

下面详细分析角度调制信号的特性。

1. 调频波、调相波的一般表达式

由式（7.1.2）知，调频信号的瞬时角频率 $\omega(t)$ 在 ω_c 上叠加了按调制信号 $v_\Omega(t)$ 规律变化的 $\Delta\omega(t)$，即

$$\Delta\omega(t) = k_f v_\Omega(t) \tag{7.1.4}$$

通常称 $\omega(t)$ 为瞬时角频率，$\Delta\omega(t)$ 为瞬时角频率的变化量，即瞬时角频偏，简称角频偏。调频波的瞬时相位

$$\varphi(t) = \int_0^t \omega(t)dt = \omega_c t + \varphi_0 + k_f \int_0^t v_\Omega(t)dt = \omega_c t + \varphi_0 + \Delta\varphi(t) \tag{7.1.5}$$

很明显，由于正弦信号角频率与相位的内在联系，调频信号的瞬时角频率在跟随 $v_\Omega(t)$ 变化的同时，其瞬时相位也在参考值 $\omega_c t + \varphi_0$ 上叠加了附加相角 $\Delta\varphi(t)$，该附加相角 $\Delta\varphi(t)$ 即为瞬时相位的变化量，称为瞬时相移，简称为相移（或相偏）。所以，调频信号的数学表达式为

$$v_{FM} = V_{cm}\cos\varphi(t) = V_{cm}\cos\left[\omega_c t + \varphi_0 + k_f \int_0^t v_\Omega(t)dt\right] \tag{7.1.6}$$

由式（7.1.3）知，调相信号的瞬时相位 $\varphi(t)$ 在参考值 $\omega_c t + \varphi_0$ 上叠加了按调制信号 $v_\Omega(t)$ 规律变化的 $\Delta\varphi(t)$。也就是说，调相信号的相移随调制信号规律线性变化，即

$$\Delta\varphi(t) = k_p v_\Omega(t) \tag{7.1.7}$$

将式（7.1.3）微分，即可得到调相信号的瞬时角频率为

$$\omega(t) = \frac{d\varphi(t)}{dt} = \omega_c + k_p \frac{dv_\Omega(t)}{dt} = \omega_c + \Delta\omega(t) \tag{7.1.8}$$

这就是说，调相信号的瞬时相位在跟随 $v_\Omega(t)$ 变化的同时，其角频率也在 ω_c 的基础上产生了 $\Delta\omega(t)$ 的变化量。所以，调相波的数学表达式为

$$v_{PM} = V_{cm}\cos\varphi(t) = V_{cm}\cos[\omega_c t + \varphi_0 + k_p v_\Omega(t)] \tag{7.1.9}$$

综上所述，无论调频波还是调相波，$\Delta\omega(t)$ 和 $\varphi(t)$ 都同时受到调变，其区别仅在于按调制信号规律作线性变化的物理量不同。在调频波中，$\Delta\omega(t) = k_f v_\Omega(t) \propto v_\Omega(t)$；在调相波中，$\Delta\varphi(t) = k_p v_\Omega(t) \propto v_\Omega(t)$。它们之间的比较可用表 7.1.1 来说明。

表 7.1.1 调频波与调相波的比较

	调频波	调相波
数学表达式	$V_{cm}\cos[\omega_c t + \varphi_0 + k_f \int_0^t v_\Omega(t)dt]$	$V_{cm}\cos[\omega_c t + \varphi_0 + k_p v_\Omega(t)]$
瞬时相位	$\omega_c t + \varphi_0 + k_f \int_0^t v_\Omega(t)dt$	$\omega_c t + \varphi_0 + k_p v_\Omega(t)$
瞬时角频率	$\omega_c + k_f v_\Omega(t)$	$\omega_c + k_p \dfrac{dv_\Omega(t)}{dt}$
最大相移	$k_f \left\lvert \int_0^t v_\Omega(t)dt \right\rvert_{max}$	$k_p \lvert v_\Omega(t) \rvert_{max}$
最大频移	$k_f \lvert v_\Omega(t) \rvert_{max}$	$k_p \left\lvert \dfrac{dv_\Omega(t)}{dt} \right\rvert_{max}$

2. 单音频信号调制时的调频波、调相波的数学表达式

为了得到更直观的结果，下面分析调制信号为单音频信号 $v_\Omega(t) = V_{\Omega m}\cos\Omega t$ 时，对载波

$v_c = V_{cm}\cos\omega_c t$（载波的初相位 $\varphi_0 = 0$）进行调频和调相，设 $\omega_c \gg \Omega$，可分别写出调频波和调相波的数学表达式。

调频波的瞬时角频偏为

$$\Delta\omega(t) = k_f v_\Omega(t) = k_f V_{\Omega m}\cos\Omega t = \Delta\omega_m \cos\Omega t \tag{7.1.10}$$

称 $\Delta\omega_m = k_f V_{\Omega m}$ 为最大角频偏，则调频波的瞬时角频率为

$$\omega(t) = \omega_c + \Delta\omega(t) = \omega_c + \Delta\omega_m \cos\Omega t \tag{7.1.11}$$

式中，ω_c 是未调制的载波角频率，称为调频波的中心角频率。对式（7.1.11）积分可以得到调频波的瞬时相位为

$$\varphi(t) = \omega_c t + \frac{k_f V_{\Omega m}}{\Omega}\sin\Omega t = \omega_c t + \Delta\varphi(t) \tag{7.1.12}$$

瞬时相移为

$$\Delta\varphi(t) = \frac{k_f V_{\Omega m}}{\Omega}\sin\Omega t \tag{7.1.13}$$

令 $M_f = \Delta\varphi_m = \dfrac{k_f V_{\Omega m}}{\Omega}$ 为调频波的调频指数，表示调频波的最大相位偏移，M_f 可取大于零的任意值，通常大于 1。此时式（7.1.12）可改写为

$$\varphi(t) = \omega_c t + M_f \sin\Omega t \tag{7.1.14}$$

所以单音频调制时调频波的数学表达式为

$$v_{FM}(t) = V_{cm}\cos(\omega_c t + M_f \sin\Omega t) \tag{7.1.15}$$

在单音频调制的情况下，调相信号的瞬时相位为

$$\varphi(t) = \omega_c t + \Delta\varphi(t) = \omega_c t + k_p V_{\Omega m}\cos\Omega t \tag{7.1.16}$$

瞬时相移为

$$\Delta\varphi(t) = k_p v_\Omega(t) = k_p V_{\Omega m}\cos\Omega t \tag{7.1.17}$$

令 $M_p = k_p V_{\Omega m} = \Delta\varphi_m$ 为调相指数，表示调相波的最大相位偏移，取值与 M_f 相同。式（7.1.16）可以改写为

$$\varphi(t) = \omega_c t + \Delta\varphi(t) = \omega_c t + M_p \cos\Omega t \tag{7.1.18}$$

所以调相波的数学表达式为

$$v_{PM}(t) = V_{cm}\cos(\omega_c t + M_p \cos\Omega t) \tag{7.1.19}$$

对式（7.1.18）微分可以求出调相波的瞬时角频率

$$\omega(t) = \omega_c + \Delta\omega(t) = \omega_c - \Delta\omega_m \sin\Omega t \tag{7.1.20}$$

调相波的瞬时频偏

$$\Delta\omega(t) = -k_p V_{\Omega m}\Omega\sin\Omega t = -\Delta\omega_m \sin\Omega t \tag{7.1.21}$$

调相波的最大角频偏

$$\Delta\omega_m = k_p V_{\Omega m}\Omega = M_p \Omega \tag{7.1.22}$$

3. 调频波、调相波的时域波形

设 $v_\Omega(t) = V_{\Omega m}\cos\Omega t$，对 $v_c(t) = V_{cm}\cos\omega_c t$ 进行调频和调相，所得到的 $\Delta\omega(t)$、$\Delta\varphi(t)$ 及 v_{FM}、v_{PM} 的波形如图 7.1.1 所示。

当 $v_\Omega(t)$ 为三角波时，对 $v_c(t) = V_{cm}\cos\omega_c t$ 进行调制，得到的 $\Delta\omega(t)$、$\Delta\varphi(t)$、v_{FM}、v_{PM} 的波形如图 7.1.2 所示。

4. 小结

单音频信号调制的调频波和调相波的表达式均可用 M_f（或 M_p）以及定义截然不同的三

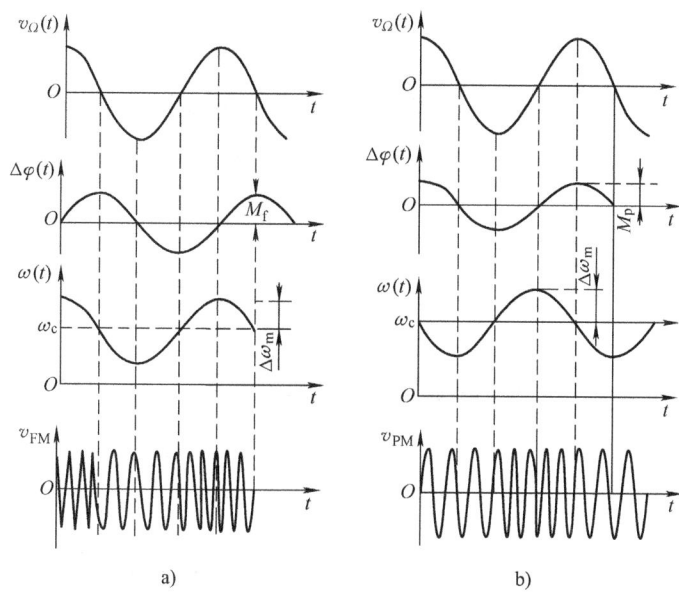

图 7.1.1 单音频调制时调频波、调相波波形
a) 调频波　b) 调相波

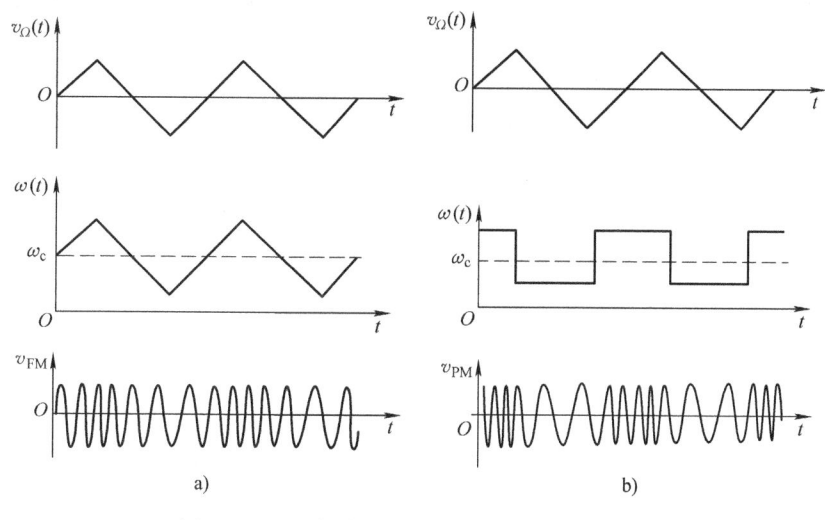

图 7.1.2 三角波调制时调频波、调相波波形
a) 调频波　b) 调相波

个角频率参数 ω_c、Ω 和 $\Delta\omega_m$ 来描述。其中载波角频率 ω_c 表示瞬时角频率变化的平均值，调制信号的角频率 Ω 表示瞬时频率变化的快慢程度，最大角频偏 $\Delta\omega_m$ 表示瞬时角频率偏离 ω_c 的最大值。

由上述分析可见，单音频信号调制时两种调制波的 $\Delta\omega(t)$ 和 $\Delta\varphi(t)$ 均为简谐波，但是它们的最大角频偏 $\Delta\omega_m$ 和调频指数 M_f（或调相指数 M_p）随 Ω 的变化规律不同，如图 7.1.3 所示。

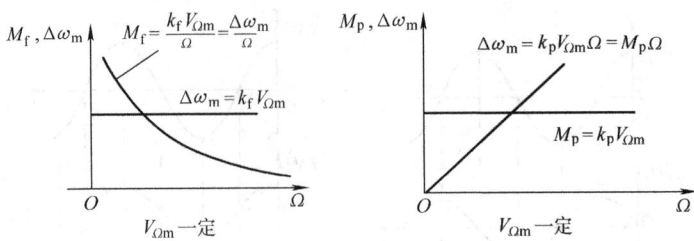

图 7.1.3 $V_{\Omega m}$ 一定时，$\Delta\omega_m$ 和 M_f（或 M_p）随 Ω 变化的曲线

在调频波中，$\Delta\omega_m = k_f V_{\Omega m}$ 与 $V_{\Omega m}$ 成正比，而与 Ω 无关；$M_f = \dfrac{k_f V_{\Omega m}}{\Omega} = \dfrac{\Delta\omega_m}{\Omega} = \dfrac{\Delta f_m}{F}$ 与 $V_{\Omega m}$ 成正比，而与 Ω 成反比。

在调相波中，$M_p = k_p V_{\Omega m}$ 与 $V_{\Omega m}$ 成正比，而与 Ω 无关；$\Delta\omega_m = k_p V_{\Omega m}\Omega = M_p\Omega$ 则与 $V_{\Omega m}$ 和 Ω 成正比。

尽管调频波与调相波有共同点和不同点，但利用频率和相位之间存在的内在联系，若将调制信号 $v_\Omega(t)$ 先经过微分处理，再对载波进行调频，那么得到的已调信号将是以 $v_\Omega(t)$ 为调制信号的调相波；同理，若先将调制信号 $v_\Omega(t)$ 经过积分处理，再对载波进行调相，那么得到的已调信号将是以 $v_\Omega(t)$ 为调制信号的调频波。这就是说，若将调制信号预处理可以实现两种调制方法的转换，即可以通过调频方法实现调相，也可以通过调相方法实现调频。

例 7.1.1 有一正弦调制信号，频率为 $300\sim3400\text{Hz}$，调制信号中各频率分量的振幅相同，调频时最大频偏 $\Delta f_m = 75\text{kHz}$；调相时最大相移 $M_p = 1.5\text{rad}$。试求调频时调制指数 M_f 的最大范围和调相时最大频偏 Δf_m 的变化范围。

解 在调频时，因为 $\Delta\omega_m = k_f V_{\Omega m}$ 与 Ω 无关，当 $F(\Omega)$ 变化时，$\Delta\omega_m$ 不变，而

$$M_f = \dfrac{\Delta\omega_m}{\Omega} = \dfrac{\Delta f_m}{F}$$

所以

$$M_{f\max} = \dfrac{\Delta f_m}{F_{\min}} = \dfrac{75}{0.3}\text{rad} = 250\text{rad}$$

$$M_{f\min} = \dfrac{\Delta f_m}{F_{\max}} = \dfrac{75}{3.4}\text{rad} = 22\text{rad}$$

显然，$M_f \propto \dfrac{1}{F}$ 且大于 1。

调相时，因为 $M_p = k_p V_{\Omega m}$ 与 Ω 无关，当 $F(\Omega)$ 变化时，M_p 不变；而

$$\Delta\omega_m = M_p\Omega = M_p 2\pi F$$

所以

$$\Delta f_{m\min} = M_p F_{\min} = 1.5\times 300\text{Hz} = 450\text{Hz}$$

$$\Delta f_{m\max} = M_p F_{\max} = 1.5\times 3400\text{Hz} = 5100\text{Hz}$$

显然调相时，随着 $F(\Omega)$ 的变化，Δf_m 会产生很大的变化。

7.1.2 调角信号的频谱

由前面的分析知，在 $v_\Omega(t)$ 为单频率信号时，所得到的调频、调相两种已调信号的瞬

时相移 $\Delta\varphi_{FM}(t)=M_f\sin\Omega t$ 和 $\Delta\varphi_{PM}(t)=M_p\cos\Omega t$ 以及数学表达式 v_{FM} 和 v_{PM} 无本质区别，因而 FM、PM 具有相似的频谱结构。可将单频率调制时的调频、调相波的数学表达式写成统一的表达式

$$v(t) = V_{cm}\cos(\omega_c t + M\sin\Omega t) \tag{7.1.23}$$

式中，M 代替 M_f 或 M_p，上式可改写成为

$$\begin{aligned}v(t) &= V_{cm}\cos(\omega_c t + M\sin\Omega t)\\&= V_{cm}\mathrm{Re}[\mathrm{e}^{\mathrm{j}\omega_c t}\mathrm{e}^{\mathrm{j}M\sin\Omega t}]\end{aligned} \tag{7.1.24}$$

式中，$\mathrm{Re}[x(t)]$ 表示函数 $x(t)$ 的实部；$\mathrm{e}^{\mathrm{j}M\sin\Omega t}$ 是 Ω 的周期性函数，其傅里叶级数展开式为

$$\mathrm{e}^{\mathrm{j}M\sin\Omega t} = \sum_{n=-\infty}^{\infty}J_n(M)\mathrm{e}^{\mathrm{j}n\Omega t} \tag{7.1.25}$$

式中

$$J_n(M) = \frac{1}{2\pi}\int_{-\pi}^{\pi}\mathrm{e}^{\mathrm{j}M\sin\Omega t}\mathrm{e}^{-\mathrm{j}n\Omega t}\mathrm{d}\Omega t \tag{7.1.26}$$

$J_n(M)$ 是宗数为 M 的 n（n 为整数）阶第一类贝塞尔函数，随 M 的变化曲线如图 7.1.4 所示。

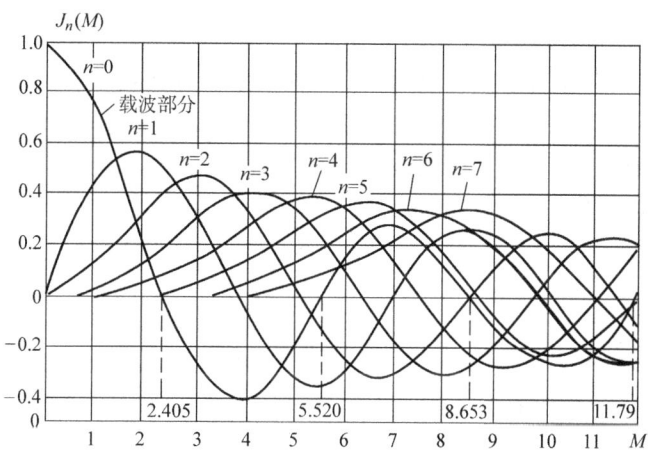

图 7.1.4 贝塞尔函数曲线

$J_n(M)$ 有下列性质：

1) $J_n(M)$ 随着 M 的增加近似周期性地变化，且其峰值下降。

2) $$J_n(M) = \begin{cases}J_{-n}(M), & n\text{ 为偶数}\\-J_{-n}(M), & n\text{ 为奇数}\end{cases} \tag{7.1.27}$$

3) $$\sum_{n=-\infty}^{\infty}J_n^2(M) = 1。 \tag{7.1.28}$$

4) 对于某些固定的 M，有如下近似关系：

$$\text{当 }n > M+1\text{ 时}, J_n(M) \approx 0 \tag{7.1.29}$$

将式 (7.1.25) 代入式 (7.1.24) 中，得到调角波的傅里叶级数展开式为

$$v(t) = V_{cm}\text{Re}\Big[\sum_{n=-\infty}^{\infty} J_n(M) e^{j(\omega_c t + n\Omega t)}\Big] = V_{cm}\sum_{n=-\infty}^{\infty} J_n(M)\cos(\omega_c + n\Omega)t$$

利用贝塞尔函数特性，上式可展开成为

$$\begin{aligned}v(t) =& V_{cm}J_0(M)\cos\omega_c t + J_1(M)V_{cm}[\cos(\omega_c + \Omega)t - \cos(\omega_c - \Omega)t] + \\ & J_2(M)V_{cm}[\cos(\omega_c + 2\Omega)t + \cos(\omega_c - 2\Omega)t] + \\ & J_3(M)V_{cm}[\cos(\omega_c + 3\Omega)t - \cos(\omega_c - 3\Omega)t] + \cdots\end{aligned} \quad (7.1.30)$$

上式表明，单音频调制时调角信号的频谱不再是调制信号频谱的不失真搬移，而是由载频和无数对边频分量所组成。总结以上分析，可以得到单频率调制的调角波，其频谱具有如下特点：

1）单频率调制的调角波有无穷多对边频分量，对称地分布在载频两边，各频率分量的间隔为 F。

2）各边频分量振幅为 $V_{nm} = J_n(M)V_{cm}$，由对应的贝塞尔函数值确定。奇数次的上、下边频分量振幅相等，相位相反；偶数次的上、下边频分量振幅相等，相位相同。

3）由贝塞尔函数曲线可以看出，M 越大，具有较大振幅的边频分量数越多。且对应于某些 M 值，载频和某些边频分量的振幅值为零，利用这一点，可以将载频功率转移到边频分量上去，使传输效率增加。

4）调角波的频谱结构与调制指数 M 密切相关。

调幅波在调制信号为单音频余弦波时，仅有两个边频分量，边频分量的数目不会因调幅指数 M_a 的改变而变化。调角波则不同，它的频谱结构与调制指数 M 有密切关系。M 越大，具有一定幅度的边频数越多，这是调角波频谱的主要特点。

5）调角波的平均总功率（单位负载）

$$\begin{aligned}P_{av} =& J_0^2(M)\frac{V_{cm}^2}{2} + J_1^2(M)\frac{V_{cm}^2}{2} + J_{-1}^2(M)\frac{V_{cm}^2}{2} + J_2^2(M)\frac{V_{cm}^2}{2} + J_{-2}^2(M)\frac{V_{cm}^2}{2} + \cdots \\ =& \frac{1}{2}V_{cm}^2\sum_{n=-\infty}^{\infty}J_n^2(M) = \frac{1}{2}V_{cm}^2 \quad \text{（载波功率）}\end{aligned} \quad (7.1.31)$$

也就是说，当 V_{cm} 一定时，FM、PM 是调制信号频谱的非线性搬移。调制前后功率不变，只是功率的重新分配。

7.1.3 调角信号的频谱宽度

由以上分析知，调角信号中除了载波，还包含有无穷多个边频分量，各频率之间的间隔为 F。严格说，调角信号的带宽应为无限宽，但实际上，由贝塞尔函数曲线 $J_n(M)$ 可见，在调制指数 M 一定的情况下，随着 n 的增加，$J_n(M)$ 的值虽有起伏，但总的趋势是减小的，特别当阶数 $n > M$ 时，贝塞尔函数值 $J_n(M)$ 已经相当小，并且随 n 的增加迅速下降，其影响可以忽略不计，这时可以认为调频波具有的频带宽度是有限的。通常，规定边频分量振幅 $J_n(M)V_{cm}$ 小于载频振幅 V_{cm} 的 1%（或 10%）可忽略，所以，保留下来的边频分量确定了调角信号的带宽。

表 7.1.2 中列出了当忽略 $J_n(M) < 1\% = 0.01$ 的分量时，宗数为 M 的 n 阶第一类贝塞尔函数表。

表 7.1.2 宗数为 M 的 n 阶第一类贝塞尔函数表

$J_n(M)$ \ M \ n	0	0.5	1	2	3	4	5	6
0	1	0.939	0.765	0.224	−0.261	−0.397	−0.178	0.151
1		0.242	0.440	0.577	0.339	−0.066	−0.328	−0.277
2		0.03	0.115	0.353	0.486	0.364	0.047	−0.243
3			0.020	0.129	0.309	0.430	0.365	0.115
4			0.003	0.034	0.132	0.281	0.391	0.358
5				0.007	0.043	0.132	0.261	0.362
6					0.011	0.049	0.131	0.246
7					0.003	0.015	0.053	0.130
8						0.004	0.018	0.057

调角信号实际占据的有效频谱宽度为

$$BW_\varepsilon = 2LF \tag{7.1.32}$$

式中，L 为有效的上边频（或下边频）分量的数目；F 为调制信号的频率。在高质量的通信系统中，取 $\varepsilon=0.01$，即忽略 $J_n(M)<1\%$ 的分量，相应的 BW_ε 用 $BW_{0.01}$ 表示；在中等质量通信系统中，取 $\varepsilon=0.1$，即忽略 $J_n(M)<10\%$ 的分量，相应的 BW_ε 用 $BW_{0.1}$ 表示；如果 L 不是整数，应该用大于并靠近该数值的正整数取代。实际上，利用贝塞尔函数的性质，当 $n>M+1$ 时，$J_n(M)\approx 0$。所以，调角信号的有效频谱宽度可以用卡森公式近似表示为

$$BW_{CR} = 2(M+1)F \tag{7.1.33}$$

称 BW_{CR} 为卡森带宽。BW_{CR} 介于 $BW_{0.01}$ 与 $BW_{0.1}$ 之间，但比较接近 $BW_{0.1}$。由于 $\Delta f_m = MF$，式（7.1.33）又可表示为

$$BW_{CR} = 2(\Delta f_m + F) \tag{7.1.34}$$

当 $M_f \ll 1$ 时，为窄带调制，此时有

$$BW_{CR} \approx 2F \quad (\Delta f_m \ll F) \tag{7.1.35}$$

窄带调制时，频带宽度与调幅波基本相同，窄带调频广泛应用于移动通信台中。

当 $M \gg 1$ 时，为宽带调制，此时有

$$BW_{CR} \approx 2\Delta f_m \quad (\Delta f_m \gg F) \tag{7.1.36}$$

宽带调频的频带宽度可按最大频偏的 2 倍来估算，调制频率影响较小，又称为恒定带宽调制。图 7.1.5 画出了 $M=1$ 和 $M=2$ 时的调角波频谱图。图 7.1.6 中画出了当 $V_{\Omega m}$ 一定（$\Delta f_m = k_f V_{\Omega m}/(2\pi)$ 一定，或 $M_p = k_p V_{\Omega m}$ 一定），调制信号频率变化时调频波、调相波的频谱。

例 7.1.2 已知音频调制信号的最低频率 $F_{min}=20\text{Hz}$，最高频率 $F_{max}=15\text{kHz}$，若要求最大频偏 $\Delta f_m=45\text{kHz}$，求出相应调频信号的调频指数 M_f，带宽 BW 和带宽内各频率分量的功率之和（假定调频信号总功率为 1W），画出 $F=15\text{kHz}$ 对应的频谱图，并求出相应调相信号的调相指数 M_p、带宽和最大频偏。

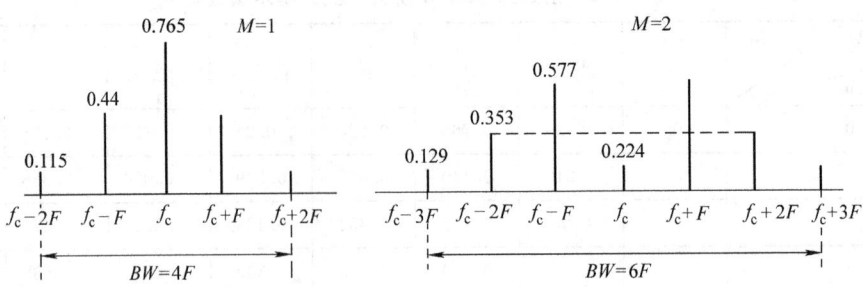

图 7.1.5 $M=1$ 和 $M=2$ 时调角波的频谱图

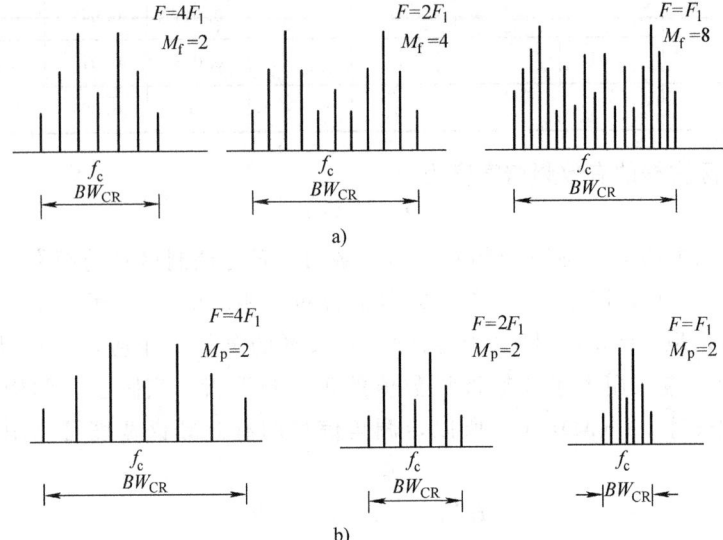

图 7.1.6 $V_{\Omega m}$ 一定，调制信号频率 F 变化时调频波、调相波的频谱图
a) 调频波频谱　b) 调相波频谱

解 调频信号的调频指数 M_f 与调制频率成反比，即 $M_f = \dfrac{\Delta \omega_m}{\Omega} = \dfrac{\Delta f_m}{F}$，所以

$$M_{f\max} = \frac{\Delta f_m}{F_{\min}} = \frac{45 \times 10^3}{20} \text{rad} = 2250 \text{rad}$$

$$M_{f\min} = \frac{\Delta f_m}{F_{\max}} = \frac{45 \times 10^3}{15 \times 10^3} \text{rad} = 3 \text{rad}$$

$$BW_{CR} = 2 \times (3+1) \times 15 \times 10^3 \text{kHz} = 120 \text{kHz}$$

$F=15$kHz 对应的 $M_f=3$，从表 7.1.2 可查出，$J_0(3) = -0.261$，$J_1(3) = 0.339$，$J_2(3) = 0.486$，$J_3(3) = 0.309$，$J_4(3) = 0.132$，由此可画出对应调频信号带宽内的频谱图，共 9 条谱线，如图 7.1.7 所示。

因为调频信号总功率为 1W，故 $V_{cm} = \sqrt{2}$V，

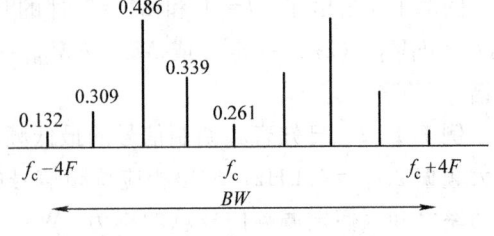

图 7.1.7 例 7.1.2 的频谱

所以带宽内功率之和为

$$P = \frac{J_0^2(3)V_{cm}^2}{2} + 2\sum_{n=1}^{4}\frac{J_n^2(3)V_{cm}^2}{2} = \frac{V_{cm}^2}{2}\Big[J_0^2(3) + 2\sum_{n=1}^{4}J_n^2(3)\Big] \approx 0.996\,\text{W}$$

调相信号的最大频偏是与调制信号频率成正比的，为了保证所有调制频率对应的最大频偏不超过 $45\,\text{kHz}$，故除了最高调制频率外，其余调制频率对应的最大频偏必然小于 $45\,\text{kHz}$。另外，调相信号的调相指数 M_p 与调制频率无关。

由 $\Delta f_m = M_p F$，得

$$M_p = \frac{\Delta F_{m\,\max}}{F_{\max}} = \frac{45 \times 10^3}{15 \times 10^3} = 3$$

故
$$\Delta f_{m\,\min} = M_p F_{\min} = 3 \times 20\,\text{Hz} = 60\,\text{Hz}$$
$$BW_{CR} = 2 \times (3+1) \times 15 \times 10^3\,\text{Hz} = 120\,\text{kHz}$$

由以上结果可知，若调相信号最大频偏限制在 $45\,\text{kHz}$ 以内，则带宽仍为 $120\,\text{kHz}$ 与调频信号相同，但各调制频率对应的最大频偏变化很大，最小者仅为 $60\,\text{Hz}$。

7.2 调频信号的产生

产生调频信号的电路叫作调频器，对它有四个主要要求：①已调波的瞬时频率与调制信号成比例地变化，这是基本要求；②未调制时的载波频率，即已调波的中心频率具有一定的稳定度（视应用场合不同而有不同的要求）；③最大频移与调制频率无关；④无寄生调幅或寄生调幅尽可能小。

产生调频信号的方法很多，归纳起来主要有两类：第一类是用调制信号直接控制载波的瞬时频率——直接调频；第二类是先将调制信号积分，然后对载波进行调相，得到调频波，即由调相得到调频——间接调频。本节简单介绍两类调频方法的基本原理。

7.2.1 直接调频方法

根据调频信号的瞬时频率随调制信号线性变化这一基本特征，最直接的调频方法是用调制信号 $v_\Omega(t)$ 直接控制振荡器的振荡频率，使其不失真地反映调制信号的变化规律，振荡器的中心频率即为载波频率 f_c。因此，凡是能直接影响载波瞬时频率的元件或参数，只要能够用调制信号去控制它们，使载波振荡瞬时频率按调制信号变化规律线性地改变，都可以完成直接调频的任务。

7.2.2 间接调频方法

根据调频与调相的内在联系，将调制信号积分后再对载波进行调相，即可以得到调频信号，实现框图如图 7.2.1 所示。显然

$$v(t) = V_{cm}\cos[\omega_c t + k_p v_1(t)] = V_{cm}\cos\Big[\omega_c t + k_p k_1 \int_0^t v_\Omega(t)\,\text{d}t\Big] \tag{7.2.1}$$

对于 $v_\Omega(t)$ 来讲，上式就是调频波的数学表达式。当 $v_\Omega(t) = V_{\Omega m}\cos\Omega t$ 时，上式可以表示为

$$v(t) = V_{cm}\cos\Big[\omega_c t + k_p k_1 \frac{V_{\Omega m}}{\Omega}\sin\Omega t\Big] = V_{cm}\cos[\omega_c t + M_f \sin\Omega t] \tag{7.2.2}$$

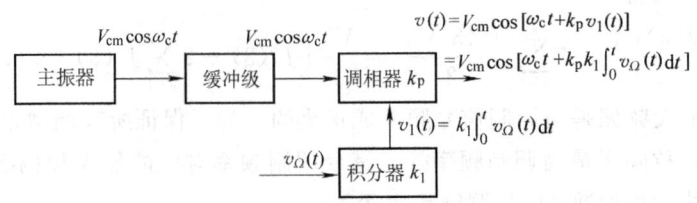

图 7.2.1 间接调频框图

式中
$$M_f = k_p k_1 \frac{V_{\Omega m}}{\Omega} = \frac{\Delta \omega_m}{\Omega}, \Delta \omega_m = k_p k_1 V_{\Omega m} \tag{7.2.3}$$

由上式可见，调相器的作用是产生线性控制的附加相移 $\varphi(\omega_c)$，它是实现间接调频的关键。

7.2.3 调频电路的主要性能指标

(1) 调频特性（曲线） 调频电路的作用是产生瞬时角频率按调制信号规律变化的调频信号。因此，调频电路的基本特性是描述输出信号的瞬时频率偏移 $\Delta f(t)$ 随调制电压 $v_\Omega(t)$ 变化关系的特性，如图 7.2.2 所示。

(2) 调频灵敏度 单位调制电压的变化产生的频偏，定义为

$$S_f = \frac{d(\Delta f)}{dv_\Omega}\bigg|_{v_\Omega = 0} \text{（线性范围内，单位为 Hz/V）} \tag{7.2.4}$$

显然，S_f 越大，调制信号对瞬时频率的控制能力越强。

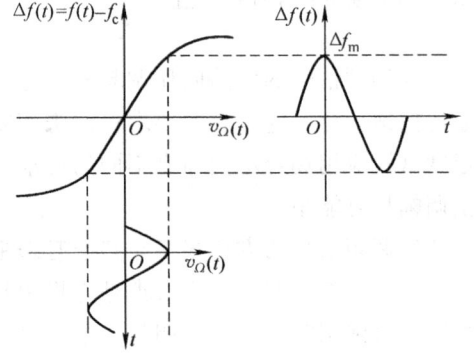

图 7.2.2 调频特性曲线

(3) 最大线性频偏 实际电路的调频特性是非线性的，其中线性部分是能够实现的最大频偏。

对于调制特性的非线性，由余弦调制电压产生的 $\Delta f(t)$ 为非余弦形式，它的傅里叶级数展开式为

$$\Delta f(t) = \Delta f_0 + \Delta f_{m1} \cos\Omega t + \Delta f_{m2} \cos 2\Omega t + \cdots$$

式中，$\Delta f_0 = f_0 - f_c$ 为 $\Delta f(t)$ 的平均分量，表示调频信号的中心频率由 f_c 偏离到 f_0，称为中心频率偏离量。

评价调频特性非线性的非线性失真系数定义为

$$THD = \frac{\sqrt{\sum_{n=2}^{\infty} \Delta f_{mn}^2}}{\Delta f_{m1}} \tag{7.2.5}$$

(4) 载频稳定度和准确度 调频电路的载频（中心频率）稳定度和准确度是保证接收机能够正常接收而且不会造成邻近信道互相干扰的重要保证，实际是振荡器的稳定度和准确度。

7.3 直接调频电路

如前所述,将电容量或电感量受调制信号控制的可变电抗器件接入振荡器的振荡回路中,就能实现调频。

可变电抗器件的种类很多。例如,在便携式调频发射机中,广泛采用驻极体传声器或电容式传声器作为可变电容器件,这种器件可以直接将声波的强弱变化转换为电容量的变化。因此,将它接入振荡回路中,就可直接产生瞬时频率按讲话声音强弱变化的调频信号。又如,在扫频图示测量仪中,广泛采用由铁氧体磁心绕制的线圈作为可变电感器件,主线圈作为振荡回路的电感,还绕了一个附加线圈。若改变通过附加线圈的电流来控制磁场的变化,就能使磁心的磁导率变化,从而使主线圈的电感量变化。只要附加线圈中的电流受调制信号控制,就能达到调频的目的。

目前应用最广泛的可变电抗器件是利用反偏工作的 PN 结呈现的势垒电容而构成的变容二极管,它具有工作频率高、固有损耗小和使用方便等优点。

7.3.1 变容二极管直接调频电路

1. 变容二极管的特性

变容二极管是根据 PN 结势垒电容能够随反向电压变化而变化的原理设计的一种特殊二极管,其图形符号和结电容 C_j 随外加偏压 v 变化的关系如图 7.3.1 所示,其表达式为

$$C_j = \frac{C_j(0)}{(1 - v/V_B)^n} \quad (7.3.1)$$

式中,v 为加到变容二极管两端的电压;V_B 表示变容二极管的势垒电位差(锗管为 0.2V,硅管为 0.6V);$C_j(0)$ 为当加到变容二极管两端的电压 $v=0$ 时的结电容;n 为变容二极管的变容指数,与 PN 结的结构有关,其值取 $1/3 \sim 6$。为了保证变容管在调制信号电压变化范围内保持反偏,必须外加反偏工作点电压 $-V_Q$,所以加在变容二极管上的总电压为 $v = -(V_Q + v_\Omega)$,且 $|v_\Omega| < V_Q$。

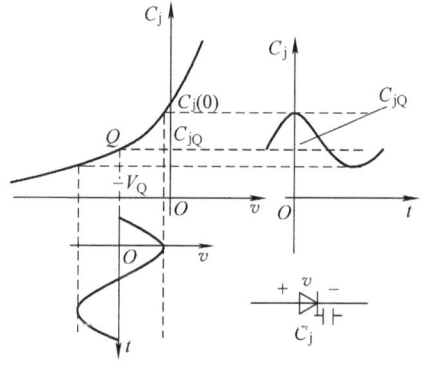

图 7.3.1 变容二极管结电容 C_j 随外加电压 v 变化的特性

当 $v = -[V_Q + v_\Omega(t)] = -[V_Q + V_{\Omega m}\cos\Omega t]$ 时

$$C_j = \frac{C_j(0)}{(1 + (V_Q + v_\Omega)/V_B)^n} = \frac{C_{jQ}}{(1 + m\cos\Omega t)^n} \quad (7.3.2)$$

式中

$$C_{jQ} = \frac{C_j(0)}{(1 + V_Q/V_B)^n} \qquad m = \frac{V_{\Omega m}}{V_Q + V_B} \quad (7.3.3)$$

其中,C_{jQ} 为加在变容二极管两端的电压 $v = -V_Q$(即 $v_\Omega = 0$)时变容二极管的结电容,即静态工作点处的结电容;m 表示结电容调制深度的调制指数。

2. 变容二极管作为振荡回路总电容的直接调频电路

图 7.3.2a 所示电路为 LC 正弦波振荡器中的谐振回路。图中,L_1 为高频扼流圈,对高

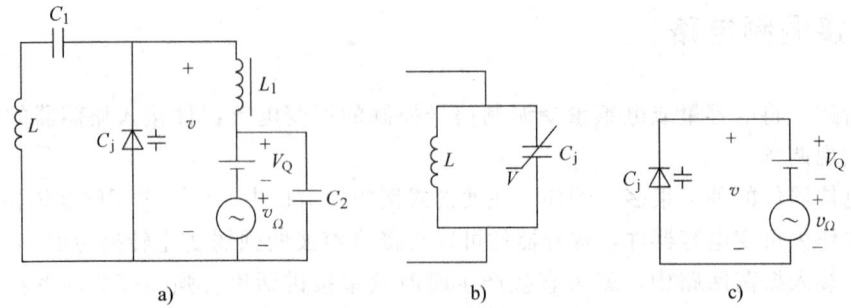

图 7.3.2 变容二极管作为回路总电容的直接调频原理电路

频的感抗很大，接近开路，而对直流和调制频率则接近短路；C_2 是高频滤波电容，对高频的容抗很小接近短路，而对调制频率的容抗很大，接近开路；C_1 是隔直流电容，作用是保证 V_Q 和 $v_\Omega(t)$ 能有效地加到变容二极管上，而不被 L 短路。因此要求 C_1 对高频接近短路，而对调制频率接近开路。等效电路如图 b 所示。C_j 为变容二极管的结电容，由于 C_1 的作用，变容二极管的控制电路如图 c 所示，结电容不受振荡回路的影响。由于振荡回路中仅包含一个电感 L 和一个变容二极管等效电容 C_j，因此在单频调制信号 $v_\Omega(t)=V_{\Omega m}\cos\Omega t$ 的作用下，回路振荡角频率为

$$\omega_{\text{osc}}(t) = \frac{1}{\sqrt{LC_j}} = \frac{1}{\sqrt{\dfrac{LC_{jQ}}{(1+m\cos\Omega t)^n}}}$$

$$= \omega_c(1+m\cos\Omega t)^{\frac{n}{2}} \tag{7.3.4}$$

式中

$$\omega_c = \frac{1}{\sqrt{LC_{jQ}}} \tag{7.3.5}$$

为 $v_\Omega=0$ 时的振荡角频率，即调频电路中心角频率（载波角频率），其值由 V_Q 控制，$\omega_{\text{osc}}(t)$ 称为瞬时角频率，式(7.3.4)称为调频特性方程。

令 $x=m\cos\Omega t=\dfrac{v_\Omega}{V_B+V_Q}$，$(x\leqslant 1)$，称为归一化调制信号电压，则有

$$\omega_{\text{osc}}(x) = \omega_c(1+x)^{\frac{n}{2}} \tag{7.3.6}$$

由式 (7.3.4) 可以看出，当变容二极管变容指数 $n=2$ 时

$$\omega_{\text{osc}}(t) = \omega_c(1+m\cos\Omega t) = \omega_c + \frac{\omega_c}{V_B+V_Q}v_\Omega = \omega_c + \Delta\omega(t) \tag{7.3.7}$$

角频偏为

$$\Delta\omega(t) = \frac{\omega_c}{V_B+V_Q}v_\Omega \propto v_\Omega \tag{7.3.8}$$

实现了线性调频。

当 $n\neq 2$ 时，若 m 足够小，将式 (7.3.6) 展开为泰勒级数

$$\omega_{\text{osc}}(t) = \omega_c\left[1+\frac{n}{2}x+\frac{1}{2!}\frac{n}{2}\left(\frac{n}{2}-1\right)x^2+\frac{1}{3!}\frac{n}{2}\left(\frac{n}{2}-1\right)\left(\frac{n}{2}-2\right)x^3+\cdots\right]$$

由于 $x<1$，式中三次方以上的项可以忽略，并将 $x=m\cos\Omega t$ 代入，上式可近似为

$$\omega_{\text{osc}}(t) \approx \omega_c\left[1+\frac{1}{2}nm\cos\Omega t+\frac{n}{4}\left(\frac{n}{2}-1\right)m^2\cos^2\Omega t\right] \tag{7.3.9}$$

由式（7.3.9）可得到调频波的线性角频偏为

$$\Delta\omega(t) = \frac{nm\omega_c}{2}\cos\Omega t = \frac{n\omega_c}{2(V_B+V_Q)}V_{\Omega m}\cos\Omega t = \frac{n\omega_c}{2(V_B+V_Q)}v_\Omega \quad (7.3.10)$$

最大线性角频偏
$$\Delta\omega_m = \frac{nm\omega_c}{2} \quad (7.3.11a)$$

或相对最大线性角频偏
$$\frac{\Delta\omega_m}{\omega_c} = \frac{nm}{2} \quad (7.3.11b)$$

调频灵敏度（单位为 Hz/V）
$$S_f = \frac{\Delta f_m}{V_{\Omega m}} = \frac{nf_c}{2(V_B+V_Q)} \quad (7.3.12)$$

二次谐波失真分量的最大角频偏
$$\Delta\omega_{2m} = \frac{n}{8}\left(\frac{n}{2}-1\right)m^2\omega_c$$

中心频率偏离量
$$\Delta\omega_c = \frac{n}{8}\left(\frac{n}{2}-1\right)m^2\omega_c$$

相应地，调频波的二次谐波失真系数为

$$k_{f2} = \left|\frac{\Delta\omega_{2m}}{\Delta\omega_m}\right| \approx \left|\frac{m}{4}\left(\frac{n}{2}-1\right)\right| \quad (7.3.13)$$

中心角频率的相对偏离值
$$\frac{\Delta\omega_c}{\omega_c} \approx \frac{n}{8}\left(\frac{n}{2}-1\right)m^2 \quad (7.3.14)$$

通过上面的分析知，当 n 一定，即变容二极管选定后，相对最大线性角频偏 $\frac{\Delta\omega_m}{\omega_c}$ 与 m 成正比。增大 m 可以增大 $\frac{\Delta\omega_m}{\omega_c}$，但同时也增大了非线性失真系数 k_{f2} 和中心角频率的相对偏离值 $\frac{\Delta\omega_c}{\omega_c}$。或者说，调频波能够达到的最大相对角频偏受非线性失真和中心频率相对偏离值的限制。

调频波的相对角频偏与 m 成正比，也即与 $V_{\Omega m}$ 成正比是直接调频电路的一个重要特性。当 m 选定，即调频波的相对角频偏一定时，提高 ω_c 可以增大调频波的最大角频偏 $\Delta\omega_m$。

在实际调频电路中，加在变容二极管上的电压不仅有 V_Q 和 v_Ω，还叠加有振荡器产生的高频振荡电压，如图 7.3.3 中虚线所示。因此，变容二极管的实际电容值会受到高频振荡的影响。可见，高频电压不仅影响振荡频率随调制电压 v_Ω 的变化规律，而且还影响振荡幅度和频率稳定度等性能，在实际电路中总是力求减小加到变容二极管上的高频电压。

3. 变容二极管作为振荡回路部分电容的直接调频电路

为了提高直接调频电路的中心频率的稳定性和调制线性，在直接调频的 LC 正弦振荡电路中，一般都采用图 7.3.4 所示的变容二极管部分接入的振荡回路。图中，变容二极管 C_j 先和 C_2 串联，再和 C_1 并联，回路总电容为

$$C_\Sigma = C_1 + \frac{C_2 C_j}{C_2 + C_j} \quad (7.3.15)$$

将式（7.3.2）代入，可以得到单频率调制时，回路总电容随 $v_\Omega(t)$ 变化关系为

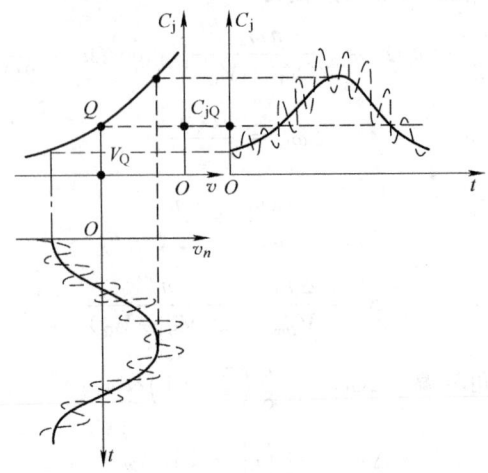

图 7.3.3 变容二极管结电容随高频电压变化的特性

$$C_\Sigma = C_1 + \frac{C_2 C_{jQ}}{C_2(1+m\cos\Omega t)^n + C_{jQ}}$$

$$= C_1 + \frac{C_2 C_{jQ}}{C_2(1+x)^n + C_{jQ}} \quad (7.3.16)$$

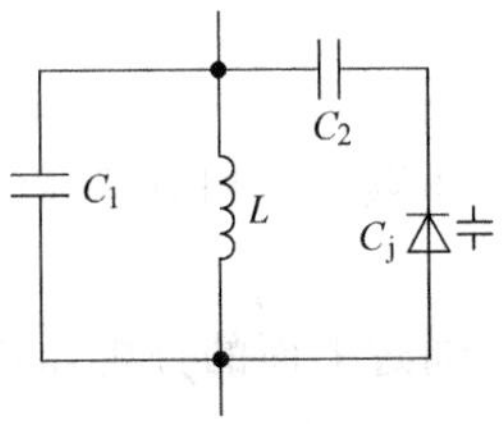

相应的调频特性方程为

$$\omega_{osc}(x) = \frac{1}{\sqrt{LC_\Sigma}} = \frac{1}{\sqrt{L\left(C_1 + \dfrac{C_2 C_{jQ}}{C_2(1+x)^n + C_{jQ}}\right)}} \quad (7.3.17)$$

图 7.3.4 变容二极管作为振荡回路部分电容的原理电路

很明显，在这种电路中，由于变容二极管仅是回路总电容的一部分，因而调制信号对振荡频率的调变能力必将比变容二极管全部接入振荡回路时小，故实现线性调频，必须选用 n 大于 2 的变容管，同时还应正确选择 C_1 和 C_2 的大小。

在实际电路中，一般 C_2 取值较大，约几十 pF 至几百 pF，而 C_1 取值较小，约为几 pF 至几十 pF。前者的接入使 C_Σ 减小，振荡频率增高；而后者的接入使 C_Σ 增大，振荡频率降低。振荡频率增高或降低的程度取决于它们与 C_j 值的相对大小，如图 7.3.5 所示。

C_1、C_2 对调制特性影响的定性讨论：设 C_1、C_2 接入电路之前调频电路的调频特性如

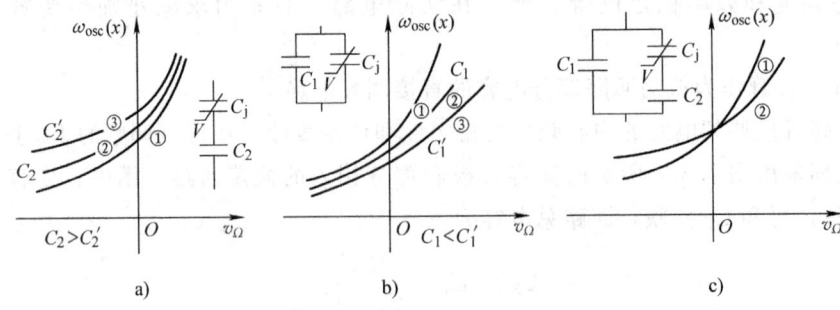

图 7.3.5 电容 C_1、C_2 对调频电路调制特性的影响

图 7.3.5 中曲线①所示。接入 C_2 而 $C_1=0$，在低频端，相应的 C_j 较大，C_2 的增大使 C_Σ 的减小程度（振荡频率提高的程度）大；在高频端，相应的 C_j 较小，C_2 的增大使 C_Σ 的减小程度（振荡频率提高的程度）小，所以，C_2 的接入主要改善低频区的调制特性曲线，如图 a 中曲线②、③所示。反之，接入 C_1 而 $C_2=\infty$，高频端，相应的 C_j 较小，C_1 的增大使 C_Σ 的增大程度（振荡频率降低的程度）大；在低频端，相应的 C_j 较大，C_1 的增大使 C_Σ 的增大程度（振荡频率降低的程度）较小，C_1 的接入主要改善高频区的调制特性曲线，如图 b 中曲线②、③所示。当 C_1、C_2 同时接入时，高频端与低频端的频率特性同时受到影响，得到的合成曲线如图 c 中曲线②所示。显然通过 C_1、C_2 使调频特性得到改善，但同时曲线的斜率变小，说明牺牲了调制灵敏度，即电路调制线性的提高是以牺牲调制灵敏度为代价的。

当 C_1、C_2 确定后，根据调制特性方程式（7.3.17），可以求出变容二极管部分接入时直接调频电路提供的最大角频偏为

$$\Delta\omega_m = \frac{n}{2}\frac{m\omega_c}{p} \tag{7.3.18}$$

式中

$$\omega_c = \frac{1}{\sqrt{L\left(C_1 + \dfrac{C_2 C_{jQ}}{C_2 + C_{jQ}}\right)}} \tag{7.3.19}$$

$$p = (1+p_1)(1+p_2+p_1 p_2) \tag{7.3.20}$$

其中

$$p_1 = \frac{C_{jQ}}{C_2}, \quad p_2 = \frac{C_1}{C_{jQ}} \tag{7.3.21}$$

调频灵敏度

$$S_f = \frac{\Delta f_m}{V_{\Omega m}} = \frac{nf_c}{2(V_B + V_Q)p} \tag{7.3.22}$$

调频灵敏度是式（7.3.12）的 $1/p$。

虽然调制灵敏度 S_f 和最大角频偏 $\Delta\omega_m$ 减小到式（7.3.12）、式（7.3.11）的 $1/p$，但因温度等因素的变化引起 V_Q 不稳定而造成的载波频率的变化也同样减小到原来的 $1/p$，即载波频率的稳定性提高了 p 倍。同时，加到变容二极管上的高频振荡电压振幅也相应减小，这对于减小调制失真非常有利。

4. 电路实例分析

图 7.3.6a 是中心频率为 140MHz 的变容二极管直接调频电路，用在卫星通信地面站调频发射机中。图中 L_1 与变容二极管 VD 构成振荡回路并与晶体管 VT 接成电感三点式振荡电路。振荡管采用双电源供电，正、负电源通过各自的稳压电路（点画线方框所示）提供稳定的直流电压。从正电源稳压电路中通过两个 470Ω 电位器取出一部分电压作为变容管的静态偏置，而调制信号通过 1.7mH 的高频扼流圈 L_2 和两个 150pF 电容 C_1、C_2 接成的 π 形滤波网络加到变容二极管上，C_1、C_2 对 140MHz 频率呈短路，而对调制频率呈开路。

根据以上讨论，画出调频电路的高频通路、音频控制电路和变容二极管的直流通路分别如图 7.3.6b、c、d 所示。在画这些通路时，一些影响不大的元件被忽略了。例如，画高频通路时，忽略了接在集电极上的 75Ω 小电阻。又如，画音频控制通路时，忽略了直流通路中的各个电阻。由图 b 高频通路知，这是一个变容二极管作回路总电容的直接调频电路。

图 7.3.7 所示是中心频率为 90MHz 变容二极管部分接入的直接调频电路。振荡电路由

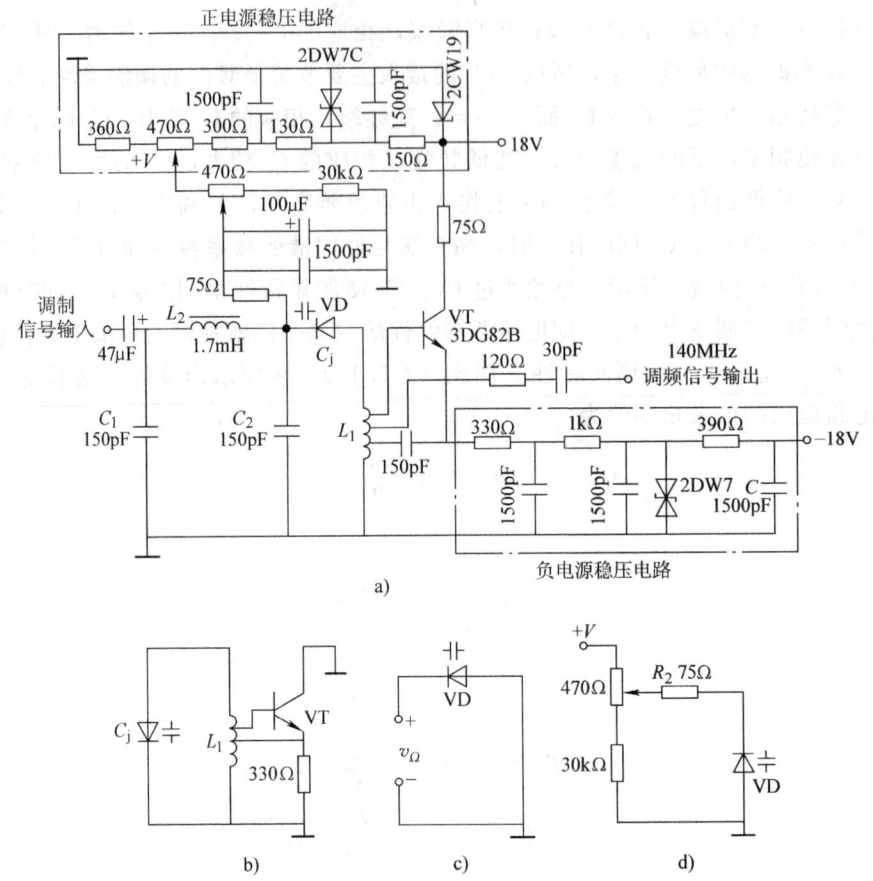

图 7.3.6 140MHz 的变容二极管作回路总电容的直接调频电路
a) 直接调频电路 b) 高频通路 c) 变容二极管的音频控制电路 d) 变容二极管的直流通路

C_1、C_2、C_3、C_4、C_5 和 L 及变容二极管 VD 组成,振荡器采用电容三点式电路,其中,变容二极管与 C_3、C_4、C_5 和 L 组成的回路应呈感性。在变容二极管的控制电路中,V_Q 是由负 9V 的电源经 R_4(56 kΩ)和 R_5(22kΩ)电阻分压后供给的,而调制信号 $v_Ω$ 则经过 47μF 隔直流电容和 47μH 的高频扼流圈加到变容二极管上,并通过 R_4(56 kΩ)和 R_5(22kΩ)的并联电阻接地。0.001μF 的高频旁路电容并联在调制信号输入端,这个电容的数值不宜太大,否则会引起调制信号的高音频失真。调频电路的高频通路、变容管的直流通路和音频控制电路作为课后思考内容。

图 7.3.8 所示电路是某通信机中的变容二极管部分接入的直接调频电路。该电路的构成中有一个特点,它用了两个对接的变容二极管。振荡电路由 C_1、C_2、C_3、L 及两个变容二极管组成。反向偏置电压同时加到两个变容二极管的正端,调制信号同时加到两个变容二极管的负端,所以对直流和调制信号而言,两个变容二极管是并联的。对高频而言,两个变容二极管是串联的,所以回路的总变容二极管的电容为 $C_j/2$,这样加到两个变容二极管的高频电压值就降低了一半,从而减弱了高频电压对变容二极管的影响,中心频率稳定度提高了;同时采用两个变容二极管的背靠背连接,在高频信号的任意半个周期内,一个变容二极管寄生电容增大,另一个则等量减少,二者互相抵消,从而减弱了寄生调制。此电路与单变

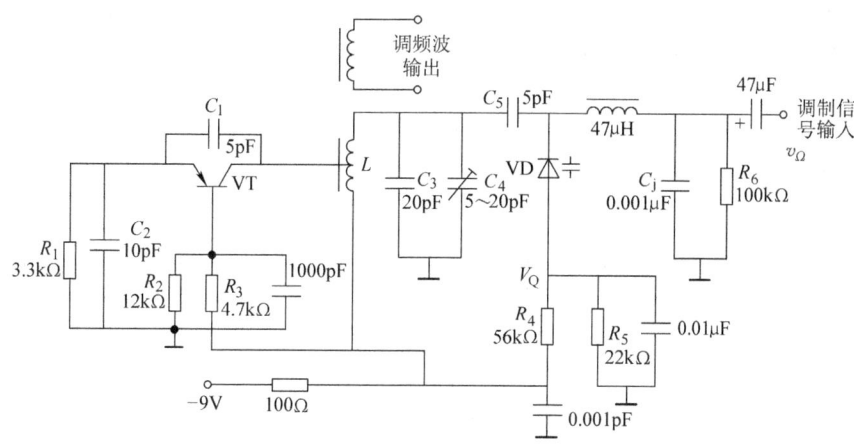

图 7.3.7　90 MHz 的变容二极管作回路部分电容的直接调频电路

容二极管部分接入调频电路相比，在要求最大频偏 $\Delta\omega_m$ 相同的情况下，由于系数 p 增大，m 值可以降低。另外，改变变容二极管偏置及调节电感 L，可使该电路中心频率在 50～100MHz 范围内变化。该电路的高频通路、变容管的直流通路和音频控制电路为课后习题内容。

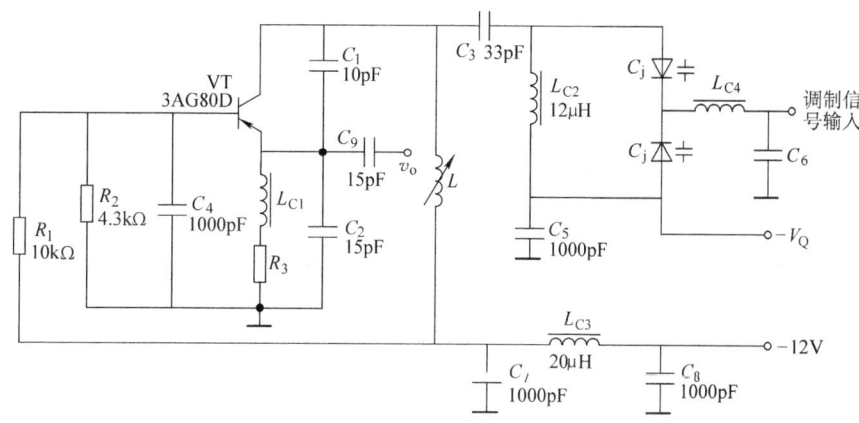

图 7.3.8　某通信机中的变容二极管部分接入的直接调频电路

图 7.3.9a 是一个电容式传声器（话筒）调频发射机实例。电容式传声器在声波作用下，内部的金属薄膜产生振动，会引起薄膜与另一电极之间电容量的变化。如果把电容式传声器直接接到振荡器的谐振回路中，作为回路电抗就可构成调频电路。

电容式传声器振荡器是电容三点式电路，它利用了晶体管的极间电容。电容式传声器直接并联在振荡回路两端，用声波直接进行调频。图 7.3.9b 是电容式传声器的原理图，金属膜片与金属板之间形成电容，声音使膜片振动，两片间距随声音强弱而变化，因而电容量也随声音强弱而变化。在正常声压下，电容量变化较小，为获得足够的频偏应选择较高的载频。这种调频发射机载频约在几十 MHz 到几百 MHz 之间。耳语时，频偏约有 2kHz；大声说话时，频偏约 40kHz 左右；高声呼喊时，频偏可达 75kHz。这种电路没有音频放大器所造成的非线性失真,易于获得较好的音质。这种调频发射机只有一级振荡器,输出功率小,频率稳定度差,但体积小,重量轻。

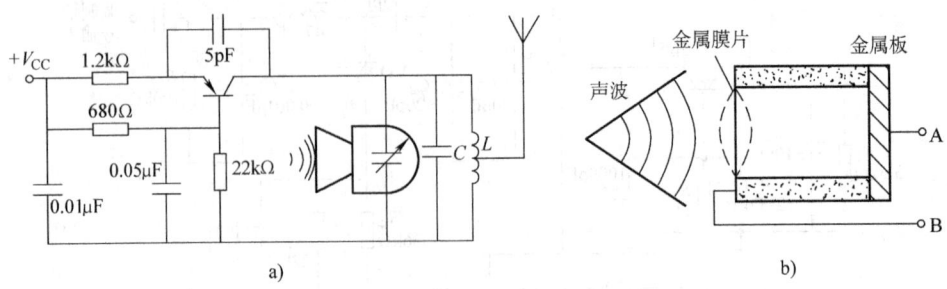

图 7.3.9 电容式传声器调频发射机

7.3.2 晶体振荡器直接调频

为了进一步提高频率稳定度,可采用变容二极管晶体振荡器直接调频电路。通常的做法是将变容二极管接入串联型或并联型晶体振荡器的回路中实现调频。变容二极管接入振荡回路有两种形式:一种是与石英晶体相串联;另一种是与石英晶体相并联。而晶体的串联谐振频率 f_q 与并联谐振频率 f_p 相差很小(参见 2.4.1 小节),因此晶体振荡器的可调频率范围很小。一般情况下,相对频偏仅为 0.01% 左右。为了满足最大频偏 Δf_m 的要求,可以采用倍频的方法来扩展频偏。

图 7.3.10 是由变容二极管晶体直接调频振荡电路组成的无线传声器发射机。图中晶体管 VT_2 的集电极回路调谐在晶体振荡器的三次谐波 100MHz 上,因此该回路在晶体振荡频率处可视为短路。电路为并联型石英晶体振荡器。语音信号由 VT_1 放大后加到变容管上实现了调频。由于达到平衡状态时的振荡器工作于非线性状态,所以 VT_2 的集电极电流中含有丰富的谐波,其三次谐波由集电极回路选中,通过天线输出,完成了载频的三倍频功能,频偏也扩大了三倍。

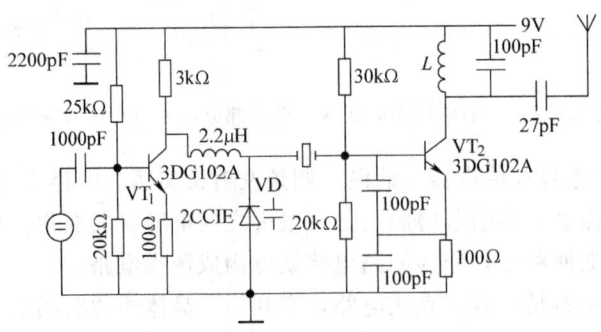

图 7.3.10 变容二极管晶体直接调频振荡电路

图 7.3.10 中,VT_1 为音频放大器,语音信号经 1000pF 电容耦合输入,并与放大器的输入阻抗构成了高通滤波,称之为预加重电路,提升高音频信号的传输。在调频波解调电路中再用同样时间常数的去加重电路(低通)恢复音频。在调频系统中采用预加重和去加重的

目的是为了抑制高音频噪声分量，提高信噪比。

※7.3.3 张弛振荡器电路实现直接调频

如果被控制的是张弛振荡器，由于它的振荡频率取决于电路中的充放电速度，因此用调制信号去控制电容的充放电电流，就可控制张弛振荡器的重复频率。按这种原理工作的直接调频电路有调频方波发生器、调频三角波发生器等，相应产生的调频波形是方波、三角波等。因此，只有进一步将它通过滤波器或波形变换器才能获得调频正弦波。

1. 张弛振荡器直接调频电路

射极耦合的调频方波发生器，电路如图7.3.11所示，该电路产生的输出调频方波信号波形如图7.3.12所示。输出对称方波电压的频率为

$$f = \frac{I_0}{4CV_{BE(on)}} \quad (7.3.23)$$

当 I_0 受调制电压 $v_\Omega(t)$ 的线性控制时，可以得到不失真的调频方波。

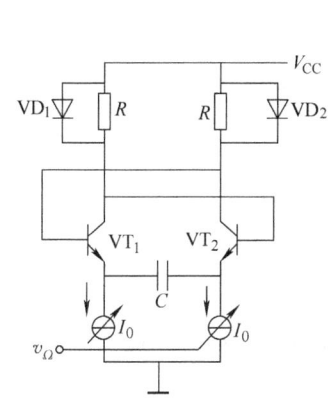

图7.3.11 射极耦合多谐振荡器调频原理电路

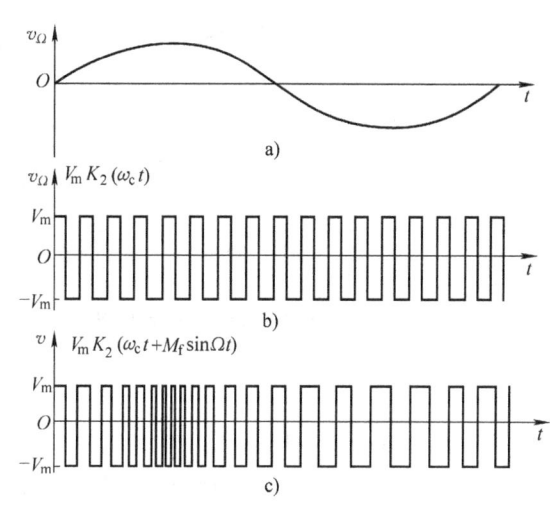

图7.3.12 调频方波信号
a) 调制信号 b) 载波信号 c) 调频方波信号

2. 调频非正弦波转换为调频正弦波

由于上述电路输出的是非正弦调频波，所以在实际应用时，应该将其转换为调频正弦波，大致有两种转换方法。

（1）傅里叶级数展开法　将非正弦调频波进行傅里叶级数展开后，再通过中心频率为 $n\omega_c$ 的带通滤波器，即可取出中心频率为 $n\omega_c$ 的正弦调频信号。

例如将图7.3.12所示的对称调频方波电压转换为调频正弦波。

由图可见，未调制的载波方波信号电压

$$v_c(t) = V_m K_2(\omega_c t)$$

单音调制的调频方波可表示为

$$v(t) = V_m K_2(\omega_c t + M_f \sin\Omega t) \quad (7.3.24)$$

式（7.3.24）的傅里叶级数展开式为

$$v(t) = \frac{4}{\pi}V_m\cos(\omega_c t + M_f\sin\Omega t) - \frac{4}{3\pi}V_m\cos(3\omega_c t + 3M_f\sin\Omega t)$$
$$+ \frac{4}{5\pi}V_m\cos(5\omega_c t + 5M_f\sin\Omega t) - \cdots \tag{7.3.25}$$

式（7.3.25）表明，单音调制的调频方波可以分解为无数个频率不同的调频正弦波之和，每个调频波的载波角频率为 ω_c 的奇数倍，相应的调频指数为 M_f 的奇数倍。可见，载波角频率越高的调频波，它的调频指数也越大，占有的有效频谱宽度也就越宽，近似为

$$(BW_{CR})_n = 2(nM_f + 1)F \qquad n = 1,3,5,\cdots \tag{7.3.26}$$

如果将调频方波通过中心角频率为 $n\omega_c$ 的带通滤波器，就能取出 n 次谐波的调频正弦波。为了保证取出的调频波不失真，除了要求带通滤波器的带宽 $BW_{0.7} > (BW_{CR})_n$ 以外，还要求相邻两调频波的有效频谱不重叠，如图 7.3.13 所示。相邻两个奇数次的正弦调频波的有效频带宽度应满足

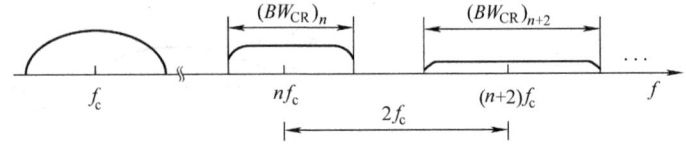

图 7.3.13 调频方波相邻谐波分量有效频谱宽度

$$\frac{(BW_{CR})_{n+2} + (BW_{CR})_n}{2} < [(n+2)f_c - nf_c] = 2f_c \tag{7.3.27}$$

例如三次谐波的正弦波调频输出电压为

$$v_o(t) = \frac{4}{3\pi}V_m\cos(3\omega_c t + 3M_f\sin\Omega t)$$

（2）非线性变换网络法 非线性变换网络法可以将调频三角波变换为调频正弦波。例如，若某一非线性变换网络所具有的传输特性为

$$v_o(t) = V_{om}\sin\left(\frac{\pi}{2V_m}v_i\right) \tag{7.3.28}$$

当三角波信号通过该网络后，利用其非线性特性，可将三角波变换为正弦波，如图 7.3.14 所示。由图 7.3.14a 知

$$v_i(t) = \frac{4V_m}{T_c}t \tag{7.3.29}$$

式中，$T_c = \frac{1}{f_c}$ 为三角波的周期。

输出端电压为

$$v_o(t) = V_{om}\sin\left(\frac{\pi}{2V_m}\frac{4V_m}{T_c}t\right) = V_{om}\sin(2\pi f_c t) = V_{om}\sin(\omega_c t) \tag{7.3.30}$$

工作波形如图 7.3.14c 所示。

采用张弛振荡器调频可以产生频偏大、调制线形好的调频波，在电路的实现上又便于集成化，它是目前广泛采用的一种调频振荡器。它的缺点主要是载波频率不能做得很高。如果

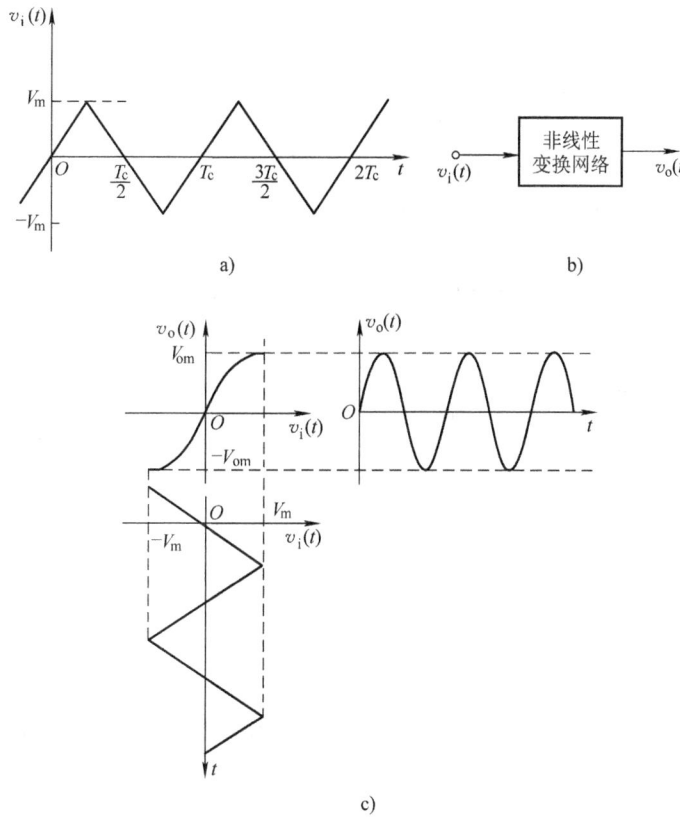

图 7.3.14 将三角波变换为正弦波的非线性网络

要求产生载波频率在几十 MHz 以上的调频正弦波，目前还只能采用 LC 正弦振荡器的直接调频电路。

7.4 间接调频电路——调相电路

直接调频的优点是能够获得较大的频偏，但其缺点是中心频率稳定度低，即便是使用晶体振荡器直接调频电路，其频率稳定度也比不受调制的晶体振荡器有所降低。借助调相来实现调频，可以采用高稳定的晶体振荡器作为主振器，利用积分器对调制信号积分后的结果，对这个稳定的载频信号在后级进行调相，就可以得到频率稳定度很高的调频波。

间接调频电路的关键是性能优良的调相电路。调相电路有多种实现方式，从原理上讲大致有三种实现方法，即矢量合成法、可变相移法和可变时延法。

7.4.1 矢量合成法调相电路

矢量合成法调相电路是由调相信号的表达式得到的，这种方法适合于窄带调相。

单音频调制时，调相信号的表达式为

$$\begin{aligned} v_{PM} &= V_m \cos(\omega_c t + M_p \cos\Omega t) \\ &= V_m \cos\omega_c t \cos(M_p \cos\Omega t) - V_m \sin\omega_c t \sin(M_p \cos\Omega t) \end{aligned} \qquad (7.4.1)$$

当 $M_p < \pi/12\text{rad}$（或 15°）为窄带调相时，$\sin(M_p\cos\Omega t) \approx M_p\cos\Omega t$，$\cos(M_p\cos\Omega t) \approx 1$，式（7.4.1）可化简成为

$$v_{PM}(t) = V_m\cos\omega_c t - V_m M_p\cos\Omega t\sin\omega_c t \tag{7.4.2}$$

由式（7.4.2）可见，窄带调相波可以近似为由一个载波信号 $V_m\cos\omega_c t$ 和一个双边带信号 $V_m M_p\cos\Omega t\sin\omega_c t$ 叠加而成。或者将其看作是两个长度分别为 V_m 和 $V_m M_p\cos\Omega t$ 的正交矢量的合成，如图 7.4.1b 所示，合成矢量为

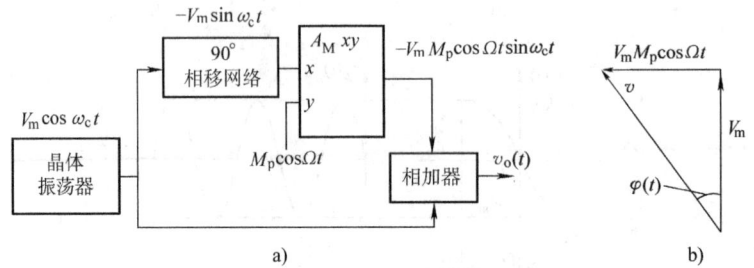

图 7.4.1　矢量合成法调相电路的实现模型及其矢量合成原理
a）实现模型　b）矢量合成原理

$$v = V'_m\cos[\omega_c t + \varphi(t)]$$

v 是一个调相调幅波（幅度的变化可以通过限幅器去掉），得到调相信号。当然，这种方法只能实现 $M_p \leqslant \pi/12$（rad）不失真的窄带调相。实现模型如图 7.4.1a 所示。

7.4.2　可变相移法调相电路

1. 简单原理

将振荡器产生的载波电压 $V_m\cos\omega_c t$ 通过一个可控相移网络，如图 7.4.2 所示，此网络在 ω_c 上产生的相移 $\varphi(\omega_c)$ 受调制电压的控制，且呈线性关系，即 $\varphi(\omega_c) = k_p v_\Omega(t) = M_p\cos\Omega t$，则相移网络的输出电压即为所需的调相波，即

$$\begin{aligned}v_o(t) &= V_m\cos[\omega_c t + \varphi(\omega_c)] \\ &= V_m\cos[\omega_c t + M_p\cos\Omega t]\end{aligned} \tag{7.4.3}$$

可控相移网络有多种实现电路，如 RC 相移电路、变容二极管与电感构成的谐振回路的移相电路等。其中应用最广的是变容二极管调相电路。

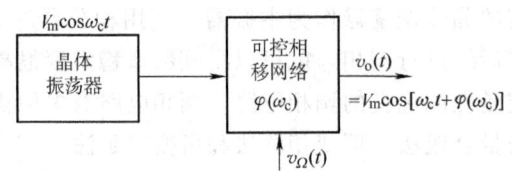

图 7.4.2　可变相移法调相电路的实现模型

2. 变容二极管调相电路

变容二极管调相的实现模型如图 7.4.3a 所示，图 b 为 LC_j 并联谐振回路构成的可控相移网络。

由图 b 知，LC_j 并联回路的电容 C_j 受到调制信号电压的控制，结合第 2 章介绍的 LC 回

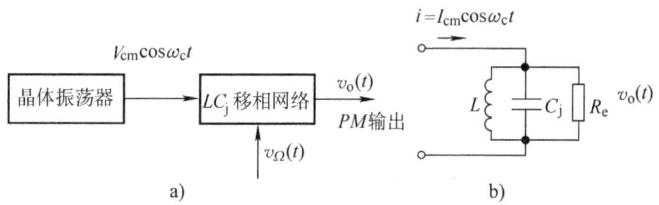

图 7.4.3 可变相移法调相电路的实现模型与电路

路的特性，若加在变容二极管两端的电压为 $v_\Omega = V_{\Omega m}\cos\Omega t$，则变容二极管结电容为

$$C_j = \frac{C_{jQ}}{(1 + m\cos\Omega t)^n}$$

在未调制（调制信号电压 $v_\Omega = 0$）时，$C_j = C_{jQ}$，回路的谐振频率 ω_0 等于载波频率 ω_c，回路处于谐振状态，即

$$\omega_c = \omega_0 = \frac{1}{\sqrt{LC_{jQ}}}$$

此时，回路呈现纯阻性，$|Z(\omega_c)| = R_e$（回路的谐振总电阻），$\varphi_Z(\omega_c) = 0$ 回路两端的电压与激励电流同频同相。

当 $v_\Omega \neq 0$ 时，回路的固有角频率为

$$\omega(t) = \frac{1}{\sqrt{LC_j}} = \omega_c (1 + m\cos\Omega t)^{\frac{n}{2}} \tag{7.4.4}$$

频率为 ω_c 的载波电流 i 通过回路后，由于回路失谐，在回路两端得到的输出电压为

$$v_o(t) = I_{cm}|Z(\omega_c)|\cos[\omega_c t + \varphi_Z(\omega_c)] \tag{7.4.5}$$

式中，$|Z(\omega_c)|$ 和 $\varphi_Z(\omega_c)$ 分别为谐振回路在 $\omega = \omega_c$ 时阻抗的幅值和相角。

当调制信号为小信号时，m 较小，则式（7.4.4）可改写为

$$\omega(t) \approx \omega_c \left(1 + \frac{n}{2} m\cos\Omega t\right) = \omega_c + \Delta\omega(t) \tag{7.4.6}$$

$$\Delta\omega(t) = \frac{n}{2} m\omega_c \cos\Omega t \tag{7.4.7}$$

由第 2 章的分析知，LC_j 回路阻抗的相角为

$$\varphi_Z(\omega) = -\arctan\frac{2Q_e[\omega_c - \omega(t)]}{\omega(t)}$$

此时若 $|\varphi_Z(\omega_c)| < \frac{\pi}{6}\text{rad}$，$\tan\varphi_Z(\omega_c) \approx \varphi_Z(\omega_c)$

$$\varphi_Z(\omega_c) \approx -\frac{2Q_e[\omega_c - \omega(t)]}{\omega(t)} = 2Q_e \frac{\Delta\omega(t)}{\omega_c + \Delta\omega(t)}$$

通常满足 $\Delta\omega(t) \ll \omega_c$ 的条件，将式（7.4.7）代入上式可得

$$\varphi_Z(\omega_c) \approx \frac{2Q_e\Delta\omega(t)}{\omega_c} = Q_e mn\cos\Omega t = M_p\cos\Omega t \tag{7.4.8}$$

式中

$$M_p = Q_e mn \tag{7.4.9}$$

且应限制 $M_p < \frac{\pi}{6} = 0.52\text{rad}$。

将式 (7.4.8) 代入式 (7.4.5) 中,得到回路电压为
$$v_o = V_m \cos[\omega_c t + \varphi_Z(\omega_c)]$$
$$= I_m Z(\omega_o(t)) \cos(\omega_c t + M_p \cos\Omega t) \quad (7.4.10)$$

显然,这是一个调相调幅波,幅度变化可由限幅器消除。

实现变容二极管调相的实际电路如图 7.4.4a 所示。图中 R_1、R_2 分别是输入和输出隔离电阻,将谐振回路这个二端口网络的输入、输出隔离开来,R_4 是变容二极管控制电路中偏压源与调制信号 v_Ω 之间的隔离电阻,电容 C_1、C_2、C_3、C_4 分别为隔直流耦合电容和滤波电容。图 b 为等效电路,当载波信号电压为 $v_c = V_{cm}\cos\omega_c t$ 时,等效电流源为 $i = \dfrac{v_c}{R_1} = \dfrac{V_{cm}}{R_1}\cos\omega_c t = I_{cm}\cos\omega_c t$。图 c 为调制频率通路,$C_3$、$R_3$ 一般为高音频滤波电路,若 C_3 的取值满足其容抗远小于 R_3,即 $\Omega R_3 C_3 \gg 1$,则 v_Ω 在 $R_3 C_3$ 电路中产生的电流为 $i_\Omega \approx v_\Omega/R_3$,该电流向电容 C_3 充电,因此实际加在变容二极管上的调制电压为

$$v'_\Omega(t) = \frac{1}{C_3}\int_0^t i_\Omega dt \approx \frac{1}{R_3 C_3}\int_0^t v_\Omega dt$$

显然,在这种情况下,$R_3 C_3$ 电路的作用可等效为一积分电路,那么,图 a 所示电路便转换为间接调频电路。

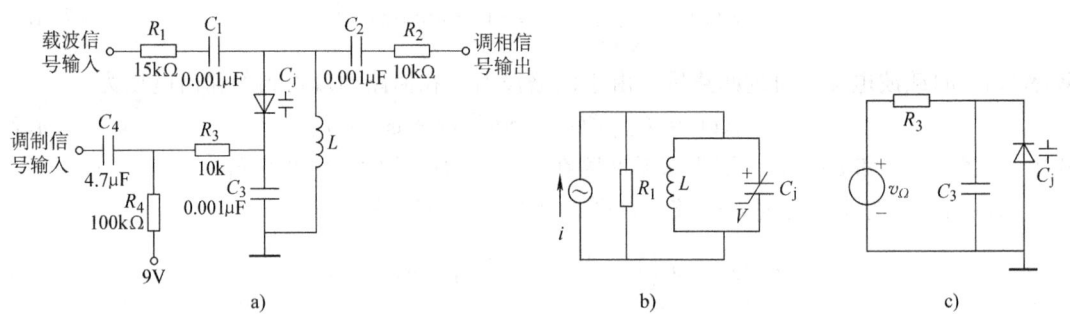

图 7.4.4 变容二极管调相电路
a) 原理电路 b) 等效电路 c) 调制频率通路

综上所述,当等幅载波信号通过谐振频率受调制信号控制的谐振回路时,其输出将是含有寄生调幅的调相波,其最大不失真相移 M_p 受到谐振回路相频特性非线性的限制。在失真允许的条件下,M_p 应限制在 $\pi/6\text{rad}$ 以下。

为了增大 M_p 必须采用多级单回路构成的变容二极管调相电路,图 7.4.5 所示为三级单回路变容二极管调相电路。图中每个回路都由一个变容二极管调相,而各变容二极管受同一调制信号调制。每个回路的 Q_e 值由 $22\text{k}\Omega$ 的电阻确定,改变阻值就可以改变回路的 Q_e 值,以便使三个回路产生相同的相移。为了减少各回路之间的相互影响,各回路之间都用较小的电容 1pF 耦合。这样使该电路总的相移近似三个回路的相移之和,为 $M_p \approx \pi/2$。

同时注意到图 7.4.5 中 $470\text{k}\Omega$ 和三个 $0.002\mu\text{F}$ 的并联电容组成的电路满足积分器的条件,因此加到三个变容二极管上的电压为调制电压的积分,所以该电路的输出是调频信号,实现了间接调频的目的。

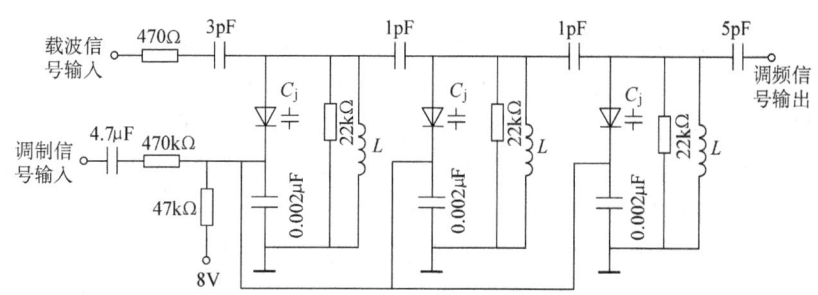

图 7.4.5 三级单回路变容管调相电路

7.4.3 可变时延法调相电路

可变时延法调相电路是利用频率为 ω_c 的高频载波 $v_c(t)$ 通过可控时延网络，产生的延迟时间 $\tau \propto v_\Omega(t)$，从而实现调相的。

若将载波信号 $v_c = V_{cm}\cos\omega_c t$ 通过某一时延网络时，其延迟时间 τ 受调制信号控制，且 $\tau = kv_\Omega$（k 为常数），则输出信号可写为

$$\begin{aligned}v_o(t) &= V_{cm}\cos\omega_c(t-\tau) \\ &= V_{cm}\cos(\omega_c t - k\omega_c v_\Omega) \\ &= V_{cm}\cos(\omega_c t - k_p v_\Omega) \quad (7.4.11)\end{aligned}$$

式中，$k_p = k\omega_c$ 为调相信号的调相灵敏度。式（7.4.11）是调相信号。可变时延调相法的实现框图如图 7.4.6 所示。

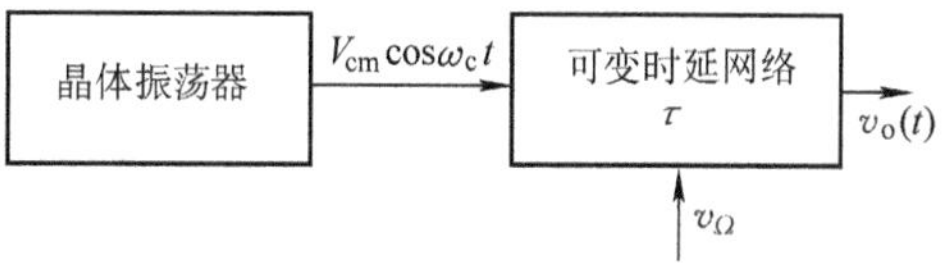

图 7.4.6 可变时延调相法实现框图

7.5 扩展最大频偏的方法

最大线性频偏是频率调制器的主要质量指标。在实际调频设备中，需要的最大线性频偏往往不是简单的调频电路能够达到的，因此，如何扩展最大线性频偏是设计调频设备的一个关键问题。

一个调频波，若设它的瞬时振荡角频率为

$$\omega = \omega_c + \Delta\omega_m \cos\Omega t$$

则当该调频波通过倍频次数为 n 的倍频器时，它的瞬时角频率将增大为原来的 n 倍，变为

$$n\omega_c + n\Delta\omega_m \cos\Omega t$$

可见，倍频器可以不失真的将调频波的载波角频率和最大角频偏同时增大 n 倍，换句话说，倍频器可以在保持调频波的相对角频偏不变（即 $\dfrac{n\Delta\omega_m}{n\omega_c} = \dfrac{\Delta\omega_m}{\omega_c}$）的条件下成倍地扩展其最大角频偏。

如果将该调频波通过混频器，则由于混频器具有频率加减的功能，可以使调频波的中心角频率降低或者增高，但不会引起最大角频偏变化。可见，混频器可以在保持调频波最大角频偏不变的条件下增高或降低中心角频率。换句话说，混频器可以不失真地改变调频波的相

对角频偏。

利用倍频器和混频器的上述特性，可在要求的中心频率上展宽线性频偏。例如，首先利用倍频器增大调频波的最大频偏，而后利用混频器将调频波的中心频率降低到规定的数值。在变容二极管直接调频电路中，虽然其相对频偏 $\Delta f_m / f_c$ 与调制电压成正比，但它可能达到的最大相对频偏却受到非线形失真的限制，因此，当最大相对频偏一定时，要增大 Δf_m，就只有提高 f_c。如果能够制成较高频率的频率调制器，那么，采用先在较高频率上产生调频波，而后通过混频器将中心频率降低到规定值，这种方法比采用上述倍频和混频的方法简单。

例 7.5.1 图 7.5.1 所示为某调频设备的组成框图，已知间接调频电路输出的调频信号中心频率 $f_{c1}=100\text{kHz}$，最大频偏 $\Delta f_{m1}=97.64\text{Hz}$，混频器的本振信号频率 $f_L=14.8\text{MHz}$，取下边频输出，试求输出调频信号 v_o 的中心频率 f_c 和最大频偏 Δf_m。

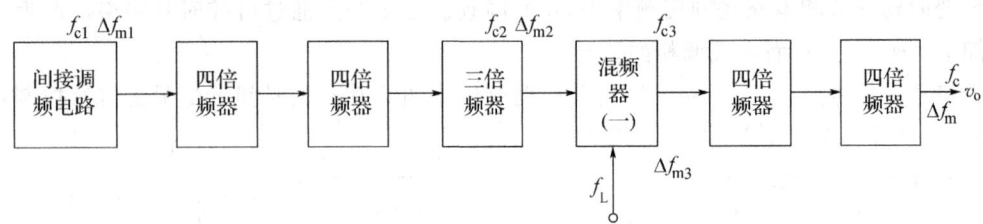

图 7.5.1　例 7.5.1 框图

解 由图 7.5.1 可见，间接调频电路输出的调频信号经两级四倍频器和一级三倍频器后其载波频率和最大频偏分别变为

$$f_{c2} = 4 \times 4 \times 3 \times f_{c1} = 48 \times 100\text{kHz} = 4.8\text{MHz}$$

$$\Delta f_{m2} = 4 \times 4 \times 3 \times \Delta f_{m1} = 4 \times 4 \times 3 \times 97.64\text{Hz} = 4.687\text{kHz}$$

经过混频器后，载波频率和最大频偏分别变为

$$f_{c3} = f_L - f_{c2} = 14.8\text{MHz} - 4.8\text{MHz} = 10\text{MHz}$$

$$\Delta f_{m3} = \Delta f_{m2} = 4.687\text{kHz}$$

再经二级四倍频器后，调频设备输出调频信号 v_o 的中心频率和最大频偏分别为

$$f_c = 4 \times 4 \times f_{c3} = 16 \times 10\text{MHz} = 160\text{MHz}$$

$$\Delta f_m = 4 \times 4 \times \Delta f_{m3} = 16 \times 4.687\text{kHz} = 75\text{kHz}$$

7.6　调频波解调电路

7.6.1　引言

从频率（相位）已调波中不失真地还原出原调制信号的过程，是调频（调相）波的解调过程，称为频率（相位）检波，简称为鉴频（FM Detector，Discriminator）（鉴相（Fhase Detector））。它们的任务是把载波频率（或相位）的变化变换成电压的变化，实现鉴频（鉴

相）的电路称为鉴频（相）器。本节重点讨论调频波的解调。

就其功能而言，尽管鉴频器的输出 $v_o(t)$ 是在输入信号 $v_i(t)$ 作用下产生的，但二者却是截然不同的两种信号，如图 7.6.1a 所示。显然，鉴频器将输入调频波的瞬时频率 $f(t)$ [或频偏 $\Delta f(t)$] 的变化变换成了输出电压 $v_o(t)$ 的变化，将这种变换特性称为鉴频特性。用曲线表示为输出电压与瞬时频率 $f(t)$ [或频偏 $\Delta f(t)$] 之间的关系曲线，称为鉴频特性曲线。在线性解调的理想情况下，此曲线为直线，但实际上往往有弯曲，呈"S"形，简称"S"曲线，如图 7.6.1b 所示。实际中，该曲线的斜率可正可负，视具体电路而定。由图可见，在调频波中心频率 f_c（$\Delta f(t)=0$）处，输出电压 $v_o=0$；当 $f>f_c$（$\Delta f(t)>0$）时，$v_o>0$；当 $f<f_c$（$\Delta f(t)<0$）时，$v_o<0$。当然，我们总是希望得到的 $v_o-\Delta f(t)$ 特性曲线是线性的，实际上只能在 $f(t)$ 的一定范围内近似实现线性鉴频。鉴频器的主要性能指标大都与鉴频特性曲线有关。

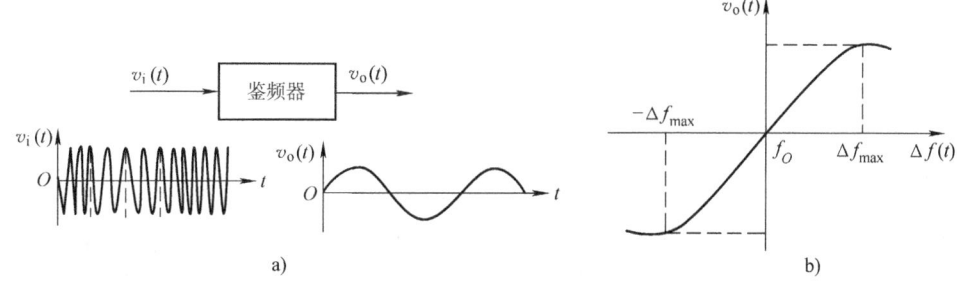

图 7.6.1 鉴频器的功能及鉴频特性曲线
a) 功能 b) 鉴频特性曲线

1. 鉴频器的主要指标

（1）鉴频线性范围 鉴频线性范围是指鉴频特性曲线中近似直线段的频率范围，用 $2\Delta f_{max}$ 表示，表明了鉴频器不失真的解调时所允许的频率变化范围。因此要求 $2\Delta f_{max}$ 应大于输入调频波最大频偏的两倍，即

$$2\Delta f_{max} > 2\Delta f_m \tag{7.6.1}$$

$2\Delta f_{max}$ 也可以称为鉴频器的带宽。

（2）鉴频灵敏度 S_d（单位为 V/Hz 或 V/kHz） 在中心频率附近，单位频偏产生的解调输出电压的大小，即 $\Delta f(t)=0$（或 $f(t)=f_c$）附近曲线的斜率。

$$S_d = \left.\frac{\partial v_o}{\partial \Delta f}\right|_{\Delta f(t)=0} \tag{7.6.2}$$

显然，鉴频灵敏度越高，意味着鉴频特性曲线越陡峭，鉴频能力越强。

2. 实现鉴频的方法

实现鉴频的方法很多，但常用的有以下几种：

（1）斜率鉴频器（Slope Discriminator） 斜率鉴频的实现模型如图 7.6.2 所示，先将输入调频波 $v_{FM}(t)$ 通过具有合适频率特性的线性变换网络，经变换后得到调频调幅波，其幅度正比于输入调频波瞬时频率的变化，然后通过包络检波器输出反映振幅变化的解调电压。

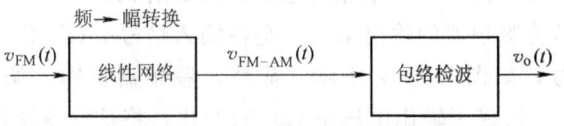

图 7.6.2 斜率鉴频器的实现模型

(2) 相位鉴频器（Phase Discriminator） 相位鉴频器的实现模型如图 7.6.3 所示，先将输入调频波通过具有合适频率特性的线性变换网络，将调频波变换成调频调相波，其相位的变化与输入调频波瞬时频率的变化成正比，再经相位检波器（鉴相器）将它与输入调频波的瞬时相位进行比较，检出反映附加相移变化的解调电压。

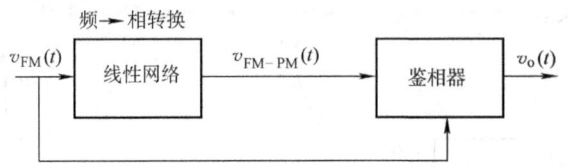

图 7.6.3 相位鉴频器的实现模型

(3) 脉冲计数式鉴频器（Pulse Count Discriminator） 这种方法的实现模型如图 7.6.4 所示。脉冲计数式鉴频器是先将输入调频波通过具有合适特性的非线性变换网络，将它变换为调频等宽脉冲序列。由于该等宽脉冲序列含有反映瞬时频率变化的平均分量，因此通过低通滤波器就能输出反映平均分量变化的解调电压。也可将该调频等宽脉冲序列直接通过脉冲计数器得到反映瞬时频率变化的解调电压。

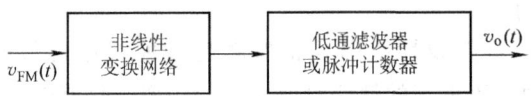

图 7.6.4 脉冲计数式鉴频器的实现模型

这种鉴频方法有多种实现电路，为了便于了解这种方法的基本工作原理，图 7.6.5 示出了一个实例，包括其组成框图（见图 a）和相应的波形（见图 b~f）。

首先将输入调频波通过限幅器变为调频方波（见图 7.6.5c），然后经过微分电路变为尖脉冲序列（见图 7.6.5d），用其中的正脉冲去触发脉冲形成电路，这样调频波就变成了脉宽相同而周期变化的脉冲序列（见图 7.6.5e），它的周期变化反映调频波瞬时频率的变化。将此信号经过低通滤波器滤波，取出其平均分量，就可得到原调制信号（见图 7.6.5f）。这种电路具有线性鉴频范围大，频带宽，便于集成等突出优点。同时它可在一个相当宽的中心频率范围内工作（1Hz～10MHz，如配合使用混频器，中心频率可扩展到 100MHz）。如果在限幅器和微分电路之间插入高速脉冲分频器，它的工作频率可大大提高。

(4) 锁相鉴频器 锁相鉴频器是利用锁相环路实现鉴频。这种方法将在第 8 章中讨论。

需要说明的是，在超外差式调频接收机中，鉴频通常在中频频率（如调频广播接收机的中频频率 10.7MHz）上进行。在调频信号的产生、传输和通过调频接收机前端电路的过程中，不可避免地要引入干扰和噪声。干扰和噪声对 FM 信号的影响，主要表现为调频信号出

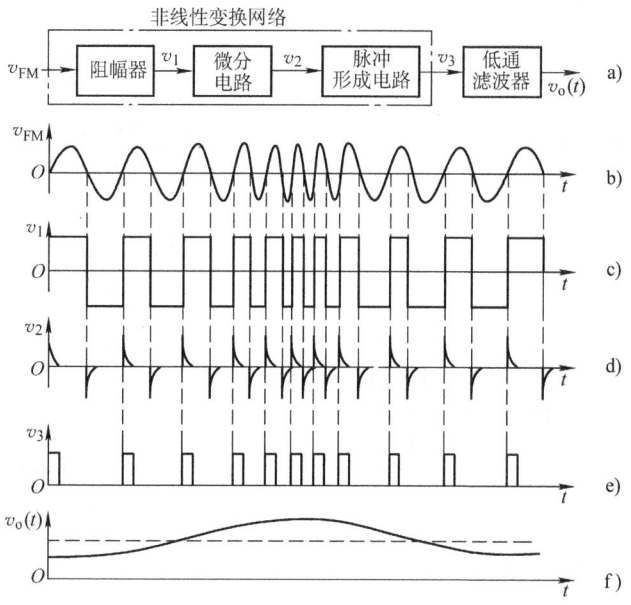

图 7.6.5 脉冲计数式鉴频器组成框图及其工作波形

现了不希望有的寄生调幅和寄生调频。一般在末级中放和鉴频器之间设置限幅器就可以消除由寄生调幅所引起的鉴频器的输出噪声（当然，具有自动限幅能力的鉴频器，如比例鉴频器之前不需此限幅器）。可见，限幅与鉴频一般是连用的，故统称为限幅鉴频器。

7.6.2 斜率鉴频器

如前所述，斜率鉴频器是由线性网络首先将输入调频波变换成为调频调幅波，再由检波器解调出振幅的变化即可实现鉴频功能。斜率鉴频电路有以下几种。

1. 失谐回路斜率鉴频器

图 7.6.6 所示电路为单失谐回路斜率鉴频器，由 LC 并联回路构成线性频率-幅度转换网络，二极管 VD 与 RC 构成包络检波器。

下面定性讨论 LC 并联回路的频率-幅度转换特性。

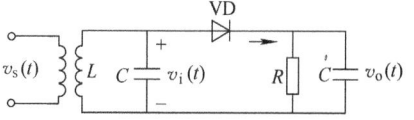

图 7.6.6 单失谐回路斜率鉴频器

所谓单失谐回路是指图中 LC 谐振回路谐振频率 ω_0 对输入调频波的中心频率 ω_c 是失谐的。为了获得线性鉴频特性，应将输入调频波中心角频率失谐在谐振回路幅频特性的上升沿（$\omega_c < \omega_0$）线性段的中点 Q（或者下降沿（$\omega_c > \omega_0$）线性段的中点 Q'）处，如图 7.6.7a 所示。这样可以利用 LC 回路幅频特性的上升沿（或下降沿），将调频波的瞬时频率的变化变换为振幅的变化，实现频幅变换的功能。由图 b 知，谐振回路两端信号电压 $v_i(t)$ 的振幅包络反映了瞬时频率的变化规律。单失谐回路斜率鉴频器的工作波形如图 7.6.8 所示。

单失谐回路斜率鉴频器电路简单，但由于并联谐振回路幅频特性曲线两边倾斜部分不是理想直线，因此在频率-幅度变换中会造成非线性失真，即线性鉴频范围较小。解决这一问题的方法是采用双失谐回路斜率鉴频器。

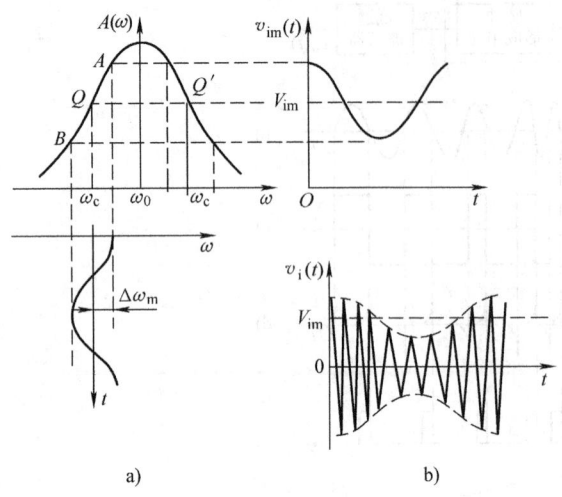

图 7.6.7 单失谐回路工作波形

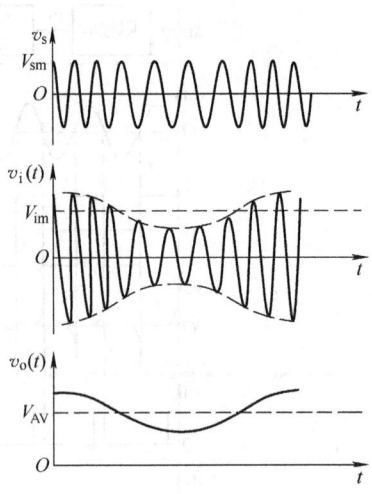

图 7.6.8 单失谐回路斜率鉴频器的工作波形

双失谐回路斜率鉴频器又称为平衡斜率鉴频器。为了扩大线性鉴频范围，根据平衡推挽工作原理，用两个特性完全相同的单失谐回路斜率鉴频器构成，图 7.6.9 所示为双失谐回路斜率鉴频器的原理电路。其中，上面回路谐振在 f_{01} 上，下面回路谐振在 f_{02} 上，它们各自失谐在调频载波频率 f_c 的两侧，并且与 f_c 的间隔相等，均为 δf，即 $f_{01} = f_c \pm \delta f$，$f_{02} = f_c \mp \delta f$，设上、下两回路的幅频特性分别为 $A_1(f)$ 和 $A_2(f)$，并认为上、下两包络检波器的检波电压传输系数均为 η_d，则双失谐回路斜率鉴频器的输出电压为

$$v_o(t) = v_{o1} - v_{o2} = \eta_d [V_{i1m}(t) - V_{i2m}(t)]$$
$$= \eta_d V_{sm} [A_1(f) - A_2(f)] \tag{7.6.3}$$

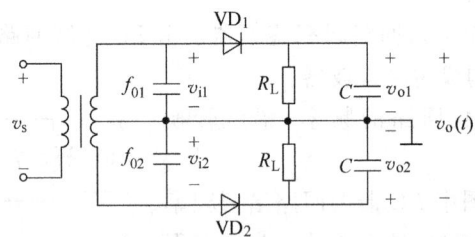

图 7.6.9 双失谐回路斜率鉴频器

式（7.6.3）即为双失谐回路斜率鉴频器的鉴频特性方程。它表明，当 V_{sm} 和 η_d 一定时，$v_o(t)$ 随频率 f（或 ω）的变化特性就是将两个失谐回路的幅频特性相减后的合成特性，如图 7.6.10a 所示。由图可见，合成鉴频特性曲线形状除了与两回路的幅频特性曲线形状有关外，主要取决于 f_{01}、f_{02} 的配置。若 f_{01} 和 f_{02} 的配置恰当，两回路幅频特性曲线中的弯曲部分就可相互补偿，合成一条线性范围较大的鉴频特性曲线。否则，δf 过大时，合成的鉴频特性曲线就会在 f_c 附近出现弯曲，如图 7.6.10b 所示；过小时，合成的鉴频特性曲线线性

范围就不能有效扩展。

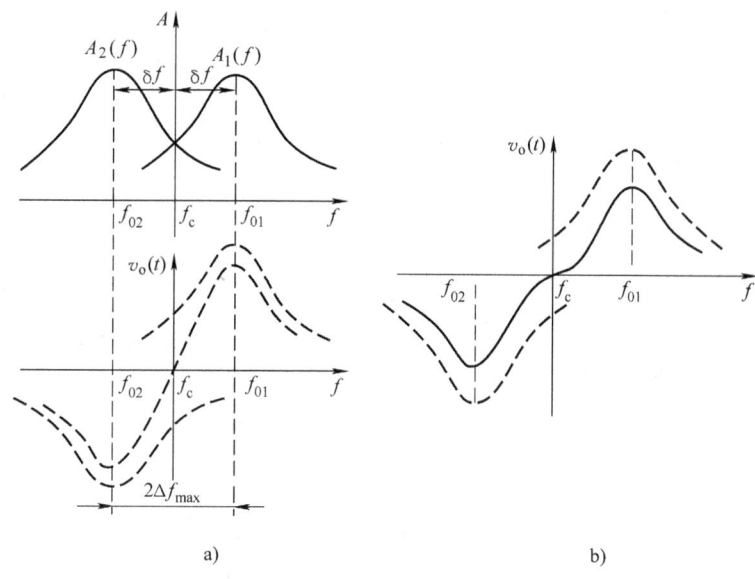

图 7.6.10 双失谐回路斜率鉴频器鉴频特性曲线

图 7.6.11 是微波通信接收机中采用的平衡鉴频器的电路实例。电路中有三个谐振回路，回路 Ⅰ 调谐于输入调频信号的载频频率 35MHz，回路 Ⅱ 和 Ⅲ 分别调谐于 30MHz 和 40MHz。由于三个回路的谐振频率互不相同，为了减小相互之间的影响，便于调整，该电路没有采用互感耦合的方法，而是由两个共基极放大器连接，两个共基极放大器不仅可使三个回路相互隔离，而且不影响信号的传输。

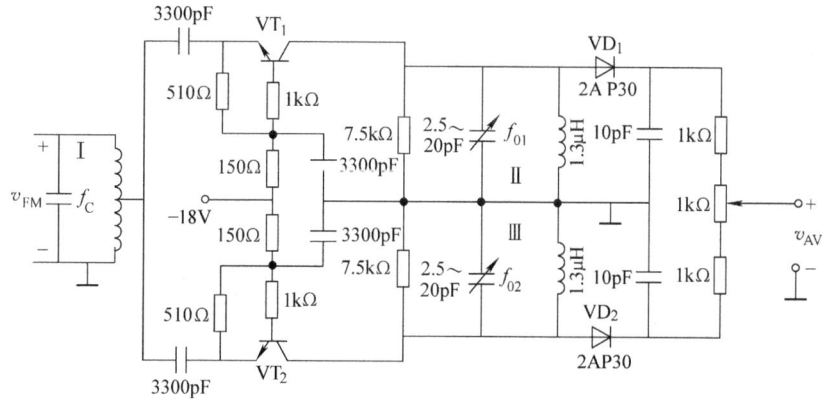

图 7.6.11 实用双失谐回路斜率鉴频器

2. 差分峰值斜率鉴频器

在集成电路中，广泛采用的斜率鉴频电路如图 7.6.12 所示的差分峰值斜率鉴频器。图中 LC_1 与 C_2 为实现频幅转换的线性网络。将输入调频波电压 $v_{FM}(t)$ 转换为两个幅度按瞬时频率变化的调频调幅波电压 v_1 和 v_2，v_1 和 v_2 分别通过射极跟随器 VT_1 和 VT_2 再分别加到由 VT_3、C_3 和 VT_4、C_4 组成的晶体管射极包络检波器上，检波器的输出解调电压由差分

放大器 VT_5 和 VT_6 放大后作为鉴频器的输出电压 $v_o(t)$。显然，其值与 v_1 和 v_2 的振幅差值（$V_{1m}-V_{2m}$）成正比。

为了分析 LC_1 与 C_2 回路的频率-幅度转换特性，设 $X_2=-\dfrac{1}{\omega C_2}$ 为 C_2 的电抗；$X_1=\mathrm{j}\omega L /\!/ \dfrac{1}{\mathrm{j}\omega C_1}=\dfrac{\omega L_1}{1-\omega^2 LC_1}$ 为 LC_1 回路的电抗；X_1+X_2 为 LC_1 与 C_2 串联后的等效电抗；$X_1/\!/X_2$ 为 LC_1 与 C_2 并联后的等效电抗；图 7.6.13 中绘出了上述各电抗随 ω 变化的曲线。图中，$\omega_1=\dfrac{1}{\sqrt{LC_1}}$ 为 LC_1 回路的谐振角频率，$\omega_2=\dfrac{1}{\sqrt{L(C_1+C_2)}}$ 为 LC_1 与 C_2 串（并）联后的谐振角频率。

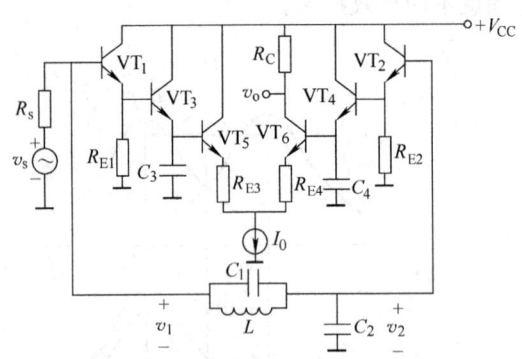

图 7.6.12 集成电路中采用的斜率鉴频器

由图 7.6.13 可见，v_s 在负载上产生的电压 v_1 的振幅主要由 X_1+X_2 决定。当 $\omega=\omega_2$ 时，LC_1、C_2 产生串联谐振，阻抗最小，V_{1m} 最小。当 $\omega=\omega_1$ 时，LC_1、C_2 并联谐振，阻抗最大，V_{1m} 最大。又因为 R_s 很小，C_2 上电压 v_2 的振幅 V_{2m} 主要由 $X_1/\!/X_2$ 决定。当 $\omega=\omega_2$ 时，LC_1、C_2 串联谐振，V_{2m} 最大，当 $\omega=\omega_1$ 时，LC_1、C_2 等效电抗值很小，V_{2m} 很小，如图 7.6.14 所示。

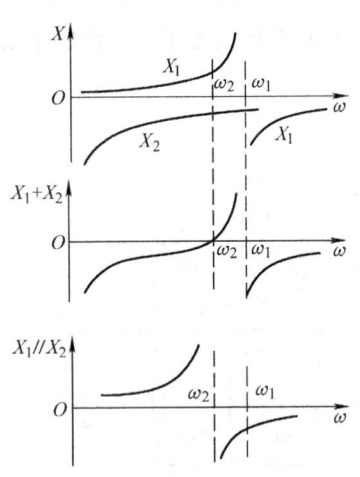

图 7.6.13 线性网络的电抗曲线

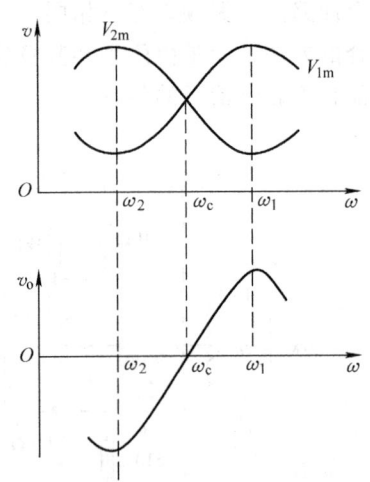

图 7.6.14 鉴频特性曲线

调频信号 v_s 经 LC_1 与 C_2 网络转换成两个不同的调频—调幅信号 v_1 和 v_2。v_1 和 v_2 分别从差分电路两端输入，由 VT_6 集电极输出解调信号 $v_o(t)$。当输入调频信号 v_s 的瞬时频率 $\omega(t)$ 满足 $\omega_2<\omega(t)<\omega_1$ 关系时，解调输出电压与调频信号瞬时频偏之间有下列关系成立：

$$v_o(t)=k(V_{1m}-V_{2m})\Delta\omega(t)$$

式中，k 是差分峰值鉴频器的增益。显然，调整 LC_1 与 C_2 可以改变鉴频器特性曲线的鉴频灵敏度、线性范围、中心频率以及上、下曲线的对称性等。通常情况下固定 C_1、C_2，调整 L。由于差分峰值斜率鉴频器具有良好的鉴频特性，鉴频线性范围可达 300kHz，因此在集成电路中得到了广泛的应用。

7.6.3 相位鉴频器

由图 7.6.3 知，构成相位鉴频器的框图中包含两部分：一是能够实现频相变换的线性网络；二是鉴相器。下面分别予以介绍。

1. 鉴相器

鉴相器即相位检波器，其功能是检测出两个信号之间的相位差，并将该相位差转换为相应的电压。鉴相器由乘积型和叠加型两种电路形式。

（1）乘积型鉴相器　乘积型鉴相器由模拟乘法器和低通滤波器构成，如图 7.6.15 所示。根据模拟乘法器输入波形不同，鉴相器的线性（输出电压大小与两个输入电压之间相位差的关系）范围也不同。

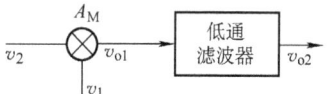

图 7.6.15　乘积型鉴相器

设鉴相器的两个输入信号分别为

$$v_1 = V_{1m}\cos\omega_c t \tag{7.6.4}$$

$$v_2 = V_{2m}\cos\left[\omega_c t - \frac{\pi}{2} + \Delta\varphi\right] = V_{2m}\sin[\omega_c t + \Delta\varphi] \tag{7.6.5}$$

v_2 与 v_1 二者之间除了有相位差 $\Delta\varphi$ 外，还有 $\pi/2$ 的固定相移。根据乘法器两个输入信号 v_2 和 v_1 幅度大小的不同，鉴相器的工作特点各不相同。

当两个输入信号 v_1 和 v_2 的幅度均较小，为小信号时，乘法器的输出电压为

$$v_{o1} = A_M v_1 v_2 = A_M V_{1m} V_{2m} \sin(\omega_c t + \Delta\varphi)\cos\omega_c t$$

$$= A_M \frac{V_{1m}V_{2m}}{2}[\sin\Delta\varphi + \sin(2\omega_c t + \Delta\varphi)] \tag{7.6.6}$$

经过低通滤波器，滤除 v_{o1} 中的高频成分，得到的输出电压为

$$v_o = \frac{A_M V_{1m} V_{2m}}{2}\sin\Delta\varphi = A_d \sin\Delta\varphi \tag{7.6.7}$$

由式（7.6.7）知，输出电压 v_o 与两个输入信号的相位差 $\Delta\varphi$ 的正弦值成正比，作出的 v_o 与 $\Delta\varphi$ 的关系曲线即为鉴相器的鉴相特性曲线，如图 7.6.16 所示。这是一条正弦曲线，称之为正弦鉴相特性。式（7.6.7）中的 A_d 为鉴相器输出电压的振幅值，单位为 V。

当 $|\Delta\varphi| \leqslant \frac{\pi}{12}$ 时，$\sin\Delta\varphi \approx \Delta\varphi$，此时可得

$$v_o(t) = \frac{A_M V_{1m} V_{2m}}{2}\sin\Delta\varphi$$

$$\approx A_M \frac{V_{1m}V_{2m}}{2}\Delta\varphi = A_d \Delta\varphi \tag{7.6.8}$$

式（7.6.8）说明，乘积型鉴相器在输入信号均为小信号的情况下，只有当 $|\Delta\varphi| \leqslant \frac{\pi}{12}$ 时，才能够实现线性鉴相。此时，式（7.6.8）中的 A_d 为鉴相特性直线段的斜

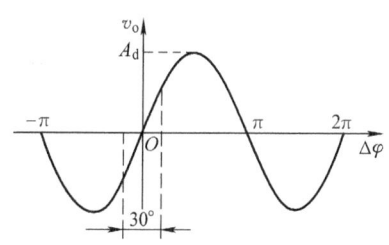

图 7.6.16　正弦鉴相特性

率，称之为鉴相灵敏度，单位为 V/rad。

此时，当鉴相器的输入为调相信号即 $v_2=V_{2m}\cos\left[\omega_c t+\Delta\varphi-\dfrac{\pi}{2}\right]$，$\Delta\varphi=k_p v_\Omega(t)$ 时，得到的鉴相器的解调输出电压 $v_o(t)=\dfrac{A_M V_{1m} V_{2m}}{2} k_p v_\Omega(t)\propto v_\Omega(t)$，实现了对调相波的线性解调。

当两个输入信号 v_1 和 v_2 中，v_2 的幅度较小为小信号，而 v_1 为大信号时，v_1 控制乘法器使之工作在开关状态，输出电压为

$$v_{o1}=A_M v_2 k_2(\omega_c t)=A_M V_{2m}\sin(\omega_c t+\Delta\varphi)\left(\dfrac{4}{\pi}\sin\omega_c t-\dfrac{4}{3\pi}\sin 3\omega_c t+\cdots\right) \quad (7.6.9)$$

通过低通滤波器滤除高频分量得到的输出为

$$v_o=\dfrac{2A_M V_{2m}}{\pi}\sin\Delta\varphi=A_d\sin\Delta\varphi$$

与式（7.6.7）相似。

当两个输入信号 v_1 和 v_2 均为大信号时

$$v_{o1}=A_M k_2\left(\omega_c t+\Delta\varphi-\dfrac{\pi}{2}\right)k_2(\omega_c t) \quad (7.6.10)$$

根据上式，图 7.6.17 示出了两个开关信号相乘后的波形。由图可见，当 $\Delta\varphi=0$ 时，相乘后的波形为上、下等宽的双向脉冲，且频率加倍，如图 a 所示，因而相应的平均分量为零。当 $\Delta\varphi\neq 0$ 时（设 $\Delta\varphi>0$），相乘后的波形为上、下不等宽的双向脉冲，如图 b 所示，因而在 $|\Delta\varphi|<\pi/2$ 的范围内，经过低通滤波器，取出的平均分量（即解调输出）为

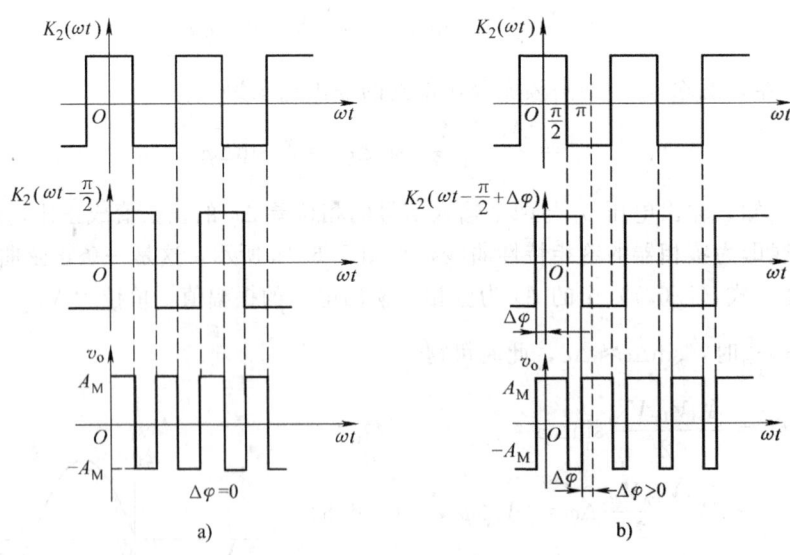

图 7.6.17　两个开关波形相乘后的波形

$$v_o(t)=\dfrac{1}{\pi}\int_0^\pi v_o \mathrm{d}\omega t=\dfrac{A_M}{\pi}\left[\int_0^{\frac{\pi}{2}}\mathrm{d}\omega t-\int_{\frac{\pi}{2}}^{\pi-\Delta\varphi}\mathrm{d}\omega t+\int_{\pi-\Delta\varphi}^\pi \mathrm{d}\omega t\right]$$

$$v_o(t) = \frac{2A_M}{\pi}\Delta\varphi \tag{7.6.11}$$

相应的鉴相特性曲线如图 7.6.18 所示，在 $|\Delta\varphi|<\pi/2$ 范围内为一条通过原点的直线，并向两侧周期性重复。

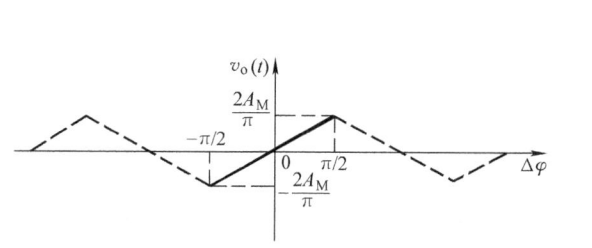

图 7.6.18 三角形鉴相特性　　　　　图 7.6.19 叠加型鉴相器

鉴于这种鉴相器是比较两个开关波形的相位差而获得所需的鉴相电压，因而又将它称为符合门鉴相器。在实际应用中，也可将两个输入正弦信号经限幅器变换为方波信号，加到双差分对电路的两个输入端，得到的结果是相似的。

（2）叠加型鉴相器　将两个输入信号叠加后加到包络检波器而构成的鉴相器称为叠加型鉴相器。为了扩展线性鉴相范围，一般都采用两个包络检波器组成的平衡电路，如图 7.6.19 所示。由图可见，加到上、下两包络检波器的输入信号电压分别为

$$v_{i1} = v_1 + v_2, \quad v_{i2} = -v_2 + v_1$$

假设 $v_2(t) = V_{2m}\cos\left(\omega t + \Delta\varphi - \frac{\pi}{2}\right)$，$v_1(t) = V_{1m}\cos\omega t$，则根据矢量叠加原理，如图 7.6.20 所示，$v_{i1}(t)$ 和 $v_{i2}(t)$ 可分别表示为

$$v_{i1}(t) = V_{i1m}(t)\cos[\omega t - \theta_1(t)] \tag{7.6.12a}$$

$$v_{i2}(t) = V_{i2m}(t)\cos[\omega t + \theta_2(t)] \tag{7.6.12b}$$

$v_{i1}(t)$ 和 $v_{i2}(t)$ 经包络检波器检波后，若包络检波器的检波电压传输系数为 η_d，则鉴相器的输出电压为

$$v_o(t) = v_{o1}(t) - v_{o2}(t) = \eta_d[V_{i1m}(t) - V_{i2m}(t)] \tag{7.6.13}$$

由图 7.6.20 知，当 $\Delta\varphi=0$ 时，$v_2(t)$ 滞后 $v_1(t)$ $\frac{\pi}{2}$ 相位，而 $-v_2(t)$ 超前 $v_1(t)$ $\frac{\pi}{2}$ 相位，如图 7.6.20a 所示，此时合成电压 $v_{i1}(t)$ 与 $v_{i2}(t)$ 的振幅 $V_{i1m}(t)$ 与 $V_{i2m}(t)$ 相等，经包络检波后输出电压 $v_{o1}(t)$ 与 $v_{o2}(t)$ 大小相等，所以鉴相器输出电压 $v_o(t)=v_{o1}(t)-v_{o2}(t)=0$。

当 $\Delta\varphi>0$ 时，$v_2(t)$ 滞后 $v_1(t)$ 的相位小于 $\frac{\pi}{2}$，而 $-v_2(t)$ 超前 $v_1(t)$ 的相位大于 $\frac{\pi}{2}$，如图 7.6.20b 所示，此时合成电压 $v_{i1}(t)$ 与 $v_{i2}(t)$ 的振幅 $V_{i1m}(t)>V_{i2m}(t)$，经包络检波后输出电压 $v_{o1}(t)>v_{o2}(t)$，所以鉴相器输出电压 $v_o(t)=v_{o1}(t)-v_{o2}(t)>0$，为正值。且 $\Delta\varphi$ 越大，输出电压 $v_o(t)$ 就越大。

当 $\Delta\varphi<0$ 时，$v_2(t)$ 滞后 $v_1(t)$ 的相位大于 $\frac{\pi}{2}$，而 $-v_2(t)$ 超前 $v_1(t)$ 的相位小于 $\frac{\pi}{2}$，

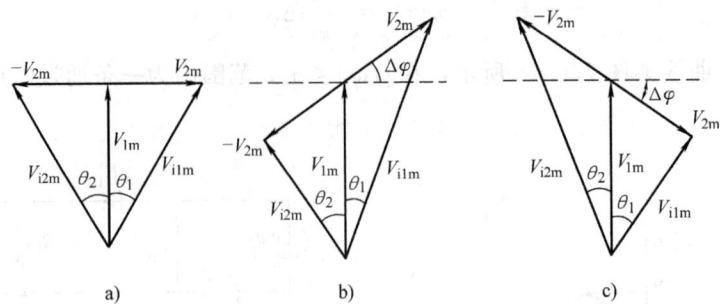

图 7.6.20　$v_{i1}(t)$ 和 $v_{i2}(t)$ 的矢量图
a) $\Delta\varphi=0$　b) $\Delta\varphi>0$　c) $\Delta\varphi<0$

如图 7.6.20c 所示，此时合成电压 $v_{i1}(t)$ 与 $v_{i2}(t)$ 的振幅 $V_{i1m}(t)<V_{i2m}(t)$，经包络检波后输出电压 $v_{o1}(t)<v_{o2}(t)$，所以鉴相器输出电压 $v_o(t)=v_{o1}(t)-v_{o2}(t)<0$，为负值。且 $\Delta\varphi$ 的负值越大，输出电压 $v_o(t)$ 负值就越大。

综上可知，叠加型平衡鉴相器能将两个输入信号的相位差的变化变换为输出电压 $v_o(t)$ 的变化，因此实现了鉴相功能。

可以证明，其鉴相特性也具有图 7.6.16 所示的形式，即具有正弦鉴相特性，而只有当 $\Delta\varphi$ 比较小时，才具有线性鉴相特性。

证明如下：利用三角函数关系，由图 7.6.20b 知，式（7.6.12）合成电压 $v_{i1}(t)$、$v_{i2}(t)$ 中的振幅和相移分别为

$$V_{i1m}(t) = \sqrt{V_{2m}^2 + V_{1m}^2 + 2V_{1m}V_{2m}\sin\Delta\varphi}$$

$$V_{i2m}(t) = \sqrt{V_{2m}^2 + V_{1m}^2 - 2V_{1m}V_{2m}\sin\Delta\varphi}$$

$$\theta_1(t) = \arctan\frac{V_{2m}\cos\Delta\varphi}{V_{1m}+V_{2m}\sin\Delta\varphi}$$

$$\theta_2(t) = \arctan\frac{V_{2m}\cos\Delta\varphi}{V_{1m}-V_{2m}\sin\Delta\varphi}$$

显然，合成电压的振幅 V_{i1m} 和 V_{i2m} 均与 $\Delta\varphi$ 有关，但它们之间的关系是非线性的。若包络检波器的检波电压传输系数为 η_d，则鉴相器的输出电压

$$v_o(t) = v_{o1}(t) - v_{o2}(t) = \eta_d[V_{i1m}(t) - V_{i2m}(t)]$$

$$= \eta_d\sqrt{V_{1m}^2+V_{2m}^2}[(1+K\sin\Delta\varphi)^{\frac{1}{2}} - (1-K\sin\Delta\varphi)^{\frac{1}{2}}]$$

式中

$$K = \frac{2V_{1m}V_{2m}}{V_{1m}^2+V_{2m}^2} = \frac{2V_{1m}/V_{2m}}{1+(V_{1m}/V_{2m})^2}$$

以 $K\sin\Delta\varphi$ 为变量，将上式用幂级数展开

$$v_o(t) = \eta_d\sqrt{V_{1m}^2+V_{2m}^2}[K\sin\Delta\varphi - \frac{1}{8}(\sin\Delta\varphi)^3 - \cdots]$$

当 $K\sin\Delta\varphi$ 较小时，$K\sin\Delta\varphi$ 的三次方及其以上各次方项可忽略，上式简化为

$$v_o(t) = \eta_d \sqrt{V_{1m}^2 + V_{2m}^2} K\sin\Delta\varphi \tag{7.6.14}$$

呈正弦鉴相特性。

2. 频率-相位变换网络

目前广泛采用的是 C_1 和 RLC 单谐振回路或耦合回路构成频率-相位变换网络，下面分别对它们进行分析。

(1) C_1 和 RLC 单谐振回路的频率-相位变换特性　电路如图 7.6.21 所示。设输入电压为 $\dot{V}_1$，RLC 回路两端的输出电压为 $\dot{V}_2$，则回路的传输特性为

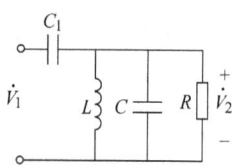

图 7.6.21　C_1 和 RLC 单谐振回路频率-相位变换网络

$$H(j\omega) = \frac{\dot{V}_2}{\dot{V}_1} = \frac{Z_p}{Z_p + \dfrac{1}{j\omega C_1}}$$

式中，$Z_p = \dfrac{1}{\dfrac{1}{R} + j\left(\omega C - \dfrac{1}{\omega L}\right)}$，代入上式得

$$H(j\omega) = \dfrac{\dfrac{1}{\dfrac{1}{R} + j\omega C + \dfrac{1}{j\omega L}}}{\dfrac{1}{\dfrac{1}{R} + j\omega C + \dfrac{1}{j\omega L}} + \dfrac{1}{j\omega C_1}} = \dfrac{j\omega C_1}{\dfrac{1}{R} + j\omega(C_1 + C) + \dfrac{1}{j\omega L}} \tag{7.6.15}$$

令 $\omega_0 = \dfrac{1}{\sqrt{L(C_1 + C)}}$，$Q_e = \dfrac{R}{\omega_0 L} \approx \dfrac{R}{\omega L} = \omega(C_1 + C)R$，在失谐不大的情况下，上式可表示为

$$H(j\omega) = \dfrac{j\omega C_1 R}{1 + j\xi} \tag{7.6.16}$$

其中，$\xi = Q_e \dfrac{2(\omega - \omega_0)}{\omega_0}$ 为广义失谐量。由上式可以求得网络的幅频特性 $H(\omega)$ 和相频特性 $\varphi_H(\omega)$ 为

$$H(\omega) = \dfrac{\omega C_1 R}{\sqrt{1 + \xi^2}} \tag{7.6.17}$$

$$\varphi_H(\omega) = \dfrac{\pi}{2} - \arctan\xi = \dfrac{\pi}{2} - \arctan\dfrac{2Q_e(\omega - \omega_0)}{\omega_0}$$

$$\approx \dfrac{\pi}{2} - \arctan\dfrac{2Q_e\Delta\omega(t)}{\omega_0} = \dfrac{\pi}{2} - \arctan\Delta\varphi(t) \tag{7.6.18}$$

根据式 (7.6.17)、式 (7.6.18) 画出的幅频特性和相频特性曲线如图 7.6.22 所示。

由图知，该网络不仅不能提供恒值的幅频特性，也不能提供线性的相频特性，所以它不是个理想的频相转换网络。只有当 $|\Delta\varphi(t)| \leqslant \pi/6$ 时，$\Delta\varphi(t) \approx 2Q_e\Delta\omega(t)/\omega_0$，才有 $\varphi_H(\omega) \approx \pi/2 - \Delta\varphi(t)$，可以近似认为 $\varphi_H(\omega)$ 在 $\pi/6$ 上下线性变化，$H(\omega)$ 近似为常量。由于 $\Delta\varphi(t) \approx 2Q_e\Delta\omega(t)/\omega_0 \propto \Delta\omega(t)$，实现了不失真的频率－相位变换。

对于单频率调制的调频波

$$v_1 = V_{1m}\cos(\omega_c t + M_f \sin\Omega t)$$

其瞬时相位 $\varphi_i(t) = \omega_c t + M_f \sin\Omega t$

瞬时角频率 $\omega_i(t) = \omega_c + k_f V_{\Omega m}\cos\Omega t = \omega_c + \Delta\omega(t)$

由前面的分析知,RLC 回路两端输出信号 v_2 的相位应为

$$\varphi_0(t) = \varphi_i + \varphi_H = \omega_c t + M_f \sin\Omega t - \Delta\varphi(t) + \frac{\pi}{2}$$

当 $\omega_c = \omega_0$ 时,$\Delta\varphi(t) \approx \dfrac{2Q_e \Delta\omega(t)}{\omega_c} = \dfrac{2Q_e k_f v_\Omega(t)}{\omega_c}$

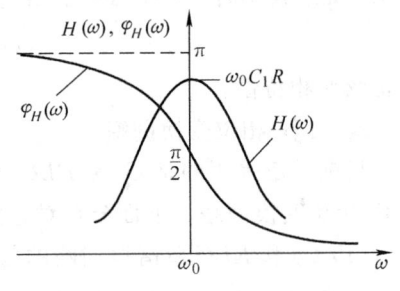

图 7.6.22 C_1 和 RLC 单谐振回路的频率特性

即 $\varphi_0(t) = \omega_c t + M_f \sin\Omega t + \dfrac{\pi}{2} - \dfrac{2Q_e k_f v_\Omega(t)}{\omega_c}$ (7.6.19)

于是

$$v_2(t) = V_{2m}\cos\varphi(t) = V_{1m} H(\omega)\cos\left(\omega_c t + M_f \sin\Omega t + \frac{\pi}{2} - \frac{2Q_e k_f v_\Omega(t)}{\omega_0}\right) \quad (7.6.20)$$

$v_2(t)$ 振幅 V_{2m} 的变化可由限幅器限幅掉,显然,$v_2(t)$ 为一调频调相信号。

(2) 耦合回路频率-相位变换网络　耦合回路频率-相位变换网络有互感耦合回路和电容耦合回路两种形式,这里仅介绍互感耦合回路的频率-相位变换特性。

图 7.6.23a 为互感耦合回路频率-相位变换网络。实际应用时,图中一、二次回路参数相同,即 $C_1 = C_2 = C$,$L_1 = L_2 = L$,两回路的损耗相同,耦合系数 $k = M/L$,一、二次回路的中心频率均为 $f_{01} = f_{02} = f_c$。

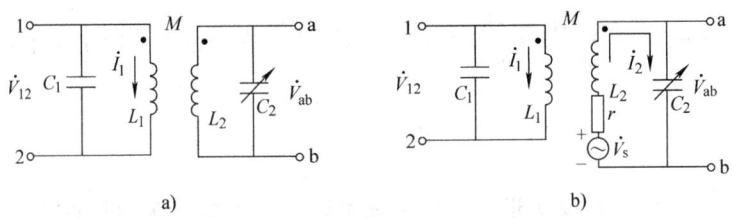

图 7.6.23　互感耦合回路频率-相位变换网络

为了使分析简单起见,先作三个合乎实际的假定:① 一、二次回路的品质因数均较高;② 一、二次回路之间的互感耦合比较弱;③ 在耦合回路通频带范围内,当 V_{12} 保持恒定,V_{ab} 也保持恒定。这样,在估算一次回路电流时,就不必考虑一次回路自身的损耗电阻和从二次侧反射到一次侧的损耗电阻。于是可以近似地得到图 7.6.23b 所示的等效电路,图中

$$\dot{I}_1 = \frac{\dot{V}_{12}}{j\omega L_1} \quad (7.6.21)$$

一次电流 $\dot{I}_1$ 在二次回路中产生的感应串联电动势

$$\dot{V}_s = \pm j\omega M \dot{I}_1 \quad (7.6.22)$$

式中,正、负号取决于一、二次绕组的绕向。现在假设绕组的绕向使该式取负号。将式 (7.6.21) 代入式 (7.6.22),得

$$\dot{V}_{\mathrm{s}} = -\mathrm{j}\omega M\,\frac{\dot{V}_{12}}{\mathrm{j}\omega L_1} = -\frac{M}{L_1}\dot{V}_{12} \tag{7.6.23}$$

由等效电路图 7.6.23b 可知，串联电动势 $\dot{V}_{\mathrm{s}}$ 在二次回路中产生的电流

$$\dot{I}_2 = \frac{\dot{V}_{\mathrm{s}}}{r+\mathrm{j}\left(\omega L-\dfrac{1}{\omega C}\right)} \approx \frac{\dot{V}_{\mathrm{s}}/r}{1+\mathrm{j}Q_{\mathrm{e}}\dfrac{2\Delta\omega}{\omega_0}} = \frac{\dot{V}_{\mathrm{s}}/r}{1+\mathrm{j}\xi} \tag{7.6.24}$$

式中，$\omega_0 = \dfrac{1}{\sqrt{LC}} = \omega_{\mathrm{c}}$，$Q_{\mathrm{e}} = \dfrac{\omega_0 L}{r} \approx \dfrac{\omega L}{r} = \dfrac{1}{\omega Cr}$。因此，$\dot{I}_2$ 在二次回路两端产生的电压为

$$\dot{V}_{\mathrm{ab}} = \dot{I}_2\,\frac{1}{\mathrm{j}\omega C} = \mathrm{j}\,\frac{kQ_{\mathrm{e}}\dot{V}_{12}}{1+\mathrm{j}\xi} = \dot{V}_{12}\,\frac{kQ_{\mathrm{e}}}{\sqrt{1+\xi^2}}\mathrm{e}^{(\frac{\pi}{2}-\Delta\varphi)} \tag{7.6.25}$$

由此可得耦合回路的传输函数为

$$H(\mathrm{j}\omega) = \frac{\dot{V}_{\mathrm{ab}}}{\dot{V}_{12}} = \frac{kQ_{\mathrm{e}}}{\sqrt{1+\xi^2}}\mathrm{e}^{(\frac{\pi}{2}-\Delta\varphi)} = H(\omega)\mathrm{e}^{\mathrm{j}\varphi(\omega)} \tag{7.6.26}$$

式中，$H(\omega) = \dfrac{kQ_{\mathrm{e}}}{\sqrt{1+\xi^2}}$ 为幅频特性；$\varphi(\omega) = \dfrac{\pi}{2} - \Delta\varphi(\omega) = \dfrac{\pi}{2} - \arctan\xi$ 为相频特性。由此画出的幅频特性、相频特性曲线如图 7.6.24 所示。

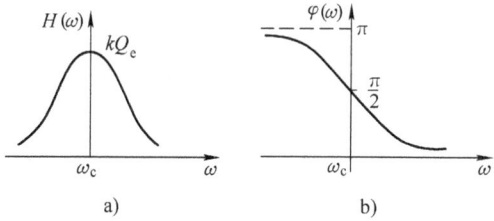

图 7.6.24 耦合回路的传输函数
a) 幅频特性　b) 相频特性

式（7.6.25）表明，当回路输入电压 $\dot{V}_{12}$ 的角频率 ω 变化时，二次回路电压 $\dot{V}_{\mathrm{ab}}$ 不仅在振幅上，而且在相位上都随之变化。就其相位而言，$\dot{V}_{\mathrm{ab}}$ 相位超前 $\dot{V}_{12}\left(\dfrac{\pi}{2}-\Delta\varphi\right)$，而 $\Delta\varphi$ 决定于二次回路对信号角频率 ω_{c} 的失谐量，由于二次回路调谐于 ω_{c}（调频波中心频率）上，所以 $\Delta\varphi = \arctan\xi = \arctan\left(Q_{\mathrm{e}}\dfrac{2\Delta\omega(t)}{\omega_0}\right)$。

当 $\Delta\varphi \leqslant \dfrac{\pi}{12}$ 时，$\Delta\varphi = \arctan\left(Q_{\mathrm{e}}\dfrac{2\Delta\omega(t)}{\omega_0}\right) \approx Q_{\mathrm{e}}\dfrac{2\Delta\omega(t)}{\omega_0} \propto \Delta\omega(t) \tag{7.6.27}$

即 $\Delta\varphi$ 与输入调频波的瞬时频偏成正比，回路实现了频率－相位变换的功能。

3. 相位鉴频电路

前已指出，相位鉴频器由能够实现频率－相位变换的线性网络和鉴相器组成。根据鉴相器的不同，相位鉴频器分为乘积型和叠加型两种。

（1）乘积型相位鉴频器　乘积型相位鉴频器又称为集成差分峰值鉴频器或正交移相型鉴频器。

乘积型相位鉴频器框图如图 7.6.25 所示，例如电视接收机伴音的集成电路是采用双差分对乘法器实现鉴频的，乘积型相位鉴频器的实现电路如图 7.6.26 所示。图中，$\mathrm{VT}_1 \sim \mathrm{VT}_9$ 组成双差分对乘法器，$\mathrm{VD}_1 \sim \mathrm{VD}_5$ 为偏置电路，它为 VT_2 和双差分对管提供所需的偏置电压。输入调频信号电压 $v_{\mathrm{FM}}(t)$ 经跟随器 VT_1 后分为两路：一路直接以单端方式加到 VT_7 的基极上，作为乘法器的一个输入电压 $v_1(t)$，其值较大，保证 VT_7、VT_8 差分对管工

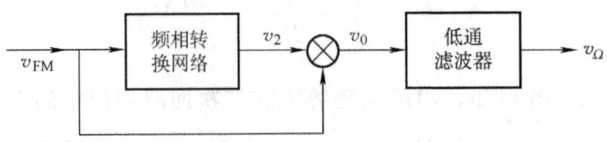

图 7.6.25 乘积型相位鉴频器框图

作在开关状态,其中 VT_8 基极上接恒定的直流偏压 V_{BB} 并通过 $0.01\mu F$ 电容高频接地。另一路经 450Ω 和 50Ω 的电阻分压(衰减 10 倍)后,经由 C_1 和 RLC 并联谐振回路组成的频率-相位变换网络,将调频波转换成调频-调相波 $v_5(t)$,然后经射极跟随器 VT_2 后,以单端方式加到双差分对管 VT_3、VT_6 的基极上,作为乘法器的另一个输入电压 $v_2(t)$,由于 $v_2(t)$ 很小,可以认为双差分对管工作在小信号状态。

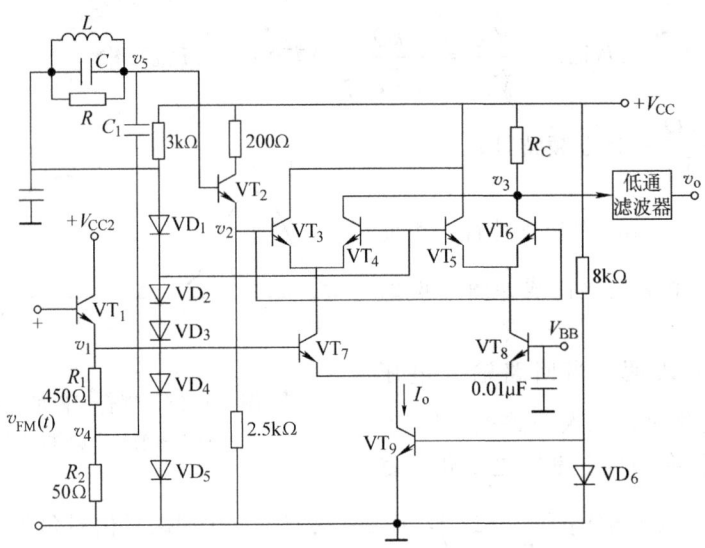

图 7.6.26 乘积型相位鉴频器的实现电路

若令
$$v_{FM} = V_{1m}\cos\left[\omega_c t + k_f \int_0^t v_\Omega(t)dt\right]$$

经晶体管 VT_1 后
$$v_1 \approx v_{FM} = V_{1m}\cos\left[\omega_c t + k_f \int_0^t v_\Omega(t)dt\right] = V_{1m}\cos\omega t$$

$$v_4 = \frac{R_2}{R_1 + R_2}v_1 = \frac{50v_1}{450+50} = \frac{1}{10}v_1 = 0.1V_{1m}\cos\left[\omega_c t + k_f \int_0^t v_\Omega(t)dt\right]$$

经 C_1、RLC 频率-相位变换网络,输出 v_5 为调频调相信号,即

$$v_5 = V_{5m}\cos\left[\omega_c t + k_f \int_0^t v_\Omega(t)dt + \frac{\pi}{2} - \Delta\varphi(t)\right]$$

v_5 经晶体管 VT_2 射极跟随器后得到

$$v_2 = V_{2m}\cos\left[\omega_c t + k_f \int_0^t v_\Omega(t)dt + \frac{\pi}{2} - \Delta\varphi(t)\right]$$

$$= -V_{2m}\sin\left[\omega_c t + k_f \int_0^t v_\Omega(t)dt - \Delta\varphi(t)\right]$$

$$= -V_{2m}\sin[\omega t - \Delta\varphi(t)]$$

式中，$V_{2m} = 0.1 A_{v2} H(\omega) V_{1m}$；$H(\omega)$ 为频率—相位变换网络的幅频特性 [见式 (7.6.17)]；A_{v2} 为 VT_2 的射极跟随器的增益；v_2、v_1 分别送入由 $VT_3 \sim VT_6$ 及 $VT_7 \sim VT_9$ 组成的双差分对电路中，其单端输出电流为

$$i = \frac{I_0}{2}\frac{v_2}{2V_T}\text{th}\left(\frac{v_1}{2V_T}\right) = -\frac{I_0}{4V_T}V_{2m}\sin[\omega t - \Delta\varphi(t)]K_2(\omega t)$$

$$= -\frac{I_0}{4V_T}V_{2m}\sin[\omega t - \Delta\varphi(t)]\left(\frac{4}{\pi}\cos\omega t - \frac{4}{3\pi}\cos 3\omega t + \cdots\right)$$

得到的输出电压

$$v_3 = \frac{I_0}{4V_T}R_C V_{2m}\sin[\omega t - \Delta\varphi(t)]\left(\frac{4}{\pi}\cos\omega t - \frac{4}{3\pi}\cos 3\omega t + \cdots\right)$$

$$= \frac{I_0 R_C V_{2m}}{2\pi V_T}\{\sin[-\Delta\varphi(t)] + \sin[2\omega t - \Delta\varphi(t)] + \cdots\}$$

式中，I_0 是恒流源电路 VT_9 为差分对 VT_7、VT_8 提供的电流。由上式可见，第一项是反映 $\Delta\varphi(t)$ 变化的平均分量，而其他各项均是二次谐波（角频率为 2ω）及其以上的各偶次谐波分量，所以经过低通滤波器滤除 2ω 以上的谐波分量，取出平均分量即为所需要的输出解调电压，设低通滤波器传输系数为 1，则

$$v_o \approx -\frac{I_0 R_C V_{2m}}{2\pi V_T}\sin\Delta\varphi(t)$$

$$= A_d \sin\Delta\varphi(t) \qquad (7.6.28)$$

式中，$\Delta\varphi(t) = \dfrac{2Q_e \Delta\omega(t)}{\omega_c}$；$A_d = -\dfrac{I_0 R_C V_{2m}}{2\pi V_T}$；得到的鉴频特性曲线如图 7.6.27 所示。

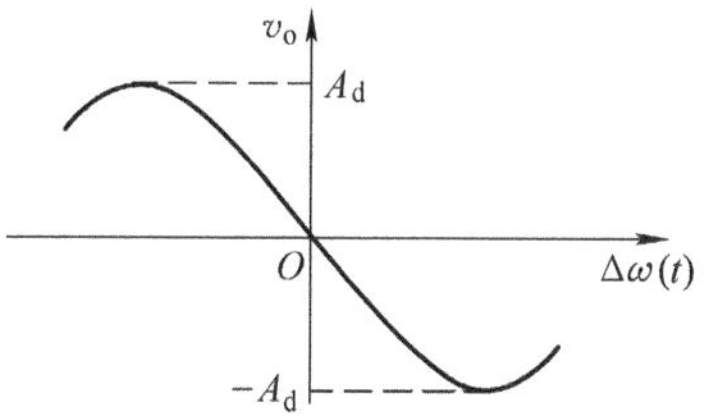

当 $|\Delta\varphi(t)| \leqslant \dfrac{\pi}{12}$ 时，$\sin\Delta\varphi(t) \approx \Delta\varphi(t)$，输出为

图 7.6.27 鉴频特性曲线

$$v_o \approx A_d \Delta\varphi(t) = A_d \frac{2Q_e \Delta\omega(t)}{\omega_c} \qquad (7.6.29)$$

可见，电路只能够实现对相移较小的调频波实现线性解调。从而可以进一步理解鉴频是频谱非线性搬移的过程，无法用相乘电路实现，只有在 $|\Delta\varphi(t)| \leqslant \pi/12$ 条件下，才能采用乘法器电路近似实现线性鉴频。

图 7.6.28 所示为单片集成模拟乘法器 BG314 构成的相位鉴频电路。电路中晶体管 VT 是射极跟随器作为隔离级，C_1、RLC 构成线性移相网络作为负载。运算放大器 A 作为双端输出转单端输出电路，R_{11}、C_3 组成低通滤波器。

由上述可见，乘积型相位鉴频器只有一个调谐回路，在大规模集成电路中应用十分方便，例如调频中放 TA7321P、MC3361 等及电视伴音以及鉴频集成电路 TA7072、TBA750C、HA11485ANT、TA7680A（D7680）等。

(2) 叠加型相位鉴频器　图 7.6.29 所示为常用的叠加型相位鉴频器电路，称为互感耦合相位鉴频器。图中 L_1、C_1 和 L_2、C_2 均调谐在调频信号的中心频率 f_c 上，并构成互感耦合双调谐回路，如图 7.6.23a 所示。通常，一、二次回路是对称的。根据分析，得到的互感耦合双调谐回路的幅频特性和相频特性分别如图 7.6.24a、b 所示。由图 7.6.24b 可见，在

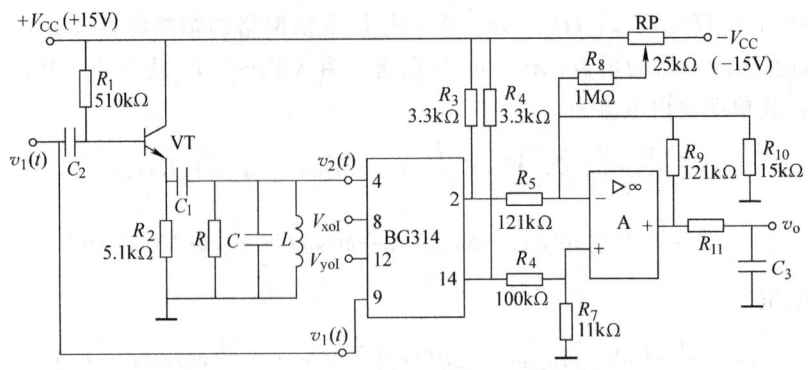

图 7.6.28 单片集成模拟乘法器 BG314 构成的相位鉴频电路

载波角频率 f_c 附近,相频特性近似线性,且在 f_c 处产生一个 90°相移,因此该电路能实现线性频率-相位变换,并且使 v_{ab} 相对于 v_{FM} 引入一固定相移 $\Delta\varphi(\omega)$,以满足后面所接的叠加型鉴相器的输入要求。

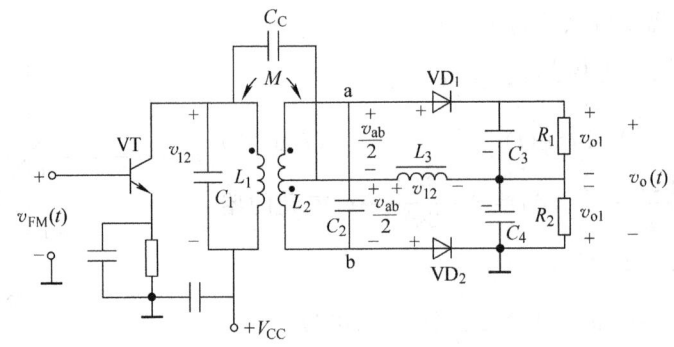

图 7.6.29 叠加型相位鉴频器

图 7.6.29 中,C_C 为隔直耦合电容,它对输入信号频率呈短路;L_3 为高频扼流圈,它在输入信号频率上的阻抗很大,近似开路,但对低频信号阻抗很小,近似短路。VD_1、C_3、R_1 及 VD_2、C_4、R_2 构成两个包络检波电路。因此,输入调频信号 $v_{FM}(t)$ 经 VT 管放大后,在一次回路 L_1、C_1 上产生电压 $v_{12}(t)$,由互感耦合感应到二次回路 L_2、C_2 上产生电压 $v_{ab}(t)$。由于 L_2 被中心抽头分成两半,所以中心抽头上、下两边的电压各为 $v_{ab}(t)/2$。另外,一次回路电压 $v_{12}(t)$ 通过 C_C 加到 L_3 上,因为 C_C 的高频容抗远小于 L_3 的感抗,所以 L_3 上的压降近似等于 $v_{12}(t)$。因此,图 7.6.29 可以等效为图 7.6.30。由图 7.6.30 看出,加到两个二极管包络检波器上的输入电压分别为

$$v_{i1}(t) = \frac{v_{ab}}{2} + v_{12} \qquad v_{i1}(t) = -\frac{v_{ab}}{2} + v_{12}$$

显然与图 7.6.19 完全相同。

综上可见,图 7.6.29 所示电路的简单工作原理是:首先由耦合回路将输入调频波 v_{FM} 转换成调频—调相波 v_{ab},再将 v_{FM} 与 v_{ab} 叠加得到调频—调幅波,而后利用包络检波器得到解调输出电压,可以分析,所得到的鉴频特性曲线如图 7.6.31 所示。

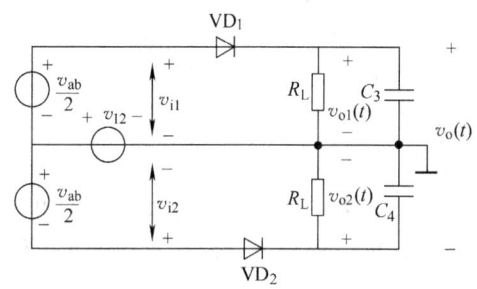

图 7.6.30 图 7.6.29 的等效电路

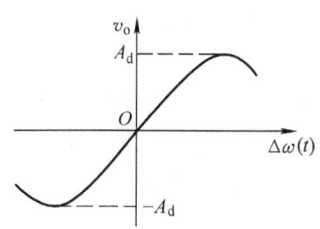

图 7.6.31 鉴频特性曲线

7.7 调频系统中的特殊电路

一个完整的调频收发信机，除了放大器、混频器和频率调制、解调器之外，还有许多附属电路和特殊电路，如语音加工电路（传声器到调制器输入端和解调器输出端到耳机的整个低频电路）就有瞬时频偏控制电路、带通与低通滤波器电路、预加重与去加重电路、静噪电路、限幅器等。

1. 瞬时频偏控制电路

可以证明，在给定信道带宽的条件下，对于单音调频波（假设干扰也是单音信号）解调输出电压信噪比为

$$(SNA)_{\mathrm{FM}} \approx \frac{V_s}{V_n} \frac{\Delta f}{F} = M_f \frac{V_s}{V_n} \quad (7.7.1)$$

式中，V_s/V_n 为接收机输入端的信噪比，V_s 和 V_n 分别表示信号和干扰电压的幅值。

显然，调频指数 M_f 越大，频偏越大，系统的抗干扰能力越强。因此，调频系统中调频指数应选得稍大一些。但在实际中，M_f 还与用户的语音幅度成正比。而 M_f 越大，调频波的边频分量就越丰富，落入相邻信道的频率成分也就越多，造成的邻道干扰就越大。为此，通常在语音加工电路中用瞬时频偏控制电路（Instantaneous Deviation Control，IDC）来限定用户的最高语音幅度。

瞬时频偏控制电路的实质是限幅器，但与鉴频器之前的限幅器（带通限幅器=双向限幅器+带通滤波器）不同，IDC 电路是一个低通限幅器，就是在限幅器后加上阻带特性极陡峭的低通滤波器，以抑制限幅器后产生的高频分量。因此，此滤波器也称为邻道抑制滤波器。

2. 预加重与去加重电路

由于调频信号在解调前必须先通过接收机前端的带通滤波器。如果接收机前端输入的是白噪声，由于白噪声的功率谱密度均匀分布，可以证明，白噪声通过滤波器后鉴频器的输出噪声会随调制信号频率的升高而增加，即鉴频器输出端噪声电压频谱呈三角形（噪声功率谱成抛物线形）如图 7.7.1 所示。但对信号来说，诸如语音、音乐等，其信号能量不是均匀地分

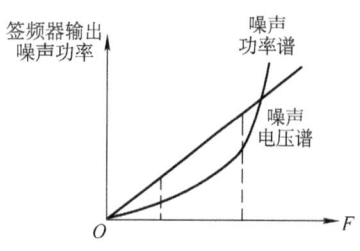

图 7.7.1 鉴频器输出噪声频谱

布,而是在较低的频率范围内集中了大部分能量,高频部分能量较少。即它们的能量都集中在低频端,这恰好与调频噪声相反。这样会导致调制频率的高频端信噪比会明显下降。为了改善输出端的信噪比,针对调频制的特点,在调频制信号的传输中广泛采用预加重与去加重技术。

预加重:在发射端利用预加重网络对调制信号 $v_\Omega(t)$ 频谱中高频成分的振幅进行人为提升。这就使鉴频器输入端高调制频率上的信噪比得到了提高,也就明显地改善了鉴频器在高调制频率上输出的信噪比,使调频信号在整个频带内都可以获得较高的输出信噪比。但是这样做的结果,改变了原调制信号中各调制频率振幅之间的比例关系,将造成解调信号的失真。

去加重:在接收端利用去加重网络,把调制信号高频端人为提升的信号振幅降下来,使调制信号中高、低频端的各频率分量的振幅保持原来的比例关系,避免了因发送端采用加重网络而造成的解调信号失真。

采用预加重和去加重技术,既保证了鉴频器在调制频率的高、低频端都具有较高的输出信噪比,又避免了采用预加重后造成的解调信号失真,而且所采用的预加重和去加重网络简便易行,所以,在调频广播、调频通信和电视伴音信号收发系统中都广泛地采用预加重和去加重技术。

(1) 预加重网络 由于调频噪声频谱呈三角形,或者说与 ω 成线性关系,可以设想,假若将信号作相应的处理,即要求预加重网络的特性为

$$H(j\omega) = j\omega \tag{7.7.2}$$

则信号功率将随频率的升高而升高,就可以使鉴频器输出端调制频率中高频端的输出信噪比得以提升。具有上述频率特性的电路是微分器。也就是说对信号微分后再进行频率调制,这样就等于用 PM 代替了 FM。这种方法存在带宽不经济的缺点。故采用折中的办法,使预加重网络传递函数在低频端为常数而在高频端相当于微分器。近似这种响应的 RC 网络如图 7.7.2a 所示,它是典型的预加重网络。图 7.7.2b 是网络频率响应的渐近线。图中 $f_1 = \dfrac{\omega_1}{2\pi} = \dfrac{1}{2\pi CR_1}$,$f_2 = \dfrac{\omega_2}{2\pi} = \dfrac{1}{2\pi RC}$,$R = \dfrac{R_1 R_2}{R_1 + R_2}$,对于调频广播发射机中预加重网络的参数 C、R_1、R_2 的选择,常使 $f_1 = 2.1\text{kHz}$,即在 2.1kHz 以上的频率分量都被"加重"。f_2 选择在所要传输的最高音频处,对于高质量的接收,$f_2 = 15\text{kHz}$。此时 CR_1 的值为 $75\mu\text{s}$。

(2) 去加重网络 为了克服预加重网络带来的调制信号频率高频端的失真,去加重网络

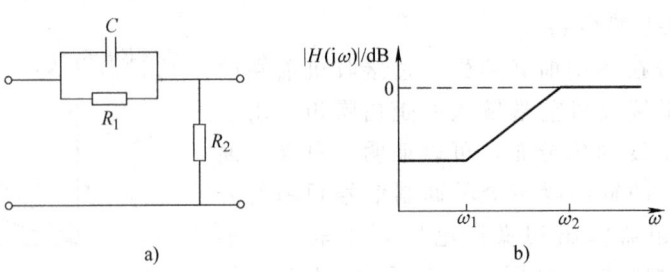

图 7.7.2 预加重网络及其频率特性

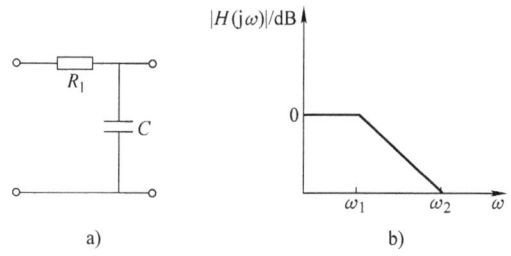

图 7.7.3 去加重网络及其频率响应曲线

应具有与预加重网络相反的频率特性。去加重网络及其频率响应曲线如图 7.7.3 所示。从图看出，当 $\omega < \omega_2$ 时，预加重和去加重网络总的频率传递函数近似为一常数，这正是使信号不失真所需要的条件。由图可见，去加重网络相当于积分电路。去加重网络参数 R、C 的选择应使 $f_1 = 2.1\text{kHz}$，$f_2 = 15\text{kHz}$，此时 CR_1 的值为 $75\mu\text{s}$。

预加重与去加重网络的频率响应函数的乘积应为一常数，这是保证在调频信号的传输中，调制信号经过调制器的预加重和解调器的去加重后，鉴频器还原的原调制信号不失真的必要条件。

3. 静噪电路

由式 (7.7.1) 知，调频系统中，在相同输入信噪比的情况下，随着调制指数 (M_f) 的增加，输出信噪比增加，系统的抗干扰能力增强。然而，由于调频系统的门限效应，输入信噪比要在门限电平（信噪比）之上，这一结论才成立。所谓的门限效应是指在同样的输入信噪比的条件下，当输入信噪比在门限电平（信噪比）之上时，FM 接收机的输出信噪比比 AM 接收机的高，否则，FM 系统的性能不仅不比 AM 系统的性能好，而且还比 AM 系统更差，如图 7.7.4 所示。当输入信噪比低于门限电平时，鉴频器的输出信噪比将急剧恶化，有用信号甚至会完全淹没在噪声中，无法进行调频信号的接收。

而在调频通信或调频广播接收时，经常会遇到无信号或弱信号，或正在调机寻找信号的情况，这时就会出现鉴频器的输入信噪比低于门限值的实际情况。由于门限效应，鉴频器输出端的噪声会急剧增加，这种噪声是

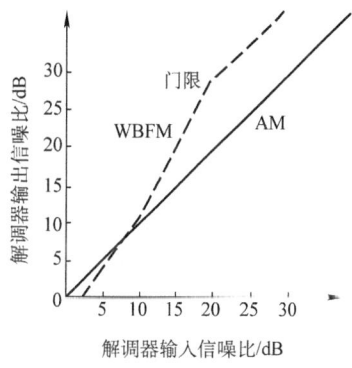

图 7.7.4 门限效应示意图

烦人的，令收信者难以忍受。为此，要采用静噪电路来抑制这种烦人的噪声。静噪电路的目的是使接收机在没有收到信号时（此时噪声较大），自动将低频放大器闭锁，使噪声不在终端出现。当有信号时，噪声小，又能自动解除闭锁，使信号通过低频放大器输出。

静噪的方式和电路是多种多样的，常用静噪电路去控制调频接收机鉴频后的低频放大器。在需要静噪时，可利用鉴频器输出噪声大的特点去控制低频放大器，使其停止工作，以达到静噪的目的，如图 7.7.5 所示。静噪电路与鉴频器的连接主要有两种方式：一种是接在鉴频器的输入端，如图 7.7.6a 所示；另一种是接在鉴频器的输出端，如图 7.7.6b 所示。另外还有导频型和静噪门型，这里不再介绍。

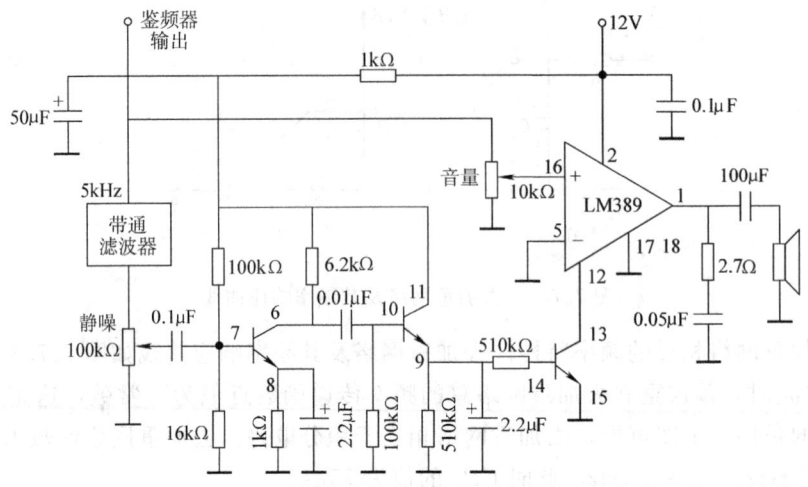

图 7.7.5 静噪电路举例

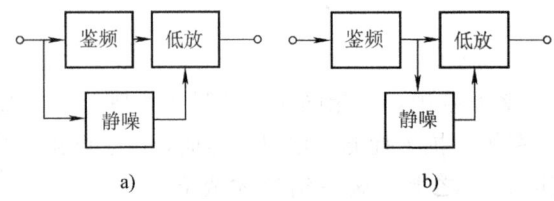

图 7.7.6 静噪电路的两种接入方式

4. 限幅器

限幅器的作用是将输入信号的振幅变化去掉,得到等幅信号的一种非线性电路。限幅器的限幅特性可以用其输入电压 $v_s(t)$ 和输出电压 $v_o(t)$ 来表示。典型的限幅特性曲线如图 7.7.7 所示。输入电压的幅值超过 V_{th} 时,限幅器输出电压 $v_o(t)$ 保持 V_O 不变。V_{th} 称为限幅器的限幅门限电压或限幅灵敏度,其值越小越好,其值越小对前级增益的要求越低。

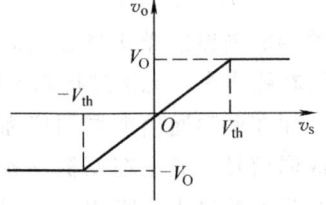

限幅器分为瞬时限幅和振幅限幅两种。脉冲数字式鉴频器中的限幅器属于瞬时限幅器,它的作用是将输入调频波变换为等幅方波,而斜率鉴频器和相位鉴频器前接入的

图 7.7.7 典型的限幅特性曲线

限幅器应属于振幅限幅器,它的作用是将具有寄生调幅的调频波变换为等幅的调频波,如图 7.7.8 所示。

下面介绍几种典型的限幅器电路。

(1) 二极管限幅器 在普通的调频接收机中,广泛采用二极管限幅器,属于瞬时双向限幅电路。图 7.7.9 所示电路为 150MHz 晶体管调频接收机中的限幅器。信号频率(中频) $f_c=2\text{MHz}$,选用截止频率 $f_T>(5\sim10)f_c$ 的晶体管,限幅二极管对 VD_1、VD_2 并联反接在回路两端,是一个零偏二极管限幅器,当信号电平小于 0.5V 时,二极管基本不导通,对回路影响很小,但当信号电压大于 0.5V 时,二极管导通,信号被二极管旁路,所以输出电压被限制在峰-峰值 $V_{p-p}=1V$ 上。

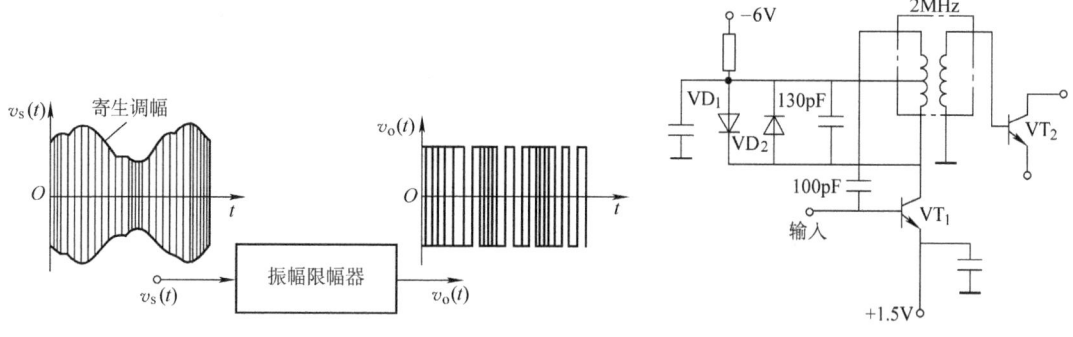

图 7.7.8 振幅限幅器的作用　　　图 7.7.9　150MHz 晶体管调频接收机中的限幅器

（2）晶体管限幅器　晶体管限幅器电路如图 7.7.10 所示。从形式上看，它和一般调谐放大器没有什么区别，只是作为限幅使用，工作点的设计应使放大器的线性范围小，使得调频信号正半周时的寄生调幅部分进入饱和区，而负半周时的寄生调幅部分进入截止区，从而消除寄生调幅，如图 7.7.11 所示。

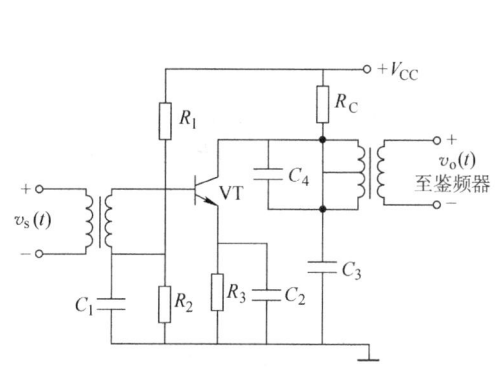

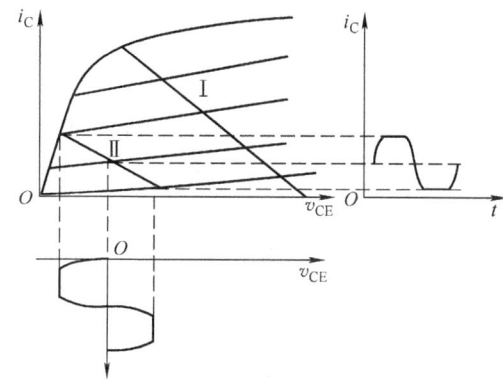

图 7.7.10　晶体管限幅器电路　　　图 7.7.11　谐振功率放大器的限幅特性

根据图 7.7.11 中所示的曲线知，负载线 I 代表调谐放大器工作在放大区，此时放大器的线性范围较大；欲使放大器的线性范围较小，工作于限幅状态，应选负载线 II 的状态，即集电极电源电压应取得较低，集电极谐振回路的谐振阻抗应取得较大。同时偏置电流应适当减小。这样，在输入信号不太大时，就能在输入信号的正半周使放大管进入饱和状态，在负半周进入截止状态。晶体管限幅器的工作频率要比二极管限幅器的低，具有一定的放大能力。

（3）差分对管限幅器　差分对管限幅器由单端输入－单端输出的差分放大器组成，如图 7.7.12a 所示，其电流传输特性如图 b 所示，显然具有明显的双向限幅的作用。当输入调频信号 v_s 的振幅 V_{sm} 大于门限电压 V_{th} 时，输出电流 i_{C2} 波形的上、下端被削平，此后 V_{sm} 继续增大，i_{C2} 则是趋近于恒定幅度的方波，因而其中包含的基波分量振幅也基本恒定。通过谐振于基频的 LC 并联谐振回路，可在输出端得到已限幅的调频波。

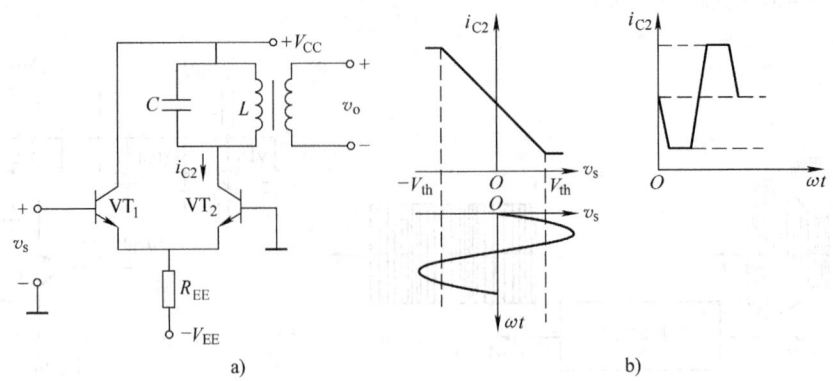

图 7.7.12 差分对管限幅器
a) 限幅电路 b) 限幅特性

为了减小限幅门限电压，集成电路中通常采用恒流源电路，采用多级差分对管级联构成限幅中放电路，这样不仅保证有足够高的中频增益，而且有极小的限幅门限电压。

差分对管限幅器的优点是限幅门限电压较低，因此可以降低对前级增益的要求。电路中 R_{EE} 若用恒流源代替，很容易实现集成化。

※7.8 数字信号的角度调制与解调

由 6.6 节已经知道，当调制信号为数字信号对载波频率（相位）进行调制时，称为数字频率（相位）调制。数字频率调制又称为频移键控（FSK），数字相位调制又称为相移键控（PSK）。

7.8.1 数字频率调制与相位调制

1. 数字频率调制（FSK）

频移键控（FSK）是用数字基带信号控制载波信号的频率，不同的载波频率代表数字信号的不同电平。二进制数字频移键控（2FSK）信号是用两个不同频率的载波来代表数字信号的两种电平。

2FSK 信号的数学表达式为

$$v(t) = \left[\sum_n a_n g(t-nT_a)\right]\cos\omega_1 t + \left[\sum_n \bar{a}_n g(t-nT_a)\right]\cos\omega_2 t$$

式中，$g(t)$ 是持续时间为 T_a 的矩形脉冲；

$$a_n = \begin{cases} 1 & \text{概率为 } P \\ 0 & \text{概率为 } 1-P \end{cases}$$

$\bar{a}_n$ 是 a_n 的反码。

FSK 信号的产生有两种方法，直接调频法和频率键控法。

直接调频是用数字基带信号直接控制载波振荡器的振荡频率。前面介绍的模拟信号的直接调频电路都可以用来产生 2FSK 信号，它具有电路简单和相位连续的优点，但频率稳定度较低。

频率键控法的原理框图如图 7.8.1 所示。它由两个独立振荡源和数字基带信号控制转换开关组成。数字基带信号控制电子开关，在两个独立振荡源之间进行转换以输出对应的不同频率。这种方法的频率稳定度高，转换速度较快，但在转换时相位不连续。

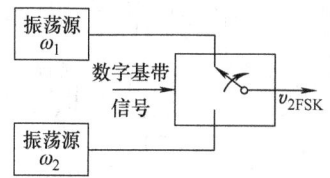

图 7.8.1　频率键控法的原理框图

为了兼顾相位连续和频率稳定度高的要求，常用图 7.8.2 所示的数字式调频器来产生 2FSK 信号。它主要由标准频率源和可变分频器组成，可变分频器的分频比由输入数字基带信号控制。

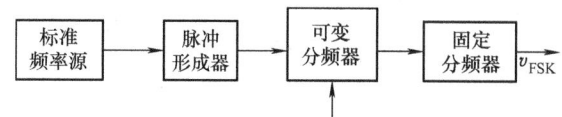

图 7.8.2　数字式调频原理框图

2. 数字相位调制（PSK）

数字相位调制又称为相位键控（PSK），它是用数字基带信号控制载波的相位，使载波的相位发生跳变的调制方式。二进制相位键控（2PSK）用同一载波的两种相位来代替数字信号。因为 PSK 系统抗噪声性能优于 ASK 和 FSK，而且频带利用率较高，所以在中、高速数字通信中被广泛应用。

数字调相常分为绝对调相（CPSK）和相对调相（DPSK）。

（1）绝对调相（CPSK）　以未调制载波相位作为基准的调制称为绝对调相。在二进制相位键控中，设码元取"1"时，已调载波的相位与未调制载波相位相同，取"0"时，则反相，其数学表示式为

$$v_{2\text{CPSK}} = \begin{cases} A\sin(\omega_c t + \theta_0) & \text{为"1"码} \\ A\sin(\omega_c t + \theta_0 + \pi) & \text{为"0"码} \end{cases}$$

式中，θ_0 为载波的初相位。受控载波在 0、π 两个相位上变化，其波形如图 7.8.3 所示。其中，图 a 为数字基带信号 $s(t)$；图 b 为载波；图 c 为 2CPSK 绝对调相波形；图 d 为双极性数字基带信号 $s'(t)$。

从图 7.8.3 可知，2CPSK 信号可以看成是双极性基带信号乘以载波而产生的，即

$$v_{2\text{CPSK}} = s'(t)A\sin(\omega_c t + \theta_0)$$

CPSK 波形相位是相对于载波相位而言的。首先，必须画好载波，然后根据相位的规定画出 CPSK 波形。

图 7.8.4 所示是一个典型的环形调制器直接调相电路。在 1、2 端接载波信号 $A\sin(\omega_c t + \theta_0)$，在 5、6 端接双极性基带信号 $s'(t)$，3、4 端为 CPSK 信号输出端。

当基带信号为正时，VD_1、VD_2 导通，VD_3、VD_4 截止，输出载波与输入载波同相。当

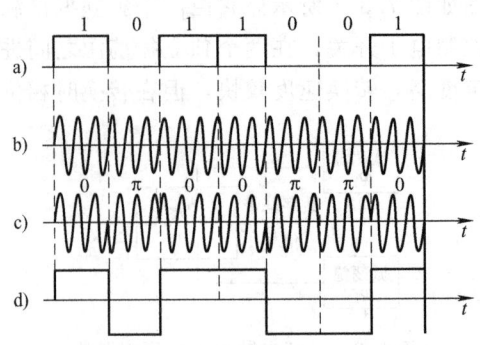

图 7.8.3 两相绝对调相信号波形

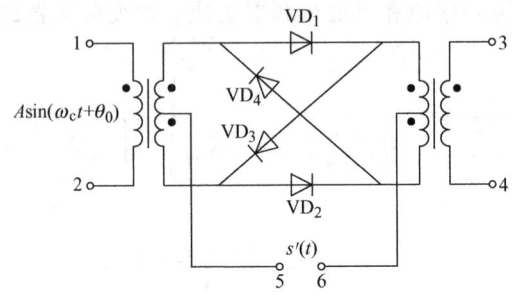

图 7.8.4 直接调相电路

基带信号为负时,VD_3、VD_4 导通,VD_1、VD_2 截止,输出载波与输入载波反相,从而实现了 CPSK 调制。这种方法称为直接调相法。

(2) 相对调相(DPSK) 相对调相就是各码元的载波相位不是以未调制载波相位为基准,而是以相邻的前一个码元的载波相位为基准来确定。例如,当码元为"1"时,它的载波相位取与前一个码元的载波相位差为 π,而当码元为"0"时,它的载波相位取与前一个码元的载波相位相同,如图 7.8.5 所示。其中,图 a 是数字基带信号 $s(t)$ 的波形,又称为绝对码;图 b 为载波;图 C 为 DPSK 波形;图 d 是数字基带信号的相对码 $s'(t)$,用它对载波进行绝对调相和用绝对码对载波进行相对调相,其输出结果相同。因而,可以采用将绝对码变换成相对码后,再进行绝对调相来实现相对调相,其原理框图如图 7.8.6a 所示。

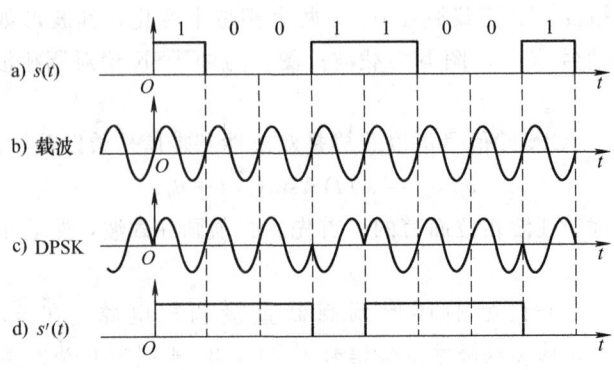

图 7.8.5 DPSK 信号波形

图 7.8.6b 是绝对码变换成相对码的原理图,它是由异或门和延时一个码元宽度 T_B 的延时器组成。它完成的功能是 $b_n = a_n \oplus b_{n-1}$($n-1$ 表示 n 的前一个码)。也就是将图 7.8.5a 所示的绝对码基带信号 $s(t)$ 转换成图 7.8.5d 所示的相对码基带信号 $s'(t)$。

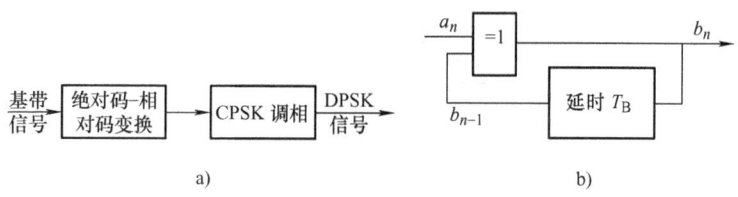

图 7.8.6 DPSK 信号的产生

7.8.2 数字调频与数字调相信号的解调

1. 数字调频信号的解调

(1) 包络解调法 FSK 信号包络解调原理框图如图 7.8.7 所示。输入的 FSK 信号是等幅的调频波,经过 ω_1 和 ω_2 两个窄带的分路带通滤波器变成上、下两路 ASK 信号,上路是载频为 ω_1 的 ASK 信号,下路是载频为 ω_2 的 ASK 信号。经包络检波器后分别取出它们的包络。这两路包络送给抽样判决器进行比较,从而判决输出数字基带信号。假若频率 ω_1 代表数字信号"1";频率 ω_2 代表数字信号"0",上一路包络检波输出电压 v_1,下一路包络检波输出电压 v_2,则抽样判决器的判决准则是:$v_1 - v_2 > 0$ 判决为"1",$v_1 - v_2 < 0$ 判决为"0",其判决门限为零电平。

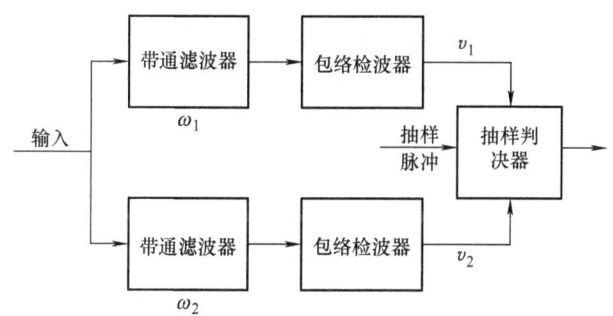

图 7.8.7 2FSK 包络解调原理框图

(2) 同步解调法 FSK 信号同步解调原理框图如图 7.8.8 所示,输入的 FSK 信号经过 ω_1 和 ω_2 两个窄带的分路带通滤波器变成为上、下两路 ASK 信号,通过乘法器与本地载频 ω_1 和本地载频 ω_2 分别进行相乘,经过低通滤波器滤除高频分量,实现了对 ASK 信号的同步检波。抽样判决器对低通滤波器输出电压 v_1 和 v_2 比较判决,即可还原出数字基带信号。

(3) 过零检测法 过零检测法原理框图如图 7.8.9 所示,输入的 v_{FSK} 信号经限幅放大后成为矩形脉冲波,再经过微分电路得到具有正负的双向尖脉冲,然后通过全波整流将双向尖脉冲变为单向脉冲,每一个尖脉冲表示输入信号的一个过零点,尖脉冲的重复频率就是信号频率的 2 倍。将尖脉冲去触发一单稳态电路,产生一定宽度的矩形脉冲序列,该序列的平均分量与脉冲重复频率成正比,即与输入信号成正比。因此,经过低通滤波器输出的平均分量

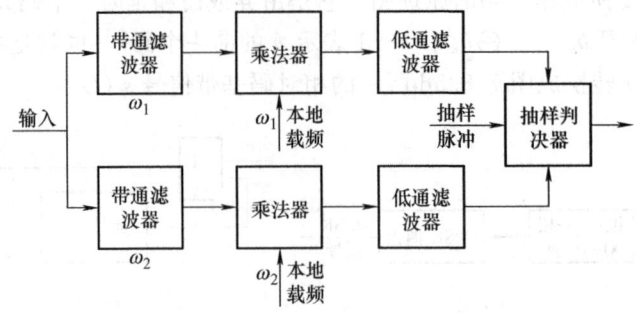

图 7.8.8 2FSK 同步解调原理框图

的变化反映了输入信号频率的变化，这样就把码元"1"与"0"在幅度上区分开来，恢复出数字基带信号。

图 7.8.9 FSK 过零检测法原理框图

2. 数字调相信号的解调

数字调相信号的解调方法有极性比较法和相位比较法两种。

(1) 极性比较法（同步解调） 图 7.8.10 所示是极性比较法解调 CPSK 信号的原理框图。CPSK 信号经带通滤波后加到乘法器，与载波极性比较。因为 CPSK 信号的相位是以载波相位为基准的，所以经低通滤波和抽样判决电路后还原数字基带信号。若输入信号为 DPSK，经图 7.8.10 解调电路解调后得到的是相对码，还需要经过相对码—绝对码变换器才能得到原数字基带信号。图 7.8.11 所示是相对码—绝对码变换器，它完成的功能是 $a_n = b_n \oplus b_{n-1}$。将图 7.8.11 所示电路加在图 7.8.10 所示电路的抽样判决器之后，则构成 DPSK 信号极性比较法解调电路。

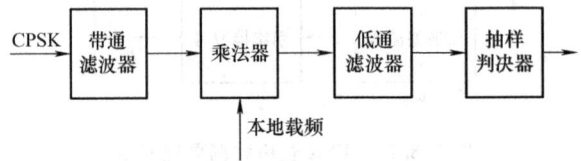

图 7.8.10 CPSK 极性比较法解调器的原理框图

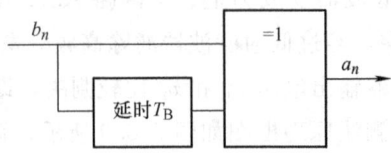

图 7.8.11 相对码—绝对码变换器

(2) 相位比较法 DPSK 相位比较法解调器的原理框图如图 7.8.12 所示。其基本原理是将输入调相波的前后码元所对应的调相波通过乘法器进行相位比较，是以前一码元的载波相位作为后一码元载波相位的参考相位的。输入的 v_{DPSK} 信号经带通滤波后，一路直接加到乘法器，另一路经延时器延时一个码元时间，加到乘法器作为相干载波。经乘法器相乘，通过低通滤波器滤除高频项取出前后码元载波的相位差，相位差为 0 对应 "0"，相位差为 π 对应 "1"。再经抽样判决器直接解调出原绝对码基带信号。

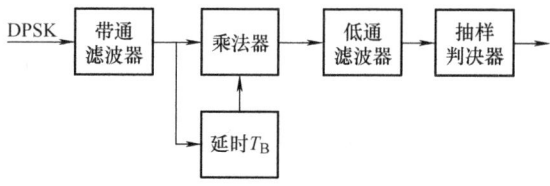

图 7.8.12　DPSK 相位比较法解调器的原理框图

思考题与习题

7.1　什么是角度调制？

7.2　调频波和调相波有哪些共同点和不同点，它们有何联系？

7.3　调角波和调幅波的主要区别是什么？

7.4　调频波的频谱宽度在理论上是无限宽，在传送和放大调频波时，工程上如何确定设备的频谱宽度？

7.5　为什么调幅波调制度 M_a 不能大于 1，而调角波调制度可以大于 1？

7.6　有一余弦电压信号 $v(t)=V_m\cos(\omega_0 t+\theta_0)$，其中 ω_0 和 θ_0 均为常数，求其瞬时角频率和瞬时相位。

7.7　有一已调波电压 $v(t)=V_m\cos[(\omega_c+A\omega_1)t]$，试求它的 $\Delta\varphi(t)$、$\Delta\omega(t)$ 的表达式。如果它是调频波或调相波，它们相应的调制电压各是什么？

7.8　已知载波信号 $v_c(t)=V_{cm}\cos\omega_c t$，调制信号为周期性方波和三角波，分别如图 7.T.1a、b 所示，试画出下列波形：

(1) 调幅波、调频波。

(2) 调频波和调相波的瞬时角频率偏移 $\Delta\omega(t)$、瞬时相位偏移 $\Delta\varphi(t)$（坐标对齐）。

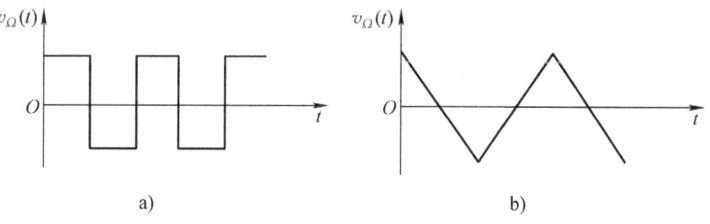

图 7.T.1　题 7.8 图

7.9　有一个 AM 波和 FM 波，载频均为 1MHz，调制信号均为 $v_\Omega(t)=0.1\sin(2\pi\times10^3 t)$V。频率调制的调频灵敏度 $k_f=1$kHz/V，动态范围大于 20V。

(1) 求 AM 波和 FM 波的信号带宽。

(2) 若 $v_\Omega(t)=20\sin(2\pi\times10^3 t)$V，重新计算 AM 波和 FM 波的带宽。

(3) 由以上两项计算结果可得出什么结论？

7.10　已知载波频率 $f_c=1400$MHz，载波振幅 $V_{cm}=5$V，调制信号 $v_\Omega(t)=\cos(2\pi\times10^3 t)V+2\cos(2\pi\times1500 t)$V，设最大频偏 $\Delta f_m=20$kHz。试写出调频波的数学表达式。

7.11 已知 $v(t)=500\cos(2\pi\times 10^8 t+20\sin 2\pi\times 10^3 t)$ mV。

(1) 若为调频波,试求载波频率 f_c、调制频率 F、调频指数 M_f、最大频偏 Δf_m、有效频谱宽度 BW_{CR} 和平均功率 P_{av} (设负载电阻 $R_L=50\Omega$)。

(2) 若为调相波,试求调相指数 M_p、调制信号 $v_\Omega(t)$、最大频偏 Δf_m (设调相灵敏度 $k_p=5$ rad/V)。

7.12 已知载波信号 $v_c(t)=V_{cm}\cos\omega_c t=5\cos(2\pi\times 50\times 10^6 t)$ V,调制信号 $v_\Omega(t)=1.5\cos(2\pi\times 2\times 10^3 t)$ V。

(1) 若为调频波,且单位电压产生的频偏为 4kHz,求最大频率偏移 Δf_m 和调制指数 M_f;试写出 $\omega(t)$、$\varphi(t)$ 和调频波 $v(t)$ 表达式。

(2) 若为调相波,且单位电压产生的相移为 3rad,求最大相位偏移 $\Delta\varphi_m$,试写出 $\omega(t)$、$\varphi(t)$ 和调相波 $v(t)$ 表达式。

(3) 计算上述两种调角波的 BW_{CR},若调制信号频率 F 改为 4kHz,则相应频谱宽度 BW_{CR} 有什么变化? 若调制信号的频率不变,而振幅 $V_{\Omega m}$ 改为 3V,则相应的频谱宽度有什么变化?

7.13 已知 $f_c=20$MHz,$V_{cm}=10$V,$F_1=2$kHz,$V_{\Omega m1}=3$V,$F_2=3$kHz,$V_{\Omega m2}=4$V,若 $\Delta f_m/V=2$kHz/V,试写出调频波 $v(t)$ 的表达式,并写出频谱分量的频率通式。

7.14 调频振荡回路由电感 L 和变容二极管组成,$L=2\mu H$,变容二极管的参数为:$C_j(0)=225$pF,$n=1/2$,$V_B=0.6$V,$V_Q=-6$V,调制信号 $v_\Omega(t)=3\sin(10^4 t)$V。求输出 FM 波时:

(1) 载波 f_c。

(2) 由调制信号引起的频率偏移 Δf_c。

(3) 最大频率偏移 Δf_m。

(4) 调频灵敏度 S_f。

(5) 二阶失真系数 k_{f2}。

7.15 画出图 7.3.7 所示调频电路的高频通路、变容二极管的直流通路和音频控制电路。

7.16 图 7.T.2 所示是变容二极管直接调频电路,其中心频率为 360MHz,变容二极管的 $n=3$,$V_B=0.6$V,$v_\Omega=\cos\Omega t$。图中 L_1 和 L_3 为高频扼流圈,C_3 为隔直流电容,C_4 和 C_5 为高频旁路电容。

(1) 分析电路工作原理和各元件的作用。

(2) 调整 R_2,使加到变容二极管上的反向偏置电压 V_Q 为 6V 时,它所呈现的电容 $C_{jQ}=20$pF,试求振荡回路的电感量 L_2。

(3) 试求最大频偏 Δf_m 和调制灵敏度 $S_f=\Delta f_m/V_{\Omega m}$。

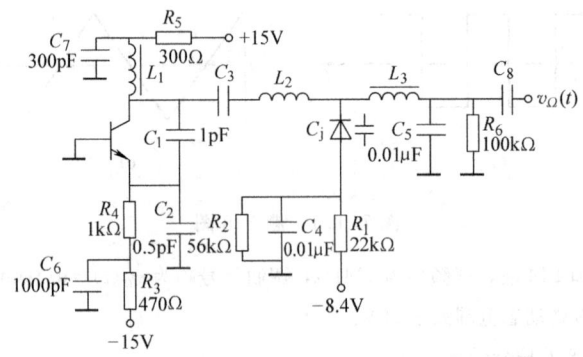

图 7.T.2 题 7.16 图

7.17 一变容二极管直接调制电路,如图 7.T.3 所示,已知 $v_\Omega=V_{\Omega m}\cos(2\pi\times 10^4 t)$(单位 V),变容二极管结电容 $C_j=100(V_Q+v_\Omega)^{-\frac{1}{2}}$(单位 pF),调频指数 $M_f=5$rad,$v_\Omega=0$ 时的振荡频率 $f_c=5$MHz。

(1) 画出该调频振荡器的高频通路、变容二极管的直流通路和音频通路。

(2) 试求变容二极管所需直流偏置电压 V_Q。

(3) 试求最大频偏 Δf_m 和调制信号电压振幅 $V_{\Omega m}$。

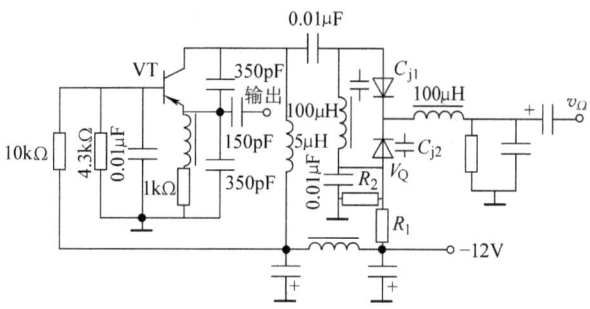

图 7.T.3 题 7.17 图

7.18 石英晶体调频振荡器电路如图 7.T.4 所示，图中变容二极管与石英谐振器串联，ZL_1、ZL_2、ZL_3 为高频扼流圈，R_1、R_2、R_3 为偏置电阻。画出其交流等效电路，并说明是什么振荡电路。若石英谐振器的串联谐振频率 $f_q=10\text{MHz}$，串联电容 C_q 对未调制时变容二极管的结电容 C_{jQ} 的比值为 2×10^{-3}，石英谐振器的并联电容 C_0 可以忽略。变容二极管的 $n=2$，$V_B=0.6\text{V}$，加在变容二极管上的反向偏置电压 $V_Q=2\text{V}$，调制信号电压振幅为 $V_{\Omega m}=1.5\text{V}$，求调制器的频偏。

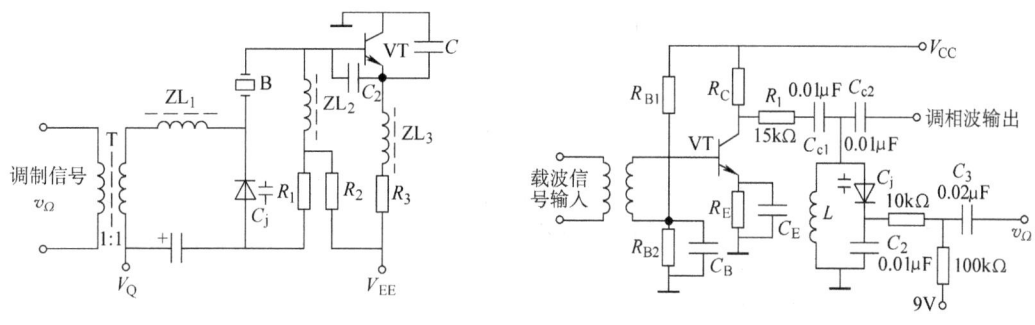

图 7.T.4 题 7.18 图　　　　　图 7.T.5 题 7.19 图

7.19 图 7.T.5 所示为单回路变容二极管调相电路，图中，C_2、C_3 为高频旁路电容，$v_\Omega(t)=V_{\Omega m}\cos(2\pi Ft)$，变容二极管的参数为 $n=2$，$V_B=1\text{V}$；回路等效品质因数 $Q_e=20$。试求下列情况时的调相指数 M_p 和最大频偏 Δf_m。

(1) $V_{\Omega m}=0.1\text{V}$，$F=1000\text{Hz}$。

(2) $V_{\Omega m}=0.1\text{V}$，$F=2000\text{Hz}$。

(3) $V_{\Omega m}=0.05\text{V}$，$F=1000\text{Hz}$。

7.20 在图 7.T.6 所示的三级单回路变容二极管间接调频电路中，电阻 R_1 和三个电容 C_1 构成积分电路。已知：变容二极管的参数 $n=3$，$V_B=0.6\text{V}$；回路的等效品质因数 $Q_e=20$，输入高频电流 $i_s=\cos(10^6 t)\text{mA}$，调制电压的频率范围为 300～4000Hz；要求每级回路的相移不大于 30°。试求：

(1) 调制信号电压振幅 $V_{\Omega m}$；

(2) 输出调频电压振幅 V_{om}；

(3) 最大频偏 Δf_m；

(4) 若 R_1 改成 470Ω，电路功能有否变化？

7.21 某一由间接调频和倍频、混频组成的调频发射机原理框图如图 7.T.7 所示。要求输出调频波的载波频率 $f_c=100\text{MHz}$，最大频偏 $\Delta f_m=75\text{kHz}$，已知调制信号频率 $F=100\text{Hz}\sim 15\text{kHz}$，混频器输出频率

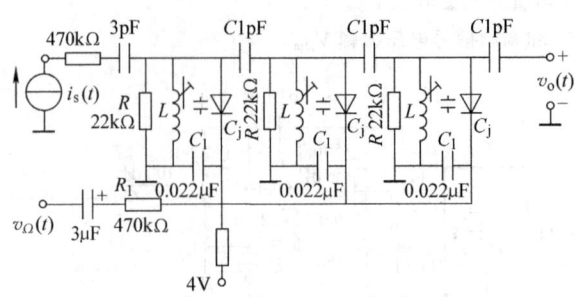

图 7.T.6 题 7.20 图

$f_3 = f_L - f_2$,矢量合成法调相器提供的调相指数为 0.2rad。试求:

(1) 倍频次数 n_1 和 n_2。
(2) $f_1(t)$、$f_2(t)$ 和 $f_3(t)$ 的表达式。

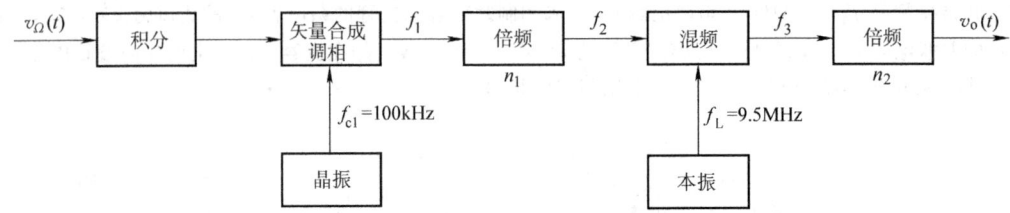

图 7.T.7 题 7.21 图

7.22 一调频设备如图 7.T.8 所示。要求输出调频波的载波频率 $f_c = 100\text{MHz}$,最大频偏 $\Delta f_m = 75\text{kHz}$。本振频率 $f_L = 40\text{MHz}$,已知调制信号频率 $F = 100\text{Hz} \sim 15\text{kHz}$,设混频器输出频率 $f_{c3} = f_L - f_{c2}$,两个倍频次数 $N_1 = 5$,$N_2 = 10$。试求:

(1) LC 直接调频电路输出的 f_{c1} 和 Δf_{m1}。
(2) 两个放大器的通频带 BW_1、BW_2。

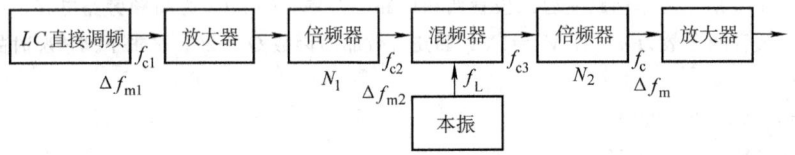

图 7.T.8 题 7.22 图

7.23 乘积型鉴相器是由乘法器和低通滤波器组成。假设乘法器的两个输入信号均为小信号,即 $v_1 = V_{1m}\cos[\omega_c t + \varphi(t)]$,$v_2 = V_{2m}\cos\omega_c t$,乘法器的输出电流 $i = K_M v_1 v_2$。试分析说明此鉴相器的鉴相特性,并与 $v_2 = V_{2m}\sin\omega_c t$ 输入时的鉴相特性相比较,它们的特点如何?

7.24 试画出调频发射机、调频接收机的原理框图。

7.25 斜率鉴频电路如图 7.T.9 所示,已知调频波 $v_s(t) = V_m\cos(\omega_c t + M_f\sin\Omega t)$,$\omega_{o1} < \omega_c < \omega_{o2}$,试画出鉴频特性 $v_1(t)$、$v_2(t)$、$v_{o1}(t)$、$v_{o2}(t)$、$v_o(t)$ 的波形(坐标对齐)。

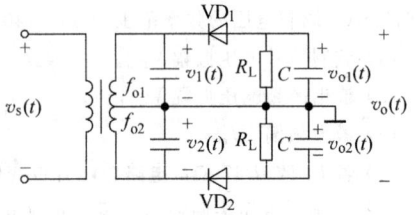

图 7.T.9 题 7.25 图

7.26 鉴频器输入调频信号 $v_s(t) = 3\cos[2\pi\times10^6 t + 16\sin(2\pi\times10^3 t)]$ V，鉴频灵敏度 $S_d = 5$ mV/kHz，线性鉴频范围 $2\Delta f_{max} = 50$ kHz，试画出鉴频特性曲线及鉴频输出电压波形。

7.27 鉴频特性如图 7.T.10 所示，$2\Delta f_{max} = 20$ MHz，信号 $v_i(t) = V_{im}\sin(\omega_c t + M_f\cos 2\pi Ft)$（单位 V），画出以下两种情况下的输出电压波形：
(1) $F = 1$ MHz，$M_f = 5$；
(2) $F = 1$ MHz，$M_f = 12$。

7.28 某鉴频器的鉴频特性如图 7.T.11 所示，鉴频器的输出电压为 $v_o(t) = \cos(4\pi\times10^3 t)$ V。
(1) 求鉴频跨导 S_d。
(2) 写出输入信号 $v_{FM}(t)$ 和原调制信号 $v_\Omega(t)$ 的表达式，设 $k_f = 50$ kHz/V；
(3) 若此鉴频器为互感耦合相位鉴频器，要使鉴频特性反相为正极性的鉴频特性（鉴频跨导为正值），应如何改变电路？

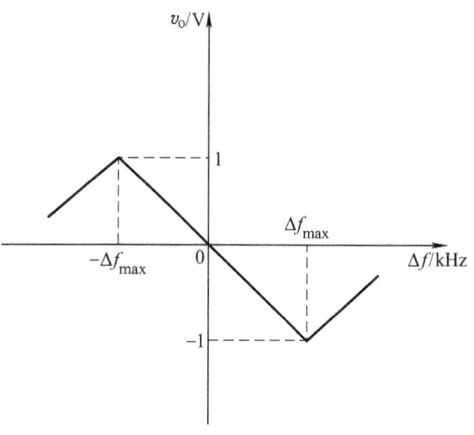

图 7.T.10 题 7.27 图

7.29 用矢量合成原理定性描述出图 7.T.12 所示耦合回路相位鉴频器的鉴频特性。

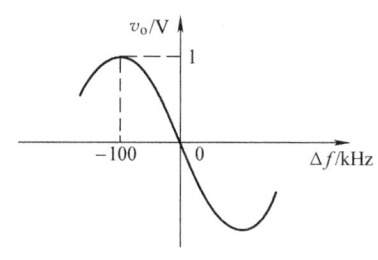

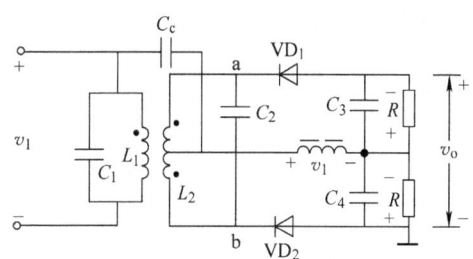

图 7.T.11 题 7.28 图   图 7.T.12 题 7.29 图

7.30 在图 7.T.13 所示的两个电路中，试指出哪个电路能实现包络检波，哪个电路能实现鉴频，相应的 f_{01} 和 f_{02} 应如何配置。

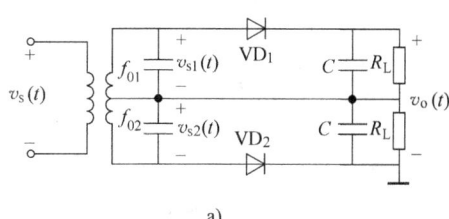
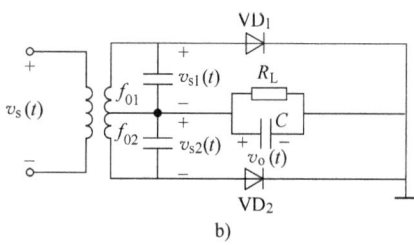

图 7.T.13 题 7.30 图

第 8 章 反馈控制电路

8.1 反馈控制电路概述

电子设备往往需要各种类型的控制电路，来改善其性能指标。这些控制电路都是运用反馈的原理，因而可统称为反馈控制电路（Feedback Control Circuit）。根据控制对象参量的不同，反馈控制电路可分为以下三类：自动电平控制（Automatic Level Control，ALC）电路，主要用于接收机中，以维持整机输出电平恒定。自动频率控制（Automatic Frequency Control，AFC）电路，用于维持电子设备的工作频率稳定。自动相位控制（Automatic Phase Control，APC）电路，又称为锁相环（Phase Locked Loop，PLL），用于锁定相位，能够实现许多功能，是应用最广的一种反馈控制电路。

各种反馈控制电路，就其作用原理而言，都可看作自动调节系统，它由反馈控制电路和受控对象两部分组成，如图 8.1.1 所示。图中，x_i 和 x_o 分别为反馈控制电路的输入量和输出量，它们之间的关系是根据使用要求予以设定的，设为

$$x_o = g(x_i) \tag{8.1.1}$$

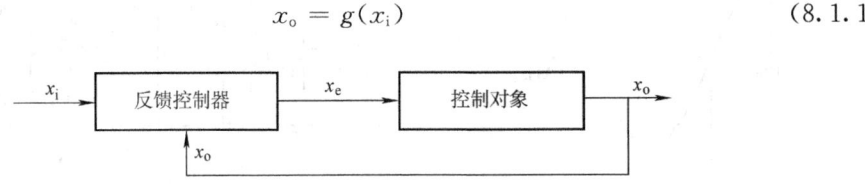

图 8.1.1 反馈控制电路的组成框图

若某种原因破坏了这个预定的关系式，反馈控制器就对 x_o 和 x_i 进行比较，检测出它们与预定关系之间的偏离程度，并产生相应的误差量 x_e，加到受控对象上。受控对象根据 x_e 对输出量 x_o 进行调节。通过不断比较和调节，最后使 x_o 和 x_i 之间接近到预定的关系式（8.1.1），反馈控制电路进入稳定状态。必须指出，反馈控制电路是依靠误差进行调节的，因而，x_o 和 x_i 之间只能接近，而不能恢复到预定关系，是一种有误差的反馈控制电路。

反馈控制电路的类型不同，需要比较和调节的参量就不同，自动电平控制电路需要比较和调节的参量为电压（电流），相应的 x_i 和 x_o 为电压（电流）。自动频率控制电路，需要比较和调节的参量为频率，则相应的 x_i 和 x_o 为频率。自动相位控制电路需要比较和调节的参量为相位，则相应的 x_i 和 x_o 为相位。本章将重点研究锁相环的工作原理、性能特点及其主要应用。

8.1.1 自动电平控制电路

自动电平控制（ALC）电路广泛应用于各种电子设备中，它的基本作用是减小因各种因素引起系统输出信号电平的变化。例如，减小接收机因电磁波传播衰落等引起输出信号强

度的变化，稳定发射机输出电平，并便于在一定范围内进行调整，可作为信号发生器的稳幅机构或输出信号电平的调节机构等。

常见的自动电平控制电路用于调幅接收机时，称为自动增益控制（Automatic Gain Control）电路，简称为 AGC 电路。

自动增益控制电路的作用是，当输入信号电压在很大范围变化时，保持接收机输出电压几乎不变。具体地说，当输入信号很弱时，接收机的增益大，自动增益控制电路不起作用。而当输入信号很强时，自动增益控制电路进行控制，使接收机的增益减小。这样，当信号场强变化时，接收机输出端的电压或功率几乎不变。

具有自动增益控制电路的超外差式接收机框图如图 8.1.2 所示。

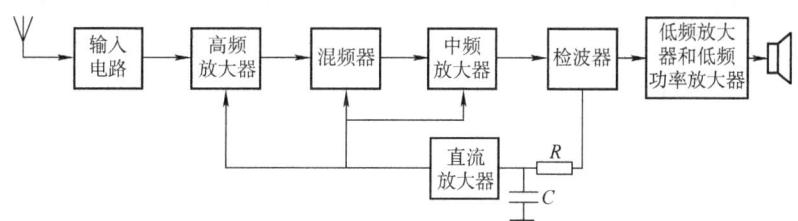

图 8.1.2　具有自动增益控制电路的超外差式接收机框图

由检波器输出的低频电压，经低频放大器和低频功率放大器到扬声器，另一路经 RC 低通滤波器后，获得直流电流（或电压）分量，以控制高频放大器、混频器和中频放大器增益。由于控制晶体管放大器的增益，一般是需要功率的，如果检波器输出功率不够，还可以在低通滤波器后加一直流放大器。

AGC 电路具有的特性是：在没有控制电路时，接收机的输出电压 v_o 随输入电压 v_i 的增大而增大（不考虑外来信号过强时超出晶体管的线性工作范围），如图 8.1.3 中曲线①所示。具有 AGC 电路的接收机，输出电压振幅 v_o 随输入电压 v_i 的增大而减小，如图 8.1.3 曲线②所示。v_o 与 v_i 的这种关系曲线，称为简单 AGC 特性曲线。

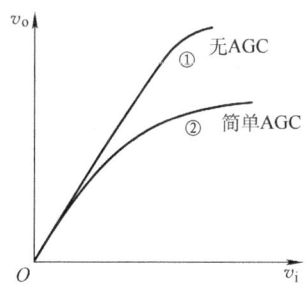 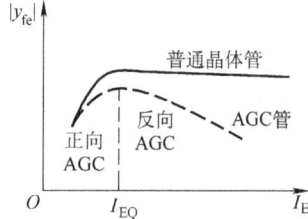

图 8.1.3　简单的 AGC 特性　　　图 8.1.4　晶体管 $|y_{fe}|-I_E$ 特性曲线

图 6.4.10 是晶体管收音机中的简单 AGC 电路，图中 R_2C_3 组成低通滤波器，从检波后的音频信号中取出缓变直流分量作为控制信号直接对放大器的增益进行控制。经分析可知，这是反向 AGC 电路。调节可变电阻 R_2，可以使低通滤波器的截止频率低于解调后音频信号的最低频率，避免出现反调制。

控制放大器增益的方法主要有两种：一种方法是通过改变放大器本身的某些参数，如发射极电流、负载、电流分配比、恒流源电流、负反馈大小等；另一种方法是插入可控衰减器来改变整个放大器的增益。

例如晶体管放大器的增益取决于晶体管正向传输导纳 $|y_{fe}|$，而 $|y_{fe}|$ 又与晶体管工作点有关，所以，改变发射极平均电流 I_E 就可以使 $|y_{fe}|$ 随之改变，从而达到控制放大器增益的目的。

图 8.1.4 是晶体管 $|y_{fe}|$ —I_E 特性曲线，其中实线是普通晶体管特性，虚线是 AGC 管特性。如果把静态工作点选在 I_{EQ} 点，当 $I_E < I_{EQ}$ 时，$|y_{fe}|$ 随 I_E 减小而下降，称为反向 AGC；所谓反向 AGC，是指当输入信号增强时，希望增益减小，即 $|y_{fe}|$ 减小，则 I_E 应该减小，所以 I_E 的变化方向与输入信号的变化方向相反。当 $I_E > I_{EQ}$ 时，$|y_{fe}|$ 随 I_E 增加而下降，称为正向 AGC。所谓的正向 AGC，是指当输入信号增强时，若使增益减小，I_E 应该增大，所以 I_E 的变化方向与输入信号的变化方向相同。AGC 控制电压既可以从发射极送入，也可以从基极送入，如图 8.1.5 所示。

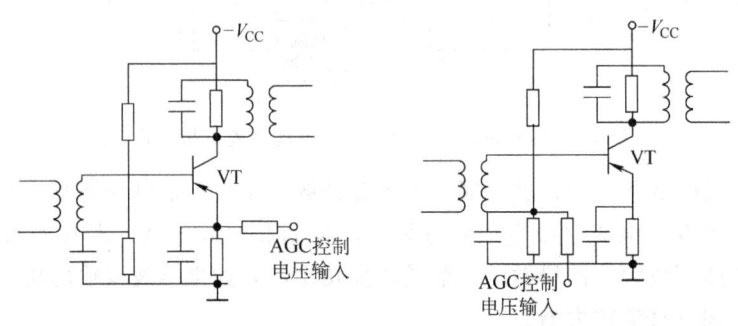

图 8.1.5 改变 I_E 的增益控制电路

简单 AGC 电路的优点是电路简单。主要缺点是，一有外来信号，AGC 立刻起作用，接收机的增益就因受控制而减小。这对提高接收机的灵敏度是不利的，尤其在外来信号很微弱时。为了克服这个缺点，也就是希望外来信号大于某值后，AGC 才起作用，此时可采用延迟 AGC 电路。

图 8.1.6 为具有延迟 AGC 的接收机电路框图，图中单独设置了提供 AGC 电压的 AGC 检波器。其延迟特性由加在 AGC 检波器上的参考电压 v_r 决定，当检波器输入信号 v_{ia} 的幅度小于 v_r 时，AGC 检波器不工作，AGC 电压为零，AGC 不起控制作用。当检波器输入信号 v_{ia} 的幅度大于 v_r 时，AGC 才起控制作用。其控制特性如图 8.1.7 所示。

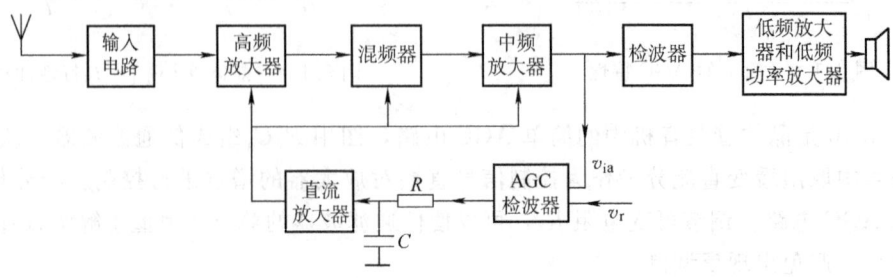

图 8.1.6 具有延迟 AGC 的接收机框图

延迟 AGC 的原理电路如图 8.1.8 所示。二极管 VD 和负载 R_1C_1 组成 AGC 检波器并兼作比较器，检波后的电压经 RC 低通滤波器，供给直流 AGC 电压。另外，在二极管上加有一负电压（由负电源分压获得），称为延迟电压（参考信号 v_r）。当接收机输入信号 v_i 很小时，AGC 检波器的输入电压 v_{ia} 也比较小，由于延迟电压 v_r 的存在，AGC 检波器的二极管一直不导通，没有 AGC 电压输出，因此没有 AGC 作用，放大器的增益不变，输出信号 v_o 与输入信号 v_i 呈线性关系。只有当 v_i 大到一定程度，使检波器输入电压 v_{ia}

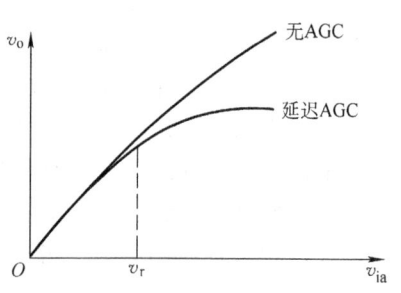

图 8.1.7　延迟 AGC 特性曲线

的幅值大于延迟电压 v_r 后，AGC 检波器才工作，产生 AGC 作用，使放大器增益有所减小，保持输出信号 v_o 基本恒定或仅有微小变化。调节延迟电压 v_r 的数值，可以满足不同的要求。由于延迟电压的存在，信号检波器必然要与 AGC 检波器分开，否则延迟电压会加到信号检波器，使外来信号较小时不能检波，而信号过大时又产生非线性失真。

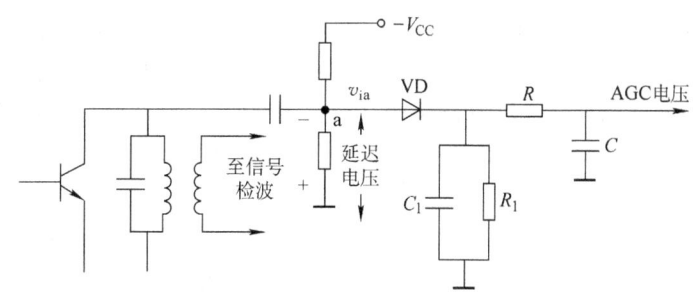

图 8.1.8　延迟 AGC 的原理电路

正确选择 AGC 低通滤波器的时间常数 $\tau = RC$ 是设计 AGC 电路的主要任务之一。$\tau = RC$ 不能太大也不能太小。τ 太大，接收机的增益不能得到及时调整；τ 太小，则会使调幅波受到反调制。通常在接收语音调幅信号时，τ 选为 $0.02 \sim 0.2 \mathrm{s}$；接收等幅电平时，τ 选为 $0.1 \sim 1 \mathrm{s}$。

8.1.2　自动频率控制电路

自动频率控制（AFC）电路同样属于反馈控制电路。它与 AGC 电路的区别在于控制对象不同，AGC 电路的控制对象是电平信号，而 AFC 电路的控制对象是信号的频率。AFC 电路的主要作用是自动控制振荡器的振荡频率。

图 8.1.9 是自动频率控制电路的原理框图。该框图的自动频率调整过程是：压控振荡器的频率 f_o 与标称频率 f_r 在鉴频器中进行比较。当 $f_r = f_o$ 时，鉴频器无输出，控制电压 $v_c = 0$，压控振荡器振荡频率不变；当 $f_r \neq f_o$ 时，鉴频器就有误差电压 v_e 输出，这个误差电压 v_e 正比于频率

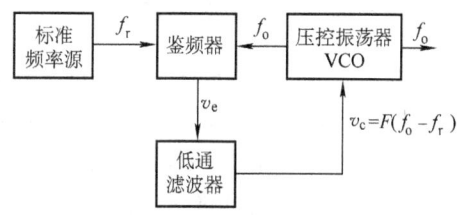

图 8.1.9　自动频率控制电路的原理框图

误差$|f_o-f_r|$,经过低通滤波器滤除干扰及噪声后,得到控制电压v_c,利用控制电压v_c控制压控振荡器的振荡频率,最终使压控振荡器的频率f_o发生变化;变化的结果使频率误差$|f_o-f_r|$减小到一定值Δf,自动控制过程即停止,压控振荡器即稳定于$f_o=f_r\pm\Delta f$的频率上,环路进入锁定状态。锁定状态的Δf称为稳态频率误差(剩余频率误差)。

由前面的介绍可知,自动频率控制过程是利用频率误差信号的反馈作用来控制压控振荡器的频率,使之达到稳定。误差信号v_e由鉴频器产生,它与频率误差信号成比例。因而达到最后稳定状态时,两个频率不能完全相等,必须有剩余频率误差(稳态误差)$\Delta f=|f_o-f_r|$存在,剩余频率误差Δf的存在,是 AFC 电路的缺陷。当然希望Δf越小越好。图中的标准频率f_r实际上可利用鉴频器的中心频率,并不需要另外供给。

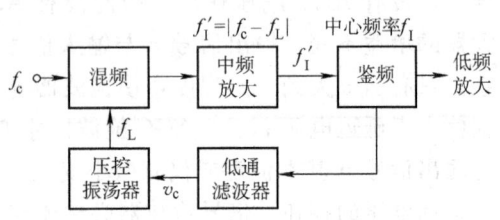

例如图 8.1.10 所示的是一个调频接收机的 AFC 系统的框图。这里是以额定中频f_I作为鉴频器的中心频率,亦即作为 AFC 系统的标准频率。当混频器输出的差频$f_I'=f_L-f_c$

图 8.1.10 调频接收机的 AFC 系统框图

不等于f_I时,鉴频器即有误差电压输出,通过低通滤波器,只允许直流电压输出,用来控制本振(压控振荡器),使f_L改变,直到$|f_I'-f_I|$减小至等于剩余频差为止。这个固定的剩余频差叫做剩余失谐(Residual Detuning)。显然,剩余失谐越小越好。如若图 8.1.10 中的本振频率f_L为 46.5~51.5MHz,信号频率f_c为 45~50MHz,额定中频f_I为 1.5MHz,剩余失谐不超过 9kHz。

图 8.1.11 是具有自动频率微调系统的调频发射机框图。调频电路的中心频率为f_c,晶体振荡器频率为f_o,鉴频器中心频率调整在f_o-f_c,由于f_o频率稳定度很高,当f_c产生漂移时,反馈系统的控制作用就可以使f_c的偏离减小。低通滤波器的作用是滤除调制信号,以防止调制信号产生影响。

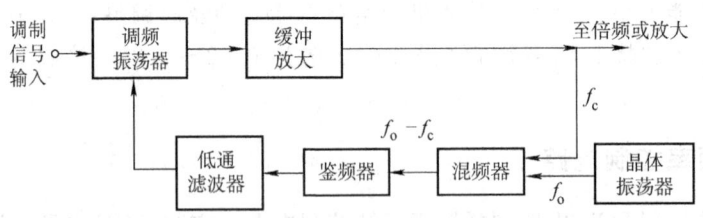

图 8.1.11 具有自动频率微调系统的调频发射机框图

8.1.3 自动相位控制电路

图 8.1.12 为自动相位控制(APC)电路(又称锁相环,PLL)的基本组成框图,它由鉴相器(PD)、环路低通滤波器(LF)和压控振荡器(VCO)三部分组成。其中,控制对象为压控振荡器(VCO),而反馈控制电路则由检测相位差的鉴相器和环路低通滤波器组成。

与自动频率控制电路一样,PLL 也是一种实现频率跟踪的自动控制电路,而且这种跟踪是无误差的,即 VCO 输出频率恒等于输入信号频率。但是,两者的控制原理不同。在

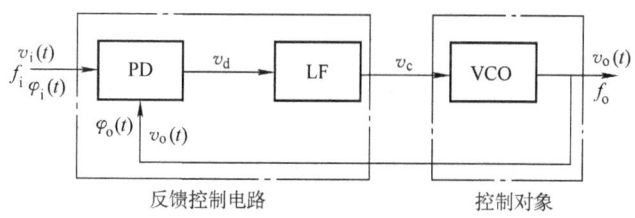

图 8.1.12 锁相环的基本组成框图

PLL 中，控制输入信号电压 $v_i(t)$ 的角频率和 VCO 振荡角频率之间保持相等的要求，不是直接利用它们之间的频率误差，而是利用它们之间瞬时相位误差来实现的。

频率和相位之间存在着确定的关系。将输入信号电压 $v_i(t)$ 和 VCO 输出电压 $v_o(t)$ 分别用旋转矢量表示，如图 8.1.13a 所示，矢量的转动角速度和相应的角位移就是所示电压的角频率和相应的瞬时相位 ($\omega = d\varphi/dt$)。假设某种不稳定因素使 VCO 振荡角频率大于输入信号角频率，亦即 VCO 电压矢量比输入信号电压矢量转动得快，则两个矢量之间的瞬时相位差 $[\varphi_o(t) - \varphi_i(t)]$ 将随时间不断地增大，鉴相器产生的误差电压也就相应地变化，通过低通滤波器后，加到 VCO 上，使其振荡角频率不断地被调整，直到 VCO 角频率 ω_o 等于输入信号角频率 ω_i。环路锁定时，两个旋转矢量之间的瞬时相位差便保持恒值 (φ_o)，如图 8.1.13b 所示。这时鉴相器输出恒定的误差电压，并用这个误差电压（经滤波器）控制 VCO 振荡角频率，使它稳定地等于输入信号角频率。可见，环路未锁定前，鉴相

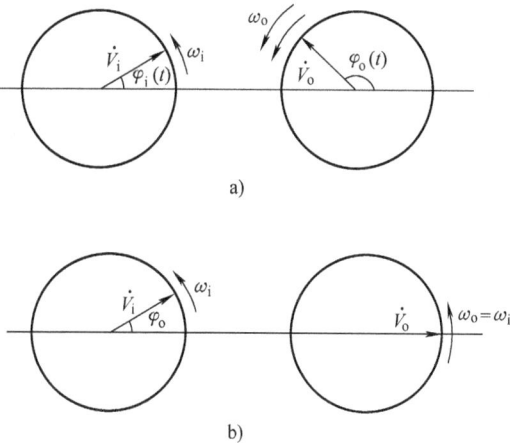

图 8.1.13 用旋转矢量说明 PLL 的相位（频率）控制过程
a) 失锁 ($\omega_o > \omega_i$)　b) 锁定 ($\omega_o = \omega_i$)

器输出不断变化的误差电压，进行频率搜索，一旦找到输入信号角频率，鉴相器便输出恒定误差电压，用来保持环路锁定。

综上所述，三种反馈控制电路的区别在于它们的输入和输出端所取参量的不同，因而相应的反馈控制器和控制对象也就不同。但是，从原理上来说，它们都是自动调节系统，具有相同的调节过程，可以采用相同的分析方法。

8.2 锁相环的基本组成与原理

锁相环是一种以消除频率误差为目的的相位反馈控制电路。目前锁相环在许多技术领域得到了广泛的应用，在模拟与数字通信中已成为不可缺少的基本部件，它应用于滤波、频率合成、调制与解调、信号检测等多个方面。锁相环分为模拟锁相环与数字锁相环两大类，本章主要介绍模拟锁相环的工作原理、主要特性及典型电路。

8.2.1 锁相环的基本组成及数学模型

由图 8.1.12 知，基本锁相环由鉴相器（PD）、环路低通滤波器（LF）、压控振荡器（VCO）三部分组成。

锁相环的工作原理简述如下：当环路没有输入信号 v_i 时，压控振荡器工作在自由振荡状态，振荡频率为 f_r。当环路有输入信号 v_i 时，鉴相器对输入信号和压控振荡器输出信号的相位进行比较，产生误差电压 v_d。该误差电压经过环路滤波器滤波后，得到控制电压 $v_c(t)$。$v_c(t)$ 控制压控振荡器的频率和相位，使两个信号的频率和相位差减小，直到压控振荡器的输出信号频率 f_o 等于输入信号的频率 f_i，而相位差恒定。此时误差控制电压为一固定值，环路即被锁定。

设图 8.1.12 中的输入、输出信号分别为

$$v_i(t) = V_{im}\cos[\omega_i t + \theta_i] \tag{8.2.1}$$

$$v_o(t) = V_{om}\cos[\omega_o t + \theta_o + \varphi] \tag{8.2.2}$$

式中，θ_i、θ_o 分别为 v_i、v_o 的起始相角；φ 一般为 $\pi/2$。令 ω_r 为 $v_c=0$ 时 VCO 的固有振荡角频率，又称为参考角频率。而 ω_o 为 $v_c\neq 0$ 时 VCO 的振荡角频率，ω_i 为输入信号角频率。为了便于比较，将式（8.2.1）、式（8.2.2）变换为

$$v_i(t) = V_{im}\cos[\omega_i t + \theta_i] = V_{im}\cos[\omega_r t + \varphi_i(t)] \tag{8.2.3}$$

$$v_o(t) = V_{om}\cos[\omega_o t + \theta_o + \varphi] = -V_{om}\sin[\omega_r t + \varphi_o(t)] \tag{8.2.4}$$

式中

$$\omega_i = \omega_r + \frac{d\varphi_i(t)}{dt} = \omega_r + \Delta\omega_i$$

$$\omega_o = \omega_r + \frac{d\varphi_o(t)}{dt} = \omega_r + \Delta\omega_o$$

又 $\Delta\omega_i = \dfrac{d\varphi_i(t)}{dt}$、$\Delta\omega_o = \dfrac{d\varphi_o(t)}{dt}$ 分别为 v_i、v_o 的角频率偏离参考角频率 ω_r 的大小，称为输入固有角频差和控制角频差（后文将详细讨论）。

1. 鉴相器（PD）及其电路模型

鉴相器是相位比较装置，用来比较输入信号和压控振荡器输出信号的相位，输出的误差电压 $v_d(t)$ 与两信号相位差成比例，如图 8.2.1a 所示。鉴相器输出电压和相位差的关系称为鉴相特性，特性曲线与鉴相器电路形式和参数有关。具体的鉴相电路有模拟电路，也有数字电路，鉴相特性曲线有正弦形、锯齿形和三角形等。

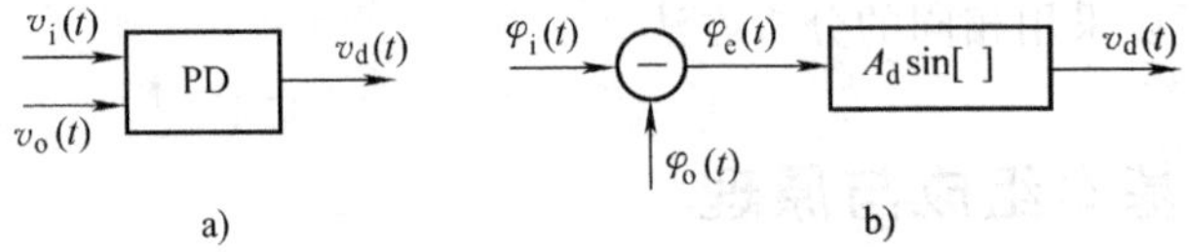

图 8.2.1 正弦鉴相器的功能模型

原则上，任何模拟相乘器都可以作为具有正弦特性的鉴相器，如图 8.2.2 所示的乘积型鉴相器。

相乘器的输出为

$$v_e = A_m v_i v_o = -A_m V_{im} V_{om} \cos[\omega_r t + \varphi_i(t)] \sin[\omega_r t + \varphi_o(t)]$$
$$= \frac{1}{2} A_m V_{im} V_{om} \sin[\varphi_i(t) - \varphi_o(t)] - \frac{1}{2} A_m A_{im} A_{om} \sin[\varphi_i(t) + \varphi_o(t) + 2\omega_r t]$$

所以
$$v_d(t) = \frac{1}{2} A_m V_{im} V_{om} \sin\varphi_e(t) = A_d \sin\varphi_e(t) \tag{8.2.5}$$

式中，$\varphi_e(t) = \varphi_i(t) - \varphi_o(t)$ 为 v_i 与 v_o 的瞬时相位误差；$A_d = \frac{1}{2} A_m V_{im} V_{om}$ 为鉴相器输出电压的振幅值，单位是伏特（V）。

由式（8.2.5）可以得到正弦鉴相器的功能模型如图 8.2.1b 所示，鉴相特性曲线如图 8.2.3 所示。

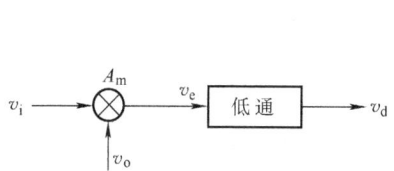

图 8.2.2　乘积型鉴相器的组成模型

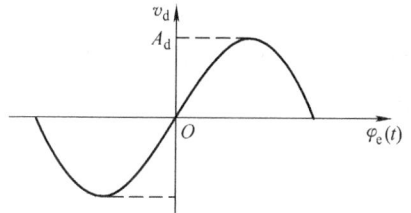

图 8.2.3　正弦鉴相特性

2. 环路低通滤波器（Loop Low-pass Filter，LF）

环路低通滤波器的作用是滤除鉴相器输出电流中的无用组合频率分量及其他干扰分量，以达到环路性能的要求，保证环路的稳定性。

在锁相环中，常用的环路低通滤波器的电路形式如图 8.2.4 所示。

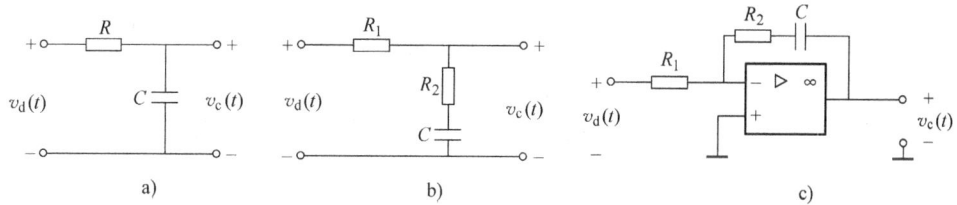

图 8.2.4　常用的环路低通滤波器的电路形式

a) 无源 RC 滤波器　b) 无源比例积分滤波器　c) 有源比例积分滤波器

对于图 8.2.4a 所示的 RC 滤波器，假若在通带范围内，满足 $R \gg \frac{1}{\omega C}$（或 $\omega \gg \frac{1}{RC}$）的条件，v_c 和 v_d 的关系为

$$v_c = \frac{1}{C} \int \frac{v_d - v_c}{R} dt \approx \frac{1}{RC} \int v_d dt \tag{8.2.6}$$

若令 $\frac{d}{dt} = p$ 为微分算子，则 $\int (\cdot) dt = \frac{1}{p}$ 为积分算子。于是上式可以写成

$$v_c(t) = \frac{1}{RC} \frac{1}{p} v_d(t) = A_F(p) v_d(t) \tag{8.2.7}$$

式中，$A_F(p) = \frac{v_c(t)}{v_d(t)} = \frac{1}{RCp}$ 为滤波器的时域传递函数。

用拉普拉斯变换（复频域）可求得无源 RC 滤波器的复频域传输函数为

$$A_F(s) = \frac{V_c(s)}{V_d(s)} = \frac{1}{1+s\tau} \approx \frac{1}{s\tau}, \tau = RC \tag{8.2.8}$$

对照式（8.2.7）与式（8.2.8）可以看出，在时域 p 为微分算子，在频域 s 为拉普拉斯算子。或者说，如果将 $A_F(s)$ 中的复频率 s 用微分算子 p 替换，可写出描述滤波器激励和响应之间（时域）关系的微分方程。

无源比例积分滤波器（见图 8.2.4b）的复频域传输函数

$$A_F(s) = \frac{R_2 + \dfrac{1}{sC}}{R_1 + R_2 + \dfrac{1}{sC}} = \frac{1+s\tau_2}{1+s(\tau_1+\tau_2)}, \tau_1 = R_1 C, \tau_2 = R_2 C \tag{8.2.9}$$

当集成运放满足线性化条件时，有源比例积分滤波器（见图 8.2.4c）的复频域传输函数为

$$A_F(s) = -\frac{R_2 + \dfrac{1}{sC}}{R_1} = -\frac{1+s\tau_2}{s\tau_1}, \tau_1 = R_1 C, \tau_2 = R_2 C \tag{8.2.10}$$

式（8.2.10）表明，$A_F(s)$ 与 s 成反比，故这种滤波器又称为理想积分滤波器。

显然，图 8.2.4 中的三种滤波器的时域表达式均可表示为

$$v_c(t) = A_F(p) v_d(t) \tag{8.2.11}$$

其电路模型如图 8.2.5 所示。图 8.2.4 中的三种滤波器，当 $s \to 0$ 时，图 a、b 的 $A_F(0)=1$，图 c 的 $A_F(0) \to \infty$。

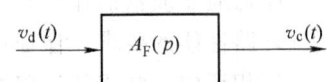

图 8.2.5 环路低通滤波器的电路模型

3. 压控振荡器（VCO）

压控振荡器的作用是产生振荡频率随控制电压 $v_c(t)$ 变化的振荡电压，是一种电压—频率变换装置。能实现调频的振荡器都可以作为压控振荡器，例如变容二极管调频振荡器。在一般情况下，压控振荡器的振荡频率随控制电压变化的特性是非线性的，如图 8.2.6a 所示。在线性范围内，压控振荡器的控制特性为

$$\omega_o(t) = \omega_r + A_0 v_c(t) \tag{8.2.12}$$

式中，A_0 称为压控灵敏度或 VCO 的增益系数，单位为 rad/(sV)，表示在单位控制电压作用下，压控振荡器角频率的变化量。压控振荡器输出信号 $v_o(t)$ 的瞬时相位为

$$\int_0^t \omega_o(t) dt = \int_0^t [\omega_r + A_0 v_c(t)] dt = \omega_r t + A_0 \int_0^t v_c(t) dt \tag{8.2.13}$$

与式（8.2.4）比较可知

$$\varphi_o(t) = A_0 \int_0^t v_c(t) dt \tag{8.2.14}$$

故就 φ_o 与 v_c 的关系而言，VCO 是一理想积分器，往往将它称为锁相环路中的固有积分环节。积分关系可用微分算子表示为

$$\varphi_o(t) = A_0 \frac{v_c(t)}{p} \tag{8.2.15}$$

由此得到 VCO 的电路模型如图 8.2.6b 所示。

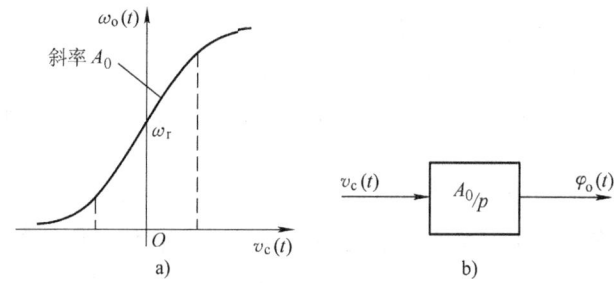

图 8.2.6 压控振荡器(VCO)的控制特性与实现模型
a) 压控振荡器的控制特性 b) 电路模型

4. 锁相环的相位数学模型

将上述各部分的时域模型按图 8.1.12 连接起来,构成图 8.2.7 所示的环路相位数学模型。

从图中可以看出,系统的输入量是输入信号 $v_i(t)$ 中的相位 $\varphi_i(t)$,输出量是压控振荡器输出信号 $v_o(t)$ 的相位 $\varphi_o(t)$。输出相位 $\varphi_o(t)$ 反馈到输入端与 $\varphi_i(t)$ 进行比较,得到与二者相位差有关的控制信号 $v_c(t)$,用以控制压控振荡器的振荡频率,达到调节 $\varphi_o(t)$ 的目的,所以称之为相位反馈控制系统。

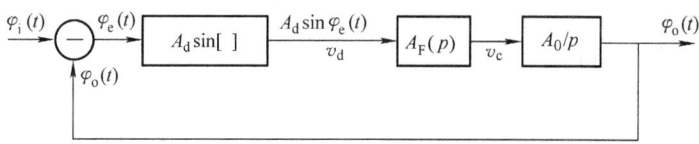

图 8.2.7 锁相环的相位数学模型

8.2.2 锁相环的基本方程

由相位数学模型可以得到相应的动态方程为

$$\varphi_e(t) = \varphi_i(t) - \varphi_o(t) = \varphi_i(t) - A_d A_0 A_F(p) \frac{1}{p} \sin\varphi_e(t)$$

或
$$p\varphi_e(t) = p\varphi_i(t) - A_d A_0 A_F(p) \sin\varphi_e(t) \qquad (8.2.16)$$

这是一个非线性微分方程,它描述的是输入信号相位偏移 $\varphi_i(t)$ 与输出信号的相位偏移 $\varphi_o(t)$ 之间的关系,而不是输入电压 $v_i(t)$ 与输出电压 $v_o(t)$ 之间的幅度关系。该方程可以完整地描述环路闭合后所发生的相位反馈控制过程,式中各项的物理意义如下:

1) $p\varphi_e(t) = p[\varphi_i(t) - \varphi_o(t)] = p\varphi_i(t) - p\varphi_o(t) = \omega_i - \omega_o = \Delta\omega_e(t)$ 称为瞬时角频差(Instantaneous Frequency Difference),表示 VCO 振荡角频率 ω_o 偏离输入信号角频率 ω_i 的数值。

2) $A_d A_0 A_F(p) \sin\varphi_e(t) = p\varphi_i(t) - p\varphi_e(t) = \omega_o - \omega_r = \Delta\omega_o(t)$ 称为控制角频差(Controlled Frequency Difference),表示 VCO 在控制电压 $v_c(t)$ 的作用下产生的振荡角频率 ω_o 偏离参考角频率 ω_r 的数值。

3) $p\varphi_i(t) = \omega_i - \omega_r = \Delta\omega_i(t)$ 称为输入固有角频差(Original Frequency Difference)(初始角频差(Initial Frequency Difference)),表示输入信号角频率 ω_i 偏离参考角频率 ω_r 的数值。

当输入信号频率确定后，$\Delta\omega_i$ 是固定数值。

于是，式（8.2.16）可进一步改写成

$$\Delta\omega_e = \Delta\omega_i - \Delta\omega_o \text{ 或 } \Delta\omega_i = \Delta\omega_e + \Delta\omega_o \tag{8.2.17}$$

式（8.2.17）表明，环路闭合后的任何时刻，瞬时角频差和控制角频差之和恒等于输入固有角频差。

如果输入固有角频差为常数，$\Delta\omega_i(t)=\Delta\omega_i$，$v_i(t)$ 为恒定频率的输入信号，在环路进入锁定的过程中，瞬时角频差不断减小，而控制角频差不断增大，但两者之和恒等于 $\Delta\omega_i$。当控制角频差增大到 $\Delta\omega_o(t)=\Delta\omega_i$ 时，瞬时角频差减小到零，即 $\Delta\omega_e(t)=p\varphi_e(t)=0$，环路便进入锁定状态。环路锁定时，VCO 振荡角频率等于输入信号角频率（$\omega_o=\omega_i$）。

8.3 锁相环的跟踪特性

锁相环有两个基本状态：锁定状态和失锁状态。在锁定和失锁之间有两种动态过程，分别称为跟踪过程和捕捉过程。当环路处于跟踪状态时，一般相位误差较小，锁相环可视为线性系统；而在捕捉过程，需要对环路进行非线性分析。

本节首先介绍输入信号频率固定不变的情况下环路锁定时的一些特性，然后分析处于锁定状态的环路对输入信号频率变化的跟踪过程及相应的衡量环路跟踪特性优劣的指标。

8.3.1 锁相环的静态特性

环路锁定时的静态特性可以从以下几个方面说明。

1. 环路锁定时瞬时角频差为零

环路闭合前，由于没有控制电压输出（$v_c=0$），控制角频差 $\Delta\omega_o=0$，瞬时角频差等于输入固有角频差，即 $\Delta\omega_i=\Delta\omega_e$。

环路闭合后，鉴相器有误差电压输出，产生控制电压 $v_c \neq 0$，$\Delta\omega_o$ 增加，$\Delta\omega_e$ 降低，直到 $\Delta\omega_e=0$，$\Delta\omega_i=\Delta\omega_o$，环路达到锁定状态。

当环路锁定时，$\Delta\omega_e=\omega_i-\omega_o=0$，$\omega_i=\omega_o$，压控振荡器的振荡角频率等于输入信号角频率，环路可以实现无误差的频率跟踪。

2. 稳态相位误差 $\varphi_{e\infty}$

环路锁定时，$\Delta\omega_e=0$，即 $p\varphi_e=0$，说明输入信号与压控振荡器输出信号之间的相位差为一恒定值，即 $\varphi_e=$ 常量，称为稳态相位误差（或剩余相位误差），用 $\varphi_{e\infty}$ 表示。$\varphi_{e\infty}$ 的存在表明锁相环是一个有相位误差的相位反馈控制系统。正是这个稳态相位误差，才使鉴相器输出一直流电压，这个直流电压通过滤波器加到 VCO 上，调整其振荡角频率，使它等于输入信号角频率。

若设环路滤波器的直流增益（环路锁定时 LF 的时域传输特性）为 $A_F(0)$，则当环路锁定时，式（8.2.16）可简化为

$$A_d A_0 A_F(0) \sin\varphi_{e\infty} = p\varphi_i(t) = \Delta\omega_i \tag{8.3.1}$$

有

$$\varphi_{e\infty} = \arcsin\frac{\Delta\omega_i}{A_d A_0 A_F(0)} = \arcsin\frac{\Delta\omega_i}{A_{\Sigma 0}} \tag{8.3.2}$$

式中，$A_{\Sigma0}=A_dA_0A_F(0)$为环路的直流总增益。

式（8.3.2）表明，环路锁定时，随着$\Delta\omega_i$增大，$\varphi_{e\infty}$也相应增大。这就是说，$\Delta\omega_i$越大，将VCO振荡频率调整到等于输入信号频率所需的控制电压就要越大，因而产生这个控制电压的$\varphi_{e\infty}$也就要越大。直到$\Delta\omega_i$增大到大于$A_{\Sigma0}$时，式（8.3.2）无解，表明环路不存在使它锁定的$\varphi_{e\infty}$。或者说，输入固有角频差过大，环路无法锁定。其原因就在于$\varphi_{e\infty}=\pi/2$时，鉴相器输出电压v_d已达到最大值。若继续增大$\varphi_{e\infty}$，鉴相器输出电压v_d反而减小，无法获得足够的控制电压v_c以调整VCO振荡频率ω_o，使它等于输入信号频率ω_i。

3. 同步带（跟踪带）

若环路原本处于锁定状态，由于某种原因引起输入信号角频率变化，造成输入角频差增大，但环路通过跟踪过程，能够维持环路锁定所允许的最大输入固有角频差，称为锁相环路的同步带或跟踪带，用$\Delta\omega_L$表示。如果VCO的调谐范围以及放大器的线性动态范围足够宽，则根据式（8.3.2）知，应有关系$\Delta\omega_i\leqslant A_{\Sigma0}$，所以同步带为

$$\Delta\omega_L = A_{\Sigma0} \tag{8.3.3}$$

实际上，由于输入信号角频率向ω_r两边偏离的效果是一样的，因此

$$\Delta\omega_L = \pm A_{\Sigma0} \tag{8.3.4}$$

式（8.3.4）表明，要增大锁相环的同步带，必须提高其直流总增益。不过，这个结论是在假设VCO的频率控制范围足够大的条件下才成立。因为在满足这个条件时，锁相环的同步带主要受到鉴相器最大输出电压的限制。如果式（8.3.4）求得的$\Delta\omega_L$大于VCO的频率控制范围，那么，即使有足够大的控制电压加到VCO上，也不能将VCO振荡频率调整到输入信号频率上。因此，在这种情况下，同步带主要受到VCO最大频率控制范围的限制。

8.3.2 锁相环的跟踪特性

如前所述，锁相环在跟踪过程中，φ_e值一般很小，满足$|\varphi_e|\leqslant\pi/12$的条件，可以近似用线性函数逼近鉴相器的鉴相特性，即

$$v_d(t) = A_d\sin\varphi_e(t) \approx A_d\varphi_e(t) \tag{8.3.5}$$

式中，A_d称为鉴相灵敏度，单位为V/rad。

此时基本环路方程可简化为线性微分方程

$$p\varphi_e(t) = p\varphi_i(t) - A_dA_0A_F(p)\varphi_e(t) \tag{8.3.6}$$

相应的线性化相位数学模型如图8.3.1所示。

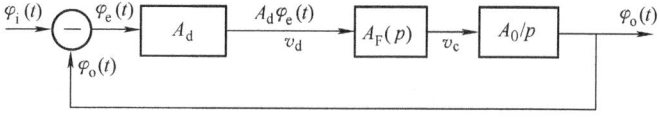

图8.3.1 锁相环路的线性化相位数学模型

1. PLL的传输特性

分析PLL的传输特性，应求解上式线性化微分方程，通常的分析方法是在复频域中进行。设$\Phi_i(s)$、$\Phi_o(s)$、$\Phi_e(s)$分别是$\varphi_i(t)$、$\varphi_o(t)$、$\varphi_e(t)$的拉普拉斯变换，将图8.3.1中p

用 s 取代后可以得到图 8.3.2 所示的线性化复频域模型。

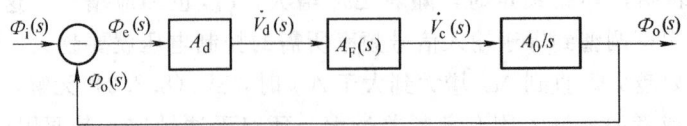

图 8.3.2　锁相环的线性化复频域模型

环路的闭环传递函数为

$$H(s) = \frac{\Phi_o(s)}{\Phi_i(s)} = \frac{A_d A_0 A_F(s)}{s + A_d A_0 A_F(s)} = \frac{H_o(s)}{1 + H_o(s)} \quad (8.3.7)$$

其中

$$H_o(s) = \frac{\Phi_o(s)}{\Phi_e(s)} = \frac{A_d A_0 A_F(s)}{s} \quad (8.3.8)$$

为环路的开环传递函数。

环路的误差传递函数为

$$H_e(s) = \frac{\Phi_e(s)}{\Phi_i(s)} = \frac{\Phi_e(s)}{\Phi_e(s) + \Phi_o(s)} = \frac{1}{1 + H_o(s)} = \frac{s}{s + A_d A_0 A_F(s)} \quad (8.3.9)$$

上面是环路传递函数的一般形式，在实际应用中，应将环路滤波器的传输函数代入到上述方程中，就可以得到实际锁相环的传递函数。可以看出，传递函数的性质实际上是由环路滤波器的性质决定的。环路中采用的环路滤波器的形式不同，相应的传递函数也不同，其结果见表 8.3.1。

表 8.3.1　采用不同环路滤波器时环路的传递函数表达式

滤波器类型	$H_o(s)$	$H(s)$	$H_e(s)$	ω_n、ξ
简单 RC 滤波器 $A_F(s) = \dfrac{1}{1+s\tau}$ $\tau = RC$	$\dfrac{\omega_n^2}{s^2 + 2\xi\omega_n s}$	$\dfrac{\omega_n^2}{s^2 + 2\xi\omega_n s + \omega_n^2}$	$\dfrac{s^2 + 2\xi\omega_n s}{s^2 + 2\xi\omega_n s + \omega_n^2}$	$\omega_n^2 = \dfrac{A_d A_0}{\tau}$ $2\xi\omega_n = \dfrac{1}{\tau}$
有源比例积分滤波器 $A_F(s) = \dfrac{1+s\tau_2}{s\tau_1}$ $\tau_1 = R_1 C$ $\tau_2 = R_2 C$	$\dfrac{2\xi\omega_n s + \omega_n^2}{s^2}$	$\dfrac{2\xi\omega_n s + \omega_n^2}{s^2 + 2\xi\omega_n s + \omega_n^2}$	$\dfrac{s^2}{s^2 + 2\xi\omega_n s + \omega_n^2}$	$\omega_n^2 = \dfrac{A_d A_0}{\tau_1}$ $2\xi\omega_n = A_d A_0 \dfrac{\tau_2}{\tau_1}$
无源比例积分滤波器 $A_F(s) = \dfrac{1+s\tau_2}{1+s(\tau_1+\tau_2)}$ $\tau_1 = R_1 C$ $\tau_2 = R_2 C$	$\dfrac{s\omega_n\left(2\xi - \dfrac{\omega_n}{A_d A_0}\right) + \omega_n^2}{s\left(s + \dfrac{\omega_n^2}{A_d A_0}\right)}$	$\dfrac{s\omega_n\left(2\xi - \dfrac{\omega_n}{A_d A_0}\right) + \omega_n^2}{s^2 + 2\xi\omega_n s + \omega_n^2}$	$\dfrac{s\left(s + \dfrac{\omega_n^2}{A_d A_0}\right)}{s^2 + 2\xi\omega_n s + \omega_n^2}$	$\omega_n^2 = \dfrac{A_d A_0}{\tau_1 + \tau_2}$ $2\xi\omega_n = \dfrac{1 + A_d A_0 \tau_2}{\tau_1 + \tau_2}$

以上讨论的是锁相环在锁定状态下的复频域模型和复频域传递函数，由于这时环路的各部件均工作于线性区，因此环路为一个线性反馈控制系统。利用上述传递函数，可以分析锁相环的跟踪特性、频率特性、噪声特性及稳定性等。

2. 瞬时响应及稳态相位误差

对于已经锁定的环路，当输入信号的频率或相位发生某种变化时，环路将使压控振荡器的频率和相位跟踪输入信号变化。在输入信号发生变化后的一段时间里，环路有一瞬变过程。这个瞬变过程的具体状况与 PLL 的本身参数有关，也与输入信号的频率或相位的变化规律有关。瞬变过程结束后，环路即进入稳定状态。这时，压控振荡器与输入信号有相同的频率和固定的相差，称为稳态相差。环路的瞬变过程与稳态相差统称为 PLL 的跟踪特性。

跟踪特性通常用误差传递函数描述。当输入信号的频率或相位变化规律不同时，环路的跟踪过程也不同。

根据线性系统理论，利用误差传递函数，在给定 $\Phi_i(s)$ 的前提下，求出 $\Phi_e(s)$，再求 $\Phi_e(s)$ 的拉普拉斯反变换，即可得到瞬态响应和稳态相位误差。即

$$\Phi_e(s) = H_e(s)\Phi_i(s)$$

瞬态响应
$$\varphi_e(t) = \mathscr{L}^{-1}[H_e(s)\Phi_i(s)] \tag{8.3.10}$$

利用终值定理，求得稳态相位误差

$$\varphi_{e\infty} = \lim_{t\to\infty}\varphi_e(t) = \lim_{s\to 0}s\Phi_e(s) = \lim_{s\to 0}sH_e(s)\Phi_i(s) \tag{8.3.11}$$

例 8.3.1 在图 8.3.3 所示的锁相环中，已知 $A_d = 25\text{mV/rad}$，$A_0 = 1000\text{rad/(sV)}$，$RC = 1\text{ms}$，当输入角频率发生阶跃变化时，$\Delta\omega_i = 100\text{rad/s}$，要求环路的稳态相位误差为 0.1rad，试确定放大器的增益 A_1，并求出相位误差函数 $\varphi_e(t)$。

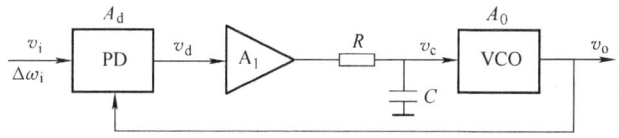

图 8.3.3 例 8.3.1 图

解 由于环路滤波器为 RC 低通滤波器，其传递函数为

$$A_F(s) = \frac{1}{1+RCs} = \frac{1}{1+\tau s}, \tau = RC$$

代入式（8.3.9）中，可以得到环路的误差传递函数为

$$H_e(s) = \frac{\Phi_e(s)}{\Phi_i(s)} = \frac{s^2 + 2\xi\omega_n s}{s^2 + 2\xi\omega_n s + \omega_n^2} \tag{8.3.12}$$

其中
$$\xi = \frac{1}{2}\left(\frac{1}{A_d A_0 A_1 \tau}\right)^{1/2}, \quad \omega_n = \left(\frac{A_d A_0 A_1}{\tau}\right)^{1/2} \tag{8.3.13}$$

式中，ξ 称为阻尼系数。ω_n 是 $\xi = 0$ 时系统的无阻尼振荡角频率——自然谐振角频率。

设 $t<0$ 时，环路锁定，且有 $\omega_i = \omega_o = \omega_r$，$\varphi_i(t) = 0$。在 $t=0$ 时，输入信号角频率产生幅度为 $\Delta\omega_i$ 阶跃变化，则在 $t>0$ 后的固有相位差 $\varphi_i(t)$ 为

$$\varphi_i(t) = \int_0^t \Delta\omega_i dt = \Delta\omega_i t \tag{8.3.14}$$

其拉普拉斯变换为
$$\Phi_i(s) = \frac{1}{s^2}\Delta\omega_i \tag{8.3.15}$$

因此环路的相位误差为

$$\Phi_e(s) = \frac{s^2 + 2\xi\omega_n s}{s^2 + 2\xi\omega_n s + \omega_n^2} \times \frac{\Delta\omega_i}{s^2} = \frac{(s + 2\xi\omega_n)\Delta\omega_i}{s(s^2 + 2\xi\omega_n s + \omega_n^2)}$$

瞬态响应

$$\varphi_e(t) = \mathcal{L}^{-1}[\Phi_e(s)] = \mathcal{L}^{-1}[H_e(s)\Phi_i(s)]$$
$$= 2\xi\frac{\Delta\omega_i}{\omega_n} + \frac{\Delta\omega_i}{\omega_n}e^{-\xi\omega_n t}\left[\frac{1-2\xi^2}{(1-\xi^2)^{1/2}}\sin\omega_n(1-\xi^2)^{1/2}t - 2\xi\cos\omega_n(1-\xi^2)^{1/2}t\right] \quad (8.3.16)$$

式(8.3.16)中,等式右边第二项为振幅按指数衰减的两个正弦函数的差值。这两个正弦函数的角频率相同(其值与 A_d、A_0、τ 有关),相位差为 $\pi/2$,振幅不同。当 $t\to\infty$ 时,该项的振幅值趋于零,是瞬态相位误差。当 $A_d A_0 A_1$ 一定时,ξ 为不同值时,由上式画出的相应曲线如图 8.3.4 所示。

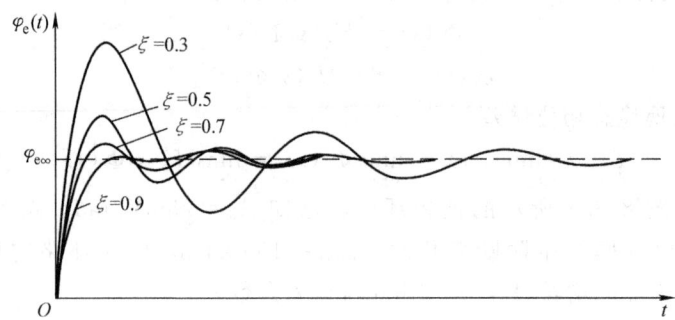

图 8.3.4 相位误差信号的瞬态响应

利用式(8.3.11)可求得稳态相位误差为

$$\varphi_{e\infty} = \lim_{s\to 0} sH_e(s)\Phi_i(s) = 2\xi\frac{\Delta\omega_i}{\omega_n} = \frac{\Delta\omega_i}{A_d A_0 A_1} \quad (8.3.17)$$

该式就是式(8.3.16)中等号右边第一项。

由式(8.3.17)可知,提高环路直流总增益 $A_{\Sigma 0} = A_d A_0 A_1$,可以减小 $\varphi_{e\infty}$。但由于随之带来了 ξ 的减小,使环路恢复到锁定状态所需的时间拉长,且出现振荡。这种现象说明,在环路阻尼系数 ξ 较小时,环路跟踪过程中,ω_o 不是单调地向 ω_i 靠拢,而是多次通过 ω_i 才最后趋于锁定。

如果改用理想积分滤波器,由于 $A_F(0)\to\infty$,相应的 $\varphi_{e\infty}=0$。在这种情况下,改变 ξ 可以控制 $\varphi_e(t)$ 的瞬态特性。这样,就很好地克服了采用简单 RC 滤波器时无法同时减小跟踪时间和稳态相位误差 $\varphi_{e\infty}$ 的困难。采用理想积分滤波器可以实现无稳态相位误差的跟踪,其原因就在于这种滤波器能够将鉴相器的输出误差电压累积起来,因此,达到稳态时,尽管鉴相器的输出误差电压为零(即 $\varphi_{e\infty}\to 0$),但实际加到 VCO 上的电压却不为零。当然,实际滤波器是不可能实现这种理想跟踪特性的。

将式(8.3.17)中代入已知数值,可以求得

$$A_1 = \frac{\Delta\omega_i}{A_d A_0 \varphi_{e\infty}} = \frac{100}{25\times 10^{-3}\times 10^3\times 0.1} = 40$$

此时

$$\xi = \frac{1}{2}\left(\frac{1}{A_d A_0 A_1 \tau}\right)^{1/2} = \frac{1}{2}\left(\frac{1}{25\times 10^{-3}\times 10^3\times 40\times 10^{-3}}\right)^{1/2} = \frac{1}{2}$$

$$\omega_n = \left(\frac{A_d A_0 A_1}{\tau}\right)^{1/2} = \left(\frac{25\times 10^{-3}\times 10^3\times 40}{10^{-3}}\right)^{1/2}\text{rad/s} = 1000\text{rad/s}$$

因而相位误差函数 $\quad \varphi_e(t) = 0.1 + 0.1e^{-500t}\left(\frac{\sqrt{3}}{3}\sin 500\sqrt{3}t - \cos 500\sqrt{3}t\right)$

3. 正弦稳态响应

在 PLL 中，正弦稳态响应是指输入相位 $\varphi_i(t)$ 为正弦信号时环路的输出响应。

当输入信号的相位 $\varphi_i(t)$ 按正弦规律变化时（即输入正弦调频或调相信号），PLL 的输出信号的相角，即压控振荡器振荡信号的相角，也将按正弦规律变化。但相位变化的幅度和初始相位将随频率的不同而不同，称这种性质为环路的频率特性或频率响应。

在此以前所讨论的电路的频率特性都是指输入信号为正弦电压（或电流）时的响应，例如，放大器的频率特性、选择性网络的频率特性等，它们都是指输入信号为不同频率的正弦电压（或电流）时，输出同频率正弦电压（或电流）的振幅和相位相对于输入信号电压（或电流）振幅和相位的变化。但 PLL 不同，它的频率特性指的是当输入信号的相角变化频率不同时，输出和输入相位间的振幅和相位关系。例如，若输入信号相角为

$$\varphi_i(t) = \varphi_{im}\sin(\Omega t + \theta_i) \tag{8.3.18}$$

式中，φ_{im} 为输入相位的幅度；Ω 为输入相位变化的角频率；θ_i 为相位变化的初值。由于环路的频率特性，环路的稳态响应输出也必为正弦信号，即输出相位的幅度和初相都将发生变化，并可以表示为

$$\varphi_o(t) = \varphi_{om}\sin(\Omega t + \theta_o) \tag{8.3.19}$$

相应的锁相环路输入、输出信号电压分别为

$$v_i = V_{im}\cos[\omega_r t + \varphi_{im}\sin(\Omega t + \theta_i)]$$

$$v_o = V_{om}\cos[\omega_r t + \varphi_{om}\sin(\Omega t + \theta_o)]$$

显然它们均为单音频调制的调相信号。若将 $\varphi_i(t)$、$\varphi_o(t)$ 用复数表示为

$$\varphi_{im}(j\Omega) = \varphi_{im}(\Omega)e^{j\theta_i(\Omega)}$$

$$\varphi_{om}(j\Omega) = \varphi_{om}(\Omega)e^{j\theta_o(\Omega)}$$

其中，φ_{im}、θ_i、φ_{om}、θ_o 均为 Ω 的函数。令

$$H(j\Omega) = \frac{\varphi_o(j\Omega)}{\varphi_i(j\Omega)} \tag{8.3.20}$$

PLL 中的正弦稳态响应即环路对调相信号中的正弦相位的频率特性 $H(j\Omega)$。根据此式可以作出环路的伯德图，求出上限频率等性能指标。PLL 的频率特性 $H(j\Omega)$ 可以用 $j\Omega$ 代替闭环传递函数中的 s 求得。

例如，采用简单 RC 积分滤波器的 PLL，其闭环传递函数为

$$H(s) = \frac{\Phi_o(s)}{\Phi_i(s)} = \frac{\omega_n^2}{s^2 + 2\xi\omega_n s + \omega_n^2}$$

若令 $s = j\Omega$，相应的幅频特性为

$$H(\Omega) = \frac{\Phi_o(\Omega)}{\Phi_i(\Omega)} = \frac{1}{\sqrt{\left(1 - \frac{\Omega^2}{\omega_n^2}\right)^2 + \left(\frac{2\xi\Omega}{\omega_n}\right)^2}} \tag{8.3.21}$$

图 8.3.5 画出了不同 ξ 时的幅频特性曲线。

由图 8.3.5 可见，对于输入正弦相位来说，PLL 具有低通滤波器的特性，其形状与 ξ 有关。当 $\xi = 0.707$ 时，特性曲线最平坦，上限频率为

$$\omega_H = \omega_n = \left(\frac{A_d A_0}{\tau}\right)^{1/2} \tag{8.3.22}$$

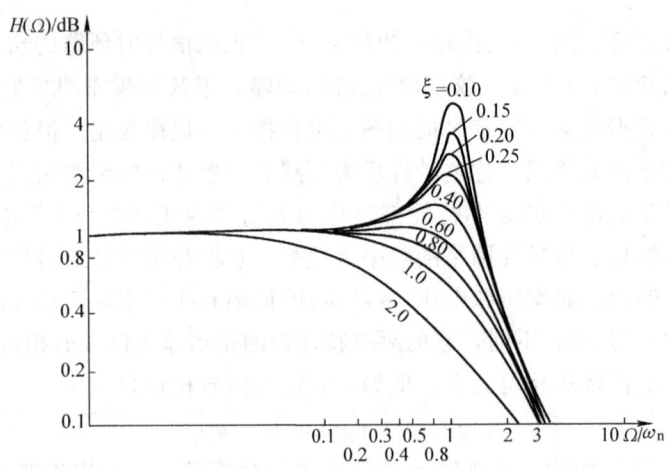

图 8.3.5　不同 ξ 时的闭环幅频特性曲线

例 8.3.2　在采用简单 RC 积分滤波器的 PLL 中，若 $A_d A_0 = 10\pi \mathrm{rad/s}$，$\tau = \dfrac{1}{20\pi} s$，求 ω_H。

解　根据已知数据求得

$$\xi = \frac{1}{2}\left(\frac{1}{A_d A_0 \tau}\right)^{1/2} = \frac{1}{2}\left(\frac{20\pi}{10\pi}\right)^{1/2} = 0.707$$

所以

$$\omega_H = \left(\frac{A_d A_0}{\tau}\right)^{1/2} = (20\pi \times 10\pi)^{1/2} \mathrm{rad/s} = 14.14\pi \mathrm{rad/s}$$

通过例 8.3.2 可见，增大环路滤波器的时间常数，减小环路的直流总增益，环路的带宽可以做得非常窄。

4. PLL 的稳定性

由于 PLL 是一种反馈控制系统，因此它就存在不稳定的可能性。如果在某一频率上，环路的开环增益大于 1，而相移接近 180°，那么环路可能产生振荡。为使环路正常工作，在设计环路时必须考虑它的稳定性。

从稳定性判定准则可知，如果 PLL 的闭环传递函数 $H(s)$ 中的极点全部位于 s 平面的左半平面，即极点的实部小于零，则系统是稳定的。但有时 PLL 的闭环传递函数不能方便地写出，而开环频率特性却不仅可以计算，而且还可实际测量。因此，环路的稳定性分析和系统设计通常使用开环频域传输函数，在这种情况下，可用极坐标图或伯德图中的奈奎斯特稳定性判据来分析环路的稳定性。这里不再赘述。

8.4　锁相环捕捉过程的定性分析

前面曾经提到，锁相环在锁定和失锁之间有两种动态过程：跟踪过程和捕捉过程，这是锁相环中两种不同的自动调节过程。若环路原本是锁定的，由于外界因素造成输入信号频率发生变化使环路失锁时，环路通过自身的调节过程可以重新维持锁定的过程称为跟踪过程。若环路原本是失锁的，但环路能够通过自身的调节由失锁进入锁定的过程称为捕捉过程；能够由失锁进入锁定所允许的最大输入固有角频差 $|\Delta\omega_i|$ 称为捕捉带(Pull in Range, Capture

Range),用 $\Delta\omega_p$ 表示。一般情况下,捕捉带不等于同步带,且前者小于后者,下面对环路的捕捉过程进行定性讨论。

锁相环的捕捉过程属于非线性过程,在工程上广泛采用相图法,这种方法无论从理论上还是从方法上,都具有局限性小以及比较精确和形象的特点。

1. 相图概念

以相位差 $\varphi_e(t)$ 为横坐标,以 $\dfrac{\mathrm{d}\varphi_e(t)}{\mathrm{d}t} = \dot{\varphi}_e(t)$ 为纵坐标构成的平面称为相平面,相平面内的任意点称为相点,它表示一个状态点。系统的状态随时间的变化过程可以用相点在平面上的移动过程来表示,相点的移动描述出的曲线称为相轨迹,绘有相轨迹的平面称为相图。

为了绘出一阶锁相环的相图,必须把一阶环路方程变换为以 $\varphi_e(t)$ 为自变量,以 $\dfrac{\mathrm{d}\varphi_e(t)}{\mathrm{d}t} = \dot{\varphi}_e(t)$ 为因变量的一阶微分方程,即相点在相平面内移动的相轨迹方程。因此相轨迹方程比系统基本方程降了一阶,这样使问题分析和研究得到简化。只要在初始状态条件下,按相轨迹方程可绘出相轨迹图,这样就求出 $\varphi_e(t)$ 随时间变化的动态过程。

作相图可以使用人工逐点描绘法,但这十分麻烦;也可借助计算机来描绘相轨迹,输入不同初始条件,根据示波器显示或 $X-Y$ 坐标记录仪的记录,就可以得到系统的相图。相图法只适应于一阶和二阶系统,高阶系统属三维以上空间,无论在绘图和分析上都是比较困难的。实际上,二阶环路得到了广泛应用。

这里提到了一阶和二阶环路系统,所谓的一阶环路是指不采用环路滤波器的锁相环 ($A_F(p) = 1$)。二阶环路为采用一阶环路滤波器组成的锁相环。这就是说,PLL 的阶等于环路低通滤波器的阶数 n 加 1,因为压控振荡器等效于一个一阶理想积分器。例如当采用无源 RC 积分滤波器时,因为该 LF 为一阶网络,所以 PLL 为二阶环路。

2. 一阶环路捕捉过程的讨论

无环路滤波器($A_F(p) = 1$)的锁相环为一阶环路,其动态方程为

$$p\varphi_i = p\varphi_e + A_d A_0 \sin\varphi_e(t) \quad (8.4.1)$$

或

$$\dfrac{\mathrm{d}\varphi_e}{\mathrm{d}t} = p\varphi_e(t) = \Delta\omega_e(t)$$
$$= \Delta\omega_i - A_d A_0 \sin\varphi_e(t) \quad (8.4.2)$$

由式(8.4.2)可以画出一阶环路的相图如图 8.4.1 所示。

由图 8.4.1 可以看出,相平面内的相轨迹是一条有方向的曲线,图中标明了相轨迹的方向。根据固有角频差的不同,相平面内相点的移动方向也不同。当 $|\Delta\omega_i| < A_d A_0$ 时,如图 8.4.1a 所示,图中的上半面,$\dfrac{\mathrm{d}\varphi_e}{\mathrm{d}t} > 0 (p\varphi_e > 0)$,意味着相差 $\varphi_e(t)$ 是随时间的增长而增长的,所以相点必然沿着相轨迹从左向右转移。

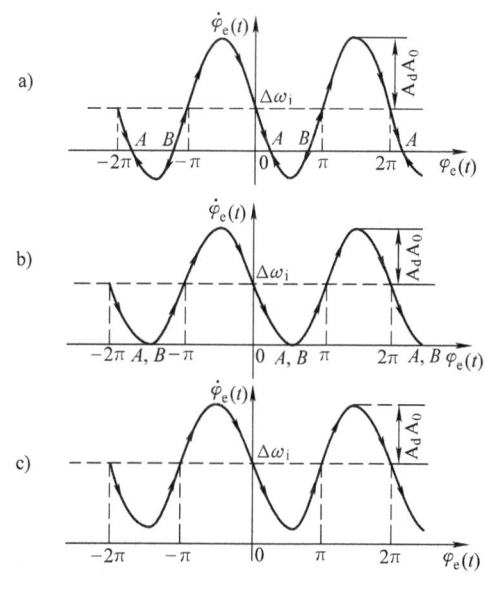

图 8.4.1 一阶环路的相图
a) $|\Delta\omega_i| < A_d A_0$ b) $|\Delta\omega_i| = A_d A_0$
c) $|\Delta\omega_i| > A_d A_0$

而在下半面，$\frac{d\varphi_e}{dt}<0(p\varphi_e<0)$，意味着相差 $\varphi_e(t)$ 是随时间的增长而减小的，所以相点必然沿着相轨迹从右向左转移。

从图 8.4.1a 还看到，相轨迹与 $\varphi_e(t)$ 横轴有无穷多个交点，每一个 2π 区间内有两个交点 A、B。交点 A、B 对应的状态是角频差 $\frac{d\varphi_e}{dt}=p\varphi_e(t)=\Delta\omega_e=0$ 的状态，此时相差 $\varphi_e(t)$ 等于常数，这是环路的平衡状态。其中 A 点是稳定的平衡点，稳定的平衡点对应环路的锁定状态，因为无论什么原因使状态偏离 A 点之后，状态都会按箭头所示的方向朝 A 点移动，最终仍然平衡到 A 点。B 点则是不稳定的平衡点，一旦状态偏离了 B 点，就会沿箭头所示方向进一步偏离 B 点，最终稳定到邻近的稳定平衡点 A，而不可能再返回 B 点。因此，不论初始状态处于相轨迹上的任何一点，随着时间的变化，状态一定会沿着相轨迹上箭头所指的方向，朝着稳定平衡点 A 移动，在转移的过程中，越接近 A 点，$\varphi_e(t)$ 越小，$\dot\varphi_e(t)$ 变得越慢。就这样逐渐向 A 点靠拢，最终稳定在 A 点，环路锁定。

状态向锁定点 A 靠拢的过程是渐近的，从理论上说，因为 A 点的 $\dot\varphi_e(t)=0$，真正达到 A 点所需的时间为无穷大。实际上只要接近 A 点到一定的范围之内，就可以认为环路达到了锁定状态。可以通过式 (8.4.2) 求得锁定状态的稳态相位差

$$\varphi_{e\infty}=\arcsin\frac{\Delta\omega_i}{A_d A_0}+2n\pi \tag{8.4.3}$$

式中，n 为正整数。

由上面的讨论可以得到以下两点：

(1) 当 $|\Delta\omega_i|<A_d A_0$ 时，因为在每一个 2π 区间之内都有一个稳定的平衡点 A，所以不论起始状态处于相轨迹上哪一点，环路均会在一周期内到达 A 点，即 $\varphi_e(t)$ 的变化量都不会超过 2π，即一阶环捕捉过程不经过周期跳跃。这种不经过周期跳跃就能入锁的捕捉过程称为快捕过程。对应快捕所允许的最大固有角频差称为快捕带，用符号 $\Delta\omega_c$ 表示，显然一阶环路的快捕带 $\Delta\omega_c=\pm A_d A_0$。根据捕捉带的定义，一阶环的捕捉带同样为 $\Delta\omega_p=\pm A_d A_0$，且捕捉时间长短与初始状态有关。

若环路原先已锁定，在某一因素作用下 $\Delta\omega_i$ 逐渐增大，直到 $|\Delta\omega_i|=A_d A_0$，这是临界状态，这时的相轨迹正好与横轴相切，A、B 两点重合，如图 8.4.1b 所示。显然，在相切点尽管满足 $\dot\varphi_e(t)=0$ 的锁定条件，但却是一种不稳定的状态。若再增大 $\Delta\omega_i$，直到 $|\Delta\omega_i|>A_d A_0$，这时的相轨迹与横轴不再有交点，如图 8.4.1c 所示，环路进入失锁状态。可见一阶环的同步带为 $\Delta\omega_L=\pm A_d A_0$。

综上所述，一阶环路的同步带、捕捉带和快捕带都相等，在数值上等于环路直流总增益，即

$$\Delta\omega_L=\Delta\omega_p=\Delta\omega_c=\pm A_{\Sigma 0}=\pm A_d A_0 \tag{8.4.4}$$

上述关系简单明了，但这恰恰是一阶环路的不足之处。从一阶环路的动态方程式 (8.4.2) 可知，一阶环路的可调参数仅为环路直流总增益 $A_d A_0$，环路的各项性能均由式 (8.4.2) 决定，无法通过调整环路参数来满足多方面的性能要求。这是一阶环路实际上很少应用的原因之一。

例 8.4.1 已知一阶锁相环鉴相器的 $A_d=2\mathrm{V}$，压控振荡器的 $A_0=10^4\mathrm{Hz/V}$，固有振荡

频率 $f_r=10^6\text{Hz}$，问当输入信号频率 $f_i=1015\times10^3\text{Hz}$ 时，环路能否锁定？若能锁定，试求稳态相位差和此时的控制电压。

解 由题意知，环路的直流总增益
$$A_{\Sigma0}=A_dA_0=2\times10^4\text{Hz}=4\pi\times10^4\text{rad/s}$$
固有角频差 $\Delta\omega_i=2\pi\Delta f_i=2\pi\times(f_i-f_r)=2\pi\times(1.015-1)\times10^6\text{rad/s}=30\pi\times10^3\text{rad/s}$
所以，环路的捕捉带 $\Delta\omega_p=A_{\Sigma0}=4\pi\times10^4\text{rad/s}$
显然，$\Delta\omega_p>\Delta\omega_i$，所以环路可以锁定。由式（8.4.3）知，环路锁定后的稳态相位误差为
$$\varphi_{e\infty}=\arcsin\frac{\Delta\omega_i}{A_dA_0}=\arcsin\frac{30\pi\times10^3}{4\pi\times10^4}=48.59°$$
要维持此相差的误差电压为
$$v_c=v_d=A_d\sin\varphi_e(t)=2\sin48.59°\text{V}=1.5\text{V}$$

（2）当 $|\Delta\omega_i|>A_dA_0$ 时，对应图 8.4.1c。此时，鉴相器的输出差拍电压作为 VCO 的控制电压，使 VCO 的振荡角频率 $\omega_o(t)$ 在 ω_r 上下摆动的振幅相应减小，使 $\omega_o(t)$ 不能摆动到 ω_i 上。不过，既然 $\omega_o(t)$ 在 ω_r 上下摆动，而 ω_i 又是恒定的，所以它们之间的差拍频率（$\omega_i-\omega_o$）也将随时间摆动。当 $\omega_o(t)$ 摆到大于 ω_r 时，（$\omega_i-\omega_o$）减小，相应的 $\varphi_e(t)$ 随时间增长得就慢；反之，当 $\omega_o(t)$ 摆到小于 ω_r 时，（$\omega_i-\omega_o$）增大，相应的 $\varphi_e(t)$ 随时间增长得快，如图 8.4.2a 所示。因此，鉴相器的输出误差电压 $v_d(t)$ 不再是正弦波，而是正半周长、负半周短的不对称波形，如图 8.4.2b 所示。若压控振荡器的频率控制特性是线性的，即 $\Delta\omega_o(t)=A_0v_d(t)$，使压控振荡器的振荡频率如图 8.4.2c 所示，其变化部分与 $v_d(t)$ 相同。

从图 8.4.2c 可以看出，压控振荡器的平均角频率 $\omega_{o(av)}$ 比振荡频率 ω_o 更接近输入信号角频率 ω_i。这就是说，虽然环路不能锁定，但由于环路的控制作用，使 VCO 的平均频率向 ω_i 接近了。这种现象称为频率牵引（Frequency Pulling）现象。产生频率牵引现象的物理原因可由图 8.4.2b 看出，图中的 $v_d(t)$ 虽然是交流信号，

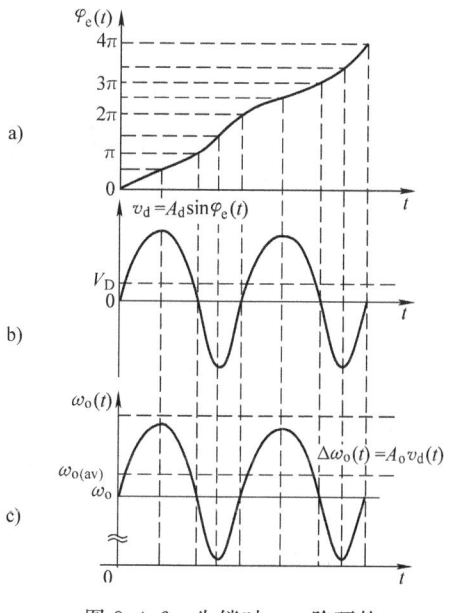

图 8.4.2 失锁时，一阶环的捕捉过程示意图

但由于波形上下不对称，故含有一定的直流成分。正是这个直流成分的控制，使 VCO 的平均频率 $\omega_{o(av)}$ 靠近输入信号的频率 ω_i。

因为 $\dot\varphi_e=\dfrac{d\varphi_e}{dt}$ 代表压控振荡信号与输入信号的瞬时频差，由图 8.4.2 可以看出，当 $\Delta\omega_o$ 增大时，瞬时频差的相对变化减小，那么鉴相器输出电压 $v_d(t)$ 的不对称程度减小，频率牵引作用也将减弱。由于 ω_o 的平均值由 ω_r 上升到 $\omega_{o(av)}$，这个新的 $\omega_{o(av)}$ 再与 ω_i 差拍，得到更低的差拍角频率，相应的 $\varphi_e(t)$ 随时间增长更慢，鉴相器的输出电压的波形频率更低，且上、下不对称程度更大，压控振荡器的平均角频率 $\omega_{o(av)}$ 比振荡频率 ω_o 更接近输入信号角频

率 ω_i。如此循环，最终使环路进入快捕状态，通过快捕进入锁定。

3. 二阶环路捕捉过程的讨论

由以上对一阶环路的分析知，这种环路可供调整的参数只有直流总增益 $A_d A_0$，且环路的各种重要特性也都由它来决定。这就遇到了不可克服的矛盾，因为若希望环路的同步范围大和稳态相差小，则要求增益 $A_d A_0$ 大。但在增大 $A_d A_0$ 的同时，环路的上限频率 ω_H 也提高了，结果将使环路的滤波性能变坏。一阶环路不能解决上述矛盾，所以实际使用的锁相环总是要有适当的滤波器，以克服这一矛盾，改善环路的性能。加入滤波器后，环路成为了高阶环，其中最常用的是二阶锁相环。

根据同步带的定义，二阶环路的同步带 $\Delta\omega_L = \pm A_d A_0 A_F(0)$。实际上，任何环路的同步带均等于环路直流总增益 $A_{\Sigma 0}$。

在二阶环路中，其捕捉过程中的快捕锁定过程与一阶环路相同，但其频率牵引过程却与一阶环路不同。简单地讲，由于二阶环路含有环路低通滤波器，使 VCO 的振荡频率变化量（受控角频差）$\Delta\omega_o(t)$ 不再与 $v_d(t)$ 成正比，而是与 $v_d(t)$ 的平均成分 V_D 及基波分量 $V_d \sin\varphi_e$ 成正比。图 8.4.3 示出了上述捕捉过程中鉴相器输出电压 v_d 的波形。

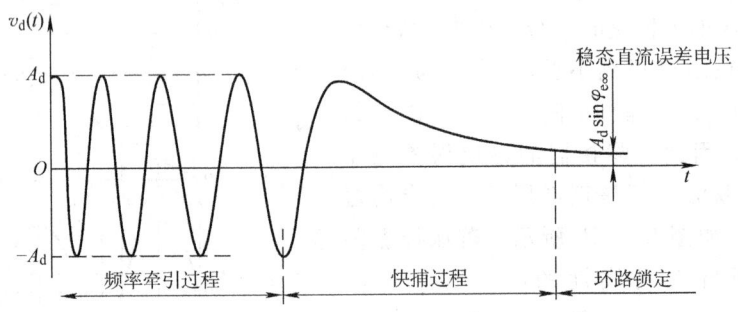

图 8.4.3 捕捉过程中鉴相器输出电压 v_d 的波形

例如，若二阶环路中采用的环路滤波器为有源比例积分滤波器，其幅频特性为图 8.4.4 所示。假设起始频差较大，鉴相器输出的差频信号的角频率为 $\Delta\omega_i = \omega_i - \omega_r$，即 $v_d(t) = A_d \sin\Delta\omega_i t$。由于环路滤波器作用，这个信号幅度有一定衰减，但又未被全部抑制。即使 $\Delta\omega_i$ 很大，该滤波器的幅频特性仍保持在 R_2/R_1 上，也就是说滤波器仍有一定的控制电压输出，该控制电压加到压控振荡器上，使压控振荡器的输出为一个调频信号，其调制频率为 $\Delta\omega_i$，中心频率为 ω_r。这个信号与输入信号一起加到鉴相器上，这时鉴相器的输出是角频率为 ω_i 的单频正弦输入信号与该调制信号的混频，这样鉴相输出将将含有直流分量以及角频率分别为 $\Delta\omega_i$、$2\Delta\omega_i$、$3\Delta\omega_i$、…各种分量，其中的直流分量将迫使压控振荡器的角频率向 ω_i 靠拢。在一阶环路中，由于这个控制电压总是小于使压控振荡的角频率从 ω_r 变化到 $(\omega_i - A_d A_0)$ 所需的控制电压，因而尽管它能使压控振荡器的频率向输入信号频率靠近，但不能使环路进入锁定状态。但在二阶环路中，由于有低通滤波器作为环路滤波器，它相当于一个积分器，将鉴相器输出的直流分量积分。从而使环路滤波器输出的控制电压不断增加，使压控振荡器的振荡频率不断向输入信号

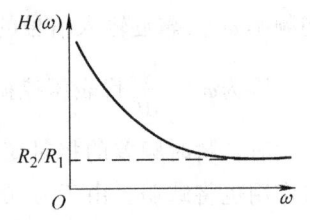

图 8.4.4 有源比例积分滤波器的幅频特性

靠近，直至环路进入相位锁定状态。如果有源积分滤波器的放大器增益无穷大，滤波器为理想积分滤波器，那么不管固有频差为多大，经过频率牵引总能使环路达到锁定状态。这就是说，理想积分滤波器作为环路滤波器的二阶环路其捕捉带为无穷宽。但实际上，理想的有源积分滤波器是不存在的，另外，压控振荡器的频率调整范围是有限的，因此，实际二阶环路的捕捉频带为有限值。

前面已经提到，二阶环路的快捕锁定过程与一阶环路相同。一阶环路的快捕带 $\Delta\omega_c = \pm A_d A_0$，等于同步带，也等于捕捉带。那么二阶环路的快捕带与哪些因素有关？为了分析二阶环路的快捕带，这里假设 $\Delta\omega_i$ 较大，其值虽已超出环路滤波器的通频带，鉴相器的输出差拍电压通过环路滤波器时会有很大的衰减，但得到的控制电压 v_c 仍能控制 VCO 的振荡角频率，使 ω_o 能够摆动到 ω_i 上而进入快捕状态，环路很快由失锁进入锁定。在快捕过程中，加到 VCO 上的控制电压 v_c 的幅值近似为 $A_d A_F(\Delta\omega_c)$，因而，VCO 产生的最大控制角频差近似为 $A_d A_0 A_F(\Delta\omega_c)$，其值等于输入固有角频差 $\Delta\omega_i (=\Delta\omega_c)$，即

$$\Delta\omega_c \approx A_d A_0 A_F(\Delta\omega_c) \tag{8.4.5}$$

利用该式可以求环路的快捕带 $\Delta\omega_c$。

例如，采用无源 RC 积分滤波器的二阶 PLL，由于滤波器的传输函数为

$$A_F(s) = \frac{V_c(s)}{V_d(s)} = \frac{1}{1+sRC}$$

令 $s=j\omega$，当 $\omega=\Delta\omega_c$ 时，若 $\Delta\omega_c \gg \frac{1}{RC}$，上式可近似为

$$A_F(\Delta\omega_c) \approx \frac{1}{\sqrt{1+(\Delta\omega_c RC)^2}} \approx \frac{1}{\Delta\omega_c RC}$$

代入式（8.4.5）中，求得快捕带为

$$\Delta\omega_c \approx \pm\sqrt{\frac{A_d A_0}{RC}} = \pm\sqrt{\frac{|\Delta\omega_L|}{\tau}}, \tau = RC \tag{8.4.6}$$

由上述分析可见，二阶环路的同步带、捕捉带不再相同。一般情况下，同步带大于捕捉带，而捕捉带一般大于快捕带。二阶环路的性能取决于 ω_n、ξ、$A_{\Sigma0}$ 等数值，因此应合理选择这些参数，以获得所需要的性能。

8.5 集成锁相环简介

随着集成电路技术的迅速发展，集成锁相环的发展十分迅速，应用十分广泛。目前集成锁相环已经形成系列产品。集成锁相环性能优良、价格便宜、使用方便，因而被许多电子设备所采用。可以说，集成锁相环已成为继集成运算放大器之后，又一种具有广泛用途的集成电路。

集成锁相环的种类很多。按其内部电路结构分，有模拟锁相环与数字锁相环两大类。按用途分，有专用型与通用型两种。通用型集成锁相环是一种适用于各种用途的锁相环，其内部主要由鉴相器、VCO 两部分电路组成，有的还附加了放大器和其他辅助电路。专用型集成锁相环是一种专为某种功能设计的，例如用于调频接收机中的调频多路立体声解调环，用于电视机中的正交色差信号同步检波环，用于通信和测量仪器中的频率合成环等。

无论是模拟锁相环还是数字锁相环，其 VCO 一般都采用射极耦合多谐振荡器或积分-施密特触发型多谐振荡器，采用射极耦合多谐振荡器的振荡频率较高，采用 ECL 电路时，其最高振荡频率可达 155MHz。而采用积分-施密特触发型多谐振荡器的振荡频率比较低，一般在 1MHz 以下。

在模拟锁相环中，鉴相器基本上都采用双差分对模拟相乘器的乘积型鉴相器，而数字锁相环的电路形式较多，它们都是由数字电路组成。

下面介绍几种通用型集成锁相环。

L562 是工作频率可达 30MHz 的多功能单片集成锁相环，它的内部除包含鉴相器和压控振荡器之外，还有三个放大器和一个限幅器，其内部组成如图 8.5.1a 所示，外引脚排列如图 8.5.1b 所示。

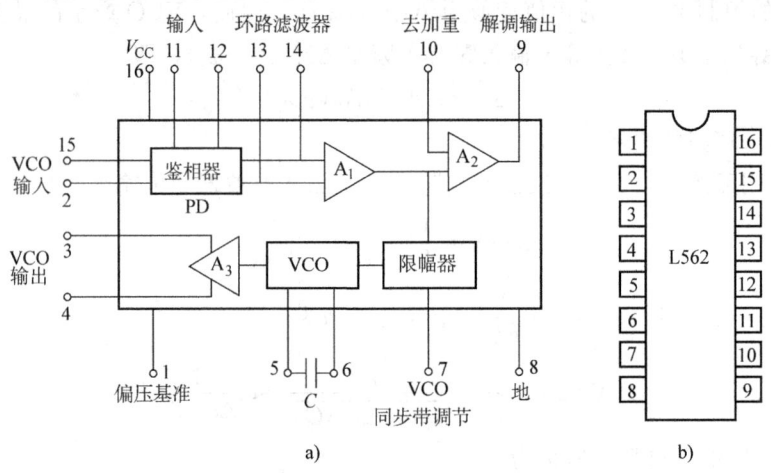

图 8.5.1 L562 通用集成锁相环内部电路组成及其引脚排列

L562 的鉴相器采用双差分对模拟相乘器电路，其输出端 13、14 外接阻容元件构成环路滤波器。压控振荡器采用射极耦合多谐振荡器电路（工作原理请参阅图 7.3.11），外接定时电容 C 由 5、6 端接入。限幅器用来限制锁相环的直流增益，以控制环路同步带的大小。由 7 端注入的电流可以控制限幅器的限幅电平和直流增益，当注入电流增加时，VCO 的跟踪范围减小，当注入的电流超过 0.7mA 时，鉴相器输出的误差电压对 VCO 的控制被截断，VCO 处于失控的自由振荡工作状态。环路中的放大器 A_1、A_2、A_3 作隔离、缓冲放大之用。

L562 只需单电源供电，最大电源电压为 30V，一般可采用 +18V 电源供电，最大电流为 14mA。信号输入电压（11 与 12 端间）最大值为 3V。

在国内生产的产品中，比较典型的集成锁相环除了 L562 外，还有 SL565 和 NE564，它们的组成框图分别如图 8.5.2a、b 所示，它们的主要组成部分仍是鉴相器和 VCO。鉴相器都是采用双差分对相乘器的乘积型鉴相器，VCO 有多种实现电路。SL565 的工作频率可达 500kHz，VCO 采用积分-施密特触发型多谐振荡器，它由压控电流源 I_0、施密特触发器、开关转换电路、电压跟随器 A_1 和放大器 A_2 组成。其中，压控电流源 I_0 轮流地向外接电容 C 进行正向和反向充电，产生对称的三角波电压，施密特触发器将它变换为对称方波电压，通过 A_1 和 A_2 去控制开关 S，实现 I_0 对 C 轮流充电。NE564 的工作频率可达 50MHz，它的

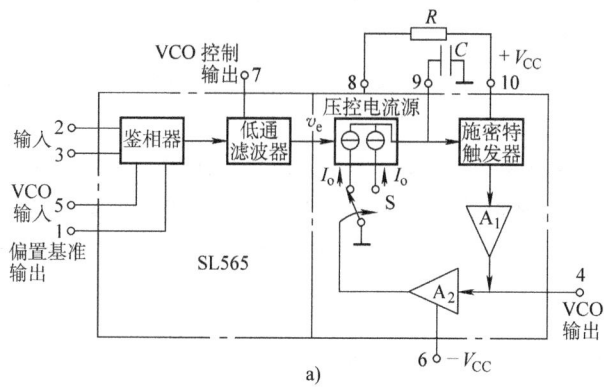

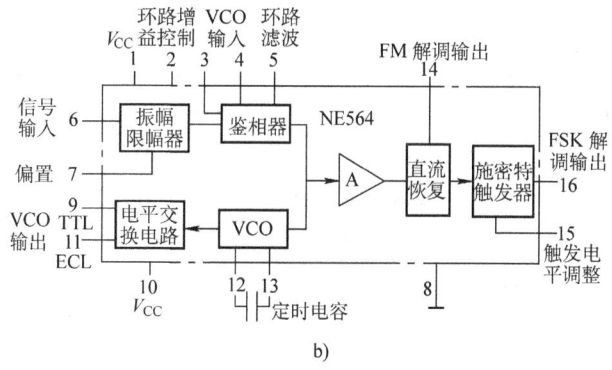

图 8.5.2　SL565、NE564 的内部电路

VCO 和 L562 相同，采用的是射极耦合多谐振荡器。NE564 是一种更适宜于用作调频信号和移频键控信号解调器的通用器件，因此，在它的组成框图中，输入端增加了振幅限幅器，用来消除输入信号中的寄生调幅，输出端增加了直流恢复和施密特触发电路，用来对 FSK 信号进行整形。为便于使用，VCO 的输出通过电平变换电路产生 TTL 和 ECL 兼容的电平。

8.6　集成锁相环的应用

从前面对锁相环的分析中可以看出，锁相环具有许多独特的优点，使它获得日益广泛的应用。总结前面的分析，锁相环具有以下重要特性：

1) 跟踪特性。一个已经锁定的环路，当输入信号稍有变化时，VCO 的频率立即发生相应的变化，最终使 $f_o = f_i$。这种使压控振荡器的振荡频率 f_o 随输入信号频率 f_i 变化而变化的性能，称为环路的跟踪特性。

2) 滤波特性。锁相环通过环路滤波器的作用，具有窄带滤波特性，能将混进输入信号中的噪声和干扰滤除。在设计良好时，这个通带能做得极窄。例如，可以在几十 MHz 的频率上，实现几十 Hz 甚至几 Hz 的窄带滤波。这种窄带滤波特性是任何 LC、RC、石英晶体、陶瓷片等滤波器所难以达到的。

3) 锁定状态无剩余频差。锁相环是利用相位比较来产生误差电压的，因而锁定时只有稳态相差，没有剩余频差。虽然其工作过程与自动频率微调系统十分相似，但二者有着本质的区别。由于自动频率微调系统是利用频率比较产生误差的，因而在稳定工作时有剩余频差存在。所以锁相环比自动频率微调系统能实现更为理想的频率控制，因而在自动频率控制、频率合成技术等方面，获得广泛的应用。

4）易于集成化。组成锁相环的基本部件都易于采用模拟集成电路。环路实现数字化后，更易于采用数字集成电路。环路集成化为减小体积、降低成本、提高可靠性等提供了条件。

本节选择锁相环的主要应用介绍。关于锁相环在频率合成技术中的应用将在第 9 章频率合成技术中专门讨论。

8.6.1 锁相环在调制与解调中的应用

1. 锁相调频

图 8.6.1 为锁相环调频器的框图。实现调制的条件是调制信号的频谱要处于低通滤波器通带之外，并且调制指数不能太大。换句话说，只要环路滤波器的带宽做得足够窄，使它的带宽低于调制频率的下限，调制信号就不能通过低通滤波器，因而在锁相环内不能形成交流反馈，也就是调制频率对锁相环无影响。锁相环只对 VCO 平均中心频率不稳定所引起的分量起作用，即环路只跟踪中心频率。使输出调频波的中心频率稳定度很高，实现锁相调频。显然，锁相环调频器能克服直接调频中心频率稳定度不高的缺陷。若控制压控振荡器的调制信号首先经过微分，再对 VCO 调频，即可实现载波跟踪型调相的功能。

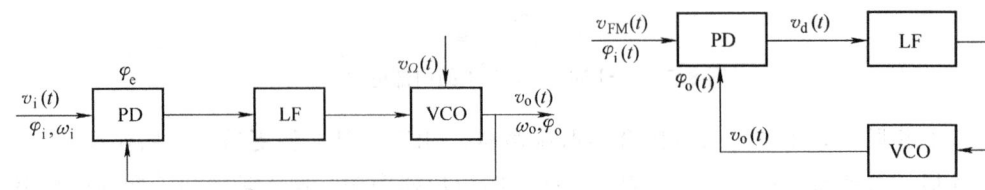

图 8.6.1 锁相环调频器的框图　　　　图 8.6.2 调频波解调电路框图

2. 调频波锁相解调电路

调频波锁相解调电路原理框图如图 8.6.2 所示。

若 VCO 的频率控制特性满足线性关系，即 $\Delta\omega_o(t) = \dfrac{d\varphi_o(t)}{dt} = A_o v_c(t)$，相应的拉普拉斯变换为 $s\Phi_o(s) = A_o V_c(s)$。根据闭环传递函数知 $\Phi_o(s) = H(s)\Phi_i(s)$，得到输出解调电压的拉普拉斯变换式为

$$V_c(s) = \frac{s\Phi_o(s)}{A_o} = \frac{sH(s)}{A_o}\Phi_i(s) \tag{8.6.1}$$

假设输入调频波为单音频调制信号　　$v_{FM} = V_{im}\cos(\omega_c t + M_f \sin\Omega t)$

则　　　　　　　　　　　　　　　$\Delta\omega_i(t) = \Delta\omega_m \cos\Omega t$

相应的　　　　$\varphi_i(t) = M_f \sin\Omega t = \dfrac{\Delta\omega_m}{\Omega}\sin\Omega t = \dfrac{\Delta\omega_m}{\Omega}\cos(\Omega t - \pi/2)$

而 $\varphi_i(t)$ 的复振幅为　　　　　　$\varphi_{im}(j\Omega) = \dfrac{\Delta\omega_m}{j\Omega}$ 　　　　　　(8.6.2)

令式 (8.6.1) 中的 $s = \mathrm{j}\Omega$，并将式 (8.6.2) 代入可以得到解调输出电压的复振幅为

$$V_{\mathrm{cm}}(\mathrm{j}\Omega) = \frac{\mathrm{j}\Omega}{A_\mathrm{o}} H(\mathrm{j}\Omega) \frac{\Delta\omega_\mathrm{m}}{\mathrm{j}\Omega} = \frac{H(\mathrm{j}\Omega)}{A_\mathrm{o}} \Delta\omega_\mathrm{m} \quad (8.6.3)$$

当 PLL 的带宽大于调频波中调制信号的带宽时，$H(\mathrm{j}\Omega) = 1$，$V_{\mathrm{cm}} = \dfrac{\Delta\omega_\mathrm{m}}{A_\mathrm{o}}$，那么所得到的解调输出电压为 $v_\mathrm{c}(t) = \dfrac{\Delta\omega_\mathrm{m}}{A_\mathrm{o}} \cos\Omega t$，实现了线性解调。

需要说明的是，在调频波锁相解调电路中，为了实现不失真的解调，环路的捕捉带必须大于输入调频波的最大频偏，环路的带宽必须大于输入调频信号中调制信号的频谱宽度。

图 8.6.3 为采用 L562 组成的调频波锁相解调器的外接电路。图中，输入调频信号 v_{FM} 经耦合电容 C_B 以平衡方式加到鉴相器的一对输入端点 11 和 12 上，VCO 的输出电压从端点 3 取出，经耦合电容 C_{B1} 以单端方式加到鉴相器的另一对输入端中的端点 2 上，而另一端点 15 则经 $0.1\mu\mathrm{F}$ 的电容交流接地。从端点 1 取出的稳定基准电压经 $1\mathrm{k}\Omega$ 电阻分别加到端点 2 和 15，作为双差分对管的基极偏置电压。放大器 A_3 的输出端点 4 外接 $12\mathrm{k}\Omega$ 电阻到地，其上输出 VCO 电压。放大器 A_2 的输出端点 9 外接 $15\mathrm{k}\Omega$ 电阻到地，其上输出解调电压。端点 7 注入直流电流，用来调节环路的跟踪带。端点 10 外接去加重电容 C_3，提高解调电路的抗干扰特性。

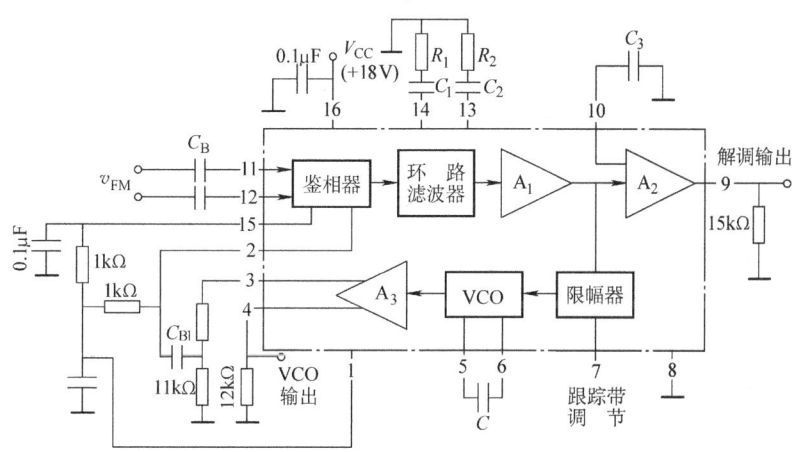

图 8.6.3 采用 L562 组成的调频波锁相解调器的外接电路

例 8.6.1 用图 8.6.4 所示的锁相环实现调频波的解调。设环路的输入信号 $v_\mathrm{i}(t) = V_{\mathrm{im}}\cos(\omega_\mathrm{r}t + 10\sin 2\pi \times 10^3 t)$，已知 $A_\mathrm{d} = 250\mathrm{mV/rad}$，$A_1 = 40$，$A_\mathrm{o} = 2\pi \times 25 \times 10^3 \mathrm{rad/s}$，有源比例积分滤波器的参数为 $R_1 = 17.7\mathrm{k}\Omega$，$R_2 = 0.94\mathrm{k}\Omega$，$C = 0.03\mu\mathrm{F}$，试求放大器输出 1kHz 的音频电压振

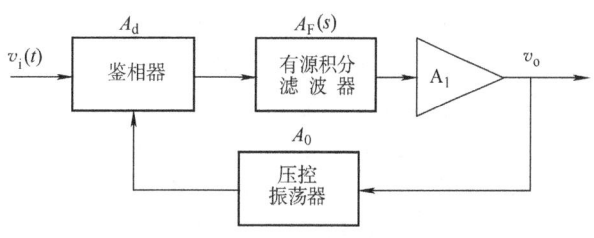

图 8.6.4 例 8.6.1 图

幅 $V_{\Omega m}$。

解 已知有源比例 LF 的传递函数为

$$A_F(s) = -\frac{\tau_2 s + 1}{\tau_1 s} = -\frac{1+R_2 Cs}{R_1 Cs}$$

代入 R_1、R_2、C 值得

$$A_F(s) = \frac{2.8 \times 10^{-6} s + 1}{531 \times 10^{-6} s}$$

而环路的闭环传递函数

$$H(s) = \frac{A_d A_0 A_1 A_F(s)}{s + A_d A_0 A_1 A_F(s)}$$

代入 A_d、A_0、A_1 值得

$$H(s) = \frac{83.4 \times 10^3 (s + 35.5 \times 10^3)}{s^2 + 83.4 \times 10^3 s + 2.96 \times 10^9}$$

令 $s = j\Omega$ 得到频率特性

$$H(j\Omega) = \frac{83.4 \times 10^3 (j\Omega + 35.5 \times 10^3)}{-\Omega^2 + j83.4 \times 10^3 \Omega + 2.96 \times 10^9}$$

若 $\Omega = 2\pi F$，$F = 1\text{kHz}$，代入

$$H(j2\pi \times 10^3) = \frac{83.4 \times 10^3 (j\Omega + 35.5 \times 10^3)}{-4\pi^2 \times 10^6 + 2.96 \times 10^9 + j83.4 \times 10^3 \Omega}$$

$$= \frac{2960.7 \times 10^6 + j83.4 \times 10^3 \Omega}{(2960 - 39.44) \times 10^6 + j83.4 \times 10^3 \Omega} \approx 1$$

而由于

$$v_i = V_{im} \sin[\omega_r t + 10\sin(2\pi \times 10^3 t)]$$

因此

$$\varphi_i(t) = 10\sin(2\pi \times 10^3 t)$$

$$\Delta\omega_i(t) = 10\cos(2\pi \times 10^3 t) \times 2\pi \times 10^3 = 20\pi \times 10^3 \cos(2\pi \times 10^3 t)$$

而

$$\Delta\omega_m = 20\pi \times 10^3 \text{rad/s}$$

故

$$V_{cm} = V_{\Omega m} = \frac{|H(j\Omega)|}{A_0}\Delta\omega_m = \frac{\Delta\omega_m}{A_0} = \frac{20\pi \times 10^3}{50\pi \times 10^3} V = 0.4V$$

$$v_\Omega(t) = V_{\Omega m}\cos(2\pi \times 10^3 t), \quad V_{\Omega m} = 0.4V$$

3. 调幅信号的同步解调

采用同步检波器解调调幅信号或带有导频的单边带信号时，必须从输入信号中恢复出与载波同频同相的同步信号。利用锁相环的频率跟踪特性，就能够得到所需要的同步信号。然而，由于锁相环中的乘积型鉴相器的输入信号中，VCO 输出电压与输入已调信号的载波电压之间有 $\pi/2$ 的固定相移，所以用作同步信号时应考虑到这一点，即需要将 VCO 的输出信号经 $\pi/2$ 相移网络，才能够得到同步信号。需要提醒大家注意的是：利用锁相

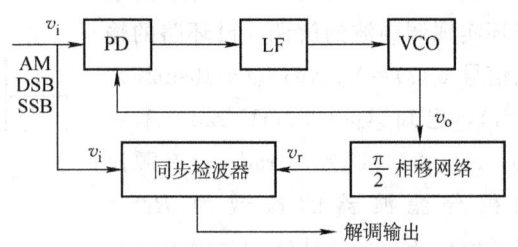

图 8.6.5 同步检波实现电路框图

环实现调幅信号的解调,实质是用锁相环获得同步信号,该同步信号与调幅信号在非线性器件中进行乘积检波,得到解调输出,锁相环的输出端得不到原调制信号。实现电路框图如图 8.6.5 所示。

图 8.6.6 所示是由通用多功能集成锁相环 NE561B 实现 AM 信号同步检波器的外接线图。在 NE561B 内,除了鉴相器外,还有一个模拟相乘器,故可直接用作为 AM 同步检波器。AM 信号 v_{AM} 先经 90°移相器再输入到鉴相器,这样可以保证加到同步检波器的两个信号同相(或反相)。用作 AM 同步检波时,锁相环设计成窄带(带宽大于或等于调制频率),从 AM 输入信号中提出的载波分量作为同步信号,然后再与 AM 信号相乘,经低通滤波就可得到解调输出。

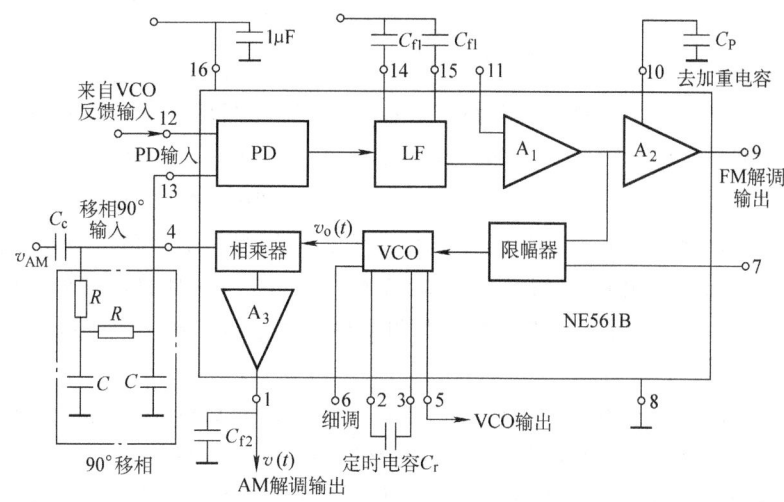

图 8.6.6 由通用集成锁相环 NE561B 实现 AM 信号同步检波的外接线图

8.6.2 锁相接收机

地面卫星接收站在接收卫星信号时,由于卫星不停地绕地球飞行(由于多普勒效应),再加上卫星离地面较远,卫星发射功率小,天线增益低,地面接收到的信号不仅微弱,而且接收到的信号频率将偏离卫星发射的信号频率,且在很大范围内变化。

此时若采用普通接收机,不仅需要接收机有较大的带宽,而且接收下来的输出信号信噪比太大,无法有效地检出有用信号。若采用锁相接收机,利用 PLL 的窄带频率跟踪特性,可以很好地解决上述问题。锁相接收机框图如图 8.6.7 所示。它实际是一个窄带跟踪环路,可以用来解调输入信噪比很低的单音调制的调频信号。

中心频率为 f_1(若考虑多普勒效应,中心频率为 $f_1 \pm f_d$,f_d 为多普勒频移)的调频高频信号与频率为 f_2 的外差本振信号相混频。本振信号 f_2 是由 VCO 频率 f_2/N 经 N 次倍频后所供给的。混频后,输出中心频率为 f_3 的信号,经过中频放大,在鉴相器内与一个频率稳定的参考频率 f_4 进行相位比较。经鉴相后,解调出来的单音调制信号直接通过环路输出端的窄带滤波器输出载波信号。由于环路滤波器的带宽选得很窄,因此鉴相器输出中的调制信号分量不能进入环路。但以参考频率 f_4 为基准的已调信号的载频发生漂移时,它所对应的

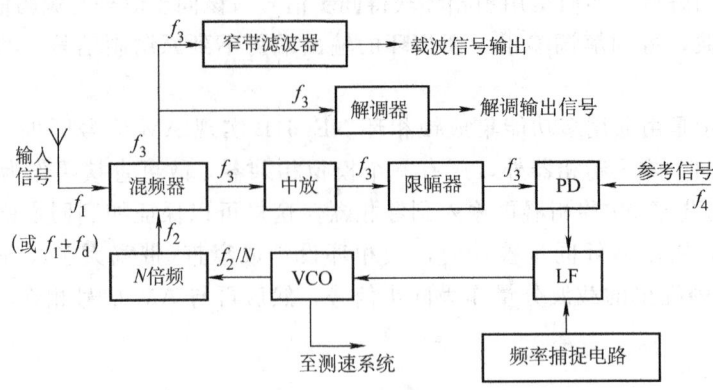

图 8.6.7 锁相接收机框图

鉴相器直流输出控制电压却能够进入环路，来控制 VCO 的振荡频率，使混频后的中频已调信号的载频漂移减小，以至到零。显然，在锁定状态下，必有 $f_3 = f_4$。因此，无论输入信号频率如何变化，混频器的输出频率 f_3 总是自动地维持在参考信号频率 f_4 上。这样中放的通频带就可以做得很窄，从而保证鉴相器输入端有足够的信噪比。窄带跟踪环路的作用就是使载频有漂移的已调信号频谱，经混频后，能准确地落在中频通频带的中央，这就实现了窄带跟踪。同时，将 VCO 振荡频率中反映多普勒频移的信息送测速系统，可以作为测卫星运动速度的数据。

由图 8.6.7 可以看出：若输入为已调信号，只需将混频后的中频信号经解调器进行解调，即可获得调制信号。若需载波信息，可经窄带带通滤波器提出。

另外，一般锁相环的带宽做得很窄，相应环路的捕捉带也就很小，对于中心频率有较大变化的输入信号，单靠环路自身的捕捉往往是困难的。因此，锁相接收机都附有频率捕捉装置，用来扩大环路的捕捉范围。例如，环路失锁时，频率捕捉装置输出锯齿波扫描电压，加到 VCO 上，控制 VCO 的频率在大范围内变化，一旦 VCO 频率靠近输入信号频率，环路就自动将扫描电压切断，环路便进入正常的工作状态。

这里应该指出，因为环路中采用了倍频器，所以压控振荡器的频偏在到达混频器时，增加到 N 倍。这相当于压控振荡器的增益从原来的 A_0 增加到 NA_0。因此在分析这种环路时，应该用 NA_0 来代替以前各公式中的 A_0。限幅器的作用是能自动调节环路的噪声带宽，使接收机在不同的信噪比条件下，仍具有较好的跟踪和滤波性能。

8.6.3 锁相倍频、分频和混频

1. 锁相倍频与分频电路

若在基本环路的反馈通道中插入分频器（或倍频器），就可以构成锁相倍频器电路（或分频电路）。图 8.6.8 所示为锁相倍频器框图。当环路锁定时，鉴相器的两个输入信号频率相等，即

$$\omega_i = \frac{\omega_o}{N} \quad \text{或} \quad \omega_o = N\omega_i \tag{8.6.4}$$

即锁相倍频器的输出频率为输入频率的 N 倍，而 N 是分频器的分频比。若环路的输入信号

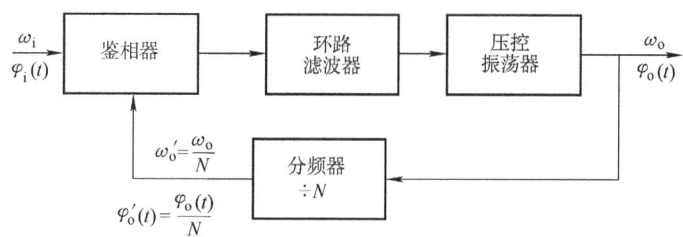

图 8.6.8 锁相倍频器框图

由高稳定的晶体振荡器产生,并采用具有高分频比的可编程分频器(Programmable Dividers),控制分频器的分频比,就可得到一系列频率间隔为 ω_i 的标准频率的信号输出。

若将图 8.6.8 中的 N 分频器改为 N 倍频器,即可实现分频的功能。

2. 锁相混频电路

图 8.6.9 为由锁相环组成的锁相混频电路框图。在反馈通道中插入了混频器和中频放大器。若设混频器的本振信号 $v_L(t)$ 的角频率为 ω_L,则混频器输出信号角频率为 $|\omega_o-\omega_L|$,经中频放大器放大后,加到鉴相器上。当环路锁定时,$\omega_i=|\omega_o-\omega_L|$,即 $\omega_o=\omega_L\pm\omega_i$,因而环路实现了混频作用。至于 ω_o 取 $\omega_o=\omega_L+\omega_i$,还是取 $\omega_o=\omega_L-\omega_i$,要看 VCO 输出角频率 ω_o 是高于 ω_L 还是低于 ω_L。高于 ω_L 时,ω_o 取 $\omega_L+\omega_i$;低于 ω_L 时,ω_o 取 $\omega_L-\omega_i$。

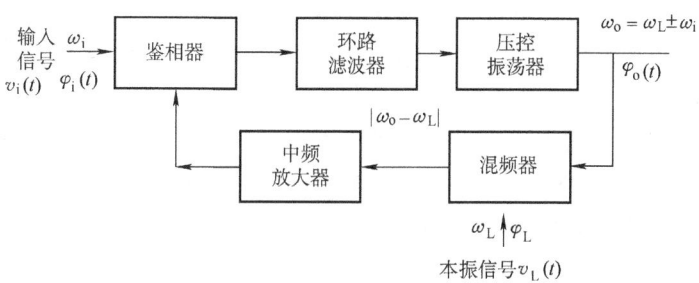

图 8.6.9 锁相混频电路框图

锁相混频电路特别适宜于 $\omega_L\gg\omega_i$ 的场合。因为用普通混频器对这两个信号进行混频时,输出的和频 $\omega_L+\omega_i$ 或差频 $\omega_L-\omega_i$ 均十分靠近 ω_L,要取出其中任一分量,滤除另一分量,对混频器输出滤波器的要求就十分苛刻,特别当 ω_i 和 ω_L 在一定范围内变化时,尤其难以实现。而利用上述锁相混频电路进行混频却是十分方便的。

※8.7 数字锁相环

数字锁相环(Digital Phase-Locked Loop, DPLL),是从 20 世纪 60 年代发展起来的,目前已经成为全数字相干通信、跟踪接收机和频率综合器中的核心部件,并越来越得到广泛的应用。

一般数字锁相环的组成与模拟锁相环相似,由相位检测器、环路滤波器和本地振荡器等基本部件构成,但这些部件全部采用数字电路,其框图如图 8.7.1 所示。

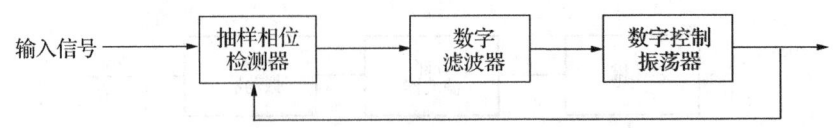

图 8.7.1 数字锁相环的组成

通常,环路的输入信号为时间上连续的信号,如单频率的正弦波、模拟调频信号或移频键控信号等。数字控制振荡器的输出信号,即环路的输出信号为一周期性脉冲序列,它的周期可调,受数字滤波器输出信号的控制。输入信号和数字控制振荡器的输出信号加到抽样相位检测器。在检测器中,由数字控制振荡器的输出脉冲序列对输入信号抽样,检测出脉冲序列与输入信号之间的相位差并变换成数字信号,该数字信号即检测器的输出信号。该信号经数字滤波器滤波后作为数字控制振荡器的控制信号,改变数字控制振荡器的周期,实现对相差的校正。所以,数字锁相环与模拟锁相环的工作原理是类似的,但其中流通的信号是数字信号而不是模拟信号。另外,由于环路部件的结构和性能与模拟环路的部件不同,因而数字锁相环在性能上也有一些特点。

8.7.1 数字锁相环的基本部件

1. 抽样相位检测器

抽样相位检测器的种类很多,如触发器相位检测器、奈奎斯特速率抽样相位检测器、零交叉相位检测器和超前-滞后相位检测器等。下面仅以一种零交叉相位检测器为例,介绍它的电路结构和工作特性。

图 8.7.2a 所示为一种零交叉相位检测器的框图,它由带通滤波器 BPF 和 A/D 转换器组成。输入给环路的信号经带通滤波器滤除无用信号后,送给 A/D 转换器。在 A/D 转换器中,用数字控制振荡器输出的脉冲信号对输入信号抽样,并转换成二进制数字信号输出。图 8.7.2b 是这种电路的工作波形示意图。其中,$v_i(t)$ 为输入信号,$v_o(nT_0)$ 为数字控制振荡器输出脉冲序列,$v_s(nT_0)$ 为抽样信号,$v_{DQ}(nT_0)$ 表示检测器输出的数字信号。

设输入信号为一单频率正弦信号

$$v_i(t) = V_{im}\sin\omega_{i0}t \tag{8.7.1}$$

数字控制振荡器输出的脉冲序列的周期为 $T_0 = 2\pi/\omega_o$,它出现在角频率 ω_o 的正弦波的正零交叉点位置,即相对于该正弦波,脉冲序列的初相为零。并假定脉冲宽度很窄,使抽样过程近似理想抽样。为了分析方便,将输入信号的相位变换成以输出信号相位 $\omega_o t$ 为参考点的形式,即

$$v_i(t) = V_{im}\sin[\omega_o t + \theta_1(t)] \tag{8.7.2}$$

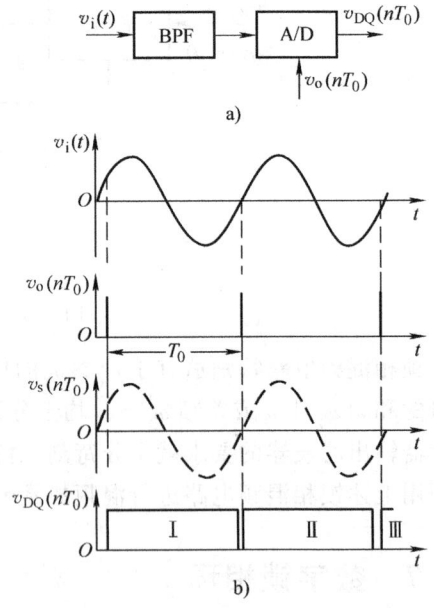

图 8.7.2 零交叉相位检测器的框图和工作波形示意图

式中，$\theta_1(t) = (\omega_{i0} - \omega_o)t$。这样，在每个抽样脉冲出现时，所取得的抽样值为

$$v_s(nT_0) = V_{im}\sin[\omega_o nT_0 + \theta_1(nT_0)] = V_{im}\sin[\theta_1(nT_0)] \quad (8.7.3)$$

因为假定抽样脉冲序列初相为零，所以$\theta_1(nT_0)$可以用nT_0时刻输入信号与输出信号之间的相差$\varphi(nT_0)$表示，故抽样值可表示为

$$v_s(nT_0) = V_{im}\sin[\varphi(nT_0)] \quad (8.7.4)$$

这个抽样值反映了输入信号与抽样信号之间的相差，并表明它们呈正弦函数关系，也即相位检测器的鉴相特性在输入信号为正弦信号时为正弦鉴相特性。

A/D转换器在完成抽样过程后，再将抽样值用二进制数字信号表示。该数字信号就作为相位检测器的输出。由于二进制数字信号只能表示有限个离散值，所以相位检测器输出的表示相位差的信号不再是一个连续变化的值而是被量化的离散值。这个被量化后的输出信号用$v_{DQ}(nT_0)$表示，即

$$v_{DQ}(nT_0) = Q\{V_{im}\sin[\varphi(nT_0)]\} \quad (8.7.5)$$

式中，$Q\{\}$表示量化处理；$v_{DQ}(nT_0)$可以是出现在抽样时刻的已量化值，也可是由M个码元组成的二进制码字。

2. 数字滤波器

数字滤波器实际上是一种数字信号处理电路，它能对数字信号进行加工，改变它的频谱使其符合预定的要求。

数字滤波器的分析和设计通常采用差分方程进行。下面通过图 8.7.3 所示低通滤波器说明数字滤波器的工作原理及其特性。

图 8.7.3a 所示为由 R、C 组成的简单低通滤波器。图 b 所示为当阶跃信号输入时的输入$v_I(t)$和输出$v_O(t)$信号波形。图 c 所示为将图 b 所示输入和输出信号均用周期为T_S的时钟信号进行理想抽样的结果。从抽样信号的频谱分析结果可知，$v_I(nT_S)$与$v_I(t)$的频谱在$0 \sim \omega_s/2\pi(\omega_s = 2\pi/T_S)$的频率范围内是相同的，它们的原则区别是$v_I(nT_S)$的频谱在频率坐标上以$\omega_s$的周期重复，而$v_I(t)$的频谱没有这种周期性。$v_O(nT_S)$与$v_O(t)$之间有类似的关系。现在需要解决的问题是，如果输入信号是如图 8.7.3c 所示的离散时间信号$v_I(nT_S)$，那么应该用一个什么样的电路来得到输出离散时间信号$v_O(nT_S)$？

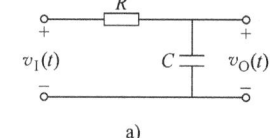
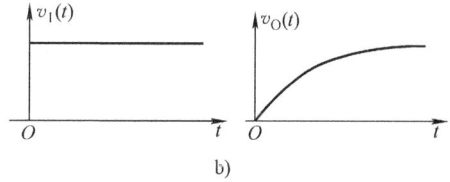
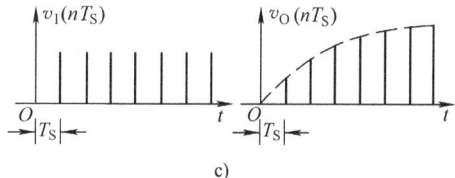

图 8.7.3 数字滤波器工作原理示意图

从图 8.7.3a 不难得出，描述该电路输出输入特性的微分方程为

$$RC\frac{dv_O(t)}{dt} + v_O(t) = v_I(t) \quad (8.7.6)$$

如果抽样周期T_S足够小，上式可以近似为

$$\frac{RC}{T_s}|v_O[(n+1)T_s] - v_O(nT_s)| + v_O(nT_s) \approx v_I(nT_s) \tag{8.7.7}$$

整理后，可得

$$v_O[(n+1)T_s] \approx \left(1 - \frac{T_s}{RC}\right)v_O(nT_s) + \frac{T_s}{RC}v_I(nT_s) \tag{8.7.8}$$

这个方程是差分方程，可用图 8.7.4 所示电路实现。图中 D 表示延时 T_s，× 表示乘因子，Σ 表示相加。在电路中流通的信号是时间离散，但取值连续的信号，即抽样数据信号。利用 Z 变换，式(8.7.8)可变换为 z 域表示式为

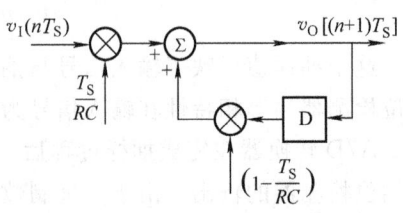

图 8.7.4 一阶数字滤波器

$$v_o(z)z - \left(1 - \frac{T_s}{RC}\right)v_o(z) = \frac{T_s}{RC}v_i(z) \tag{8.7.9}$$

式中，$v_o(z)$ 和 $v_i(z)$ 分别为 $v_O(nT_s)$ 和 $v_I(nT_s)$ 的 Z 变换。由式(8.7.9)可得图 8.7.4 所示滤波器的 z 域传递函数为

$$H(z) = \frac{\dfrac{T_s}{RC}}{z - \left(1 - \dfrac{T_s}{RC}\right)} \tag{8.7.10}$$

这是一个一阶滤波器的表示式。为求其频率特性，令 $z = e^{j\omega T_s}$，代入式(8.7.10)中，整理后得

$$H(j\omega) = \frac{\dfrac{T_s}{RC}}{\cos\omega T_s - \left(1 - \dfrac{T_s}{RC}\right) + j\sin\omega T_s} \tag{8.7.11}$$

在 T_s 很小的情况下，$\cos\omega T_s \approx 1$，$\sin\omega T_s \approx \omega T_s$，上式可简化为

$$H(j\omega) = \frac{1}{1 + j\omega RC} \tag{8.7.12}$$

上式与图 8.7.3a 所示电路的频率特性完全相同。可见，当输入信号为离散时间信号时，用图 8.7.4 所示电路代替图 8.7.3a 所示电路，在 $\omega T_s \ll 1$ 的情况下，差别很小。但当 $\omega T_s \ll 1$ 的条件不满足时，两者频率特性将有差别。

由于图 8.7.4 所示滤波器中，各功能块中流通的信号是抽样数据信号，所以要采用电荷耦合器件电路、开关电容电路或开关电流电路实现。

当输入信号为数字信号，即每个抽样值用二进制码字表示时，滤波器的组成与图 8.7.4 所示类似，但各功能块均由数字电路实现，称其为数字滤波器。有关数字滤波器的分析和设计等问题将在后续课程中介绍。

图 8.7.5 所示是一种数字锁相环中使用的环路滤波器组成框图。这个滤波器的 z 域传递函数为

$$H(z) = \frac{A_1 - A_2 z^{-1}}{1 - z^{-1}} \tag{8.7.13}$$

用 $z = e^{j\omega T_S}$ 代入，同样可以得到该滤波器的频域传输函数为

$$H(j\omega) = \frac{A_1 - A_2 \cos\omega T_S + jA_2 \sin\omega T_S}{1 - \cos\omega T_S + j\sin\omega T_S} \quad (8.7.14)$$

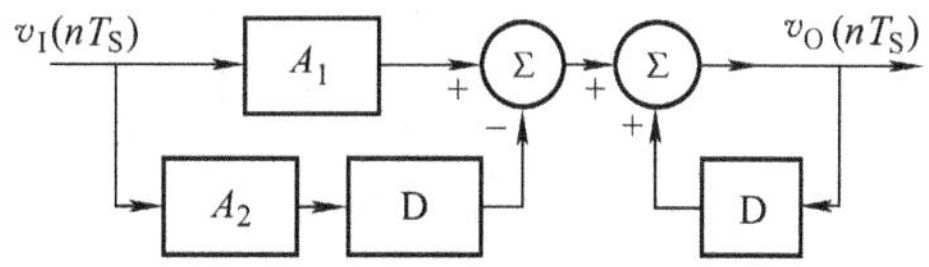

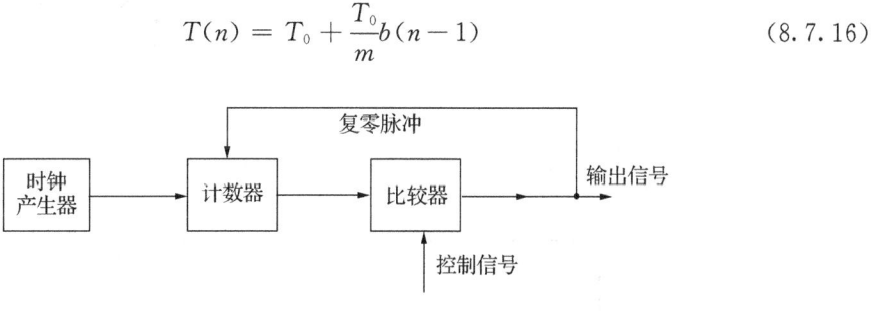

图 8.7.5 数字比例积分滤波器

若 $\omega T_S \ll 1$，上式将近似为

$$H(j\omega) \approx A_2 + \frac{A_1 - A_2}{j\omega T_S} \quad (8.7.15)$$

显然，它与有源比例积分滤波器的频率特性类似。

3. 数字控制振荡器

数字控制振荡器的输出信号是周期性脉冲序列，其周期受数字滤波器输出的控制信号控制。图 8.7.6 所示是一种数字控制振荡器的框图，它是一个受控分频器。时钟产生器是一个稳定的振荡器，它的频率是抽样频率 $1/T_0$ 的 m 倍，即 $f_c = m f_0$。复零脉冲将计数器清零后，计数器开始计数，计数数目在比较器中与数字滤波器输出的控制信号比较。当这两个数值匹配时，比较器输出一个脉冲，作为数字控制振荡器的输出，同时将计数器清零，并开始下一次计数。如果数字滤波器输出的控制信号不变，则将输出周期不变的脉冲信号；如果控制信号发生了变化，则计数数目将发生变化，从而改变了输出脉冲信号的周期。从这个工作过程可以看出，这种数字控制振荡器的工作有如下特点：首先，由于数字滤波器输出的控制信号是每个抽样周期出现一次，所以振荡器输出周期的变化是由前一个抽样时刻所检测出的误差信号控制的。其次，输出周期的变化值不是连续的而是离散的，变化的最小间隔是 T_0/m。根据以上分析，数字控制振荡器的输出脉冲序列的周期可用下式表示：

$$T(n) = T_0 + \frac{T_0}{m} b(n-1) \quad (8.7.16)$$

图 8.7.6 数字控制振荡器的框图

式中，T_0 是数字控制振荡器中心频率对应的周期；$b(n-1)$ 是第 $(n-1)$ 个抽样周期环路滤波器的输出；$T(n)$ 是第 n 个抽样周期数字控制振荡器输出脉冲序列的周期。利用上述基本部件组成的一种数字锁相环的总体框图如图 8.7.7 所示。

由于构成相位检测器、环路滤波器和数字控制振荡器的实现方案和具体电路种类较多，因此，有多种不同电路结构的数字锁相环，图 8.7.7 仅是其中之一。另外，由于数字锁相环实质是一个数字信号处理系统，因此，它的功能可以用相应的软件在微处理机或微处理器中实现，只要改变软件就可以变化环路的性能，使环路的工作有较大的灵活性。但目前，用软件实现遇到的主要问题是工作速度，远达不到用硬件实现的电路水平。

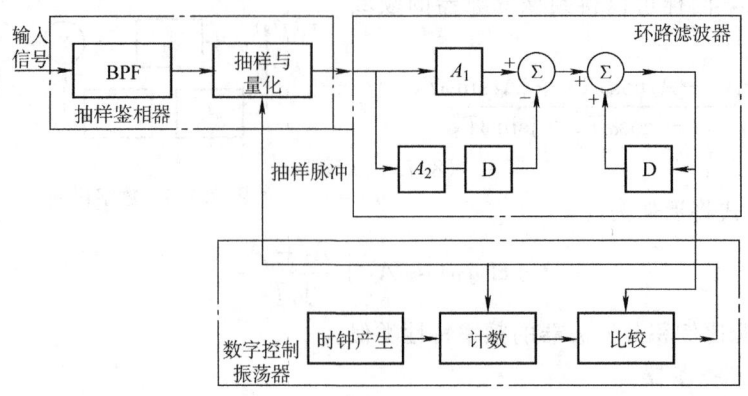

图 8.7.7 数字锁相环的总体框图

8.7.2 数字锁相环的工作过程

数字锁相环的工作过程与模拟环路类似。下面以不含滤波器的一阶环路在相位阶跃输入时的跟踪过程为例,定性地说明其工作过程。

一阶环路的框图如图 8.7.8 所示。相位检测器为零交叉相位检测器。数控时钟在误差信号 $v_E(t) = 0$ 时,中心频率为 ω_0,周期为 $T_0 = 2\pi/\omega_0$。数控时钟的特性可表示为

$$T(j) = T_0 - C(j-1) \tag{8.7.17}$$

式中,$T(j)$ 是第 j 次抽样时数控时钟的周期,$C(j-1)$ 是 $(j-1)$ 次抽样时相位检测器输出的误差信号引起时钟周期的变化量。

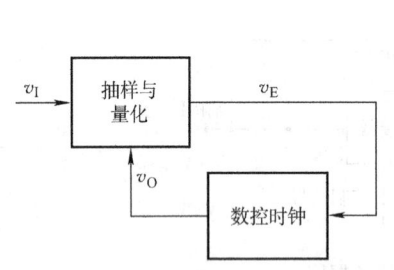

图 8.7.8 一阶数字锁相环框图

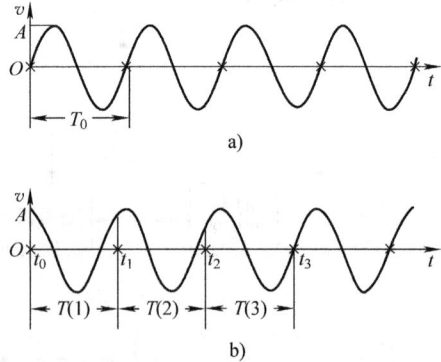

图 8.7.9 一阶数字锁相环的工作过程

若输入信号为固定角频率 ω_0 的正弦信号,在锁定状态下,时钟出现的位置将在正弦信号的正零交叉点,如图 8.7.9a 所示波形中的"×"位置。这时误差电压为零。

现假设输入信号相位在 t_0 时刻发生阶跃,其波形如图 8.7.9a 所示。如不发生阶跃,t_0 时刻的抽样值为零。发生阶跃后,t_0 时刻的抽样值为 $v_E(t_0) = \sin\omega_0 t_0$,此即相位检测器输出的误差电压。相应于此电压,数控时钟周期的改变量为 $C(0)$,则下一个抽样时刻将不是 $t_1 = T_0 + t_0$,而是

$$t_1 = t_0 + T(1) \tag{8.7.18a}$$

$$T(1) = T_0 - C(0) \tag{8.7.18b}$$

环路的设计应使 t_1 时刻较 t_0 时刻更接近正零交叉点。在 t_1 时刻相位检测器输出的误差电压值是 $v_E(t_1) = \sin\omega_0 t_1$,它相应于时钟周期的改变量为 $C(1)$,则下一个抽样时刻将出现在 $t_2 = t_1 + T(2)$,而 $T(2) = T_0 - C(1)$,t_2 将比 t_1 更接近正零交叉点,依次类推。在本例中,当 t_3 时刻时,抽样值为零,即控制数控时钟的误差信号为零,所以 t_4 时刻抽样将发生在 $t_4 = t_3 + T(4)$,而 $T(4) = T_0 - C(3)$,但 $C(3) = 0$,故 $t_4 = t_3 + T_0$,从而完成了环路对相位阶跃的跟踪过程。

从以上讨论可以看出,数字锁相环的工作过程与模拟锁相环类似。但因为一般数控时钟周期的变化是不连续的,如式(8.7.16)所示,所以当抽样点接近零交叉点后,往往不会恰好使抽样点与输入信号的正零交叉点重叠,而是在正零交叉点左右摆动。数字锁相环的这种特性是由所用数字控制振荡器的特点决定的。

8.7.3 数字锁相环的基本方程及模型

利用 8.7.1 节所介绍的环路基本部件的特性可以列出环路的基本方程并构成环路模型,利用它们可以对环路性能进行分析。

若环路的输入信号为

$$v_i(t) = V_{im}\sin[\omega_0 t + \theta_i(t)] \tag{8.7.19}$$

因为输入信号只在抽样时刻才进入环路,故输入环路的相角为

$$\theta_1(nT_0) = \omega_0 nT_0 + \theta_i(nT_0) \tag{8.7.20}$$

设数控时钟的相角为

$$\theta_2(nT_0) = \omega_0 nT_0 + \theta_o(nT_0) \tag{8.7.21}$$

为了便于分析,这里的 $\theta_i(nT_0)$ 和 $\theta_o(nT_0)$ 均以时钟信号的中心频率所确定的相角 $\omega_0 nT_0$ 为参考。这样,在第 n 个抽样时刻,环路的相差为

$$\varphi_E(nT_0) = \theta_1(nT_0) - \theta_2(nT_0) = \theta_i(nT_0) - \theta_o(nT_0) \tag{8.7.22}$$

相应的抽样值为

$$v_E(nT_0) = V_{im}\sin\varphi_E(nT_0) \tag{8.7.23}$$

经量化后,用上标 Q 表示量化值,即量化后的抽样值表示为

$$v_E^Q(nT_0) = Q[V_{im}\sin\varphi_E(nT_0)] \tag{8.7.24}$$

式中,$Q[\ ]$ 表示量化处理。$v_E^Q(nT_0)$ 经数字滤波器后,其输出信号仍用量化值表示,即

$$v_P^Q(nT_0) = D\{v_E^Q(nT_0)\} = D\{Q[V_{im}\sin\varphi_E(nT_0)]\} \tag{8.7.25}$$

式中,$D\{\ \}$ 表示数字滤波处理。

按照式(8.7.16)所示数控振荡器的特性,在 $v_P^Q(nT_0)$ 的控制下,第 $(n+1)$ 次抽样的周期将发生 $\dfrac{T_0}{m} v_P^Q(nT_0)$ 的变化,它所对应的相位变化量为

$$\omega_0 \frac{T_0}{m} v_P^Q(nT_0) = \frac{2\pi}{m} v_P^Q(nT_0) \tag{8.7.26}$$

由此可以得出,数控时钟在第 $(n+1)$ 次抽样时的输出相位为

$$\begin{aligned}\theta_o[(n+1)T_0] &= \theta_o(nT_0) + \frac{2\pi}{m} v_P^Q(nT_0) \\ &= \theta_o(nT_0) + \frac{2\pi}{m} D\{Q[V_{im}\sin(\theta_i(nT_0) - \theta_o(nT_0))]\}\end{aligned} \tag{8.7.27}$$

引用式(8.7.22)，将式(8.7.27)用相差表示，得

$$\varphi_E[(n+1)T_0] - \varphi_E(nT_0) + \frac{2\pi}{m}D\{Q[V_{im}\sin\varphi_E(nT_0)]\} \\ = \theta_i[(n+1)T_0] - \theta_i(nT_0) \tag{8.7.28}$$

初始条件为，$\varphi_E(0) = \theta_i(0) - \theta_o(0) = \theta_i(0) + \omega_o t(0)$，若取 $t(0) = 0$，则 $\varphi_E(0) = \theta_i(0)$。式(8.7.27)和式(8.7.28)称为数字锁相环的基本方程，它分别表示输出相位与输入相位的关系和相差与输入相位的关系，利用式(8.7.27)可以构成数字锁相环的相位模型，如图 8.7.10 所示。

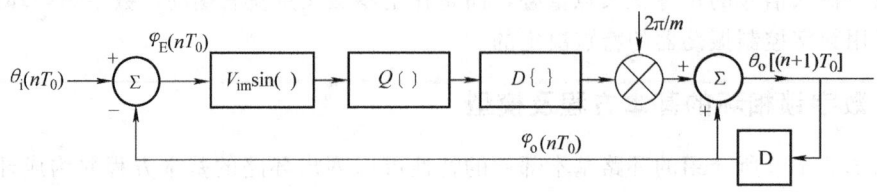

图 8.7.10　数字锁相环的相位模型

从式(8.7.27)和式(8.7.28)可以看出，这两个差分方程都是非线性方程。求解此方程即可确定数字锁相环的各种性能。

通过以上讨论知，与模拟锁相环比较，数字锁相环有下列特点：

1) 锁相环内部全部采用数字电路。因为数字电路中的有源器件工作于"导通"和"截止"两种工作状态，受干扰的影响比模拟电路小，使工作的可靠性提高，还易于采用大规模集成电路，在电子系统向集成化发展的今天，这一特点尤为突出。

2) 在数字锁相环中，时钟源通常不直接受控，不同于模拟锁相环中的压控振荡器直接受误差信号的控制。这将有利于提高环路的性能。应用数字锁相环，在一定范围内可以消除类似于模拟锁相环中压控振荡器控制特性的非线性、环路滤波器传输函数的不稳定等的影响，从而改善锁相环的性能。

思考题与习题

8.1　反馈控制电路中的比较器根据输入比较信号参量的不同，可分为_____、_____ 和 _____三种。

8.2　自动增益控制电路又称_____，比较器比较的参量是_____。自动增益控制电路的核心电路是_____。

8.3　自动相位控制电路又称_____，比较器比较的参量是_____。基本的锁相环路由_____、_____和_____三部分组成。锁相环再锁定时，只有剩余_____误差，而没有剩余_____误差。

8.4　锁相环实际上是一个_____控制系统，当环路达到锁定状态时，输出信号与输入参考信号两者的频率_____。

8.5　AGC 的作用是什么？它的主要性能指标包括哪些？

8.6　AFC 的组成包括哪几部分，其工作原理是什么？

8.7　比较 AFC 和 AGC 系统，指出它们之间的异同。

8.8 锁相与自动频率微调有何区别？为什么说锁相环相当于一个窄带跟踪滤波器？

8.9 PLL 的主要性能指标有哪些？其物理意义是什么？

8.10 AFC 电路达到平衡时回路有频率误差存在，而 PLL 在电路达到平衡时频率误差为零，这是为什么？PLL 达到平衡时，存在什么误差？

8.11 为什么在鉴相器后面一定要加入环路滤波器？

8.12 图 8.T.1 是调频接收机 AGC 电路的两种设计方案，试分析哪一种可行，并加以说明。

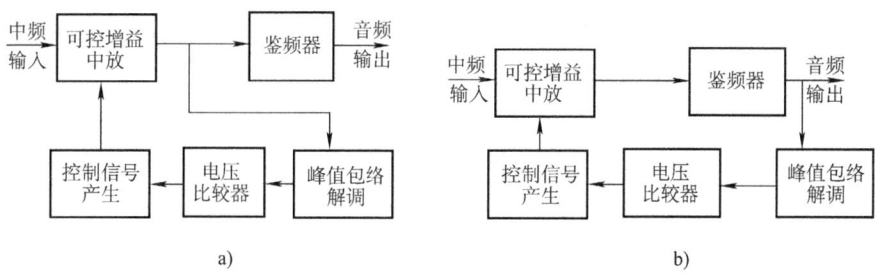

图 8.T.1 题 8.12 图

8.13 在图 8.T.2 所示的锁相环中，已知 $A_0 = 2\pi \times 25\text{krad}/(\text{sV})$，$f_r = 50\text{kHz}$，$A_1 = 2$，鉴相器最大输出电压为 0.7V，试求环路的同步带。若 $R = 3.6\text{k}\Omega$，$C = 0.3\mu\text{F}$，试求环路的快捕带。

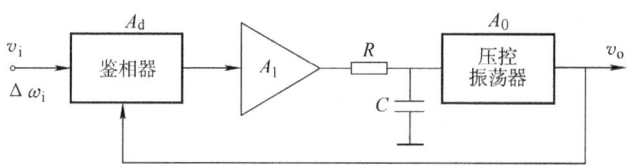

图 8.T.2 题 8.13 图

8.14 在图 8.T.2 所示的锁相环中，当输入频率发生突变 $\Delta\omega_i = 100\text{rad/s}$ 时，要求环路的稳态相位误差为 0.1rad，试确定放大器的增益 A_1。已知 $A_d = 25\text{mV/rad}$，$A_0 = 10^3\text{rad}/(\text{sV})$，$RC = 10^{-3}\text{s}$。

8.15 已知一阶锁相环路鉴相器的最大输出电压 $V_d = 2\text{V/rad}$，压控振荡器的 $A_0 = 10^4\text{Hz/V}$（或 $2\pi \times 10^4\text{rad}/(\text{sV})$），压控振荡器的振荡器频率 $\omega_0 = 2\pi \times 10^6\text{rad/s}$。问当输入信号频率 $\omega_i = 2\pi \times 1015 \times 10^3\text{rad/s}$ 时，环路能否锁定？若能，稳态相差等于多少？此时控制电压等于多少？

8.16 在某锁相环中，鉴相器灵敏度 $A_d = 1\text{V/rad}$，压控灵敏度 $A_0 = 2\pi \times 10^5\text{rad}/(\text{sV})$，输入信号频率 $f_i = 1\text{MHz}$，VCO 的固有频率 $f_0 = 1.02\text{MHz}$。

(1) 若环路滤波器采用有源比例积分器，其直流增益 $A_F(0) = 10$，可使环路入锁。试求锁定后的剩余相差，以及鉴相器与滤波器输出端的直流电压。

(2) 若环路滤波器采用 RC 积分滤波器或无源比例积分滤波器，试问环路能否锁定？

8.17 无低通滤波器的一阶锁相环，PD 的灵敏度 $A_d = 1\text{V/rad}$，VCO 的 $A_0 = 2\pi \times 10^4\text{rad}/(\text{sV})$，输入信号频率 $f_i = 1\text{MHz}$，VCO 的固有频率 $f_0 = 1.25\text{MHz}$，试问：

(1) 环路有无可能捕捉入锁？

(2) 若 f_0 调低到 1.008MHz，有无可能入锁？剩余相差 $\varphi_{e\infty}$ 是多少？

(3) 若要求剩余相差不超过 5°，f_0 应调到多少？

8.18 锁相环采用无源比例积分滤波器，已知同步带 $\Delta f_L = \pm 10\text{kHz}$，VCO 的 $A_0 = 10\text{kHz/V}$，试求鉴相灵敏度。

8.19 某锁相环路 PD 的 $A_d = 2\text{V/rad}$。VCO 的 $A_0 = 2\pi \times 10^4\text{rad}/(\text{sV})$，中心频率 $f_0 = 10^3\text{kHz}$。输入

信号频率 $f_i=1.01×10^6$ Hz，滤波器为无源积分滤波器，试求：

(1) 稳态相位误差。

(2) VCO 的直流控制电压。

(3) 环的同步范围。

8.20 在图 8.6.4 所示的锁相环中，若将有源积分滤波器改为简单 RC 滤波器，则当环路的输入信号 $v_i(t)=V_{im}\sin(\omega_r t+M_f\sin\Omega t)$ 时，试证明：为实现不失真解调，必须满足下列关系式：

$$\Omega\Delta\omega_m\leqslant(\omega_c)^2$$

8.21 锁相环直接调频电路如图 8.T.3 所示。由于锁相环为无频差的自动控制系统，具有精确的频率跟踪特性，它有很高的中心频率稳定度。试分析该电路的工作原理。

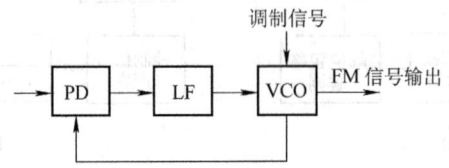

图 8.T.3 题 8.21 图

8.22 锁相可变倍频器如图 8.T.4 所示。已知鉴相器的灵敏度 $A_d=0.1$V/rad，压控振荡器的灵敏度 $A_0=1.1×10^7$ rad/(sV)，环路输入端的基准信号(由晶体振荡器产生)频率 f_r 为 12.5kHz，反馈支路中的固定分频器的分频比 $P=8$，可变分频器的分频比 $M=653\sim793$。试求 VCO 输出信号的频率范围及频率间隔。

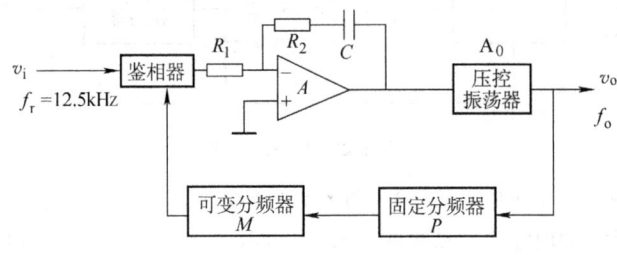

图 8.T.4 题 8.22 图

第9章 频率合成技术

9.1 引言

通信技术的迅速发展，对振荡信号源的要求不断提高。不但要求它的频率稳定度和准确度高，而且要求能方便地改换频率。石英晶体振荡器的频率稳定度和准确度是很高的，但改换频率不方便，只适用于频率固定的场合；LC振荡器改换频率方便，但频率稳定度和准确度却不够高。能否将这两种振荡器结合起来，使它们各自发挥自已的特点，从而使合成后的振荡器兼有频率稳定度与准确度高，而且改换频率方便的优点呢？频率合成(Frequency Synthesis)技术，就能满足上述要求。

频率合成器视使用场合不同，要求也不同。大体说来，有如下几项主要技术指标：

(1) 频率范围　频率合成器的输出频率最小值 $f_{o\min}$ 和最大值 $f_{o\max}$ 之间的变化范围，即频率合成器的工作频率范围，也可以用频率覆盖系数 $k=f_{o\max}/f_{o\min}$ 表示。

(2) 频率间隔　频率合成器的输出频谱是不连续的。定义相邻频率之间的最小间隔为频率合成器的频率间隔。频率间隔又称为分辨率。用途不同，要求的频率间隔不同。对短波单边带通信来说，多取频率间隔为100Hz，有的甚至取为10Hz、1Hz乃至0.1Hz。对超短波通信来说，频率间隔多取为50kHz或10kHz。

(3) 频率转换时间　从一个工作频率转换到另一个工作频率并达到稳定工作所需要的时间。它与采用的合成方法有密切的关系。

(4) 频率稳定度与准确度　频率稳定度是指在规定的时间间隔内，合成器频率偏离标称值的程度。频率准确度是指实际工作频率偏离标称值的数值，即频率误差。这是频率合成器的两个重要指标。二者既有区别，又有联系。稳定度是准确度的前提。稳定度高也就意味着准确度高，亦即只有频率稳定，才谈得上频率准确。通常认为频率误差已包括在频率不稳定的偏差之内，因此，一般只提频率稳定度。

(5) 频谱纯度　频谱纯度是指输出信号接近正弦波的程度，是频域指标。理想的正弦信号的频谱只有一根谱线，但实际的正弦信号由于噪声的影响不可能只有一根谱线。在有用信号频谱的两边，总有一些不需要的离散谱和连续谱，这些离散谱称为杂波，连续谱称为噪声。

实现频率合成的方法大致有直接频率合成法、锁相频率合成法(间接频率合成法)以及直接数字频率合成法。

直接频率合成法是用一个或多个石英晶体振荡器的振荡频率作为基准频率，由这些基准频率产生一系列的谐波，这些谐波具有与石英晶体振荡器同样的频率稳定度和准确度；然后，从这一系列的谐波中取出两个或两个以上的频率进行组合，得出这些频率的和或差，经过适当方式处理(如经过滤波)后，获得所需要的频率。这种方法的优点是频率变换速度快，相位噪声小，但杂波成分多，硬件设备复杂，造价高。

锁相频率合成法，是利用锁相环的频率跟踪特性，由 VCO 产生一系列与石英晶体振荡器（作为环路的输入信号）相同频率稳定度和准确度的振荡信号。该频率合成法已基本取代直接频率合成法。目前，已有许多频率合成器专用锁相集成电路，给制作性能好、价格便宜的频率合成器带来了极大方便，是应用最广泛的频率合成器，它广泛应用于雷达、卫星、数字通信等领域。

直接数字频率合成法是利用计算机查阅表格上所存储的正弦波取样值，再通过数/模转换来产生模拟正弦信号，这种方法可称为波形合成法。除正弦信号外，任何其他波形的信号都可以产生。这种合成器体积小、功耗低，而且可以几乎是实时地以连续相位转换频率，给出非常高的频率分辨率。它的问题是受处理器和数/模转换速度的限制，频率相对较低。

9.2 直接频率合成技术

采用单个或多个不同频率的晶体振荡器作为基准信号源，经过具有加、减、乘、除四则运算功能的混频器、倍频器、分频器和具有选频功能的滤波器的不同组合来实现频率合成的方法，一般称为直接频率合成法。利用不同组合的四则运算，可以产生大量的、频率间隔较小的离散频率系列。

根据参考频率源的数目和四则运算电路组合的不同，直接式频率合成器有着许多不同的形式。如由较多晶体振荡器或频率源同时提供基准频率的多基准频率合成方式，或仅由一个或少数几个晶体振荡器，提供基准频率的频率合成方式。图 9.2.1 所示为后一种合成方式的最基本组成，称为直接式频率合成的基本单元。图中，仅用一个石英晶体振荡器提供基准频率；M 表示倍频器的倍频次数，N 表示分频器的分频次数；频率相加器是由混频器和带通滤波器构成的，用以输出混频后的和频分量。当输入基准频率为 f_r 时，合成器的输出频率 f_o 为

$$f_o = \frac{M_1'}{N_1'}\left(\frac{M_1}{N_1} + \frac{M_2}{N_2}\right)f_r \tag{9.2.1}$$

式中，$\frac{M_2}{N_2}$ 称为分频比的余数，代表该频率最低位，其值应为一简单的整数比。式（9.2.1）说明，尽管合成器仅输入一个参考频率 f_r，但只需改变各倍频次数和分频器的分频数，即可获得一系列的离散频率。

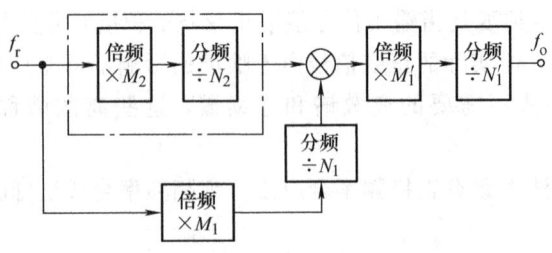

图 9.2.1　频率合成器的基本单元

例 9.2.1　某频率合成器的输出频率 $f_o = 2.2\text{MHz}$，分辨率为 0.1MHz。若 $f_r = 1\text{MHz}$，试用上述方法确定各 M、N 的数值。如果使分辨率提高为 0.01MHz，则该合成器是否也能应用？

解 由已知条件求得总分频比为

$$n = \frac{f_o}{f_r} = \frac{2.2}{1} = 2.2$$

由式(9.2.1)知，取 $\frac{M_1}{N_1} = 2$，$\frac{M_2}{N_2} = 0.2$ 即可满足要求。

令图 9.2.1 中 $M'_1 = 1$，$N'_1 = 1$，即省略这两个倍频、分频器，合成后的信号由混频器、窄带带通滤波器直接输出。根据式(9.2.1)中各项 M 和 N 的比值应为一整数比的原则，取 $M_1 = 2$，$N_1 = 1$，$M_2 = 2$，$N_2 = 10$，并将其代入式(9.2.1)，得到输出频率为

$$f_o = \frac{M'_1}{N'_1}\left(\frac{M_1}{N_1} + \frac{M_2}{N_2}\right)f_r = \left(\frac{2}{1} + \frac{2}{10}\right) \times 1\text{MHz} = 2.2\text{MHz}$$

如改变倍频次数使 $M_2 = 1 \sim 9$，即可获得频率间隔 $\Delta f = 0.1\text{MHz}$、频率范围为 $2.1 \sim 2.9\text{MHz}$ 的离散频率系列。

若要求 $\Delta f = 0.01\text{MHz}$，则 f_o 是一个三位数，这时如仍取上述方案，式(9.2.1)中的余项 $\frac{M_2}{N_2}$ 就不再是一个简单的整数比，因此仅用上述一个基本单元就难以完成上述运算要求。

由上例不难看出，为满足更高的分辨率要求，必须继续将 $\frac{M_2}{N_2}$ 分解，使

$$f_o = \frac{M'_1}{N'_1}\left[\frac{M_1}{N_1} + \frac{M'_2}{N'_2}\left(\frac{M_2}{N_2} + \frac{M_3}{N_3}\right)\right]f_r \tag{9.2.2}$$

即用一个由 M_2、M'_2、M_3 和 N_2、N'_2、N_3 组成的新的频率合成器基本单元，置换单元中的 M_2、N_2，使新的余数 $\frac{M_3}{N_3}$ 为一简单的整数比。若余数 $\frac{M_3}{N_3}$ 仍不是一简单的整数比，还可以进行再一次或多次分解，直至余数为整数比为止，即

$$f_o = \frac{M'_1}{N'_1}\left\{\frac{M_1}{N_1} + \frac{M'_2}{N'_2}\left[\frac{M_2}{N_2} + \frac{M'_3}{N'_3}\left(\frac{M_3}{N_3} + \cdots\right)\right]\right\}f_r \tag{9.2.3}$$

数学上每进行一次分解，合成器就需要多增加一节图 9.2.1 所示的基本单元。这说明分频比的位数越多，合成器需接入基本合成单元数也越多，合成系统也越复杂。

例 9.2.2 已知基准频率 $f_r = 1\text{MHz}$，应采用几个基本合成单元组成的频率合成器，可使输出频率 $f_o = 2.0825\text{MHz}$，此时最小频率间隔为多少？

解 将分频比 2.0825 进行分解，可列出运算式

$$f_o = \left\{2 + \frac{1}{10}\left[\frac{8}{10} + \frac{1}{10}\left(\frac{2}{10} + \frac{5}{100}\right)\right]\right\} \times 1\text{MHz} = 2.0825\text{MHz}$$

由此可知，需用三节基本合成单元构成能实现上述要求的频率合成器。其一般式为

$$f_o = \left\{\frac{M_1}{N_1} + \frac{M'_2}{N'_2}\left[\frac{M_2}{N_2} + \frac{M'_3}{N'_3}\left(\frac{M_3}{N_3} + \frac{M_4}{N_4}\right)\right]\right\}f_r$$

当要求离散频率数不很多时，仅需改变 M_4（或 N_4），即可获得最小频率间隔的离散频率，其值为 f_o 的最后一位数，如以 $\Delta f_{\min}$ 表示最小频率间隔，则其值为

$$\Delta f_{\min} = 100\text{Hz}$$

图 9.2.2 是另一种常见的直接频率合成器的原理框图。图中，基准频率是由谐波发生器所提供的，发生器引出了 10 条谐波输出线，其频率分别为 $0 \sim 9\text{MHz}$。为了获得 21.6 MHz

频率输出,仅从 2MHz、1MHz、6MHz 三个输出端取出了相应频率的信号,经过分频器、倍频器、相加器和滤波器的不同组合,为输出端提供了所要求的 21.6MHz 频率。事实上,当频率选择开关 S_1、S_2 和 S_3 的固定端均与谐波发生器的 10 个端口相接时,只需改变 S_1、S_2 和 S_3 的连接位置,即可产生频率间隔为 100kHz、频率范围为 11.1~99.9MHz 的离散频率。

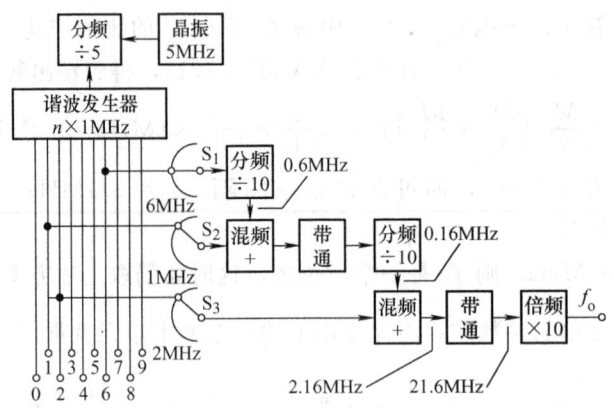

图 9.2.2 用谐波发生器提供基准频率的直接式频率合成器

直接频率合成法的优点是频率转换时间短,能产生任意小的频率增量(即频率间隔)。缺点是频率范围有限,离散频率数不能太多,此外由于采用了大量的倍频器、分频器,特别是混频器,使输出信号中的寄生频率成分和相位噪声显著加大;而过多的滤波器又使设备变得庞大。所以随着集成技术和数字技术的发展。直接频率合成器的发展受到了限制。

9.3 锁相频率合成技术

锁相频率合成是应用锁相环路的频率合成方法,从一个高稳定度和高准确度的基准频率合成大量的离散频率。这种频率合成器的电路组成由基准频率产生器和锁相环路两部分组成,基准频率产生器为合成电路提供一个或几个高稳准的参考频率,锁相环路利用其良好的窄带跟踪特性,使压控振荡器的输出频率准确地稳定在参考频率或某次谐波上,并使被锁定的频率具有与参考频率一致的频率稳定度和较高的频谱纯度。由于系统结构简单,输出频率成分的频谱纯度高,而且易于得到大量的离散频率,它已成为目前频率合成技术中的主要制式。锁相频率合成器的性能,取决于石英晶体振荡器与锁相环路的性能,特别是环路的跟踪特性、频率响应(或滤波)特性等。

9.3.1 锁相频率合成器的基本构成

在锁相频率合成器中,输出频率系列是由压控振荡器(VCO)产生的。该频率在环路的鉴相器中,不断地与来自石英晶体振荡器的基准频率进行相位比较,并通过相位比较后产生的误差信号对振荡频率进行校准,使输出频率系列中的任一频率,均具有与基准频率相同的频率稳定度。

由于鉴相器要求进行相位比较的两输入频率在数值上相等,因此形成了多种锁相频率合成的方法，其中主要有：

1. 脉冲控制锁相法

脉冲控制锁相法频率合成器原理框图如图 9.3.1 所示。为简单起见，这里用具体数值说明工作过程。晶体振荡器产生的振荡频率为 5MHz，经参考分频器产生基频 f_r 为 100kHz，并在谐波发生器中形成重复频率为 100kHz 的窄脉冲。该脉冲含丰富的谐波，这些谐波成分同时作为基准信号加于鉴相器的输入端。鉴相器的另一输入端的输入信号来自振荡频率为 f_o 的 VCO，由图可见，调整 f_o 使之接近于 nf_r 时，通过鉴相器对 f_o 和 nf_r 的相位比较作用，环路将使 f_o 最终严格锁定在 nf_r 频率上。例如，当 VCO 的振荡频率调整到接近 100 kHz 的 216 次谐波时，压控振荡器的输出频率，将自动锁定在 21.6MHz 上。

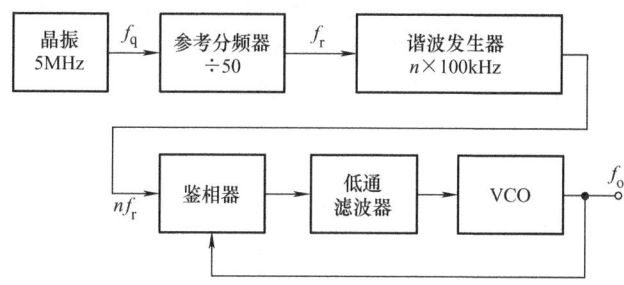

图 9.3.1 脉冲控制锁相法频率合成器原理框图

脉冲控制锁相法频率合成器的最大优点是简单，输出信号的性能也比较好。但要求压控振荡器的调谐精度十分严格，其值必须限制在 f_r 范围以内，否则，输出频率就可能错误的锁定在相邻的另一次谐波频率上。为了减少或避免错误锁定现象的发生，一方面应提高 VCO 调谐机构的性能；另一方面应限制谐波发生器的倍频次数，因为倍频次数越高，输出频率的分辨力就越低。所以，这种合成方法所能提供的频道数是有限的。

2. 数字锁相合成法

数字锁相频率合成器，是目前应用最广泛的一种频率合成器。它与脉冲控制锁相频率合成器的区别仅在于锁相环路中采用除法器（分频器）来改变输入鉴相器的 VCO 频率，而不是采用改变基准振荡器频率的方法。

图 9.3.2 所示为数字锁相频率合成器的原理框图。由图可见，压控振荡器的输出信号在与参考信号进行相位比较之前，先进行了 N 次分频。这样，当环路锁定时，输出频率与参考频率的关系为

$$f_o = Nf_r$$

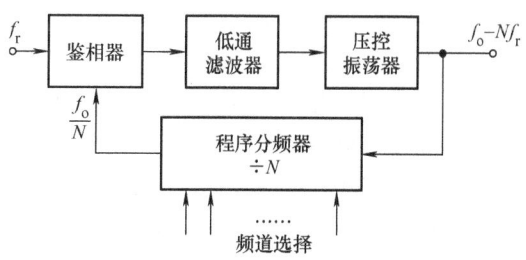

图 9.3.2 数字锁相频率合成器原理框图

即输出频率为参考频率的整数倍。因此，当采用频率选择开关改变分频比 N 时，压控振荡器将输出以 f_r 为频率间隔的离散频率系列。例如，当 $f_r = 100$kHz，分频比 N 在 31～316 范围内变化时，VCO 的输出频率范围将为 3.1～31.6MHz，频率间隔为 100kHz。当参考频率 $f_r = 100$Hz，分频比 $N = 30000$～39999 时，VCO 输出频率将为 3～3.9999MHz，频率间隔为 100Hz，可见，采用数字锁相频率合成法，只需正确选择分频器的分频数和合适的参考

频率，就可获得符合指标要求的离散频率系列。当分频器的分频比较大时，所需的分频数可以由固定分频器和可变分频器共同产生。此外，在参考信号输入端也可接入参考分频器，以降低输入鉴相器的参考频率，提高合成器输出频率的分辨率。

目前应用广泛的数字锁相合成器，主要采用分频器来改变 VCO 的频率，主要分为单环合成器、多环合成器和小数分频合成器。

9.3.2 锁相频率合成器的实际构成方案

为了解决锁相环路电路结构与器件特性对频率合成器性能的影响，实际中提出了多种不同的电路构成方案，例如，在主分频器前，接入分频比恒定的前置分频器，以降低主分频器（可编程分频）的工作频率；采用前置混频的方法，降低主分频器的工作频率；采用吞脉冲可变分频器；采用多环合成；采用相位累加器来实现小数分频等。这些方案在各种通信系统中得到广泛的应用，下面仅介绍几种应用最广泛的方案。

1. 单环频率合成器

在图 8.6.8 锁相倍频器的分析中曾提到，若环路的输入信号由高稳定的晶体振荡器产生，并采用具有高分频比的可编程分频器，控制分频器的分频比，就可得到一系列频率间隔为 f_i 的标准频率的信号输出。这就是基本的单环数字频率合成器。输出频率的最小步进增量（也即输出频率的分辨率 f_r）为 f_i。

基本单环锁相频率合成器电路简单，便于集成化，锁相频率合成可以提供很宽的频率范围和很好的频谱纯度。

在锁相频率合成器中，可以输出的频率数是由可变分频比的数目决定的，可变分频器的输入就是频率合成器的输出频率。目前固定分频比的分频器工作频率可以做得很高，已有 500MHz、800MHz 的器件，但可变分频器的工作频率都较低，而通信系统的工作频率一般都很高，因此不能把压控振荡器的输出频率直接加在可变分频器上。为解决这一矛盾，通常采用增加高速前置分频器、高速双模分频器和下混频器等方法。

图 9.3.3 为带有前置分频器的数字频率合成器框图。由于固定分频器的工作频率一般高于可变分频器的工作频率，因此在可变分频器之前加了一个固定分频比为 P 的前置分频器，使压控振荡器输出的频率降低（低于可变分频器的最高工作频率），依此来降低加在可变分频器上的频率。环路锁定时，输出频率为 $f_o = NPf_i$，当改变可变分频器时，就可以输出不同的合成频率。频率合成器的频率分辨率为 $\Delta f = Pf_i$，即频率分辨率降低为原来的 $1/P$ 倍，可以把参考频率也降低为原来的 $1/P$ 来克服这一缺点，但降低鉴相器的参考频率会使锁相环的许多性能变坏。可见，它是以加大频率间隔，降低分辨率为代价换取输出频率的提高的。解决这一问题的方法是采用下变频和双模前置分频法来保持频率分辨率不变。

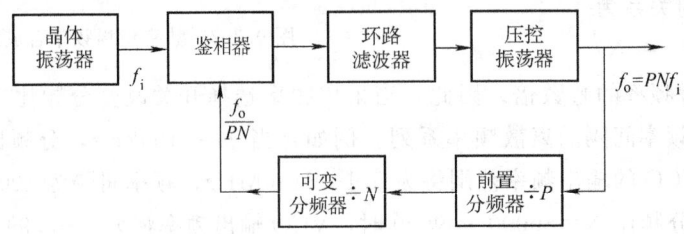

图 9.3.3　带有前置分频器的数字频率合成器框图

下变频型的单环频率合成器可以降低可变分频器输入频率。它是在电路在反馈支路中插入混频器和低通滤波器,如图9.3.4所示。对压控振荡器的输出频率进行混频并取差频,从而降低可变分频器的输入信号的频率。由图知,可变分频器的输入信号的频率为 $f_o - f_L$。当环路锁定时,$f_i = (f_o - f_L)/N$,输出频率为 $f_o = f_L + Nf_i$,可见这时频率分辨率 f_r 仍然为 f_i,这种方法提高了频率合成器的输出频率,但并没有降低频率分辨率,这种频率合成器只是用混频器把频率 Nf_i 搬移到了 f_L 频率两边,因此环路性能和本地载频没有直接关系,环路的分析和参数的计算和基本单环合成器相同。

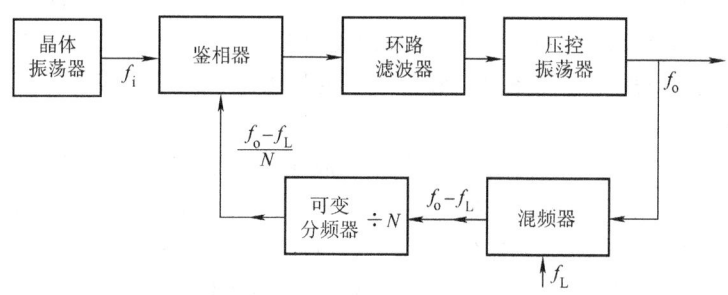

图 9.3.4 设置前置混频器的频率合成器

但在锁相环中插入混频器和滤波器,使锁相环的电路复杂,滤波器会使环路性能变坏,混频过程必然会产生组合频率分量,造成输出信号的频谱纯度下降。所以这种方法虽然可以使频率分辨率保持不变,但同时又带来很多难以解决的问题。

2. 含吞脉冲分频器的频率合成器

将前置分频器用双模分频器(Two-modulus Divider)取代,可以在不降低频率分辨率的前提下,提高频率合成器的输出频率。通常将这种频率合成器称为吞脉冲频率合成器,或双模前置分频器型单环频率合成器。它的组成框图如图9.3.5所示。

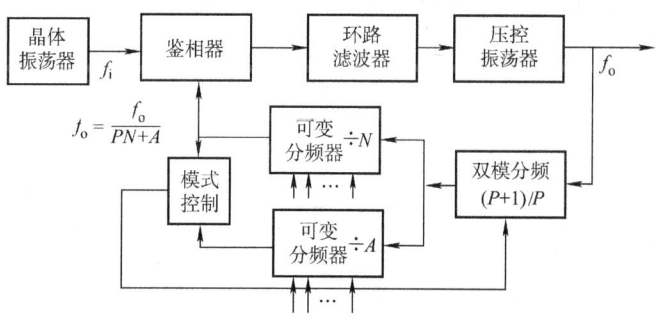

图 9.3.5 吞脉冲频率合成器组成框图

图9.3.5中,双模分频器为具有 P 和 $(P+1)$ 两种分频模式的固定分频器。当模式控制电路为高电平时,双模分频器的分频比为 $(P+1)$,低电平时为 P。N 和 A 为两个用作可变分频的计数器,且规定 $N > A$。当一个计数循环开始时,双模分频器的分频比为 $(P+1)$,在输出频率 f_o 作用下,双模分频器和两个可变分频器同时计数,当 A 分频器计满 A 个脉冲时,使模式控制电路输出变为低电平,使双模分频器的分频比变为 P,这时 N 分频器计数脉冲为 $(N-A)$,以后,双模分频器与 N 分频器继续工作,直到 N 分频器计满 N 个脉冲,

模式控制电路输出又回到高电平,开始进入第二个计数周期。如上所述,在一个计数周期内,总计脉冲数即分频比为

$$N_t = (P+1)A + P(N-A) = A + PN \tag{9.3.1}$$

这样,频率合成器的输出频率为

$$f_o = N_t f_i = (A+PN)f_i \tag{9.3.2}$$

式(9.3.2)表明,与简单的频率合成器相比,f_o 提高了 P 倍,而频率分辨率 f_r 仍保持为 f_i。其中,A 为个位分频器,又称尾数分频器。

在这种频率合成器中,只有双模前置分频器工作在 VCO 输出的最高频率上,而计数器 A 和 N 都工作在输出最高频率 $1/P$ 上,双模前置分频器只有两个工作模式,用一个模控制信号控制模的转换,因此工作频率可以做得像固定分频器一样高,从而可以获得较高的输出频率,而频率分辨率保持不变。

美国 Motorola 公司生产的 MC145 系列的集成频率合成器件,采用 CMOS 工艺,它的最高工作频率可达到 2GHz(MC145200,MC145201)。图 9.3.6 为采用 MC145152 和双模分频器 MC3393P 构成的吞脉冲型频率合成器电路。图中,点画线框内为 MC145152 的内部组成。晶体与电容 C_1、C_2 外接,与内部放大器 A_1 构成晶体振荡器,通过二分频和 12 位 $\div R$ 可编程参考分频器后,成为较低的参考信号频率 f_r,加到鉴相器的一个输入端。分频比 R 由外接数据码通过编码器设定,取值范围为 $3 \sim 4095$。VCO 的输出信号频率 f_o 经双模分频器 MC3393P 和缓冲放大器 A_2 加到可变分频器 A 和 N 上。分频比 N 和 A 由外接数据码预置($N: 3 \sim 1023$;$A: 3 \sim 63$)。锁定检测电路用作锁定指示:锁定时输出一窄脉冲,失锁时输出一定宽度且不时变化的矩形脉冲。

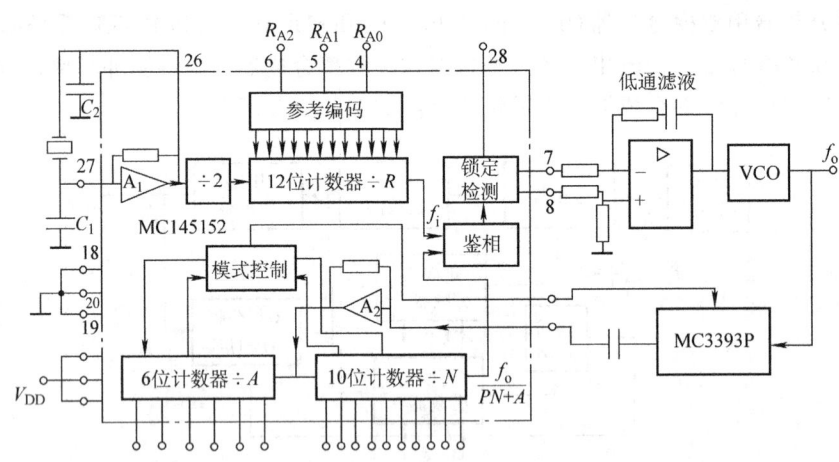

图 9.3.6 采用 MC145152 构成的吞脉冲型频率合成器

例 9.3.1 若含吞脉冲分频器的锁相频率合成器,其双模分频器的分频数 $(P+1)/P$ 为 $41/40$,主分频器的 $N=3\sim1023$,辅助分频器的 $A=3\sim127$,已知晶体振荡器提供的参考频率 $f_i=5\text{kHz}$,要使输出频率 $f_o=136.550\text{MHz}$,分频器 A 和分频器 N 分别应预置在何值?

解 由给定的 f_o 和 f_i 可以得到频率合成器环路分频器的总分频数为

$$N_t = \frac{f_o}{f_r} = \frac{136550}{5} = 27310$$

由式(9.3.1)可以得到
$$27130 = 40N + A$$
先忽略 A，求得
$$N = \frac{27130}{40} = 628.75$$
取 $N = 628$，则余数 A 的值为
$$A = 27130 - 40N = 27130 - 40 \times 628 = 30$$
即当 $f_i = 5\text{kHz}$ 时，将分频器 A 置于 30，分频器 N 置于 628，就可以得到 $f_o = 136.550\text{MHz}$ 的频率输出。

3. 多环频率合成器

在不降低参考频率的情况下，提高频率分辨率的一个方法就是采用多环频率合成的方法，常见的有双环和三环的频率合成器。图 9.3.7 所示是一个三环频率合成器框图，它由三个锁相环路和一个混频电路构成，设环路 A 输出频率为 f_a；经过一个 M 倍的固定分频器后得到 f_A，$f_A = \dfrac{f_a}{M} = \dfrac{N_A}{M} f_i$，频率分辨率为 $\Delta f_A = \dfrac{1}{M} f_i$，比单环合成器的频率分辨率提高了 M 倍，因此一般称环路 A 为高分辨率环；设环路 B 的输出频率为 f_B，$f_B = N_B f_i$，频率分辨率为 $\Delta f_B = f_i$；环路 C 是混频相加环，环路 B 的输出频率和环路 C 的输出频率混频之后得到 $(f_o - f_B)$，并送到鉴相器和 f_A 做相位比较，可得到输出频率
$$f_o = f_A + f_B = \frac{N_A}{M} f_i + N_B f_i$$

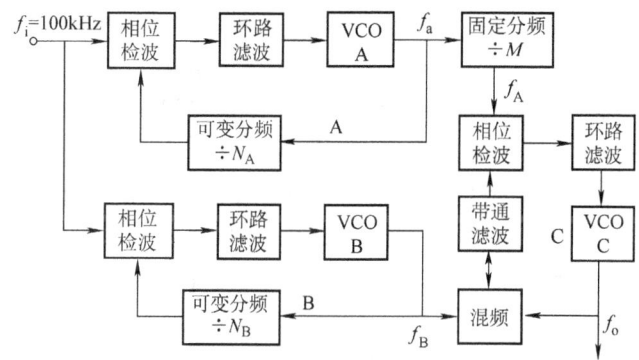

图 9.3.7 三环频率合成器框图

例如，若取 $M = 100$，$N_A = 399$，$N_B = 397$，则 $f_o = 40099\text{kHz}$；若取 $M = 100$，$N_A = 300$，$N_B = 351$，则 $f_o = 35400\text{kHz}$；分辨率(频率间隔)为 1kHz。频率分辨率提高了 M 倍。频率的转换时间由高分辨率环和低分辨率环共同决定，由于两个环路的参考频率都是 f_i，因此虽然输出频率分辨率提高了 M 倍，但转换时间仍然可以用经验公式 $t_s = 25/f_i$ 计算，与单环频率合成器相同，这在单环合成器中是做不到的。

在多环频率合成器中，环路的基本单元就是单环合成器，可以在环路中插入混频器、倍频器和分频器，相当于相位的加、减、乘、除运算，多环合成器的分析实际就是单环合成器的分析，两者并没有本质区别。

9.4 直接数字频率合成器

直接数字频率合成器(Digital Direct Synthesizer，DDS)是继锁相频率合成之后，随着数字集成电路和微电子技术发展而发展起来的第三代频率合成技术，它以数字信号处理理论为基础，从信号的幅度-相位关系出发进行频率合成，与传统的频率合成器相比，DDS 具有极高的分辨率、快速的频率转换时间、很宽的相对带宽、任意波形的输出能力和数字调制等优点，现在已广泛应用于仪器仪表、通信、雷达和广播电视等领域，是实现设备全数字化的一个关键技术。

DDS 的思路与前面介绍的锁相环频率合成的方法完全不同。这是一种新的频率合成技术。它的思路是：根据奈奎斯特取样定理，从连续信号的相位出发，对一个正弦信号取样、量化、编码，形成一个正弦函数表，储存在只读存储器中，合成时通过改变相位累加器的频率控制字，改变相位增量。相位增量的不同，导致一周期内的取样点不同，从而使得输出频率不同。正弦函数表中存储的数据具有相位-幅度的对应关系，所以在取样频率不变的情况下，通过改变相位累加器的频率控制字，将变化的相位-幅度量化的数字信号送到数/模转换电路和低通滤波器，即可得到所需频率的模拟信号。改变只读存储器中的数据值，可以得到不同的波形，如正弦波、三角波、方波、锯齿波等。

9.4.1 直接数字频率合成器的基本原理

图 9.4.1 所示是 DDS 的基本原理框图，图中参考时钟源是一个高稳定度的晶体振荡器，用来同步合成器的各个组成部分，因此 DDS 输出的合成信号频率的稳定度和晶体振荡器是一样的。DDS 主要包括四个部分：相位累加器、实现相位幅度转换的只读存储器、D/A 转换器和平滑/滤波器。相位累加器包括一个 N 位频率寄存器、一个 N 位全加器和一个相位寄存器，频率寄存器保存输入的相位增量字，在每一个参考时钟作用下，相位累加器对频率控制字 K 进行线性累加，这个数据和保存在相位寄存器中的数据相加，产生一个线性增加的数据值，这实际是相位的抽样数据，相位增量的值随外指令频率建立字(FSW)的不同而不同，当相位累加器加满时就会产生一次溢出，完成一个周期性动作，这个周期就是 DDS 合成信号的一个频率周期，累加器的溢出频率就是 DDS 输出的信号频率。相位累加器输出的相位序列 $\varphi(n)$ 对波形存储器(只读存储器)寻址。由只读存储器来完成信号的相位序列 $\varphi(n)$ 到幅度序列 $f(n)$ 之间的转换，即实现相位-幅度转换。相位-幅度转换通常采用 ROM 查询表，ROM 中存储不同相位下正弦信号的幅度。用相位抽样数据作为地址访问正弦查询表，得到正弦波幅度的数字量，输出的幅度码经过数/模转换器得到对应的模拟量——正弦

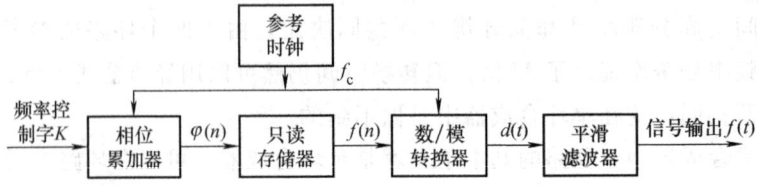

图 9.4.1　直接数字式频率合成器(DDS)的基本原理框图

型阶梯波，再经平滑/滤波器滤除不需要的信号后进一步平滑，就可得到连续变化的所需频率的模拟信号。

9.4.2 直接数字频率合成技术

直接数字频率合成可分为脉冲输出 DDS 和波形输出 DDS 两大类。

1. 脉冲输出直接频率合成技术

脉冲输出 DDS 是 DDS 的一种简单形式，这类 DDS 也称为数控振荡器(Number Controlled Oscillator, NCO)。如图 9.4.2 所示。它仅由 N 位的相位累加器构成，并将相位累加器的最高位(或进位位)作为其输出信号，即每当数字寄存器计满时输出一个脉冲，这样输出的脉冲序列周期即是合成信号的周期，其输出频率由式(9.4.1)表示，即

$$f_\text{o} = \frac{K}{2^N} f_\text{c} \tag{9.4.1}$$

当时钟固定时，改变频率控制字 K，可以改变输出脉冲的频率。当 $K=1$ 时，输出频率最低，即

$$f_\text{min} = \Delta f_\text{min} = \frac{f_\text{c}}{2^N} \tag{9.4.2}$$

式(9.4.2)也是脉冲输出 DDS 的频率分辨率表达式，式中 Δf_min 为频率分辨率。

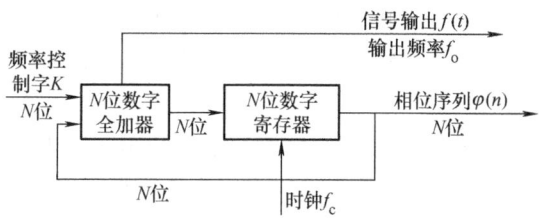

图 9.4.2 脉冲输出 DDS 的原理框图

在工程实践中，对于不同应用场合，有时脉冲输出 DDS 的相位累加器需要设计成十进制，这时合成器的输出频率以及频率分辨率分别可以用下式表示：

$$f_\text{o} = \frac{K}{10^N} f_\text{c} \tag{9.4.3}$$

$$\Delta f_\text{min} = \frac{f_\text{c}}{10^N} \tag{9.4.4}$$

2. 波形输出直接数字合成技术

波形输出 DDS 的原理框图及各点波形如图 9.4.3 所示，它包含了相位累加器、波形存储器(只读存储器)、数/模转换器、低通滤波器和参考时钟等部件。其工作过程如下：在参考时钟的控制下，相位累加器对频率控制字 K 进行线性累加，得到的相位序列 $\varphi(n)$ 对波形存储器寻址，使之输出相应的幅度码，经过数/模转换器得到对应的阶梯波，最后经低通滤波器，即得到连续变化的所需频率的波形。

波形输出 DDS 中的相位累加器与脉冲输出 DDS 的相位累加器基本相似，如图 9.4.2 所示，其作用是完成相位累加过程和产生相位序列中的 $\varphi(n)$，所不同之处是，在波形输出 DDS 中，相位累加器的输出信号是 N 位数字寄存器所存储的相位序列中的 $\varphi(n)$，并将之作

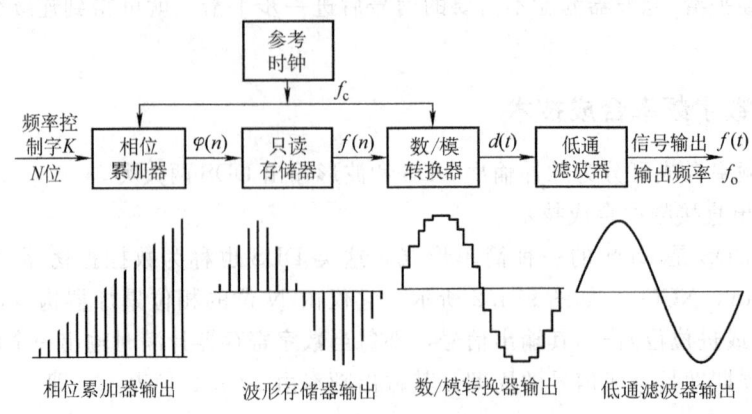

图 9.4.3 输出波形 DDS 的原理框图

为波形存储器的输入。

波形存储器主要完成信号的相位序列 $\varphi(n)$ 到幅度序列 $f(n)$ 之间的转换，它由只读存储器(ROM)来完成。在实际工程中，由于波形存储器的容量有限，它的地址线往往不能满足 N 的要求，通常要对相位累加器所生成的 N 位序列值做截断处理，截去低 B 位，留下高 $A=N-B$ 位对波形存储器寻址，这一技术可称为相位截断。

数/模转换器主要完成代表信号幅度的数字序列到模拟信号的转换，输出阶梯波形。

低通滤波器的功能是滤除阶梯波的高频成分，使数/模转换器输出的阶梯波变为平滑的正弦波。

设时钟频率为 f_c，输出频率为 f_o，频率建立字 FSW 用相位增量 $\Delta\varphi_f$ 表示。若累加器的宽度为 N 位，查询表 ROM 的输出位数为 M，则 2^N 就相当于 $2\pi\text{rad}$，N 位中的最低有效位相当于 $\dfrac{2\pi}{2^N}\text{rad}$，即最小的相位增量，$\Delta\varphi_f$ 对应的相位为 $\Delta\varphi_f \times \dfrac{2\pi}{2^N}\text{rad}$，完成一个周期的正弦波输出需要 $\dfrac{2\pi}{\Delta\varphi_f \times 2\pi/2^N} = \dfrac{2^N}{\Delta\varphi_f}$ 个参考时钟周期。所以，一个参考时钟周期 T_c 内输出频率的周期为

$$T_o = \dfrac{2^N}{\Delta\varphi_f}T_c \quad \text{或} \quad f_o = \dfrac{\Delta\varphi_f}{2^N}f_c$$

输出频率与查询表 ROM 的输出位数 M 无关。在一定的时钟频率 f_c 下，相位增量 $\Delta\varphi_f$ 决定了合成信号的频率，故 $\Delta\varphi_f$ 被称为频率控制字，习惯上用 K 表示。因此，合成信号的频率为

$$f_o = \dfrac{K}{2^N}f_c$$

当时钟频率 f_c 固定时，改变频率控制字 K，可以改变合成信号的频率 f_o。当 $K=1$ 时，输出频率最低，即

$$f_{o\min} = \Delta f_o = \dfrac{1}{2^N}f_c$$

式中，f_o 为 DDS 的频率分辨率。

图 9.4.4 画出了实际的波形输出 DDS 产品 AD7008 的结构图。AD7008 是 AD 公司采用

CMOS 技术生产的 CMOS DDS 调制器,它的核心是 32 位的相位累加器、存放有 sin/cos 数值的 ROM 以及 10 位的 D/A 转换器。AD7008 还可以实现相位调制、频率调制、幅度调制及 I/Q 正交调制信号的输出。

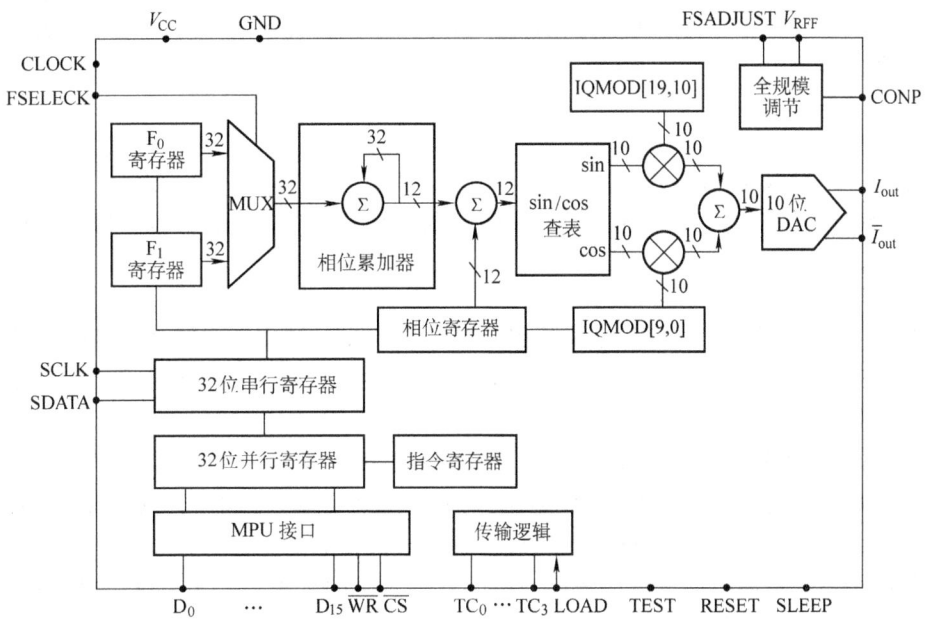

图 9.4.4　AD7008 结构图

1) 数据输入。数据可以从 SDATA 脚在串行时钟(SCLK)的上升沿串行输入,也可以从数据脚 $D_{15} \sim D_0$ 在 $\overline{WR}$ 的上升沿并行输入。并行输入时,可以一次 8 位,也可以一次 16 位。

2) 频率调制。AD7008 有两个频率字寄存器 F_0、F_1,基带信号从引脚 FSELECK 输入,通过 FSELECK 的选择,使相位累加器的输入值(最小的相位增量)$\Delta\varphi$ 来自 F_0 或 F_1 寄存器,因而很容易实现二进制 FSK 调制。

3) 相位调制。AD7008 还有一个 12 位的偏置相位寄存器插入在相位累加器中,其内容被加到累加器输出的高 12 位上,控制此偏置相位寄存器的值可实现相位调制。

4) I/Q 调制器。AD7008 包括两个 10 位的幅度乘法器和两个 10 位的 IQMOD 寄存器,因而可实现幅度调制(AM 或 QAM)。通过两个 10 位的 IQMOD 寄存器分别控制 I 和 Q 信号的幅度,I 和 Q 信号与 ROM 的输出($\cos\varphi$ 和 $\sin\varphi$)分别相乘并相加,得到 I/Q 调制。当不需要幅度调制时,通过指令把 I/Q 调制短路直接输出正弦波。

5) 指令输入与传送控制。指令信息只能并行输入,所有的寄存器加载和传送要求都受 LOAD 和传送控制 TC 的控制,可以通过微处理器与 AD7008 相接完成。

AD7008 的时钟频率可达 50MHz,输出信号频率最高为 20MHz,频率分辨率可达 0.02Hz。由于它有多种调制功能,因此在通信电路中得到广泛应用。

综上所述,DDS 与前两种频率合成器相比,具有独特的特点,主要表现在以下几个方面:

1) DDS 具有极宽的工作频率范围。DDS 输出频率的下限对应于频率控制字 $K=1$,因

而其最低频率为

$$f_{o\min} = \frac{1}{2^N} f_c$$

式中，N 为累加器的宽度或字长。当 N 很大时，最低输出频率可达 Hz 甚至 mHz 数量级。最高频率受限于时钟频率和奈奎斯特抽样定理，即每周期至少取样两次才能够重建波形，因此最大的合成频率为

$$f_{o\max} = \frac{1}{2} f_c$$

实际应用中，一般取 $f_{o\max} = f_c \times 40\%$。

2）DDS 具有极高的频率分辨率 Δf_o。DDS 的频率分辨率就是它的最低频率，即

$$\Delta f_o = \frac{1}{2^N} f_c$$

在时钟频率 f_c 确定后，频率分辨率由相位累加器的字长 N 决定，只要 N 足够大，就可以获得足够高的频率分辨率。例如，当 $f_c = 50\text{MHz}$，$N = 48$ 位时，Δf_o 可达到 0.18×10^{-6} Hz，这是传统的频率合成器所不及的。

3）DDS 具有极短的频率转换时间。由于 DDS 是开环系统，无反馈环节，所以 DDS 的频率转换时间可以近似认为是即时的，高速 DDS 系统的频率转换时间可达纳秒量级。

4）任意波形输出能力。DDS 可以合成任意波形。合成的主要方法就是找出相应波形幅度和相位的关系，最简单的方法是改变 ROM 查询表中的数据，很多 DDS 合成器可以输出正弦波、方波、三角波等任意波形。

DDS 并不能取代传统的频率合成技术，它的出现只是为现代频率合成技术提供了又一种新的手段。若将 DDS 和 PLL 两种技术相结合，可达到单一技术难以达到的结果。

9.5 小结

频率合成是指以一个或数个参考频率源为基准，在某一频段内，综合产生并输出多个工作频率点的过程。频率合成技术则是指利用频率合成的方法，使某一（或多个）基准频率，通过一定的变换与处理后，形成一系列等间隔的离散频率，这些离散频率的频率稳定度和精度均与基准频率相同，而且能在很短时间内，由某一频率变换到另一频率的一种技术。基于这个原理或技术制成的频率源称为频率合成器。

频率合成的基本方法主要有三类：直接频率合成法，锁相频率合成法（也称间接频率合成法）和直接数字频率合成法。

直接频率合成技术是最早出现、最先使用的频率合成技术，它是利用一个或几个不同频率的晶体振荡器作为参考源，经过开关转换、分频、倍频、混频、滤波，得到所需要的频率。直接频率合成器具有频率转换速度快，输出相位噪声低，并能产生任意小的频率间隔等优点；但由于采用大量的倍频、分频、混频和选频滤波器，设备体积庞大，造价昂贵，而且因非线性效应而引入的杂散干扰和寄生产物难以抑制，故近年来使用不多。不过随着声表面波技术的发展，新型的声表面波直接频率合成技术有可能使直接频率合成器再度辉煌。

锁相频率合成技术是基于锁相环路的同步原理，从一个高准确度、高稳定度的参考晶体振荡器综合出大量离散频率的一种技术。锁相频率合成器的性能取决于石英晶体振荡器与锁

相环路，特别是环路的跟踪特性、频率响应和噪声特性。由于锁相环对相位噪声具有良好的滤波性能，并且它工作时只产生一个频率，因此它的杂散成分比直接频率合成器小得多，一般比较容易达到输出端-60dBC的杂散电平。然而，由于锁相环路达到锁定状态需要一定时间，而锁定所需的时间与环路带宽、频率跳变幅值等因素有关，因此锁相频率合成器的转换时间较长，通常在几十微秒至毫秒级。

锁相频率合成有多种方法，主要有脉冲控制锁相法、模拟锁相合成法、数字锁相合成法等，它们的共同特点是环路锁定时，鉴相器进行相位比较的两输入信号频率在数值上是相等的。利用这一点，只要知道参考频率值，就很容易从标有分频比的原理电路上分析出多环频率合成器的输出频率。

数字锁相频率合成器，尤其是含吞脉冲双模可变分频器的频率合成器，其输出频率 $f_o=(A+PN)f_i$，最小频率间隔等于 f_i，且可用数字指令选择输出频率。该方案较好地解决了高输出频率与高分辨率之间的矛盾，具有高输出频率、小间隔、预置定、使用灵活简便等特点，是目前应用最广泛的一种频率合成器。

然而，正是由于使用了数字器件，使数字锁相频率合成器的带内相位噪声不仅受限于参考源的相位噪声，而且受鉴频/鉴相器、数字分频器、环路放大器等多项积累噪声的限制，数字锁相频率合成器的相噪性能比模拟频率合成器的要差。为了获得低相噪，设计时通常选用相位噪声好的晶体振荡器作参考源；尽量选用低噪声分频器，在高速、低相噪场合，可采用 ECL、CMOS 分频器；采用鉴相灵敏度高的鉴相器及线性好、压控灵敏度较低的 VCO 对降低相位噪声都比较有利。另外，环路的分频比 N 的大小决定了参考源相噪的恶化程度，在不影响系统频率步进时，应尽可能提高参考频率，以减小分频比 N。

直接数字频率合成(DDS)方法与直接式和间接式频率合成方法不同，直接数字频率合成技术不是通过对频率的加、减、乘、除运算，而是通过对相位的运算进行频率合成的。它由参考频率源、相位累加器、波形存储器、数/模转换器(DAC)及平滑滤波器组成。其中，参考频率源是一个高稳定的晶体振荡器，其信号用于提供 DDS 中各部分的时钟；相位累加器是 DDS 的核心，作用是对频率控制字 K 进行线性累加；波形存储器(用只读存储器 ROM 实现)中存储的是一个波形函数表(一般为正弦或余弦)，对应不同的相位码输出不同的幅度编码；该幅度码经过数/模转换器后，将幅度码转换成相应的阶梯模拟电压，再经平滑滤波器即低通滤波器，滤除高频分量，便得到所需的模拟波形。

直接数字频率合成器的输出波形取决于 ROM 中所存的数据，它可以合成任意周期性波形，如正弦波、方波、三角波、锯齿波等，只要在 ROM 中存入所需的波形函数表即可。

直接数字频率合成器的输出频率 $f_o = \dfrac{K}{2^N} f_c$，式中，K 为频率控制字，f_c 为时钟频率，N 为累加器字长，改变 K 即可得到不同的输出频率。直接数字频率合成器的突出优点是：工作频率范围宽，$\dfrac{f_{omax}}{f_{omin}} = 2^N \times 40\%$；频率分辨率极高，$\Delta f_o = f_{omin} = \dfrac{f_c}{2^N}$；频率转换时间极短，一般可达纳秒级；频率捷变时相位连续等。主要缺点是：由于采用全数字技术，相位噪声性能差，杂散抑制差。为此，设计时应注意尽量保留更多的相位有效位和数据总线位数，选择非线性失真小、转换速率高、稳定时间短、位数较多的数/模转换器件，并进行仔细设计，以提高杂散抑制能力。

思考题与习题

9.1 利用图 9.T.1 所示两种方法将 20~50MHz 频率变换为 0~30MHz，指出哪一种方案更合理，为什么？图中 ⊗ 符号表示由混频器和带通滤波器构成的边带选频电路。

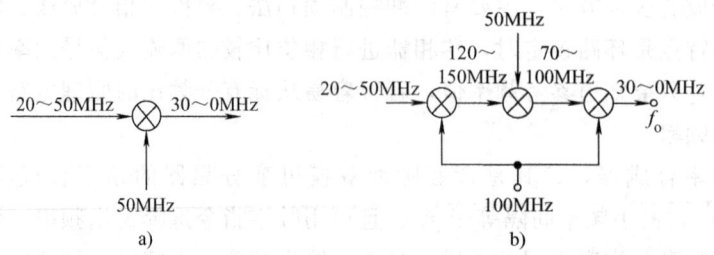

图 9.T.1　题 9.1 图

9.2 频率合成方法有哪几种？它们各有什么特点？

9.3 设计一个能产生 14.8×10^6 Hz 信号的直接频率合成器，设参考频率为 1×10^6 Hz。

9.4 图 9.T.2 为一直接频率合成器的原理框图。f_i 为某一固定输入频率，f_r 为参考频率，且 $f_i > f_r$，试写出输出频率 f_o 的表示式。

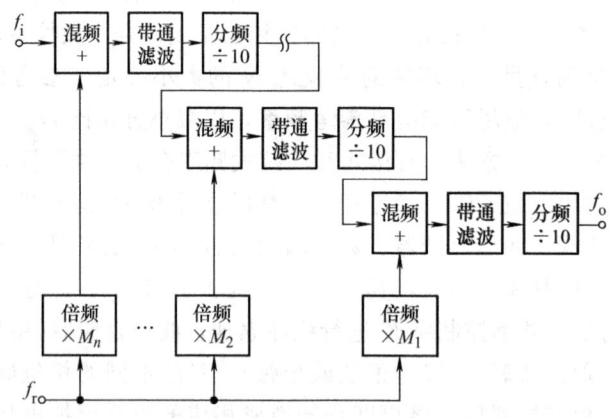

图 9.T.2　题 9.4 图

9.5 什么是前置分频器？什么是双模前置分频器？它们的作用是什么？

9.6 电路如图 9.T.3 所示，已知 $N = 760 \sim 950$，试求输出频率的变化范围，以及输出频率的间隔。

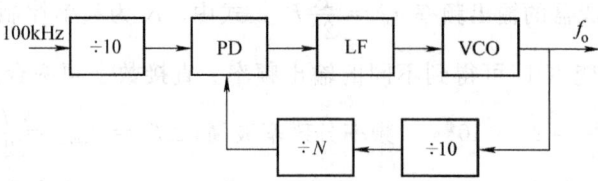

图 9.T.3　题 9.6 图

9.7 某频率合成器的框图如图 9.T.4 所示，已知 $\omega_i = 10^6$ rad/s，$\omega_2 = 500 \times 10^3$ rad/s，求环路输出频率 ω_o。

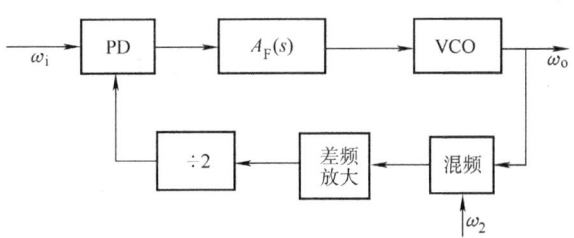

图 9.T.4　题 9.7 图

9.8　试用图 9.T.5 所示的双环数字频率合成器产生一频率范围为 101～110.9999MHz，频率间隔为 100Hz 的离散频率系列。已知 $f_{r1}=1$kHz，$N_2=1000\sim 1099$。试确定合成器 f_{r2} 的数值及各分频器的分频比。若改用单环数字频率合成器来实现上述要求，是否会遇到什么问题？

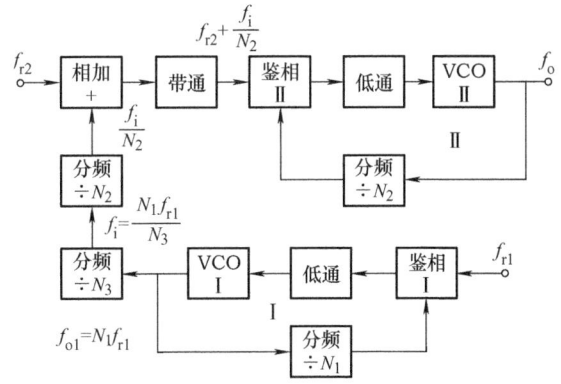

图 9.T.5　题 9.8 图

9.9　频率合成器框图如图 9.T.6 所示，$N=200\sim 300$，混频器取差频。试求输出频率范围和频率间隔。

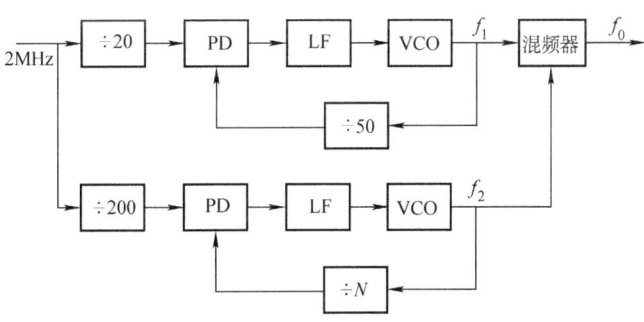

图 9.T.6　题 9.9 图

9.10　锁相频率合成器的鉴相频率为 1kHz，参考时钟源频率为 10MHz，输出频率范围为 9～10MHz，频率间隔为 25kHz，求可变分频器的变化范围。若用分频数为 10 的前置分频器，可变分频器的变化范围又如何？

9.11　设信号源频率为 f_i，要求实现 $f_o=Mf_i/N$ 的频率合成（M、N 均为整数），试画出应用锁相环的框图。

9.12　已知晶体振荡器振荡频率为 1024kHz，当要求输出频率范围为 40～500kHz、频率间隔为 1kHz

时，试决定图 9.T.7 所示频率合成器的分频比 R 及 N。

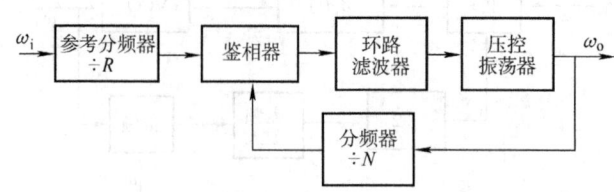

图 9.T.7　题 9.12 图

9.13　吞脉冲锁相频率合成器有何特点？为何它能保持频率间隔不变而可提高输出频率？

※第10章 噪声与干扰

噪声与干扰泛指有用信号以外的其他一切无用信号。一般来说，噪声是指电路内部产生的无用信号；干扰则是指电路外部的无用信号。一个线性系统，当它工作在小信号状态时，它的许多性能指标都与噪声有关，如信噪比、误码率以及解调器的最低可解调门限等。当信号增大时，由于二极管和晶体管的非线性特性，会产生增益压缩、交叉调制和互相调制等一系列非线性失真。因此，接收机所能接收的最低信号电平直接受到其射频部分固有噪声的限制，而它能接收的最高电平又受到了非线性失真的限制。通常，评价一个通信系统的性能优劣时，两个很重要的指标是噪声系数与非线性失真。对于非线性失真问题，本书已经在第6章混频电路中讨论过，这里不再赘述。本章主要针对噪声的一系列问题（如噪声来源、特点、噪声系数的计算等等）展开讨论。

噪声是一种随机信号，它来源于通信系统中的各元器件，其频谱分布于整个无线电工作范围。

人们在收听广播时，常常会听到"沙沙"声，观看电视时，又常会看到"雪花"似的背景或波纹线，这些都是接收机中的放大器和其他元器件存在噪声的缘故。噪声会对有用信号的接收产生干扰。特别是当有用信号较弱时，噪声的影响就更为突出，严重时会使有用信号淹没在噪声之中而无法接收。

目前电子设备的性能在很大程度上与干扰（Interference）和噪声（Noise）有关。例如，接收机的理论灵敏度可以非常高，但是考虑了噪声以后，实际灵敏度就不可能做得很高。而在通信系统中，提高接收机的灵敏度比增加发射机的功率更为有效。在其他电子仪器中，它们的工作准确性、灵敏度等也与噪声有很大的关系。另外，各种外部干扰的存在，也大大影响了接收机的工作。因此，研究各种干扰和噪声的特性，以及降低干扰和噪声的方法，是十分必要的。

干扰可分为自然的和人为的干扰。自然干扰有天电干扰、宇宙干扰和大地干扰等。人为干扰主要有工业干扰和无线电台的干扰。

噪声也可分为自然的和人为的噪声。自然噪声有热噪声、散粒噪声和闪烁噪声等。人为噪声有交流哼声、感应噪声、接触不良噪声等。

10.1 起伏噪声特性

电路中的噪声主要来源于电阻内电子的热运动和晶体管中带电粒子的不规则运动。这些噪声是电路器件所固有的。而且噪声又是随机的，它是在某一平均值上下作连续不规则的起伏变化，因此称为起伏噪声。

下面以电阻的热噪声为例简单说明起伏噪声的有关特性。

电阻的起伏噪声是由电阻内部的电子热运动引起的。因为电子的质量很轻，无规则的热运动速度又极高，所以所形成的热噪声可以看作是由无数个持续时间极短的电流脉冲组成

(其持续时间只有 $10^{-13} \sim 10^{-14}$ s)。当直流电流 I_0 流过电阻时,由于电阻热噪声的存在,结果使流过电阻的电流将如图 10.1.1a 所示,即在平均值 I_0 上下作随机起伏的变化。当电阻内无电流时,流过电阻的电流是平均值为零的随机起伏变化且峰值极小的脉冲电流,如图 10.1.1b 所示,这些随机的起伏变化就是热噪声影响的结果。

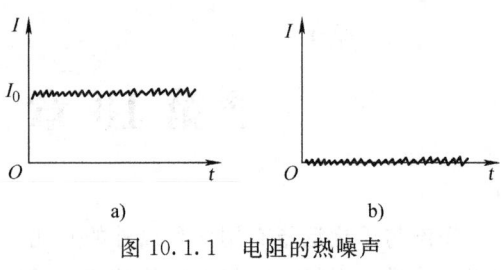

图 10.1.1　电阻的热噪声

表征起伏噪声的特征,主要从以下三个方面考虑。

1. 频谱

由于这些小电流脉冲的持续时间极短,因此它的频谱几乎占有整个无线电频段。

2. 功率谱密度

由于电流脉冲的随机性,其大小方向均不确定,不能用它们的电流谱密度叠加,因此引入功率谱密度 $S(f)$ 的概念。功率谱密度 $S(f)$ 表示单位频带内的电流(或电压)方均值,单位是 dBm/Hz(0dBm 表示 1mW 功率)。引入功率谱可以避免叠加时相位的不确定性。

以电流功率谱表示的噪声功率定义为 $P_I = \int_{f_1}^{f_2} S_I(f)\mathrm{d}f$,它是用电流量表示的功率谱密度 $S_I(f)$ 在频带 $f_2 \sim f_1$ 内的积分值。以电压量表示的噪声功率为 $P_V = \int_{f_1}^{f_2} S_V(f)\mathrm{d}f$,它是用电压量表示的功率谱密度 $S_V(f)$ 在频带 $f_2 \sim f_1$ 内的积分值。也常用噪声电流方均值 $\overline{i_n^2}$ 和噪声电压方均值 $\overline{v_n^2}$ 表示在频带 $\Delta f = f_2 \sim f_1$ 内单位电阻上的噪声功率。

在整个频段内功率谱密度为常数的噪声称为白噪声,对白噪声有

$$\overline{i_n^2} = \int_{f_1}^{f_2} S_I(f)\mathrm{d}f = S_I \int_{f_1}^{f_2} \mathrm{d}f = S_I(f_2 - f_1)$$

3. 等效噪声带宽

对于一个电压传递函数为 $H(\mathrm{j}f)$ 的线性时不变系统,若输入端起伏噪声的功率谱密度为 $S_i(f)$,则输出噪声功率谱密度 $S_o(f)$ 是

$$S_o(f) = S_i(f)|H(f)|^2 \tag{10.1.1}$$

式中,$|H(f)|^2$ 是系统的功率传递函数。特别是当白噪声通过线性系统后,输出噪声方均值电压(或电流)可表示为

$$\overline{v_n^2} = \int_0^{+\infty} S_i(f)|H(f)|^2 \mathrm{d}f = S_i \int_0^{+\infty} |H(f)|^2 \mathrm{d}f$$

它是输入功率谱密度 S_i 乘以功率传递函数在整个频段内的积分值。

线性系统的等效噪声带宽 B_L 为

$$B_L = \frac{\int_0^{+\infty} |H(f)|^2 \mathrm{d}f}{H^2(f_0)} \tag{10.1.2}$$

等效噪声带宽与通频带(半功率点带宽)$BW_{0.7}$ 一样,是由电路本身的参数决定的。可以证明,单调谐高频放大器的 B_L 与 $BW_{0.7}$ 有如下关系:

$$B_L = \frac{\pi}{2} BW_{0.7} \tag{10.1.3}$$

图 10.1.2 为白噪声通过具有选频特性的线性网络时的情况。它是高度为 $H^2(f_0)$（系统在中心频率点 f_0 的功率传输系数），宽度为 B_L 的矩形。白噪声通过线性系统后的总噪声功率等于输入噪声功率谱密度 S_i 乘以系统的等效噪声带宽 B_L。因此系统的等效噪声带宽 B_L 越大，输出噪声越大。而且，电路的频率响应曲线越接近矩形，B_L 与 $BW_{0.7}$ 越接近。但二者是两个完全不同的物理量。

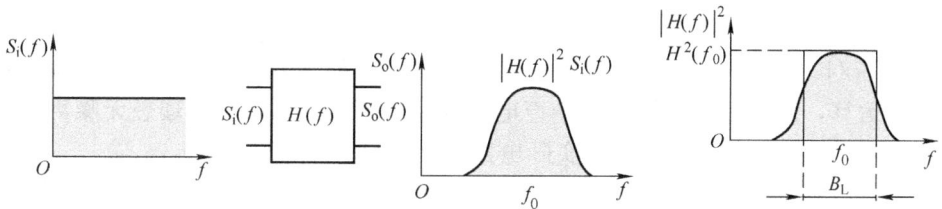

图 10.1.2　白噪声通过线性系统及等效噪声带宽

10.2　噪声的来源与特点

从原理上说，除了纯电抗不产生噪声外，任何电子线路中都有电子噪声，但是因为通常电子噪声的强度很弱，因此它的影响主要出现在有用信号比较弱的场合。比如，在接收机的前级电路（高放、混频）中，或者多级高增益的音频放大、视频放大器中就要考虑电子噪声对它们的影响。进而在设计某些设备或电子系统中，也要考虑电子噪声对设备或系统性能的影响。在电子线路中，噪声来源主要有两个方面：电阻热噪声和半导体管噪声。两者有许多相同的特性。

10.2.1　电阻热噪声

电阻热噪声是由电阻内部自由电子的热运动而产生的。电阻中的带电微粒（自由电子）在一定温度下受到热激发后，在导体内部作无规则的运动（热骚动）而相互碰撞，两次碰撞之间行进时，就产生一持续时间很短的脉冲电流。许多这样的随机热骚动的电子所产生的这种脉冲电流的组合，就在电阻内部形成了无规律的电流。在一足够长的时间内，其电流平均值等于零，而瞬时值就在平均值的上下变动，称为起伏电流。起伏电流流经电阻 R 时，电阻两端就会产生噪声电压 v_n 和噪声功率。常以 $S_V(f)$ 表示噪声的电压功率谱密度，$S_I(f)$ 表示噪声的电流功率谱密度。

由理论和实践证明，当温度为 T（单位为 K）时，阻值为 R 的电阻所产生的噪声电压功率谱密度和噪声电流功率谱密度分别为

$$S_V(f) = 4kTR \tag{10.2.1a}$$

$$S_I(f) = 4kT\frac{1}{R} = 4kTG \tag{10.2.1b}$$

在频带宽度为 B 的线性网络内产生的热噪声电压方均值和电流的方均值分别为

$$\overline{v_n^2} = 4kTRB \tag{10.2.2a}$$

$$\overline{i_n^2} = 4kTGB \tag{10.2.2b}$$

式中，k 为玻耳兹曼常数（Boltzmann Constant），$k=1.38\times10^{-23}$ J/K；T 为热力学温度，单位为 K。

因此，噪声电压或电流的有效值为

$$\sqrt{\overline{v_n^2}} = \sqrt{4kTRB} \qquad (10.2.3a)$$

$$\sqrt{\overline{i_n^2}} = \sqrt{4kTGB} \qquad (10.2.3b)$$

例如，若 $R=1\text{k}\Omega$，$B=500\text{kHz}$，$T=300\text{K}$（27℃），则

$$\sqrt{\overline{v_n^2}} = \sqrt{4\times1.38\times10^{-23}\times300\times10^3\times500\times10^3}\,\text{V} = 2.88\times10^{-6}\,\text{V} = 2.88\mu\text{V}$$

为便于运算，把电阻 R 看作一个噪声电压源（或电流源）和一个理想无噪声的电阻串联（或并联），如图 10.2.1 所示。当实际电路中包含多个电阻时。每一个电阻都将引入一个噪声源。一般若有多个电阻并联时，总噪声电流等于各个电导所产生的噪声电流的方均值相加，如图 10.2.2a 所示；若有多个电阻串联时，总噪声电压等于各个电阻所产生的噪声电压的方均值相加，如图 10.2.2b 所示。这是由于每个电阻的噪声都是电子的无规则热运动产生的，任何两个噪声电压必然是独立的，所以只能按功率相加（用方均值电压或方均值电流相加）。

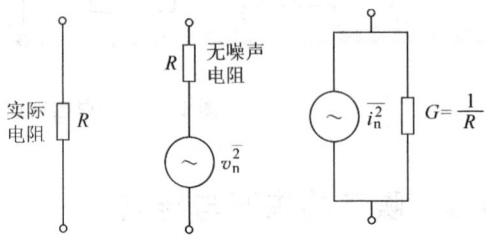

图 10.2.1 电阻的噪声等效电路

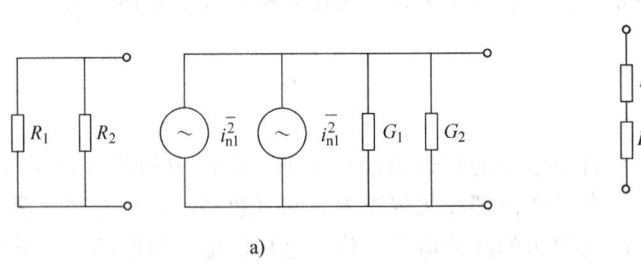

图 10.2.2 有噪声电阻的串、并联
a) 并联　b) 串联

例 10.2.1 试求两个处于相同温度的电阻 R_1 和 R_2 并联后，在频带 B 内的总方均值噪声电压。

解 先利用电流源进行计算。由于 R_1 和 R_2 是并联的，因此将它们分别用电流源噪声等效电路表示，如图 10.2.3 所示。

由式 (10.2.2b) 得

$$\overline{i_{n1}^2} = 4kTG_1B, \qquad G_1 = \frac{1}{R_1}$$

$$\overline{i_{n2}^2} = 4kTG_2B, \qquad G_2 = \frac{1}{R_2}$$

因此

$$\overline{i_n^2} = \overline{i_{n1}^2} + \overline{i_{n2}^2} = 4kT(G_1+G_2)B$$

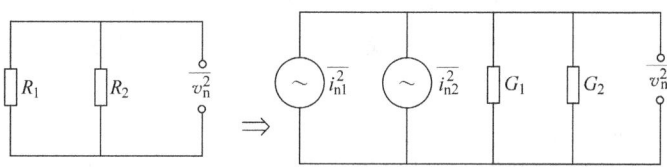

图 10.2.3 利用电流源计算噪声

所以
$$\overline{v_n^2} = \frac{\overline{i_n^2}}{(G_1+G_2)^2} = 4kTB\frac{R_1R_2}{R_1+R_2}$$

再利用图 10.2.4 所示的电压源进行计算。

$\overline{v_{n1}^2}$ 在输出端口所产生的噪声电压方均值为 $\overline{v_n^2} = 4kTRB$

$$\overline{v_{n1}^{'2}} = \frac{\overline{v_{n1}^2}}{(R_1+R_2)^2}R_2^2 = \frac{4kTR_1B}{(R_1+R_2)^2}R_2^2$$

$\overline{v_{n2}^2}$ 在输出端口所产生的噪声电压方均值为

$$\overline{v_{n2}^{'2}} = \frac{\overline{v_{n2}^2}}{(R_1+R_2)^2}R_1^2 = \frac{4kTR_2B}{(R_1+R_2)^2}R_1^2$$

所以
$$\overline{v_n^2} = \overline{v_{n1}^{'2}} + \overline{v_{n2}^{'2}} = 4kTB\frac{R_1R_2}{R_1+R_2}$$

显然，两种计算方法得到的结果是相同的。

对于 LC 并联谐振电路，所产生的噪声电压方均值为

$$\overline{v_n^2} = 4kTR_{e0}B \tag{10.2.4}$$

式中，R_{e0} 为谐振电路的谐振电阻。

就产生噪声的原因来说，纯电抗是不会产生噪声的，因为纯电抗元件没有损耗电阻。谐振电路所产生的噪声仍是由阻抗中的损耗电阻产生的。对于图 10.2.5a 所示的电路来说，损耗电阻 r 所产生的噪声电压方均值为

$$\overline{v_{nr}^2} = 4kTrB$$

在回路谐振时，折算到 ab 两端的电压方均值为

$$\overline{v_n^2} = \overline{v_{nr}^2}Q^2 = 4kTrB\left(\frac{\omega L}{r}\right)^2 = 4kT\left(\frac{\omega^2 L^2}{r}\right)B = 4kTR_{e0}B$$

得到如图 10.2.5b 所示的等效电路，因此获得式 (10.2.4)。

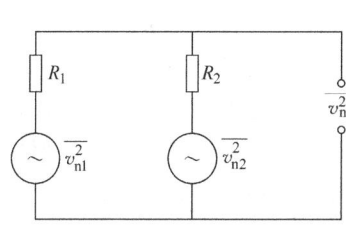

图 10.2.4 利用电压源计算噪声

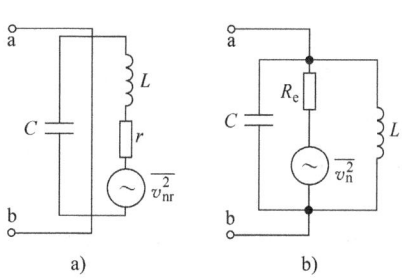

图 10.2.5 谐振回路的噪声

应该指出，电子热运动速度比外电场作用下的电子漂移速度大得多，因此，噪声电压与外加电动势产生并通过导体的直流电流无关，所以可认为无规则的热运动与直线运动（漂移）是彼此独立的。

总结以上分析得到如下结论：

1) 对处于相同温度的电阻所构成的网络，无论是串联还是并联，总的方均值噪声电压等于网络总电阻所产生的方均值噪声电压。

2) 如果网络中的电阻处于不同的温度或是受不同带宽的限制，只能按方均叠加法则即功率相加原则进行计算。

3) 纯电抗元件既不消耗功率也不产生热噪声，实际的电抗元件一般都含有电阻成分，也与普通电阻一样产生热噪声。

10.2.2 晶体管的噪声

晶体管的噪声是设备内部固有噪声的另一个重要来源。一般来说，在一个放大电路中，晶体管的噪声往往比电阻热噪声强的多。晶体管的噪声主要有热噪声、散粒噪声、分配噪声和 $1/f$ 噪声。其中热噪声和散粒噪声为白噪声，其余一般为有色噪声（Color Noise）。

1. 热噪声（Thermal Noise）

和电阻一样，在晶体管中，电子不规则的热运动同样会产生热噪声。发射极和集电极电阻的热噪声一般很小，可以忽略。因此这类由电子热运动所产生的噪声，主要存在于基极电阻 $r_{bb'}$ 内，其噪声电压的方均值为

$$\overline{v_{bn}^2} = 4kTr_{bb'}B \tag{10.2.5}$$

2. 散粒噪声（Shot Noise）

散粒噪声是晶体管的主要噪声源。它是由单位时间内通过 PN 结载流子数目的随机起伏而造成的。在晶体管的 PN 结中，每个载流子都是随机地通过 PN 结的。大量的载流子在单位时间内流过 PN 结时的平均值决定了它的直流电流，所以实际的结电流是在该直流电流上下起伏的。这种由于载流子的随机起伏流动而产生的噪声称为散粒噪声，或散弹噪声。散粒噪声具体表现为发射极电流以及集电极电流的起伏现象。散粒噪声的大小与晶体管的静态工作点电流有关，其功率谱密度为 $S_I = 2qI_O$，式中，I_O 为流过 PN 结的电流，q 为电子电荷量。由于晶体管的发射结正偏，所以散粒噪声主要决定于发射极工作电流 I_e，其噪声电流的方均值为

$$\overline{i_{en}^2} = 2qI_eB \tag{10.2.6}$$

3. 分配噪声（Distribution Noise）

分配噪声只出现在晶体管内。晶体管中通过发射结的少数载流子，大部分由集电极收集，形成集电极电流；少部分载流子被基极流入的多数载流子复合，形成基极电流。然而基极中载流子的复合也具有随机性，即单位时间内复合的载流子数目是起伏变化的。分配噪声就是集电极电流随基区载流子复合数量的变化而变化所引起的噪声，亦即由发射极发出的载流子分配到基极和集电极的数量随机变化而引起。分配噪声本质上也是白噪声，但由于渡越时间的影响，当晶体管的工作频率高到一定值后，这类噪声的功率谱密度将随频率的增加而迅速增大。

理论和实践表明，分配噪声可用晶体管集电极电流的方均值表示为

$$\overline{i_{\text{cn}}^2} = 2qI_{\text{CQ}}\left(1 - \frac{\alpha^2}{\alpha_0^2}\right)B \qquad (10.2.7)$$

式中，I_{CQ} 是晶体管集电极静态电流；α_0 是低频时共基极电流放大系数；α 是高频时共基极电流放大系数，其值为

$$\alpha = \frac{\alpha_0}{1 + j\dfrac{f}{f_\alpha}}$$

$$\alpha^2 = \frac{\alpha_0^2}{1 + \left(\dfrac{f}{f_\alpha}\right)^2}$$

式中，f_α 为共基极晶体管截止频率；f 为晶体管工作频率。显然 α 是频率的函数。所以晶体管的分配噪声不是白噪声，它的功率谱密度随工作频率的变化而变化，频率越高，噪声越大。

4. $1/f$ 噪声［或称闪烁噪声（Flicker Noise）］

$1/f$ 噪声产生的原因目前尚有不同见解。在实践中知道，它与半导体材料制作时表面清洁处理程度和外加电压有关。由于半导体材料及制造工艺水平造成表面清洁处理不好而引起的噪声称为闪烁噪声，它与半导体表面少数载流子的复合有关，表现为发射极电流的起伏。由于它的噪声频谱与频率 f 近似成反比，故称之为 $1/f$ 噪声，它主要在低频范围内产生影响，在高频工作时通常不考虑它的影响。

10.2.3 场效应晶体管的噪声

场效应晶体管的噪声也有四个来源：

1. 散粒噪声

散粒噪声是由栅极内的电荷不规则起伏所引起的噪声。对结型场效应晶体管来说，则由通过 PN 结的漏电流引起的噪声电流方均值为

$$\overline{i_{\text{ng}}^2} = 2qI_{\text{G}}B \qquad (10.2.8)$$

式中，I_{G} 为栅极漏泄电流。

2. 沟道内的电子不规则热运动所引起的热噪声

场效应晶体管的沟道电阻由栅极电压控制，因此和任何其他电阻一样，沟道电阻中载流子的热运动也会产生热噪声，它可用一个与输出阻抗并联的噪声电流源来表示

$$\overline{i_{\text{nd}}^2} = 4kTg_{\text{fs}}B \qquad (10.2.9)$$

式中，g_{fs} 为场效应晶体管的跨导。

3. 漏极和源极之间的等效电阻噪声

在漏极和源极之间，栅极的作用达不到的部分可用等效串联电阻 R 表示。由此会产生电阻热噪声，其大小可由下式表示：

$$\overline{v_{\text{n2}}^2} = 4kTRB \qquad (10.2.10)$$

4. 闪烁噪声（或称 $1/f$ 噪声）

和晶体管相同，在低频端，噪声功率与频率成反比地增大。关于它的产生机理，目前还有不同的见解。定性地说，这种噪声是由于 PN 结的表面发生复合、雪崩等引起的。

通常，第一和第二种噪声是主要的，尤其以第二种噪声最重要。

10.3 信噪比和噪声系数

10.3.1 信噪比

研究噪声的目的在于如何减小它对信号的影响。因此，离开信号谈噪声是没有意义的。从噪声对信号的影响效果看，不在于噪声电平绝对值的大小，而在于信号功率与噪声功率的相对值，即信号功率与噪声功率之比，称为信噪比，记为 S/N。例如，某收音机输出噪声功率是 8mW，而有用声音信号的输出功率为 1W，显然能很好收听到有用信号，因为这时信号的输出功率比噪声功率大得多。若噪声功率和有用信号输出功率可相比拟，甚至比有用信号输出功率还大，则这时信号将被淹没在噪声之中，以至无法收听。因此，衡量一个信号质量优劣的指标是信噪比，它是在指定频带内，同一端口信号功率 P_s 和噪声功率 P_n 的比值，即

$$S/N = \frac{P_s}{P_n} \tag{10.3.1}$$

当用分贝表示信噪比时，有

$$S/N(\text{dB}) = 10\lg\frac{P_s}{P_n} \tag{10.3.2}$$

信噪比越大，信号质量越好。信噪比的最小允许值，取决于具体应用设备的要求。例如，调幅收音机检波器输入端为 10dB，调频接收机鉴频器输入端为 12dB，电视接收机检波器输入端为 40dB。信号通过多级联放大器时，由于每级都要附加噪声，使信噪比逐级减小。因此，输出端的信噪比总是小于输入端。

10.3.2 噪声系数 N_F

信噪比虽能反映信号质量的好坏，但不能反映该放大器或网络对信号质量的影响，也不能表示放大器本身噪声性能的好坏。因为在放大器（或网络）的输入端加入一个信号时，信号源的噪声必然要伴随信号同时进入放大器，输入信号与输入噪声在电路中得到相同的放大，如果放大器本身是理想无噪声的，那么输出端的信噪比与输入端的信噪比是相同的。但放大器本身含有噪声源，在放大器放大输入信号和输入噪声的同时，还会产生一定的噪声叠加在被放大的输入噪声上。使输出端的信噪比小于输入端的信噪比。因此，人们采用放大器（或线性网络）前、后信噪比的比值，也即噪声系数来表示放大器的噪声性能。

1. 噪声系数的定义

噪声系数定义为线性四端网络输入端的信噪比与输出端的信噪比之比值。线性四端网络如图 10.3.1 所示，图中 R_s 是信号源内阻，v_s 是信号源电压，v_n 是信号源内阻 R_s 的等效噪声源电压，R_L 是负载。

设输入端的信号功率为 P_{si}，由信号源内阻产生的噪声功率为 P_{ni}，而网络的输出端负载上所得到的信号功率和噪声功率分别为 P_{so}、P_{no}，噪声系数定义为

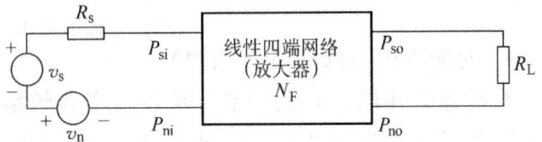

图 10.3.1 线性四端网络的噪声系数

$$N_F = \frac{\text{输入信噪比}}{\text{输出信噪比}} = \frac{P_{si}/P_{ni}}{P_{so}/P_{no}} \tag{10.3.3}$$

或用 dB 表示为

$$N_F(\text{dB}) = 10\lg \frac{P_{si}/P_{ni}}{P_{so}/P_{no}} \tag{10.3.4}$$

噪声系数通常只适用线性网络，因为非线性电路会产生信号和噪声的频率变换，噪声系数不能反映系统的附加噪声性能。若设线性网络的功率增益

$$G_p = \frac{P_o}{P_i}$$

所以式（10.3.3）可以写为

$$N_F = \frac{P_{si}/P_{ni}}{P_{so}/P_{no}} = \frac{P_{si}}{P_{so}} \frac{P_{no}}{P_{ni}} = \frac{P_{no}}{G_p P_{ni}} \tag{10.3.5}$$

式中，$G_p P_{ni}$ 为信号源内阻 R_s 产生的噪声经过线性网络后在输出端产生的噪声功率；而线性网络输出端的总噪声功率 P_{no} 应等于 $G_p P_{ni}$ 和线性网络本身的噪声在输出端产生的噪声功率 P_{ano} 之和，即

$$P_{no} = G_p P_{ni} + P_{ano} \tag{10.3.6}$$

显然，$P_{no} > G_p P_{ni}$，故线性网络的噪声系数 N_F 总是大于 1 的。

由式（10.3.6）知，如果网络内部不产生噪声（$P_{ano}=0$），则网络输入、输出信噪比不变，即 $N_F=1$，$P_{no}=G_p P_{ni}$。这表明网络输出噪声功率等于输入噪声功率被放大了 G_p 倍。实际网络一定有噪声，为了更清楚地了解网络产生的噪声对信噪比的影响，把噪声系数表示为

$$N_F = \frac{P_{ano} + G_p P_{ni}}{G_p P_{ni}} = 1 + \frac{P_{ano}}{G_p P_{ni}} \tag{10.3.7}$$

由式（10.3.7）可以得出下述结论：

1) 当线性网络本身不产生噪声，即 $P_{ano}=0$ 时，$N_F=1$，故为无噪声的理性网络。
2) 线性网络本身产生的噪声 P_{ano} 越大，噪声系数 N_F 越大。
3) 线性网络的功率增益 G_p 越大，噪声系数 N_F 越小。这说明为了降低网络的噪声系数应设法增大线性网络的功率增益。

需要指出的是，噪声系数的概念仅仅适用于线性电路，因此可以用功率增益来描述。对于非线性系统，由于信号和噪声、噪声和噪声之间会相互作用，即使电路本身不产生噪声，在输出端的信噪比也会和输入端的信噪比不同。因此噪声系数的概念就不再适用。所以通常所说的接收机的噪声系数是指检波器以前的线性部分（包括高频放大、变频和中频放大）。对于变频器，虽然它本质上是一种非线性电路，但它对信号而言，只产生频率搬移，输出电压随输入信号幅度成正比地增大或减小。因此可以把它近似地看作线性变换。幅度的变化用变频增益表示，信号和噪声能满足线性叠加的条件。

为了计算和测量的方便，噪声系数也可以用额定功率（Rated Power）和额定功率增益的关系来定义。所谓的额定功率是指信号源所能输出的最大功率。为了使信号源有最大输出功率，对于图 10.3.2 所示的网络，必须使放大器的输入电阻 R_i 与信号源内阻 R_s 相匹配，也即应使 $R_i = R_s$。因而额定输入信号功率为

$$P'_{si} = \frac{V_s^2}{4R_s} \tag{10.3.8}$$

额定输入噪声功率

$$P'_{ni} = \frac{\overline{v_n^2}}{4R_s} = \frac{4kTR_sB}{4R_s} = kTB \quad (10.3.9)$$

由上面两式可见，不管信号源内阻如何，它产生的额定噪声功率都是相同的，其大小只与电阻所处的环境温度 T 和系统带宽 B 有关。而信号源额定功率却随着内阻 R_s 的增加而减小，这也是为什么接收机采用低内阻天线的原因。

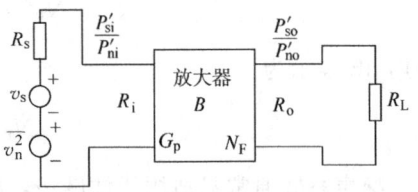

图 10.3.2 用放大器额定功率表示的噪声系数

放大器的额定功率增益是指放大器（或线性网络）的输入端和输出端分别匹配（$R_i = R_s$，$R_o = R_L$）时的功率增益，即

$$G_{pH} = \frac{P'_{so}}{P'_{si}} \quad (10.3.10)$$

额定功率只是信号源的一个属性，它仅决定于信号源本身的参数，而与放大器的输入电阻和负载电阻无关，额定功率增益又与放大器是否匹配无关。线性网络输出端的总噪声额定功率 P'_{no} 同样应等于 $G_{pH}P'_{ni}$ 和线性网络本身的噪声在输出端产生的额定噪声功率 P'_{ano} 之和，即 $P'_{no} = G_{pH}P'_{ni} + P'_{ano}$，所以噪声系数可以表示为

$$N_F = \frac{P'_{si}/P'_{ni}}{P'_{so}/P'_{no}} = \frac{P'_{no}}{P'_{ni}G_{pH}} = \frac{G_{pH}P'_{ni} + P'_{ano}}{P'_{ni}G_{pH}} = 1 + \frac{P'_{ano}}{P'_{ni}G_{pH}} \quad (10.3.11)$$

将式（10.3.9）代入可得

$$N_F = \frac{P'_{no}}{kTBG_{pH}} = 1 + \frac{P'_{ano}}{kTBG_{pH}} \quad (10.3.12)$$

2. 多级放大电路的噪声系数

前面我们已经讨论了单级放大器（线性电路）的噪声系数，下面研究各单元电路的噪声系数和多级级联电路总噪声系数的关系。

例如有两个四端网络级联，如图 10.3.3 所示。

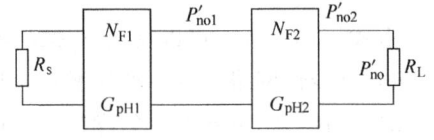

图 10.3.3 两级级联网络的噪声

它们的噪声系数、额定功率增益、噪声带宽分别为 N_{F1}、N_{F2}、G_{pH1}、G_{pH2}、B_1、B_2，并且 $B_1 = B_2 = B$。

根据定义，级联网络的总噪声系数 $N_{F1\cdot 2}$ 为

$$N_{F1\cdot 2} = \frac{P'_{no}}{G_{pH1\cdot 2}P'_{ni}} = \frac{P'_{no}}{G_{pH1\cdot 2}kT_{ni}B} \quad (10.3.13)$$

式中，P'_{no} 是级联四端网络总输出的额定噪声功率；$G_{pH1\cdot 2} = G_{pH1}G_{pH2}$ 是级联网络总的额定功率增益。P'_{no} 由三部分组成：

1）信号源内阻 R_s 产生的噪声经过两级放大后在输出端的噪声额定功率 $G_{pH1}G_{pH2}kTB$。
2）第一级网络内部噪声 P'_{ano1} 经第二级放大后在输出端的噪声额定功率 $G_{pH2}P'_{ano1}$。
3）第二级网络的内部噪声输出端的噪声额定功率 P'_{ano2}。

故 P'_{no} 可表示为

$$P'_{no} = G_{pH1}G_{pH2}kTB + G_{pH2}P'_{ano1} + P'_{ano2} \quad (10.3.14)$$

由式（10.3.12）可求得第一级、第二级网络的内部噪声 P'_{ano1} 和 P'_{ano2} 为

$$P'_{ano1} = (N_{F1} - 1)G_{pH1}kTB \quad (10.3.15)$$

$$P'_{\text{ano2}} = (N_{\text{F2}} - 1)G_{\text{pH2}}kTB \tag{10.3.16}$$

将式（10.3.14）、式（10.3.15）、式（10.3.16）代入式（10.3.13），得

$$N_{\text{F1·2}} = N_{\text{F1}} + \frac{N_{\text{F2}} - 1}{G_{\text{pH1}}} \tag{10.3.17}$$

对于三级电路组成的级联网络，可将前两级看做第一级，后面一级看做第二级，则可得到 $N_{\text{F1·2·3}}$ 为

$$N_{\text{F1·2·3}} = N_{\text{F1·2}} + \frac{N_{\text{F3}} - 1}{G_{\text{pH1·2}}} = N_{\text{F1}} + \frac{N_{\text{F2}} - 1}{G_{\text{pH1}}} + \frac{N_{\text{F3}} - 1}{G_{\text{pH1}}G_{\text{pH2}}} \tag{10.3.18}$$

同理，对 n 级电路组成的网络，总的噪声系数为

$$N_{\text{F1·2·}\cdots\cdot n} = N_{\text{F1}} + \frac{N_{\text{F2}} - 1}{G_{\text{pH1}}} + \frac{N_{\text{F3}} - 1}{G_{\text{pH1}}G_{\text{pH2}}} + \cdots + \frac{N_{\text{F}n} - 1}{G_{\text{pH1}}G_{\text{pH2}}\cdots G_{\text{pH}n}} \tag{10.3.19}$$

由以上诸公式可得出如下结论：

若各级噪声系数小而额定功率增益大，则级联电路的总噪声系数 N_{F} 小。但是各级噪声对 N_{F} 的影响是不同的，越是靠近前面几级的噪声系数和额定功率增益对总的噪声系数影响越大，最主要的是前面的第一、二级，尤其是由第一级放大器的噪声系数 N_{F1} 和额定功率增益 G_{pH1} 所决定。N_{F1} 小，则总的噪声系数小；G_{pH1} 大，则使后级的噪声系数在总的噪声系数中所起的作用减小。因此，在多级级联的电路中，最关键的是第一级，要降低总的噪声系数，最主要的是降低前级（尤其是第一级）的噪声系数，并且应提高它们的额定功率增益。

3. 等效噪声温度 T_{e}

在有些情况下，特别是在噪声很低的场合，例如在卫星通信地面接收机中，用噪声温度 T_{e} 来表示放大器或网络的噪声性能，往往显得更清楚更方便。它与噪声系数的概念相似，是表示放大器噪声性能的另一种方法。

因为热噪声功率与热力学温度 T 成正比，所以在分析线性四端网络的噪声性能时，可以用等效噪声温度来表示设备的噪声性能。噪声温度的定义是：把网络的内部噪声折算到其输入端时，使噪声源电阻所升高的温度称为等效噪声温度 T_{e}。

设噪声源的温度为 T_{o}，由此而产生的噪声功率为 $kT_{\text{o}}B$；网络内部噪声折算到输入端 R_{s} 上，造成噪声温度的升高，假设升高到了 T_{e}，则内部噪声折算到 R_{s} 上后的额定噪声功率为 $kT_{\text{e}}B$。由于把内部噪声折算到输入端后，网络变成理想网络了，若网络的额定功率增益为 G_{pH}，噪声系数为 N_{F}，那么，噪声源在网络输出端的额定噪声功率为 $P'_{\text{ni}}G_{\text{pH}} = kT_{\text{o}}BG_{\text{pH}}$，内部噪声在网络输出端的额定功率为 $G_{\text{pH}}kT_{\text{e}}B$，网络的噪声系数 N_{F} 可表示为

$$N_{\text{F}} = 1 + \frac{P'_{\text{ano}}}{P'_{\text{ni}}G_{\text{pH}}} = 1 + \frac{G_{\text{p}}kT_{\text{e}}B}{G_{\text{p}}kT_{\text{o}}B} = 1 + \frac{T_{\text{e}}}{T_{\text{o}}} \tag{10.3.20}$$

则等效噪声温度为

$$T_{\text{e}} = (N_{\text{F}} - 1)T_{\text{o}} \tag{10.3.21}$$

式中，T_{o} 是标准温度，在一般情况下，可以认为 $T_{\text{o}} = 290\text{K}$。

当 $T_{\text{e}} = 0$ 时（网络内部无噪声），$N_{\text{F}} = 1$，$N_{\text{F}}(\text{dB}) = 0\text{dB}$；当 $T_{\text{e}} = 290\text{K}$（内部噪声等于外部噪声）时，$N_{\text{F}} = 2$，$N_{\text{F}}(\text{dB}) = 3\text{dB}$。

等效输入噪声温度 T_{e} 与噪声系数一样都是表征线性网络的噪声性能的指标。但噪声温度相当于把噪声系数的量度尺寸放大了。例如，当 N_{F} 分别为 1.05 和 1.1 时，可能使人误解为两者噪声性能相差不多，但用噪声温度 T_{e} 表示时就会发现，两者的噪声性能分别为 14.5K 和 29K，刚好相差一倍。

10.3.3 减小噪声系数的措施

根据上面讨论的结果，可提出如下减小噪声系数的措施：

1. 选用低噪声元、器件

在放大或其他电路中，电子元、器件的内部噪声起着重要作用。因此，改进电子元、器件的噪声性能和选用低噪声的电子元、器件，就能大大降低电路的噪声系数。

对晶体管而言，应选用 r_b（$r_{bb'}$）和噪声系数 N_F 小的管子（可由手册查得，但 N_F 必须是高频工作时的数值）。除采用晶体管外，目前还广泛采用场效应晶体管做放大器和混频器，因为场效应晶体管的噪声电平低，尤其是最近发展起来的砷化镓金属半导体场效应晶体管（MESFET），它的噪声系数可低到 $0.5\sim 1\text{dB}$。

在电路中，还必须谨慎地选用其他能引起噪声的电路元件，其中最主要的是电阻元件，宜选用结构精细的金属膜电阻。

2. 正确选择晶体管放大级的静态工作点

图 10.3.4 为某晶体管的 N_F 与 I_{EQ} 的变化曲线。从图中可以看出，对于一定的信号源内阻 R_s，存在着一个使 N_F 最小的最佳电流 I_{EQ} 值。因为 I_{EQ} 改变时，直接影响晶体管的参数。当参数为某一值，满足最佳条件时，可使 N_F 达到最小值。如 I_{EQ} 太小，晶体管功率增益太低，使 N_F 上升；如 I_{EQ} 太大，又由于晶体管的散粒和分配噪声增加，也使 N_F 上升。所以 I_{EQ} 为某一值时，N_F 可以达到最小。从图 10.3.4 中还可看出，对于不同的信号源内阻 R_s，最佳的 I_{EQ} 值也不同。

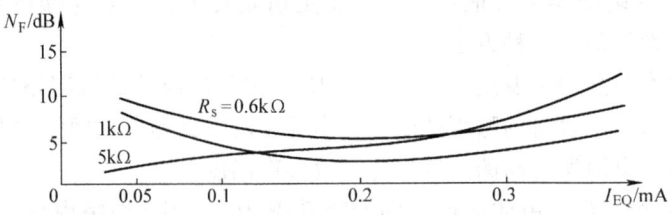

图 10.3.4 晶体管的 N_F 与 I_{EQ} 的关系曲线

当然，N_F 还分别与晶体管的 V_{CBQ} 和 V_{CEQ} 有关，但通常 V_{CBQ} 和 V_{CEQ} 对 N_F 的影响不大。电压低时，N_F 略有下降。

3. 选择合适的信号源内阻 R_s

信号源内阻 R_s 变化时，也影响 N_F 的大小。当 R_s 为某一最佳值时，N_F 可达到最小。晶体管共发射极和共基极电路在高频工作时，这个最佳内阻为几十到几百欧（当频率更高时，此值更小）。在较低频率范围内，这个最佳内阻为 $500\sim 2000\Omega$，此时最佳内阻和共发射极放大器的输入电阻接近。因此，可以用共发射极放大器使获得最小噪声系数 N_F 的同时，也能获得最大功率增益。在较高频工作时，最佳内阻和共基极放大器的输入电阻接近，因此，可用共基极放大器，使最佳内阻值与输入电阻相等，这样就同时获得最小噪声系数和最大功率增益。

4. 选择合适的工作带宽

根据上面的讨论，噪声电压都与通带宽度有关。接收机或放大器的带宽增大时，接收机或放大器的各种内部噪声也增大。因此,必须严格选择接收机或放大器的带宽,使之既不过窄,以能满足信号通过时对失真的要求,又不致过宽,以免信噪比下降。

5. 选用合适的放大电路

共发射极－共基极级联的放大器、共源极－共栅极级联的放大器都是优良的高稳定和低噪声电路。

6. 热噪声

热噪声是内部噪声的主要来源之一,所以降低放大器,特别是接收机前端主要器件的工作温度,对减小噪声系数是有意义的。对灵敏度要求特别高的设备来说,降低噪声温度是一个重要措施。例如,卫星地面站接收机中常用的高频放大器就采用"冷参放"(制冷至20～80K 的参量放大器)。其他器件组成的放大器制冷后,噪声系数也有明显的降低。

10.4 外部干扰与抗干扰措施

正如前述,干扰是除了有用信号之外的一切不需要的信号及各种电磁扰动的总称。发生在电路内部的干扰称为内部干扰,外部来的干扰称为外部干扰。前面已经讨论了具有起伏性质的内部干扰,本节讨论外部干扰以及抗干扰的措施。

10.4.1 外部干扰

外部干扰主要有工业干扰和天电干扰。

1. 工业干扰

工业干扰是由各种电气装置(例如电动机、电焊机、电疗机、电气开关等)中发生的电流(或电压)的急剧变化所形成的电磁波辐射,并作用在接收机天线上所产生的干扰。

工业干扰的强弱决定于产生干扰的电气设备的多少、性质及分布情况。当这些干扰源离接收机很近时,产生的干扰是很难消除的。工业干扰的传播途径,除直接辐射外,主要是沿电力线传输,并通过接收机的交流电源线直接进入接收机,也可能通过天线与有干扰的电力线之间的分布电容耦合而进入接收机。

常见的干扰是通过天线与有干扰的电力线之间的分布电容耦合而进入接收机,如图 10.4.1 所示。这种干扰沿电力线传播比它在相同距离的直接辐射强度大得多。城市中的工业干扰显然比农村的工业干扰要严重得多;电气设备越多的大城市,干扰越严重。

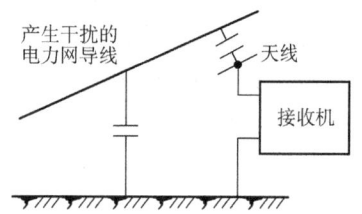

图 10.4.1 接收机天线与有干扰的电力线耦合

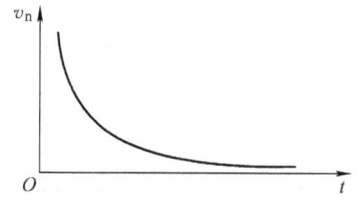

图 10.4.2 脉冲干扰波形

从工业干扰的性质看,绝大多数属于脉冲干扰。一般情况下,脉冲干扰可看成是一个突然上升然后又按指数规律下降的尖脉冲,如图 10.4.2 所示。其时域表达式为

$$f(x) = \begin{cases} v_n e^{-at} & (t > 0) \\ 0 & (t < 0) \end{cases} \tag{10.4.1}$$

式中，a 表示干扰电压下降的速度。

这种非周期脉冲信号 $f(x)$ 的频谱密度具有如下形式：

$$F(\omega) = \int_0^\infty f(x) e^{-j\omega t} dt \tag{10.4.2}$$

将式（10.4.1）代入经积分后得

$$F(\omega) = \frac{v_n}{(a + j\omega)} \tag{10.4.3}$$

其幅频特性为

$$|F(\omega)| = \frac{v_n}{\sqrt{a^2 + \omega^2}} \tag{10.4.4}$$

式（10.4.4）表示脉冲干扰的幅频特性，所得到的幅频特性曲线如图10.4.3所示。由图可见，脉冲干扰的影响在频率较高时比频率低时弱得多，且接收机通频带较窄时，通过脉冲干扰的能量小，则干扰的影响减弱。因此工业干扰对中波波段的影响较大，随着接收机工作波段进入短波、超短波（一般工作频率在20MHz以上），这类干扰的影响显著下降。

克服工业干扰的良好措施是，在产生干扰的地方进行抑制。例如，在电气开关、电动火花系统的接触处并联一个电阻和电容，以减小火花作用，如图10.4.4a所示。或在干扰源处接防护滤波器，如图10.4.4b所示。除此之外，还可以把产生干扰的设备加以良好的屏蔽，以减小干扰的辐射作用。

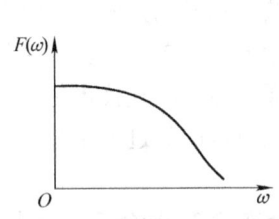

图 10.4.3 脉冲干扰频谱图

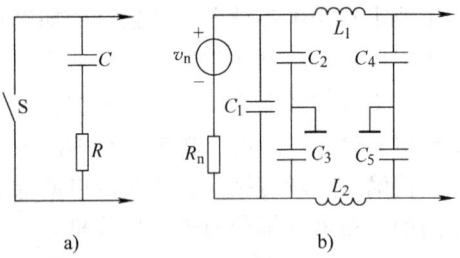

图 10.4.4 抑制火花作用的电路和滤波器

用交流电作为电源的接收机和测量仪器中，为了避免沿电力线传播的干扰进入而影响其正常工作，通常在这些设备的电源变压器一次侧加以滤波，如图10.4.5a、b所示，同时在一、二次绕组之间加以静电屏蔽，即在一、二次绕组之间夹绕一层开路线圈，并接地。

但是，在大城市有着很多各式各样的干扰源，要对这些干扰源都加以抑制是很困难的。因此，在可能情况下，应使接收机的通频带尽量窄，或将接收机的工作地点选在郊外工业干扰较小的地方，并采用定向天线。有的接收机还采用了抗脉冲干扰的电路。例如在脉冲干扰来的瞬间，接收机检波器短路，无输出。

2. 天电干扰

天电干扰的主要来源是自然界的雷电现象。其次，带电的雨雪和灰尘的运动，以及它们对天线的冲击，都可能引起天电干扰。

地球上平均每秒发生100次左右的空中闪电，每次雷电都产生强烈的电磁场骚动，并传

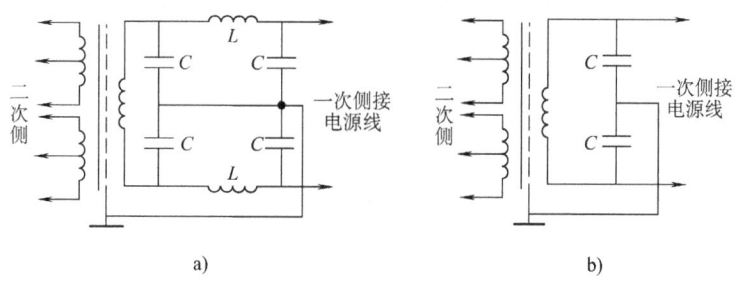

图 10.4.5 接收机或测量仪电源线滤除脉冲干扰的方法

播到四面八方很远的地方。所以即使距离雷电几千公里以外，虽然看不到雷电现象，干扰也都可能很严重。

天电干扰场强的大小与地理位置（例如发生雷电较多的赤道、热带、高山等地区，天电干扰电平较高）和季节（例如夏季比冬季高，夜间比白天高）等有关。

天电干扰也属于脉冲性质。已知，脉冲干扰的频谱密度是与频率成反比的，即随频率的升高而减小，如图 10.4.3 所示。此外，在较窄频带内通过的天电干扰能量小，所以干扰强度随频带变窄而减弱。

克服天电干扰是困难的，因为不可能在产生干扰的地方进行抑制。因此，只能在接收机等设备上采取一些措施，如电源线加接滤波电路，采用窄频带，加接抗脉冲干扰电路等；或在雷电多的季节采用较高的频率进行通信。

10.4.2　抑制干扰的主要措施

综上所述，抑制外部干扰的主要措施有：

1) 在无线电技术上有两种不同的方法：

频率选择性。依靠接收机内的选频电路，分辨并选择出所需频带内的信号。

方向选择性。依靠接收天线的方向性，分辨并选择出所需一定方向的来波。

2) 对接收天线馈线的要求是它不能直接接收电磁波，即要求馈线没有"天线效应"。否则，由馈线本身接收的附加电动势将会引起天线方向图的畸变，失去定向天线的优越性，降低接收信号的信噪比。为了防止和减弱馈线的天线效应，中、短波接收天线常用四线式馈线，超高频或更高频率天线的馈线，常采用具有良好屏蔽作用的同轴电缆或波导管。

10.5　灵敏度与动态范围

10.5.1　灵敏度

灵敏度是指在给定系统的输出信噪比（P_{so}/P_{no}）的条件下，接收机的有效输入信号功率 P'_{si} 的最小值 $P'_{si,min}$（或接收机所能检测的最低输入信号电平 $V_{s,min}$）。灵敏度是接收机的一个很重要指标。由灵敏度的定义可以看出，灵敏度与所要求的输出信号质量即输出信噪比有关，还与接收机本身的噪声大小有关。下面推导其定量的表达式。

由上节的分析知,当信号源内阻与放大器输入端电阻相匹配时,输入信号功率为

$$P'_{si} = \frac{V_s^2}{4R_s}$$

此时的输入噪声功率为
$$P'_{ni} = kTB$$

根据噪声系数的定义
$$N_F = (P'_{si}/P'_{ni})/(P'_{so}/P'_{no})$$

得到的灵敏度为

$$P'_{si,min} = N_F P'_{ni}(P'_{so}/P'_{no}) = N_F kTB_{ni}(P'_{so}/P'_{no}) \tag{10.5.1}$$

或以 dB 表示为

$$P'_{si,min}(dB) = 10\lg N_F + 10\lg(kTB) + 10\lg(P'_{so}/P'_{no}) \tag{10.5.2}$$

也可以为

$$V^2_{s,min} = P'_{si}4R_s = 4R_s N_F kTB_{ni}(P'_{so}/P'_{no}) \tag{10.5.3}$$

例 10.5.1 在一个线性系统中,已知其输入阻抗为 50Ω,噪声系数为 8dB,带宽为 2.1kHz,若给定的输出信噪比为 1dB,试求该系统所能检测到的最低输入信号电平是多少? 设温度为 290K。

解 由式(10.5.2)知

$$P'_{si,min}(dB) = 10\lg N_F + 10\lg(kTB) + 10\lg(P'_{so}/P'_{no})$$
$$= 8dB + 10\lg 1.38 \times 10^{-23} \times 290 \times 2100 dB + 1dB$$
$$= -157.4dB$$

由此得到有效输入信号功率 P'_{si} 的最小值 $P'_{si,min}$(灵敏度)为

$$P'_{si,min} = 1.82 \times 10^{-16} W$$

根据 $P'_{si} = \dfrac{V_s^2}{4R_s}$ 得到最小可检测输入信号电平为

$$V_{s,min} = \sqrt{4R_s P'_{si}} = \sqrt{4 \times 50 \times 1.82 \times 10^{-16}} V = 0.19\mu V$$

10.5.2 动态范围

接收机(特别是移动通信接收机)所接收的信号强弱是变化的,动态范围是指通信系统能够正常工作所允许的信号变化范围。动态范围的下限是灵敏度 $P'_{si,min}$,灵敏度受到噪声系数的限制。动态范围的上限则由最大可接受的信号失真决定,因为当输入信号太大时,由于系统的非线性而产生了失真,输出信噪比就会下降。

思考题与习题

10.1 电阻热噪声有何特性?如何描述?

10.2 求图 10.T.1 所示并联电路的等效噪声带宽和输出方均噪声电压值。设电阻 $R=10k\Omega$,$C=200pF$,$T=290K$。

10.3 求图 10.T.2 所示并联谐振回路的等效噪声带宽 B_L 和输出方均噪声电压值。
(提示:可把它看作噪声通过线性系统,噪声源为 r 上的热噪声;也可把 r 等效成并联电阻 R_0,求在并联回路两端表现的电阻部分产生的热噪声。)

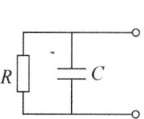

图 10.T.1 题 10.2 图

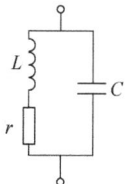

图 10.T.2 题 10.3 图

10.4 求图 10.T.3 所示的 T 形和 π 形电阻网络的噪声系数。

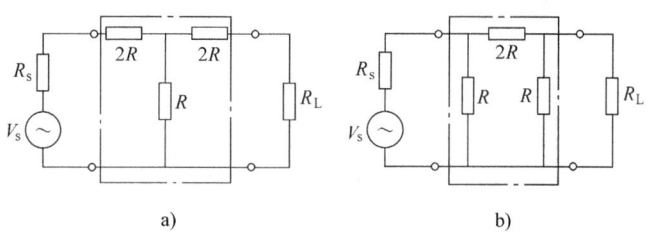

图 10.T.3 题 10.4 图

10.5 图 10.T.4 所示是一个有高频放大器的接收机框图，各级参数如图中所示。试求接收机的总噪声系数，并比较有高放和无高放的接收机对变频噪声系数的要求有什么不同？

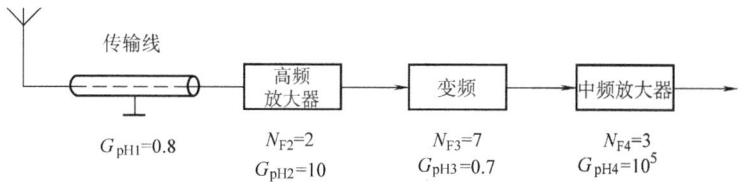

图 10.T.4 题 10.5 图

10.6 某接收机的前端电路由高频放大器、晶体管混频器和中频放大器组成。已知晶体管混频器的功率传输系数 $A_{pH}=0.2$，噪声温度 $T_1=60K$，中频放大器的噪声系数 $N_{FI}=6dB$。现有噪声系数为 3dB 的高频放大器来降低接收机的总噪声系数。若要求总噪声系数为 10dB，则高频放大器的功率增益至少要多少分贝？

10.7 有一放大器功率增益为 60dB，带宽为 1MHz，噪声系数 $N_F=1$，问在室温 290K 时，它的本身输出额定噪声功率为多少？若 $N_F=2$，其值为多少？

10.8 RC 并联网络中，设 C 是无损耗电容。试求该网络两端的方均值噪声电压，并求该网络的等效噪声通频带。若 R 增大或减小，该网络两端的方均值噪声将如何变化？

10.9 接收机带宽为 3kHz，输入阻抗为 50Ω，噪声系数为 6dB，用一总衰减为 4dB 的电缆连接到天线。假设各接口均匹配，为了使接收机输出信号噪声比为 10dB，则最小输入信号应为多少？

10.10 有一放大器的功率增益为 15dB，带宽为 100MHz，噪声系数为 3dB。若将其连接到等效噪声温度为 800K 的解调器前端，则整个系统的噪声系数和等效噪声温度为多少？

10.11 某卫星通信接收机的线性部分如图 10.T.5 所示，为满足输出端信噪比为 20dB 的要求，计算天线所需获得的信号功率。

10.12 某接收机线性部分如图 10.T.6 所示，接收信号经传输送至变频器，再由中频放大器放大。它们的额定功率增益和噪声系数如图所示，求其总噪声系数。

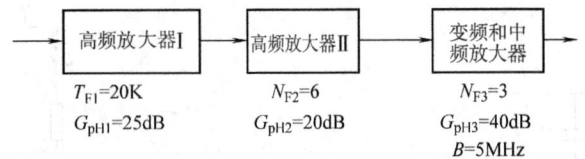

图 10.T.5　题 10.11 图

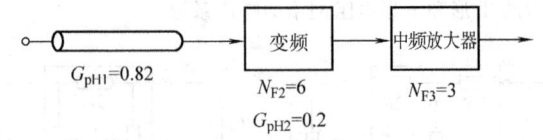

图 10.T.6　题 10.12 图

10.13　晶体管和场效应晶体管噪声的主要来源是哪些？为什么场效应晶体管内部噪声较小？

10.14　一个 1000Ω 电阻在温度 290K 和 10MHz 频带内工作，试计算该元件两端产生的噪声电流的方均值。

10.15　如图 10.T.7 所示，不考虑 R_L 的噪声，求点画线框内线性网络的噪声系数 N_F。

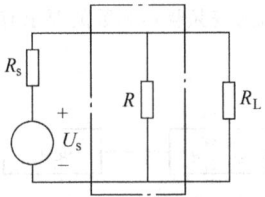

图 10.T.7　题 10.15 图

附　　录

附录 A　常用滤波匹配网络的结构及元件表达式

结　构	元件表达式	实现条件
(电路图：C_0, X_{L1}, X_{C1}, R_e, R_L)	$X_{L1}=Q_{e1}R_e-X_{C0}$ $X_{C2}=-AR_L$ $X_{C1}=-\dfrac{B}{A-Q_{e1}}$ $A=\sqrt{\dfrac{R_e}{R_L}(1+Q_{e1}^2)-1}$ $B=R_e(1+Q_{e1}^2)$	$R_e>\dfrac{R_L}{1+Q_{e1}^2}$
(电路图：C_0, X_{L1}, X_{L2}, X_C, R_e, R_L)	$X_{L1}=Q_{e1}R_e-X_{C0}$ $X_{L2}=AR_L$ $X_C=\dfrac{-B}{A+Q_{e1}}$ $A=\sqrt{\dfrac{R_e}{R_L}(1+Q_{e1}^2)-1}$ $B=R_e(1+Q_{e1}^2)$	$R_e>\dfrac{R_L}{1+Q_{e1}^2}$
(电路图：C_0, X_L, X_{C1}, X_{C2}, R_e, R_L)	$X_{C1}=-\dfrac{R_e}{Q_{e1}}-X_{C0}$ $X_{C2}=-R_L\sqrt{\dfrac{R_e/R_L}{(1+Q_{e1}^2)-R_e/R_L}}$ $X_L=\dfrac{Q_{e1}R_e-(R_eR_L/X_{C2})}{1+Q_{e1}^2}$	$R_e<R_L(1+Q_{e1}^2)$
(电路图：C_0, X_{C1}, X_{L1}, X_{L2}, X_{C2}, R_e, R_L)	$X_{L1}=-X_{C0}$ $X_{C1}=-Q_{e1}R_e$ $X_{C2}=-R_L\sqrt{\dfrac{R_e}{R_L-R_e}}$ $X_{L2}=-X_{C1}-\dfrac{R_eR_L}{X_{C2}}$	$R_e<R_L$
(电路图：C_0, X_{C1}, X_L, X_{C2}, R_e, R_L)	$X_{C1}=-Q_{e1}R_e-X_{C0}$ $X_{C2}=-R_L\sqrt{\dfrac{R_e}{R_L-R_e}}$ $X_L=-X_{C1}-\dfrac{R_eR_L}{X_{C2}}-X_{C0}$	$R_e<R_L$

附录 B 余弦脉冲分解系数表

$\theta(°)$	$\cos\theta$	$\alpha_0(\theta)$	$\alpha_1(\theta)$	$\alpha_2(\theta)$	g_1	$\theta(°)$	$\cos\theta$	$\alpha_0(\theta)$	$\alpha_1(\theta)$	$\alpha_2(\theta)$	g_1
0	1.000	0.000	0.000	0.000	2.00	40	0.766	0.147	0.280	0.241	1.90
1	1.000	0.004	0.007	0.007	2.00	41	0.755	0.151	0.286	0.244	1.90
2	0.999	0.007	0.015	0.015	2.00	42	0.743	0.154	0.292	0.248	1.90
3	0.999	0.011	0.022	0.022	2.00	43	0.731	0.158	0.298	0.251	1.89
4	0.998	0.014	0.030	0.030	2.00	44	0.719	0.162	0.304	0.253	1.88
5	0.996	0.018	0.037	0.037	2.00	45	0.707	0.165	0.311	0.256	1.88
6	0.994	0.022	0.044	0.044	2.00	46	0.695	0.169	0.316	0.259	1.87
7	0.993	0.025	0.052	0.052	2.00	47	0.682	0.172	0.322	0.261	1.87
8	0.990	0.029	0.059	0.059	2.00	48	0.669	0.176	0.327	0.263	1.86
9	0.988	0.032	0.066	0.066	2.00	49	0.655	0.179	0.333	0.265	1.85
10	0.985	0.036	0.073	0.073	2.00	50	0.643	0.183	0.339	0.267	1.85
11	0.982	0.040	0.080	0.080	2.00	51	0.629	0.187	0.344	0.269	1.84
12	0.978	0.044	0.088	0.087	2.00	52	0.616	0.190	0.350	0.270	1.84
13	0.974	0.047	0.095	0.094	2.00	53	0.602	0.194	0.355	0.271	1.83
14	0.970	0.051	0.102	0.101	2.00	54	0.588	0.197	0.360	0.272	1.82
15	0.966	0.055	0.110	0.108	2.00	55	0.574	0.201	0.366	0.273	1.82
16	0.961	0.059	0.117	0.115	1.98	56	0.559	0.204	0.371	0.274	1.81
17	0.956	0.063	0.124	0.121	1.98	57	0.545	0.208	0.376	0.275	1.81
18	0.951	0.066	0.131	0.128	1.98	58	0.530	0.211	0.381	0.275	1.80
19	0.945	0.070	0.138	0.134	1.97	59	0.515	0.215	0.386	0.275	1.80
20	0.940	0.074	0.146	0.141	1.97	60	0.500	0.218	0.391	0.276	1.80
21	0.934	0.078	0.153	0.147	1.97	61	0.485	0.222	0.396	0.276	1.78
22	0.927	0.082	0.160	0.153	1.97	62	0.469	0.225	0.400	0.275	1.78
23	0.920	0.085	0.167	0.159	1.97	63	0.454	0.229	0.405	0.275	1.77
24	0.941	0.089	0.174	0.165	1.96	64	0.438	0.232	0.410	0.274	1.77
25	0.906	0.093	0.181	0.171	1.95	65	0.423	0.236	0.414	0.274	1.76
26	0.899	0.097	0.188	0.177	1.95	66	0.407	0.239	0.419	0.273	1.75
27	0.891	0.100	0.195	0.182	1.95	67	0.391	0.243	0.423	0.272	1.74
28	0.883	0.104	0.202	0.188	1.94	68	0.375	0.246	0.427	0.270	1.74
29	0.875	0.107	0.209	0.193	1.94	69	0.358	0.249	0.432	0.269	1.74
30	0.866	0.111	0.215	0.198	1.94	70	0.342	0.253	0.436	0.267	1.73
31	0.857	0.115	0.222	0.203	1.93	71	0.326	0.256	0.440	0.266	1.72
32	0.848	0.118	0.229	0.208	1.93	72	0.309	0.259	0.444	0.264	1.71
33	0.839	0.122	0.235	0.213	1.93	73	0.292	0.263	0.448	0.262	1.70
34	0.829	0.125	0.241	0.217	1.93	74	0.276	0.266	0.452	0.260	1.70
35	0.819	0.129	0.248	0.221	1.92	75	0.259	0.269	0.455	0.258	1.69
36	0.809	0.133	0.255	0.226	1.92	76	0.242	0.273	0.459	0.256	1.68
37	0.799	0.136	0.261	0.230	1.92	77	0.225	0.276	0.463	0.253	1.68
38	0.788	0.140	0.268	0.234	1.91	78	0.208	0.279	0.466	0.251	1.67
39	0.777	0.143	0.274	0.237	1.91	79	0.191	0.283	0.469	0.248	1.66

（续）

$\theta(°)$	$\cos\theta$	$\alpha_0(\theta)$	$\alpha_1(\theta)$	$\alpha_2(\theta)$	g_1	$\theta(°)$	$\cos\theta$	$\alpha_0(\theta)$	$\alpha_1(\theta)$	$\alpha_2(\theta)$	g_1
80	0.175	0.286	0.472	0.245	1.65	131	−0.655	0.433	0.534	0.055	1.23
81	0.156	0.289	0.475	0.242	1.64	132	−0.669	0.436	0.533	0.052	1.22
82	0.139	0.293	0.478	0.239	1.63	133	−0.682	0.438	0.533	0.049	1.22
83	0.122	0.296	0.481	0.236	1.62	134	−0.695	0.440	0.532	0.047	1.21
84	0.105	0.299	0.484	0.233	1.61	135	−0.707	0.443	0.532	0.044	1.20
85	0.087	0.302	0.487	0.230	1.61	136	−0.719	0.445	0.531	0.041	1.19
86	0.070	0.305	0.490	0.226	1.61	137	−0.731	0.447	0.530	0.039	1.19
87	0.052	0.308	0.493	0.223	1.60	138	−0.743	0.449	0.530	0.037	1.18
88	0.035	0.312	0.496	0.219	1.59	139	−0.755	0.451	0.529	0.034	1.17
89	0.017	0.315	0.498	0.216	1.58	140	−0.766	0.453	0.529	0.032	1.17
90	0.000	0.319	0.500	0.212	1.57	141	−0.777	0.455	0.527	0.030	1.16
91	−0.017	0.322	0.502	0.208	1.56	142	−0.788	0.457	0.527	0.028	1.15
92	−0.035	0.325	0.504	0.205	1.55	143	−0.799	0.459	0.526	0.026	1.15
93	−0.052	0.328	0.506	0.201	1.54	144	−0.809	0.461	0.526	0.024	1.14
94	−0.070	0.331	0.508	0.197	1.53	145	−0.819	0.463	0.525	0.022	1.13
95	−0.087	0.334	0.510	0.193	1.53	146	−0.829	0.465	0.524	0.020	1.13
96	−0.105	0.337	0.512	0.189	1.52	147	−0.839	0.467	0.523	0.019	1.12
97	−0.122	0.340	0.514	0.185	1.51	148	−0.848	0.468	0.522	0.017	1.12
98	−0.139	0.343	0.516	0.181	1.50	149	−0.857	0.470	0.521	0.015	1.11
99	−0.156	0.347	0.518	0.177	1.49	150	−0.866	0.472	0.520	0.014	1.10
100	−0.174	0.350	0.520	0.172	1.49	151	−0.875	0.474	0.519	0.013	1.09
101	−0.191	0.353	0.521	0.168	1.48	152	−0.883	0.475	0.517	0.012	1.09
102	−0.208	0.355	0.522	0.164	1.47	153	−0.891	0.477	0.517	0.010	1.08
103	−0.225	0.358	0.524	0.160	1.46	154	−0.899	0.479	0.516	0.009	1.08
104	−0.242	0.361	0.525	0.156	1.45	155	−0.906	0.480	0.515	0.008	1.07
105	−0.259	0.364	0.526	0.152	1.45	156	−0.941	0.481	0.514	0.007	1.07
106	−0.276	0.366	0.527	0.147	1.44	157	−0.920	0.483	0.513	0.007	1.07
107	−0.292	0.369	0.528	0.143	1.43	158	−0.927	0.485	0.512	0.006	1.06
108	−0.309	0.373	0.529	0.139	1.42	159	−0.934	0.486	0.511	0.005	1.05
109	−0.326	0.376	0.530	0.135	1.41	160	−0.940	0.487	0.510	0.004	1.05
110	−0.342	0.379	0.531	0.131	1.40	161	−0.945	0.488	0.509	0.004	1.04
111	−0.358	0.382	0.532	0.127	1.39	162	−0.951	0.489	0.509	0.003	1.04
112	−0.375	0.384	0.532	0.123	1.38	163	−0.956	0.490	0.508	0.003	1.04
113	−0.391	0.387	0.533	0.119	1.38	164	−0.961	0.491	0.507	0.002	1.03
114	−0.407	0.390	0.534	0.115	1.37	165	−0.966	0.492	0.506	0.002	1.03
115	−0.423	0.392	0.534	0.111	1.36	166	−0.970	0.493	0.506	0.002	1.03
116	−0.438	0.395	0.535	0.107	1.35	167	−0.974	0.494	0.505	0.001	1.02
117	−0.454	0.398	0.535	0.103	1.34	168	−0.978	0.495	0.504	0.001	1.02
118	−0.469	0.401	0.535	0.099	1.33	169	−0.982	0.496	0.503	0.001	1.01
119	−0.485	0.404	0.536	0.096	1.33	170	−0.985	0.496	0.502	0.001	1.01
120	−0.500	0.406	0.536	0.092	1.32	171	−0.988	0.497	0.502	0.000	1.01
121	−0.515	0.408	0.536	0.088	1.31	172	−0.990	0.498	0.501	0.000	1.01
122	−0.530	0.411	0.536	0.084	1.30	173	−0.993	0.498	0.501	0.000	1.01
123	−0.545	0.413	0.536	0.081	1.30	174	−0.994	0.499	0.501	0.000	1.00
124	−0.559	0.416	0.536	0.078	1.29	175	−0.996	0.499	0.500	0.000	1.00
125	−0.574	0.419	0.536	0.074	1.28	176	−0.998	0.499	0.500	0.000	1.00
126	−0.588	0.422	0.536	0.071	1.27	177	−0.999	0.500	0.500	0.000	1.00
127	−0.602	0.424	0.535	0.068	1.26	178	−0.999	0.500	0.500	0.000	1.00
128	−0.616	0.426	0.535	0.064	1.25	179	−1.000	0.500	0.500	0.000	1.00
129	−0.629	0.428	0.535	0.051	1.25	180	−1.000	0.500	0.500	0.000	1.00
130	−0.643	0.431	0.534	0.058	1.24						

附录 C 乘法器中 v_2 最大动态范围的推导

乘法器中 v_2 最大动态范围的推导如附图 C.1 所示。

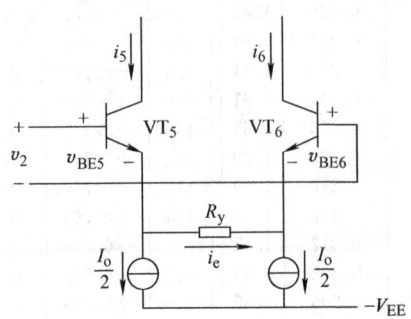

附图 C.1 乘法器中 v_2 最大动态范围的推导

由附图 C.1 知
$$v_2 = v_{BE5} + i_e R_y - v_{BE6}$$

因为
$$i_5 = I_s e^{\frac{v_{BE5}}{V_T}} \quad i_6 = I_s e^{\frac{v_{BE6}}{V_T}}$$

所以
$$v_{BE5} - v_{BE6} = V_T \ln \frac{i_5}{i_6}$$

于是
$$v_2 = V_T \ln \frac{i_5}{i_6} + i_e R_y$$

而
$$i_5 \approx i_{e5} = \frac{I_o}{2} + i_e \quad i_6 \approx i_{e6} = \frac{I_o}{2} - i_e \tag{1}$$

所以
$$\ln \frac{i_5}{i_6} = \ln \frac{\frac{I_o}{2} + i_e}{\frac{I_o}{2} - i_e} = \ln\left(1 + \frac{2i_e}{I_o}\right) - \ln\left(1 - \frac{2i_e}{I_o}\right)$$

由于
$$\ln(1+x) = x - \frac{1}{2}x^2 - \frac{1}{3}x^3 - \frac{1}{4}x^4 - \cdots$$

若限制 x 的值，使满足
$$x = \frac{2i_e}{I_o} \leqslant 0.5 \tag{2}$$

则 $\ln(1+x) \approx x - \frac{1}{2}x^2$ 此时误差小于 10%

那么
$$\ln \frac{i_5}{i_6} \approx \left[\frac{2i_e}{I_o} - \frac{1}{2}\left(\frac{2i_e}{I_o}\right)^2\right] - \left[-\frac{2i_e}{I_o} - \frac{1}{2}\left(-\frac{2i_e}{I_o}\right)^2\right] = \frac{4i_e}{I_o}$$

故
$$v_2 = V_T \frac{4i_e}{I_o} + i_e R_y = i_e\left(R_y + V_T \frac{2}{\frac{I_o}{2}}\right)$$
$$= i_e(R_y + 2r_e) \approx i_e R_y \tag{3}$$

式中
$$r_e = \frac{V_T}{\frac{I_o}{2}}$$

由式 (1)、式 (3) 知
$$i_5 - i_6 \approx 2i_e = \frac{2v_2}{R_y + 2r_e} \approx \frac{2v_2}{R_y} \tag{4}$$

由式（2）、式（4）中的红色部分可以得到 v_2 的最大动态范围如下：

$$\frac{2i_e}{I_o} = \frac{\frac{2v_2}{R_y + 2r_e}}{I_o} \leqslant 0.5 = \frac{1}{2}$$

$$v_2 \leqslant \frac{1}{2} I_o \frac{R_y + 2r_e}{2} = \frac{1}{4} I_o R_y + \frac{1}{2} I_o r_e = \frac{1}{4} I_o R_y + V_T$$

即

$$-(\frac{1}{4} I_o R_y + V_T) \leqslant v_2 \leqslant \frac{1}{4} I_o R_y + V_T$$

参 考 文 献

[1] 谢嘉奎,等. 电子线路(非线性部分)[M]. 4版. 北京:高等教育出版社,2000.
[2] 张肃文. 高频电子线路[M]. 4版. 北京:高等教育出版社,2004.
[3] 董在望. 通信电路原理[M]. 2版. 北京:高等教育出版社,2002.
[4] 董在望,等. 通信电路原理[M]. 北京:高等教育出版社,1989.
[5] Viterbi A J. Acquistion and Tracking Behavior of Phase-Locked Loops [J]. JPL External Publication NO. 673,1595-07-14.
[6] 张欲敏,等. 通信电路[M]. 北京:北京航空航天大学出版社,1990.
[7] 曹兴雯. 高频电子线路[M]. 北京:高等教育出版社,2004.
[8] 清华大学通信教研组. 高频电路:上册[M]. 北京:人民邮电出版社,1979.
[9] 《实用电子电路手册(模拟电路分册)》编写组. 实用电子电路手册[M]. 北京:高等教育出版社,1991.
[10] 谢沅清,等. 通信电子线路[M]. 北京:北京邮电大学出版社,2000.
[11] 沈琴. 非线性电子线路[M]. 北京:高等教育出版社,2004.
[12] 严国萍,等. 通信电子线路[M]. 北京:科学出版社,2005.
[13] 何丰. 通信电子线路[M]. 北京:人民邮电出版社,2003.
[14] 张凤言. 电子电路基础[M]. 2版. 北京:高等教育出版社,1995.
[15] 杜武林,李纪澄,曾兴要. 高频电路原理与分析[M]. 2版. 西安:西安电子科技大学出版社,1994.
[16] 张肃文. 高频电子线路:上册[M]. 3版. 北京:高等教育出版社,1984.
[17] 杰克·史密斯. 现代通信电路[M]. 叶德福,等译. 西安:西安电子科技大学出版社,1987.
[18] H L 克劳斯. 固态无线电技术[M]. 秦士,姚玉洁,译. 北京:高等教育出版社,1987.
[19] Horowitz P, Hill W. The Art of Electronic [M]. Second Edition. New York:Cambridge University Press,1989.
[20] 高吉祥. 高频电子线路[M]. 北京:电子工业出版社,2003.
[21] 阳昌汉. 高频电子线路[M]. 北京:高等教育出版社,2005.
[22] 武秀玲,沈伟慈. 高频电子线路[M]. 西安:西安电子科技大学出版社,1995.
[23] 王卫东,等. 高频电子线路[M]. 北京:电子工业出版社,2004.
[24] 黄智伟. 通信电子电路[M]. 北京:机械工业出版社,2007.
[25] 王汝君,等. 模拟集成电子电路[M]. 南京:东南大学出版社,1994.
[26] 于洪珍. 通信电子电路[M]. 北京:电子工业出版社,2002.
[27] 陈邦媛. 射频通信电路[M]. 北京:科学出版社,2002.
[28] 胡宴如,等. 高频电子线路[M]. 北京:高等教育出版社,2004.
[29] 周子文. 模拟乘法器及其应用[M]. 北京:高等教育出版社,1983.
[30] 郑继禹,等. 锁相环路原理与应用[M]. 北京:人民邮电出版社,1980.
[31] 仇善忠,等. 锁相与频率合成技术[M]. 北京:电子工业出版社,1986.